高等学校大数据专业系列教材

OceanBase 数据库原理与应用

李鹏飞 刘刚 王伟 李明林 编著

清华大学出版社
北京

内 容 简 介

本书理论和实践相结合，循序渐进地介绍关于 OceanBase 数据库的起源到商用的过程，重点对常用的使用场景做了较全面的介绍。全书共 9 章，分别介绍分布式数据库的发展历程、OceanBase 集群技术架构、OceanBase 集群规划与部署、OceanBase 租户管理、OceanBase 数据库连接与 OBProxy 管理、OceanBase 存储引擎技术、OceanBase 数据迁移、OceanBase 集群管理与维护和 OceanBase 备份与恢复等知识，本书的示例均来自客户现场实践或自己测试。

本书主要面向广大从事 OceanBase 数据库管理的专业人员，从事高等教育的专任教师，高等院校的在读学生及相关领域的广大科研人员。

图书在版编目（CIP）数据

OceanBase 数据库原理与应用/李鹏飞等编著.
北京：清华大学出版社，2024. 8. --（高等学校大数据专业系列教材）. -- ISBN 978-7-302-67135-0

Ⅰ. TP311.133.1

中国国家版本馆 CIP 数据核字第 20244960CB 号

责任编辑：陈景辉　薛　阳
封面设计：刘　键
责任校对：申晓焕
责任印制：宋　林

出版发行：清华大学出版社
网　　址：https://www.tup.com.cn，https://www.wqxuetang.com
地　　址：北京清华大学学研大厦 A 座　　**邮　　编**：100084
社 总 机：010-83470000　　**邮　　购**：010-62786544
投稿与读者服务：010-62776969，c-service@tup.tsinghua.edu.cn
质量反馈：010-62772015，zhiliang@tup.tsinghua.edu.cn
课件下载：https://www.tup.com.cn,010-83470236
印 装 者：三河市人民印务有限公司
经　　销：全国新华书店
开　　本：185mm×260mm　　**印　　张**：24.25　　**字　　数**：640 千字
版　　次：2024 年 9 月第 1 版　　**印　　次**：2024 年 9 月第1次印刷
印　　数：1～1500
定　　价：79.90 元

产品编号：103811-01

前言

党的二十大报告中强调“必须坚持科技是第一生产力、人才是第一资源、创新是第一动力，深入实施科教兴国战略、人才强国战略、创新驱动发展战略，开辟发展新领域新赛道，不断塑造发展新动能新优势。”

在信息时代，数据是推动社会进步的重要力量，随着各行各业对数据应用的不断深入，数据库技术也得到了极大的发展，同时，社会对数据库技术的要求也越来越高。在这样的背景下，OceanBase 数据库应运而生，它是一种高性能、高可扩展的分布式数据库，为各种规模的企业和开发者提供了强大的数据存储和处理能力。

OceanBase 数据库的核心理念是分布式和共享无中心。它通过将数据分散到多个服务器上，实现数据的分布式存储和处理，从而提高了数据库的整体性能和可扩展性。同时，OceanBase 数据库的另一个重要特点是共享无中心，让整个系统没有任何单点故障，保证系统的持续可用。这些特点使得 OceanBase 数据库能够适应不同规模的应用场景，满足各种数据存储和处理需求。

本书全面介绍了 OceanBase 数据库的原理和实战应用，旨在帮助读者深入理解 OceanBase 数据库的内部工作机制，并掌握其在实际场景中的应用。本书阐述了 OceanBase 数据库的分布式架构、数据存储、事务管理和优化等方面的知识，并通过丰富的实战案例和应用场景来加强读者的理解和应用能力。

通过阅读本书，读者可以深入了解 OceanBase 数据库的内部工作机制和原理，包括分布式架构、数据存储、事务管理和优化等。同时，本书还提供了丰富的实战案例和应用场景，帮助读者更好地理解 OceanBase 数据库在实际场景中的应用。

本书特色

(1) 问题驱动，由浅入深。

本书通过分析问题，由浅入深、逐步地对 OceanBase 分布式数据库的重要概念及原理进行讲解与探究，为读者更好地掌握分布式数据库原理提供便利和支持。

(2) 突出重点，强化理解。

本书结合作者多年的教学经验，针对应用型本科的教学要求和学生特点，突出重点、深入分析，同时在内容方面全面兼顾知识的系统化要求。

(3) 风格简洁，使用方便。

本书风格简洁明快，对于非重点的内容不做长篇论述，以便读者在学习过程中明确内容之间的逻辑关系，更好地掌握操作系统的内容。

配套资源

为便于教与学，本书配有微课视频、源代码、教学课件、教学大纲。

(1) 获取微课视频的方式：先刮开并用手机版微信 App 扫描本书封底的文泉云盘防盗码，授权后再扫描书中相应的视频二维码，观看教学视频。

(2) 获取源代码和全书网址的方式：先刮开并用手机版微信 App 扫描本书封底的文泉云盘防盗码，授权后再扫描下方二维码，即可获取。

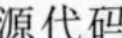
源代码

全书网址

(3) 其他配套资源可以扫描本书封底的“书圈”二维码，关注后回复本书书号，即可下载。

读者对象

本书主要面向广大从事 OceanBase 数据库管理的专业人员，从事高等教育的专任教师，高等院校的在读学生及相关领域的广大科研人员。

本书的撰写得到了许多业内专家和开发者的支持和帮助，在此表示衷心的感谢。同时，也感谢清华大学出版社的编辑团队对本书的精心策划和编辑。我们相信，这本书将成为读者了解和学习 OceanBase 数据库的重要参考书籍。

最后，希望本书能够为读者带来收获和启示，为推动 OceanBase 数据库技术的发展和应用作出贡献。希望通过这本书，读者能够全面了解 OceanBase 数据库的原理和实战应用，掌握其核心技术和实际应用技巧，从而更好地应对企业和应用开发中的挑战和需求。同时，也希望本书能够激发读者对数据库技术的兴趣和热情，推动整个行业的发展和创新。

作　者

2024 年 6 月

目 录

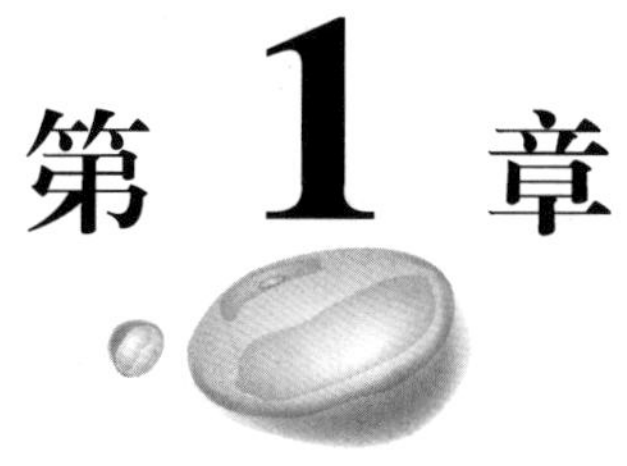

第1章 分布式数据库的发展历程

1.1 分布式数据库介绍

1.1.1 传统数据库面临的挑战

自第一台通用计算机问世以来，人们存储和管理计算机数据的方式在不断进步，从早期的物理存储和人工处理阶段逐步发展到电子存储和计算机处理方式的数据库管理阶段。20世纪60年代，在IBM大型机中第一次出现了数据库。1970年，IBM的研究人员Edgar F. Codd发表了一篇学术论文——*A Relational Model of Data for Large Shared Banks*，标志着关系数据库的起源。1979年，甲骨文公司首先推出了商业的关系数据库Oracle，随后DB2、Sybase、Informix等商业关系数据库相继推出，直到21世纪初关系数据库一直处于黄金发展阶段。

进入数据库管理阶段后，数据第一次从应用系统中独立出来，不再是面向某个应用或某个程序，而是面向整个企业或所有受许可访问的应用。数据库以结构化的方式组织、存储和管理数据，相比于物理存储和人工处理方式，数据库可以更加便捷地实现查询、修改、共享等操作，进而为数据分析提供了基础，为数据价值的进一步挖掘提供了可能，为企业决策提供更高的价值依据。进入数字化时代，随着数据库应用领域的不断深入以及相关技术的快速进步，满足企业多样化需求的各类数据库不断涌现，数据库已经成为现代企业数据管理的必要工具。

自数据库系统诞生以来，先后出现了层状数据库、网状数据库、关系数据库以及非关系数据库。20世纪70年代关系数据库出现后，迅速得到推广和普及。关系数据库自诞生以来已经过了50多年，目前仍旧是数据库市场的主流。对于用户来说，关系数据库主要具有两点核心价值：首先，通过简单的数据结构表述丰富的语义，支持事务的ACID特性，即原子性、一致性、隔离性、持久性，屏蔽底层细节，简化应用开发的复杂性；其次，支持通用标准的SQL操作语言，并借助接近自然语义的表述，增强了可读性和可维护性，从而减少了开发人员和业务人员之间的沟通成本。

强大而稳定的数据库是企业承载数字化业务、探索数字服务创新的基础。对数字经济而言，关系数据库也承载着“产业数字化、数字产业化”的使命，是各行各业数字化基础设施的“地基”，这为数据库的发展带来机遇，同时也带来了挑战。当今所面临的数据环境越来越复杂，数据规模、数据类型以及数据所处的位置时刻都在发生着变化，数据环境呈现出更加多样化、分散化和动态化等特征。信息技术的发展带来物理基础设施的丰富和优化，在数据急剧增长的同时，这些技术的应用也依赖于数据和数据价值的挖掘。面对移动互联业务的增加、数据海量的增长，企业数据业务对底层基础设施层的高性能、高可靠、低感知有了更高的要求。作为底层 IT 基础设施的数据库也需要能够针对特定工作负载，具备灵活的承载能力和适应数据的快速流动，能够支持服务器学习、人工智能等在以数据为驱动的应用程序中的渗透。随着云计算架构逐渐成为企业的选择，企业对于数据库中数据的使用、低延迟和高一致性、支撑开发灵活性和分析稳定性等方面均提出了更高的需求。

虽然传统关系数据库可以帮助企业实现单表千万级数据量的存储和运算，具有良好的稳定性和安全性，已经在诸多行业广泛使用，实现了业务场景数据结构化。但是，随着数据量的增加，传统关系数据库在扩容和成本方面体现出较为明显的劣势，扩容过程对硬件有较高依赖，会大幅增加企业运营成本，且传统关系数据库的集中式存储和计算，使得系统响应速度陷入瓶颈，难以支持高速发展的业务。此外，随着数据库数据逻辑逐步复杂，功能逐渐增多，数据库的设计和管理也增加了诸多困难。在海量数据、高并发场景下，传统关系数据库已经难以应对数据容量瓶颈、高并发支撑能力、备份效率、运维工作繁重、安全风险提高 5 方面的挑战。作为基础性支持系统，数据库需要不断发展，以适应数据环境变化，更好地实现对上层架构的支持，以具备高吞吐、高可用、易扩展、易分析等特性，实现弹性调度、按需扩缩，以保持业务稳定运行和可持续增长。为了解决上述问题，分布式关系数据库提供了较好的破局思路。

1.1.2 数据库应用的发展趋势

根据中国工业和信息化部发布的 2023 年一季度通信业经济运行情况的数据显示，截至 2023 年 3 月末，三家基础电信企业的移动电话用户总数达 17.05 亿户。其中，5G 手机终端连接数达 6.2 亿户，与 2022 年年末相比净增 5927 万户，占移动电话用户的 36.4%，占比较上年年末提高 3.1 个百分点。与此同时，中国 5G 网络建设步伐加快。截至 2023 年 3 月末，我国移动电话基站总数达 1114 万个，比上年年末净增 31 万个。其中，5G 基站总数达 264.6 万个，占移动基站总数的 23.7%。此外，三家基础电信企业发展蜂窝物联网终端用户 19.84 亿户，比上年年末净增 1.39 亿户，占移动网终端连接数(包括移动电话用户和蜂窝物联网终端用户)的比重达 53.8%。三家基础电信企业积极发展互联网数据中心、大数据、云计算、物联网等新兴业务，一季度共完成业务收入 972.5 亿元，同比增长 24.5%，在电信业务收入中占比为 22.9%，拉动电信业务收入增长 4.8 个百分点。其中云计算和大数据收入同比分别增长 58% 和 44.6%，物联网业务收入同比增长 30%。

随着移动互联网的蓬勃发展，不仅仅带来了终端数量的迅猛增长，与此同时，基于移动互联网技术产生的诸如移动支付、智慧城市、人工智能等技术带来了更广泛的应用场景、更加丰富的业务种类(如移动支付、线上购物、短视频、移动社交)、更长的业务服务时长(用户随时在线、随时使用)等。新兴应用场景产生了大量的数据，不仅要存储这些海量数据，还要有强大的数据计算能力来挖掘、计算出这些数据所包含的知识和隐藏的价值。如何存储这些数据？如何挖掘这些数据的价值？成为摆在企业 IT 管理者面前的一道难题。与此同时，移动互联网的发展对数据库系统的高可用性也同样带来了更加严峻的挑战。传统基于中高端服务器的集中式数据库技术，难以满足存储和计算这些海量数据的要求，企业的 IT 基础架构面临更多挑战，亟须新一代的数据处理技术来破解困局。

20 世纪 90 年代，企业的业务种类很少，数据量更少，使用传统数据库产生报表就能完成基本的数据处理和分析工作；进入 21 世纪初，互联网等业务种类开始增多，数据量逐渐攀升，开始使用数据仓库对数据进行汇聚和分析。近年来，随着企业业务与移动互联网的紧密结合，业务量和数据量迅猛增长，在数据处理的过程中，企业正在面临诸多困境。首先，传统数据库的扩展能力在集群节点数量等方面有很大的局限性，数据量增长之后，如何扩展系统能力是一大难题；其次，数据分布在不同的业务系统中，如何打通这些数据进行整合亦是困难重重。此外，传统的数据分析工具价格偏高，且软件升级不及时，如何选择数据分析工具来提升数据分析能力，是大多数企业必须面对的问题。传统的数据(仓)库系统已经无法满足当下数据量急速增长的处理要求。例如，某运营商曾经购买知名厂商基于小型机的数据仓库产品，单点超过10PB容量，已经达到了其在全球的传统数据仓库的最大存储容量。虽然该运营商耗费巨资，但是传统数据仓库的处理能力并不能保证线性增长，在处理大量非结构化数据方面，尤其是在深度学习算法的人工智能应用方面更是无能为力。由此可见，传统数据仓库难以满足当下企业数据处理容量不断增长的需求，同时，由于这类数据仓库系统建立在小型机的基础之上，成本远高于 x86 服务器，因此不具备性价比方面的优势。

数据量增长需要相应的存储和算力支撑，因此对扩展性的要求更高。为了应对可预知的流量洪峰，企业的数据库系统需要具备扩展后再收缩的能力。随着业务的不断发展，数据库系统也要不断扩展，及时跟上业务发展的需要。前期企业可以采用小成本投入的方式，不必准确预估业务的未来发展规模。但后期随着业务的快速发展，势必提出更多数据库设备扩展能力方面的需求。例如，20 年前，某电信运营商的业务以 2G 为主，业务比较单一，数据仓库容量仅有 10TB，分析形式以报表为主；引入 4G 后，业务范围扩展了政企对公业务、视频内容业务、公有云业务、物联网业务等，数据容量已超 800PE，该运营商应用的数据分析技术包括数据挖掘、深度学习算法等，分析内容覆盖客户、产品、网络等领域。因此，对大数据系统提出了紧迫的扩展性要求。传统的数据(仓)库系统，需要扩展小型机服务器，不仅成本高昂，系统扩展的瓶颈也会越发凸显，无法提供与设备和能力相对应的扩展曲线。

受制于传统数据库架构扩展性不足等缺陷，为了满足业务需求，企业往往需要采用多套不同类型的数据库，导致业务数据分布在众多业务系统的数据库中彼此割裂，合并困难，形成一座座数据孤岛。数据孤岛问题，不仅意味着数据管理的困难和高额的维护成本，还有巨大的数据治理成本。在数据孤岛面前，各个业务部门给出的数据定义口径差异巨大，导致数据分析结果常常大相径庭。因此，企业管理者常常无法得到准确的数据分析结果。某电信运营商构建数据仓库系统的初衷，就是为了整合各个业务系统的数据，形成企业级大数据中心，不仅要解决数据不一致的问题，通过数据各个维度整合更要发挥数据分析的显著价值。例如，财务系统计算某个宽带产品的收入，与计费系统计算该宽带产品的收入情况对不上，根本原因是两者的定义口径不一致。数据整合之后，口径统一，计算时段相同，其计算结果就能达成一致，降低了企业管理方面的数据困惑。

随着数据量的快速增加，数据分析能力显得越来越重要。对于传统的结构化数据而言，Excel 报表足以满足大部分人的使用需求。随着竞争的加剧，数据挖掘等分析需求显著增长。引入非结构化数据后，会对深度学习等人工智能算法提出更高的要求。这些数据分析需求，都会对系统的算力提出更高的要求。数据分析技术从传统的数据库，扩展到数据仓库，进而发展到原生分布式数据库，数据处理能力也在逐步提升。2021 年 10 月 26 日，中国信息通信研究院发布的《2021—2022 中国人工智能计算力发展评估报告》指出：AI 与云的融合是必然趋势，预计到 2025 年，中国人工智能服务器公有云的占比将超过 50%，预示了数据库云化的发展趋势。

从战略发展的角度来看，企业现在就需要提前考虑云服务的迁移规划，而原生分布式数据库是目前为止数据库系统理想的目标架构。分布式数据库基于分布式理论设计，在架构设计之初就假定整个服务需要多个节点共同配合完成,并假设任意一个节点都不可靠。因此,原生分布式数据库运行在多个数据节点之上,可配置多个数据副本,它采用一致性协议保证了全局事务的一致性,是适应云环境的新一代数据库产品,为企业核心系统升级提供了更好的选择。从市场反馈情况来看,分布式数据库正在成为企业核心系统升级的首选。

1.1.3 分布式数据库的基本特征和优势

分布式数据库概念的提出距今已经有近 20 年的时间,2010 年前后分布式数据库概念曾经喧嚣一时。2000 年伊始,互联网技术与应用飞速发展,互联网应用爆炸式增长在数据库技术方面有了更高的要求。例如,海量数据存储与处理、应用高并发访问、数据高速增长、数据类型的多样化等。互联网的高速发展在一定程度上导致了 NoSQL 的兴起,NoSQL 出现的最根本原因是传统关系数据库在互联网应用场景中,常常不能满足扩展性和性能方面的需求。

NoSQL 的最大特点是分布式架构,具有非常好的横向扩展能力和很好的性能。NoSQL 的缺点是放弃了传统关系数据库承诺的数据一致性、去除了事务支持和关系模型,为了高可用性而放弃了强一致性,采用最终一致性模型,这些缺点导致在开发应用时变得更加困难,同时也增加了应用的复杂性。NoSQL 细分下来可能有十几种,最常见的有 4 种：Key-Value,具有代表性的是 Redis；Document Store,具有代表性的是 MongoDB；Column Oriented,具有代表性的是 HBase、Apache Cassandra 和 Neo4J。

2003 年到 2006 年间,Google 发表了三篇论文,分别是 *MapReduce：Simplified Data Processing on Large Clusters*,*Bigtable：A Distributed Storage System for Structured Data* 和 *The Google File System*。主要介绍了 Google 是如何对大规模数据进行存储和分析的。这三篇论文开启了大数据时代,对后来的分布式数据库的发展产生了极其深远的影响。例如,Apache Hadoop's MapReduce 和 HDFS 的出现是受 Google 的 MapReduce 和 Google File System 论文的启发；HBase 非关系数据库是受 Bigtable 的启发,使用了 LSM Tree 方式处理数据；Google 后来自己的 Spanner 分布式数据库的 Level DB 存储引擎也使用了 LSM Tree。

2012 年,Google Research 发布了一篇论文 *Spanner：Google's Globally-Distributed DataBase*,介绍了 Google 内部使用的 F1/Spanner,对现代数据库设计产生了深远影响,也对分布式数据库的设计产生了深远影响。Spanner 应该是规模最大的分布式数据库,也可能是最先进的数据库之一。之后分布式数据库有越来越多的成功实践,例如 Google Spanner、AWS Aurora、CockroachDB、OceanBase、TiDB 等。

当前,典型的分布式数据库产品可以分为两大类：第一类是基于中间件的分布式数据库中间件系统。分布式数据库中间件系统是在多个传统单点数据库之上构建了一个中间件层,通过利用中间件层实现数据管理,并分配数据到不同的节点,从而整体实现分布式数据库的能力。由于分布式数据库中间件通常需要人工参与数据分拆和节点管理,所以后期的数据库运维难度较高。第二类是原生的分布式数据库系统。原生分布式数据库通常从产品研发设计之初,就充分考虑到分布式架构下的存储、查询逻辑、产品架构等方面的问题,分布式数据库系统作为一个整体对外提供服务,用户无须关注数据库集群内部的实现细节。

作为分布式数据库,其应具有以下核心特征。

(1) 逻辑统一性。分布式数据库可以被理解为是多个互连的数据库的集合,彼此通过计算机网络相连,存储和计算节点虽然被分布在不同位置或不同地域,但其本质上隶属于同一个数据库,应保持统一的系统逻辑,服务于同一目标。

(2) 应用透明性。分布式数据库将数据存储在不同区域的网络设备中,凭借分布式数据库的逻辑统一性的特征，保证数据一致性，可对用户提供架构透明无感知的使用体验。用户读写数据时，无须找到存储对应数据的指定服务器进行操作，只需使用与集中式数据库相同的数据读写指令，即可完成数据使用需求。

(3) 按需灵活扩缩。分布式数据库采用向外扩展，即通过增加系统的处理节点的方式进行集群扩容与收缩，相比于通过增加单台服务器 CPU、内存、磁盘等硬件水平提高处理能力的向上扩展方式，向外扩展方式对服务器设备的配置要求更低，具有灵活、低成本、高上限、易扩缩等特点。

(4) 自治安全。不论数据库类型如何(同质同构数据库、同质异构数据库、异构数据库)，不论分配、分片架构如何，分布式关系数据库里通常每条数据都可在多个节点进行备份，同时全局数据管理系统通过完整严谨的索引，可将多节点数据合并成完整数据，使数据能够在某节点出现异常时，保证整体数据库稳定可用，并且在全局数据管理系统算法调度下，准确从对应节点进行数据读写操作。分布式数据库的上述特征，决定了其在可用性、灵活性、成本可控等方面表现出诸多优势。

(5) 高可用。高可用性意味着不论在何种条件下，数据库都可以维持连续稳定可用的状态。传统集中式架构数据库的可用性主要依赖于主机性能，而分布式数据库依托多副本数据备份的特点，使得数据库在面对不同级别软硬件故障与机房灾难时，能够及时进行备份节点切换，保障数据库正常进行数据读写操作。避免出现诸如数据量激增、局部出现故障等情形而导致的数据库失效的窘状，保证整个系统的稳定运行。

(6) 高性能。高性能意味着不论在何种强度下，数据库都可以较好地应对数据处理需求。分布式数据库通过硬件架构与软件优化双管齐下，使得其能够拥有更优异的数据读写性能，提升数据处理效率。一方面，硬件上高上限的扩展性与多节点分片存储的特性，使得在业务规模增大、数据量增大的条件下，能够通过硬件的灵活扩容，解决硬件性能瓶颈问题；另一方面，分布式数据库产品在互联网产品蓬勃发展的时代背景下，通过快速迭代的产品升级方式，在数据库读写的各个环节进行算法持续的优化升级，在不同节点分配存算能力和资源，实现负载均衡，提升数据处理效率。

(7) 高灵活性。分布式数据库的向外扩展的方式决定了其能够更加灵活地处理硬件设备扩展与收缩需求。由于分布式数据库通常由通用 PC 服务器作为单元架构，当业务规模变化导致的业务数据增量变化率加快或减慢时，通过增减每个节点的设备规模，即可实现设备扩缩。加之，在分布式数据库的不同节点都有自治的数据库管理系统，使得单节点在正常运行状态下，也可以完成用户的数据存取。

(8) 较低的硬件依赖。分布式数据库通过多节点的架构特点，将数据分布至不同节点分片进行存储，从而在大体量数据的情况下，可以不用依赖高端的设备，通过多节点通用 PC 服务器分布式部署，实现企业服务器成本的节约。

原生分布式数据库继承了云计算的特点，具有多个数据副本，采用了 Share-Nothing 的技术架构，因此具有很好的异地容灾能力。通过配置数据副本的存储位置，实现机架级容灾、机房级容灾以及城市级容灾。针对金融行业监管要求的“两地三中心”容灾方案，利用原生分布式数据库的架构优势能够轻松应对，并且做到数据无损失。增加和删除节点是原生分布式数据库的常规操作，只需要一条命令即可对数据库集群的规模进行修改，满足不同的负载需求。原生分布式数据库支持按需增加节点，无节点数量限制。得益于各个节点的对等性，数据库集群的读写性能随节点数量的增加几乎呈线性增长。

原生分布式数据库可跨地域部署，同一数据库集群的节点分别部署在不同地域，每个地域就近访问数据。在提升性能的同时,可满足数据的跨地域容灾需求,降低数据丢失的风险。作为面向企业级的数据库产品,原生分布式数据库的安装部署不依赖特定的服务器硬件,既提升了硬件选配的灵活性,又降低了硬件的选购成本。此外,原生分布式数据库支持物理服务器设备安装、私有云部署、混合云部署和多云部署。

在数据处理的分类中,有面向交易处理的 OLTP(On-Line Transaction Processing)和面向分析处理的 OLAP(On-Line Analysis Processing)两种处理类型。受制于数据库技术的革新未能跟上大数据分析的发展需要,交易型系统和分析型系统走向了两个不同的方向。目前,多数客户使用两套系统分别支撑交易系统与分析系统,不仅造成了大量的数据冗余,还增加了系统的复杂度和运维难度。原生分布式数据库使得两者的融合成为可能,在同一套系统中同时支持两种业务负载成为原生分布式数据库的重要发展方向。

面向混合负载的应用场景,原生分布式构架具有以下 4 个特点。

(1) 大集群可扩展。原生分布式架构可以灵活扩展,动态分配资源,按需扩展集群的规模。集群的计算资源可以进行动态分布,从而改善整个分布式数据库系统的负载情况。

(2) 多种数据存储形态:数据管理系统中始终存在数据的"行存"与"列存"之争,即数据是按照"行"进行存储,还是按照"列"进行存储。借助其多数据副本的特点,可以将一份数据同时进行"行存"和"列存",或者呈行列中间态存储,后续根据数据操作的特点进行匹配,提升性能。

(3) 借助向量化执行引擎。向量化执行引擎本质上是一种批处理模型。在高并发场景中,可以把大量的请求合并,改为调用批量接口。这种批处理减少了 CPU 的中断次数,可以更加合理地利用资源。

(4) 资源隔离。交易操作的实时性要求往往大于分析操作,分布式数据库利用多租户在互联网和大数据的双重推动下,业务系统变得更加多样和复杂,无论是种类还是数量与从前相比都有显著提升,这就需要大量的数据库实例进行支撑。实例数量的增加意味着管理难度更高,随之而来的是管理成本的攀升。

原生分布式数据库应用具备资源池化的能力,多租户特性是大型数据管理系统最重要的能力之一。"云"时代基础构架的显著特征之一是资源池化,只有从大的资源池中快速创建可用服务,按需扩展和收缩,才能满足灵活的业务需求。资源池化能够降低所管理的实体数量,同时增加服务的灵活性。多租户是数据库池化的有效解决方案。原生分布式数据库能够将一个大的数据库集群按逻辑分隔成多个租户,每个租户等同于传统数据库的一个实例。集群管理员在创建租户的同时,指定租户能够使用的硬件资源,在运行过程中可以对租户使用的资源进行在线扩展和收缩,达到动态调节的目的。租户间的数据访问是完全隔离的,对应用程序而言,与使用传统的单实例数据库无差别。如此多个业务共用一套数据库集群而互不影响,企业只需维护少量的几个集群就能满足所有的业务需求,大大降低了管理成本和运维难度。

原生分布式数据库应具备较强的数据库兼容能力,把复杂结构留在数据库内部,为应用移植提供更大的便利。大部分行业经过企业信息化的长期积累与革新,在企业内部积累了大量的业务系统。凭借数据库的透明兼容能力,原有业务系统只需进行小幅修改,其模型无须修改,就可以运行在目标数据库上。其透明兼容能力主要体现在:数据库语法兼容、透明的分布式能力以及透明的扩缩容能力。传统的企业级数据库产品提供了强大的能力,协助开发者更加便捷地构建应用程序,但同时也导致了应用设计过度依赖数据库功能的问题。应用程序若要适配新的数据库产品,必须对应用程序代码进行大量修改,将原数据库语法转换成新语法。作为新一代数据库,原生分布式数据库尽可能兼容当下流行的数据库产品的语法和功能,包括其扩展编程能力，比如Oracle提供存储过程、触发器、OCI、Pro*C等功能，MySQL也提供过程语言。有了强大的数据库兼容能力，应用系统的数据库代码几乎无须修改就能轻松适配。原生分布式数据库屏蔽了分布式的复杂结构，能够实现透明的扩缩容能力，每个节点都提供一致的读写能力，节点数量没有上限，整个数据库集群对外提供统一的服务，应用系统不用关注其内部结构，也无须进行分布式改造，与使用传统数据库并无区别。

原生分布式数据库应具备较强的线性扩展能力，分布式数据库的BenchMark通常用QPS、TPS来衡量读写能力，需要注意的是，分布式数据库强调的是读写的扩展性，突破单机读写能力，增加节点对读写能力的扩展不完全是线性的，越接近线性越好。有些数据库解决方案只擅长读的横向扩展，如1写8读，甚至是1写16读，这样算不算分布式数据库就是见仁见智了。评估一个分布式数据库的扩展能力，读写的扩展能力需要分别考查。分布式数据库单个交易的时延其实不如传统数据库，分布式数据库在应对负载突增的场景时，可以通过横向扩展增加节点来应对，在理想情况下，这个增加节点的过程中交易时延比较稳定，分布式数据库强调的是QPS、TPS的扩展能力，而不是单个交易的时延。传统数据库单个交易通常是几毫秒，分布式数据库可能是20～30ms。

1.2　OceanBase数据库产品介绍

1.2.1　OceanBase产品介绍

OceanBase始创于2010年，是完全自主研发的原生分布式数据库系统，致力于为企业核心IT系统提供稳定可靠的数据处理能力。现已连续11年为“淘宝”稳定支撑每年“双十一”海量交易，创下6100万次/秒数据库处理峰值纪录。在被誉为“数据库世界杯”的TPC-C和TPC-H测试上，是全球唯一同时打破TPC-C和TPC-H测试世界纪录的数据库产品，事务处理能力比Oracle数据库快23倍。OceanBase数据库创新推出“三地五中心”跨地域容灾架构，具备数据强一致、高扩展、高可用、高性价比、稳定可靠及高度兼容Oracle/MySQL等特征。

2020年，OceanBase在北京注册北京奥星贝斯科技有限公司，并开始独立商业化运作。目前拥有国家发明专利超过350个，具有12年以上的分布式数据库核心研发经验，是分布式数据库产品领军企业之一。目前，OceanBase已应用于超过1000个客户的关键业务系统，超过1/4国内头部金融行业客户，并从金融行业应用走向国计民生、走向海外。

1. OceanBase大事记

(1) 2010年：

① 创始人阳振坤加入阿里巴巴。

② OceanBase同年诞生。

(2) 2013年：

① OceanBase正式进入电商业务，服务阿里巴巴集团几十个电商平台的业务系统。

② 在“淘宝收藏夹”通过“宽表”有效降低I/O成本，降低一个数量级的服务器。

(3) 2014年：

① 取代Oracle数据库支撑“支付宝”核心交易系统。

② 承担“淘宝双十一”10%的交易流量。

③ 首次实现业务连续性指标RPO=0及RTO<30s。

(4) 2015 年:

① 承担"淘宝双十一"100%的交易流量。

② 网商银行成为全球首个应用分布式数据库在金融核心业务系统的客户。

(5) 2016 年:

① "支付宝"的核心账务、核心支付系统成功应用分布式数据库,全球首次使用分布式数据库支撑金融核心账务系统。

② 支撑 12 万笔/秒的支付峰值、17.5 万笔/秒的交易峰值。

(6) 2017 年:

① 完成蚂蚁集团核心系统最后一个 Oracle 数据库的替换。

② 南京银行成为首家上线 OceanBase 的用户。

③ "淘宝双十一"创造了 4200 万次/秒的数据库处理峰值纪录。

(7) 2019 年:

① OceanBase 创造了 TPC-C 测试 6088 万 tpmC 纪录,登顶 TPC-C 测试榜首,打破了 Oracle 保持了 9 年的世界纪录。

② "淘宝双十一"创造了 6100 万次/秒的数据库处理峰值纪录。

(8) 2020 年:

① OceanBase 正式成立公司,开始独立商业化运营。

② 创造了 TPC-C 测试 7.07 亿 tpmC,打破了自己保持的世界纪录,比 Oracle 快 23 倍。

(9) 2021 年:

① 正式开源,开放 300 万行核心代码。

② 创造了 TPC-H 1526 万 QphH@30000GB 的纪录,成为全球唯一登顶 TPC-C 与 TPC-H 的分布式数据库。

③ 客户数量突破 400 家,非金融类客户的数量占比超过三成,发展成为真正的通用型分布式数据库。

(10) 2022 年:

① OceanBase 4.0 版本(小鱼)发布。

② OceanBase Cloud 全球发布。

③ 发布全新品牌 Slogan"海量记录笔笔算数"。

2. OceanBase 发展历程及构架演进

(1) 2010—2014 年 1.0 时代: 坚定走向分布式架构。

(2) 2015—2019 年 2.0 时代: 原生分布式数据库。

(3) 2020—2021 年 3.0 时代: 混合引擎、混合部署。

(4) 2022 年至今 4.0 时代: 分布式一体化架构。

OceanBase 的发展历程及架构演进如图 1-2-1 所示。

2019 年 10 月 19 日,OceanBase 首次参加被誉为数据库领域"世界杯"的事务型基准测试 TPC-C,以 6088 万 tpmC 打破 Oracle 保持了 9 年的世界纪录。2020 年 5 月 20 日,OceanBase 在事务型基准测试 TPC-C 中,打破了自己保持的世界纪录,获得了 7.07 亿 tpmC,较上次测试提升 11 倍,创下了新的世界纪录。2021 年 5 月 19 日,OceanBase 基于 64 台阿里云 ECS 服务器(共计 5120 核)的计算集群,在分析型基准测试 TPC-H 中,以 1526 万 QphH@30000GB 的性能总分创下了新的世界纪录。

图 1-2-1 OceanBase 的发展历程及架构演进

OceanBase 首创“三地五中心”城市级故障无损容灾解决方案，满足国标金融 6 级容灾标准。依托原生分布式内核技术整个过程完全自动切换无须人工干预，实现机架级、机房级、城市级无损容灾，保障企业数据安全和业务稳定。

2019 年，OceanBase 3.0 版本发布，在故障自愈上做到业务连续性指标 RPO=0，RTO<30s，成为行业标准。2022 年，OceanBase 4.0 版本发布，再次取得创新突破，能够做到业务连续性指标 RPO=0，RTO<8s，成为业内首个将 RTO 做到 8s 的数据库。

1.2.2 OceanBase 产品体系

OceanBase 为客户提供全场景、全形态的企业级数据库解决方案。产品体系包括企业版、公有云、社区版分布式数据库产品，支持独立部署、云服务和数据库一体机等多种部署形态。OceanBase 具备完备的数据库工具体系，支持客户数据开发、评估、迁移、运维、诊断等数据全生命周期管理。同时，提供专业咨询和交付服务，满足不同企业、不同发展阶段对于数据库产品的不同使用场景的多种业务需求。

1. OceanBase 企业版

OceanBase 企业版（OceanBase DataBase）如图 1-2-2 所示，它是一款完全自主研发的原生分布式数据库，在普通硬件上实现金融级高可用，首创“三地五中心”城市级故障无损容灾新标准，刷新 TPC-C 标准测试，单集群规模超过 1500 节点，具有云原生、强一致、高度兼容 Oracle/MySQL 等特性。

（1）高可用。OceanBase 具有独创的“三地五中心”容灾架构，开创金融行业无损容灾新标准。支持同城/异地容灾、多地多活、满足金融行业 6 级容灾标准（RPO=0，RTO<30s）。

（2）安全可靠。OceanBase 完全自主研发、源代码级可控、自主研发分布式数据库架构；完备的角色权限管理体系；数据存储和通信全链路透明加密，支持国密算法，通过“等保三级”专项合规检测；大规模金融核心场景 9 年可靠性验证。

（3）高兼容。OceanBase 高度兼容 Oracle 和 MySQL，覆盖绝大多数常见功能。支持过程语言、触发器等高级特性，提供自动迁移工具，支持迁移评估和反向同步以保障数据迁移安全，支撑金融、政府、运营商等关键行业核心场景替代。

（4）水平扩展。OceanBase 实现透明水平扩展，支持业务快速地扩缩容，同时通过准内存处理架构实现高性能。支持集群节点超过数千个，单集群最大数据量超过 3PB，最大单表行数达万亿级。

（5）低成本。OceanBase 是基于 LSM Tree 的高压缩引擎，使数据存储成本降低 70%～90%；原生支持多租户架构，同一个 OceanBase 集群可为多个独立业务提供服务，租户间数据隔离,降低部署和运维成本。

(6) 实时。

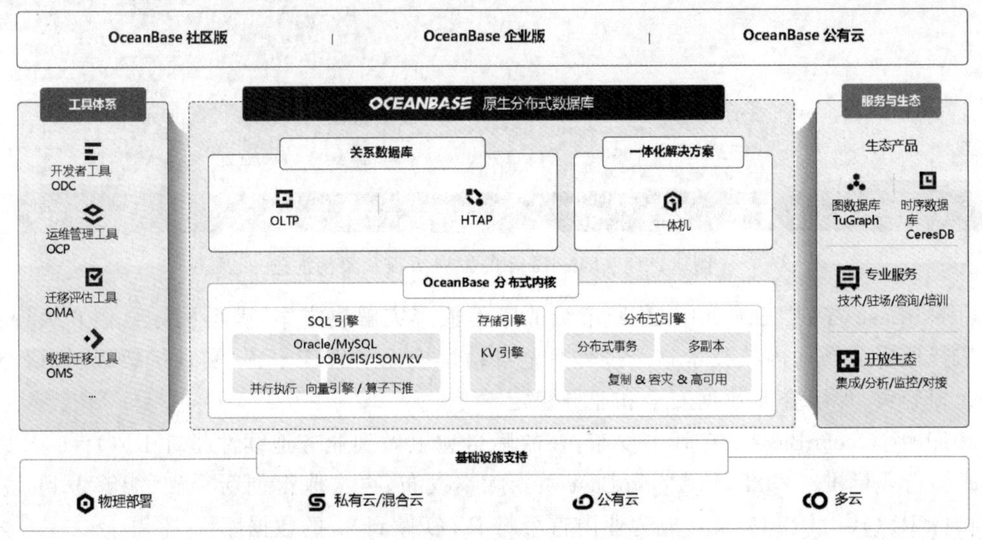

图 1-2-2 OceanBase 企业版

2. OceanBase 工具体系

OceanBase 工具体系为 OceanBase 数据库从上线前、迁移中和上线后的不同阶段提供全方位的产品化护航,助力业务稳定增长。

(1) 迁移评估工具 OMA 如图 1-2-3 所示。

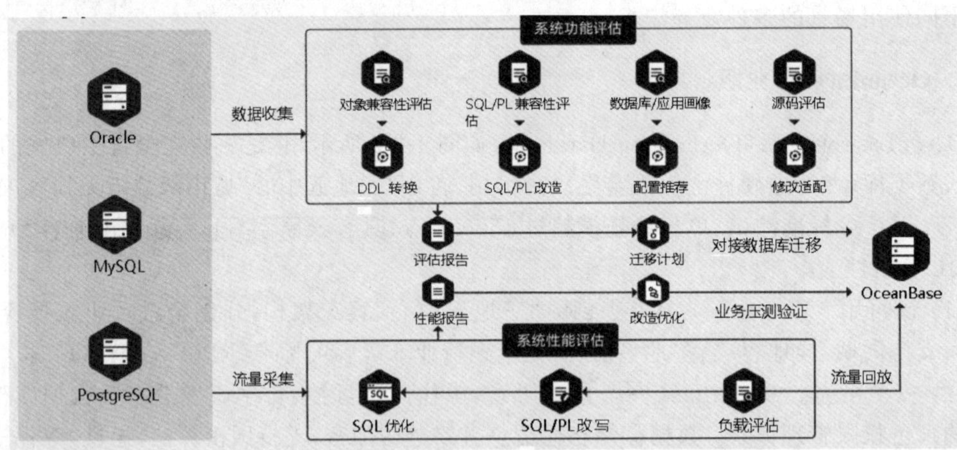

图 1-2-3 迁移评估工具 OMA

OMA 工具提供全方位采集分析,支持直连到指定数据库或者通过 OMA 提供的数据库采集器,自动获取和扫描源端数据库系统中全部数据库对象以及自定义范围的 SQL 语句,来提供兼容性评估分析、迁移可行性分析和风险分析。针对未完全兼容的场景,OMA 会基于 OceanBase 多年沉淀的核心业务迁移以及大规模验证的转换方案最佳实践,提供迁移至 OceanBase 数据库的分布式智能改造方案。支持评估 Oracle、MySQL、PostgreSQL、TiDB 和 DB2 LUW 等主流数据库的常用版本与 OceanBase 数据库的兼容性,包括 Table、Index、View、Sequence、Synonym、Function、Procedure、Package 等。针对业务数据和敏感信息提供自动过滤和脱敏处理策略，最大程度保障用户的数据资产安全可靠。

完备的数据库画像：OMA 通过连接源端数据库进行深度采集分析，生成源端数据库的数据库画像，方便用户了解目前数据库的拓扑情况、应用拓扑情况、数据库的整体负载、会话情况、热点数据和特殊表分析，以便制订相应的迁移策略。

提供多种评估方式：支持连接到指定数据库自动获取和扫描源数据库对象以及 SQL 语句，也支持从客户端工具连接到指定数据库获取 DDL 语句进行评估。OMA 还支持解析代码框架或负载捕获等离线文件中的 SQL 语句对其兼容性进行评估。

详细的评估报告以及转换建议：评估完成后 OMA 会自动生成详细的评估报告，包括兼容性评估结果和性能评估结果、数据库画像以及分布式迁移可行性分析和风险分析，方便用户根据评估结果和改造计划制订迁移方案。

（2）数据迁移工具 OMS 如图 1-2-4 所示。

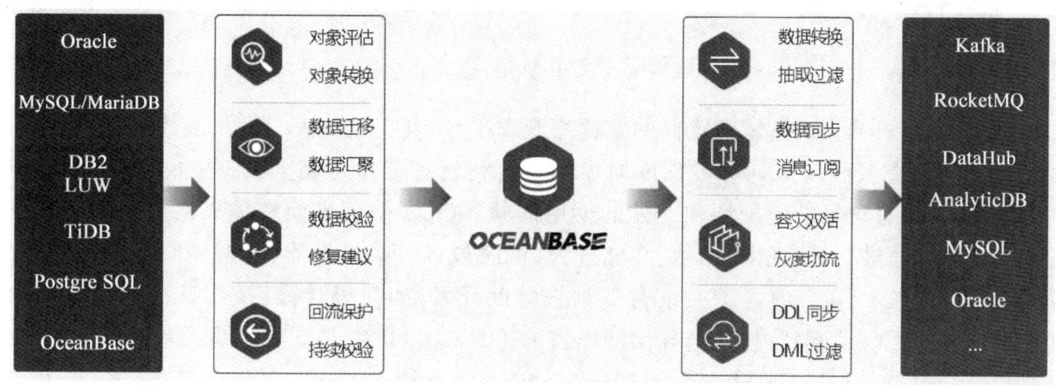

图 1-2-4　数据迁移工具 OMS

OMS 提供一站式数据迁移服务，提供数据传输的全生命周期管理。支持语法转换、数据转换、任务管理等功能。提供迁移评估、数据迁移、数据订阅、数据校验等产品形态，从而方便客户轻松使用 OceanBase，并满足企业客户的多样化需求。提供简洁高效、可视化、所见即所得的 Web 管控平台，能够通过 Web 管控平台轻松完成数据传输项目的创建、任务配置、传输组件监控运维、链路维护和故障诊断等便捷的操作，并提供多种保护级别、支持定制化配置和提供实时的监控报警功能。基于实际业务场景，客户可以灵活选择合适的迁移、同步类型和功能，支持组合成不同的解决方案。同时提供多样性的部署模式及灵活的横向和纵向扩展、收缩能力，保障满足延迟敏感客户的业务需求。OMS 使用多并发、并行复制和压缩加密传输等技术来保证迁移或同步项目都能拥有优异的传输性能。数据全量迁移可达 38 万 RPS（Rows Per Second，每秒增量同步至目标表的数据行数），增量数据同步可高达 10 万 RPS 及数据校验可达 66 万 RPS，从而提供稳定的秒级传输服务。

在线数据迁移：支持将 Oracle、DB2 LUW 等多种异构数据库在线迁移至 OceanBase 数据库，完成切换后支持将 OceanBase 数据库上所有的变更数据反向同步至源端数据库。

实时数据同步：提供完备的同步管理能力，支持 OceanBase 与自建 Kafka、RocketMQ 之间的实时数据同步，支持数据过滤，广泛应用于实时数据仓库搭建、报表分流等业务场景。

一站式交互：交互简单方便，提供数据迁移过程的全生命周期管理，在管控界面上完成数据迁移和数据同步任务的创建、配置、监控和管理。

多重数据校验：多种方式的数据校验和保护，全面高效地保证数据正确性，展示差异数据，提供快速修复能力。

(3) 开发者工具 ODC 如图 1-2-5 所示。

图 1-2-5 开发者工具 ODC

ODC 是为 OceanBase 量身定制的数据库开发平台，其提供的表、视图、函数、存储过程、程序包、触发器、类型和同义词等数据库对象的可视化管理能力是完全根据 OceanBase 的内核能力定制的，具有良好的适配性和绝佳的使用体验。ODC 使用界面整体风格简洁明了，通过逐步引导可快速进行表、视图、函数、存储过程、程序包、序列、触发器、类型和同义词等对象的开发与管理工作。ODC 内置了一系列工具来辅助开发，如代码片段、执行计划分析、模拟数据、会话管理、回收站管理、导入与导出等丰富的工具集。ODC 支持客户端版和 Web 版，其中客户端版可在 Windows 和 Mac 平台上安装。Web 版支持在 Linux 平台上部署，支持 x86 和 ARM 架构。

对象管理：支持完整的数据对象和数据类型，引导式流程创建数据库对象，可视化对象修改，支持回收站机制。

Web 控制台：通过 Web SQL 可帮助开发人员使用 OceanBase 的各种特性和功能，支持 MySQL 和 Oracle 语法高亮、格式化、智能提示、友好的 Snippets 等特性，提供类似 Excel 的可视化数据编辑能力。

导入导出：为 OceanBase 量身打造的高效数据导入导出工具，具备动态负载均衡和断点恢复等能力。

安全审计：支持 14 类审计事件，确保安全合规，重要事件可追踪，审计报告可下载。

流程管控：根据任务类型限制用户发起的变更内容、定制不同的审批流程，达到数据库变更安全的作用。

(4) 运维管理工具 OCP 如图 1-2-6 所示。

OCP 支持多集群、多可用区的部署模式，增强了对 OceanBase 主备、跨城集群的运维管理能力，既保障了灾难发生时 OceanBase 集群的稳定性，也实现了运维管理的高可用性。OCP 提供了基于用户角色的权限隔离机制，保障了资源的使用安全。OCP 还提供了对所管理资源的企业级监控、告警、巡检、自治等功能，实时守护集群的运行安全。OCP 提供了开放 API，支持生态用户通过标准的 API 接口使用 OCP 资源，监控、告警等数据支持无缝对接到用户统一运维平台，降低了用户的运维复杂度。OCP 基于 Web 的可视化管理能力将复杂困难的数据库运维管理工作通过产品能力实现标准化、自动化，用户可通过简单的页面操作来实现专家级数据库运维管理工作。

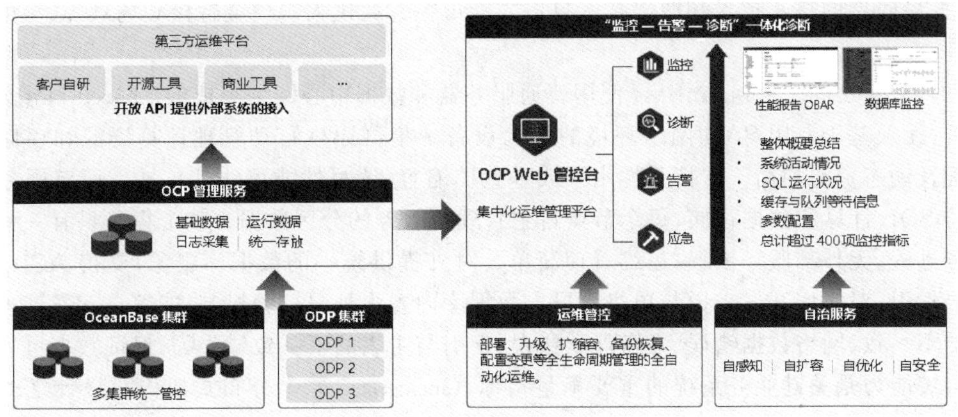

图 1-2-6　运维管理工具 OCP

资源管理：提供 OceanBase 集群、租户、主机、软件包等资源对象的全生命周期管理，包括安装、运维、性能监控、配置、升级等功能。

监控告警：全局监控及告警设置，支持所有资源对象不同维度实时准确地监控告警需求，支持自定义告警，满足定制化的告警需求。

备份恢复：支持集群和租户表级别全量备份、增量备份及日志备份，支持周期性备份任务、多地备份，支持在备份周期内任意时间点的恢复，支持多种云平台介质的备份恢复。

自治服务：日常运维的过程中，在"发现—诊断—定位—优化/应急"的链路上，更好地人工或者自动化处理，极大地降低用户运维 OceanBase 的成本。

1.2.3　OceanBase 产品特点

OceanBase 原生分布式数据库采用分布式架构设计，在弹性扩展、高可用、多活容灾、存储引擎、分布式事务、HTAP、兼容性、多租户等多个方面都有关键性的技术突破，并在复杂而严苛的金融核心业务场景中久经考验。多活多地多中心跨城高可用部署架构，如图 1-2-7 所示。

图 1-2-7　多活多地多中心跨城高可用部署架构

OceanBase 产品的六大关键技术特点如下。

(1) 完全自主研发。完全自主研发的数据库，不存在基于开源数据库二次研发的技术限制问题，从第一行代码开始逐一克服分布式数据库技术领域的诸多难点，具备完全的知识产权,掌握最底层的核心技术和源码技术自主才能可控。通过大规模金融核心场景10年可靠性验证。

(2) 原生分布式。OceanBase使用普通服务器和数据中心网络组成的Shared-Nothing集群部署,无须基于专用SAN网络环境的存储设备。集群原生自动管理计算资源和存储资源的分配及动态资源均衡。支持弹性水平或垂直扩缩容,读写性能可线性扩展。所有服务节点都支持SQL计算和数据存储,每个节点自主管理所服务的分区数据。整个集群只有一种数据库服务进程,无外部服务依赖,运维管理简单。对外提供统一的数据库服务,支持ACID事务和全局索引,对应用开发来说与单机无异。数据库内置多种强校验机制,能够自动发现多副本数据的不一致、网络数据错误、磁盘静默错误、索引与主表的不一致错误等,保证数据可靠。

容灾能力是关键业务系统的重要衡量指标,OceanBase原生分布式架构在设计之初就假定硬件是不可靠的,每个模块的设计和实现都在细节处考虑容灾和主动防御。支持多个数据副本分散存储在不同地域,实现跨地域的容灾部署。在强一致事务的保护下,数据修改在多个地域保证成功提交,因此当灾难发生时数据不会丢失,达到国家标准定义的最高级别容灾标准。

高可用性是系统某些组件发生故障时持续提供服务的能力。OceanBase分布式选举协议在故障发生时进行自主选举。少数派节点发生宕机时支持快速无损自动切换,达到RTO<30s的自动故障恢复指标。基于Paxos协议和多类型副本能力,OceanBase支持多种适应于不同场景的故障容灾方案。

(3) HTAP混合事务与实时分析处理。企业级应用的业务场景通常可以分为两个类别:联机交易和实时分析,通常称为OLTP和OLAP的业务应用。大型企业往往会选择多款数据库产品分别支持OLTP和OLAP类的应用场景。这种组合式的解决方案需要数据在不同系统间进行流转,数据同步过程带来时间延迟和数据不一致的风险,多个不同的系统产生冗余数据,推高成本开销,往往会限制企业在激烈的市场竞争中快速调整业务。

OceanBase一套数据库系统支撑海量交易、海量分析。HTAP混合事务与实时分析处理是行业强诉求,OceanBase基于分布式架构做好交易处理场景的同时,能够完成分析、跑批等分析性场景,一套引擎支持OLAP+OLTP工作负载,同时实现两套系统功能,成本将大幅降低。真正的HTAP要求先有高性能的OLTP,然后在OLTP的基础上支持实时分析。OceanBase通过原生分布式技术提供高性能的OLTP能力,真正通过"一个系统"提供同时处理交易及实时分析,"一份数据"用于不同的工作负载,从根本上保持数据的一致性并最大程度降低数据冗余,帮助企业大幅降低总成本。

针对混合负载场景中不同的资源隔离需求,提供多种资源隔离方式。包括使用多个Zone进行物理隔离,使用CPU资源组隔离不同数据库连接。系统还会自动识别和隔离慢查询,避免它影响整体的交易响应时延。

(4) Oracle/MySQL平滑迁移。各行业经过信息化变革,各类业务系统运行在企业的各个角落,大量应用程序和解决方案基于传统数据库的能力设计。分布式数据库是面向未来的必然选择,但适配分布式数据库可能会给企业应用迁移带来大量业务逻辑的修改甚至重构,我们应该如何降低改造成本呢?

OceanBase对开源生态的MySQL和商业生态的Oracle高度兼容,产品体系和解决方案全面,拥有成熟完善的交付、服务保障,替换代价小。应用只需要很小的改动,甚至无须改动,便可迁移至OceanBase,为企业节约大量的人力和时间成本。客户可以在一套OceanBase集群中同时创建兼容MySQL和兼容Oracle的两种租户模式。兼容MySQL和Oracle全面数据类型、SQL 语法以及使用习惯，主要包括命令字、对象、存储过程、C 语言接口、预编译器、PL/SQL、OCI、Pro * C 等高级特性。OceanBase 的 Oracle 兼容位居中国分布式数据库厂商第一，覆盖 95%以上常见功能。

应用和数据迁移是个费时费力又“危机四伏”的过程，为了帮助用户解决这个问题，OceanBase 提供以下功能。

OMA：在迁移前以报告的形式呈现所有可能的问题和改造建议，帮助客户提前评估，及时发现并解决。

OMS：通过图形化方式实现数据自动迁移、可视化数据校验、迁移后支持反向同步，新系统可快速迁移回原来的系统，没有数据丢失也无须人工干预，极大地提高了迁移效率，保障了迁移安全。

支持多场景评估，负载回放，提供智能化、系统化的评估分析，提供自动迁移、回迁能力。OMA 事前评估、有的放矢；OMS 迁移同步、回流保护。

(5) 高级压缩技术。数据压缩是降低海量数据存储空间占用的关键手段。OceanBase 高压缩比的分布式存储引擎，摒弃了传统数据库的定长数据块存储，采用基于 LSM Tree 的存储架构和自适应压缩技术，创造性地解决了传统数据库无法平衡“性能”和“压缩比”的难题，并基于数据日志分离方法的分布式存储技术，进一步降低存储成本，实现了高性能和低存储成本。基于 LSM Tree 的存储引擎，利用编码压缩大大降低存储成本。

通过使用压缩率较高且解压缩较快的压缩算法对数据进行压缩，提高数据压缩倍率，减少数据的存储成本。同时由于 LSM Tree 的结构特性，采用读写分离设计和行级细粒度记录更新，变更数据保存在内存中，并批量写入磁盘。因此，能达到内存数据库级写入性能和磁盘数据库的存储成本，并消除了传统 BTree 的磁盘随机写瓶颈和存储空间碎片化问题，使得数据写入性能比传统的实时更新数据块的方式更高效。

采用行列混合存储格式，磁盘数据块按列组织，自主研发一套对数据库进行行列混存编码的压缩方法(encoding)，使用行列的字典、差值、前缀等编码算法，在通用压缩算法之前对数据做了编码压缩，从而带来更大的压缩率。

(6) 原生多租户。随着企业内业务系统越来越复杂，原来的单体服务在工程和管理上变得越来越不堪重负。使用微服务架构，新增和调整功能只需要增加新的微服务节点。但是，每个微服务需要使用不同的数据库，数据库的数量大大增加，给可靠性和运维管理都带来了挑战。多个业务租户的数据库如果在一个单机数据库中做逻辑名字空间隔离，大小租户之间互相影响。如果每个业务租户使用一个独立的数据库，成本高，几十到上百套分散数据库环境，运维工作复杂，同时扩展性受限。使用 OceanBase 多租户特性，管理员只需要运维少量集群，既能保证租户之间数据和资源互相隔离，又提升了数据库的稳定性。

OceanBase 原生多租户架构，一个集群中同时运行多个数据库租户，每个租户可以视为一个独立的数据库服务，租户间数据和资源互相隔离，并且在集群内统一调度。支持在创建租户时选择不同的兼容模式，每个租户都可单独配置数据副本数量、副本类型、存储位置及计算资源等。使用 OceanBase 数据库内原生多租户，能更好地平衡隔离性和成本，并且租户可以独立扩缩容。

第2章

视频讲解

OceanBase集群技术架构

OceanBase数据库采用Shared-Nothing架构,各个节点之间完全对等,每个节点都有自己的SQL引擎、存储引擎,运行在普通PC服务器组成的集群之上,具备可扩展、高可用、高性能、低成本、云原生等核心特性。

OceanBase数据库的一个集群由若干节点组成。这些节点分属于若干可用区(Zone),每个节点属于一个可用区。可用区是一个逻辑概念,表示集群内具有相似硬件可用性的一组节点,它在不同的部署模式下代表不同的含义。例如,当整个集群部署在同一个数据中心(IDC)内时,一个可用区的节点可以属于同一个机架、同一个交换机等。当集群分布在多个数据中心时,每个可用区可以对应于一个数据中心。每个可用区具有IDC和地域(Region)两个属性,描述该可用区所在的IDC及IDC所属的地域。一般地,地域指IDC所在的城市。可用区的IDC和Region属性需要反映部署时的实际情况,以便集群内的自动容灾处理和优化策略能更好地工作。根据业务对数据库系统不同的高可用性需求,OceanBase集群提供了多种部署模式。

在OceanBase数据库中,一个表的数据可以按照某种划分规则水平拆分为多个分片,每个分片叫作一个表分区,简称分区(Partition)。某行数据属于且只属于一个分区。分区的规则由用户在建表时指定,包括Hash、Range、List等类型的分区,还支持二级分区。例如,交易库中的订单表,可以先按照用户ID划分为若干一级分区,再按照月份把每个一级分区划分为若干二级分区。对于二级分区表,第二级的每个子分区是一个物理分区,而第一级分区只是逻辑概念。一个表的若干分区可以分布在一个可用区内的多个节点上。

为了能够保护数据,并在节点发生故障时不中断服务,每个分区有多个副本。一般来说,一个分区的多个副本分散在多个不同的可用区里。多个副本中有且只有一个副本接受修改操作,叫作主副本(Leader),其他副本叫作从副本(Follower)。主从副本之间通过基于Multi-Paxos的分布式共识协议实现了副本之间数据的一致性。当主副本所在节点发生故障时,一个从节点会被选举为新的主节点并继续提供服务。为了权衡成本和性能等因素,OceanBase数据库还提供了多种副本类型。

在集群的每个节点上会运行一个叫作OBServer的服务进程,它内部包含多个操作系统线程。节点的功能都是对等的。每个服务负责自己所在节点上分区数据的存取,也负责路由到本机的SQL语句的解析和执行。这些服务进程之间通过TCP/IP协议进行通信。同时,每个服务会监听来自外部应用的连接请求,建立连接和数据库会话,并提供数据库服务。

为了简化大规模部署多个业务数据库的管理并降低资源成本,OceanBase数据库提供了独特的多租户特性。在一个OceanBase集群内,可以创建很多个互相之间隔离的数据库"实例”，叫作一个租户。从应用程序的视角来看，每个租户都是一个独立的数据库。不仅如此，每个租户都可以选择 MySQL 或 Oracle 兼容模式。应用连接到 MySQL 租户后，可以在租户下创建用户、DataBase，与一个独立的 MySQL 库的使用体验是一样的。同样地，应用连接到 Oracle 租户后，可以在租户下创建 Schema、管理角色等，与一个独立的 Oracle 库的使用体验是一样的。一个新的集群初始化之后，就会存在一个特殊的名为 sys 的租户，叫作系统租户。系统租户中保存了集群的元数据，是一个 MySQL 兼容模式的租户。

为了隔离租户的资源，每个 OBServer 进程内可以有多个属于不同租户的虚拟容器，叫作资源单元(Unit)。每个租户在多个节点上的资源单元组成一个资源池。资源单元包括 CPU 和内存资源。

为了使 OceanBase 数据库对应用程序屏蔽内部分区和副本分布等细节，使应用访问分布式数据库像访问单机数据库一样简单，OceanBase 提供了 OBProxy 代理服务。应用程序并不会直接与 OBServer 建立连接，而是连接 OBProxy，然后由 OBProxy 转发 SQL 请求到合适的 OBServer 节点。OBProxy 是无状态的服务，多个 OBProxy 节点通过网络负载均衡(SLB)对应用提供统一的网络地址。

2.1 集群架构概述

2.1.1 基本概念

(1) 集群。OceanBase 数据库集群由一个或多个 Region 组成，Region 由一个或多个 Zone 组成，Zone 由一个或多个 OBServer 组成，每个 OBServer 可有若干 Unit。

(2) Region。Region 对应物理上的一个城市或地域，当 OceanBase 数据库集群由多个 Region 组成时，数据库的数据和服务能力就具备地域级容灾能力；当集群只有一个 Region 时，如果出现整个城市级别的故障，则会影响数据库的数据和服务能力。

(3) Zone。Zone 一般情况下(不考虑机房级容灾可部署一中心三副本)对应一个有独立网络和供电容灾能力的数据中心，在一个 Region 内的多个 Zone 间 OceanBase 数据库集群拥有 Zone 故障时的容灾能力。

(4) OBServer。运行 OceanBase 进程的物理机。一台物理机上可以部署一个或者多个 OBServer(通常情况下一台物理机只部署一个 OBServer)。在 OceanBase 数据库内部，OBServer 由其 IP 地址和服务端口唯一标志。

(5) Unit。租户在 OBServer 上的容器，描述租户在 OBServer 上的可用资源(CPU、Memory 等)。一个租户在一个 OBServer 上只能同时存在一个 Unit。

(6) Partition。分区是用户创建的逻辑对象，是划分和管理表数据的一种机制。用户可以进行多种分区管理操作，包括创建、删除、Truncate、分裂、合并、交换等。

2.1.2 部署模式

为保证单一服务器发生故障时同一分区的多数派副本可用，OceanBase 数据库会保证同一个分区的多个副本不调度在同一台服务器上。由于同一个分区的副本分布在不同的 Zone/Region 下，在城市级灾难或者数据中心发生故障时，既保证了数据的可靠性，又保证了数据库服务的可用性，达到可靠性与可用性的平衡。OceanBase 数据库创新的容灾能力有“三地五中心”可以无损容忍城市级灾难，以及“同城三中心”可以无损容忍数据中心级故障。

(1)“三地五中心”部署如图 2-1-1 所示。

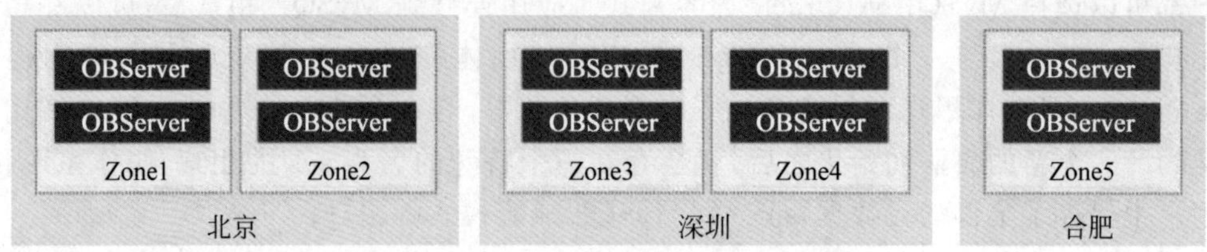

图 2-1-1 “三地五中心”部署

(2)“同城三中心”部署如图 2-1-2 所示。

图 2-1-2 “同城三中心”部署

OceanBase 数据库的无损容灾能力还可以方便集群的运维操作,当数据中心或者服务器需要替换和维修时,可以直接下线对应的数据中心或服务器进行替换和维修,并补充进新的数据中心或服务器,OceanBase 数据库会自动进行数据的复制和均衡,整个过程可以保证数据库服务的使用不受影响。

2.1.3 RootService

OceanBase 数据库集群会有一个总控服务(RootService,RS),其运行在某个 OBServer 上。当 RootService 所在服务器发生故障时,其余 OBServer 会选举出新的 RootService。RootService 主要提供集群自举、资源管理、OBServer 管理、DDL 管理等功能。各功能的特点如下。

(1) 集群自举。

集群自举是在 OBServer 启动成功后,创建系统租户和初始化配置的过程,也称 Bootstrap。系统自举时需要指定 RootService 的位置信息,Bootstrap 命令在 RootService 位置上创建__all_core_table。__all_core_table 的 Leader 所在的 OBServer 自动提供 RootService 服务。RS 启动后就可以创建系统租户、系统表、初始系统数据和集群配置。

(2) 集群资源管理。

① Zone 的管理。在系统租户下,可以新增一个 Zone,删除一个 Zone、修改 Zone 的信息,或者停止一个 Zone 的服务。

② Unit 管理。Unit 是资源的最小分隔单位。一组 Unit 构成一个资源池,一个资源池可以被分配给一个租户,一个租户可以有多个资源池。在系统租户下,用户可以通过调整 Unit 规格来调整资源池大小从而调整租户资源。

(3) OBServer 管理。

每个 OBServer 都需要通过心跳来与 RS 保持通信。RS 会根据心跳信息感知 OBServer 是否在线以及是否可以提供服务。系统租户可以进行 OBServer 的增加、删除或者停止服务等操作。

(4) DDL 操作。

所有的 DDL 操作都会在 RS 上执行。

2.1.4　分区副本概述

OceanBase 数据库参考传统数据库分区表的概念,把一张表格的数据划分成不同的分区。在分布式环境下,为保证数据读写服务的高可用性,OceanBase 数据库会把同一个分区的数据复制到多个服务器。不同服务器同一个分区的数据复制称为副本(Replica)。同一分区的多个副本使用 Paxos 一致性协议保证副本的强一致,每个分区和它的副本构成一个独立的 Paxos 组,其中一个分区为主副本(Leader),其他分区为从副本(Follower)。主副本具备强一致性读和写的能力,从副本具备弱一致性读的能力。

在 OceanBase 数据库中,为了数据安全和提供高可用的数据服务,每个分区数据在物理上存储多份,每一份叫作分区的一个副本。每个副本包含了存储在磁盘上的静态数据(SSTable)、存储在内存的增量数据(MemTable)以及记录事务的日志等三类主要数据。根据存储数据种类的不同,副本有几种不同的类型,以支持不同业务在数据安全、性能伸缩性、可用性、成本等之间的选择。

当前,OceanBase 数据库支持以下 4 种类型的副本。

(1) 全能型副本(Full/F)。

(2) 日志型副本(Logonly/L)。

(3) 加密投票型副本(Encryptvote/E)。

(4) 只读型副本(Readonly/R)。

全能型、日志型或加密投票型副本又称为 Paxos 副本,对应的副本可构成 Paxos 成员组;而只读型副本又称为非 Paxos 副本,对应的副本不可构成 Paxos 成员组。

1. 全能型副本

全能型副本是目前使用最广泛的副本类型,它拥有事务日志、MemTable 和 SSTable 等全部完整的数据和功能。

全能型副本具备以下特点。

(1) 是目前使用最广泛的副本类型,它拥有事务日志、MemTable 和 SSTable 等全部完整的数据和功能。

(2) 可以随时快速切换为 Leader 对外提供服务。

(3) 可以构成 Paxos 成员组,并且要求 Paxos 成员组多数派必须为全能型副本。

(4) 可以转换为除加密投票型副本以外的任意副本类型。

更多特性及其说明如表 2-1-1 所示。

表 2-1-1　全能型副本的特性

特　性　项	描　　述
副本名称及缩写	FULL(F)
是否有 Log	有,参与投票(SYNC_CLOG)
是否有 MemTable	有(WITH_MEMSTORE)
是否有 SSTable	有(WITH_SSSTORE)
数据安全	高
恢复为 Leader 的时间	快

续表

特　性　项	描　　述
资源成本	高
服务	Leader 提供读写,Follower 可非一致性读
副本类型转换限制	可转换为除加密投票型副本以外的任意副本类型

2. 日志型副本

日志型副本仅包含日志的副本,没有 MemTable 和 SSTable。日志型副本主要具备以下特点。

(1) 仅包含日志的副本,没有 MemTable 和 SSTable,对内存和磁盘占用最少。

(2) 参与日志投票并对外提供日志服务,可以参与其他副本的恢复。

(3) 不能变为主提供数据库服务。

(4) 可构成 Paxos 成员组。

(5) 无法转换为其他副本类型。

日志型副本特性如表 2-1-2 所示。

表 2-1-2　日志型副本的特性

特　性　项	描　　述
副本名称及缩写	LOGONLY(L)
是否有 Log	有,参与投票(SYNC_CLOG)
是否有 MemTable	无(WITHOUT_MEMSTORE)
是否有 SSTable	无(WITHOUT_SSSTORE)
数据安全	低
恢复为 Leader 的时间	不支持
资源成本	低
服务	不可读写
副本类型转换限制	无法与任何类型的副本转换

3. 加密投票型副本

加密投票型副本本质上是加密后的日志型副本,没有 MemTable 和 SSTable。加密投票型副本主要具备以下特点。

(1) 本质上是加密后的日志型副本,没有 MemTable 和 SSTable。

(2) 参与日志投票并对外提供日志服务,可以参与其他副本的恢复。

(3) 不能变为主提供数据库服务。

(4) 可构成 Paxos 成员组。

(5) 无法转换为其他副本类型。

更多特性及其说明如表 2-1-3 所示。

表 2-1-3　加密投票型副本的特性

特　性　项	描　　述
副本名称及缩写	ENCRYPTVOTE(E)
是否有 Log	有,参与投票(SYNC_CLOG)

续表

特 性 项	描 述
是否有 MemTable	无(WITHOUT_MEMSTORE)
是否有 SSTable	无(WITHOUT_SSSTORE)
数据安全	高
恢复为 Leader 的时间	不支持
资源成本	低
服务	不可读写
副本类型转换限制	无法与任何类型的副本转换

4. 只读型副本

只读型副本包含完整的日志、MemTable 和 SSTable 等。只读型副本主要具备以下特点。

(1) 包含完整的日志、MemTable 和 SSTable 等。

(2) 不可构成 Paxos 成员组,它不作为 Paxos 成员参与日志的投票,而是作为一个观察者实时追赶 Paxos 成员的日志,并在本地回放,因此不会造成投票成员增加,从而导致事务提交延时的增加。

(3) 在业务对读取数据的一致性要求不高时可提供只读服务。

(4) 可转换为全能型副本。

更多特性及其说明如表 2-1-4 所示。

表 2-1-4 只读型副本的特性

特 性 项	描 述
副本名称及缩写	READONLY(R)
是否有 Log	有,是异步日志,但不属于 Paxos 组,只是 Listener(ASYNC_CLOG)
是否有 MemTable	有(WITH_MEMSTORE)
是否有 SSTable	有(WITH_SSSTORE)
数据安全	中
恢复为 Leader 的时间	不支持
资源成本	高
服务	可非一致性读
副本类型转换限制	只能转换成全能型副本

2.1.5 Locality

Locality 描述了表或租户下副本的分布情况。这里的副本分布情况指在 Zone 上包含的副本的数量以及副本的类型,不同的租户在同一个集群内可以配置不同的 Locality 并且彼此之间相互独立不受影响。

下边的语句表示创建 mysql_tenant 租户,并且其租户下的副本在 z1、z2、z3 上都是全能型副本。

```
obclient>CREATE TENANT mysql_tenant RESOURCE_POOL_LIST =('resource_pool_1'),primary_zone = "z1;z2;z3", locality ="F@z1, F@z2, F@z3" setob_tcp_invited_nodes='%';
```

另外，租户的副本类型也可以进行修改。下边的语句表示变更 mysql_tenant 的 Locality，使其租户分区在 z1、z2 是全能型副本，在 z3 是日志型副本。OceanBase 数据库会基于租户新旧 Locality 的对比，决定是否创建/删除/转换对应 Zone 的副本。

```
ALTER TENANT mysql_tenant set locality = "F@z1, F@z2, L@z3";
```

2.1.6 Primary Zone

用户可通过一个租户级的配置，使租户分区的 Leader 分布在指定的 Zone 上，此时称 Leader 所在的 Zone 为 Primary Zone。

Primary Zone 是一个 Zone 的集合，用分号(;)分隔表示不同的优先级，用逗号(,)分隔表示相同的优先级。

RootService 会根据用户设置的 Primary Zone，按照优先级高低顺序，尽可能把分区的 Leader 调度到更高优先级的 Zone 内，并在同一优先级的 Zone 间将 Leader 打散在不同的服务器上。不设置 Primary Zone 的场合会被认为租户的所有 Zone 都是同一优先级，RootService 会把租户分区的 Leader 打散在所有 Zone 内的服务器。

用户可通过租户级配置，设置或修改租户的 Primary Zone。例如：

(1) 租户创建时设置 Primary Zone，优先级 z1=z2>z3。

```
obclient>CREATE TENANT mysql_tenant RESOURCE_POOL_LIST =('resource_pool_1'), primary
_zone = "z1,z2;z3", locality ="F@z1, F@z2, F@z3" setob_tcp_invited_nodes='%';
```

(2) 变更租户 Primary Zone，优先级 z1>z2>z3。

```
obclient>ALTER TENANT mysql_tenant set primary_zone ="z1;z2;z3";
```

(3) 变更租户 Primary Zone，优先级 z1=z2=z3。

```
obclient>ALTER TENANT mysql_tenant set primary_zone =RANDOM;
```

注意： Primary Zone 只是其中一种选择参考因素，分区对应 Zone 的副本是否能成为 Leader 还需要参考副本类型、日志同步进度等因素。

2.2 多租户架构概述

OceanBase 数据库采用了单集群多租户设计，天然支持云数据库架构，支持公有云、私有云、混合云等多种部署形式。

OceanBase 数据库通过租户实现资源隔离，让每个数据库服务的实例不感知其他实例的存在，并通过权限控制确保租户数据的安全性，配合 OceanBase 数据库强大的可扩展性，能够提供安全、灵活的 DBaaS 服务。

租户是一个逻辑概念。在 OceanBase 数据库中，租户是资源分配的单位，是数据库对象管理和资源管理的基础，对于系统运维，尤其是对于云数据库的运维有着重要的影响。租户在一定程度上相当于传统数据库的“实例”概念。租户之间是完全隔离的。在数据安全方面，OceanBase 数据库不允许跨租户的数据访问，以确保用户的数据资产没有被其他租户窃取的风险。在资源使用方面，OceanBase 数据库表现为租户“独占”其资源配额。总体来说，租户

(tenant)既是各类数据库对象的容器,又是资源(CPU、Memory、I/O 等)的容器。

2.2.1 兼容模式

OceanBase 数据库在一个系统中可同时支持 MySQL 和 Oracle 两种模式的租户。用户在创建租户时,可选择创建 MySQL 兼容模式的租户或 Oracle 兼容模式的租户。租户的兼容模式一经确定就无法更改,所有数据类型、SQL 功能、视图等相应地与 MySQL 数据库或 Oracle 数据库保持一致。

(1) MySQL 模式。

MySQL 模式是为降低 MySQL 数据库迁移至 OceanBase 数据库所引发的业务系统改造成本,同时使业务数据库设计人员、开发人员、数据库管理员等可复用积累的 MySQL 数据库技术知识经验,并能快速上手 OceanBase 数据库而支持的一种租户类型功能。OceanBase 数据库兼容 MySQL 5.5/5.6/5.7,基于 MySQL 的应用能够平滑迁移。

(2) Oracle 模式。

OceanBase 数据库从 2.x 版本开始支持 Oracle 兼容模式。Oracle 模式是为降低 Oracle 数据库迁移 OceanBase 数据库的业务系统改造成本,同时使业务数据库设计开发人员、数据库管理员等可复用积累的 Oracle 数据库技术知识经验,并能快速上手 OceanBase 数据库而支持的一种租户类型功能。Oracle 模式目前能够支持绝大部分的 Oracle 语法和过程性语言功能,可以做到大部分的 Oracle 业务进行少量修改后的自动迁移。

2.2.2 系统租户

系统租户也称为 sys 租户,是 OceanBase 数据库的系统内置租户。系统租户主要有以下几个功能。

(1) 系统租户承载了所有租户的元信息存储和管理服务。例如,系统租户下存储了所有普通租户系统表的对象元数据信息和位置信息。

(2) 系统租户是分布式集群集中式策略的执行者。例如,只有在系统租户下,才可以执行轮转合并、删除或创建普通租户、修改系统配置项、资源负载均衡、自动容灾处理等操作。

(3) 系统租户管理和维护集群资源。例如,系统租户下存储了集群中所有 OBServer 的信息和 Zone 的信息。

(4) 系统租户在集群自举过程中创建。系统租户信息和资源的管理都是在 RS 服务上完成的,是启动在系统租户下__all_core_table 表上主副本上的一组服务。

2.2.3 普通租户

普通租户与通常所见的数据库管理系统相对应,可被看作一个数据库实例。它由系统租户根据业务需要所创建出来。

普通租户具备一个实例所应该具有的所有特性,主要包括以下几点。

(1) 可以创建自己的用户。

(2) 可以创建数据库、表等所有客体对象。

(3) 有自己独立的系统表和系统视图。

(4) 有自己独立的系统变量。

（5）数据库实例所具备的其他特性。

所有用户数据的元信息都存储在普通租户下，所以每个租户都有自己的名字空间，并且彼此隔离不可访问。系统租户管理所有普通租户，系统租户与普通租户之间的层级关系如图 2-2-1 所示。

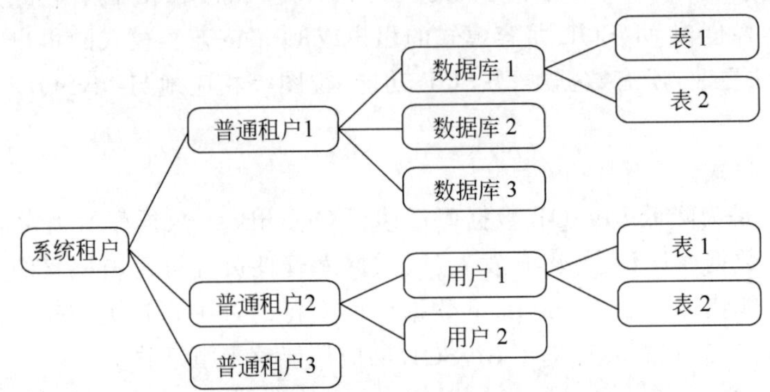

图 2-2-1　系统租户与普通租户之间的层级关系

2.2.4　租户的资源管理

OceanBase 数据库是多租户的数据库系统，一个集群内可包含多个相互独立的租户，每个租户提供独立的数据库服务。基于多租户的 OceanBase 数据库系统的集群和租户资源管理结构，自底向上依次包括以下三个层面。

（1）物理机资源。一个 OceanBase 集群中包含若干 Zone，使用 Zone 作为物理机的容器，每台物理机都隶属于一个 Zone，一个 Zone 内可包含若干物理机，同一个 Zone 内的物理机通常部署在相同机房内。通常情况下，可简单将一个 Zone 对应理解为一个机房。

（2）租户资源。租户的可用物理资源以资源池（Resource Pool）的方式描述，资源池由分布在物理机上的若干资源单元（Resource Unit）组成，资源单元的可用物理资源通过资源配置（Resource Unit Config）指定，资源配置由用户创建。

① 资源单元。资源单元是一个容器。实际上，副本是存储在资源单元之中的，所以资源单元是副本的容器。资源单元包含了计算存储资源，同时资源单元也是集群负载均衡的一个基本单位，在集群节点上下线，扩容、缩容时，会动态调整资源单元在节点上的分布，进而达到资源的使用均衡。

② 资源池。一个租户拥有若干资源池，这些资源池的集合描述了这个租户所能使用的所有资源。一个资源池由具有相同资源配置的若干资源单元组成。一个资源池只能属于一个租户。每个资源单元描述了位于一个 Server 上的一组计算和存储资源，可以视为一个轻量级虚拟机，包括若干 CPU 资源、内存资源、磁盘资源等。一个租户在同一个 Server 上最多有一个资源单元。

③ 资源配置。资源配置是资源单元的配置信息，用来描述资源池中每个资源单元可用的 CPU、内存、存储空间和 IOPS 等。修改资源配置可以动态调整资源单元的规格，进而调整对应租户的资源。租户、资源单元、资源池的关系如图 2-2-2 所示。

（3）租户数据。租户数据使用多副本的 Paxos 组存储数据，OceanBase 数据库使用内置的副本分配和副本均衡策略，将租户的数据副本分配到该租户的资源单元上。资源单元是租户在各物理机上数据副本的容器。

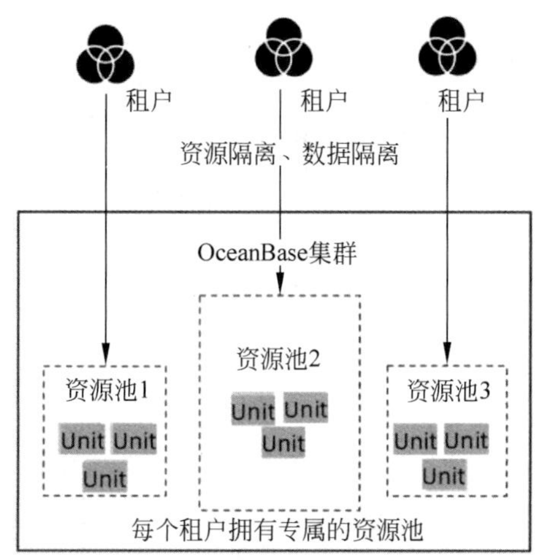

图 2-2-2 租户、资源单元、资源池的关系

2.3 存储架构概述

OceanBase 数据库采用的是 Shared-Nothing 的分布式架构，每个 OBServer 都是对等的，管理不同的数据分区。OceanBase 数据库的存储引擎基于 LSM Tree 架构，数据被划分为两部分：MemTable（也经常被叫作 MemStore）和 SSTable。其中，MemTable 提供读写，而 SSTable 是只读的。用户新插入/删除/更新的数据先写入 MemTable，通过 Redo Log 来保证事务性，Redo Log 会在三副本间使用 Paxos 协议进行同步，当单台 Server 宕机时，通过 Paxos 协议可以保证数据的完整性，并通过较短的恢复时间来保证数据的高可用性。

内存驻留组件是由 MemTable 与 IMMemTable 组成的。数据在 MemTable 中通常以有序的跳表（Skip List）结构进行存储，以此保证磁盘数据的有序性。MemTable 负责缓冲数据记录，并充当读写操作的首要目标。IMMemTable 完成对数据的落盘操作。

磁盘驻留组件是由 WAL 与 SSTable 组成的。由于 MemTable 存在于内存中，为防止系统故障导致内存中尚未写入磁盘的数据丢失，在向 MemTable 中写入数据之前，需要先将操作记录写入 WAL 保证数据记录的持久化。SSTable 是由 IMMemTable 刷写到磁盘上的数据记录所构建的，SSTable 是不可变的，仅可用于读取合并和删除操作。

当 MemTable 的大小达到某个阈值时，MemTable 被转存到 SSTable 中。在查询时，需要将 MemTable 和 SSTable 的数据进行归并，才能得到最终的查询结果。对于 SSTable 增加了多层 Cache，用于缓存频繁访问的数据。系统架构的概念如图 2-3-1 所示。

因为有大量的静态基线数据，可以很方便对其进行压缩，减少存储成本；增量数据写在内存中不可无尽增长，当 MemTable 的大小超过一定阈值时，就需要将 MemTable 中的数据转存到 SSTable 中以释放内存，这一过程称为转储；转储会生成新的 SSTable，当转储的次数超过一定阈值时，或者在每天的业务低峰期，系统会将基线 SSTable 与之后转储的增量 SSTable 合并为一个 SSTable，这一过程称为合并。OceanBase 数据库高的存储引擎，在优化了数据存储的空间基础上，提供了高效的读写服务，保证事务性和数据的完整性。

传统数据库把数据分成很多页面，OceanBase 数据库也借鉴了传统数据库的思想，把数据文件按照 2MB 为基本粒度切分为一个个宏块，每个宏块内部继续拆分出多个变长的微块；而在合并时数据会基于宏块的粒度进行重用，没有更新的数据宏块不会被重新打开读取，这样能

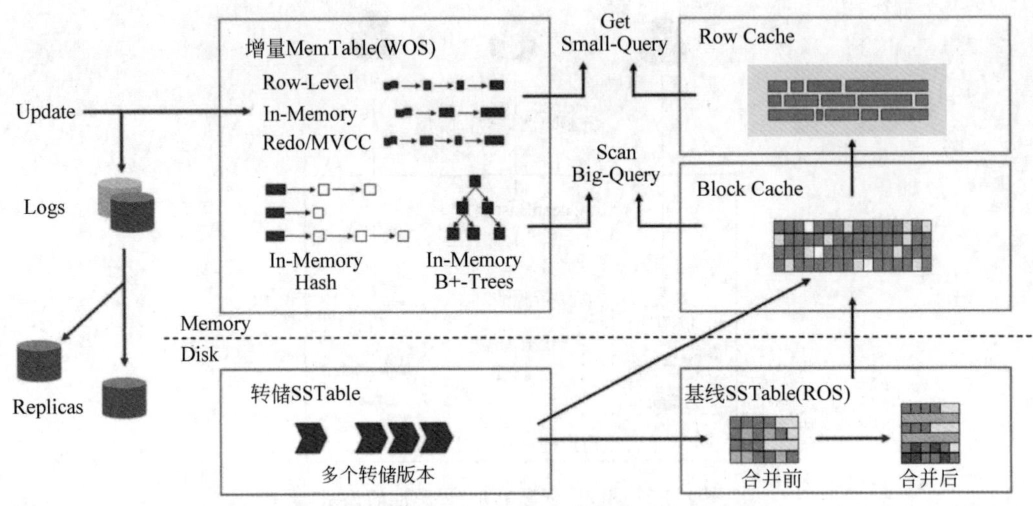

图 2-3-1 系统架构概念图

够尽可能减少合并期间的写放大，相较于传统的 LSM Tree 架构数据库显著降低合并代价。

由于 OceanBase 数据库采用基线加增量的设计，一部分数据在基线，另一部分数据在增量，原理上每次查询既要读基线，也要读增量。为此，OceanBase 数据库做了很多的优化，尤其是针对单行的优化。OceanBase 数据库内部除了对数据块进行缓存之外，也会对行进行缓存，行缓存会极大加速对单行的查询性能。对于不存在行的"空查"，会构建布隆过滤器，并对布隆过滤器进行缓存。OLTP 业务大部分操作为小查询，通过小查询优化，OceanBase 数据库避免了传统数据库解析整个数据块的开销，达到了接近内存数据库的性能。另外，由于基线是只读数据，而且内部采用连续存储的方式，OceanBase 数据库可以采用比较激进的压缩算法，既能做到高压缩比，又不影响查询性能，大大降低了成本。

结合借鉴经典数据库的部分优点，OceanBase 数据库提供了一个更为通用的 LSM Tree 架构的关系型数据库存储引擎，具备以下特性。

（1）低成本。利用 LSM Tree 写入数据不再更新的特点，通过自主研发行列混合编码叠加通用压缩算法，OceanBase 数据库的数据存储压缩率相较传统数据库能够提升 10 多倍。

（2）易使用。不同于其他 LSM Tree 数据库，OceanBase 数据库通过支持活跃事务的落盘保证用户的大事务/长事务的正常运行或回滚，通过多级合并和转储机制来帮助用户在性能和空间上找到更佳的平衡。

（3）高性能。对于常见的点查，OceanBase 数据库提供了多级 Cache 加速来保证极低的响应时延，而对于范围扫描，存储引擎能够利用数据编码特征支持查询过滤条件的计算下压，并提供原生的向量化支持。

（4）高可靠。除了全链路的数据检验之外，利用原生分布式的优势，OceanBase 数据库还会在全局合并时通过多副本比对以及主表和索引表比对的校验来保证用户数据的正确性，同时提供后台线程定期扫描规避静默错误。

2.3.1 LSM Tree

日志结构合并树（Log-Structured Merge Tree，LSM Tree）是 Patrick O'Neil 教授于 1996 年在 *The log-structured merge-tree（LSM-tree）*一文中提出的。"日志结构合并树"这一名称取自日志结构文件系统。LSM Tree 的实现如同日志文件系统，它基于不可变存储方式，采用缓冲和仅追加存储实现顺序写操作，避免了可变存储结构中绝大部分的随机写操作，降低了写操作带来的多次随机 I/O 对性能的影响，提高了磁盘上数据空间的利用率。它保证了磁盘数据存储的有序性。不可变的磁盘存储结构有利于顺序写入。数据可以一次性地写入磁盘，并且在磁盘中是以仅追加的形式存在的，这也使得不可变存储结构具有更高的数据密度，避免了外部碎片的产生。

由于文件是不可变的，所以写入操作、插入操作和更新操作都无须提前定位到数据位置，大大减少了由于随机 I/O 带来的影响，并且显著提高了写入的性能和吞吐量。但对于不可变文件来说，重复是允许的，随着追加的数据不断增多，磁盘驻留表的数量不断增长，需要解决读取时带来的文件重复问题。可以通过触发合并操作进行 LSM Tree 的维护。

B+树在磁盘中组织数据的方式以页为单位，通过构建一棵树用非叶子节点存储索引文件，叶子节点存储数据文件从而定位到所要查找的数据所在的页。而在 LSM Tree 中，数据以有序字符串表(Sorted String Table，SSTable)的形式存在，SSTable 通常由两个组件组成，分别是索引文件和数据文件。索引文件保存键和其在数据文件中的偏移量，数据文件由连起来的键值对组成，每个 SSTable 由多个页构成。在查询一条数据时，并非像 B+树一样直接定位到数据所在的页，而是先定位到 SSTable，再根据 SSTable 中的索引文件找到数据所对应的页。

OceanBase 数据库中，对于用户表每个分区管理数据的基本单元就是 SSTable，当 MemTable 的大小达到某个阈值后，OceanBase 数据库会将 MemTable 冻结。然后，将其中的数据转存于磁盘上，转储后的结构就称为 Minor SSTable。当集群发生全局合并时，每个用户表分区所有的 Minor SSTable 会根据合并快照点，一起参与做 Major Compaction，最后会生成 Major SSTable。每个 SSTable 的构造方式类似，都是由自身的元数据信息和一系列的数据宏块组成，每个数据宏块内部则可以继续划分为多个微块，根据用户表模式定义的不同，微块可以选择使用平铺模式或者编码格式进行数据行的组织。SSTable 结构如图 2-3-2 所示。

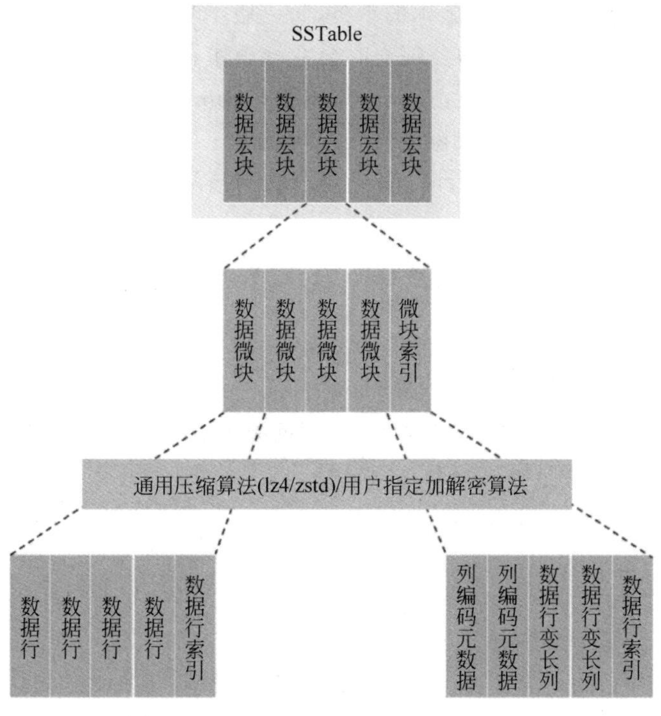

图 2-3-2 SSTable 结构图

(1) 宏块。OceanBase 数据库将磁盘切分为大小为 2MB 的定长数据块,称为宏块(Macro Block),宏块是数据文件写 I/O 的基本单位,每个 SSTable 由若干宏块构成,宏块 2MB 固定大小的长度不可更改,后续转储合并重用宏块以及复制迁移等任务都会以宏块为最基本粒度。

(2) 微块。在宏块内部数据被组织为多个大小为 16KB 左右的变长数据块,称为微块(Micro Block),微块中包含若干数据行(Row),微块是数据文件读 I/O 的最小单位。每个数据微块在构建时都会根据用户指定的压缩算法进行压缩。因此,宏块上存储的实际是压缩后的数据微块,当数据微块从磁盘读取时,会在后台进行解压并将解压后的数据放入数据块缓存中。每个数据微块的大小在用户创建表时可以指定,默认为 16KB。

一般来说,微块长度越大,数据的压缩比会越高,但相应的一次 I/O 读的代价也会越大;微块长度越小,数据的压缩比会相应降低,但相应的一次随机 I/O 读的代价会更小。另外,根据用户表模式的不同,每个微块构建时可能以平铺模式(Flat)或编码模式(Encoding)分别进行构建。在目前版本中,只有基线数据可以指定使用编码模式组织微块,对于转储数据全部默认使用平铺模式进行数据组织。

2.3.2 MemTable

OceanBase 是一个准内存数据库,绝大部分的热点数据都是在内存中,以行的方式组织,且在内存不足时以 MB 粒度将数据写入磁盘,避免了传统关系数据库以页面为单位的写入放大问题,从架构层面大大提升了性能。OceanBase 还引入内存数据库的优化技术,包括内存多版本并发、无锁数据结构等,实现最低延迟及最高性能。

OceanBase 数据库的内存存储引擎 MemTable 由 BTree 和 HashTable 组成,在插入/更新/删除数据时,数据被写入内存块,在 HashTable 和 BTree 中存储的均为指向对应数据的指针。

MemTable 在内存中维护历史版本的事务,每一版本将历史事务针对该行的操作按时间顺序从新到旧组织成行操作链,新事务提交时会在行操作链头部追加新的行操作。如操作链保存的历史事务过多,将影响读取性能,此时需要触发 compaction 操作,融合历史事务生成新的行操作链,compaction 操作不会删除老的行操作链。

OceanBase 数据库每次事务执行时,事务会自动维护两块索引之间的一致性。两种数据结构优劣对比如下。

(1) 插入一行数据时,需要先检查此行数据是否已经存在,检查冲突时,用 HashTable 比 BTree 快;

(2) 事务在插入或者更新一行数据时,需要找到此行并对其进行上锁,防止其他事务修改此行,在 OceanBaseMvccRow 中寻找行锁时,用 HashTable 比 BTree 快;

(3) 范围查找时,由于 BTree 节点中的数据是有序的,能够提高搜索的局部性,而 HashTable 是无序的,需要遍历整个 HashTable。

MemTable 结构如图 2-3-3 所示。

2.3.3 多级缓存

在 OceanBase 数据库内部也会有很多种不同类型的 Cache,这与 Oracle 和 MySQL 类似。OceanBase 数据库的 Cache 除了用于缓存 SSTable 数据的 Block Cache(类似于 Oracle 和 MySQL 的 Buffer Cache)之外,还有 Row Cache(用于缓存数据行)、Log Cache(用于缓存 Redo Log)、Location Cache(用于缓存数据副本所在的位置)、Schema Cache(用于缓存表的

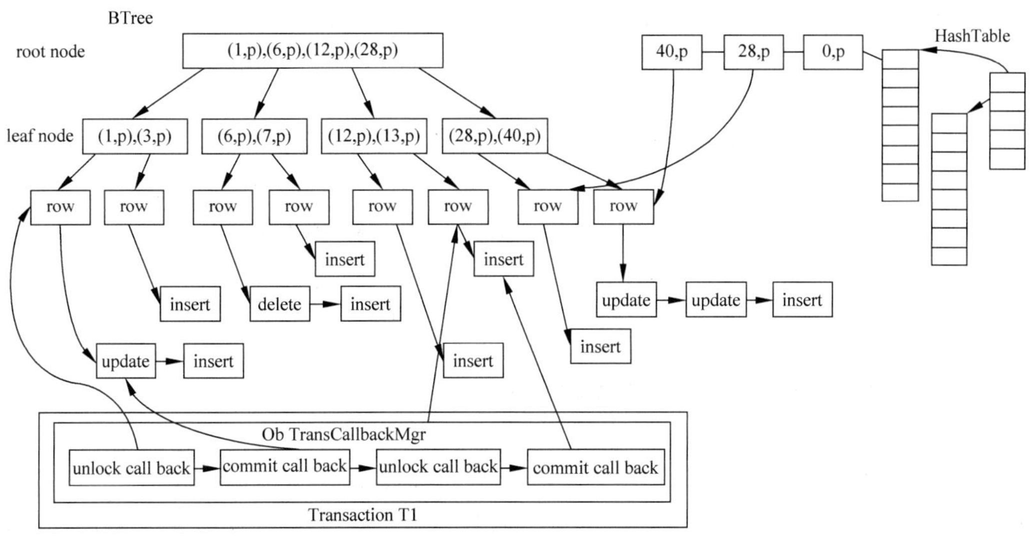

图 2-3-3 MemTable 结构图

Schema 信息)、BloomFilter Cache(用于缓存静态数据的 BloomFilter,快速过滤空查)等。

OceanBase 数据库设计了一套统一的 Cache 框架,所有不同租户不同类型的 Cache 都由框架统一管理。对于不同类型的 Cache,会配置不同的优先级,不同类型的 Cache 会根据各自的优先级以及数据访问热度做相互挤占;对于不同租户,会配置对应租户内存使用的上限和下限,不同租户的 Cache 会根据各自租户的内存上下限以及 Server 整体的内存上限做相互挤占。多级缓存如图 2-3-4 所示。

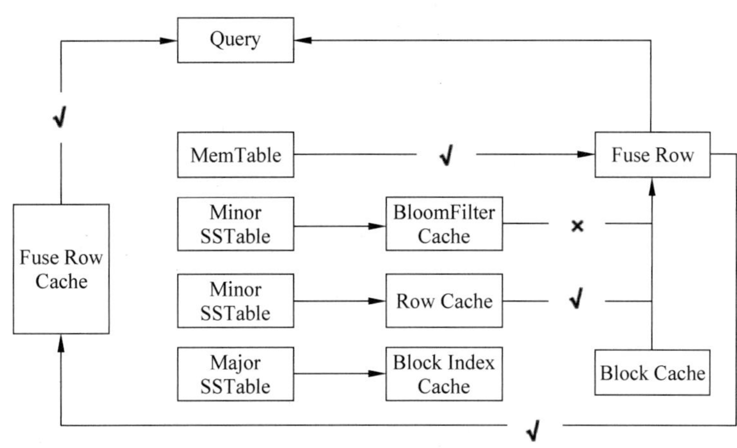

图 2-3-4 多级缓存

OceanBase 数据库中 Cache 大体上有以下 7 种。

(1) Block Cache。OceanBase 数据库的 Buffer Cache 缓存具体的数据块,实际上 Block Cache 中缓存的是解压后的微块,大小是变长的。

(2) Block Index Cache。缓存微块的索引,类似于 BTree 的中间层,在数据结构上和 Block Cache 有一些区别,由于中间层通常不大,Block Index Cache 的命中率通常都比较高。

(3) BloomFilter Cache。BloomFilter 是一种结构,可以帮助加速对空查询的过滤,有助于提升查询的性能。OceanBase 数据库的 BloomFilter 是构建在宏块上的,按需自动构建,当一个宏块上的空查次数超过某个阈值时,就会自动构建 BloomFilter,并将 BloomFilter 放入 Cache。

(4) Row Cache。Row Cache 缓存具体的数据行,在进行 Get/MultiGet 查询时,可能会将对应查到的数据行放入 Row Cache,这样在进行热点行的查询时,就可以极大地提升查询性能。

(5) Partition Location Cache:Partition Location Cache 缓存分区的位置信息,用于帮助对一个查询进行路由。

(6) Schema Cache。Schema Cache 缓存数据表的元信息,用于执行计划的生成以及后续的查询。

(7) Clog Cache。Clog Cache 缓存 Clog 数据,用于加速某些情况下 Paxos 日志的拉取。

2.4 数据可靠性和高可用架构概述

OceanBase 数据库集群如图 2-4-1 所示,数据服务层表示一个 OceanBase 数据库集群。该集群由三个子集群(Zone)组成,一个 Zone 由多台物理服务器组成,每台物理服务器称为数据节点(OBServer)。OceanBase 数据库采用 Shared-Nothing 的分布式架构,每个数据节点都是对等的。

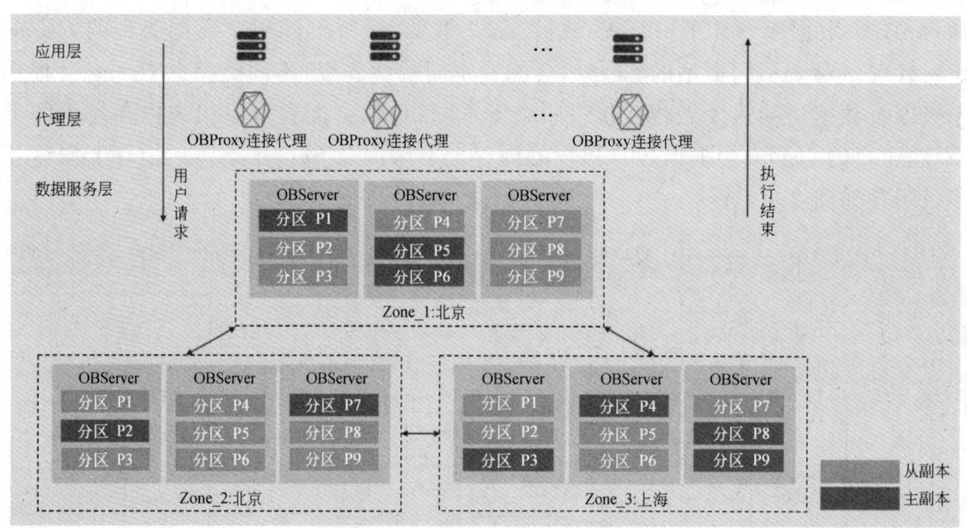

图 2-4-1 OceanBase 数据库集群

OceanBase 数据库中存储的数据分布在一个 Zone 的多个数据节点上,其他 Zone 存放多个数据副本。如图 2-4-1 所示的 OceanBase 数据库集群中的数据有三个副本,每个 Zone 存放一份。这三个 Zone 构成一个整体的数据库集群,为用户提供服务。

根据部署方式的不同,OceanBase 数据库可以实现各种级别的容灾能力。

(1) 服务器(Server)级无损容灾。能够容忍单台服务器不可用,自动无损切换。

(2) 机房(Zone)级无损容灾。能够容忍单个机房不可用,自动无损切换。

(3) 地区(Region)级无损容灾。能够容忍某个城市整体不可用,自动无损切换。

当数据库集群部署在一个机房的多台服务器时,实现服务器级别容灾。当集群的服务器在一个地区的多个机房中时,能够实现机房级别容灾;当集群的服务器在多个地区的多个机房中时,能够实现地区级别容灾。OceanBase 数据库的容灾能力可以达到 RPO=0,RTO<30s 的国标最高的 6 级标准。

OceanBase 分布式集群的多台服务器同时提供数据库服务,并利用多台服务器提供数据库服务高可用的能力。如图 2-4-1 所示，应用层将请求发送到代理服务（ODP，也称为 OBProxy），经过代理服务的路由后，发送到实际服务数据的数据库节点（OBServer），请求的结果沿着反向的路径返回给应用层。整个过程中不同的组件通过不同的方式来达到高可用的能力。

在数据库节点（OBServer）组成的集群中，所有的数据以分区为单位存储并提供高可用的服务能力，每个分区有多个副本。一般来说，一个分区的多个副本分散在多个不同的 Zone 里。多个副本中有且只有一个副本接受修改操作，叫作主副本（Leader），其他叫作从副本（Follower）。主从副本之间通过基于 Multi-Paxos 的分布式共识协议实现了副本之间数据的一致性。当主副本所在节点发生故障时，一个从节点会被选举为新的主节点并继续提供服务。

选举服务是高可用的基石，分区的多个副本通过选举协议选择其中一个作为主副本，在集群重新启动时或者主副本出现故障时，都会进行这样的选举。选举服务依赖集群中各台服务器时钟的一致性，每台服务器之间的时钟误差不能超过 200ms，集群的每台服务器应部署 NTP 或其他时钟同步服务以保证时钟一致。选举服务有优先级机制保证选择更优的副本作为主副本，优先级机制会考虑用户指定的 Primary Zone，考虑服务器的异常状态等。

当主副本开始服务后，用户的操作会产生新的数据修改，所有的修改都会产生日志，并同步给其他的从副本。OceanBase 数据库同步日志信息的协议是 Multi-Paxos 分布式共识协议。Multi-Paxos 协议保证任何需要达成共识的日志信息，在副本列表中的多数派副本持久化成功后即可保证，在任意少数派副本发生故障时，信息不会丢失。Multi-Paxos 协议同步的多个副本保证了在少数节点发生故障时系统的两个重要特性：数据不会丢失、服务不会停止。用户写入的数据可以容忍少数节点的故障。同时，在节点故障时，系统总是可以自动选择新的副本作为主副本继续为数据库服务。

OceanBase 数据库每个租户还有一个全局时间戳服务（GTS），为租户内执行的所有事务提供事务的读取快照版本和提交版本，保证全局的事务顺序。如果全局时间戳服务出现异常，租户的事务相关操作都会受到影响。OceanBase 数据库使用与分区副本一致的方案保证全局时间戳服务的可靠性与可用性。租户内的全局时间戳服务实际会由一个特殊的分区来决定其服务的位置，这个特殊分区与其他分区一样也有多副本，并通过选举服务选择一个主副本，主副本所在节点就是全局时间戳服务所在节点。如果这个节点出现故障，特殊分区会选择另一个副本作为主副本继续工作，全局时间戳服务也自动转移到新的主副本所在节点继续提供服务。

以上是数据库集群节点实现高可用的关键组件，代理服务也需要高可用能力来保证其服务。用户请求首先到达的是代理服务，如果代理服务不正常，则用户请求也无法被正常服务。代理服务还需要处理数据库集群节点故障，并做出相应的容错处理。

代理服务不同于数据库集群，它没有持久化状态，其工作依赖的所有数据库信息都来自对数据库服务的访问，所以代理服务故障不会导致数据丢失。代理服务也是由多个节点组成集群服务，用户的请求具体会由哪个代理服务节点来执行，应由用户的 F5 或者其他负载均衡组件负责，同时代理服务的某台节点发生故障，也应由负载均衡组件自动剔除，保证之后的请求不会再发送到故障节点上。

代理服务工作过程会实时监控数据库集群的状态，一方面，代理服务会实时获取集群系统表，通过系统表了解每台服务器的健康状态和分区的实时位置；另一方面，代理服务会通过网络连接探测数据库集群节点的服务状态，遇到异常时会标记相应节点的故障状态，并进行相应的服务切换。

2.4.1 代理高可用

OBProxy 全称为 OceanBase DataBase Proxy(ODP),是 OceanBase 数据库专用的服务代理。使用 OBProxy 可以屏蔽后端 OBServer 集群本身的分布式带来的复杂性,让访问分布式数据库像访问单机数据库一样简单。OBProxy 的部署方式有以下几种。

1. ODP 部署在应用端

结合云原生技术,OBProxy 以 Sidecar 方式和 App 一起部署在同一个物理机上。App 和 OBProxy 的数量满足图 2-4-2 所示的关系。OBProxy 和 OceanBase 数据库直连,中间没有负载均衡。实践证明,这种方式性能是最好的,同时需要注意,这里需要 App、OBProxy 和 OBServer 之间的网络互通。

因为 App 和 OBProxy 的个数是图 2-4-2 的对应关系,因此这种部署方式会导致 OBProxy 的容器特别多,达到成千上万个,所以这种方式依赖底层的 K8S(kubernetes)等基础设施。应用端部署如图 2-4-2 所示。

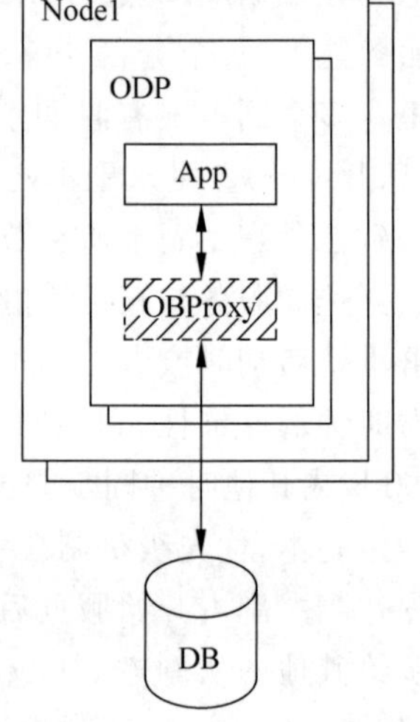

图 2-4-2 ODP 应用端部署

2. ODP 部署在 OBServer 端

部署在 OBServer 端是指在 OBServer 的服务器上部署一个 OBProxy 进程,这样 OBServer 和 OBProxy 的数量满足 1_1 关系。OBProxy 数量和 App 没有了对应关系。除了一台 OBServer 部署一个 OBProxy,也可以一个 Zone 内部署一个 OBProxy。

图 2-4-3 是很常见的部署形态,与部署在应用端相比,有以下区别:

(1) 多了 LB 组件做 OBProxy 的负载均衡,链路更长;

(2) App 和 OBProxy 之间没有明确的一一对应关系,排查问题会很困难;

(3) OBProxy 部署在 OBServer 所在服务器,压力情况下会有服务器的 CPU/MEM 资源抢占。

ODP 部署在 OBServer 端,如图 2-4-3 所示。

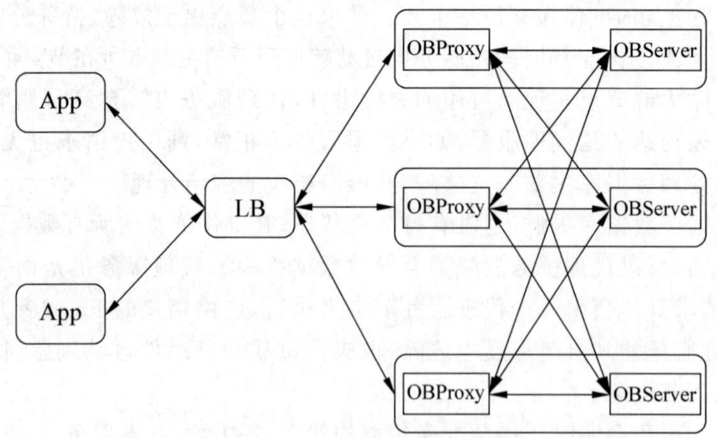

图 2-4-3 ODP 部署在 OBServer 端

3. 独立部署

独立部署是指专门为 OBProxy 找一台服务器部署。此时 OBProxy 的数量和 App、

OBServer 都没有关系，根据具体业务需求确定 OBProxy 的数量。对于 OBProxy 的部署机型，一般推荐选择小机型即可，如云上使用 16C16GB 的 ECS。独立部署后，OBServer 和 OBProxy 之间不存在资源抢占，可以更好地管理 OBProxy，将 OBProxy 做成资源池对外服务，目前公有云使用了该部署方式。ODP 独立部署如图 2-4-4 所示。

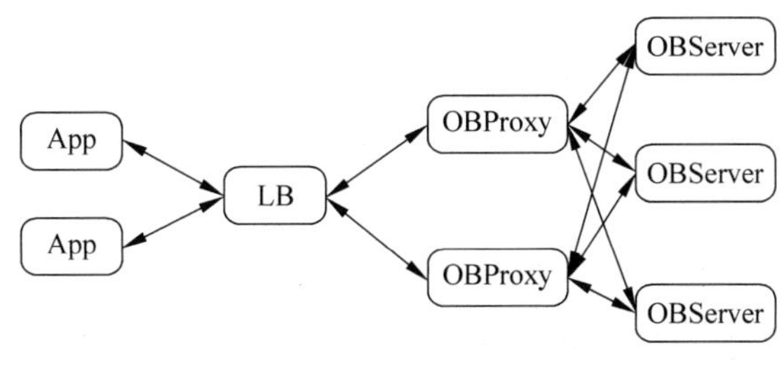

图 2-4-4 ODP 独立部署

2.4.2 分布式选举

在分布式系统的设计中，要解决的最主要问题之一就是单点故障问题(Single Point Of Failure，SPOF)。为了能在某个节点宕机后，系统仍然具备正常工作的能力，通常需要对节点部署多个副本，互为主从，通过选举协议在多副本中挑选出主副本，并在主副本发生故障后通过选举协议自动切换至从副本。

在分布式系统中，一个工作良好的选举协议应当符合以下两点预期。

1. 正确性

即当一个副本认为自己是 Leader 时，不应该有其他副本同时也认为自己是 Leader，在集群中同时有两个副本认为自己是 Leader 的情况称为"脑裂"，如 Raft 协议中的选举机制，通过保证为每个 Term 只分配一个 Leader 来避免脑裂，但是原生 Raft 中同一刻可能有多个副本认为自己是 Leader(尽管它们分管不同的 Term，且更小的 Term 的主副本已经失效但是其不自知)，使用原生的 Raft 协议必须读取多数派的内容来保证读取到的数据最新，OceanBase 数据库通过租约(Lease)机制避免对多数派的访问，确保在任意的时间点上只有一个副本能认为自己是 Leader。

2. 活性

即任意时刻，当 Leader 宕机时，只要集群中仍然有多数派的副本存活，那么在有限的时间内，存活副本中应当有副本能够成为 Leader。

在满足正确性和活性的基础上，OceanBase 数据库的选举协议还提供了优先级机制与切主机制，优先级机制在当前没有 Leader 的情况下可选择 Leader 的多个副本中优先级最高的副本作为 Leader；切主机制在当前有 Leader 的情况下可以无缝将 Leader 切换至指定副本。

OceanBase 数据库的选举模型是依赖时钟同步的选举方案，同个分区的多个全能副本在一个选举周期内进行预投票、投票、计票广播以及结束投票，最终敲定唯一的主副本。当选举成功后，每个副本会签订认定 Leader 的租约。在租约过期前，Leader 会不断发起连任，正常情况下能够一直连任成功。如果 Leader 没有连任成功，在租约到期后会周期性地发起无主选举，保证数据有主副本对外提供数据服务。

OceanBase 数据库假定其运行的物理环境满足一定的约束。

(1) 任意两台服务器间的单程网络延迟应当满足小于某个上限值，称为 MAX_TST。

(2) 集群中所有服务器的时钟与 NTP Server 进行同步，且与 NTP Server 的时钟偏差小于给定的最大偏差，称为 MAX_DELAY。

目前，OceanBase 数据库的系统参数为 MAX_TST＝200ms；MAX_DELAY＝100ms。若任意服务器与 NTP 服务器的时钟偏差不超过 100ms，则任意两台服务器间的时钟偏差不超过 200ms。当时钟偏差和消息延迟的假设不满足时，将发生无主切换，但是由于安全接收窗口的检查，无论是否满足环境约束，选举协议的正确性都是可以保证的。

(1) OBServer 在正常运行过程中，每个副本会签订认定 Leader 的租约，在租约过期前，Leader 会不断发起连任，若连任成功，原主保持 Leader 副本角色，继续对外提供数据服务，这叫作有主连任。最简单的有主连任场景是原主在租约周期过期前经过一次连任尝试就已经连任成功。

(2) OBServer 在正常运行过程中，原主副本因为各种原因不能作为主副本对外提供数据服务，OceanBase 数据库在其他多数派的副本中选举出新的 Leader 副本作为新主上任，这个过程就是发起了无主选举，最终新主上任。无主选举每个 OBServer 发起的。

OceanBase 数据库在实现上主要包含无主选举、有主连任和有主改选(切主)这几部分。其中，无主选举在集群启动或者 Leader 连任失败时才会进行。除了手动切主以及无主选举，其他的自动选举均是 RootService(OceanBase 数据库的主控服务)的 Leader Coordinator 组件发起。选举机制如表 2-4-1 所示。

表 2-4-1 选举机制

名 词	解 释
有主连任	OBServer 在正常运行过程中，每个副本会签订认定 Leader 的租约，在租约过期前，Leader 会不断发起连任，连任成功，原主保持 Leader 副本角色，继续对外提供数据服务，这叫作有主连任
无主选举	OBServer 在正常运行过程中，原主副本因为各种原因不能作为主副本对外提供数据服务，OceanBase 数据库在其他多数派的副本中选举出新的 Leader 副本作为新主上任。这个过程就是发起了无主选举，最终新主上任。无主选举是每个 OBServer 发起的
有主改选	OBServer 在正常运行的过程中，Leader 副本正常提供数据服务，RootService 发现了比原来的 Leader 副本更好的选择，重新对副本进行了选举，将主副本切换到了更好的副本，这个过程就叫作有主改选

2.4.3 多副本日志同步

日志服务作为关系数据库的基础组件，在 OceanBase 数据库中的重要性主要体现在以下 5 方面。

(1) 通过在事务提交时持久化 MemTable Mutator 的内容以及事务状态信息，为事务的原子性(Atomic)和持久性(Durability)提供支持。

(2) 通过生成 trans_version，并通过 Keepalive 消息同步到所有备机(以及只读副本)，为事务的隔离性(Isolation)提供支持。

(3) 通过实现 Paxos 协议将日志在多数派副本上实现强同步，为分布式数据库的数据容灾以及高可用提供支持；并进而支持各类副本类型(只读副本、日志副本等)。

(4) 通过维护权威的成员组和 Leader 信息，为 OceanBase 数据库中的各个模块所使用。为 RootService 的负载均衡、轮转合并等复杂策略提供底层机制。

(5) 提供外部数据服务,为 OMS 和增量备份等外部工具提供增量数据。

OceanBase 数据库的日志同步协议,要求待写入的数据在多数派节点持久化成功。以典型的同城三机房部署为例,任意事务持久化的日志,均需要同步到至少两个机房,事务才会最终提交。

(1) 在少数派的备节点出现故障时,主节点的服务不受任何影响,数据不会丢失。

(2) 在主节点故障或网络分区时,余下节点中仍保留有完整的数据;高可用选举会首先选出一个新的主节点,该节点会执行恢复流程,从余下节点中恢复出完整数据,在此之后可以继续提供服务,整个过程是完全自动的。

2.4.4 Multi Paxos 协议

Paxos 是 Leslie Lamport 于 1990 年提出的一种共识算法,它基于消息传递,具有高度的容错性,可以在一个不考虑拜占庭错误、可能发生节点宕机或网络异常等故障的分布式系统中快速正确地在集群内对某个值达成一致,并保证系统各个节点的一致性。需要注意的是,在实际系统中,这个值并不一定是某个数字,也有可能是一条需要达成共识的日志或命令。

Paxos 中的节点分为提议者(Proposer)、接受者(Acceptor)和学习者(Learner)三种角色。Proposer 提出提案,提案信息包括提案编号和提案值;Acceptor 收到提案后可以接受(Accept)提案,若提案获得多数 Acceptor 的接受,则称该提案被批准(Chosen);Learner 只能"学习"被批准的提案。对于 Paxos 中的每个节点来说,它可以同时是多个角色。Paxos 提出了两点要求——Safety 和 Liveness。Safety 要求只有一个值被批准,一个节点只能学习一个已经被批准的值,这保证了系统的一致性;Liveness 要求只要在大部分节点存活且可以相互正常通信的情况下,Paxos 会最终批准一个被提议的值,一旦一个值被批准,其他节点最终会学习到这个值。

Paxos 的主要思路是 Proposer 在提出提案前,需要先了解大多数 Acceptor 最近一次接受的提案,以此确定自己本次提出的提案值并发起投票。当获得大多数 Acceptor 接受后即认定提案被批准,并告知 Learner 此提案的信息。Paxos 主要分为两个阶段——Prepare 阶段和 Accept 阶段,Paxos 流程如图 2-4-5 所示。

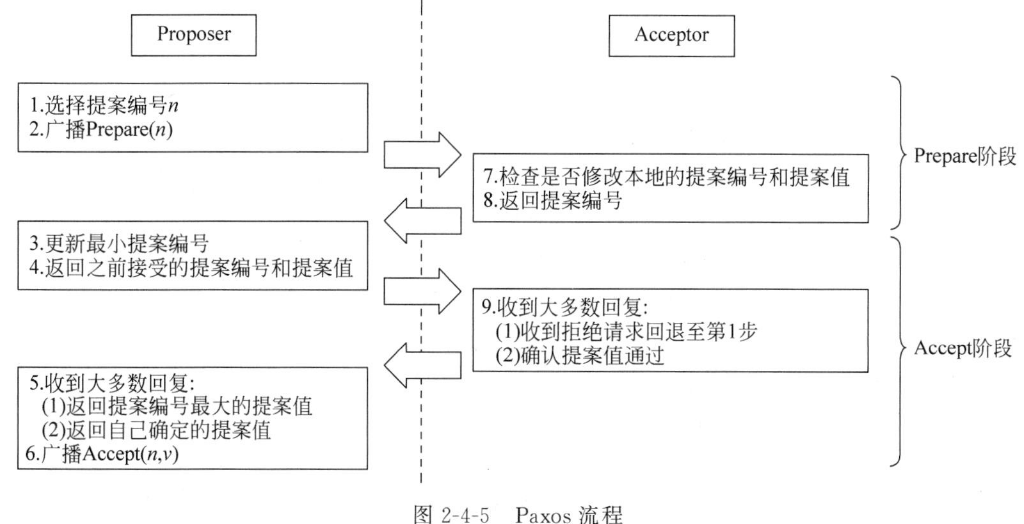

图 2-4-5 Paxos 流程

1. Prepare 阶段

Proposer 选择一个新的提案编号 n，并向所有 Acceptor 广播包含此提案编号 n 的 Prepare 请求，请求中不包含提案值。值得注意的是，对于此提案编号 n，需要确保唯一且大于 Proposer 使用或观测到的其他值。

Acceptor 收到请求后，更新其收到过的最小提案编号，如果在这一轮 Paxos 流程中没有回复和接受过提案编号大于或等于 n 的请求，则返回之前接受的提案编号和提案值，承诺不再返回小于 n 的提案。

2. Accept 阶段

当 Proposer 收到大多数 Acceptor 对自己提出的 Prepare 请求的回复时，选择所有回复中被接受的提案编号最大的提案值作为本次提案值。如果没有收到被接受的提案值，则由自己确定提案值。之后，Proposer 向所有 Acceptor 广播提案编号和提案值。

Acceptor 收到提案后检查提案编号，若不违反 Prepare 阶段自己不再返回小于 n 的提案的承诺，则接受该提案并返回提案编号，否则拒绝该提案，要求 Proposer 回退至第 1 步重新执行 Paxos 流程。

Acceptor 接受提案后，将该提案发送给所有的 Learner，Learner 确认该提案被大多数 Acceptor 接受，然后认定提案被批准，该轮 Paxos 结束。其中，Learner 也可以将被批准的提案广播给其他的 Learner。

Paxos 主要用于解决在多个副本之间对一个值达成一致的问题，例如在主节点出现故障后重新选择主节点或在多节点之间实现日志同步等。Paxos 算法虽然在理论上被证明是可行的，但由于其本身难以理解，也没有给出伪代码级的实现，在算法描述和系统实现之间有着巨大的鸿沟，导致最终的系统往往建立在一个还未被证明的协议之上。因此，实际系统中很少有和 Paxos 算法相似的实现。

在实际应用中，一个典型的场景是需要对一堆连续的值达成一致。一个直接的做法是对每个值均执行一次 Paxos 过程，但每轮 Paxos 过程需要执行两次 RPC，开销较大，且两个 Proposer 可能会依次提出编号递增的提案，引发潜在的"活锁"问题。由此出现了 Multi Paxos 算法，它引入了 Leader 角色，只允许 Leader 发起提案，消除了大部分 Prepare 请求，并保证每个节点最终拥有全部且一致的数据。以日志复制为例，Leader 可以发起一轮 Prepare 请求，请求内容包含整条日志而非只是其中一个值，之后发起 Accept 确定多个值，因此减少了一半的 RPC。Prepare 使用议案编号阻止旧的提议，同时检查日志，寻找已经被确定的日志项。一个 Leader 选举的方法如下：节点都有各自的 ID，默认 ID 值最大的节点作为 Leader，每个节点以 T 为时间间隔对外发送心跳，如果在 $2T$ 时间内没有收到高于自己 ID 的心跳信息，则自己成为 Leader。此外，为了保证所有节点拥有全部最新日志，Multi Paxos 做了以下设计：

(1) 在后台会持续地发送 Accept RPC，确保所有的 Acceptor 回复，保证节点的日志可以被同步至其他节点；

(2) 每个节点标记每个日志项是否被批准和第一个未被批准的日志项，以帮助追踪已被批准的日志项；

(3) Proposer 需要告知 Acceptor 已被批准的日志项，以帮助 Acceptor 更新日志；

(4) Acceptor 在回复 Proposer 时，会告知自己第一个未被批准的日志项下标，若 Proposer 第一个未被批准的日志项下标更大，则向 Acceptor 发送默认的未被批准的日志项。

2.4.5 GTS高可用

OceanBase 数据库内部为每个租户启动一个全局时间戳服务(Global Timestamp Service,GTS),事务提交时通过本租户的时间戳服务获取事务版本号,保证全局的事务顺序。

GTS 是集群的核心,需要保证高可用性。对于用户租户而言,OceanBase 数据库使用租户级别内部表__all_dummy 表的 Leader 作为 GTS 服务提供者,时间来源于该 Leader 的本地时钟。GTS 默认是三副本的,其高可用能力跟普通表的能力一样,保证单节点故障场景下 RTO<30s。

GTS 维护了全局递增的时间戳服务,异常场景下依然能够保证正确性。

1. 有主改选

原 Leader 主动发起改选的场景,称为有主改选。新 Leader 上任之前先获取旧 Leader 的最大已经授权的时间戳作为新 Leader 时间戳授权的基准值。因此该场景下,GTS 提供的时间戳不会回退。

2. 无主选举

原 Leader 与多数派成员发生网络隔离,等租约过期之后,原 Follower 会重新选主,这一过程称为无主选举。选举服务保证了无主选举场景下,新旧 Leader 的租约是不重叠的,能够保证本地时钟一定大于旧主提供的最大时间戳。因此,新 Leader 能够保证 GTS 提供的时间戳不回退。

2.5 容灾部署模式

OceanBase 数据库提供多种部署模式,可根据对机房配置以及性能和可用性的需求进行灵活选择。容灾部署模式如表 2-5-1 所示。

表 2-5-1 容灾部署模式

部署方案	容灾能力	RTO	RPO
同机房三副本	服务器级无损容灾/机架级无损容灾	30s 内	0
同城双机房主备库	机房级容灾	分钟级	大于 0
同城三机房	机房级无损容灾	30s 内	0
两地两中心主备库	地域级容灾	分钟级	大于 0
三地三中心五副本	地域级无损容灾	30s 内	0

为了达到不同级别的容灾能力,OceanBase 数据库提供了两种高可用解决方案:多副本高可用解决方案和主备库高可用解决方案。多副本高可用解决方案基于 Paxos 协议实现,在少数派副本不可用的情况下,能够自动恢复服务,并且不丢数据,始终保证 RTO 在 30s 内,RPO 为 0。主备库高可用解决方案是基于传统的主-备架构来实现的高可用方案,是多副本高可用方案的重要补充,可以满足双机房和双地域场景下的容灾需求;它不能保证数据不丢,RPO 大于 0,RTO 为分钟级别。

2.5.1 同机房三副本

如果只有一个机房,可以部署三副本或更多副本,来达到服务器级无损容灾。在单台 Server 或少数派 Server 宕机情况下,不影响业务服务,不丢数据。如果一个机房内有多个机架，可以为每个机架部署一个 Zone，从而达到机架级无损容灾。

2.5.2 同城双机房主备库

如果同城只有双机房，又想达到机房级容灾能力，可以采用主备库，每个机房部署一个集群。当任何一个机房不可用时，另一个机房可以接管业务服务。如果备机房不可用，此时业务数据不受影响，可以持续提供服务；如果主机房不可用，备机房集群需要激活成新主集群，接管业务服务，由于备集群不能保证同步所有数据，因此可能会丢失数据。

2.5.3 同城三机房

如果同城具备三机房条件，可以为每个机房部署一个 Zone，从而达到机房级无损容灾能力。任何一个机房不可用时，可以利用剩下的两个机房继续提供服务，不丢失数据。这种部署架构不依赖主备库，不过不具备地域级容灾能力。

2.5.4 两地两中心主备库

用户希望达到地域级容灾，但是当每个地域只有一个机房时，可以采用主备库架构，选择一个地域作为主地域，部署主集群，另一个地域部署备集群。当备地域不可用时，不影响主地域的业务服务；当主地域不可用时，备集群可以激活为新主集群继续提供服务，这种情况下可能会丢失业务数据。

更进一步，用户可以利用两地两中心实现双活，部署两套主备库，两个地域互为主备。这样可以更加高效地利用资源，并且达到更高的容灾能力。

2.5.5 三地三中心五副本

为了支持地区级无损容灾，通过 Paxos 协议的原理可以证明，至少需要三个地区。OceanBase 数据库采用的是“两地三中心”的变种方案：三地三中心五副本。该方案包含三个城市，每个城市一个机房，前两个城市的机房各有两个副本，第三个城市的机房只有一个副本。和“两地三中心”的不同点在于，每次执行事务至少需要同步到两个城市，需要业务容忍异地复制的延时。

2.5.6 三地五中心五副本

和“三地三中心五副本”类似，不同点在于，“三地五中心”会把每个副本部署到不同的机房，进一步强化机房容灾能力。

2.6 事务管理概述

数据库事务包含了数据库上的一系列操作，事务使得数据库从一个一致的状态转化到另一个一致的状态。

数据库事务具有 4 个特性：原子性、一致性、隔离性、持久性。这 4 个属性通常称为 ACID 特性。

1. 原子性

OceanBase 数据库是一个分布式系统，分布式事务操作的表或者表分区可能分布在不同服务器上，OceanBase 数据库采用两阶段提交协议保证事务的原子性，确保多台服务器上的事务要么都提交成功要么都回滚。

2. 一致性

事务必须是使数据库从一个一致性状态变到另一个一致性状态。一致性与原子性是密切相关的。

3. 隔离性

OceanBase 数据库社区版支持 MySQL 兼容模式。在 MySQL 模式下，支持 Read Committed 隔离级别和 Repeatable Read 隔离级别。

4. 持久性

对于单个服务器来说，OceanBase 数据库通过 Redo Log 记录了数据的修改，通过 WAL 机制保证在宕机重启之后能够恢复出来。保证事务一旦提交成功，事务数据一定不会丢失。对于整个集群来说，OceanBase 数据库通过 Paxos 协议将数据同步到多个副本，只要多数派副本存活，事务数据就一定不会丢失。

2.6.1 事务的结构

一个数据库事务包含一条或者多条 DML 语句，事务有明确的起始点及结束点。

1. 开启事务

以 MySQL 模式为例，数据库在执行以下语句时会开启一个事务。

```
begin
start transaction
insert ...
update ...
delete ...
select ... for update...
```

当事务开启时，OceanBase 数据库为事务分配一个事务 ID，用于唯一地标识一个事务。通过 oceanbase.__all_virtual_trans_stat 可以查询事务的状态。以下例子说明，Update 语句开启了一个事务。

示例 1：开启事务，并查看事务 ID。

```
session 1:
obclient> SET autocommit=0;
Query OK, 0 rows affected (0.00 sec)

obclient> UPDATE t SET c="b" WHERE i=1;
Query OK, 1 row affected (0.00 sec)
Rows matched: 1 Changed: 1 Warnings: 0

obclient> SELECT trans_id FROM __all_virtual_trans_stat;
+-----------------------------------------------------------------+
| trans_id |                                                      |
+-----------------------------------------------------------------+
| {hash:17242042390259891950, inc:98713, addr:"xx.xx.xx.x7:24974", t:1632636623536459} |
```

2. 语句执行

在语句执行过程中，OceanBase 数据库在语句访问到的每个分区上创建一个事务上下文，用于记录语句执行过程中的数据快照版本号以及语句对该分区所做的修改。

3. 结束事务

事务结束时收集事务执行过程中修改过的所有分区，根据不同的场景对这些分区发起提交事务或者回滚事务。以下场景会触发事务的提交或者回滚。

(1) 用户显式地发起 Commit 或者 Rollback。用户发起 Commit 时，OceanBase 数据库会将事务所做的修改持久化到 Clog 文件中。

(2) 用户执行 DDL 操作。包括 CREATE、DROP、RENAME 或者 ALTER。当用户在事务中发起这些 DDL 操作时，OceanBase 数据库会隐式地发起一个 Commit 请求，后续的语句会开启一个新的事务。

(3) 客户端断开连接。当客户端在事务执行过程中断开连接时，OceanBase 数据库会隐式地发起 Rollback 请求，将事务回滚。

2.6.2 Redo 日志

Redo 日志是 OceanBase 数据库用于宕机恢复以及维护多副本数据一致性的关键组件。Redo 日志是一种物理日志，它记录了数据库对于数据的全部修改历史，具体地说，记录的是一次写操作后的结果。从某个持久化的数据版本开始逐条回放 Redo 日志可以还原出数据的最新版本。

OceanBase 数据库的 Redo 日志有以下两个主要作用。

(1) 宕机恢复。与大多数主流数据库相同，OceanBase 数据库遵循 WAL(Write-Ahead Logging)原则，在事务提交前将 Redo 日志持久化，保证事务的原子性和持久性(ACID 中的 A 和 D)。如果 OBServer 进程退出或所在的服务器宕机，重启 OBServer 会扫描并回放本地的 Redo 日志用于恢复数据。宕机时未持久化的数据会随着 Redo 日志的回放而重新产生。

(2) 多副本数据一致性。OceanBase 数据库采用 Multi Paxos 协议在多个副本间同步 Redo 日志。对于事务层来说，一次 Redo 日志的写入只有同步到多数派副本上时才能认为成功。而事务的提交需要所有 Redo 日志都成功写入。最终，所有副本都会收到相同的一段 Redo 日志并回放出数据。这就保证了一个成功提交的事务的修改最终会在所有副本上生效并保持一致。Redo 日志在多个副本上的持久化使得 OceanBase 数据库可以提供更强的容灾能力。

1. 日志文件类型

OceanBase 数据库采用了分区级别的日志流，每个分区的所有日志要求在逻辑上连续有序。而一台服务器上的所有日志流最终会写入一个日志文件中。OceanBase 数据库的 Redo 日志文件包含以下两种类型。

(1) Clog。全称 Commit Log，用于记录 Redo 日志的日志内容，位于 Store/Clog 目录下，文件编号从 1 开始并连续递增，文件 ID 不会复用，单个日志文件的大小为 64MB。这些日志文件记录数据库中的数据所做的更改操作，提供数据持久性保证。

(2) Ilog。全称 Index Log，用于记录相同分区相同 Log ID 的已经形成多数派日志的 Commit Log 的位置信息。位于 Store/Ilog 目录下，文件编号从 1 开始并连续递增，文件 ID 不会复用，单个日志文件的大小非定长。这个目录下的日志文件是 Clog 的索引，本质上是对日志管理的一种优化，Ilog 文件删除不会影响数据持久性，但可能会影响系统的恢复时间。Ilog 文件和 Clog 文件没有对应关系，由于 Ilog 针对单条日志记录的内容会比 Clog 少很多，因此一般场景下 Ilog 文件数目也比 Clog 文件数目少很多。

2. 日志的产生

OceanBase 数据库的每条 Redo 日志最大为 2MB。事务在执行过程中会在事务上下文中维护历史操作，包含数据写入、上锁等操作。在 OceanBase 3.x 之前的版本中，OceanBase 数据库仅在事务提交时才会将事务上下文中保存的历史操作转换成 Redo 日志，以 2MB 为单位提交到 Clog 模块，Clog 模块负责将日志同步到所有副本并持久化。在 OceanBase 3.x 及之后的版本中，OceanBase 数据库新增了即时写日志功能，当事务内数据超过 2MB 时，生成 Redo 日志，提交到 Clog 模块。以 2MB 为单位主要是出于性能考虑，每条日志提交到 Clog 模块后需要经过 Multi Paxos 同步到多数派，这个过程需要较多的网络通信，耗时较多。因此，相比于传统数据库，OceanBase 数据库的单条 Redo 日志聚合了多次写操作的内容。

OceanBase 数据库的一个分区可能会有 3～5 个副本，其中只有一个副本可以作为 Leader 提供写服务，产生 Redo 日志，其他副本都只能被动接收日志。

3. 日志的回放

Redo 日志的回放是 OceanBase 数据库提供高可用能力的基础。日志同步到 Follower 副本后，副本会将日志按照 transaction_id 哈希到同一个线程池的不同任务队列中进行回放。OceanBase 数据库中不同事务的 Redo 日志并行回放，同一事务的 Redo 日志串行回放，在提高回放速度的同时保证了回放的正确性。日志在副本上回放时首先会创建出事务上下文，然后在事务上下文中还原出操作历史，并在回放到 Commit 日志时将事务提交，相当于事务在副本的镜像上又执行了一次。

4. 日志容灾

通过回放 Redo 日志，副本最终会将 Leader 上执行过的事务重新执行一遍，获得和 Leader 一致的数据状态。当某一分区的 Leader 所在的服务器发生故障或由于负载过高而无法提供服务时，可以重新将另一个服务器上的副本选为新的 Leader。因为它们拥有相同的日志和数据，新 Leader 可以继续提供服务。只要发生故障的副本不超过一半，OceanBase 数据库都可以持续提供服务。发生故障的副本在重启后会重新回放日志，还原出未持久化的数据，最终会和 Leader 保持一致的状态。

对于传统数据库来说，无论是故障宕机还是重新选主，正在执行的事务都会伴随内存信息的丢失而丢失状态。之后通过回放恢复出来的活跃事务因为无法确定状态而只能被回滚。从 Redo 日志的角度看就是回放完所有日志后仍然没有 Commit 日志。在 OceanBase 数据库中重新选主会有一段时间允许正在执行的事务将自己的数据和事务状态写成日志并提交到多数派副本，这样在新的 Leader 上事务可以继续执行。

5. 日志的控制与回收

日志文件中记录了数据库的所有修改，因此回收的前提是日志相关的数据都已经成功持久化到磁盘上。如果数据还未持久化就回收了日志，发生故障后数据就无法被恢复。

当前，OceanBase 数据库的日志回收策略中对用户可见的配置项有以下两个。

1) clog_disk_usage_limit_percentage

该配置项用于控制 Clog 或 Ilog 磁盘空间的使用上限，默认值为 95，表示允许 Clog 或 Ilog 使用的磁盘空间占总磁盘空间的百分比。这是一个刚性的限制，超过此值后该 OBServer 不再允许任何新事务的写入，同时不允许接收其他 OBServer 同步的日志。对外表现是所有访问此 OBServer 的读写事务报 transaction needs rollback 的错误。

2) clog_disk_utilization_threshold

该配置项用于控制 Clog 或 Ilog 磁盘的复用下限。在系统工作正常时，Clog 或 Ilog 会在此水位开始复用最老的日志文件，默认值是 Clog 或 Ilog 独立磁盘空间的 80%，不可修改。因此，正常运行的情况下，Clog 或 Ilog 磁盘空间占用不会超过 80%，超过则会报 clog disk is almost full 的错误，提醒 DBA 处理。

2.6.3 分布式事务

ACID 事务是关系数据库的一个重要特性。对于分布式数据库，由于数据分布在多个节点上，不可避免地需要引入分布式事务，以保证事务的 ACID 特性。

OceanBase 数据库的事务类型由事务 Session 位置和事务涉及的分区 Leader 数量两个维度来决定，主要分为分布式事务和单分区事务。

分布式事务根据涉及的分区 Leader 是否跨服务器，又可以分为跨机单分区事务、单机多分区事务和多机多分区事务。

1. 单分区事务

(1) 事务涉及的操作总共涉及一个分区。

(2) 分区的 Leader 与 Session 创建的 Server 相同。

(3) 事务涉及的分区数量只有一个，且分区 Leader 和事务 Session 在同一个 Server。

2. 分布式事务

分布式事务满足事务的所有属性，同样需要满足 ACID 的特性。在多机数据修改，且要保证原子性的场景，分布式事务能够发挥重要作用。

(1) 跨机单分区事务。

事务涉及的分区数量只有一个，且分区 Leader 和事务 Session 位置不在同一个 Server。

(2) 单机多分区事务。

① 事务涉及表的多个分区，其 Leader 在同一个 Server 上。

② 分区 Leader 与 Session 创建的 Server 相同。

由于 OceanBase 数据库分区级日志流的设计，单机多分区事务本质上也是分布式事务。为了提高单机的性能，OceanBase 数据库对事务内参与者副本分布相同的事务做了比较多的优化，相对于传统两阶段提交，大大提高了单机事务提交的性能。

(3) 多机多分区事务。

① 事务涉及的分区数量大于一个，且涉及多个服务器。

② 为了保证上述特性，OceanBase 采用了两阶段提交协议。

2.6.4 两阶段提交

OceanBase 数据库实现了原生的两阶段提交协议，保证分布式事务的原子性。两阶段提交协议中包含两种角色：协调者(Coordinator)和参与者(Participant)。协调者负责整个协议的推进，使得多个参与者最终达到一致的决议。参与者响应协调者的请求，根据协调者的请求完成 Prepare 操作及 Commit/Abort 操作。

传统的 OceanBase 数据库两阶段提交的流程如图 2-6-1 所示。

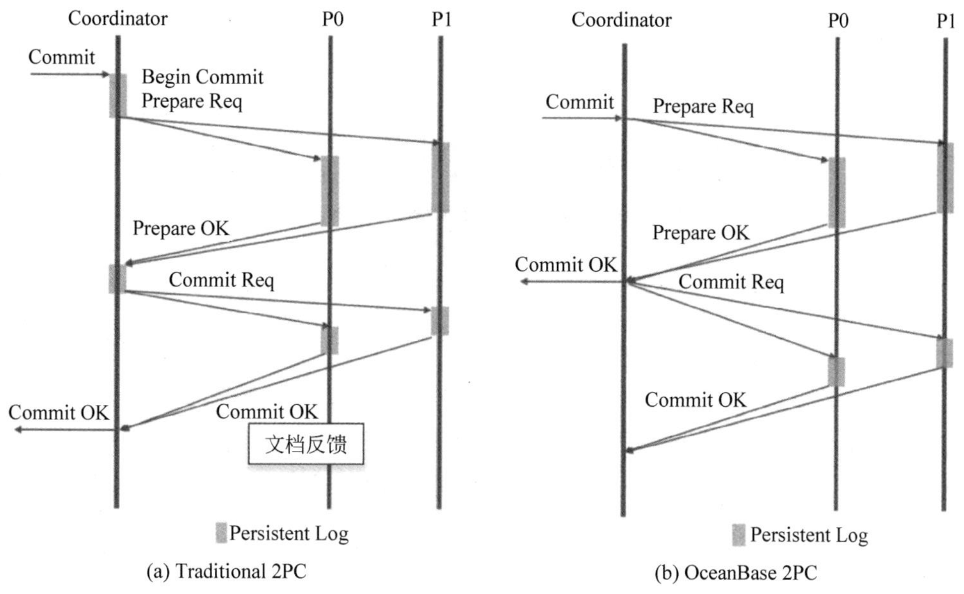

图 2-6-1　OceanBase 数据库两阶段提交流程

1. Prepare 阶段

(1) 协调者：协调者向所有的参与者发起 Prepare Request。

(2) 参与者：参与者收到 Prepare Request 之后，决定是否可以提交，如果可以则持久化 Prepare Log 并且向协调者返回 Prepare 成功，否则返回 Prepare 失败。

2. Commit 阶段

(1) 协调者：协调者收齐所有参与者的 Prepare ACK 之后，进入 Commit 状态，向用户返回事务 Commit 成功，然后向所有参与者发送事务 Commit Request。

(2) 参与者：参与者收到 Commit Request 之后释放资源解行锁；然后提交 Commit Log，日志持久化完成之后给协调者回复 Commit OK 消息；最后，释放事务上下文并退出。

第3章

视频讲解

OceanBase集群规划与部署

3.1 OceanBase 技术介绍

自从 Edgar F. Codd 于 1970 年首次提出关系数据库模型后，关系数据库便以其易于使用的接口、完善的功能和生态，成为 IT 领域必需的基础设施，广泛应用在各行各业，包括金融、电信、房地产、农林牧渔、制造业等。关系数据库经过 50 多年的发展，涌现出非常多的优秀的商业数据库和开源数据库。

随着互联网行业、大数据的兴起和蓬勃发展，数据量和并发访问量呈现指数级的增长，这对整个系统架构的设计、产品的能力都提出了极大的挑战。极度高昂的总体拥有成本、捉襟见肘的扩展能力、软弱无力的大数据处理性能等都成为高并发、大数据访问需求下越来越明显的灼痛。与此同时，阿里巴巴的各类应用场景极其严苛，有着全球最大的并发量需求，对系统的可靠性、高可用性有着极高的要求，需要具备单机、机架、机房以及城市级别的容灾恢复能力。早期使用共享存储、小型机等高端硬件，也只能部分满足在性能和可靠性上的需求，能不能结合分布式系统和传统关系数据库的优点，既拥有传统关系数据库在功能上的优势，同时具备分布式系统库的可扩展性、高可靠性等特征。在这样的历史背景下，OceanBase 数据库作为一款原生的分布式数据库诞生了。

OceanBase 数据库的设计之初就是构建在普通服务器组成的分布式集群之上，具备可扩展、高可用、高性能、低成本以及多租户等核心技术优势。目前，已经成功服务于阿里巴巴集团的多个核心业务，并且经历了多年电商“双十一”大促活动的严格考验。OceanBase 数据库在阿里巴巴内部经过 10 年的孕育和发展后，才再逐步推广到外部市场，目前服务于金融、保险、电信等多个行业。

OceanBase 数据库技术的特点如下。

1. 弹性扩展

OceanBase 数据库支持在线弹性扩展。当集群存储容量或处理能力不足时，可以随时加入新的 OBServer，系统有能力自动进行数据迁移，并根据服务器的处理能力，将合适的数据分区迁移到新加入的服务器上；同样，在系统容量充足和处理能力富余时，也可以将服务器下线，降低成本；在类似于“双十一”大促之类的活动中，可以提供良好的弹性伸缩能力。

2. 负载均衡能力

OceanBase 数据库是一个分布式的数据库，管理着的许多台 OBServer 作为一个 OBServer 集群为多个租户提供数据服务。OceanBase 集群管控的所有 OBServer 可以被视作一个超级大的“资源蛋糕”，在分配资源时，按需分配给创建租户时申请的资源。为了保证 OBServer 集群顺畅运行，还会在初始化(BootStrap)时创建出系统租户，并分配给系统租户少量资源保证内部运行。

OceanBase 数据库的负载均衡能力能够保证多个租户在整个 OBServer 集群中申请的资源占用相对均衡，并且在动态场景下(例如，添加或删除 OBServer、添加或删除业务租户以及数据增删过程中分区数据量发生倾斜等)，负载均衡算法仍然能在已有的节点上平衡资源。OceanBase 数据库系统中的每个分区都维护了多个副本，其中一个为主副本，对外提供强一致读的数据服务，其他副本为从副本。主副本的集中和分散程度也就映射着未来业务负载的热度分布。

在创建表、创建分区时，OceanBase 数据库已经考虑到负载均衡，OceanBase 数据库有能力将所有副本的 Leader 相对均衡地打散到集群中的所有节点上。将所有 Leader 副本随机打散到不同的节点，可以将负载均衡到不同节点。但是，有可能业务需求对数据服务分布的需求并不一定是尽量打散的。特别是在不同表、分区访问有关联关系的场景下。在分布式数据库中，跨节点的请求可能会有性能下降的代价。OceanBase 数据库使用表组(Table Group)将经常一起访问的多张表格聚集在一起。例如，有用户基本信息表(user)和用户商品表(user_item)，这两张表格都按照用户编号哈希分布，只需要将二者设置为相同的表组，系统后台就会自动将同一个用户所在的 user 表分区和 user_item 表分区调度到同一台服务器。这样，即使操作某个用户的多张表格，也不会产生跨机事务。OceanBase 数据库还支持手动地通过设置租户的 Primary Zone 来影响 Leader 副本分布的偏好、通过设置 Locality 控制租户或者表的副本类型来影响提供数据服务的主副本位置。这样，在充分利用 OceanBase 数据库负载均衡能力的同时，可以更好地适配已经有一定特征和逻辑的业务数据访问场景，获得更快的请求响应时间。

OceanBase 数据库通过 RootService 管理各节点间的负载均衡。不同类型的副本需求的资源各不相同，RootService 在执行分区管理操作时需要考虑的因素包括每台 OBServer 上的 CPU 使用情况、磁盘使用量、内存使用量、IOPS 使用情况、避免同一张表格的分区全部落到少数几台 OBServer，等等。让耗内存多的副本和耗内存少的副本位于同一台服务器上，让占磁盘空间多的副本和占磁盘空间少的副本位于同一台服务器上。经过负载均衡，最终会使得所有服务器的各类型资源占用都处于一种比较均衡的状态，充分利用每台服务器的所有资源。负载均衡分服务器、Unit 两个粒度，前者负责服务器之间的均衡，选择一些 Unit 整体从负载高的服务器迁移到负载低的服务器上；后者负责两个 Unit 之间的均衡，从负载高的 Unit 搬迁副本到负载低的 Unit。

3. 分布式事务 ACID 能力

OceanBase 数据库架构下事务的 ACID 的实现方式如下。

(1) Atomicity：使用两阶段提交保证快照事务原子性。

(2) Consistency：保证事务的一致性。

(3) Isolation：使用多版本机制进行并发控制。

(4) Durability：事务日志使用 Paxos 进行多副本同步。

4. 高可用

OceanBase 数据库系统中的每个分区都维护了多个副本，一般为三个，且部署到三个不同的数据中心。整个系统有可能至多会有百万分区，这些分区的多个副本之间通过 Paxos 协议进行日志同步。每个分区和它的副本构成一个独立的 Paxos 组，其中一个为主副本，其他为从副本。每台 OBServer 服务的一部分分区为 Leader，另一部分分区为 Follower。当 OBServer 出现故障时，Follower 分区不受影响，Leader 分区的写服务短时间内会受到影响，直到通过 Paxos 协议将该分区的某个 Follower 选为新的 Leader 为止，整个过程不超过 30 秒。通过引入 Paxos 协议，可以保证在数据强一致的情况下，具有极高的可用性及性能。

同时，OceanBase 数据库也支持主备库架构。OceanBase 集群的多副本机制可以提供丰富的容灾能力，在服务器级、机房级、城市级故障情况下，可以实现自动切换，并且不丢数据，RPO＝0。OceanBase 数据库的主备库高可用架构是 OceanBase 数据库高可用能力的重要补充。当主集群出现计划内或计划外(多数派副本故障)的不可用情况时，备集群可以接管服务，并且提供无损切换(RPO＝0)和有损切换(RPO＞0)两种容灾能力，最大限度降低服务停机时间。

OceanBase 数据库支持创建、维护、管理和监控一个或多个备集群。备集群是生产库数据的热备份。管理员可以选择将资源密集型的报表操作分配到备集群，以便提高系统的性能和资源利用率。

5. 高效的存储引擎

OceanBase 数据库采用的是 Shared-Nothing 的分布式架构，每个 OBServer 都是对等的，管理不同的数据分区。OceanBase 数据库的存储引擎基于 LSM Tree 架构，数据被划分为两部分：MemTable(也经常被叫作 MemStore)和 SSTable。其中，MemTable 提供读写，而 SSTable 是只读的。用户新插入、删除、更新的数据先写入 MemTable，通过 Redo Log 来保证事务性，Redo Log 会在三副本间使用 Paxos 协议进行同步。当单台 Server 宕机时，通过 Paxos 协议可以保证数据的完整性，并通过较短的恢复时间来保证数据的高可用。当 MemTable 的大小达到某个阈值时，MemTable 被转存到 SSTable 中。在查询时，需要将 MemTable 和 SSTable 的数据进行归并，才能得到最终的查询结果。对于 SSTable 增加了多层 Cache，用于缓存频繁访问的数据。系统架构概念如图 3-1-1 所示。

因为有大量的静态基线数据，可以很方便对其进行压缩，减少存储成本；增量数据写在内存中不可无尽增长，当 MemTable 的大小超过一定阈值时，就需要将 MemTable 中的数据转存到 SSTable 中以释放内存，这一过程称为转储；转储会生成新的 SSTable，当转储的次数超过一定阈值时，或者在每天的业务低峰期，系统会将基线 SSTable 与之后转储的增量 SSTable 结合为一个 SSTable，这一过程称为合并。OceanBase 数据库高的存储引擎在优化数据存储的空间基础上，提供了高效的读写服务，保证事务性和数据的完整性。

6. 多租户

OceanBase 数据库是一个支持多租户的分布式数据库，一个集群支持多个业务系统，也就是通常所说的多租户特性。多租户的架构优势在于可以充分利用系统资源，使得同样的资源可以服务更多的业务。通过将波峰、波谷期不同的业务系统部署到一个集群，以实现对系统资

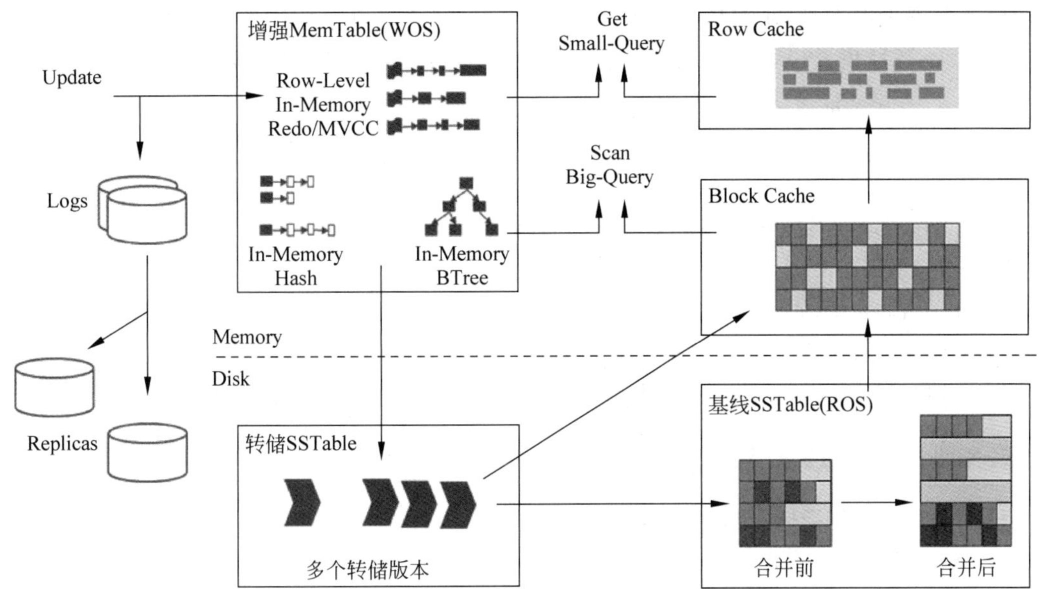

图 3-1-1 系统架构概念图

源最大限度的使用。在租户的实现中,保证了租户之间的隔离性:在数据安全方面,不允许跨租户的数据访问,确保用户的数据资产没有泄露的风险;在资源使用方面表现为租户"独占"其资源配额,该租户对应的前端应用,无论是响应时间还是TPS/QPS都比较平稳,不会受到其他租户负载轻重的影响。

7. Oracle兼容和MySQL兼容

OceanBase数据库支持Oracle兼容模式和MySQL兼容模式,用户可以根据不同的需要选择不同的模式。

3.2 OCP管理组件介绍

OceanBase云平台(OceanBase Cloud Platform,OCP)是一款专门用来管理OceanBase数据库集群的管控平台。通过OCP,可以一键安装、部署、升级OceanBase集群,监控集群的运行状态,创建和维护运维任务,并且对应用开发者透明。OCP伴随着OceanBase而诞生,经过多个版本的迭代,最新的为4.2版本。

3.2.1 OCP简介

OceanBase拥有很强大的功能,但当单独使用OceanBase内核时,对用户的要求比较高,用户使用并不方便。甚至某些功能的实现,非常依赖于特定工具的配合。例如,想要知道OceanBase一段时间的QPS,系统表内无法直接获取,系统表中只记录累加之后的值,需要特定工具持续采集,并持久化这些原始数据才能进行计算。所以,更好地使用OceanBase离不开生态工具的配合,于是OCP应运而生。

除了OCP,还有一些其他的工具来支持OceanBase,例如OBD可以做部署和日常运维,OBagent+Prometheus+Grafana可以做监控,这些工具都非常好用。

但是,每个工具都只满足特定一部分的需求,在满足日常的生产环境使用时,运维人员需要使用多个独立的工具,非常烦琐,耗时耗精力。而OCP可以类比于软件开发中的IDE开发环境,在一个环境里提供了最常用的功能,满足绝大部分日常的使用场景。

OCP的主要功能分为以下三部分。

1. OceanBase 运维

(1) OceanBase集群的安装部署和日常运维。

(2) 租户管理。

(3) DataBase管理。

(4) OceanBase相关生态工具的运维,目前已经支持OBProxy。

(5) 主机和软件包的管理,是最基础的运维能力,为运维OceanBase提供支持。

2. OceanBase 监控

(1) Metric监控指标,包括OceanBase和OBProxy的监控指标。

(2) SQL统计分析,慢SQL分析。

(3) 基于监控指标/日志的报警。

3. 元数据查询服务

(1) 存储并实时更新OceanBase的rootservice地址。

(2) 提供给其他组件查询OceanBase的rootservice地址。

(3) 记录OBProxy和OceanBase的关联关系。这是在前面基础上扩展的一个能力。

3.2.2 OCP系统架构

OCP系统架构如图3-2-1所示。

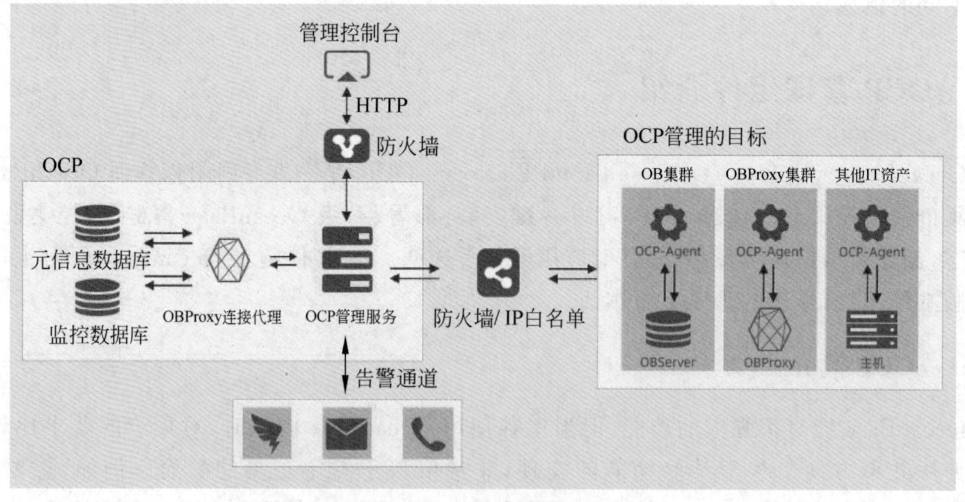

图3-2-1 OCP系统架构

图3-2-1为OCP的系统架构,其主要有以下三个模块。

(1) OCP管理服务。它包括一个由Java实现的应用程序,实现OCP平台的主要逻辑。它会与其他组件交互,对外提供HTTP服务。管理控制台提供给用户前端页面进行交互,其他系统也可以通过Open API直接调用OCP。

(2) 数据库存储。它包括元信息数据库和监控数据库。其中元信息数据库存储 OCP 管理资源的记录,监控数据库存储 OCP 采集的一些监控指标,包括采集到的原始值以及计算后的统计数据。

(3) OCP-Agent。它部署在每个 OCP 管控的主机上,提供两种能力。首先,提供运维接口,OCP 需要进行的运维操作通过调用 OCP-Agent 来实现,也通过这种方式实现跨平台的能力;其次,提供监控能力,包括以服务的形式通过 Prometheus 协议提供 Metric 数据,以及主动上报 SQL 相关的数据。

3.2.3 OCP 使用注意事项

1. 安装部署

(1) OCP 基于 Docker 发布,需要 Docker 环境。

(2) 数据库使用 OceanBase 单机版。

(3) OCP 所需的资源主要由监控模块决定,监控数据的规模和管理的主机数量有关系,另外也和 OceanBase 集群中租户的数量有关系,需要事先做好评估,以免资源紧张造成各种问题。

2. 高可用规划

OCP 是一个非常重要的组件,尤其是 Config Server 服务,它为在生产环境其他组件提供连接 OceanBase 的入口。因此 OCP 的高可用也是一个非常重要的考量。

(1) OCP 的状态都是通过元数据库来维护的,因此元数据库需要是高可用的,一般是多节点的 OceanBase 集群。

(2) OCP 程序本身虽然是无状态的,但是为了持续提供服务,需要部署多个节点。

(3) 其他组件,例如连接元数据库的 OBProxy 也需要多个节点部署。

3. 常见使用问题

当前 OCP 在一些使用场景中有一些默认的假设,因为它本来是在内部使用的一个产品,然后慢慢地放到开源社区使用,用户在使用过程中可能会因不清楚默认的假设导致使用出现问题。以下列举一些常见的问题。

(1) admin 用户不存在。这是由于 OCP 在内部使用过程中,有规范要求要有 admin 用户,并且在 rpm 打包时,也是把程序默认安装在了/home/admin 目录下。但是在开源的使用场景中,用户可能并没有遵循这种规范。因此首先创建 admin 用户就可以避免这种问题。

(2) 缺少依赖,部署 OceanBase 时会依赖 MySQL 命令来 BootStrap,OBProxy 守护脚本中,会依赖 nc 去检查 OBProxy 是否正常,一般任务失败时会有明确的日志,安装对应的依赖重试即可。

(3) 路径权限问题。如果之前手动修改了权限或是新接管的集群,它不是由特定用户启动的,会导致出现路径权限的问题。

(4) 任务失败了怎么办。这些问题会在任务日志中有详细的体现。但是对于一个失败的任务来说,建议先单击这个失败的节点,查看它失败的原因。一般来说失败的原因是比较明确的,例如缺少依赖,只需补充安装依赖就可以了。当这些处理完之后,可以对这个任务进行重试。当然如果这个任务不需要重试,也可以直接跳过。

(5) 失败的任务一定要先处理掉，才可以对相同的资源发起新的任务，避免互相影响。

(6) OCP认为集群是一个管理的最小单元，许多配置会在集群维度生效，例如OceanBase的安装路径，在同一个集群中是要求一致的。在实际使用中，也推荐至少一个集群中使用的服务器资源配置都相同，避免不必要的环境问题。

3.3 安装部署架构概述

OceanBase数据库产品主要包括以下五大类安装软件包，分别是OB安装部署工具软件包、OCP管理平台软件包、OceanBase软件包、OBClient软件包和OB数据迁移软件包。OceanBase安装软件包如图3-3-1所示。

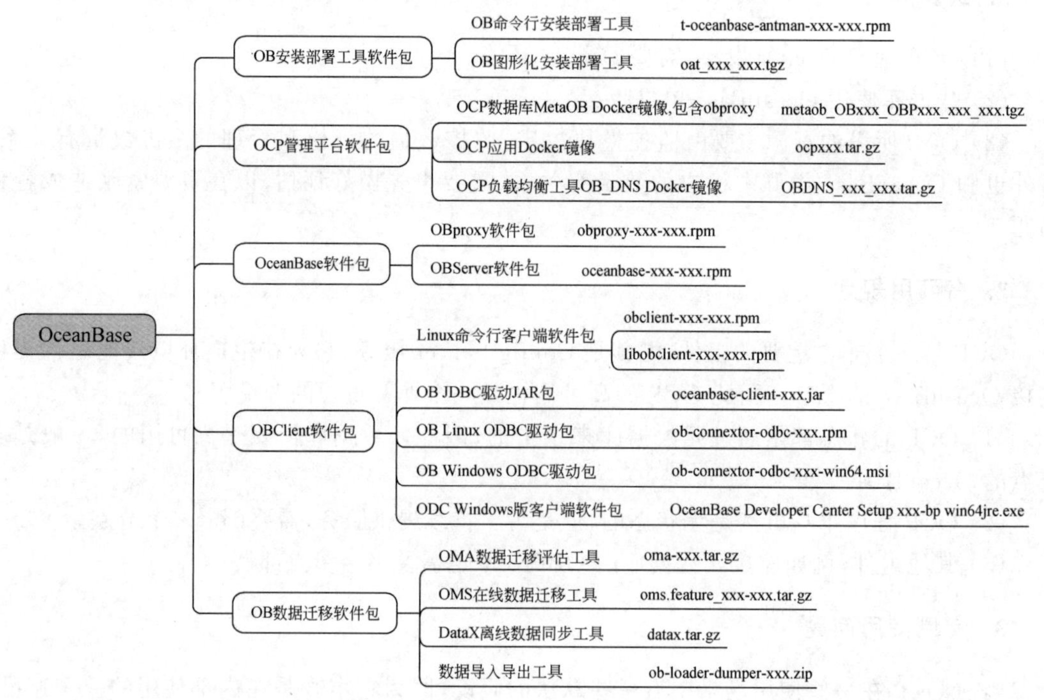

图3-3-1 OceanBase安装软件包

OceanBase数据库支持部署在x86_64以及ARM_64架构的物理服务器和主流的虚拟机，其操作系统支持主流的Linux发行版本。本章主要介绍如何部署OceanBase管理台OCP(OceanBase Cloud Platform)、OceanBase集群和OceanBase代理服务(OBProxy)。部署方式分为两种，即命令行工具部署和图形化工具部署。命令行工具部署流程如图3-3-2所示；图形化工具部署流程如图3-3-3所示。

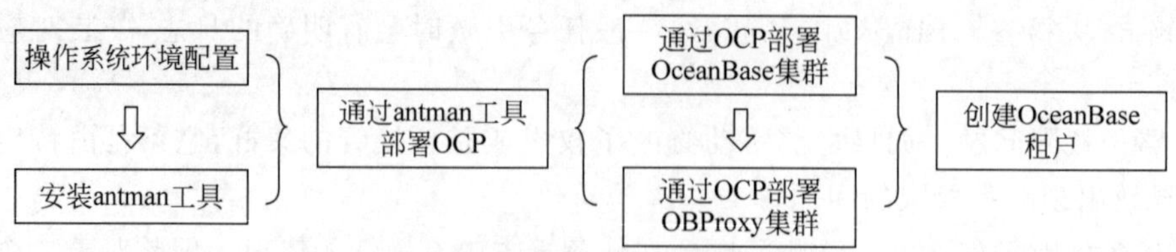

图3-3-2 命令行工具部署流程

图3-3-2中antman是一个提供一键部署OCP、OMS、ODC等OceanBase数据库周边工具平台的命令行工具(简称oat-cli)。OceanBase集群由OBServer组成。

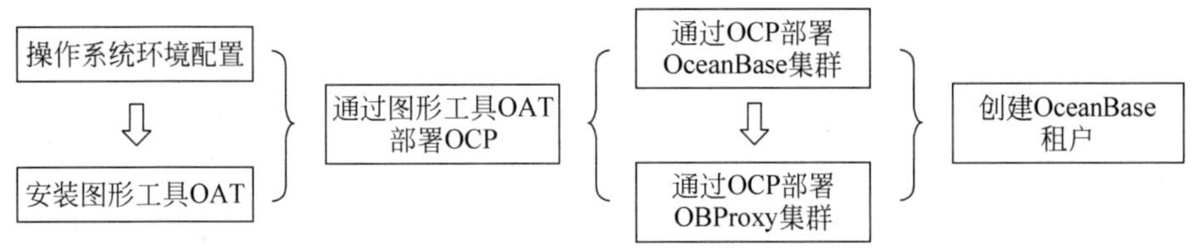

图 3-3-3 图形化工具部署流程

部署架构主要包括 OCP 管理平台集群和 OBServer 集群，在正式的生产环中，OCP 集群通常由 3 节点组成，OBSever 集群最小为 3 节点，通常需要根据业务系统的容量需求来评估 OBServer 集群的节点数量，建议节点数量最好是 3 的倍数。OceanBase 架构如图 3-3-4 所示。

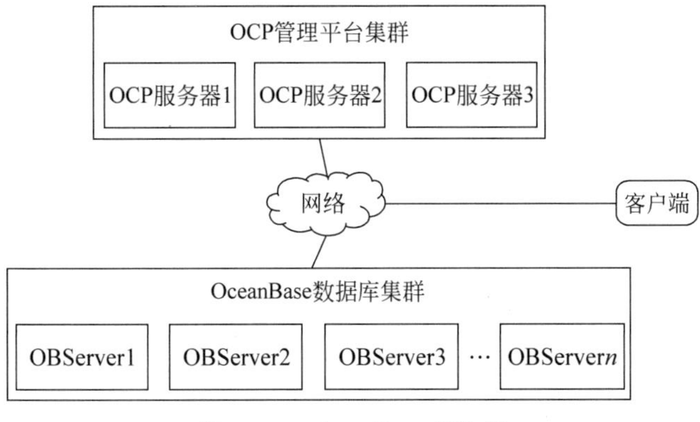

图 3-3-4 OceanBase 架构图

3.4 安装部署环境规划

3.4.1 OCP 安装规划

OceanBase 云平台(OceanBase Cloud Platform，OCP)是一款以 OceanBase 数据库为核心的企业级数据库管理平台。通过 OCP 可以一键安装、升级、扩容、卸载 OceanBase 数据库集群，创建和管理运维任务，监控集群的运行状态，并查看告警。

OCP 当前支持 OceanBase 数据库的所有主流版本，不仅提供对 OceanBase 集群和租户等组件的全生命周期管理服务，同时也对 OceanBase 数据库相关的资源(主机、网络和软件包等)提供管理服务，从而能够更加高效地管理 OceanBase 集群，降低企业的 IT 运维成本。

对于 OCP 的部署，目前支持单节点、三节点和多 AZ 部署模式。

1. 操作系统规划

OCP 安装支持表 3-4-1 所示的主流 Linux 操作系统，用户可以根据自身的实际情况进行合理选择，并且操作系统需要配置网络或本地软件管理器(yum 或 zypper 源)，以便在部署 OCP 时安装相关操作系统软件包。支持 OCP 安装的操作系统如表 3-4-1 所示。

表 3-4-1 支持 OCP 安装的操作系统

Linux 操作系统	版　本	服务器架构
AliOS	7.2 及以上	x86_64(包括海光)，ARM_64(鲲鹏、飞腾)
龙蜥 AnolisOS	8.6 及以上	x86_64(包括海光)，ARM_64(鲲鹏、飞腾)
KylinOS	V10	x86_64(包括海光)，ARM_64(鲲鹏、飞腾)

续表

Linux 操作系统	版　本	服务器架构
统信 UOS	V20	x86_64(包括海光),ARM_64(鲲鹏、飞腾)
中科方德 NFSChina	4.0 及以上	x86_64(包括海光),ARM_64(鲲鹏、飞腾)
浪潮 Inspurkos	5.8	x86_64(包括海光),ARM_64(鲲鹏、飞腾)
CentOS/RedHatEnterpriseLinux	7.2 及以上	x86_64(包括海光),ARM_64(鲲鹏、飞腾)

其中 BIOS 设置如下。

(1) 特殊设置:

- Numa 关闭(Intel)
- Numa 开启(海光/AMD/鲲鹏/ARM)

(2) BIOS 需要关闭以下选项:

- Cstate
- Pstate
- EIST
- Powersaving
- TurboMode

(3) BIOS 需要配置以下选项:

- AutomaticPoweronAfterPowerLoss: Alwayson
- IntelVirtualizationTechnology: 开启
- SOLconsoleredirection(串口重定向): 开启
- Hyper-threading: 开启
- HardwarePerfetcher: 开启
- VT-d: 开启
- SR-IOV: 开启
- Energyperformance: 开启最大 performance

说明: 不同的服务器修改 BIOS 的方式不同,具体操作参见服务器操作手册。

2. 服务器配置规划

在最小化部署时,一般需要一台单独的服务器安装 OCP 用于管理 OceanBase 集群。在生产环境中,为了提高可用性,通常 OCP 由三个节点组成一个高可用集群。

服务器应满足的最低配置要求如表 3-4-2 所示。

表 3-4-2　服务器最低配置要求

类　型	数　量	最低配置	建议配置	备　注
OCP 管理平台服务器	3 台	32C/128GB/1.5TB/万兆网卡(包含 OAT 与 ODC 所需资源)	32C/256GB/1.5TB SSD/万兆网卡(包含 OAT 与 ODC 所需资源)	为了高可用能力,生产环境 OCP 通常三节点部署,并通过硬件负载均衡设备进行负载
OAT/antman 服务器	1 台	8C/16GB	N/A	通常复用 OCP 管理平台服务器

3. 软件包版本规划

具体如表 3-4-3 所示。

表 3-4-3 软件包版本规划

软件包文件	描 述
t-oceanbase-antman-1.4.1-1936487.alios7.x86_64.rpm	antman 命令行部署工具(可选)
oat_3.2.0_20220819_x86.tgz	OAT 图形化部署工具
ocp330.tar.gz	基于 Docker 部署的 OCP 管理平台应用软件包文件
OceanBase2277_OceanBaseP320_x86_20220110.tgz	基于 Docker 部署的 OCP 管理平台数据库软件包文件

4. 磁盘空间规划

具体如表 3-4-4 所示。

表 3-4-4 磁盘空间规划

卷 组	逻 辑 卷	挂 载 点	容 量	文件系统格式	用 途
datavg	lv_home	/home	100～300GB	ext4/xfs	各组件运行日志盘
	lv_log	/data/log1	内存大小的 3～4 倍	ext4/xfs	OCP 元数据库日志盘
	lv_data	/data/1	取决于所需存储的数据大小	ext4/xfs	OCP 元数据库数据盘
	lv_docker	/docker	200～500GB	ext4/xfs	Docker 根目录

注：生产环境建议操作系统单独建卷组，容量大于 50GB，新建卷组存放以上 4 个数据库文件系统，例如 datavg。

5. 网络规划

具体如表 3-4-5 所示。

表 3-4-5 网络规划

服 务 器	IP 地址	物理网卡	网卡绑定	交换机端口	交换机端口绑定
OCP1	192.168.1.1	eth0	bond0	10GE/1	LACP
		eth1		10GE/2	
OCP2	192.168.1.2	eth0	bond0	10GE/3	LACP
		eth1		10GE/4	
OCP3	192.168.1.3	eth0	bond0	10GE/5	LACP
		eth1		10GE/6	

建议至少配置 2 块万兆网卡。

(1) 网卡名建议使用 eth0、eth1，建议使用 bond 绑定网卡，不建议使用 team，bond 模式取名 bond0、mode1 或 mode4，推荐使用 mode4。

(2) 对于 bond mode4 模式，交换机需要配置 etherchannel(LACP)802.3ad。

(3) 建议使用 network 服务，不建议使用 NetworkManager。

3.4.2 OBServer 安装规划

1. 操作系统规划

OBServer 集群安装支持表 3-4-6 所示的主流 Linux 操作系统，用户可以根据自身的实际情况进行合理选择。并且操作系统需要配置网络或本地软件管理器(yum 或 zypper 源)以便在部署 OBServer 时安装相关操作系统软件包。支持 OBServer 安装的操作系统如表 3-4-6 所示。

表 3-4-6 支持 OBServer 安装的操作系统

Linux 操作系统	版　本	服务器架构
AliOS	7.2 及以上	x86_64(包括海光),ARM_64(鲲鹏、飞腾)
龙蜥 AnolisOS	8.6 及以上	x86_64(包括海光),ARM_64(鲲鹏、飞腾)
KylinOS	V10	x86_64(包括海光),ARM_64(鲲鹏、飞腾)
统信 UOS	V20	x86_64(包括海光),ARM_64(鲲鹏、飞腾)
中科方德 NFSChina	4.0 及以上	x86_64(包括海光),ARM_64(鲲鹏、飞腾)
浪潮 Inspurkos	5.8	x86_64(包括海光),ARM_64(鲲鹏、飞腾)
CentOS/RedHatEnterpriseLinux	7.2 及以上	x86_64(包括海光),ARM_64(鲲鹏、飞腾)

其中 BIOS 设置如下。

(1) 特殊设置:

- Numa 关闭(Intel)
- Numa 开启(海光/AMD/鲲鹏/ARM)

(2) BIOS 需要关闭以下选项:

- Cstate
- Pstate
- EIST
- Powersaving
- TurboMode

(3) BIOS 需要配置以下选项:

- AutomaticPoweronAfterPowerLoss: Alwayson
- IntelVirtualizationTechnology: 开启
- SOLconsoleredirection(串口重定向): 开启
- Hyper-threading: 开启
- HardwarePerfetcher: 开启
- VT-d: 开启
- SR-IOV: 开启
- Energyperformance: 开启最大 performance

说明: 不同的服务器修改 BIOS 的方式不同,具体操作参见服务器操作手册。

2. 服务器配置规划

在最小化部署时,一般需要三台 OBServer 服务器安装 OceanBase 集群。OceanBase 数据库集群至少由三个节点 OBServer 组成,每个节点对应一个 OBServer 进程,不同节点上的多个 OBServer 进程组成一个集群对外提供服务。在生产环境中通常需要根据业务系统的容量需求来评估 OBServer 集群的节点数量以及 CPU/内存/磁盘容量等,建议节点数量最好是 3 的倍数。

服务器应满足的最低配置要求如表 3-4-7 所示。

表 3-4-7 服务器最低配置要求

类　型	数　量	最低配置	建议配置	备　注
OBServer 服务器	3 台	16C/64GB/1.2TB/万兆网卡	32C/256GB/2TB SSD/万兆网卡	
OBProxy 服务器	3 台	4C/8GB/200GB	N/A	通常复用 OBServer 服务器

3. 软件包版本规划

具体如表 3-4-8 所示。

表 3-4-8 软件包版本规划

软件包文件	描述
oceanbase-3.2.4.1-101000052023010822.el7.x86_64.rpm	OBServer 软件包
OBProxy-3.2.9.0-20230116143405.el7.x86_64.rpm	OBProxy 软件包
libobclient-2.2.1-20221121105831.el7.alios7.x86_64.rpm	OB 客户端软件
obclient-2.2.1-20221122151945.el7.alios7.x86_64.rpm	OB 客户端软件

4. 磁盘空间规划

具体如表 3-4-9 所示。

表 3-4-9 磁盘空间规划

卷组	逻辑卷	挂载点	容量	文件系统格式	用途
datavg	lv_home	/home	100～300GB	ext4/xfs	各组件运行日志盘
	lv_log	/data/log1	内存大小的 3～4 倍	ext4/xfs	数据库日志盘
	lv_data	/data/1	取决于所需存储的数据大小	ext4/xfs	数据库数据盘

注：生产环境建议操作系统单独建卷组，容量大于 50GB，新建卷组存放以上 3 个数据库文件系统，例如 datavg。

5. 网络规划

具体如表 3-4-10 所示。

表 3-4-10 网络规划

服务器	IP 地址	物理网卡	网卡绑定	交换机端口	交换机端口绑定
OBServer1	192.168.1.4	eth0	bond0	10GE/1	LACP
		eth1		10GE/2	
OBServer2	192.168.1.5	eth0	bond0	10GE/3	LACP
		eth1		10GE/4	
OBServer3	192.168.1.6	eth0	bond0	10GE/5	LACP
		eth1		10GE/6	

建议配置 2 块万兆网卡。

(1) 网卡名建议使用 eth0、eth1，建议使用 bond 绑定网卡，不建议使用 team，bond 模式取名 bond0、mode1 或 mode4，推荐使用 mode4。

(2) 对于 bond mode4 模式，交换机需要配置 etherchannel(LACP)802.3ad。

(3) 建议使用 network 服务，不建议使用 NetworkManager。

3.5 OCP 部署

3.5.1 OCP 管理平台部署(命令行方式)

1. OCP 部署环境准备

(1) 安装 antman 自动化部署工具。将 antman 安装软件包上传到 OCP 服务器的/root/

目录下，然后安装 oat-cli 软件包。如果是集群部署，每台 OCP 服务器上都要上传并安装 antman 工具软件。

```
cd /root
rpm -ivh t-oceanbase-antman-1.4.1-1936487.alios7.x86_64.rpm
```

（2）上传软件包。将 OCP 和 OBServer 安装软件包上传到 OCP 服务器的/root/t-oceanbase-antman 目录下。如果是集群部署，只需在第一台 OCP 服务器上传 OCP 和 OBServer 安装软件包。

```
ocp330.tar.gz##OCP 应用镜像包
OceanBase2277_OceanBaseP320_x86_20220110.tgz##OCP 元数据数据库镜像包
OBProxy-3.2.1-20211020153313.el7.x86_64.rpm##OBProxy 安装包
oceanbase-3.2.3.2-105000062022090916.el7.x86_64.rpm##OBServer 安装包
```

（3）磁盘空间划分。如果是集群部署，在每台 OCP 服务器上都要按照以下过程和步骤划分磁盘空间。

① 登录 OCP 服务器。

```
ssh -l root192.168.2.50
密码:root@123
```

② 存储使用磁盘分区方式（可选）。

划分磁盘分区：

```
fdisk -l##查看数据盘名称
fdisk /dev/sdb##本例数据盘名称是 sdb
###############以下为 fdisk 菜单操作#############
输入 n
输入 p
输入+100G ##100G 给/home 使用
重复以上步骤 3 次
输入+200G ##200G 给/data/log1 使用
输入+100G ##100G 给/data/1 使用
输入+200G ##200G 给/docker 使用
##################################################
```

创建文件系统和目录：

```
fdisk -l##查看磁盘分区名称

mkfs.ext4 /dev/sdb1##创建文件系统
mkfs.ext4 /dev/sdb2##创建文件系统
mkfs.ext4 /dev/sdb3##创建文件系统
mkfs.ext4 /dev/sdb4##创建文件系统

mkdir -p /data/log1##创建目录
mkdir /data/1##创建目录
mkdir /docker##创建目录
```

编辑/etc/fstab 文件，添加以下文件系统挂载配置：

```
vi /etc/fstab
/dev/sdb1 /home ext4 defaults 1 1
```

```
/dev/sdb2 /data/log1 ext4 defaults 1 1
/dev/sdb3 /data/1 ext4 defaults 1 1
/dev/sdb4 /docker ext4 defaults 1 1
```

③ 存储使用 LVM 方式(推荐)。

创建 PV：

```
fdisk -l# #查看数据盘名称
pvcreate /dev/sdb
```

创建 VG：

```
vgcreate datavg /dev/sdb
```

创建 LV：

```
lvcreate -L 100G datavg -n lv_home
lvcreate -L 200G datavg -n lv_log
lvcreate -L 100G datavg -n lv_data
lvcreate -L 200G datavg -n lv_docker
```

创建文件系统：

```
mkfs.ext4 /dev/mapper/datavg-lv_home
mkfs.ext4 /dev/mapper/datavg-lv_log
mkfs.ext4 /dev/mapper/datavg-lv_data
mkfs.ext4 /dev/mapper/datavg-lv_docker
```

创建挂载点目录：

```
mkdir -p /data/log1
mkdir /data/1
mkdir /docker
```

修改/etc/fstab 文件：

```
vi /etc/fstab
/dev/mapper/datavg-lv_home /home ext4 defaults 0 0
/dev/mapper/datavg-lv_log /data/log1 ext4 defaults 0 0
/dev/mapper/datavg-lv_data /data/1 ext4 defaults 0 0
/dev/mapper/datavg-lv_docker /docker ext4 defaults 0 0
```

执行 mount 挂载：

```
mount -a
df -h
```

(4) 创建 admin 用户。如果是集群部署，在每台 OCP 服务器上都要创建 admin 用户。

```
cd /root/t-oceanbase-antman/clonescripts
./clone.sh -u
echo admin:aaAA11__|chpasswd# #设置 admin 用户密码
```

把存储数据库数据和日志的两个目录的权限赋给 admin 用户：

```
chown admin:admin -R /data/1
chown admin:admin -R /data/log1
```

(5) 操作系统内核设置。如果是集群部署,对每台 OCP 服务器的操作系统内核进行设置。

```
cd /root/t-oceanbase-antman/clonescripts
./clone.sh -r ocp -c
```

(6) 安装相关依赖包。如果是集群部署,每台 OCP 服务器上都要配置 RedHat 本地镜像仓库并安装相关依赖包。

```
配置本地 yum 源:

编辑 mount_iso.sh 文件
#!/bin/bash
mount -o loop /home/soft/redhat7.6.iso /mnt/iso

把 mount_iso.sh 加入到自启动
vi /etc/rc.local
/home/soft/mount_iso.sh
创建本地 yum:
vi /etc/yum.repos.d/redhatdisk.repo

[base]
name=RedHat-$releasever-Media
baseurl=file:///mnt/iso/
gpgcheck=1
enabled=1
gpgkey=file:///etc/pki/rpm-gpg/RPM-GPG-KEY-redhat-release


yum clean all 清除以前的 yum 源缓存
yum make cache 缓存本地的 yum 源
yum list 查看 yum 软件包
yum repolist all
安装相关依赖包:
cd /root/t-oceanbase-antman/clonescripts
./clone.sh -r ocp -m
```

(7) 配置 NTP 时钟同步。OceanBase 集群对时钟差要求严格(100ms 以内),所以需要配置 NTP 同步,避免出现因时间不同步产生的各种问题(如 OceanBase 不能启动)。

如果是集群部署,每台 OCP 服务器上都要配置 NTP。使用已有的 NTPServer(例如 192.168.2.59)。然后修改/etc/ntp.conf 文件。建议将原 ntp.conf 改为 ntp.conf.bak(命令:mvntp.confntp.conf.bak),然后用 vi 创建新的 ntp.conf。

```
cd /etc
mv ntp.conf ntp.conf.bak#备份原配置文件
vi ntp.conf#新建一个 NTP 配置文件
添加如下内容:
server 192.168.2.59 prefer
```

```
修改之后记得重启 NTP 服务:
systemctl restart ntpd

ntpdate -u 192.168.2.59##手动同步时间
ntpstat##查看 NTP 服务状态
ntpq -np##查看同步状态
```

(8) 在 OCP 服务器上安装 Docker。如果是集群部署,每台 OCP 服务器上都要安装 Docker 软件。

① 通过以下脚本安装 Docker 软件包:

```
cd /root/t-oceanbase-antman/clonescripts/
./clone.sh -i
```

② 将 metaob_OceanBase2277_OceanBaseP320_x86_20220429.tgz 和 ocp333.tar.gz 加载到 Docker 镜像库:

```
docker load -I ocp333.tar.gz
docker load -I metaob_OceanBase2277_OceanBaseP320_x86_20220429.tgz
```

(9) 部署前环境检查。如果是集群部署,每台 OCP 服务器上都要通过以下脚本检查系统环境是否满足 OCP 安装需求:

```
cd /root/t-oceanbase-antman/clonescripts/
./precheck.sh -m ocp
```

在检查的最后,会将所有存在的问题一并列出,并且给出解决建议。可以参照建议解决问题,并再次运行环境检查。使用最小资源配置,自检时可能会有资源方面的告警(例如 CPU、内存、磁盘),可以忽略。

示例如下:

```
### SUMMARY OF ISSUES IN PRE-CHECK ###
check total MEM: 62 GB < 128 GB ... EXPECT >= 128 GB ... FAIL
TIPS: replace another machine with more MEM
check /data/log1 disk usage, total: 197G, used: 145G, use%: 78% > 50% ... EXPECT < 50%
... FAIL
TIPS: expand disk of /data/log1
check /data/log1 avail disk usage 42 GB < MEM * 4 (251 GB) ... EXPECT > MEM * 3 (188 GB) in
test and >= MEM * 4 (251 GB) in prod ... WARN
TIPS: expand disk of /data/log1, must > MEM * 3 (188 GB) in test and >= MEM * 4 (251 GB) in
prod
check /home/admin owner: root ... EXPECT admin ... FAIL
TIPS: modify owner of /home/admin
 chown -R admin:admin /home/admin
check /home/admin disk usage, total: 99G, used: 65G, use%: 70% > 50% ... EXPECT < 50%
... FAIL
TIPS: expand disk of /home/admin
```

2. 单节点 OCP 管理平台部署

OCP 服务器是部署在 Docker 容器环境中的,单节点的 OCP 服务器包含两个 Docker 容器,一个 Docker 容器安装的是 OCP 应用,另外一个 Docker 容器安装的是 OCP 管理平台使用的数据库。该数据库是一个单节点的 OceanBase 数据库和 OceanBase 数据库配套的 OBProxy。OCP 示意图如图 3-5-1 所示。

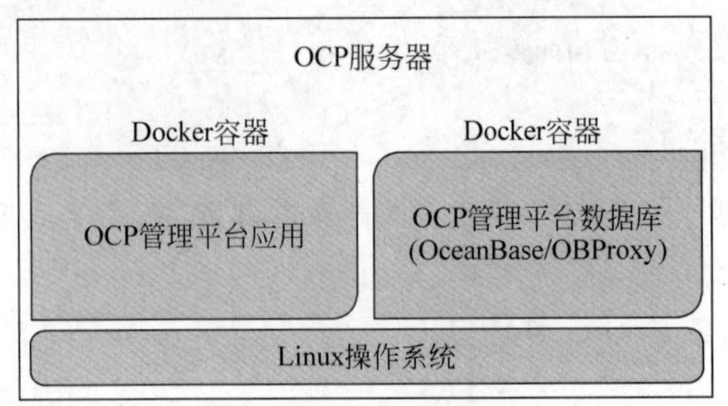

图 3-5-1　OCP 示意图

(1) 生成 OCP 的配置文件。在部署 OCP 前，需要使用 oat-cli 命令行工具生成配置文件模板，并根据实际信息修改模板。进入 oat-cli 的安装目录，执行生成 OCP 安装配置的脚本。

```
cd /root/t-oceanbase-antman
./init_obcluster_conf.sh
```

① 在显示的模式选择中，输入 1，表示单节点部署，然后会生成对应的配置模板。填写 OCP 服务器的 IP 地址，Docker 容器的 root 和 admin 用户的密码，OCP 应用的负载均衡模式。服务器 IP、root 密码和 admin 密码必须填写，单节点部署只需要填写 1 台服务器的信息。

```
ZONE1_RS_IP=192.168.2.47
OBServer01_ROOTPASS='rootpass'
OBServer01_ADMINPASS='OceanBase%0601'
############################################
LB_MODE=none
```

注释：

ZONE1_RS_IP：OCP 管理平台服务器的 IP 地址。

OBServer01_ROOTPASS：OCP 管理平台自身的 OceanBase 数据库容器的 root 用户密码，非宿主机的 root 用户密码。

OBServer01_ADMINPASS：OCP 管理平台自身的 OceanBase 数据库容器的 admin 用户密码，非宿主机的 admin 用户密码。

LB_MODE=none：因为 OCP 管理平台是单机部署，所以负载均衡 lb_mode 填写 none 模式，表示不使用负载均衡。

② 配置 OCP 服务器上各个 Docker 的资源(OCP Docker、OceanBase Docker)，如果 OCP 服务器资源小于 32C、128GB，需要根据实际配置进行修改，默认规格：OBServer32C/128GB；OCP8C/16GB；OBProxy4C/12GB。若物理机资源为推荐最低配置，可做自定义调整，OBServer 不低于 24C/100GB，OCP 不低于 4C/8GB，OBProxy 不低于 2C/10GB。

默认配置如下：

```
OceanBase_DOCKER_CPUS=32#OCP 元数据库 OBServerCPU 数量
OceanBase_DOCKER_MEMORY=128G#OCP 元数据库 OBServer 内存大小
OceanBase_SYSTEM_MEMORY=50G#OCP 元数据库 OBServerID500 租户内存大小
OCP_DOCKER_CPUS=8#OCP 应用容器 CPU 数量
OCP_DOCKER_MEMORY=20G#OCP 应用容器内存大小
```

③ 修改 OCP 和 OceanBase 安装软件包的版本信息，根据获得的实际软件的情况修改。通过 docker image ls 命令查看 OceanBase_IMAGE_REPO 和 OceanBase_IMAGE_TAG 的名称。

```
#OceanBase docker
OceanBase_DOCKER_IMAGE_PACKAGE=metaob_OceanBase2277_OceanBaseP320_x86_20220429.tgz
OceanBase_IMAGE_REPO=reg.docker.alibaba-inc.com/antman/ob-docker
OceanBase_IMAGE_TAG=OceanBase2277_OceanBaseP320_x86_20220429
#OCPdocker
OCP_DOCKER_IMAGE_PACKAGE=ocp333.tar.gz
OCP_IMAGE_REPO=reg.docker.alibaba-inc.com/oceanbase/ocp-all-in-one
OCP_IMAGE_TAG=3.3.3-20220906114643
```

注意：OBProxy 安装会在 OCP 中执行，不需要做设置。

完成配置后进行保存，OCP 的配置文件保存在/root/t-oceanbase-antman 目录下，3. x 版本的名称是 obcluster. conf。保存后也可以通过 vi 命令再次进行修改。

④ 如果 OCP 服务器资源小于 32C、128GB、650GB，需要额外的一些配置。

需要将 sys(500 租户)默认的 50GB 内存改为 15GB，修改 install_OceanBase_docker. sh：

```
cd /root/t-oceanbase-antman
vi install_OceanBase_docker.sh
#小 tips:输入/直接搜索 memory_limit_percentage，直接定位需要修改的位置
#小 tips::setnu 显示行号
```

105 行和 132 行(注意需要修改的是两行)。

```
105-eOPTSTR=\"cpu_count=$OceanBase_DOCKER_CPUS,system_memory=$OceanBase_SYSTEM_MEMORY,memory_limit=$observer_memory_limit,__min_full_resource_pool_memory=1073741824,_ob_enable_prepared_statement=false,memory_limit_percentage=90\"\
```

修改为：

```
105-eOPTSTR=\"cpu_count=$OceanBase_DOCKER_CPUS,system_memory=$OceanBase_SYSTEM_MEMORY,memory_limit=$observer_memory_limit,__min_full_resource_pool_memory=1073741824,_ob_enable_prepared_statement=false,memory_limit_percentage=90,system_memory=15G\"\
```

另外，新版本的 install. sh 文件会检查 system_memory，需要注释掉检查的这一行，修改 install. sh，注释掉 1373 行。

```
functionstep3()
{
#system_memoryis50Gdefault
#[-z"$OceanBase_SYSTEM_MEMORY"]&&OceanBase_SYSTEM_MEMORY=50G
#avail_tenant_memory_num=$((${OceanBase_DOCKER_MEMORY%G}-${OceanBase_SYSTEM_MEMORY%G}))
#[$avail_tenant_memory_num-lt37]&&{antman_log"dockerobavailtenantmemoryis(${OceanBase_DOCKER_MEMORY%G}-${OceanBase_SYSTEM_MEMORY%G})G,dockermemorylimit(${OceanBase_DOCKER_MEMORY})toosmall.""ERROR";exit1;}\
```

(2) 开始部署 OCP。

设置 SSH 环境变量参数(3. x 版本新增)。

```
exportSSH_AUTH=password
exportSSH_USER=root
exportSSH_PORT=22
exportSSH_PASSWORD='真实密码' # 此处为 root 用户的真实密码
exportSSH_KEY_FILE=/root/.ssh/id_rsa
```

可以先查看一下 OCP 部署的命令帮助。

```
cd /root/t-oceanbase-antman
./install.sh -h
```

可以看到 OCP 的安装需要 8 个步骤。

下面执行 OCP 安装，过程如图 3-5-2 所示。

```
./install.sh -I 1-8
```

```
[2023-02-20 18:30:22.787664] INFO [192.168.2.49: post_check_ob done]
[2023-02-20 18:30:22.833776] INFO [192.168.2.49: post_check_ocp_service start]
[2023-02-20 18:30:22.857924] INFO [Curl 192.168.2.49 -> http://192.168.2.57:8080/services?Action=
[2023-02-20 18:30:22.895081] INFO [execute [curl -s "http://192.168.2.57:8080/services?Action=Get
[2023-02-20 18:30:24.583084] INFO [Curl 192.168.2.49 -> http://192.168.2.47:8080/services?Action=
[2023-02-20 18:30:24.632244] INFO [execute [curl -s "http://192.168.2.47:8080/services?Action=Get
[2023-02-20 18:30:28.030944] INFO [Curl 192.168.2.49 -> http://192.168.2.48:8080/services?Action=
[2023-02-20 18:30:28.090093] INFO [execute [curl -s "http://192.168.2.48:8080/services?Action=Get
[2023-02-20 18:30:29.014115] INFO [Curl 192.168.2.49 -> http://192.168.2.49:8080/services?Action=
[2023-02-20 18:30:29.056093] INFO [execute [curl -s "http://192.168.2.49:8080/services?Action=Get
[2023-02-20 18:30:29.802266] INFO [192.168.2.49: post_check_ocp_service done]
[2023-02-20 18:30:29.899260] INFO [step8: post check done]
```

图 3-5-2　OCP 的安装过程

看到以上信息，表示 OCP 部署已完成。

如果中间失败，可以根据提示解决问题，然后从失败的步骤再次执行。如果要回退或卸载 OCP，使用以下脚本和参数：

```
./install.sh -c 1-x
```

(3) 部署后检查。登录界面如图 3-5-3 所示。

```
OCP 访问地址:http://192.168.2.47:8080 # 此处为 OCP 服务器的 IP 地址和端口
默认用户名:admin
默认密码:aaAA11_ _ # OCP 3.x 版本默认密码,注意最后为两个下画线
```

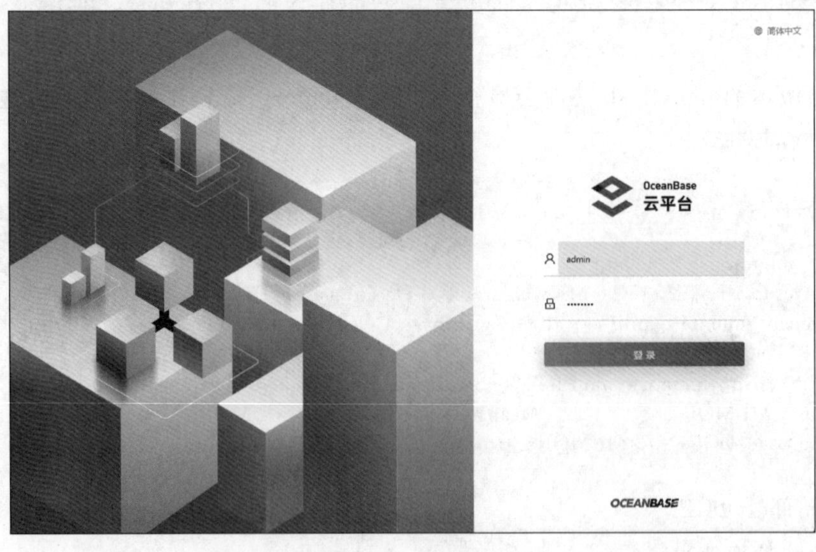

图 3-5-3　OCP 登录界面

登录后需要重新设置 admin 用户密码，然后激活账号，如图 3-5-4 所示。

图 3-5-4 激活 OCP 账号

登录到 OCP 管理平台页面后，就可以看到有一个 OCP 元数据的数据库集群和 3 个租户存在。OCP 主页如图 3-5-5 所示。

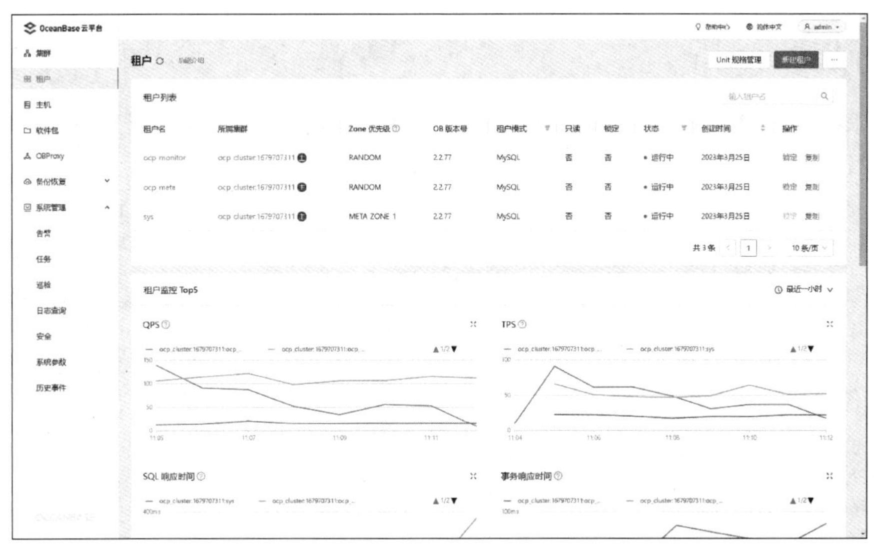

图 3-5-5 OCP 主页

3. 三节点 OCP 管理平台部署

OCP 管理平台集群部署需要将 OCP 相关软件部署在三台独立的服务器环境中，并且组成集群。每台服务器包含两个 Docker 容器，一个 Docker 容器安装的是 OCP 应用，另一个 Docker 容器安装的是 OCP 管理平台使用的数据库(OceanBase)和 OceanBase 数据库配套的 OBProxy。三台服务器的第一个容器组成 OCP 应用集群，第二个容器组成 OCP 管理平台数据库(OceanBase/OBProxy)集群。三节点 OCP 部署架构如图 3-5-6 所示。

(1) 生成 OCP 的配置文件。在部署 OCP 前，需要在其中 1 台 OCP 服务器上使用 oat-cli

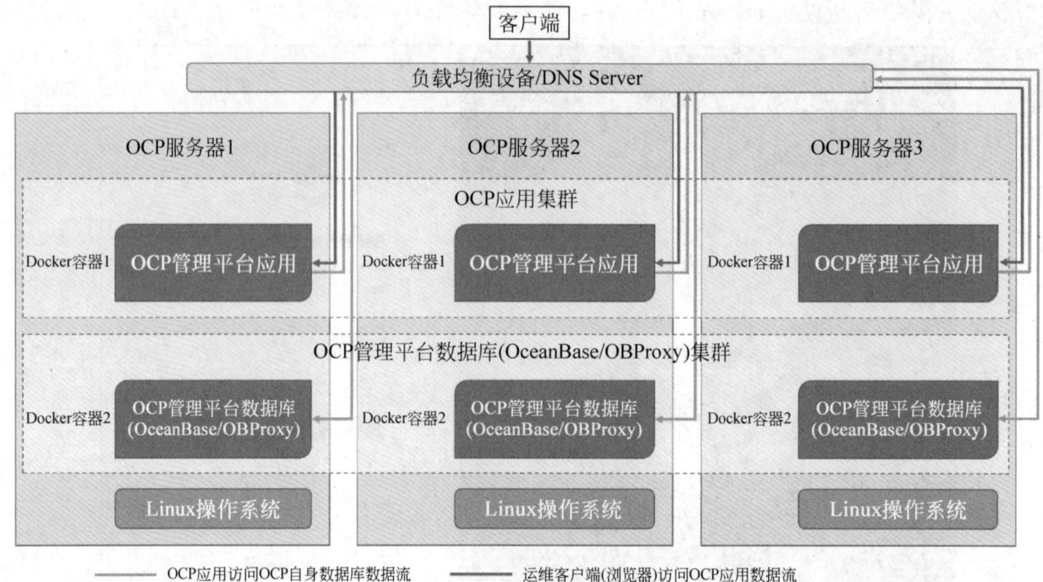

图 3-5-6　三节点 OCP 部署架构

命令行工具生成配置文件模板，并根据实际信息修改模板。进入 oat-cli 的安装目录，执行生成 OCP 安装配置的脚本：

```
cd /root/t-oceanbase-antman
./init_obcluster_conf.sh
```

① 在显示的模式选择中，输入 3，表示集群部署，然后会生成对应的配置模板。填写 OCP 服务器的 IP 地址，Docker 容器的 root 和 admin 用户的密码，OCP 应用的负载均衡模式。服务器 IP、root 密码和 admin 密码必须填写，3 节点部署只需要填写 3 台服务器的信息。

```
SINGLE_OCP_MODE=FALSE
#############################根据环境必须修改/MUST CHANGE ACCORDING ENVIRONMENT############################
############填写服务器 IP 和 metaob 容器内的 root/admin 密码/Edit Machine IP and Password of root/admin############
ZONE1_RS_IP=192.168.2.50
ZONE2_RS_IP=192.168.2.51
ZONE3_RS_IP=192.168.2.52
OBSERVER01_ROOTPASS='rootpass'#metaob 容器使用，非宿主机账号，宿主机 SSH 信息请使用指定环境变量的方式，详见 install.sh-h
OBSERVER02_ROOTPASS='rootpass'
OBSERVER03_ROOTPASS='rootpass'
OBSERVER01_ADMINPASS='OceanBase%0601'
OBSERVER02_ADMINPASS='OceanBase%0601'
OBSERVER03_ADMINPASS='OceanBase%0601'


############填写负载均衡配置/Edit Configuration of LoadBalance#########
#LB_MODE:nlb/dns/f5/none,default:dnsfor3ocp,nonefor1ocp20220418 增加 nlb 支持
LB_MODE=f5
```

注释：

SINGLE_OCP_MODE=FALSE：打开集群模式。

ZONE1_RS_IP\ZONE2_RS_IP\ZONE3_RS_IP：OCP 管理平台 3 台服务器的 IP 地址。

OBServer01_ROOTPASS\OBServer02_ROOTPASS\OBServer03_ROOTPASS：OCP 管理平台自身的 OceanBase 数据库容器的 root 用户密码，非宿主机的 root 用户密码。

OBServer01_ADMINPASS\OBServer02_ADMINPASS\OBServer03_ADMINPASS：OCP 管理平台自身的 OceanBase 数据库容器的 admin 用户密码，非宿主机的 admin 用户密码。

LB_MODE=f5：因为 OCP 管理平台是集群部署，生产环境建议使用硬件负载均衡设备，所以负载均衡 lb_mode 填写 F5。

② 配置 OCP 服务器负载均衡设置。

```
######选择 F5 模式，请填写 F5 等外部负载均衡配置/Edit Configurationof F5 When Using External LB######
OBPROXY_F5_VIP=192.168.2.57#OCP 元数据库 OBProxy 的负载均衡 IP 地址
OBPROXY_F5_VPORT=3306#OCP 元数据库 OBProxy 的负载均衡端口
OCP_F5_VIP=192.168.2.57#OCP 应用的负载均衡 IP 地址
OCP_F5_VPORT=8080#OCP 应用的负载均衡端口
```

③ 配置 OCP 服务器上各个 Docker 的资源（OCP Docker，OceanBase Docker），如果 OCP 服务器资源小于 32C、128GB，需要根据实际配置进行修改，默认规格如下：OBServer32C/128GB；OCP8C/16GB；OBProxy4C/12GB。若物理机资源为推荐最低配置，可做自定义调整，OBServer 不低于 24C/100GB，OCP 不低于 4C/8GB，OBProxy 不低于 2C/10GB。

默认配置如下：

```
OceanBase_DOCKER_CPUS=32#OCP 元数据库 OBServerCPU 数量
OceanBase_DOCKER_MEMORY=128G#OCP 元数据库 OBServer 内存大小
OceanBase_SYSTEM_MEMORY=50G#OCP 元数据库 OBServerID500 租户内存大小
OCP_DOCKER_CPUS=8#OCP 应用容器 CPU 数量
OCP_DOCKER_MEMORY=20G#OCP 应用容器内存大小
```

④ 修改 OCP 和 OceanBase 安装软件包的版本信息，根据获得的实际软件的情况修改。通过 docker image ls 命令查看 OceanBase_IMAGE_REPO 和 OceanBase_IMAGE_TAG 的名称。

```
#OceanBasedocker
OceanBase_DOCKER_IMAGE_PACKAGE=metaob_OceanBase2277_OceanBaseP320_x86_20220429.tgz
OceanBase_IMAGE_REPO=reg.docker.alibaba-inc.com/antman/ob-docker
OceanBase_IMAGE_TAG=OceanBase2277_OceanBaseP320_x86_20220429
#OCPdocker
OCP_DOCKER_IMAGE_PACKAGE=ocp333.tar.gz
OCP_IMAGE_REPO=reg.docker.alibaba-inc.com/oceanbase/ocp-all-in-one
OCP_IMAGE_TAG=3.3.3-20220906114643
```

注意：OBProxy 安装会在 OCP 中执行，不需要做设置。

完成配置后进行保存，OCP 的配置文件保存在/root/t-oceanbase-antman 目录下，3.x 版本的名称是 obcluster.conf。保存后也可以通过 vi 命令再次进行修改。

⑤ 如果 OCP 服务器资源小于 32C、128GB、650GB，需要做额外的一些配置。

需要将 sys（500 租户）默认的 50GB 内存，改为 15GB，修改 install_OceanBase_docker.sh：

```
cd /root/t-oceanbase-antman
vi install_OceanBase_docker.sh
#小 tips:输入/直接搜索 memory_limit_percentage,直接定位需要修改的位置
#小 tips::setnu 显示行号
```

105 行和 132 行(注意需要修改的是两行):

```
105-eOPTSTR=\"cpu_count=$OceanBase_DOCKER_CPUS,system_memory=$OceanBase_SYSTEM_MEMORY,memory_limit=$observer_memory_limit,__min_full_resource_pool_memory=1073741824,_ob_enable_prepared_statement=false,memory_limit_percentage=90\"\
```

修改为:

```
105-eOPTSTR=\"cpu_count=$OceanBase_DOCKER_CPUS,system_memory=$OceanBase_SYSTEM_MEMORY,memory_limit=$observer_memory_limit,__min_full_resource_pool_memory=1073741824,_ob_enable_prepared_statement=false,memory_limit_percentage=90,system_memory=15G\"\
```

另外,新版本的 install.sh 文件会检查 system_memory,需要注释掉检查的这一行,修改 install.sh,注释掉 1373 行:

```
functionstep3()
{
#system_memoryis50Gdefault
#[-z"$OceanBase_SYSTEM_MEMORY"]&&OceanBase_SYSTEM_MEMORY=50G
#avail_tenant_memory_num=$(( ${OceanBase_DOCKER_MEMORY%G}-${OceanBase_SYSTEM_MEMORY%G}))
#[$avail_tenant_memory_num-lt37]&&{antman_log"dockerobavailtenantmemoryis(${OceanBase_DOCKER_MEMORY%G}-${OceanBase_SYSTEM_MEMORY%G})G,dockermemorylimit(${OceanBase_DOCKER_MEMORY})toosmall.""ERROR";exit1;}\
```

(2) 开始部署 OCP。只需在第一个 OCP 节点执行部署相关命令和脚本。

设置 SSH 环境变量参数(3.x 版本新增):

```
exportSSH_AUTH=password
exportSSH_USER=root
exportSSH_PORT=22
exportSSH_PASSWORD='真实密码'#此处为 root 用户的真实密码
exportSSH_KEY_FILE=/root/.ssh/id_rsa
```

可以先查看一下 OCP 部署的命令帮助:

```
cd /root/t-oceanbase-antman
./install.sh -h
```

可以看到 OCP 的安装需要 8 个步骤。

下面执行 OCP 安装,过程如图 3-5-7 所示。

```
./install.sh -I 1-8
```

看到以上信息,表示 OCP 部署已完成。

如果中间失败,可以根据提示解决问题,然后从失败的步骤再次执行。如果要回退或卸载 OCP,使用以下脚本和参数:

```
[2023-02-20 18:30:22.787664] INFO [192.168.2.49: post_check_ob done]
[2023-02-20 18:30:22.833776] INFO [192.168.2.49: post_check_ocp_service start]
[2023-02-20 18:30:22.857924] INFO [Curl 192.168.2.49 -> http://192.168.2.57:8080/services?Action=
[2023-02-20 18:30:22.895081] INFO [execute [curl -s "http://192.168.2.57:8080/services?Action=Get
[2023-02-20 18:30:24.583084] INFO [Curl 192.168.2.49 -> http://192.168.2.47:8080/services?Action=
[2023-02-20 18:30:24.632244] INFO [execute [curl -s "http://192.168.2.47:8080/services?Action=Get
[2023-02-20 18:30:28.030944] INFO [Curl 192.168.2.49 -> http://192.168.2.48:8080/services?Action=
[2023-02-20 18:30:28.090093] INFO [execute [curl -s "http://192.168.2.48:8080/services?Action=Get
[2023-02-20 18:30:29.014115] INFO [Curl 192.168.2.49 -> http://192.168.2.49:8080/services?Action=
[2023-02-20 18:30:29.056093] INFO [execute [curl -s "http://192.168.2.49:8080/services?Action=Get
[2023-02-20 18:30:29.802266] INFO [192.168.2.49: post_check_ocp_service done]
[2023-02-20 18:30:29.899260] INFO [step8: post check done]
```

图 3-5-7　OCP 安装过程

```
./install.sh -c 1-x
```

(3) 部署后检查。OCP 登录界面如图 3-5-8 所示。

```
OCP 访问地址:http://192.168.2.57:8080 # 此处为负载均衡的 IP 地址和端口
默认用户名:admin
默认密码:aaAA11__ # OCP 3.x 版本默认密码,注意最后为两个下画线
```

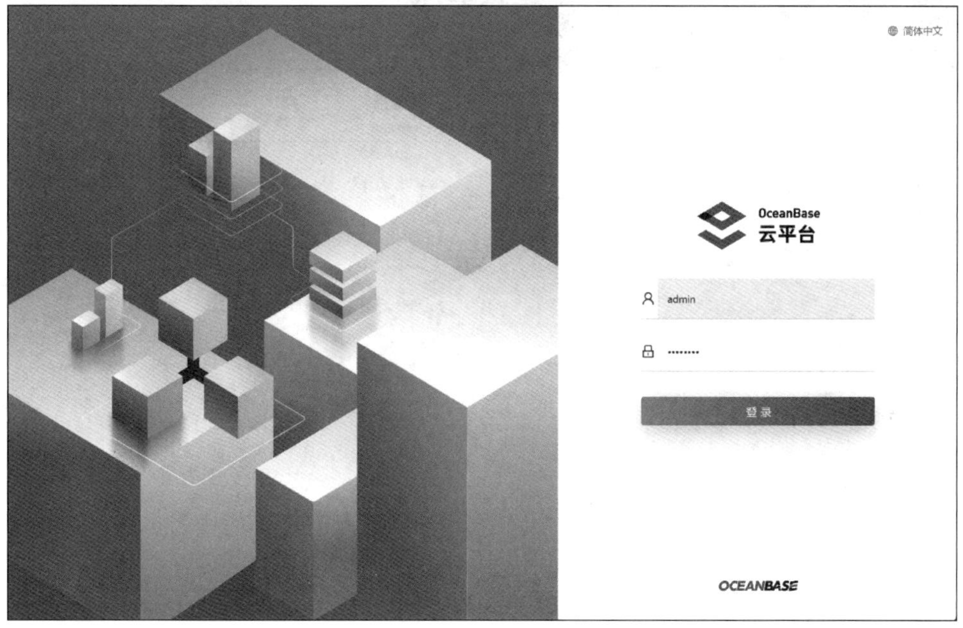

图 3-5-8　OCP 登录界面

登录后需要重新设置 admin 用户密码,然后激活账号,如图 3-5-9 所示。

登录到 OCP 管理平台页面后,就可以看到有一个 OCP 元数据的数据库集群和 3 个租户存在。OCP 主页如图 3-5-10 所示。

3.5.2　OCP 管理平台部署(图形界面方式)

1. OCP 部署环境准备

(1) 安装 OAT 图形界面部署工具。选择 1 台 OCP 服务器用来部署 OAT,并且确保服务器已安装 Docker 且为 DockerCE 17.03 及以上版本。

① 上传 OAT 安装镜像包到服务器:

```
oat_3.2.0_20220819_x86.tgz
```

图 3-5-9　OCP 激活账号

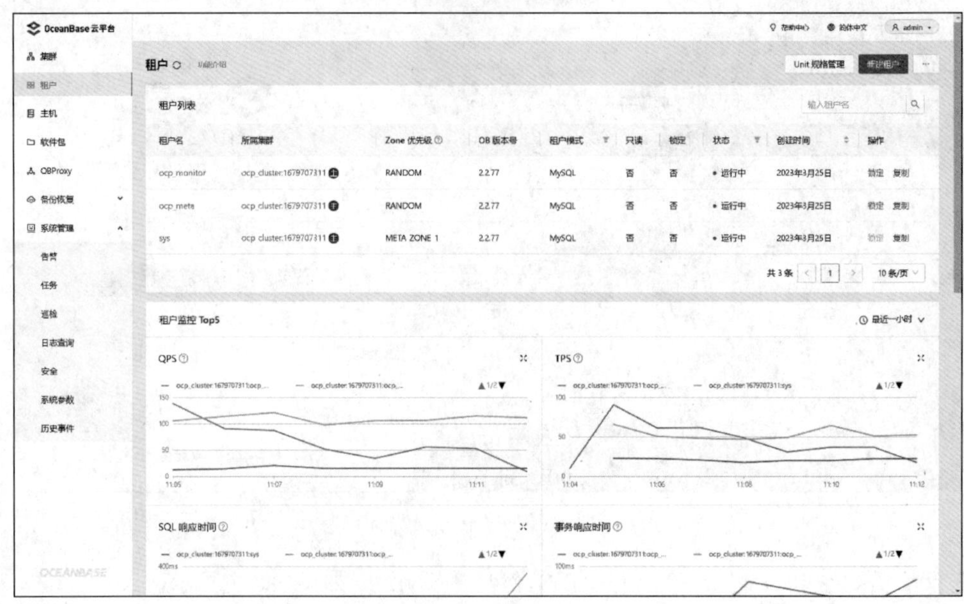

图 3-5-10　OCP 主页

② 在服务器本地创建目录用于挂载 OAT 容器，用于存放 OAT 系统的数据库文件和日志。

```
mkdir -p /home/oat
```

③ 装载 OAT 安装镜像包，在上传 OAT 安装包的路径下执行：

```
docker load -i oat.tar
```

④ 获取 OAT 镜像的标签：

```
oat_image=`docker images|grep oat|awk '{printf $1":"$2"\n"}'`
```

⑤ 启动 OAT 应用：

```
docker run -d -v /home/oat:/data -p 7000:7000 --restarton-failure:5 $ oat_image
```

⑥ 查看 OAT 运行日志，看到如下状态表示 OAT 启动成功。OAT 运行状态如图 3-5-11 所示；OAT 运行日志如图 3-5-12 所示。

```
docker ps -a
```

```
CONTAINER ID    IMAGE                                                       COMMAND                  CREATED
93220594b9ae    reg.docker.alibaba-inc.com/oceanbase/oat:3.2.0_20220819_x86   "/oat/distribution/p..."   9 minutes ago
```

图 3-5-11　OAT 运行状态

```
docker logs -f 93220594b9ae
```

```
2023-03-24 22:25:58,057 INFO success: airflow_scheduler entered RUNNING state, process has stayed up for > than 10 seconds (startsecs)
2023-03-24 22:25:58,057 INFO success: airflow_scheduler entered RUNNING state, process has stayed up for > than 10 seconds (startsecs)
2023-03-24 22:25:58,058 INFO success: backend entered RUNNING state, process has stayed up for > than 10 seconds (startsecs)
2023-03-24 22:25:58,058 INFO success: backend entered RUNNING state, process has stayed up for > than 10 seconds (startsecs)
```

图 3-5-12　OAT 运行日志

（2）上传软件包。将 OCP 的元数据库镜像和应用镜像软件包上传到 OAT 服务器的/home/oat/images 目录下。

```
ocp330.tar.gz
OceanBase2277_OceanBaseP320_x86_20220110.tgz
```

（3）磁盘空间划分。如果是集群部署，在每台 OCP 服务器上都要按照以下过程和步骤划分磁盘空间。

登录 OCP 服务器：

```
ssh -l root 192.168.2.50
密码:root@123
```

① 存储使用磁盘分区方式(可选)。

划分磁盘分区：

```
fdisk -l##查看数据盘名称
fdisk /dev/sdb##本例数据盘名称是 sdb
###############以下为 fdisk 菜单操作#############
输入 n
输入 p
输入+100G##100G 给/home 使用
重复以上步骤 3 次
输入+200G##200G 给/data/log1 使用
输入+100G##100G 给/data/1 使用
输入+200G##200G 给/docker 使用
############################################
```

创建文件系统和目录：

```
fdisk -l##查看磁盘分区名称

mkfs.ext4 /dev/sdb1##创建文件系统
```

```
mkfs.ext4 /dev/sdb2##创建文件系统
mkfs.ext4 /dev/sdb3##创建文件系统
mkfs.ext4 /dev/sdb4##创建文件系统

mkdir -p /data/log1##创建目录
mkdir /data/1##创建目录
mkdir /docker##创建目录
```

编辑/etc/fstab 文件,添加以下文件系统挂载配置:

```
vi/etc/fstab
/dev/sdb1 /home ext4 defaults 1 1
/dev/sdb2 /data/log1 ext4defaults 1 1
/dev/sdb3 /data/1 ext4defaults 1 1
/dev/sdb4 /docker ext4defaults 1 1
```

② 存储使用 LVM 方式(推荐)。

创建 PV:

```
fdisk -l##查看数据盘名称
pvcreate /dev/sdb
```

创建 VG:

```
vgcreate datavg /dev/sdb
```

创建 LV:

```
lvcreate -L 100G datavg -n lv_home
lvcreate -L 200G datavg -n lv_log
lvcreate -L 100G datavg -n lv_data
lvcreate -L 200G datavg -n lv_docker
```

创建文件系统:

```
mkfs.ext4 /dev/mapper/datavg-lv_home
mkfs.ext4 /dev/mapper/datavg-lv_log
mkfs.ext4 /dev/mapper/datavg-lv_data
mkfs.ext4 /dev/mapper/datavg-lv_docker
```

创建挂载点目录:

```
mkdir -p /data/log1
mkdir /data/1
mkdir /docker
```

修改/etc/fstab 文件:

```
vi /etc/fstab
/dev/mapper/datavg-lv_home /home ext4 defaults 0 0
/dev/mapper/datavg-lv_log /data/log1 ext4 defaults 0 0
/dev/mapper/datavg-lv_data /data/1 ext4 defaults 0 0
/dev/mapper/datavg-lv_docker /docker ext4 defaults 0 0
```

执行 mount 挂载:

```
mount -a
df -h
```

2. 单节点 OCP 管理平台部署

OCP 服务器是部署在 Docker 容器环境中的，单节点的 OCP 服务器包含两个 Docker 容器，一个 Docker 容器安装的是 OCP 应用，另一个 Docker 容器安装的是 OCP 管理平台使用的数据库，该数据库是一个单节点的 OceanBase 数据库和 OceanBase 数据库配套的 OBProxy。单节点 OCP 架构如图 3-5-13 所示。

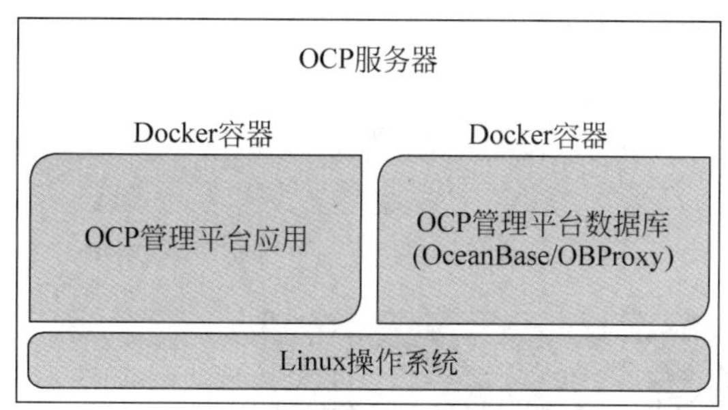

图 3-5-13　单节点 OCP 架构图

1）添加 OCPServer

（1）登录 OAT 服务器，访问地址：http://192.168.2.47:7000，默认用户名：admin，密码：aaAA11__，注意最后为两个下画线，初始密码登录后需要重新设置 admin 用户密码，然后激活账号再重新登录。OAT 登录界面如图 3-5-14 所示。

图 3-5-14　OAT 登录界面

（2）在 OAT 管理平台添加 OCP 服务器，依次单击“服务器”→“服务器管理”→“添加服务器”按钮。打开 OAT 主页如图 3-5-15 所示。

（3）在“添加服务器”界面依次添加“服务器 IP”和“SSH 端口”，如图 3-5-16 所示。

（4）在“添加机房”界面依次添加“机房”信息和“地域”信息，如图 3-5-17 所示。

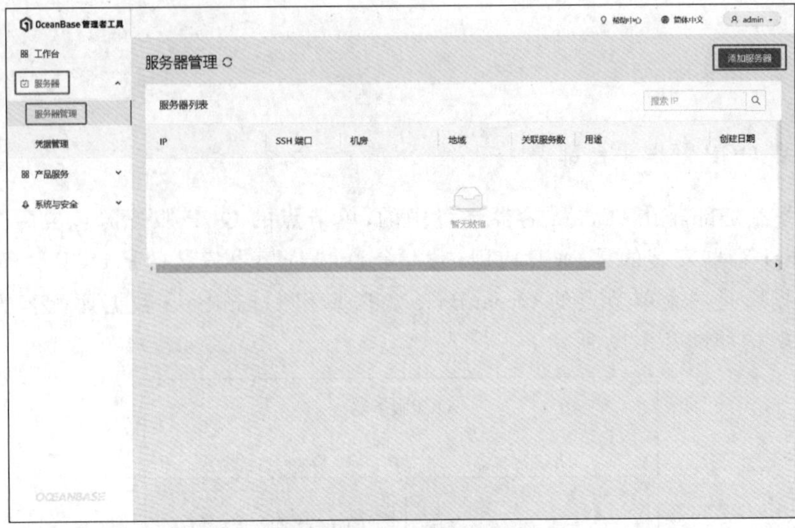

图 3-5-15　OAT 主页

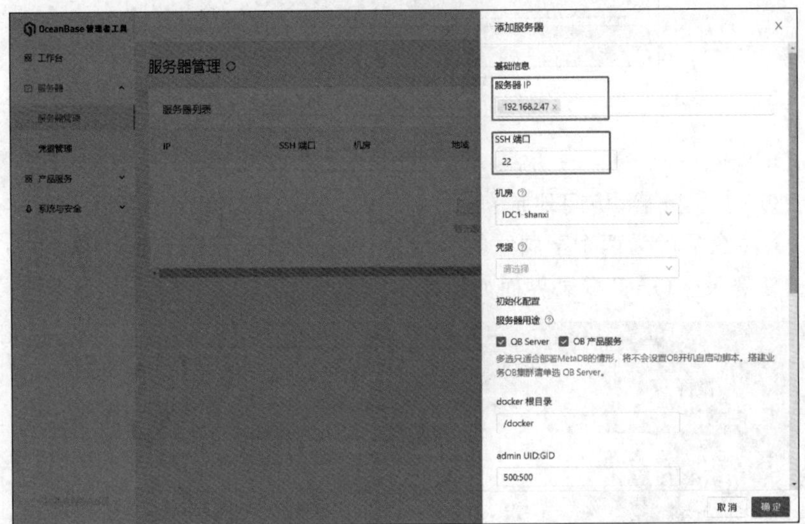

图 3-5-16　添加服务器

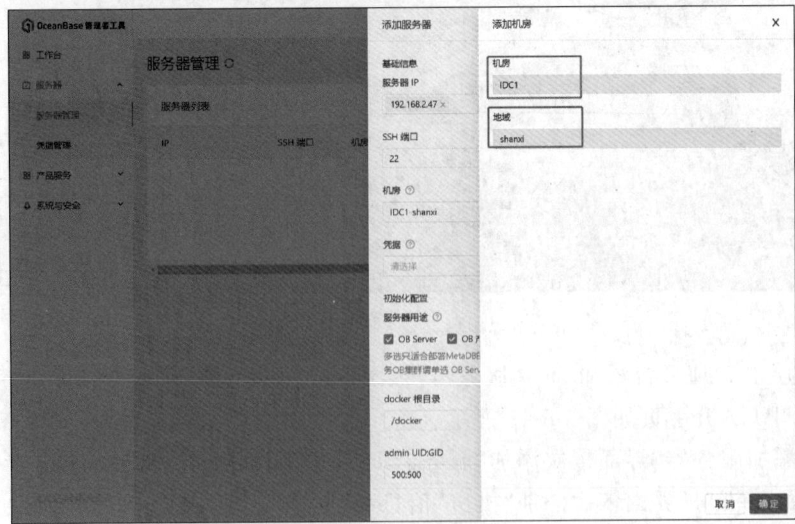

图 3-5-17　添加机房

(5) 在“添加凭据”界面添加“凭据名”信息，“授权类型”通常选择“密码认证”，“用户类型”通常选择“root 用户”，然后输入 root 用户密码，如图 3-5-18 所示。

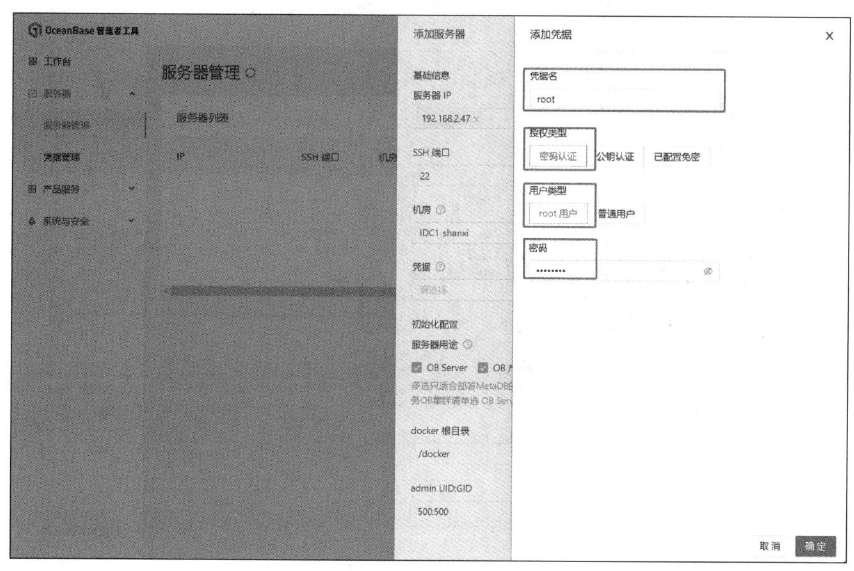

图 3-5-18　添加凭据

(6) 在“添加服务器”界面中，服务器用途选择 OBServer 和“OB 产品服务”，Docker 根目录默认为“/docker”一般不变，admin 用户的 UID 和 GID 不建议修改，最后设置 admin 用户密码。添加服务器配置页面如图 3-5-19 所示。

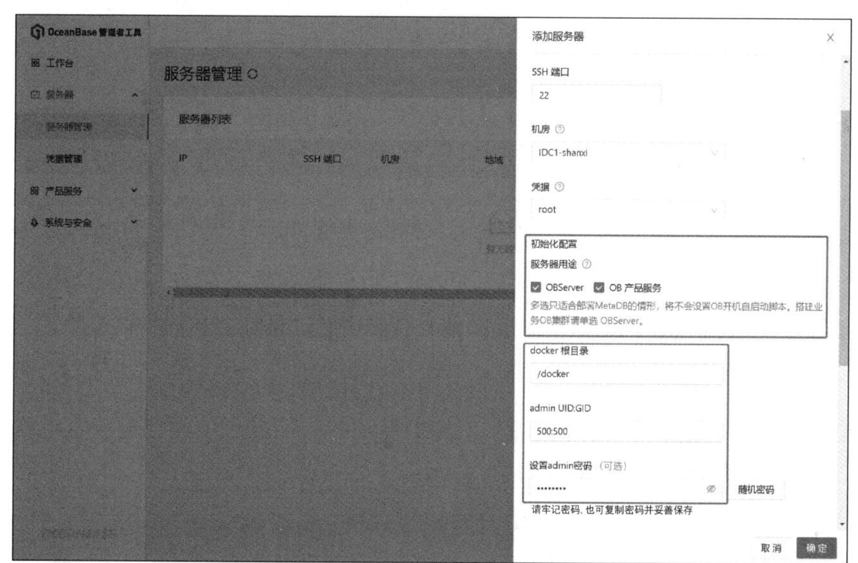

图 3-5-19　添加服务器配置页面

(7) 在“添加服务器”的界面打开时钟同步选项，如果有公共的 NTP 服务器，则“时钟源 IP”添加为公共的 NTP 服务器的 IP 地址，其他参数和选项默认一般不需要修改。如果没有公共的 NTP 服务器，则“时钟源 IP”一般添加 OAT(OCP)服务器的 IP 地址，并且“同时作为时钟源”选项选为“是”。然后单击“确定”按钮。时钟同步选项如图 3-5-20 所示。

(8) 如图 3-5-21 所示，在“服务器管理”界面可以看到刚添加的服务器。然后单击“查看任务”按钮，可以查看添加服务器的进度和状态。

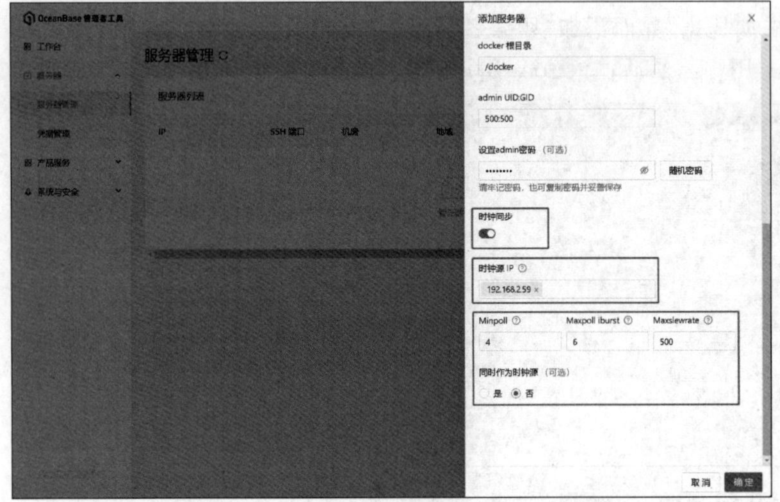

图 3-5-20 时钟同步选项

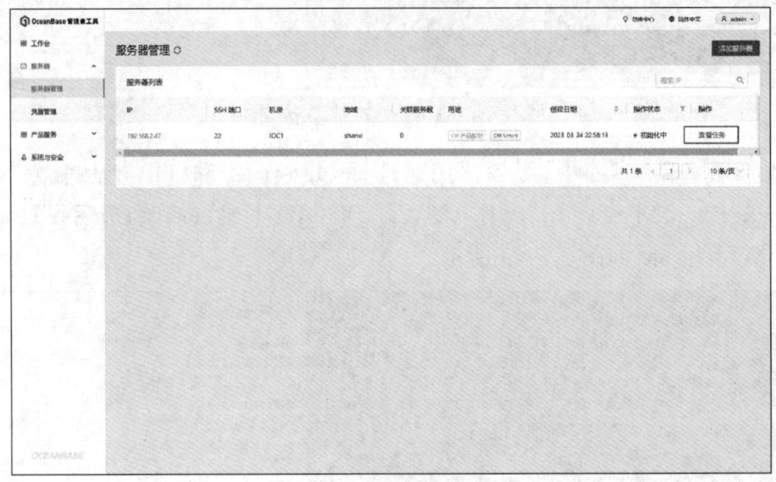

图 3-5-21 服务器管理

(9) 在"查看任务"界面,可以查看添加服务器各个阶段的详细日志。如果服务器配置不满足最小配置需求,通常 precheck 阶段会失败。添加服务器执行过程如图 3-5-22 所示。

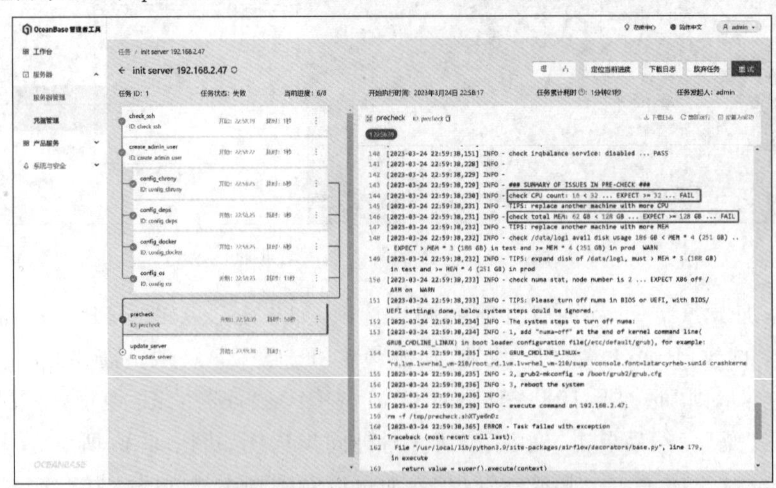

图 3-5-22 添加服务器执行过程

(10) 如果是服务器配置不能满足最小配置需求，而引起 precheck 阶段失败，在“查看任务”界面，单击 precheck 阶段任务后面的“…”，然后单击“设置为成功”，处理预检查报错，如图 3-5-23 所示。

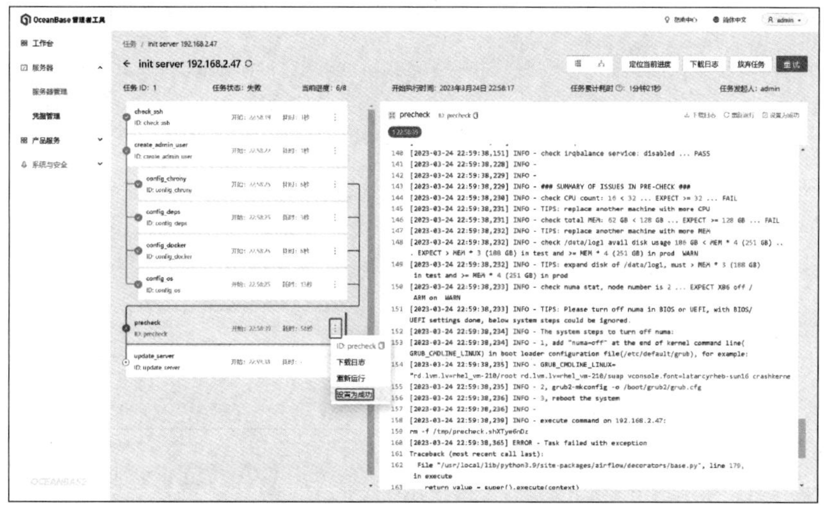

图 3-5-23　处理预检查报错

(11) 在“查看任务”界面，可以看到添加服务器完成，如图 3-5-24 所示。

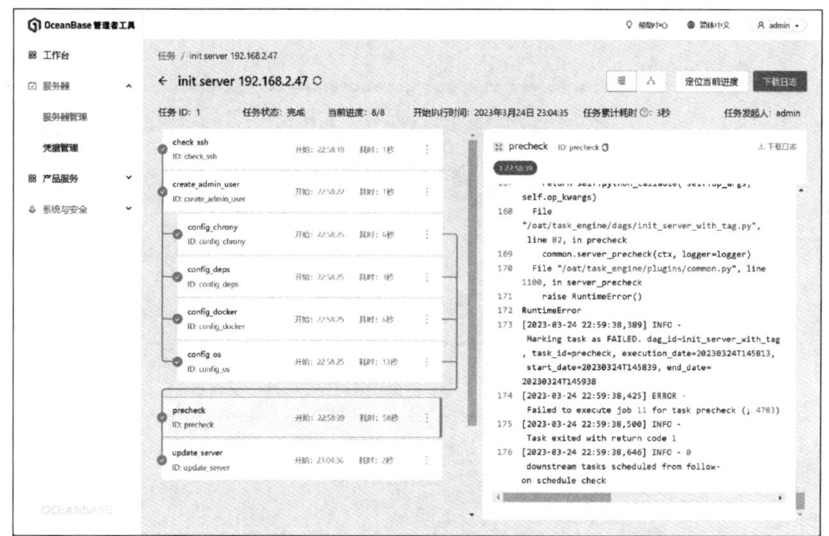

图 3-5-24　添加服务器成功

(12) 在“服务器管理”界面，可以看到刚添加的服务器“正常运行”。服务器状态如图 3-5-25 所示。

2) 部署 MetaDB

(1) 在 OAT 管理平台添加 OCP 服务器，依次单击“产品服务”→“组件管理”→“创建组件”→“创建 MetaDB”按钮，如图 3-5-26 所示。

(2) 在创建 MetaDB 界面，依次单击“MetaDB 镜像”→“管理镜像文件”按钮，如图 3-5-27 所示。

(3) 在管理镜像文件界面依次单击“添加镜像”→“本地扫描”按钮，扫描镜像文件，如图 3-5-28 所示。

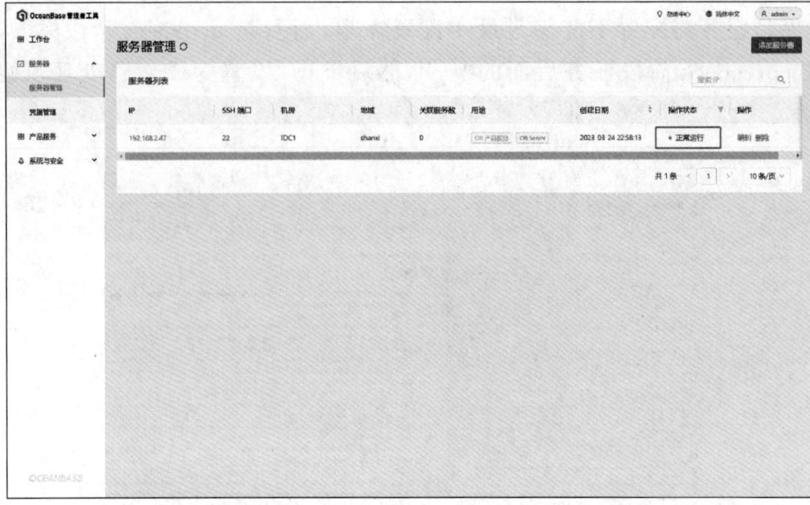

图 3-5-25 服务器状态

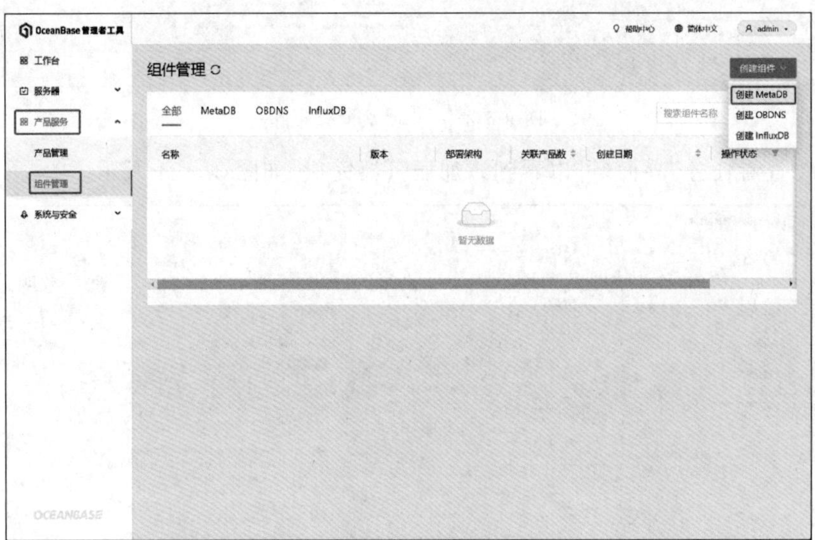

图 3-5-26 创建 MetaDB

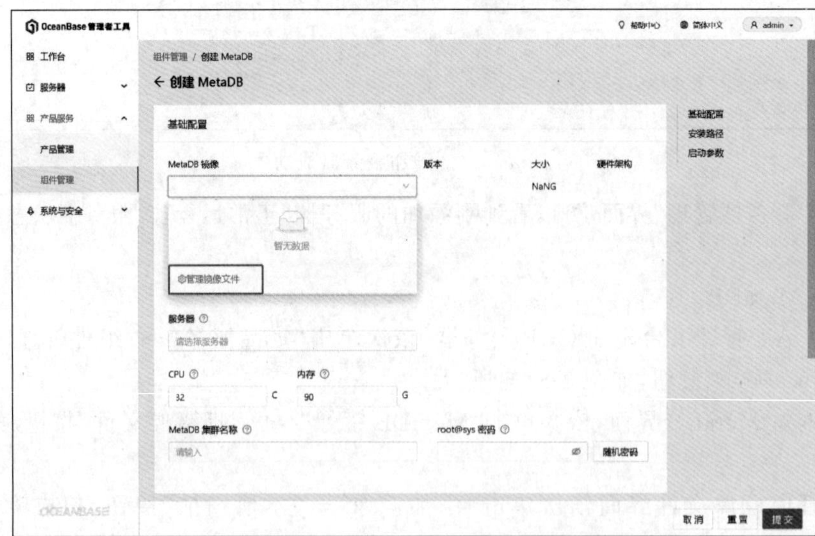

图 3-5-27 管理镜像文件

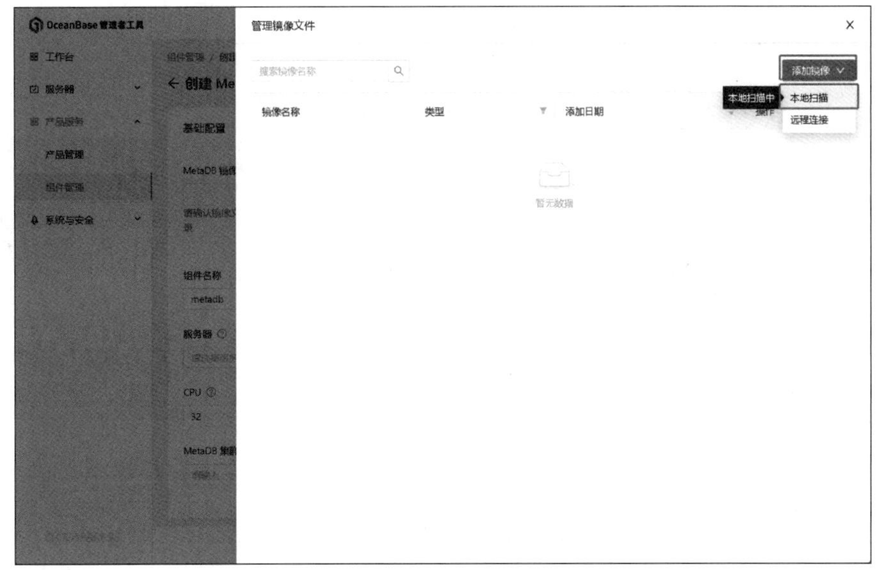

图 3-5-28　扫描镜像文件

（4）在管理镜像文件界面，数分钟后可以看到扫描出来之前上传的 OCP 和 MetaDB 的安装镜像，然后在 MetaDB 镜像后面单击“选择”按钮，选择镜像文件，如图 3-5-29 所示。

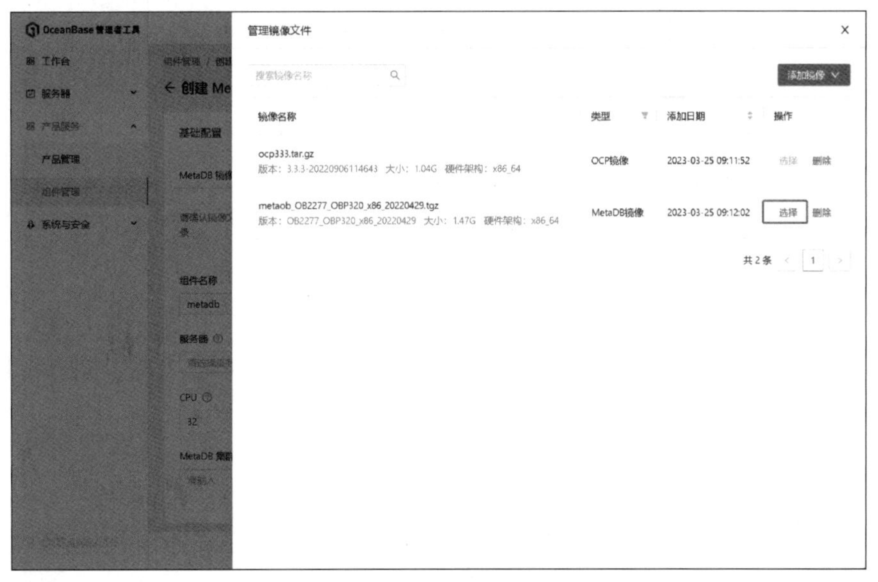

图 3-5-29　选择镜像文件

（5）回到创建 MetaDB 界面，依次填写“组件名称”，通常为 metadb，可自定义“服务器”，选择之前添加的 OCP 服务器的 IP 地址 CPU 和内存，通常采用默认设置，如果服务器配置较低可以适当改小，“MetaDB 集群名称”通常为 ocp_cluster，可自定义。配置 MetaDB，如图 3-5-30 所示。

（6）设置 OceanBase 数据库安装路径，包括软件安装路径、数据库数据存储路径和数据库日志存储路径，通常情况下采用默认路径。用户也可以自定义安装路径，但一定要与准备阶段创建的文件系统路径匹配。核对安装路径，如图 3-5-31 所示。

（7）设置 OceanBase 数据库端口和启动参数，通常情况下采用默认路径。用户也可以根据自身需求和服务器配置自定义相关参数。修改 OBServer 参数，如图 3-5-32 所示。

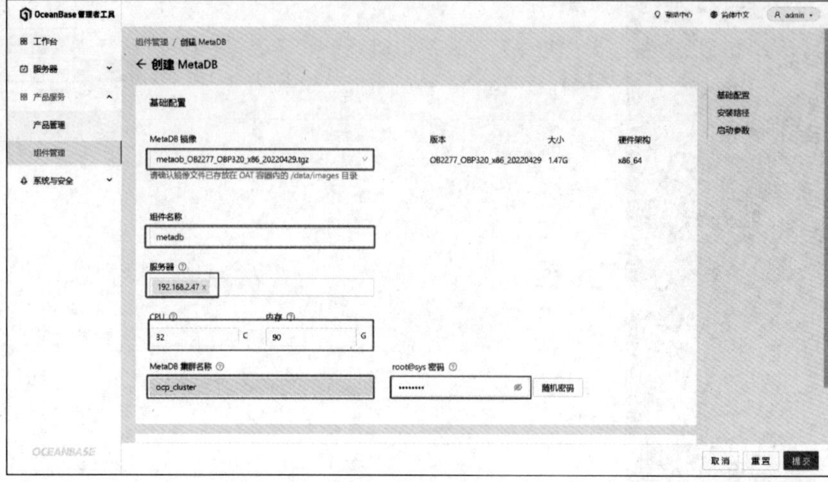

图 3-5-30　配置 MetaDB

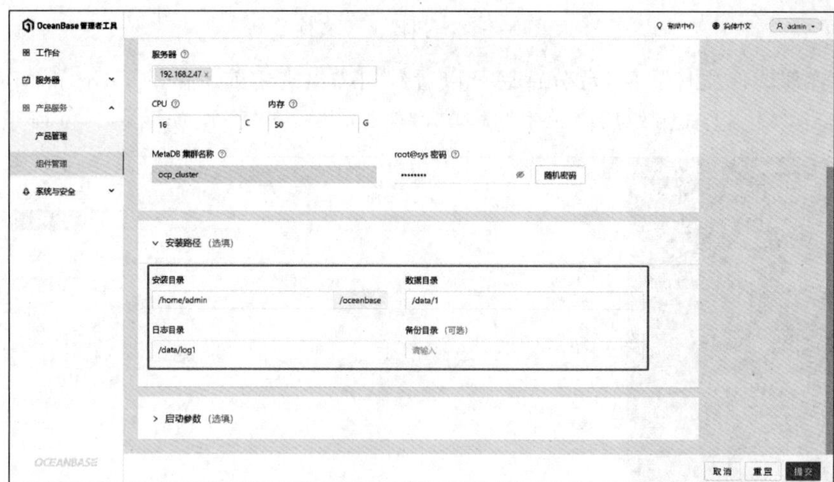

图 3-5-31　核对安装路径

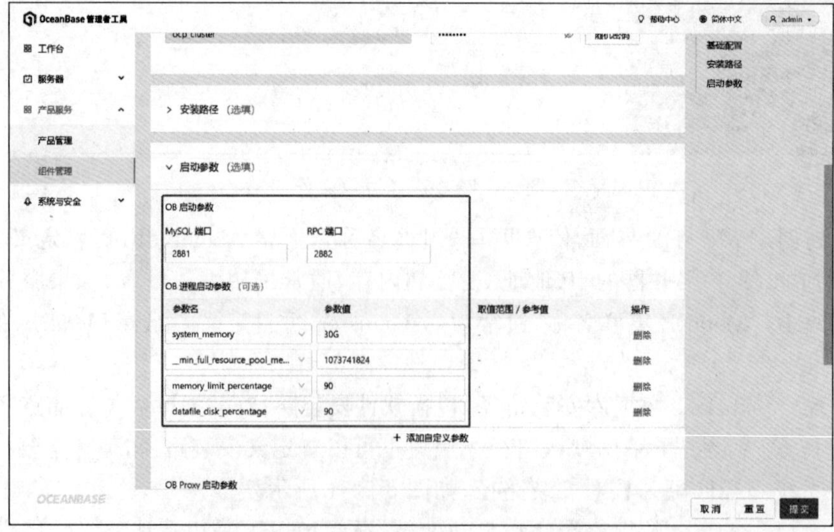

图 3-5-32　修改 OBServer 参数

(8) 设置 OBProxy 的端口和启动参数,通常情况下采用默认路径。用户也可以根据自身需求和服务器配置自定义相关参数。最后提交创建任务,如图 3-5-33 所示。

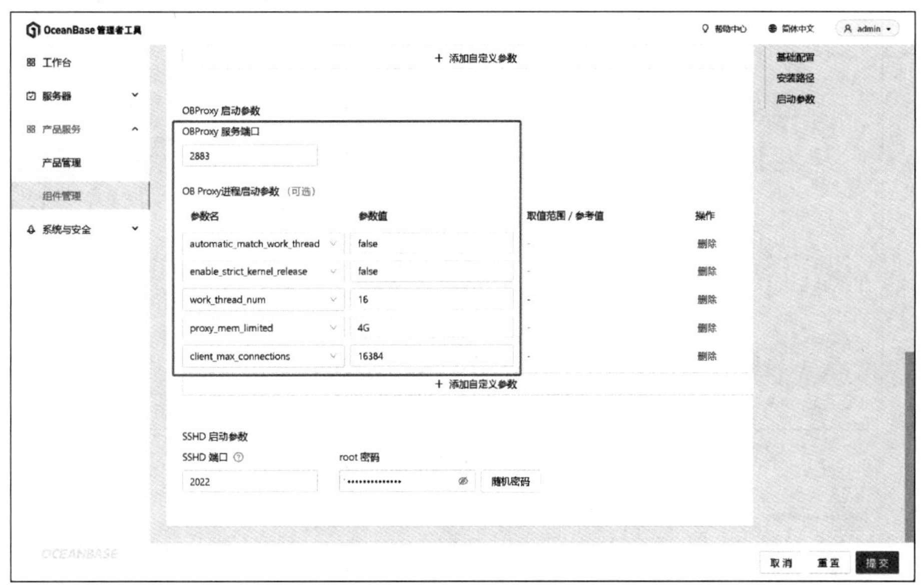

图 3-5-33　修改 OBProxy 参数

(9) 查看创建 MetaDB 组件任务的详细过程和日志,组件管理如图 3-5-34 所示。

图 3-5-34　组件管理

(10) 下面是创建 MetaDB 组件任务的详细步骤和日志,如图 3-5-35 所示。

(11) 任务创建完成后,MetaDB 组件处于运行状态,如图 3-5-36 所示。

3) 部署 OCP

(1) 在 OAT 管理平台添加 OCP 服务器,依次单击"产品服务"→"产品管理"→"安装产品"→"安装 OCP"按钮,如图 3-5-37 所示。

(2) 选择 OCP 镜像包,然后依次填写"产品名称",通常为 OCP,单机房部署关闭"多可用区模式","服务器"选择之前添加的 OCP 服务器的 IP 地址,"CPU"和"内存"通常采用默认设置,如果服务器配置较低可以适当改小,如图 3-5-38 所示。

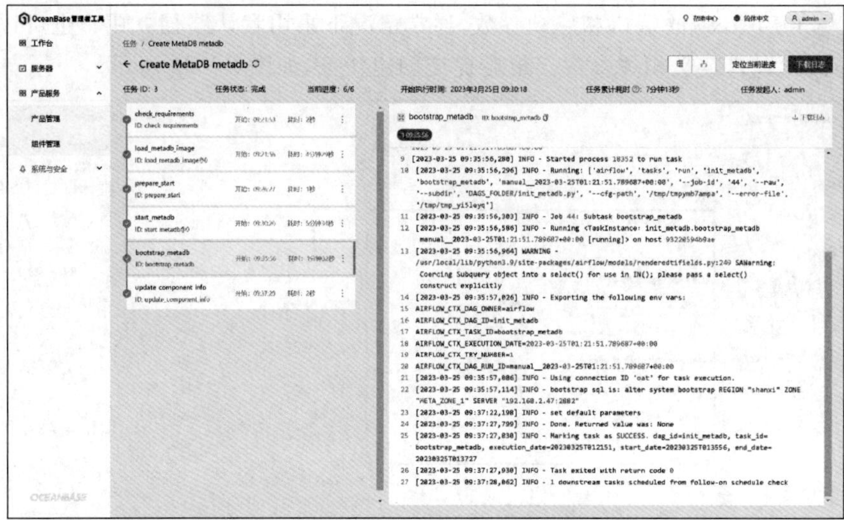

图 3-5-35　MetaDB 创建步骤

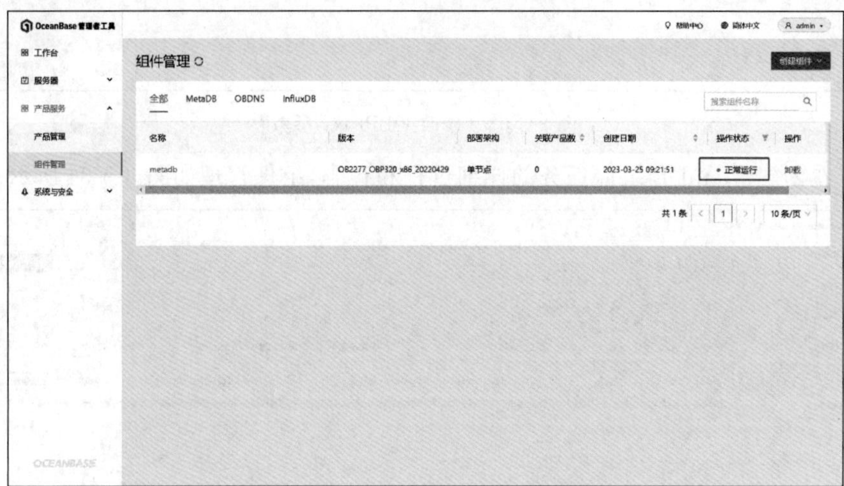

图 3-5-36　MetaDB 组件运行状态

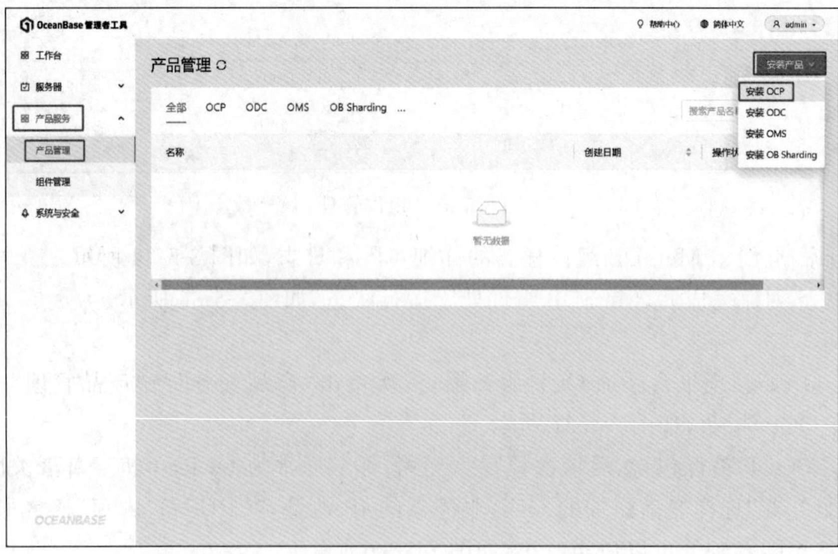

图 3-5-37　产品管理

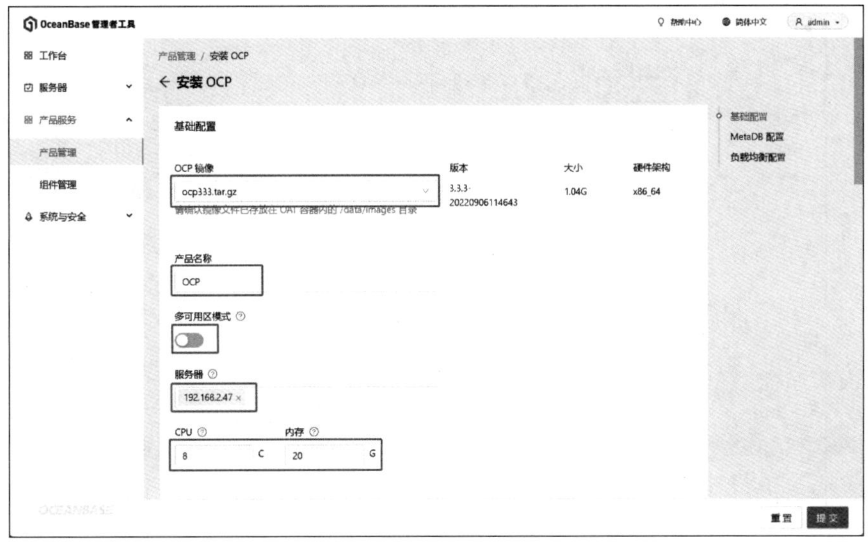

图 3-5-38　安装 OCP

(3) 设置 OCP 的应用端口和日志路径，通常情况下采用默认端口和日志路径。用户也可以根据自身需求自定义相关参数，如图 3-5-39 所示。

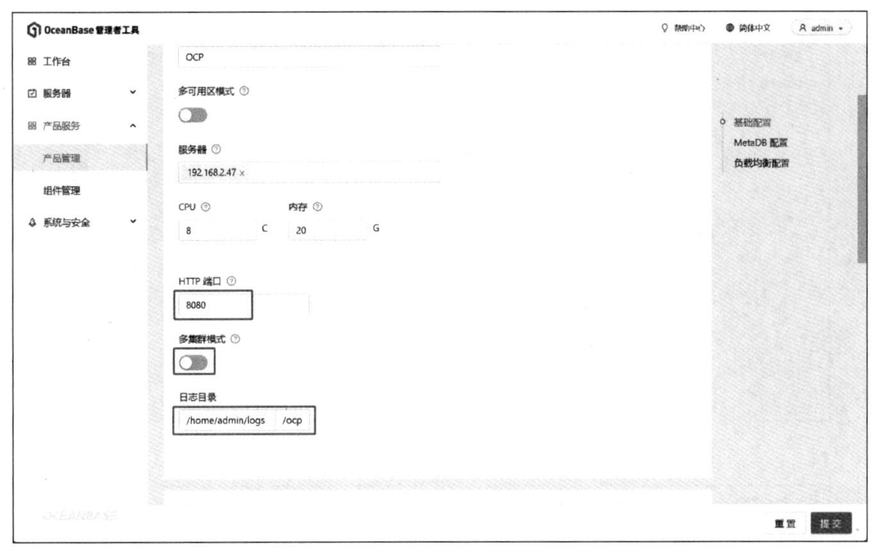

图 3-5-39　OCP 自定义参数

(4) 设置 OCP 应用使用的数据库，因为之前已经为 OCP 应用创建好了 MetaDB，所以“MetaDB 类型”选择“已创建 MetaDB”，然后选择已创建的 MetaDB“metadb”，在 MetaDB 上将要创建两个租户，一个是 OCP 应用租户，另一个是 OCP 监控租户，分别设置这两个租户的租户名称、密码、CPU 和内存。CPU 和内存大小通常采用默认值，用户也可以根据自身服务器配置调整。最后，选中“接管 MetaDB 集群”复选框，这样将来在 OCP 控制台里就可以看到 MetaDB 的 OceanBase 的集群。具体如图 3-5-40 所示。

(5) 因为是单机部署，所以“负载均衡模式”选择“不使用”，最后提交创建 OCP 任务。负载均衡配置如图 3-5-41 所示。

(6) 查看创建 OCP 产品任务的详细过程和日志，如图 3-5-42 所示。

(7) 创建 OCP 产品任务的详细步骤和日志，如图 3-5-43 所示。

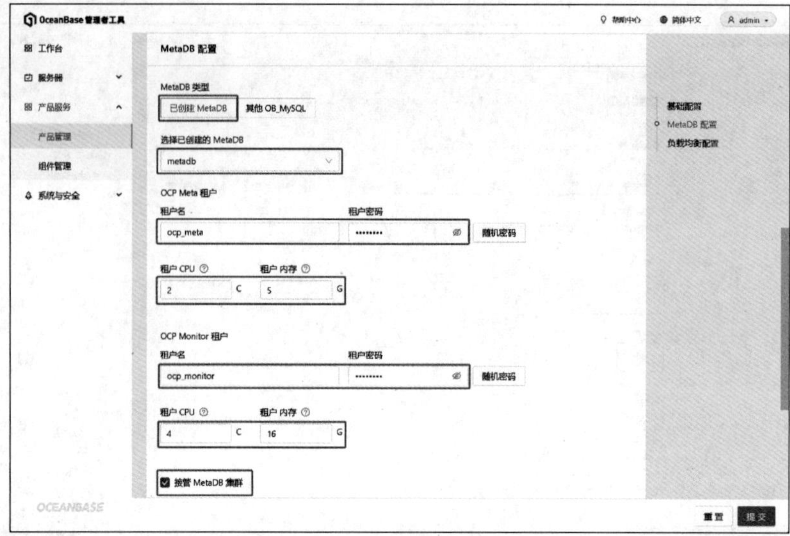

图 3-5-40　配置 OCP 参数

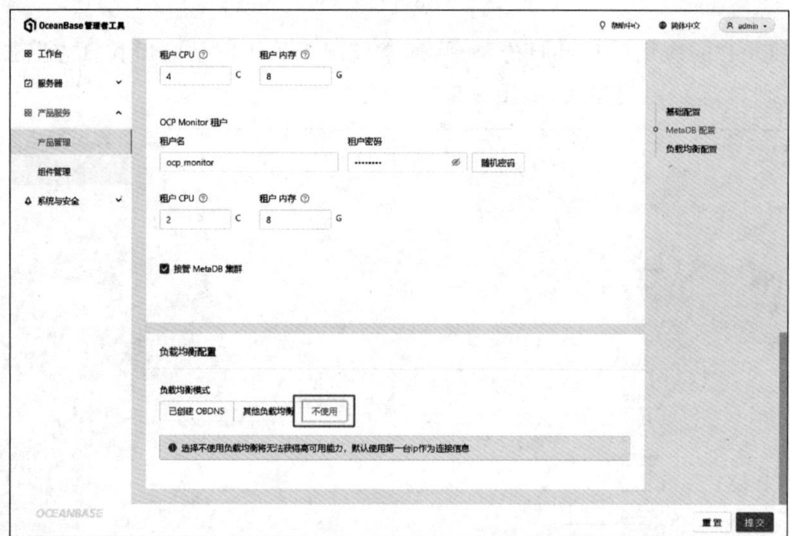

图 3-5-41　OCP 负载均衡配置

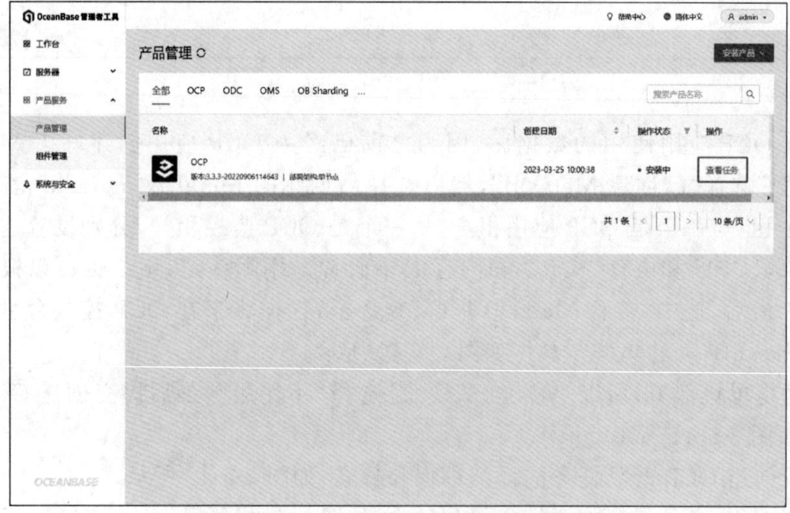

图 3-5-42　查看创建 OCP 任务

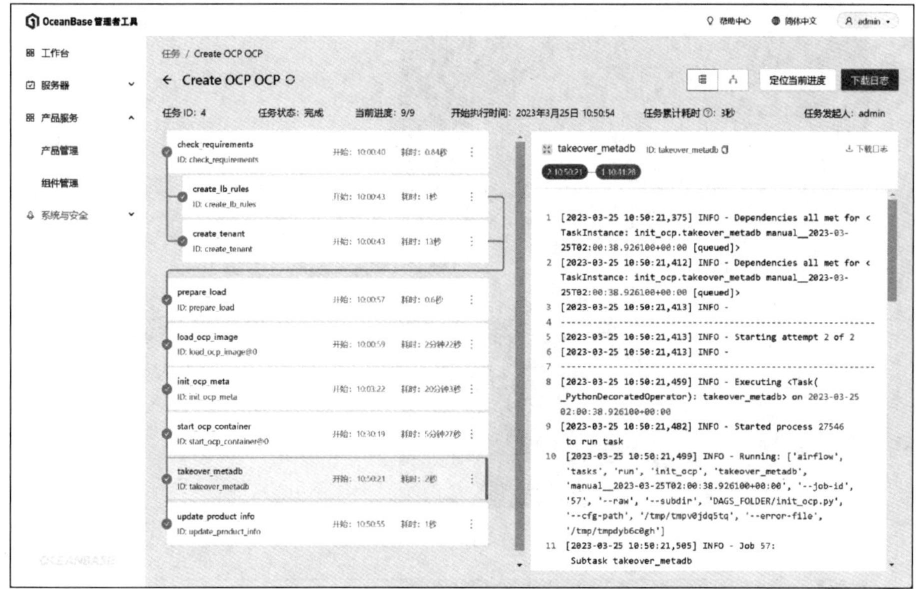

图 3-5-43　创建 OCP 的步骤和日志

(8) 任务创建完成后，OCP 产品处于运行状态，OCP 状态如图 3-5-44 所示。

图 3-5-44　OCP 状态

4) 部署后检查

OCP 登录界面如图 3-5-45 所示。

```
OCP 访问地址:http://192.168.2.47:8080 # 此处为 OCP 服务器的 IP 地址和端口
默认用户名:admin
默认密码:aaAA11__ # OCP 3.x 版本初始密码,注意最后为两个下画线
```

登录后需要重新设置 admin 用户密码，然后激活账号，如图 3-5-46 所示。

登录到 OCP 管理平台页面后，就可以看到有一个 OCP 元数据的数据库集群和 3 个租户存在，OCP 主页如图 3-5-47 所示。

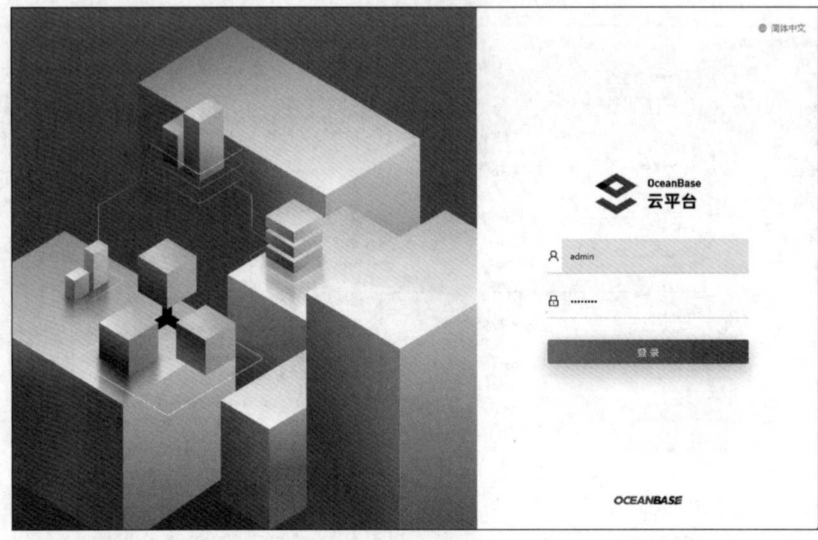

图 3-5-45　OCP 登录界面

图 3-5-46　设置 OCP 登录密码

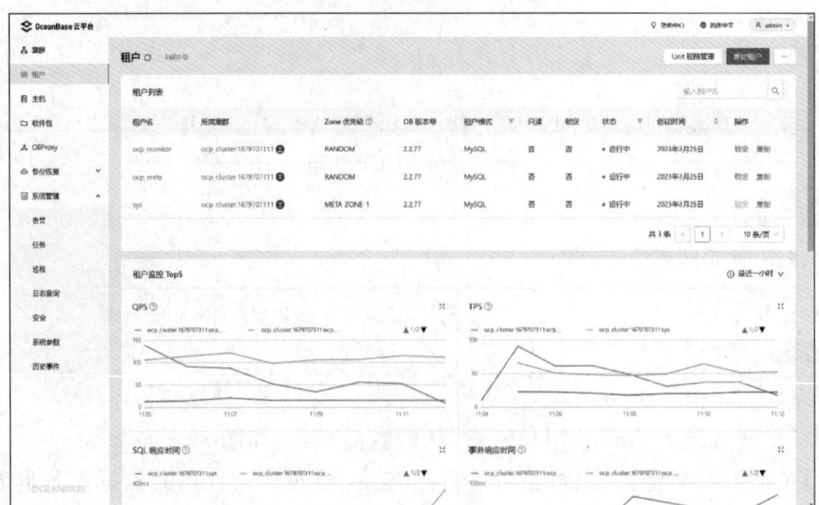

图 3-5-47　OCP 主页

3. 三节点 OCP 管理平台部署

OCP 管理平台集群部署需要将 OCP 相关软件部署在三台独立的服务器环境，并且组成集群。每台服务器包含两个 Docker 容器，一个 Docker 容器安装的是 OCP 应用，另一个 Docker 容器安装的是 OCP 管理平台使用的数据库（OceanBase）和 OceanBase 数据库配套的 OBProxy。三台服务器的第一个容器组成 OCP 应用集群，第二个容器组成 OCP 管理平台数据库（OceanBase/OBProxy）集群。三节点 OCP 管理平台部署架构如图 3-5-48 所示。

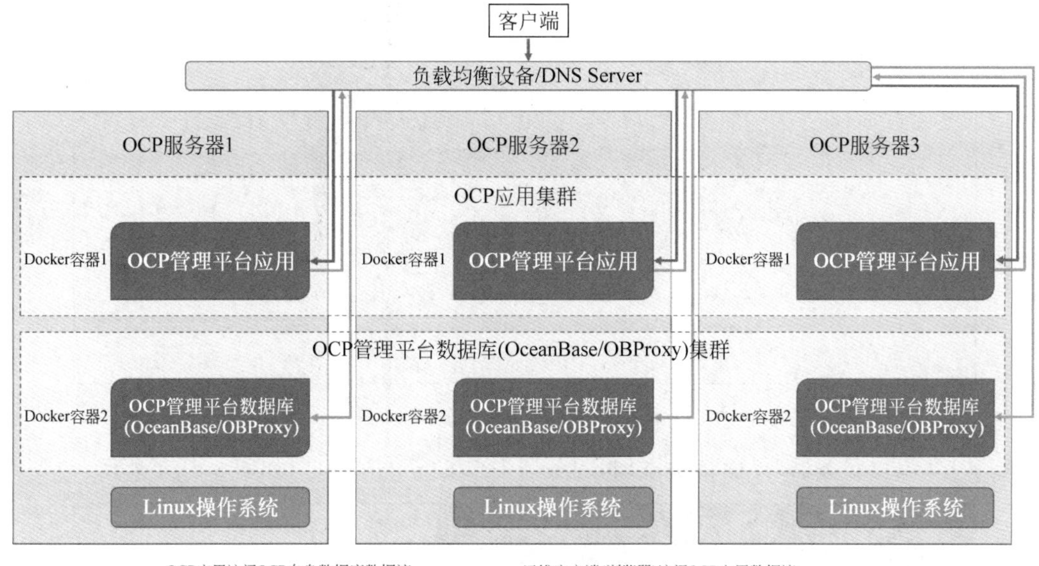

图 3-5-48　三节点 OCP 管理平台部署架构

1）添加 OCP Server

（1）访问地址：http://192.168.2.47:7000，登录 OAT 服务器，默认用户名：admin，密码：aaAA11_ _，注意最后为两个下画线，初始密码登录后需要重新设置 admin 用户密码，然后激活账号。OAT 登录界面如图 3-5-49 所示。

图 3-5-49　OAT 登录界面

(2) 在 OAT 管理平台添加 OCP 服务器，依次单击“服务器”→“服务器管理”→“添加服务器”按钮，如图 3-5-50 所示。

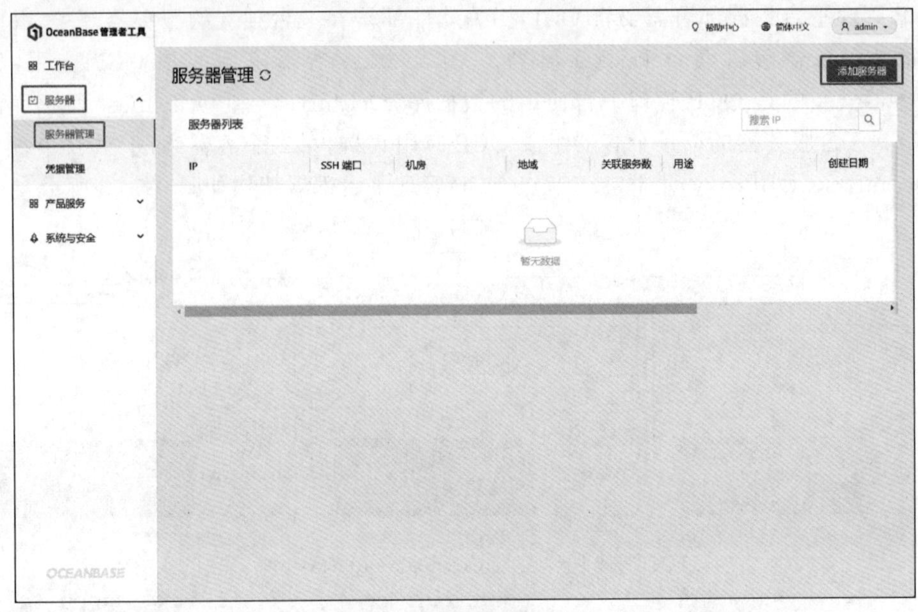

图 3-5-50　服务器管理

(3) 在“添加服务器”界面依次添加“服务器 IP”和“SSH 端口”，如图 3-5-51 所示。

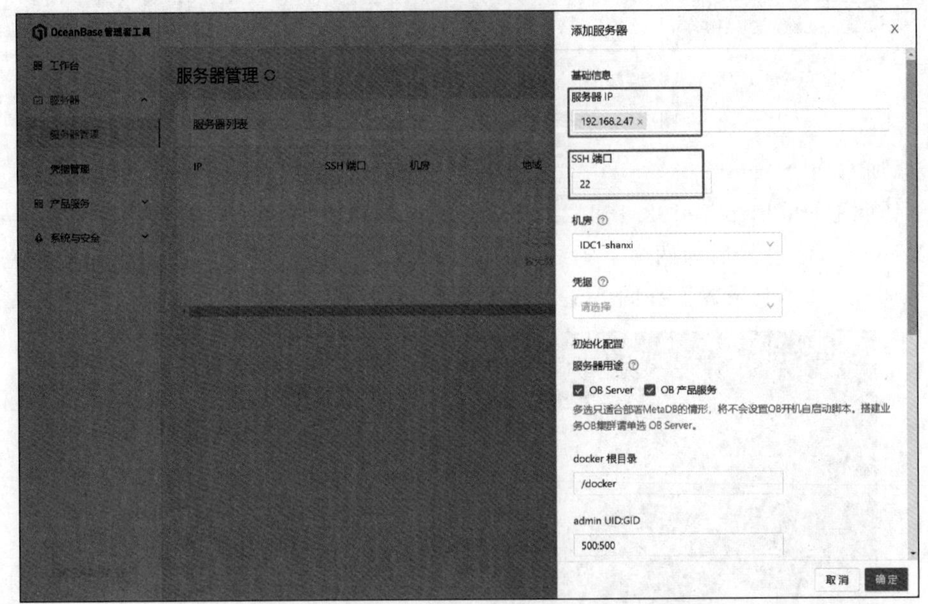

图 3-5-51　添加服务器

(4) 在“添加机房”界面依次添加“机房”信息和“地域”信息，如图 3-5-52 所示。

(5) 在“添加凭据”界面添加“凭据名”信息，“授权类型”通常选择“密码认证”，“用户类型”通常选择“root 用户”，然后输入 root 用户密码，如图 3-5-53 所示。

(6) 在“添加服务器”界面中，服务器用途选择 OBServer 和“OB 产品服务”，Docker 根目录默认为“/docker”一般不变，admin 用户的 UID 和 GID 不建议修改，最后设置 admin 用户密码。初始化配置如图 3-5-54 所示。

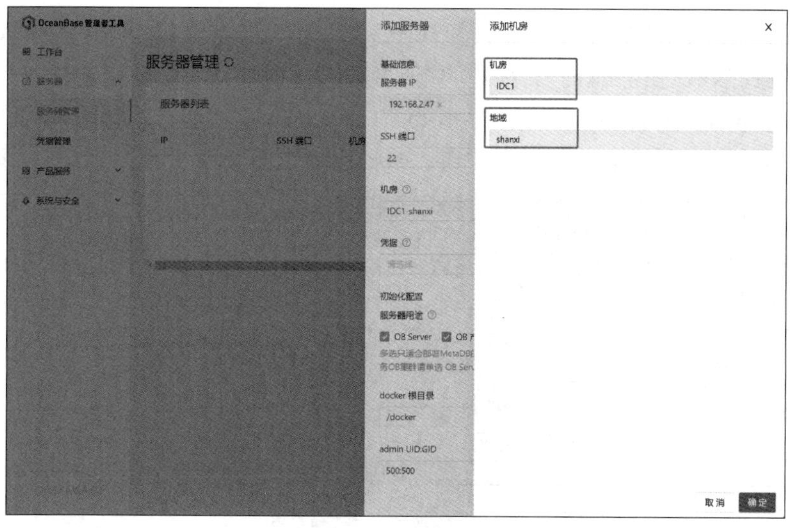

图 3-5-52　添加机房

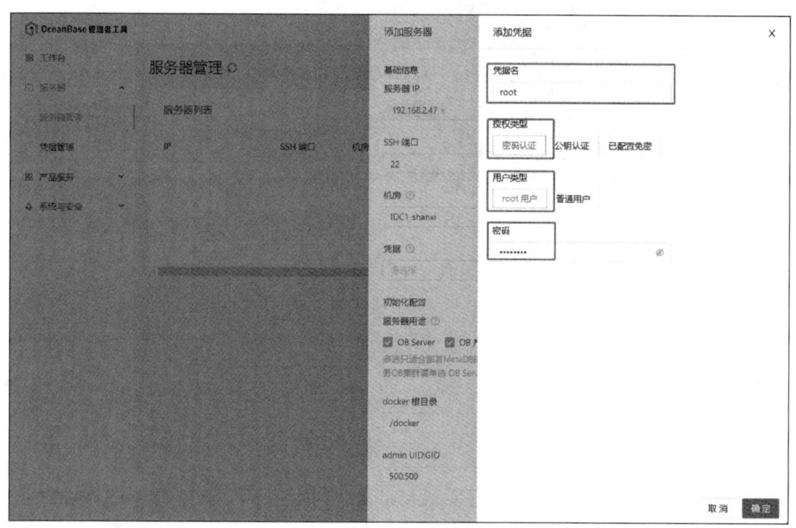

图 3-5-53　添加凭据

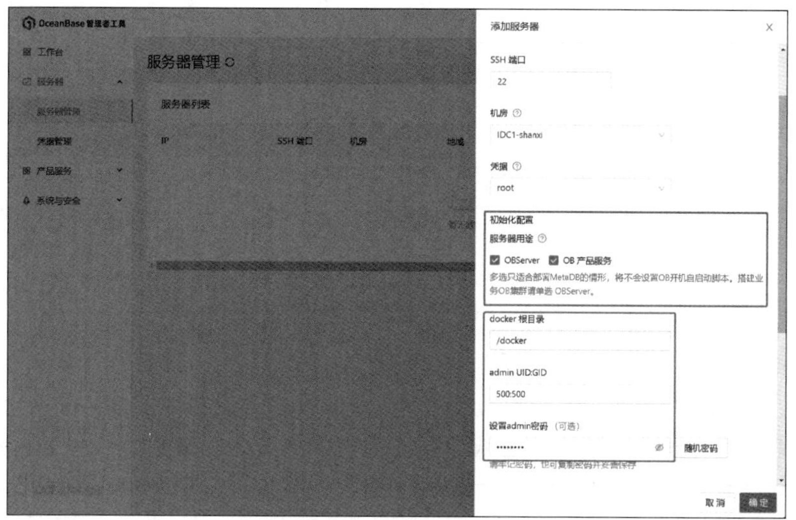

图 3-5-54　初始化配置

（7）在“添加服务器”的界面打开时钟同步选项，如果有公共的 NTP 服务器，则“时钟源 IP”添加为公共的 NTP 服务器的 IP 地址，其他参数和选项默认一般不需要修改。如果没有公共的 NTP 服务器，则“时钟源 IP”一般添加 OAT（OCP）服务器的 IP 地址，并且“同时作为时钟源”选项选为“是”。然后单击“确定”按钮。时钟同步如图 3-5-55 所示。

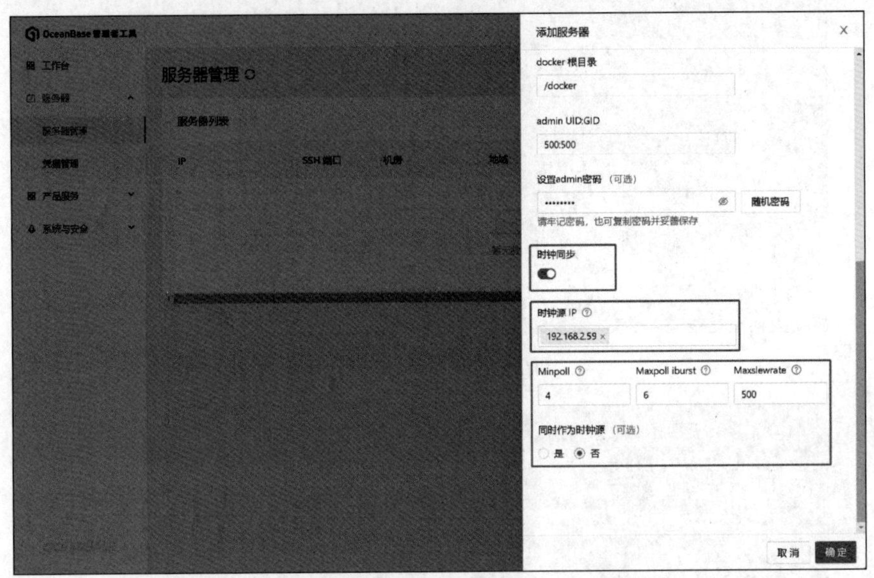

图 3-5-55　时钟同步

（8）在“服务器管理”界面可以看到刚添加的服务器。然后单击“查看任务”按钮，可以查看添加服务器的进度和状态，如图 3-5-56 所示。

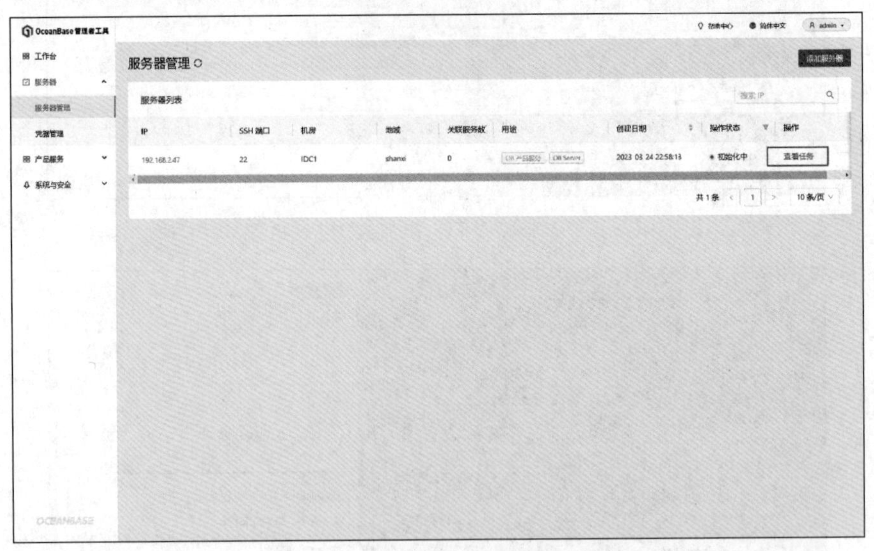

图 3-5-56　查看添加服务器任务

（9）在“查看任务”界面，可以查看添加服务器各个阶段的详细日志。如果服务器配置不满足最低配置需求，通常 precheck 阶段会失败。添加服务器步骤如图 3-5-57 所示。

（10）如果是服务器配置不满足最低配置需求引起的 precheck 阶段失败，在“查看任务”界面，单击 precheck 阶段任务后面的“…”，然后单击“设置为成功”，处理任务报错如图 3-5-58 所示。

（11）在“查看任务”界面，可以看到成功添加服务器，如图 3-5-59 所示。

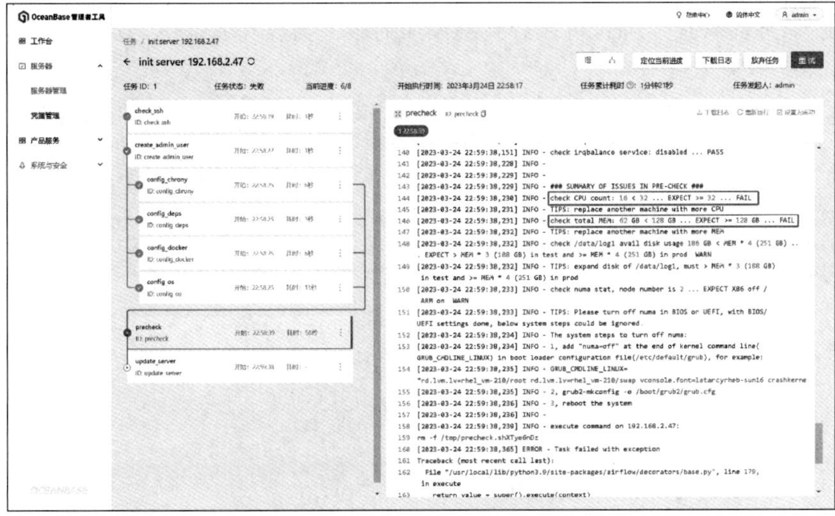

图 3-5-57　添加服务器步骤

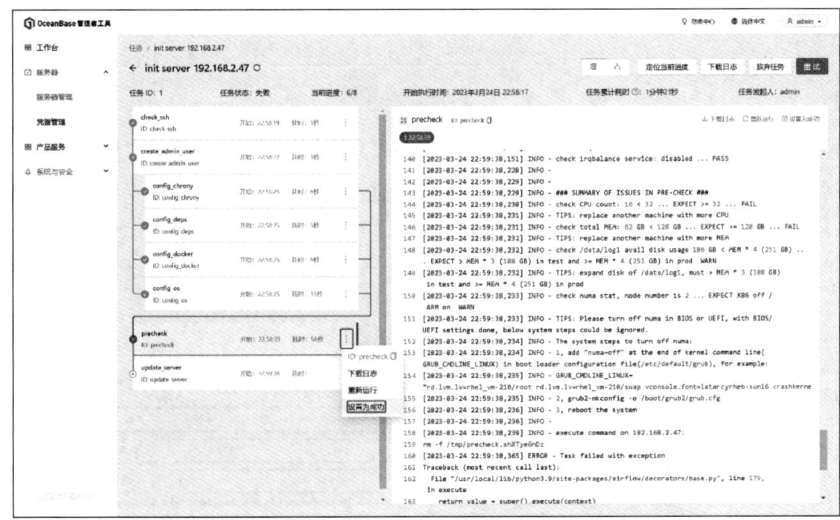

图 3-5-58　处理任务报错

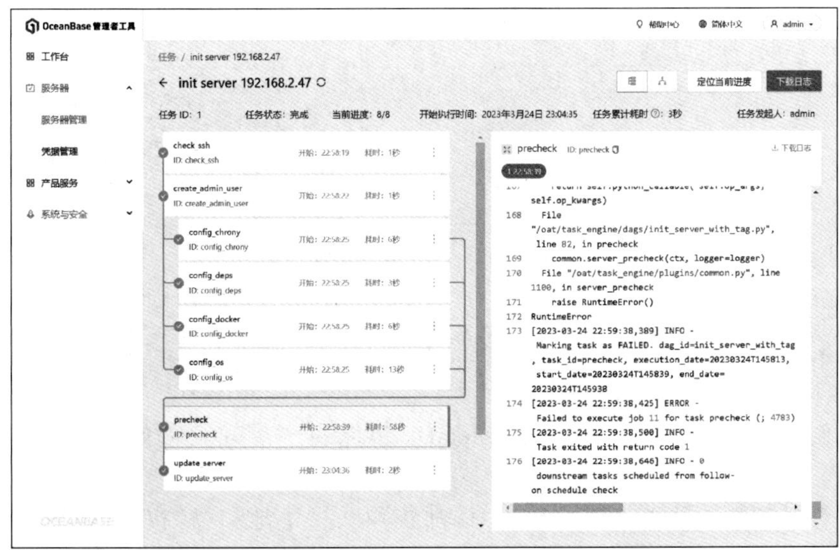

图 3-5-59　成功添加服务器

(12) 在“服务器管理”界面，可以看到刚添加的服务器操作状态为“正常运行”。服务器操作状态如图 3-5-60 所示。

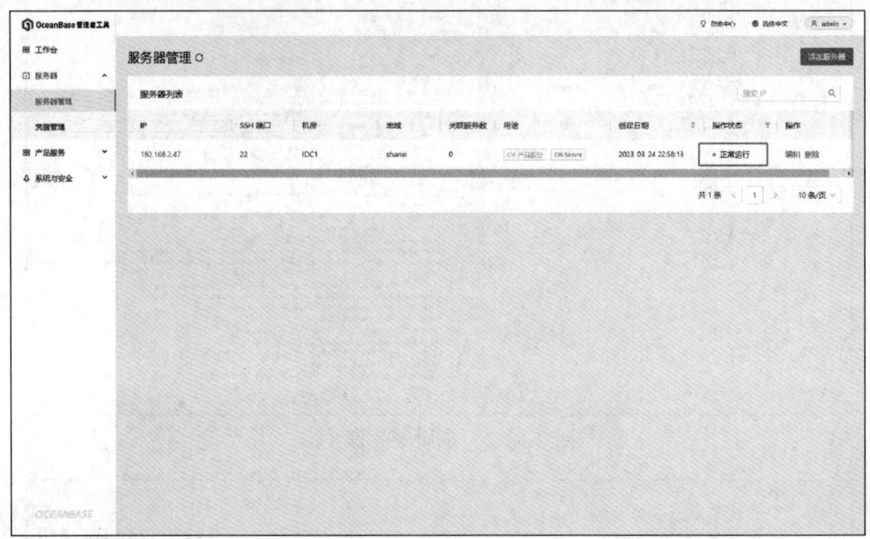

图 3-5-60 服务器操作状态

(13) 重复步骤(2)～(12)，分别添加另外两台 OCP 服务器，然后在“服务器管理”界面可以看到刚添加的 3 台 OCP 服务器都处于“正常运行”状态。三台服务器状态如图 3-5-61 所示。

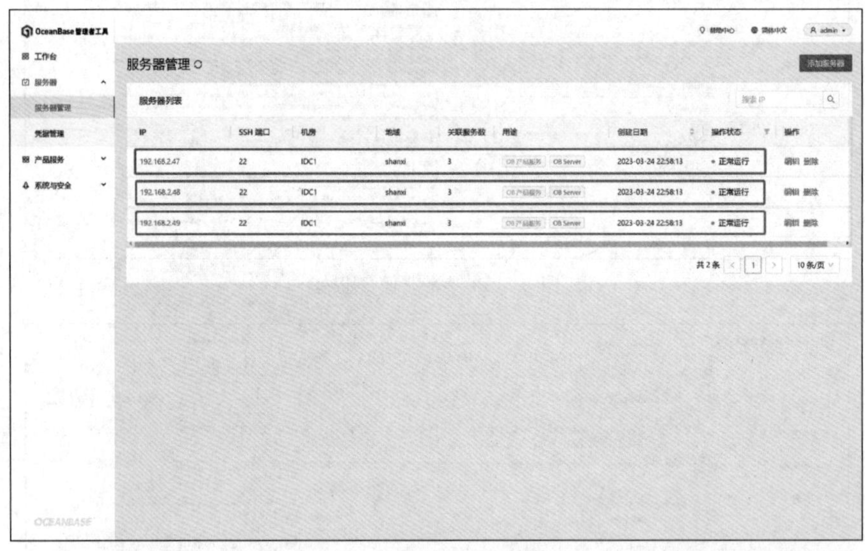

图 3-5-61 三台服务器状态

2) 部署 MetaDB

(1) 在 OAT 管理平台添加 OCP 服务器，依次单击“产品服务”→“组件管理”→“创建组件”→“创建 MetaDB”按钮，如图 3-5-62 所示。

(2) 在创建 MetaDB 界面依次单击“MetaDB 镜像”→“管理镜像文件”按钮，如图 3-5-63 所示。

(3) 在管理镜像文件界面依次单击“添加镜像”→“本地扫描”按钮，扫描镜像文件，如图 3-5-64 所示。

图 3-5-62　创建 MetaDB

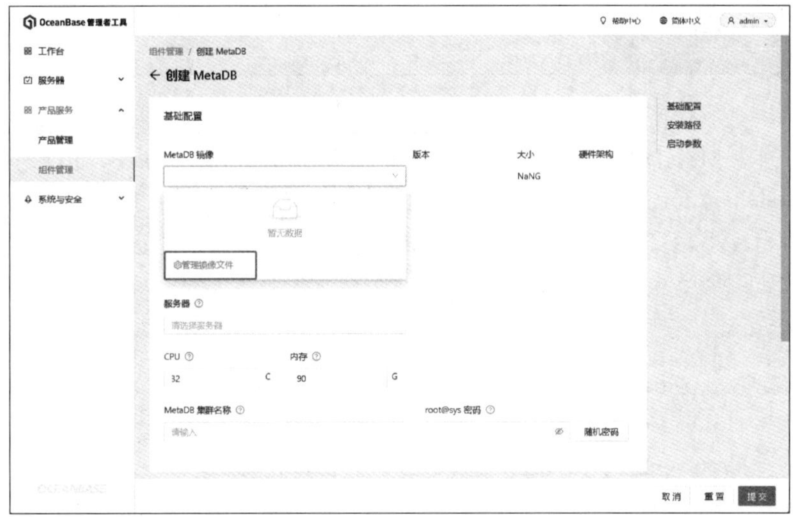

图 3-5-63　管理镜像文件

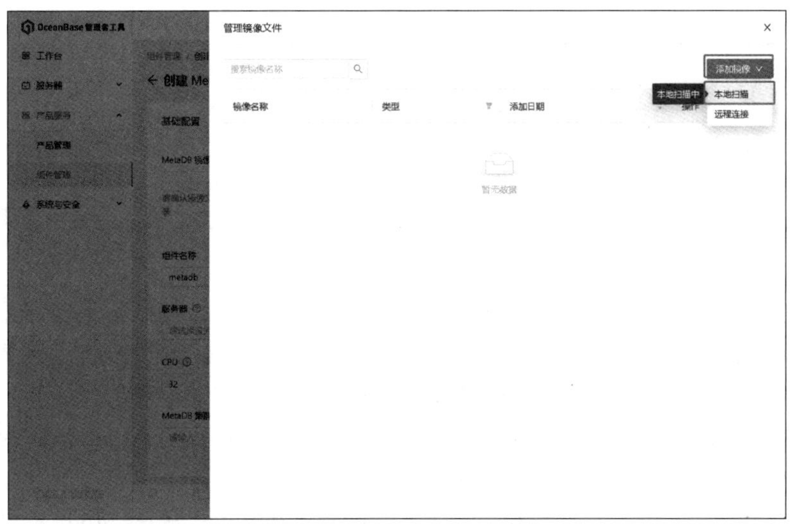

图 3-5-64　扫描镜像文件

(4) 在管理镜像文件界面，数分钟后可以看到扫描出来之前上传的 OCP 和 MetaDB 的安装镜像，然后在 MetaDB 镜像后面单击“选择”按钮，选择镜像文件，如图 3-5-65 所示。

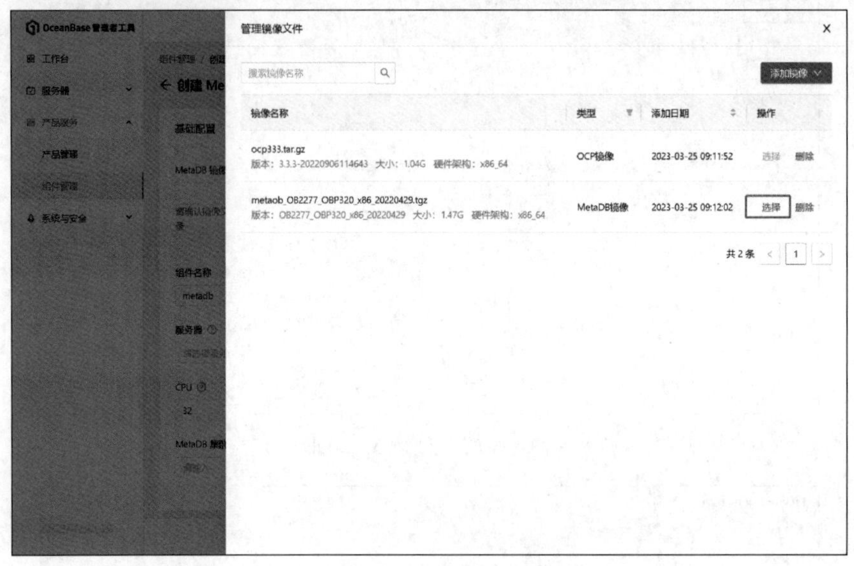

图 3-5-65　选择镜像文件

(5) 回到创建 MetaDB 界面，依次填写“组件名称”，通常为 metadb，可自定义“服务器”，选择之前添加的 3 台 OCP 服务器的 IP 地址、CPU 和内存，通常采用默认设置，如果服务器配置较低可以适当改小，“MetaDB 集群名称”通常为 ocp_cluster，可自定义。创建 MetaDB 基础配置，如图 3-5-66 所示。

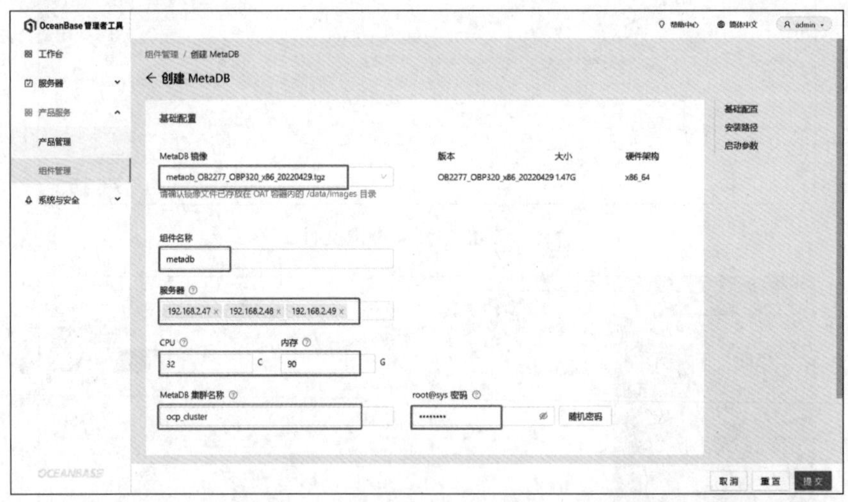

图 3-5-66　创建 MetaDB 基础配置

(6) 设置 OceanBase 数据库安装路径，包括软件安装路径、数据库数据存储路径和数据库日志存储路径，通常情况下采用默认路径。用户也可以自定义安装路径，但一定要与准备阶段创建的文件系统路径匹配。创建 MetaDB 安装路径，如图 3-5-67 所示。

(7) 设置 OceanBase 数据库端口和启动参数，通常情况下采用默认路径。用户也可以根据自身需求和服务器配置自定义相关参数，如图 3-5-68 所示。

(8) 设置 OBProxy 的端口和启动参数，通常情况下采用默认路径。用户也可以根据自身需求和服务器配置自定义相关参数。最后提交创建任务，如图 3-5-69 所示。

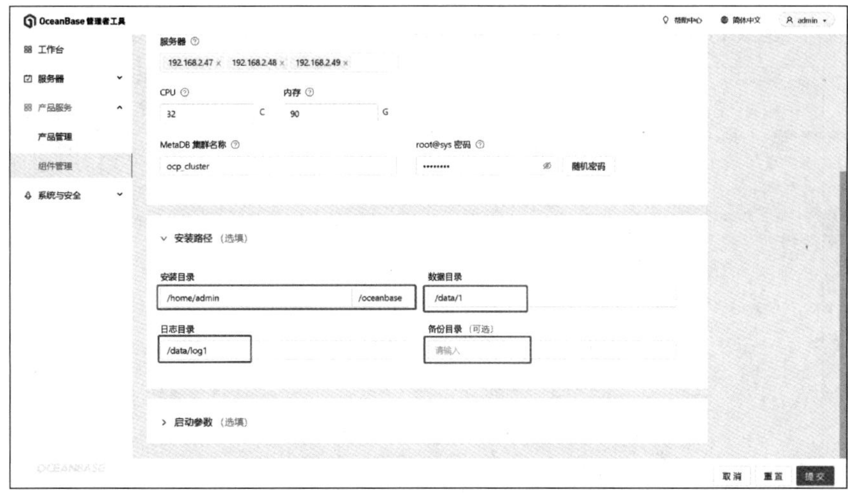

图 3-5-67　创建 MetaDB 安装路径

图 3-5-68　OBServer 启动参数

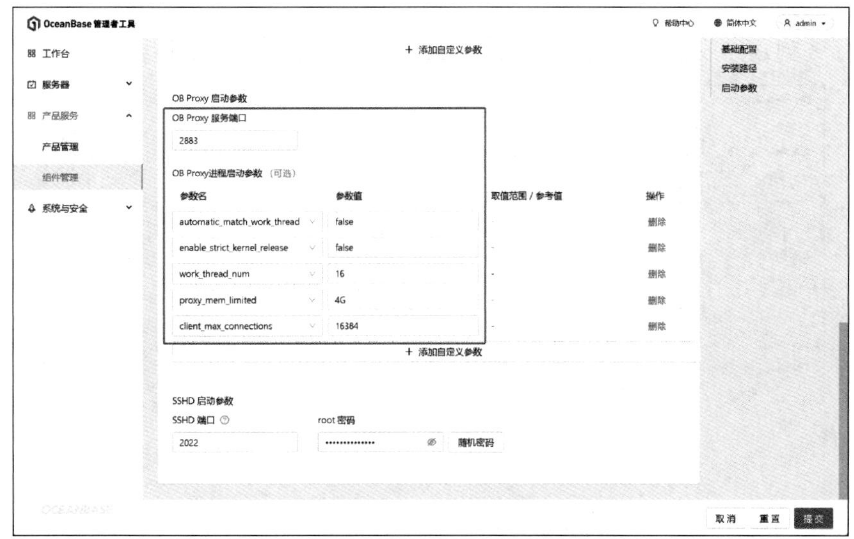

图 3-5-69　OBProxy 启动参数

(9) 查看创建 MetaDB 组件任务的详细过程和日志,查看任务如图 3-5-70 所示。

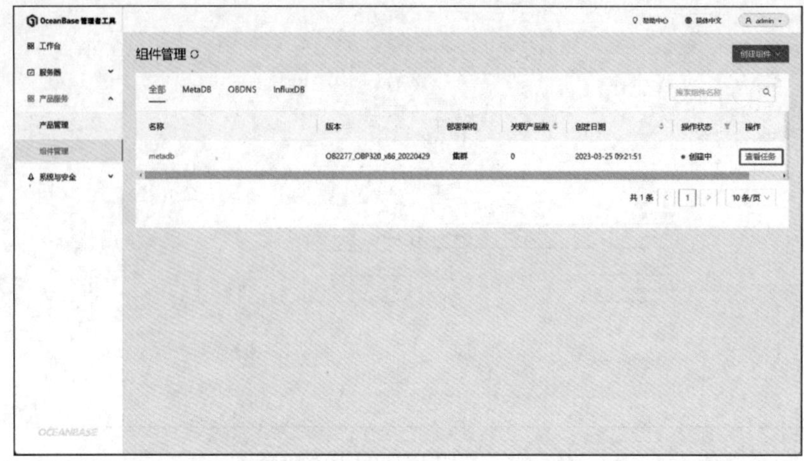

图 3-5-70 查看任务

(10) 下面是创建 MetaDB 组件任务的详细步骤和日志,如图 3-5-71 所示。

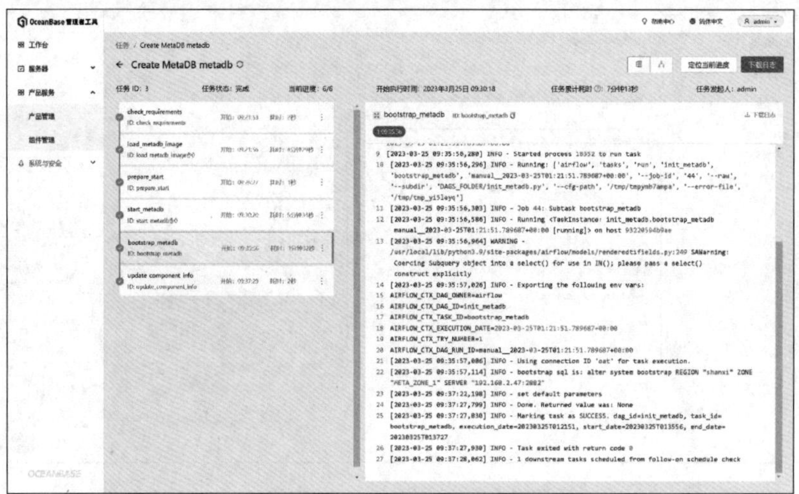

图 3-5-71 创建 MetaDB 步骤

(11) 任务创建完成后,MetaDB 组件处于运行状态,如图 3-5-72 所示。

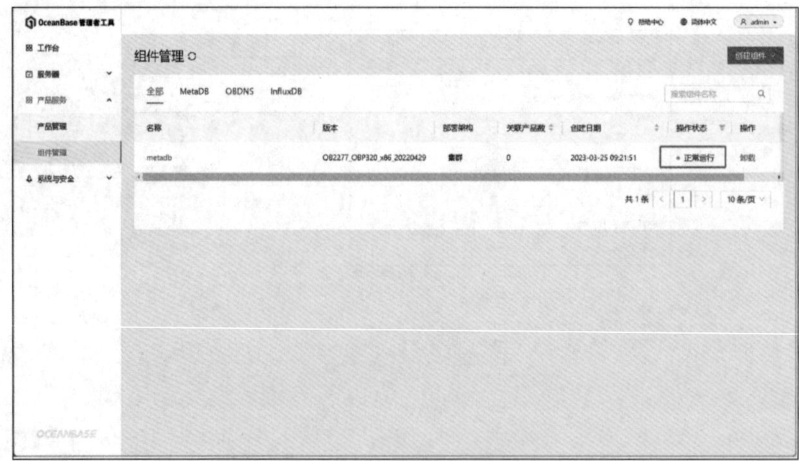

图 3-5-72 查看 MetaDB 状态

3）部署 OCP

（1）在 OAT 管理平台添加 OCP 服务器，依次单击“产品服务”→“产品管理”→“安装产品”→“安装 OCP”按钮，如图 3-5-73 所示。

图 3-5-73　安装 OCP

（2）选择 OCP 镜像包，依次填写“产品名称”，通常为 OCP，单机房部署“多可用区模式”关闭，“服务器”选择之前添加的 3 台 OCP 服务器的 IP 地址，CPU 和“内存”通常采用默认设置，如果服务器配置较低可以适当改小，如图 3-5-74 所示。

图 3-5-74　安装 OCP 基础配置

（3）设置 OCP 的应用端口和日志路径，通常情况下采用默认端口和日志路径。用户也可以根据自身需求自定义相关参数，如图 3-5-75 所示。

（4）设置 OCP 应用使用的数据库，因为之前已经为 OCP 应用创建好了 MetaDB，所以“MetaDB 类型”选择“已创建 MetaDB”；然后选择已创建的 MetaDB“metadb”，在 MetaDB 上将要创建两个租户，一个是 OCP 应用租户，另一个是 OCP 监控租户，分别设置这两个租户的租户名称、密码、CPU 和内存。CPU 和内存大小通常采用默认值，用户也可以根据自身服务器配置进行调整。最后，选中“接管 MetaDB 集群”复选框，这样将来在 OCP 控制台里就可以看到 MetaDB 的 OceanBase 的集群。具体如图 3-5-76 所示。

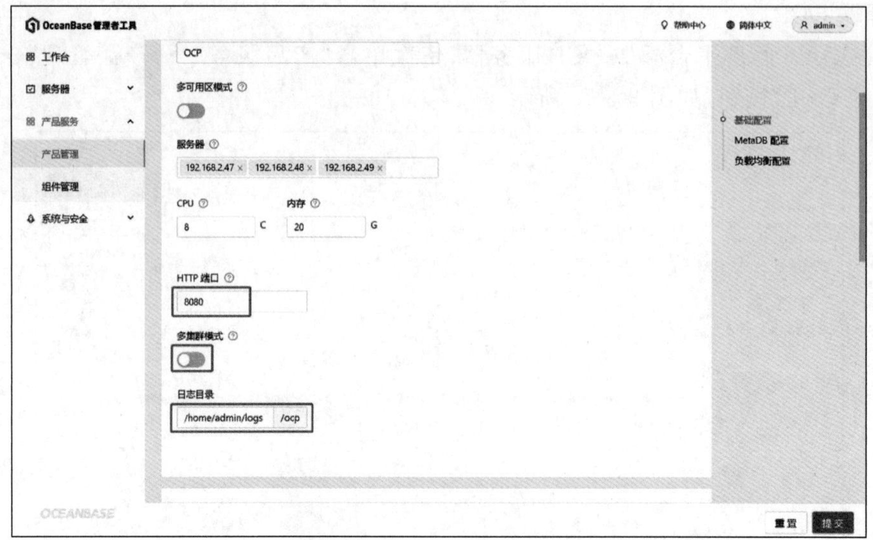

图 3-5-75　安装 OCP 参数配置

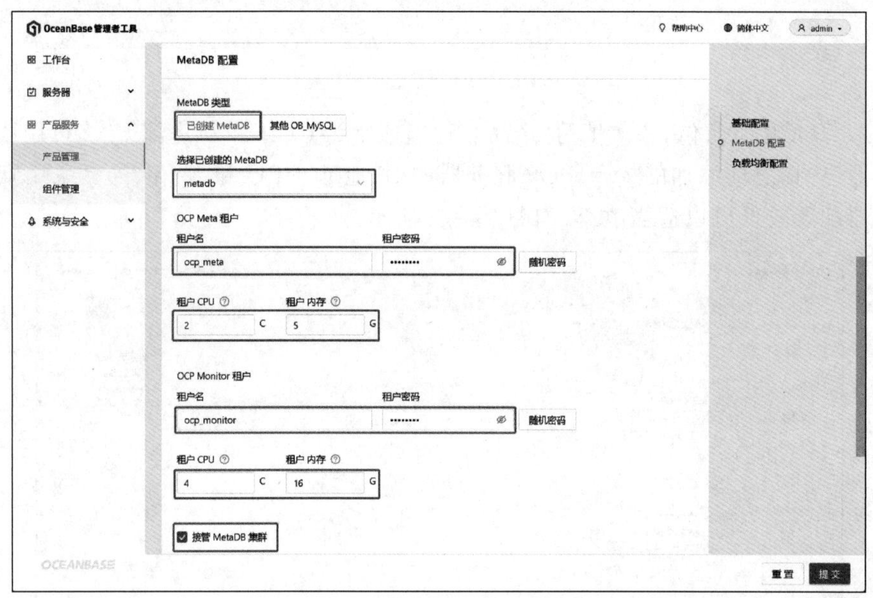

图 3-5-76　安装 OCP MetaDB 配置

(5) 因为是集群部署，所以“负载均衡模式”选择“其他负载均衡”或“已创建 OBDNS”，如果用户已经有负载均衡设备选择“其他负载均衡”，如果用户没有负载均衡设备选择“已创建 OBDNS”(需要通过 OAT 提前创建 OBDNS 组件)。生产环境通常选择“其他负载均衡”，输入 MetaDB 的负载均衡 IP 地址和端口，输入 OCP 应用的负载均衡 IP 地址和端口。最后，提交创建 OCP 任务，如图 3-5-77 所示。

(6) 查看创建 OCP 产品任务的详细过程和日志，如图 3-5-78 所示。

(7) 创建 OCP 产品任务的详细步骤和日志，如图 3-5-79 所示。

(8) 任务创建完成后，OCP 产品处于运行状态，OCP 运行状态如图 3-5-80 所示。

4) 部署后检查

OCP 登录页面如图 3-5-81 所示。

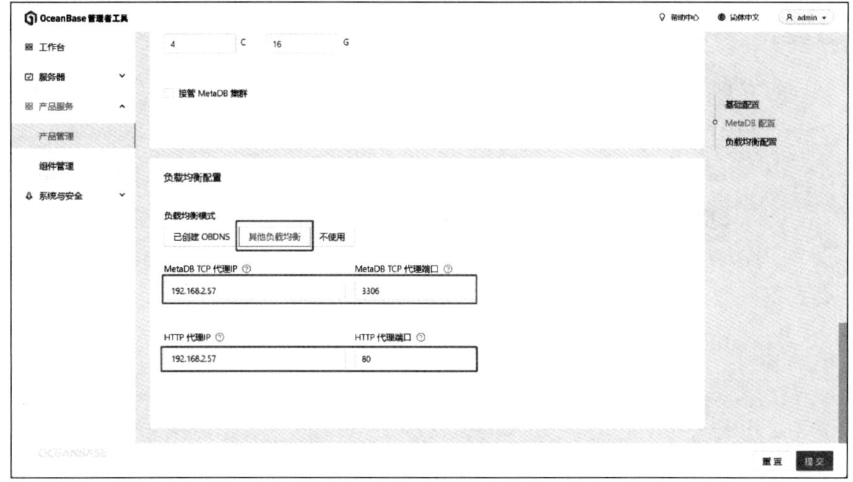

图 3-5-77 安装 OCP 负载均衡配置

图 3-5-78 查看 OCP 安装任务

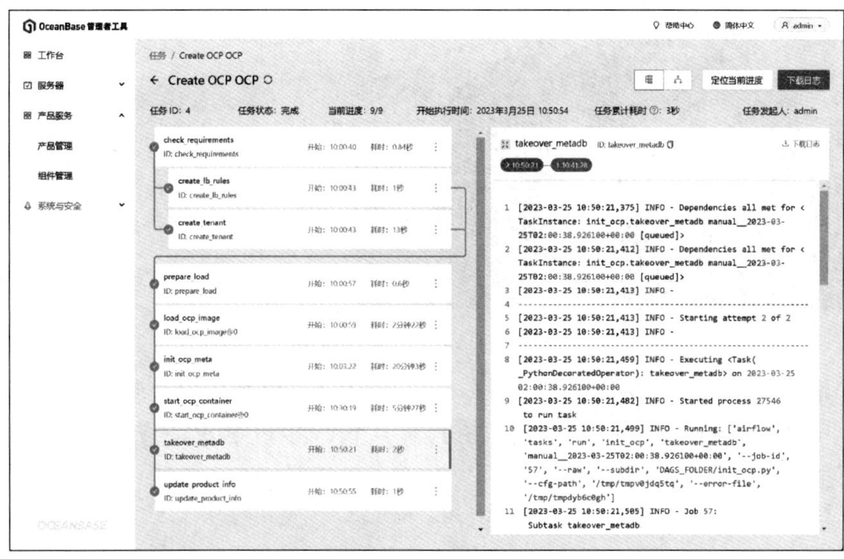

图 3-5-79 OCP 安装步骤

图 3-5-80 OCP 运行状态

```
OCP 访问地址:http://192.168.2.57 # 此处为负载均衡的 IP 地址和端口
默认用户名:admin
默认密码:aaAA11_ _ # OCP 3.x 版本默认密码,注意最后为两个下画线
```

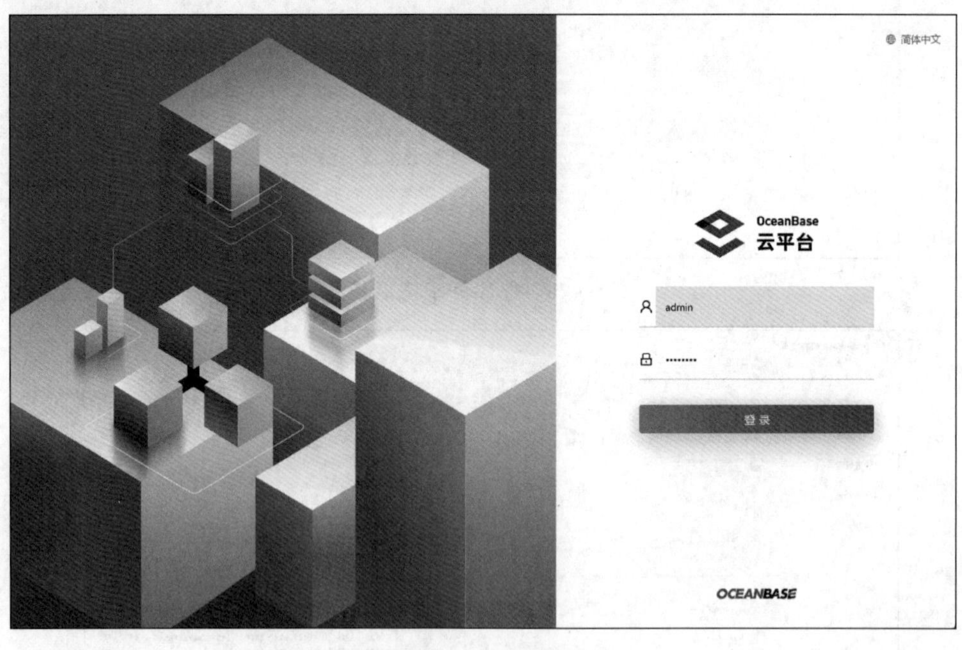

图 3-5-81 OCP 登录页面

登录后需要重新设置 admin 用户密码,然后激活账号,如图 3-5-82 所示。

登录到 OCP 管理平台页面后,就可以看到有一个 OCP 元数据的数据库集群和 3 个租户存在,OCP 主页如图 3-5-83 所示。

图 3-5-82　激活 OCP 登录账号密码

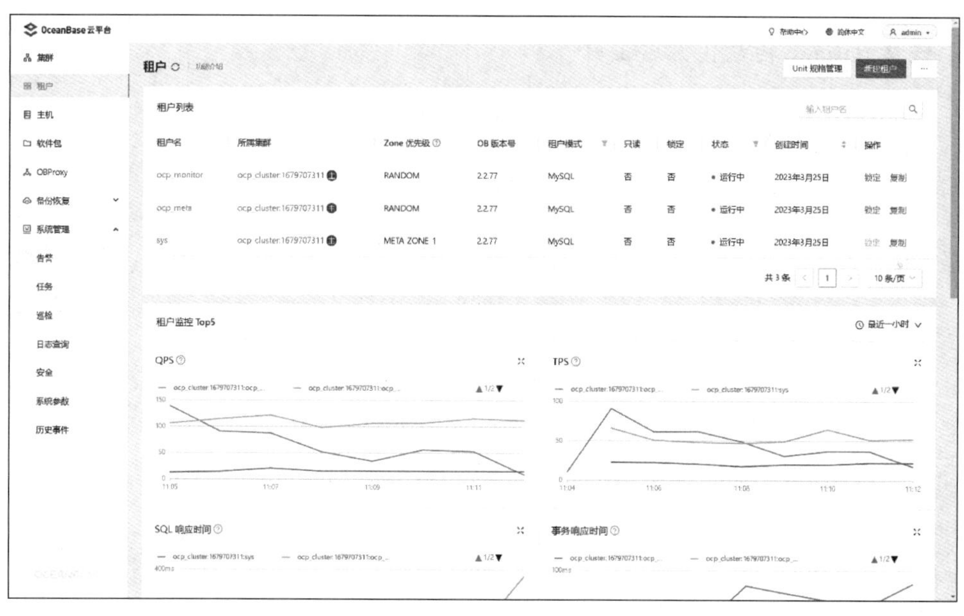

图 3-5-83　OCP 主页

3.6　OceanBase 集群部署

当完成 OCP 管理平台部署后，通过 OCP 管理平台部署 OceanBase 集群，主要包含“添加 OBServer 服务器”和“创建 OceanBase 集群”两个步骤。

首先，通过浏览器登录 OCP 管理控制台：http://192.168.2.50:8080；然后，输入管理员用户名 admin 和密码。OCP 登录页面如图 3-6-1 所示。

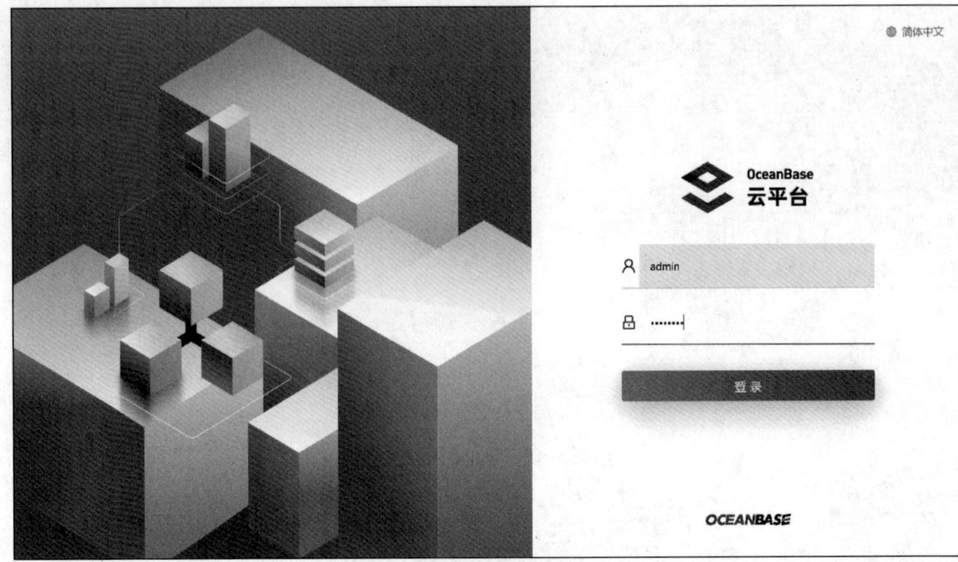

图 3-6-1　OCP 登录页面

3.6.1　OBServer 部署环境准备(命令行方式)

1. 安装 antman 自动化部署工具

将 antman 安装软件包上传到每台 OBServer 服务器的/root/目录下,并安装 oat-cli 软件包:

```
cd /root
rpm -ivh t-oceanbase-antman-1.4.1-1936487.alios7.x86_64.rpm
```

2. 磁盘空间划分

在每台 OBServer 服务器上都要按照以下过程和步骤划分磁盘空间。

登录 OBServer 服务器:

```
ssh -l root 192.168.2.54/55/56
密码:root@123
```

存储使用磁盘分区方式(可选)。

划分磁盘分区:

```
fdisk -l##查看数据盘名称
fdisk /dev/sdb##本例数据盘名称是 sdb
################以下为 fdisk 菜单操作#############
输入 n
输入 p
输入+100G##100G 给/home 使用
重复以上步骤 3 次
输入+200G##200G 给/data/log1 使用
输入+100G##100G 给/data/1 使用
########################################
```

创建文件系统和目录:

```
fdisk -l# #查看磁盘分区名称

mkfs.ext4 /dev/sdb1# #创建文件系统
mkfs.ext4 /dev/sdb2# #创建文件系统
mkfs.ext4 /dev/sdb3# #创建文件系统

mkdir -p /data/log1# #创建目录
mkdir /data/1# #创建目录
```

编辑/etc/fstab 文件，添加以下文件系统挂载配置：

```
vi /etc/fstab
/dev/sdb1 /home ext4 defaults 1 1
/dev/sdb2 /data/log1 ext4 defaults 1 1
/dev/sdb3 /data/1 ext4 defaults 1 1
```

存储使用 LVM 方式(推荐)。

创建 PV：

```
fdisk -l# #查看数据盘名称
pvcreate /dev/sdb
```

创建 VG：

```
vgcreate datavg /dev/sdb
```

创建 LV：

```
lvcreate -L 100G datavg -n lv_home
lvcreate -L 200G datavg -n lv_log
lvcreate -L 100G datavg -n lv_data
```

创建文件系统：

```
mkfs.ext4 /dev/mapper/datavg-lv_home
mkfs.ext4 /dev/mapper/datavg-lv_log
mkfs.ext4 /dev/mapper/datavg-lv_data
```

创建挂载点目录：

```
mkdir -p /data/log1
mkdir /data/1
```

修改/etc/fstab 文件：

```
vi /etc/fstab
/dev/mapper/datavg-lv_home /home ext4 defaults 0 0
/dev/mapper/datavg-lv_log/data/log1 ext4 defaults 0 0
/dev/mapper/datavg-lv_data/data/1 ext4 defaults 0 0
```

执行 mount 挂载：

```
mount -a
df -h
```

3. 创建 admin 用户

为每台 OBServer 服务器都添加 admin 用户：

```
cd /root/t-oceanbase-antman/clonescripts
./clone.sh -u
echo admin:aaAA11__|chpasswd ##设置 admin 用户密码
```

把存储数据库数据和日志的两个目录的权限赋给 admin 用户。

```
chown admin:admin -R /data/1
chown admin:admin -R /data/log1
```

4. 操作系统内核设置

对每台 OBServer 服务器的操作系统内核进行设置：

```
cd /root/t-oceanbase-antman/clonescripts
./clone.sh -r ob -c
```

5. 安装相关依赖包

(1) 对每台 OBServer 服务器配置 RedHat 本地镜像仓库：

```
配置本地 yum 源:

编辑/home/soft/mount_iso.sh 文件
#!/bin/bash
mount -o loop /home/soft/redhat7.6.iso /mnt/iso

把 mount_iso.sh 加入到自启动
vi /etc/rc.local
/home/soft/mount_iso.sh

创建 yum 源的配置文件
vi /etc/yum.repos.d/redhatdisk.repo

[base]
name=RedHat-$releasever-Media
baseurl=file:///mnt/iso/
gpgcheck=1
enabled=1
gpgkey=file:///etc/pki/rpm-gpg/RPM-GPG-KEY-redhat-release


yum clean all 清除以前的 yum 源缓存
yum make cache 缓存本地的 yum 源
yum list 查看 yum 软件包
yum repolist all
```

(2) 对每台 OBServer 服务器安装相关依赖包：

```
cd /root/t-oceanbase-antman/clonescripts
./clone.sh -r ob -m
```

6. 配置 NTP 时钟同步

OceanBase 集群对时钟差要求严格(100ms 以内),所以需要配置 NTP 同步,避免出现时间的各种问题(例如 OceanBase 不能启动)。

对每台 OBServer 服务器进行 NTP 配置。使用已有的 NTPServer(例如 192.168.2.59),修改/etc/ntp.conf 文件。建议将原 ntp.conf 改为 ntp.conf.bak(命令:mvntp.confntp.conf.bak),然后用 vi 创建新的 ntp.conf。

```
cd /etc
mv ntp.conf ntp.conf.bak # 备份原配置文件
vi ntp.conf # 新建一个 NTP 配置文件
添加如下内容:
server 192.168.2.59 prefer
修改之后记得重启 NTP 服务:
systemctl restart ntpd
ntpdate -u 192.168.2.59
ntpstat
ntpq -np # # 查看同步状态
```

7. 部署前环境检查

对每台 OBServer 服务器通过以下脚本检查系统环境是否满足对每台 OBServer 服务器的安装需求。

```
cd /root/t-oceanbase-antman/clonescripts/
./precheck.sh -m ob
```

在检查的最后,会将所有存在的问题一并列出,并且给出解决建议。可以参照建议解决问题,并再次运行环境检查。使用最小资源配置,自检时可能会有资源方面的告警(如 CPU、内存、磁盘),可以忽略。

示例如下:

```
### SUMMARY OF ISSUES IN PRE-CHECK ###
check total MEM: 62 GB < 128 GB ... EXPECT >= 128 GB ... FAIL
TIPS: replace another machine with more MEM
check /data/log1 disk usage, total: 197G, used: 145G, use%: 78% > 50% ... EXPECT < 50%
... FAIL
TIPS: expand disk of /data/log1
check /data/log1 avail disk usage 42 GB < MEM * 4 (251 GB) ... EXPECT > MEM * 3 (188 GB) in
test and >= MEM * 4 (251 GB) in prod ... WARN
TIPS: expand disk of /data/log1, must > MEM * 3 (188 GB) in test and >= MEM * 4 (251 GB) in
prod
check /home/admin owner: root ... EXPECT admin ... FAIL
TIPS: modify owner of /home/admin
 chown -R admin:admin /home/admin
check /home/admin disk usage, total: 99G, used: 65G, use%: 70% > 50% ... EXPECT < 50%
... FAIL
TIPS: expand disk of /home/admin
```

3.6.2 OBServer 部署环境准备(图形界面方式)

1. 磁盘空间划分

登录 OBServer 服务器:

```
ssh -l root 192.168.2.54/55/56##需要在每台 OBServer 服务器上划分磁盘
密码:root@123
```

存储使用磁盘分区方式(可选)。

划分磁盘分区:

```
fdisk -l##查看数据盘名称
fdisk /dev/sdb##本例数据盘名称是 sdb
###############以下为 fdisk 菜单操作##############
输入 n
输入 p
输入+100G##100G 给/home 使用
重复以上步骤 3 次
输入+200G##200G 给/data/log1 使用
输入+100G##100G 给/data/1 使用
#######################################
```

创建文件系统和目录:

```
fdisk -l##查看磁盘分区名称

mkfs.ext4 /dev/sdb1##创建文件系统
mkfs.ext4 /dev/sdb2##创建文件系统
mkfs.ext4 /dev/sdb3##创建文件系统

mkdir -p /data/log1##创建目录
mkdir /data/1##创建目录
```

编辑/etc/fstab 文件,添加以下文件系统挂载配置:

```
vi /etc/fstab
/dev/sdb1 /home ext4 defaults 1 1
/dev/sdb2 /data/log1 ext4 defaults 1 1
/dev/sdb3 /data/1 ext4 defaults 1 1
```

存储使用 LVM 方式(推荐)。

创建 PV:

```
fdisk -l##查看数据盘名称
pvcreate /dev/sdb
```

创建 VG:

```
vgcreate datavg /dev/sdb
```

创建 LV:

```
lvcreate -L 100G datavg -n lv_home
lvcreate -L 200G datavg -n lv_log
lvcreate -L 100G datavg -n lv_data
```

创建文件系统:

```
mkfs.ext4 /dev/mapper/datavg-lv_home
mkfs.ext4 /dev/mapper/datavg-lv_log
mkfs.ext4 /dev/mapper/datavg-lv_data
```

创建挂载点目录：

```
mkdir -p /data/log1
mkdir /data/1
```

修改/etc/fstab 文件：

```
vi /etc/fstab
/dev/mapper/datavg-lv_home /home ext4 defaults 0 0
/dev/mapper/datavg-lv_log/data/log1 ext4 defaults 0 0
/dev/mapper/datavg-lv_data/data/1 ext4 defaults 0 0
```

执行 mount 挂载：

```
mount -a
df -h
```

2. 在 OAT 平台添加 OBServer 服务器

(1) 访问地址：http://192.168.2.47:7000，登录 OAT 服务器。OAT 登录页面如图 3-6-2 所示。

图 3-6-2　OAT 登录页面

(2) 在 OAT 管理平台添加 OBServer 服务器，依次单击“服务器”→“服务器管理”→“添加服务器”，如图 3-6-3 所示。

(3) 在“添加服务器”界面的“基础信息”下依次添加“服务器 IP”“SSH 端口”“机房”“凭据”信息。在“初始化配置”下设置“服务器用途”为 OBServer，admin 用户的 UID 和 GID 不建议修改，最后设置 admin 密码。添加服务器界面，如图 3-6-4 所示。

(4) 在“添加服务器”界面下方打开“时钟同步”开关，如果有公共的 NTP 服务器，则“时钟源 IP”添加为公共的 NTP 服务器的 IP 地址，其他参数和选项默认，一般不需要修改。如果没

图 3-6-3　添加服务器

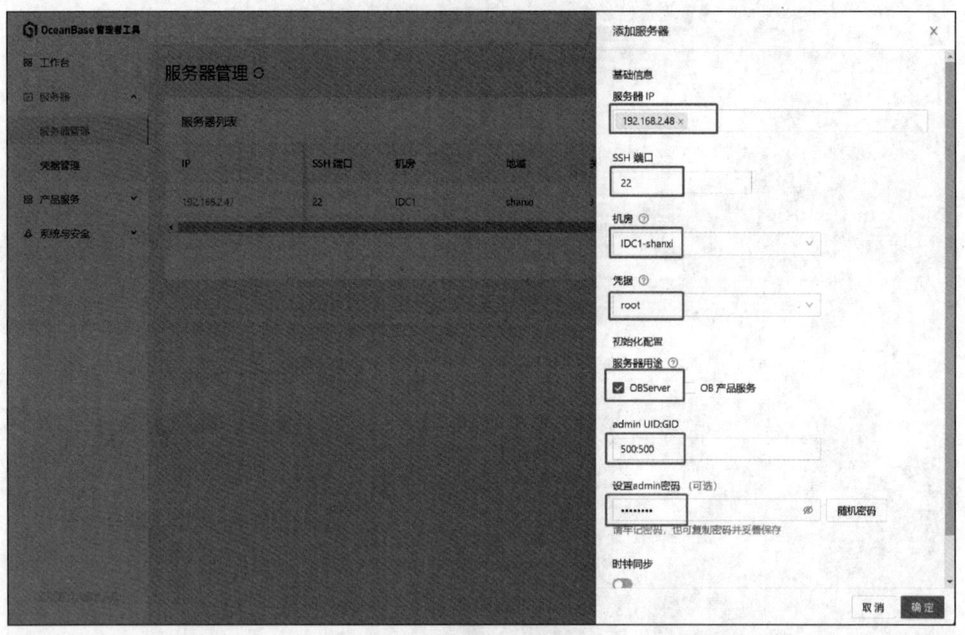

图 3-6-4　添加服务器

有公共的 NTP 服务器，则“时钟源 IP”一般添加 OAT(OCP)服务器的 IP 地址。然后单击“确定”按钮。具体如图 3-6-5 所示。

(5) 在“服务器管理”界面可以看到刚添加的服务器。然后单击“查看任务”按钮，可以查看添加服务器的进度和状态，如图 3-6-6 所示。

(6) 在“服务器管理”界面可以看到刚添加的服务器“正常运行”。重复以上步骤(2)～(5)，分别添加其他 OBServer 服务器。全部添加完成后，在“服务器管理”界面可以看到刚添加的所有 OBServer 服务器都处于“正常运行”状态。服务器状态如图 3-6-7 所示。

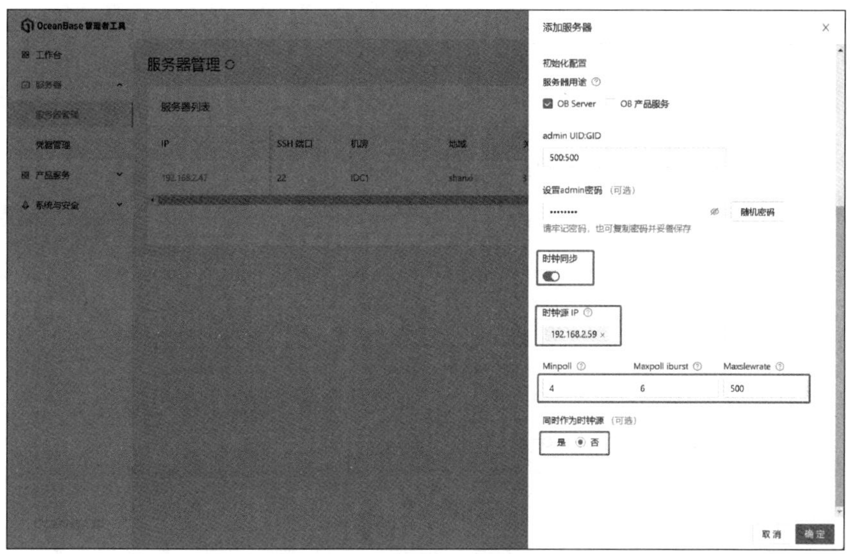

图 3-6-5　添加服务器时钟配置

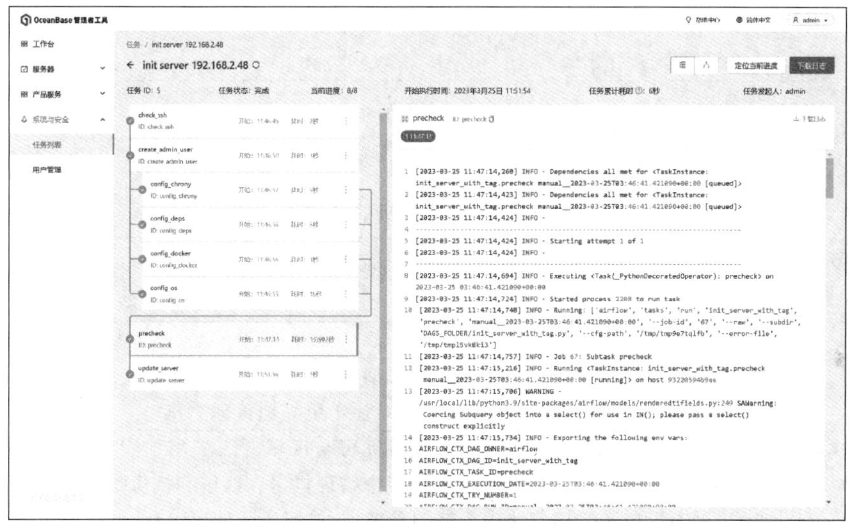

图 3-6-6　添加服务器的进度和状态

图 3-6-7　服务器状态

3.6.3 添加 OBServer 服务器

按照以下步骤，将规划给 OceanBase 集群的所有服务器添加到 OCP 管理平台。

在 OCP 管理平台 Web 界面左侧菜单中单击“主机”，然后在接下来的界面右上角单击“添加主机”按钮，如图 3-6-8 所示。

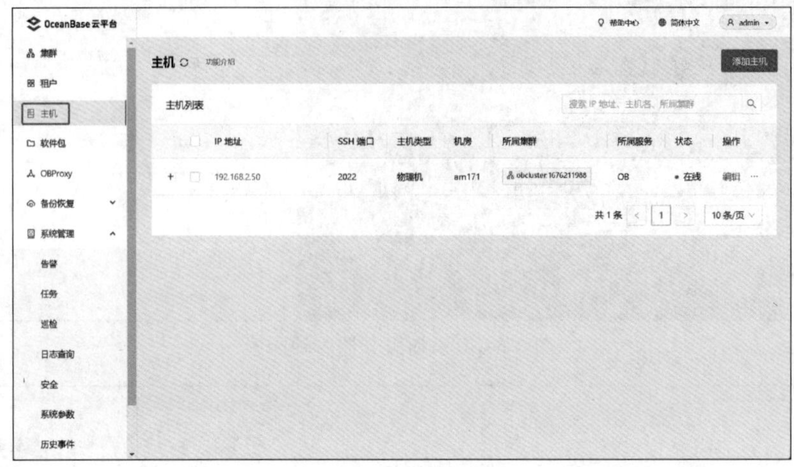

图 3-6-8 添加主机

在弹出的对话框中填写服务器信息，各字段填写说明如表 3-6-1 所示。

表 3-6-1 添加主机信息列表

字 段	描 述
IP 地址	OBServer 对应网卡的 IP
SSH 端口	默认为 22
选择机型	如果没有对应的机型，可以单击新增机型，添加新的机型。机型是为配置相同的主机指定的一个标签，建议指定有意义的名称，便于更好地管理主机
选择机房	选择服务器所处机房。机房信息包括机房与区域。区域用于表示主机所处的地理区域，一个物理区域下可以存在一个或多个物理机房。区域和机房是 OceanBase 数据库进行负载均衡和 SQL 语句路由策略的参考项，按照实际情况填写。 说明： 如果是单机房部署，则三个 Zone 的 OBServer 服务器分别位于不同机架，这里需要按规划填写机房＋编号作为机房信息，例如 IDC1、IDC2、IDC3。这样，可以在创建 OceanBase 集群时，把同一个机架上的服务器限定在一个 Zone 里
主机类型	此处选择“物理机”
选择凭据	选择远程登录物理机使用的凭据，可以在下拉菜单中单击“新增凭据”来新建凭据
主机别名	主机别名是为配置相同的主机指定的一个标签，建议指定有意义的名称，便于更好地管理主机
说明	注释，便于更好地管理主机

添加 OBServer 服务器的具体步骤如下。

(1) 填写将要添加的服务器 IP 地址(如 192.168.2.62)，SSH 端口默认是 22(一般不变)，如图 3-6-9 所示。

(2) 填写机型信息。如果在生产环境中，应该根据实际情况填写。例如，生产环境有几十、上百台服务器，有浪潮、联想、阿里、华为等多种品牌，根据实际情况单击“新增机型”按钮，创建不同的机型。具体如图 3-6-10 所示。

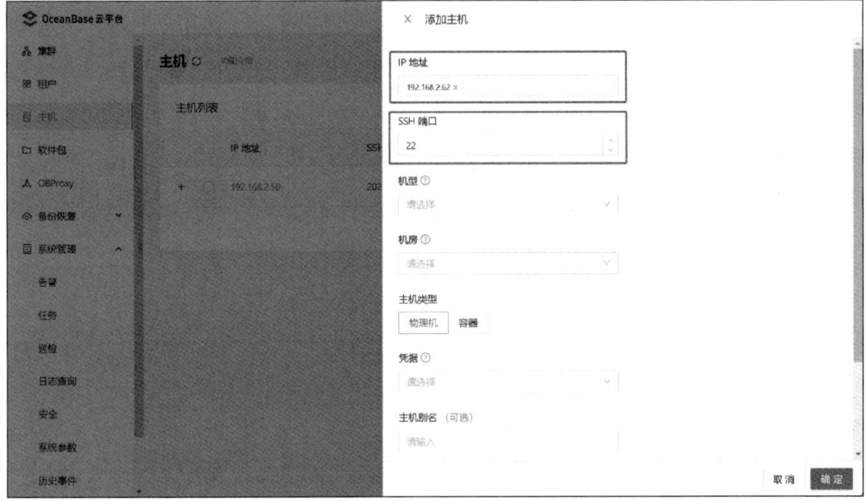

图 3-6-9　添加主机地址

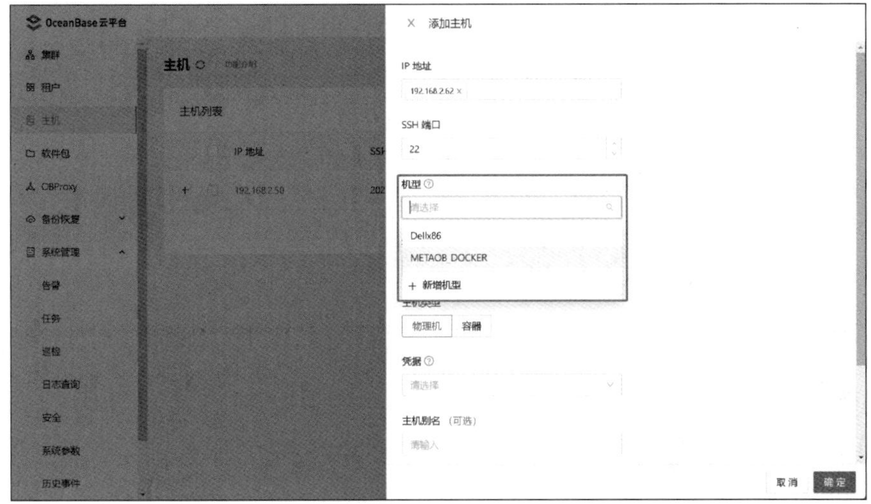

图 3-6-10　添加主机机型

（3）填写将要添加的服务器机型（如 Dellx86），然后单击“确定”按钮，如图 3-6-11 所示。

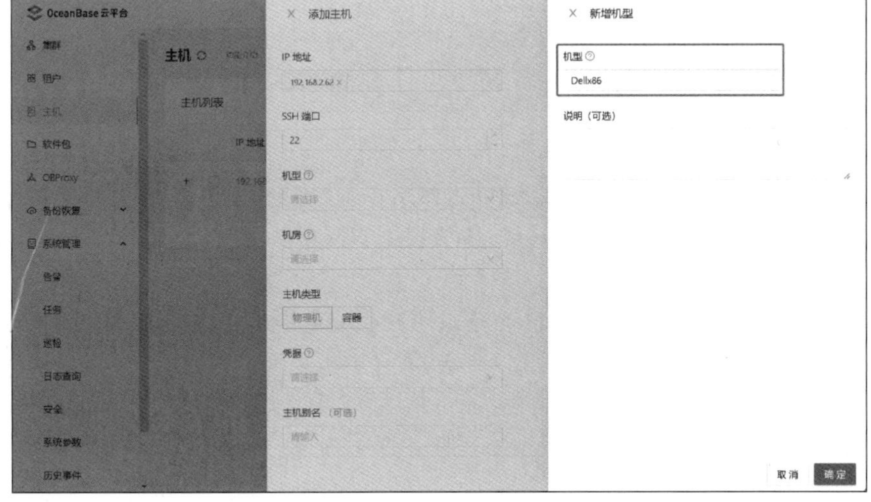

图 3-6-11　新增机型

(4) 填写所在机房和区域等。如果在生产环境,应该根据实际情况填写。例如生产环境是“三地五中心”(西安:电信 IDC1、移动 IDC2;郑州:联通 IDC3、联通 IDC4;武汉:IDC5),就按照实际情况创建机房(IDC)/区域(REGION)等,如图 3-6-12 所示。

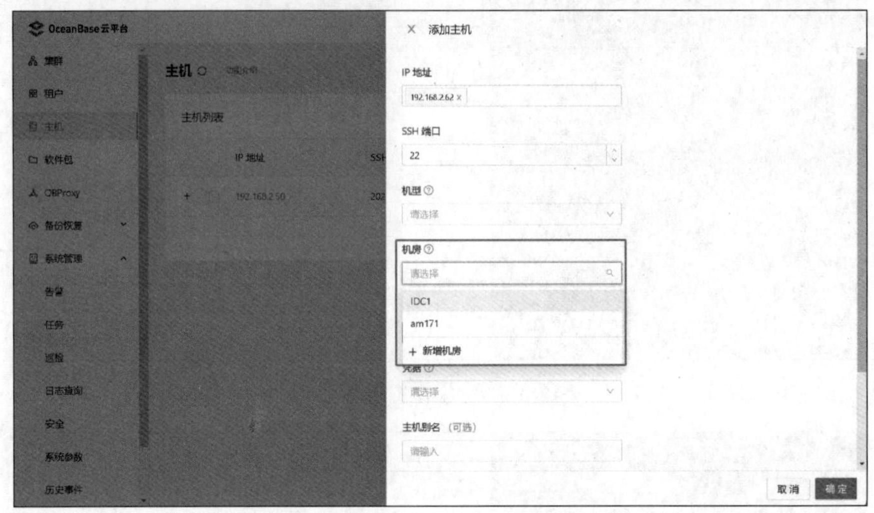

图 3-6-12 添加主机机房

(5) 填写将要添加的机房名称(如 DianXinIDC),然后单击“新增区域”按钮,如图 3-6-13 所示。

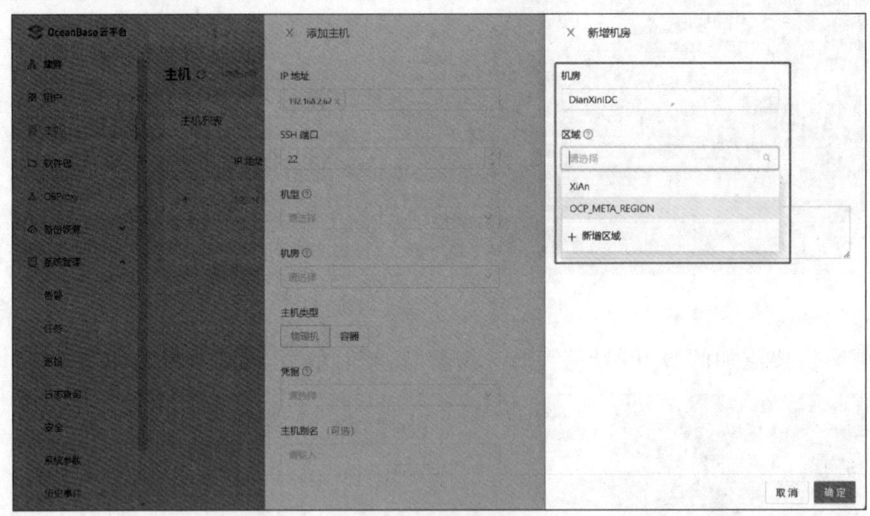

图 3-6-13 新增机房

(6) 填写将要添加的区域名称(如 XiAn),然后单击“确定”按钮,如图 3-6-14 所示。

(7) 选择主机类型。如果在生产环境,应该根据实际情况填写,通常情况选择“物理机”如图 3-6-15 所示。

(8) 选择“凭据”。“凭据”是写主机的登录用户信息,主要用于 OCP 管理平台远程 SSH 登录 OceanBase 服务器。单击“新增凭据”按钮,添加主机凭据选择,如图 3-6-16 所示。

(9) 填写将要添加的凭据名称(如 observer1root),授权类型选择“用户名/密码”,用户类型选择“root 用户”,然后输入的 OceanBase 服务器 root 用户的密码,单击“确定”按钮,如图 3-6-17 所示。

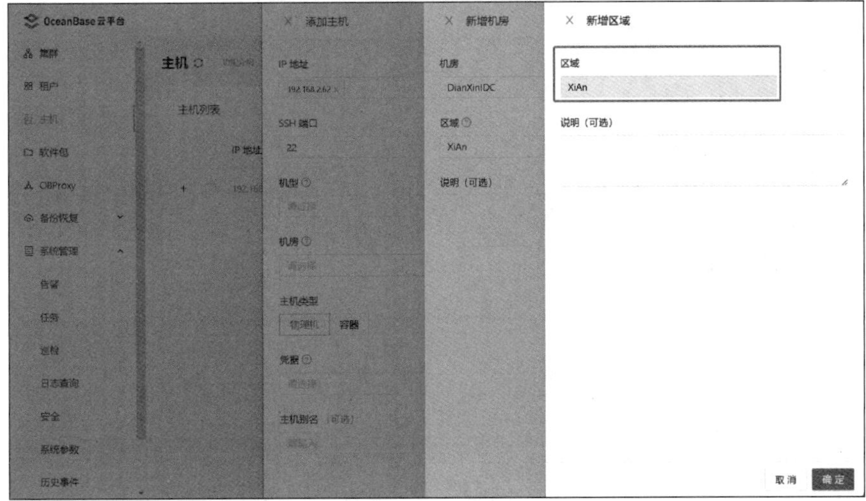

图 3-6-14　新增区域

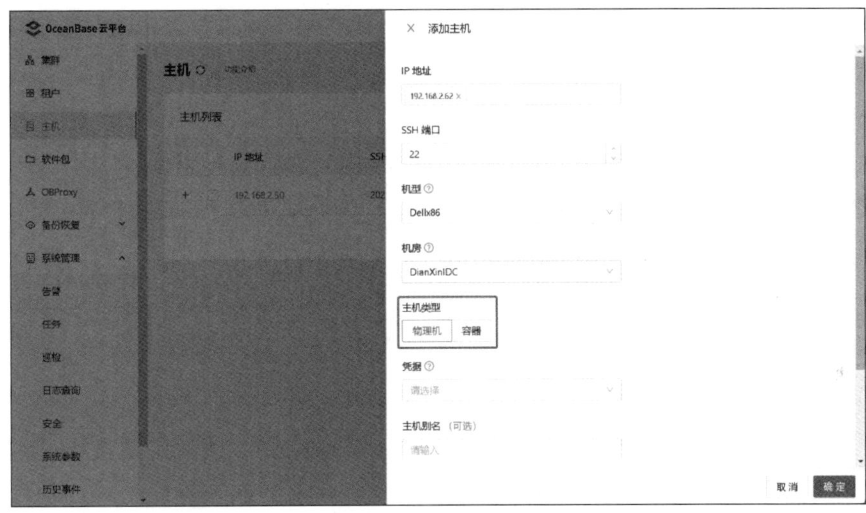

图 3-6-15　选择主机类型

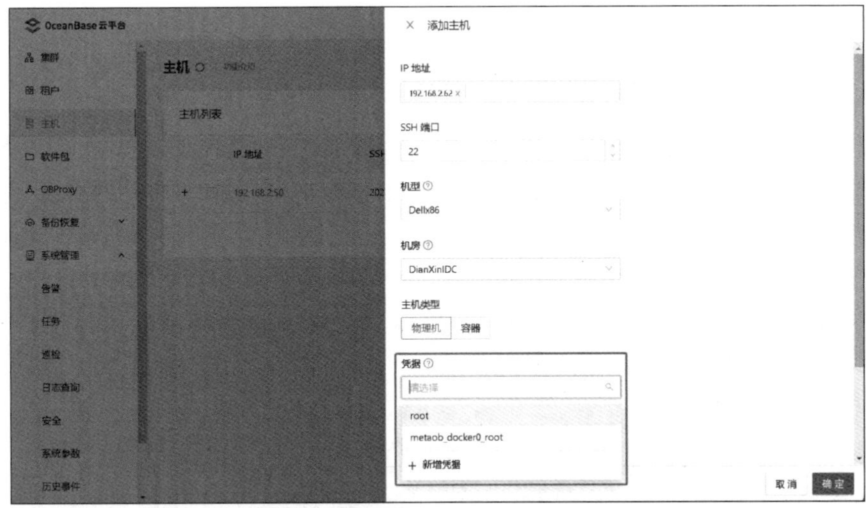

图 3-6-16　添加主机凭据选择

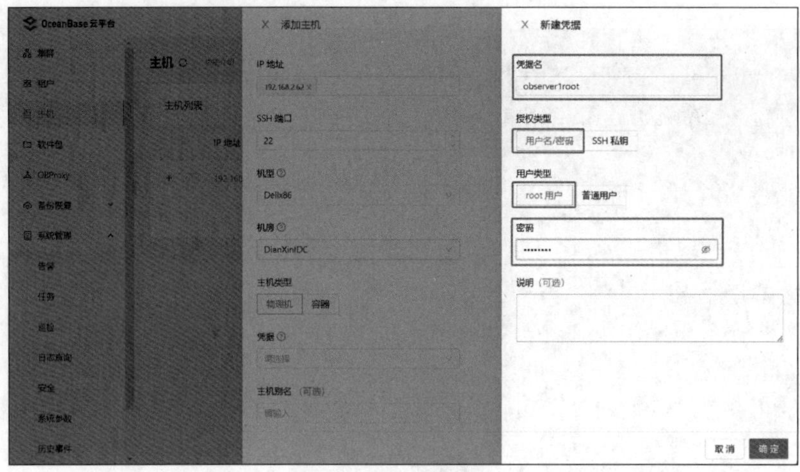

图 3-6-17　新增凭据

重复以上步骤，将规划给 OceanBase 集群的所有服务器依次添加到 OCP 管理平台，全部添加完成后如图 3-6-18 所示（6 台服务器）。

图 3-6-18　查看主机状态

3.6.4　创建 OceanBase 集群

1. 上传软件包到 OCP 管理平台

在 OCP 管理平台上部署 OceanBase 集群时，需要上传 OceanBase 软件包到 OCP 管理平台 Web 界面，根据 x86 和 ARM 的不同版本，上传对应包即可，如图 3-6-19 所示。

如果 OceanBase 软件在 OCP 管理平台服务器上，从 OCP 管理平台服务器下载 OceanBase 软件到客户端 PC 上，再从 PC 上传到 OCP 管理平台 Web 界面会耗费较长的时间。

因此，通常使用以下命令将 OCP 管理平台服务器上的 OceanBase 软件包和 OBProxy 软件包直接加载到 OCP 管理平台 Web 界面。

加载 OceanBase 软件包：

```
curl -I -user admin:aaAA22__ -X POST 'http://127.0.0.1:8080/api/v2/software-packages' - header
'Content-Type:multipart/form-data' --form
'file=@/root/t-oceanbase-antman/oceanbase-3.2.3.2-105000062022090916.el7.x86_64.rpm'
```

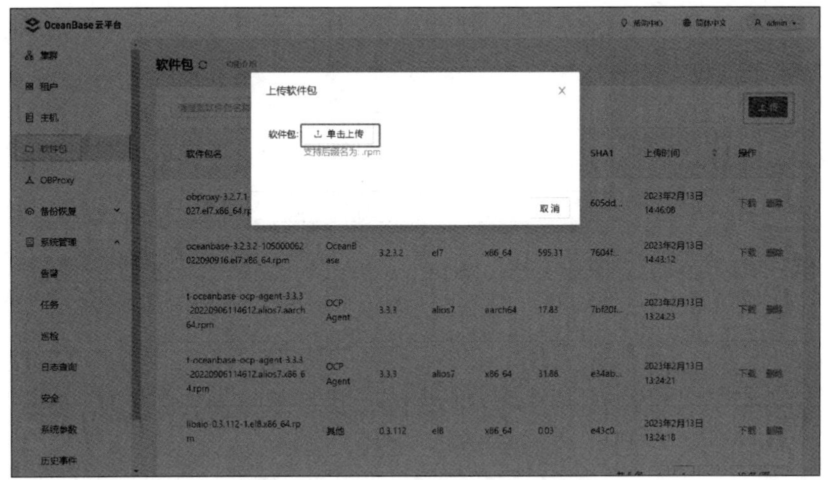

图 3-6-19　上传 OceanBase 软件包

加载 OBProxy 软件包：

```
curl -I - user admin:aaAA22__ -X POST 'http://127.0.0.1:8080/api/v2/software-packages' - header
'Content-Type:multipart/form-data' - form
'file=@/root/t-oceanbase-antman/OBProxy-3.2.7.1-20220908163027.el7.x86_64.rpm'

--user <用户名:密码>:OCP 管理平台 Web 界面的登录用户和密码，用户默认是 admin，密码为安装
OCP 时设置的密码。
file=@/目录/文件名:保存在 OCP 管理平台服务器上的安装软件包的路径和名称（OceanBase、
OBProxy）。
```

2. 创建 OceanBase 集群

在 OCP 管理平台 Web 界面左侧单击"集群"，然后在界面右上角单击"创建集群"按钮，如图 3-6-20 所示。

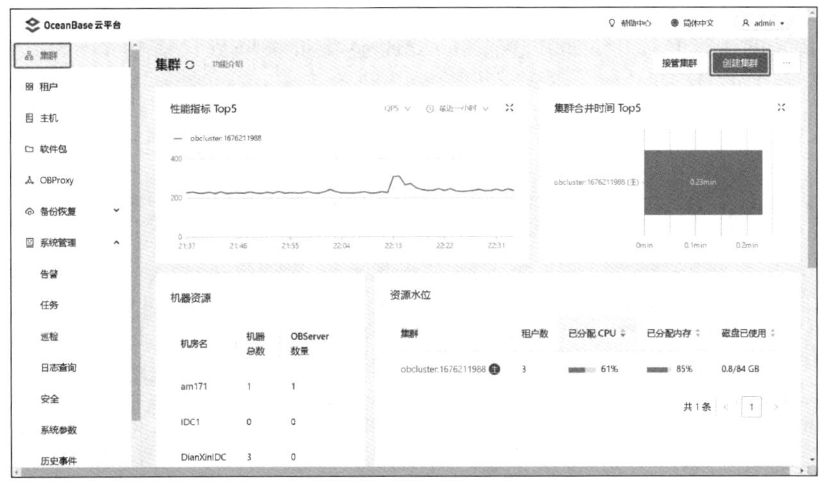

图 3-6-20　创建集群

在接下来的界面中填写 OceanBase 集群的基础信息、集群名称（如 obtest001）、集群 sys 租户的 root 密码。然后选择安装的 OceanBase 版本，如图 3-6-21 所示。

基础信息相关说明如表 3-6-2 所示。

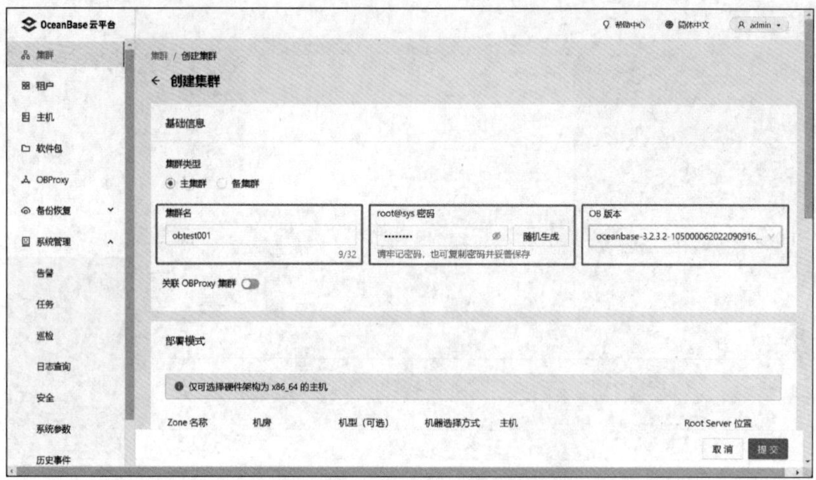

图 3-6-21 创建集群基础信息配置

表 3-6-2 创建集群配置信息列表

配　　置	描　　述
集群类型	可选择主集群或备集群，此处选择主集群，在建设灾备集群时选择备集群
集群名	自定义待管理的集群的名称。集群名必须以英文字母开头，可支持大小写字母、数字和下画线，长度为 2 ～48 个字符
root@sys 密码	OceanBase 集群 sys 租户的 root 密码，支持自定义或随机生成。 密码需要满足以下复杂度条件： 长度：8～32 位字符，至少包含 2 个数字、2 个大写字母、2 个小写字母和 2 个特殊字符。 支持的特殊字符如下：._+@#$%） 此外，可以单击复制密码，将自定义或随机生成的密码复制到剪贴板
OceanBase 版本	选择对应的 OceanBase 软件包，也可单击添加版本，上传 OceanBaseRPM 版本包
关联 OBProxy 集群	该选项用于关联已有的 OBProxy 集群，不开启该选项。通常在创建 OBProxy 集群时关联 OBProxy 集群

在一些特殊的生产环境中，如果想把 OceanBase 集群关联到已有的 OBProxy 集群，需要进行如下选择：打开“关联 OBProxy 集群”开关，选择要关联的 OBProxy 集群（如 OBProxy1），如图 3-6-22 所示。

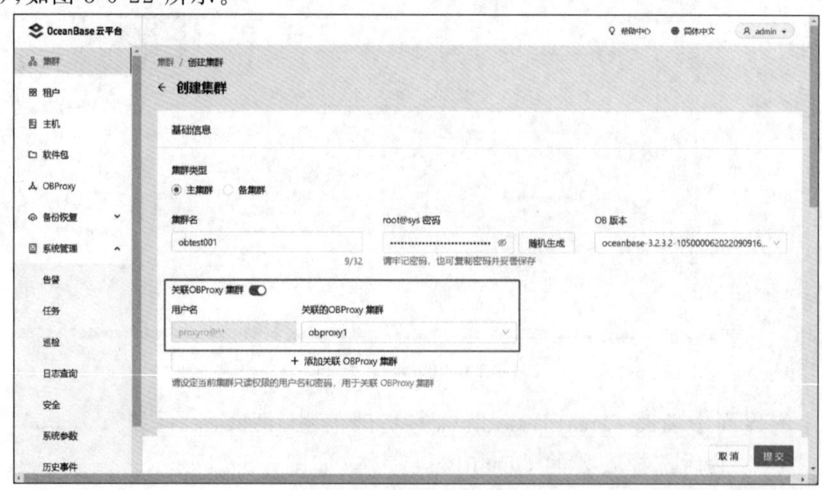

图 3-6-22 关联 OBProxy 集群

部署模式部分主要向 OceanBase 集群中添加服务器(OBServer),如果在生产环境中服务器多于 3 台,建议只添加 3 台,其余的服务器在 OceanBase 集群创建完成后再添加(或者全部添加,选择一台用于安装 RS),默认添加 3 个 Zone,如图 3-6-23 所示。

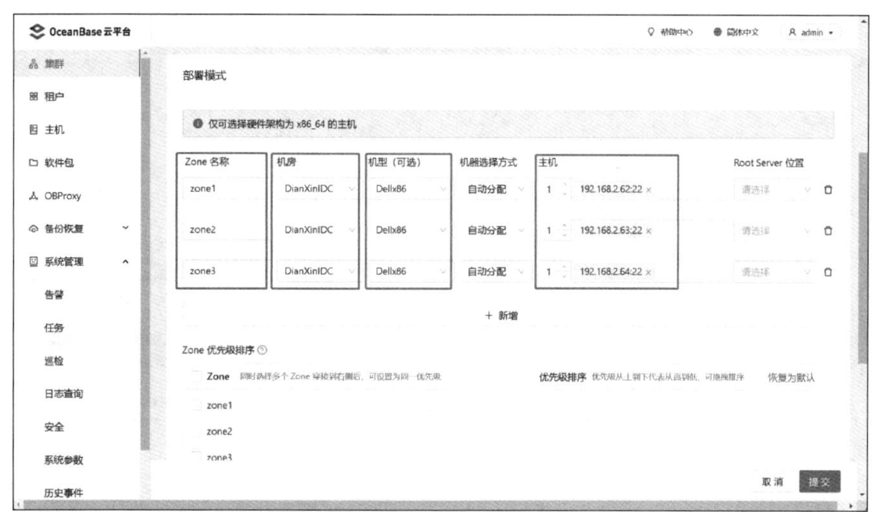

图 3-6-23 创建 OceanBase 部署模式选择

Zone 需要设置的信息及其说明如表 3-6-3 所示。

表 3-6-3 Zone 配置信息列表

配　置	描　述
Zone 名称	一般会有一个默认名称,可以根据需要自定义名称。Zone 名称必须以英文字母开头,可支持大小写字母、数字和下画线,长度为 2～32 个字符
机房	手动从列表中选择,Zone 所在的机房,每个 Zone 只能部署在同一个机房
机型	可选项。如果选择了机型,后面主机列表会根据机型进行过滤
机器选择方式	自动分配
主机	手动从列表中选择 OBServerIP
RootServer 位置	可以选择一个 IP 作为 RootServer。通常不需要选择
Zone 优先级排序	Zone 的优先级排序。该优先级顺序影响 sys 租户的 Primary Zone 的优先级顺序。左边的列表框中显示了当前集群的所有 Zone。可以在左侧列表框中选择一个或多个 Zone 添加到右侧的列表框中,默认先选择的 Zone 的优先级高于后选择的 Zone;一次选中的多个 Zone 的优先级相同。移动到右侧的列表框中后,也可以在右侧的列表框中通过拖曳调整顺序,列表框上方的 Zone 的优先级高于下方的 Zone 的优先级

重要提示:创建集群时设置 Primary Zone 的优先级,这里的设定是给 sys 租户的。如果设置了 Primary Zone,则 Primary Zone 所在的 Region 必须至少有两个 Zone,并且至少有两个 F 副本(一个 Zone、一个副本)。

首先将第一个 Zone 选上,然后再通过中间的按钮把这个 Zone 选到右侧,创建集群 Zone 优先级选择,如图 3-6-24 所示。

结果如图 3-6-25 所示。

最后,再将剩下的两个 Zone 选上,通过中间的按钮把这两个 Zone 选到右侧。创建集群 Zone 优先级选择,如图 3-6-26 所示。

结果如图 3-6-27 所示。

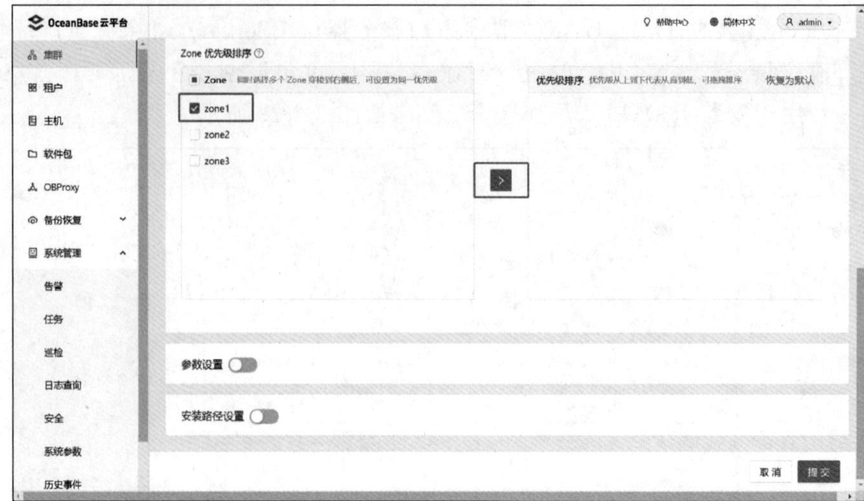

图 3-6-24　创建集群 Zone 优先级选择——选择第一个 Zone

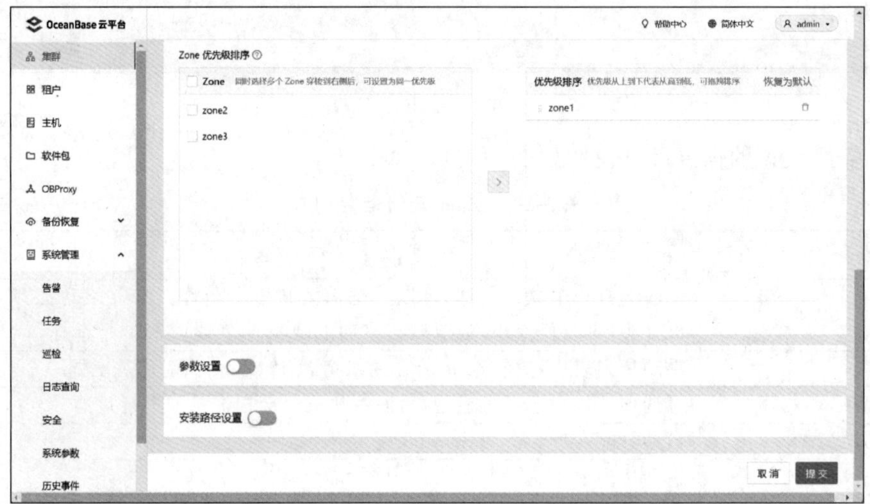

图 3-6-25　创建集群 Zone 优先级选择的结果 1

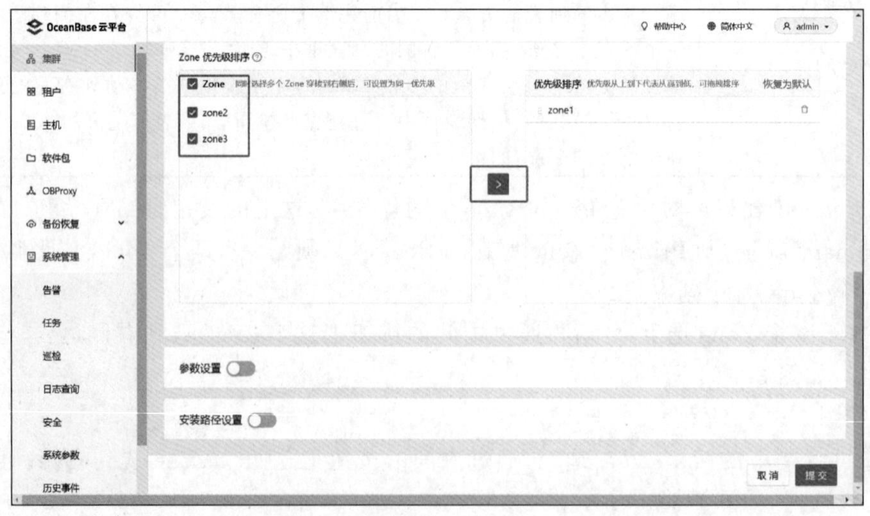

图 3-6-26　创建集群 Zone 优先级选择——选择剩下的两个 Zone

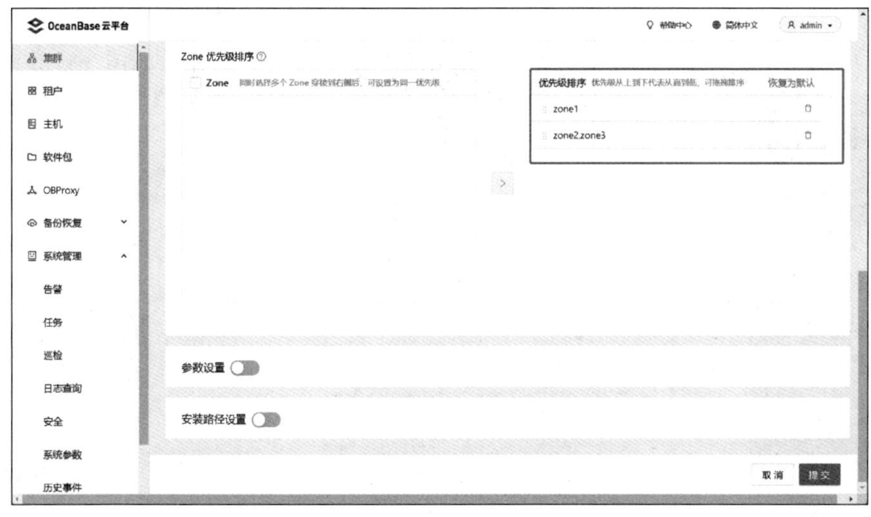

图 3-6-27 创建集群 Zone 优先级选择的结果 2

打开下面的"参数设置"界面,根据服务器实际配置修改以下参数,如图 3-6-28 所示。

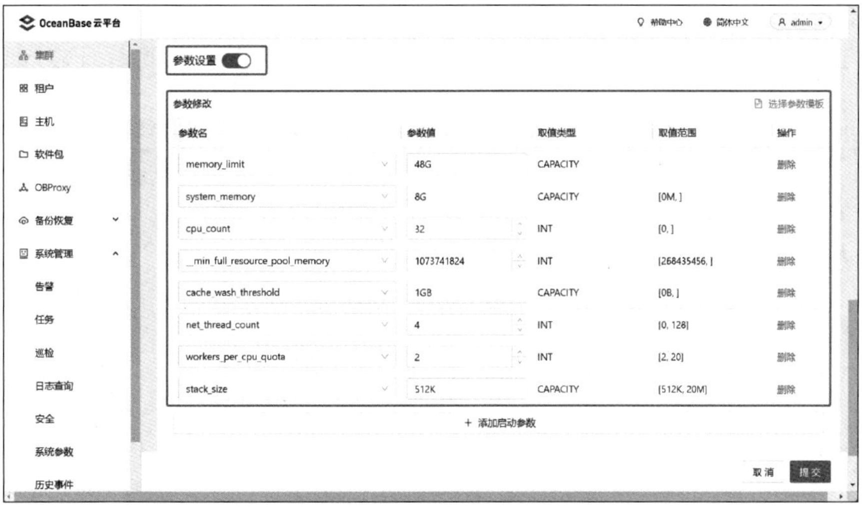

图 3-6-28 创建集群参数设置

在特殊情况下,服务器实际配置小于官方建议配置,可以根据实际情况设置如下参数。集群参数配置如表 3-6-4 所示。

表 3-6-4 集群参数配置

参数名称	值	说明
memory_limit	15GB	建议
system_memory	5GB	
cpu_count	32	服务器实际配置的 CPU 数量
cache_wash_threshold	1GB	
net_thread_count	4	
workers_per_cpu_quota	2	
stack_size	512K	
enable_syslog_recycle	true	
max_syslog_file_count	20	

在检查配置无误后，单击“确定”按钮，提交后可以到任务中查看部署进展，如果在某一步遇到问题，可以单击“查看任务详情”按钮。创建集群确认提交信息界面如图 3-6-29 所示。

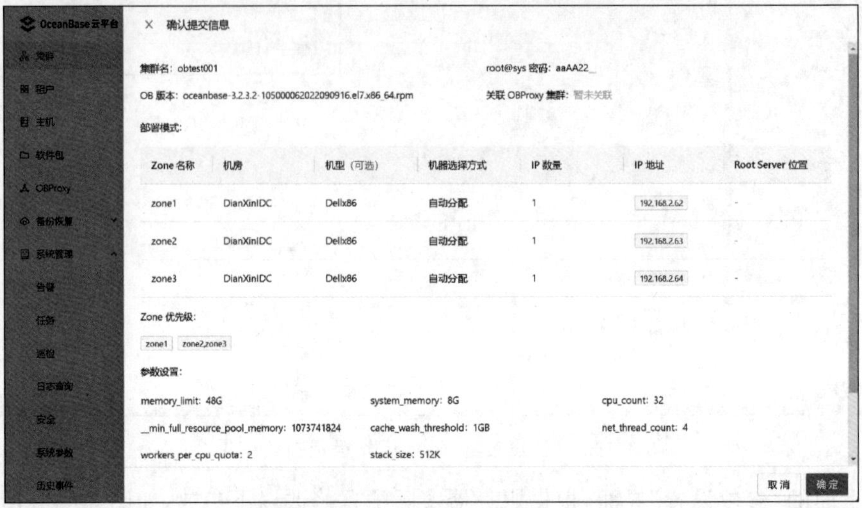

Zone 名称	机房	机型（可选）	机器选择方式	IP 数量	IP 地址	Root Server 位置
zone1	DianXinIDC	Dellx86	自动分配	1	192.168.2.62	-
zone2	DianXinIDC	Dellx86	自动分配	1	192.168.2.63	-
zone3	DianXinIDC	Dellx86	自动分配	1	192.168.2.64	-

图 3-6-29　创建集群确认提交信息

单击“查看任务详情”按钮，以查看任务的详细执行过程和详细执行日志，如图 3-6-30 所示。

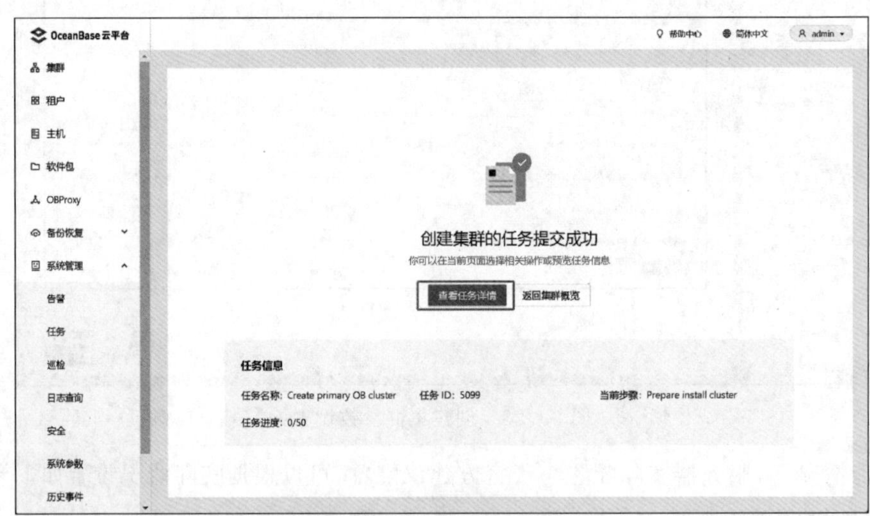

图 3-6-30　查看任务详情

任务的详细执行过程和详细执行日志如图 3-6-31 所示。

从图 3-6-32 中可以看出 Do io bench 任务执行时间相对比较长，一般在 10 分钟左右，创建集群“Do io bench”步骤如图 3-6-32 所示。

OceanBase 集群创建完成，效果如图 3-6-33 所示。

OceanBase 集群创建完成，效果如图 3-6-34 所示。

建议：

如果 OceanBase 创建过程中出现一些基础问题，例如，磁盘挂载点没有配置好。可以采用以下的步骤：

(1) 在 OCP 管理平台上放弃创建集群的任务。

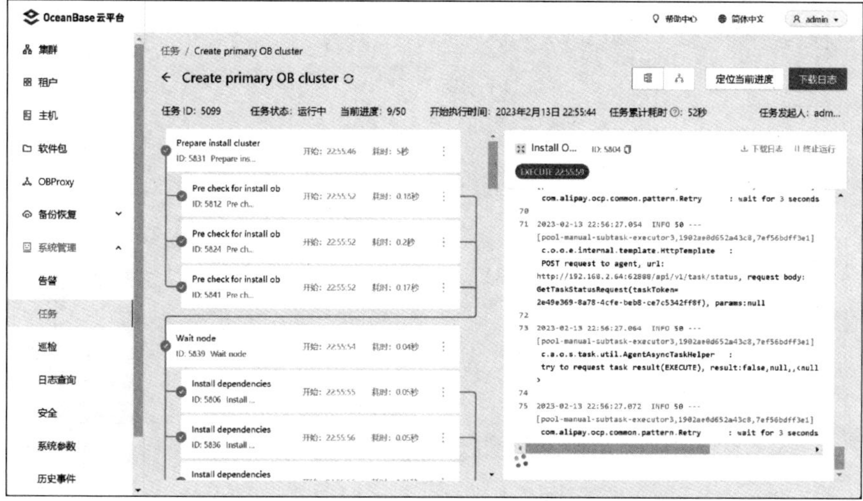

图 3-6-31　任务的详细执行过程和详细执行日志

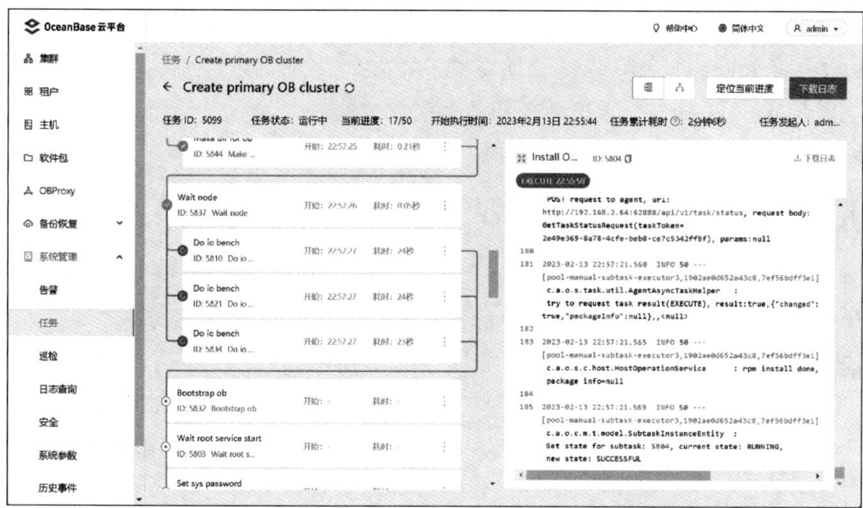

图 3-6-32　创建集群 Do io bench 步骤

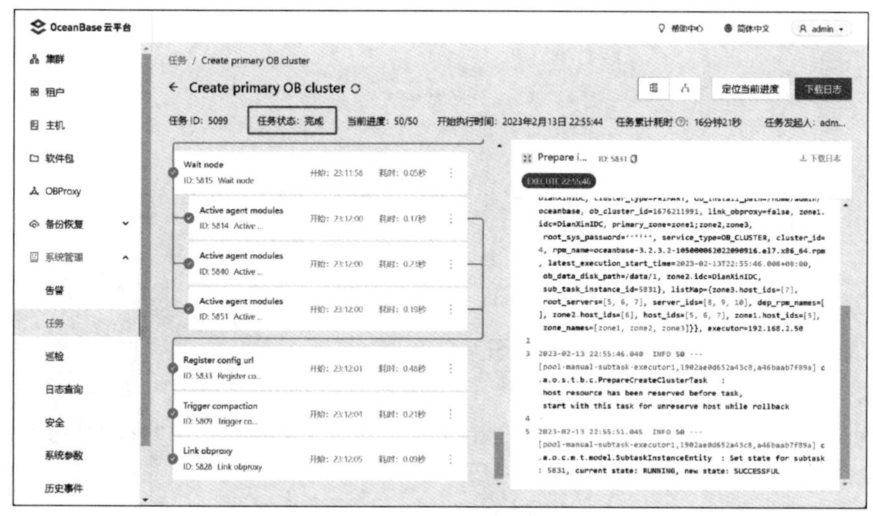

图 3-6-33　创建集群完成

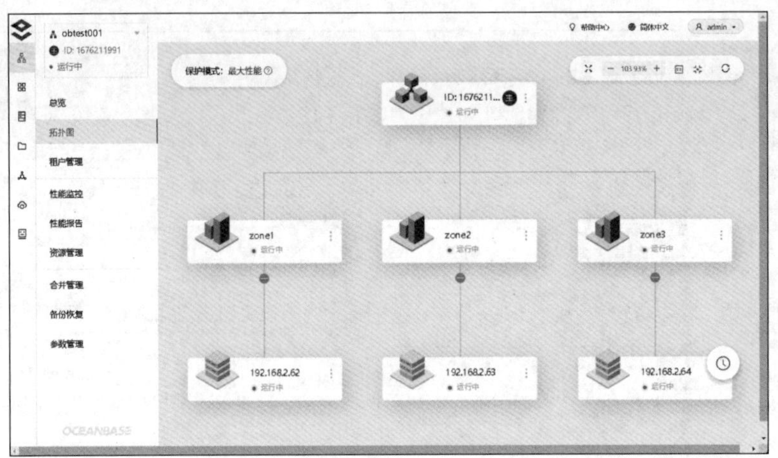

图 3-6-34 集群拓扑图

(2) 在 OCP 管理平台上删除主机。

(3) 通过命令行 SSH 登录 OBServer 服务器，调整基础的配置，然后删除/data/1、/data/log1、/home/admin 下面残存的安装遗留文件(rm-rf)。

(4) 重启一下 OBServer 服务器。切莫忘记 NTP 时钟同步，重启完成后记得 systemctl start ntpd，以及 ntpstat，ntpq-np 等命令检查时钟。

(5) 重新在 OCP 管理平台上添加主机、创建集群等。

3.6.5 OceanBase 集群添加 OBServer

本示例规划了 6 台 OceanBase 服务器，在创建 OceanBase 集群时已经添加了 3 台，接着将剩余的 3 台服务器(OBServer)添加到 OceanBase 集群。

首先，选择要添加 OBServer 的集群，如图 3-6-35 所示。

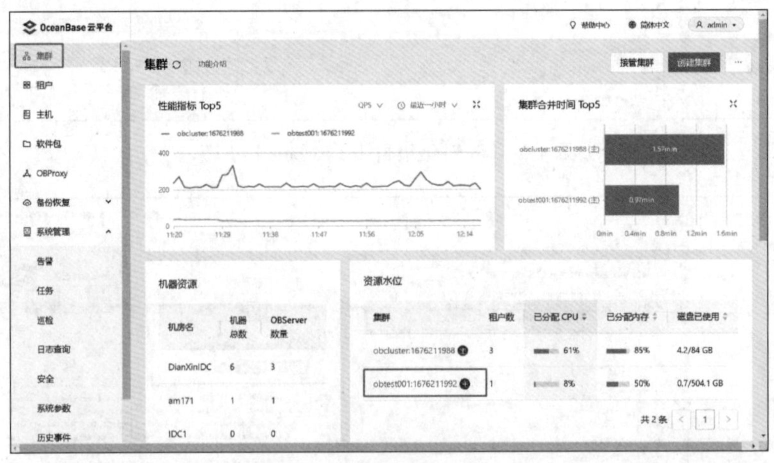

图 3-6-35 OCP 选择集群

然后，单击"添加 OBServer"按钮，如图 3-6-36 所示。

在每个 Zone 里选择要添加的 OBServer 的 IP 地址，检查配置无误后单击"确定"按钮，提交后可以到任务中查看部署进展。如果在某一步遇到问题，可以单击"查看任务详情"按钮。选择 OBServer，如图 3-6-37 所示。

单击"查看任务"按钮，查看任务的详细执行过程和详细执行日志，如图 3-6-38 所示。

图 3-6-36 添加 OBServer

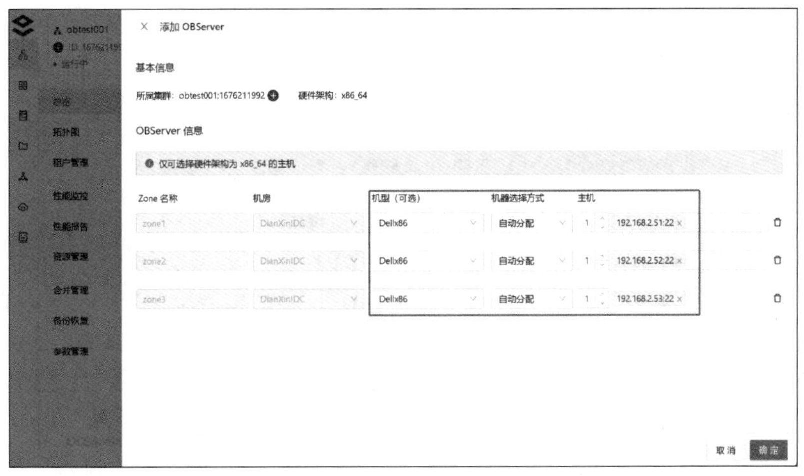

图 3-6-37 选择 OBServer

图 3-6-38 查看添加 OBServer 任务

任务的详细执行过程和详细执行日志如图 3-6-39 所示。

Do io bench 任务执行时间相对比较长，一般在 10 分钟左右，创建 OBServer“Do io bench”步骤，如图 3-6-40 所示。

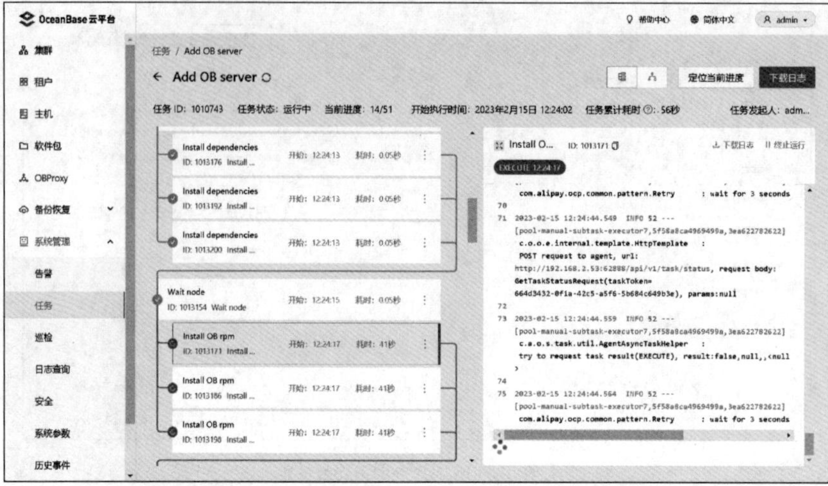

图 3-6-39 任务的详细执行过程和详细执行日志

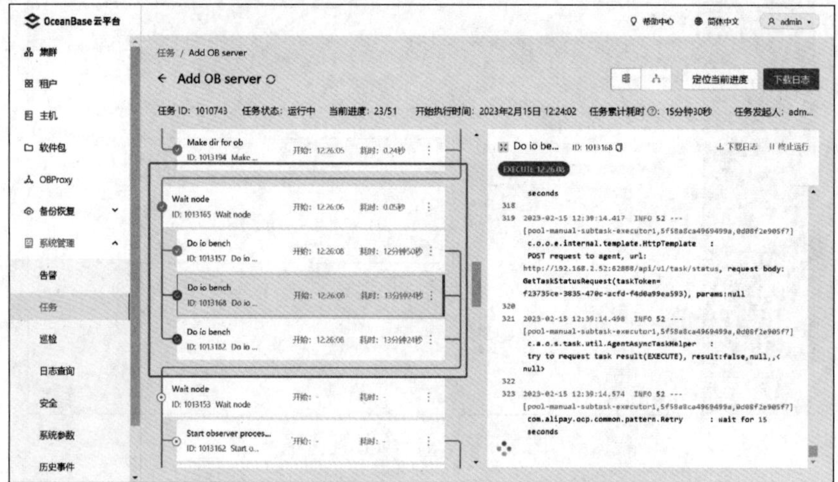

图 3-6-40 创建 OBServer 的 Do io bench 步骤

OBServer 添加完成，如图 3-6-41 所示。

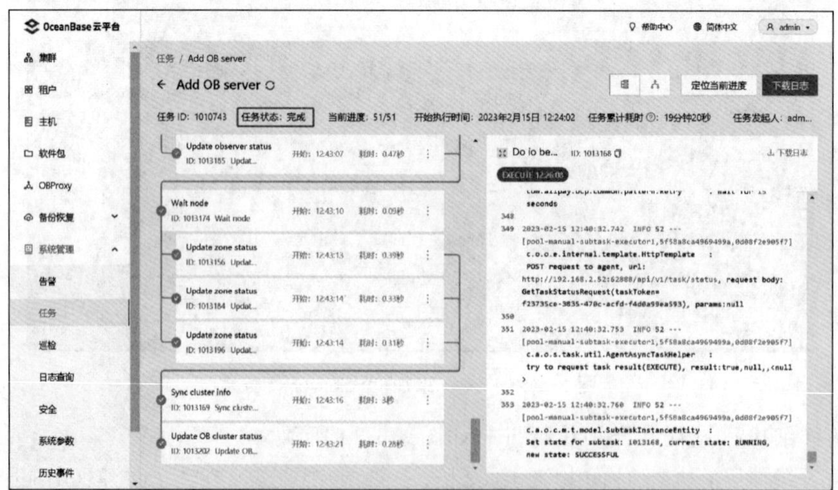

图 3-6-41 添加 OBServer 完成

OBServer 添加完成后，可以看到每个 Zone 里都有两台 OBServer，如图 3-6-42 所示。

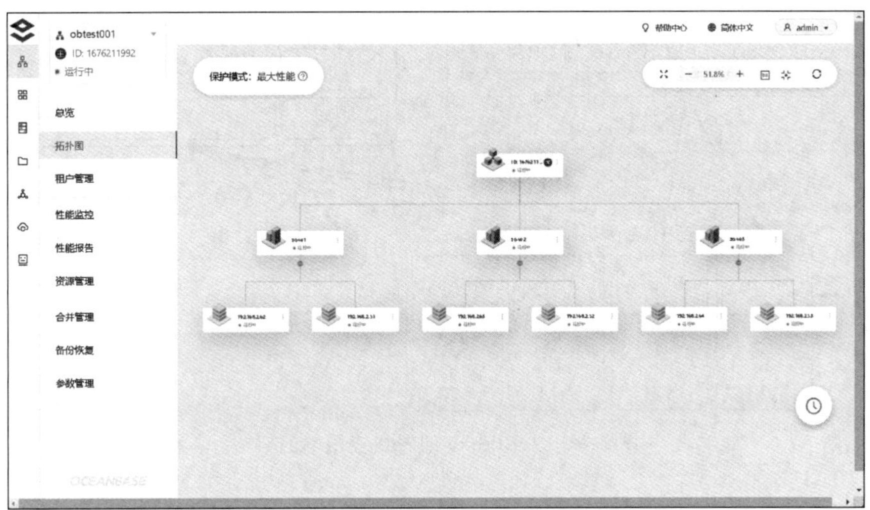

图 3-6-42　OceanBase 集群拓扑图

3.7　OBProxy 集群部署

3.7.1　OBProxy 部署规划

1. 部署在应用端

结合云原生技术，OBProxy 和 App 一起部署在同一个物理机上。App 和 OBProxy 的数量满足 1∶1 关系。OBProxy 和 OceanBase 数据库直连，中间没有负载均衡。实践证明，这种方式性能是最好的，同时需要注意，这里需要 App、OBProxy 和 OBServer 之间的网络互通。OBProxy 部署在应用端，如图 3-7-1 所示。

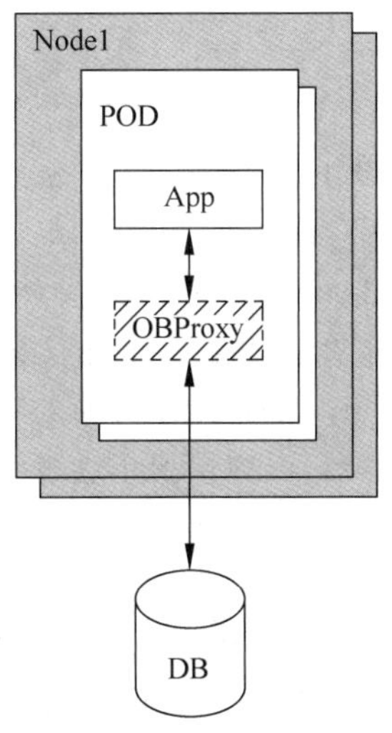

图 3-7-1　OBProxy 部署在应用端

因为 App 和 OBProxy 的个数是 1∶1 的对应关系，因此这种部署方式会导致 OBProxy 的容器特别多，达到成千上万个，所以这种方式依赖底层的基础设施。OBProxy 部署在应用端的架构如图 3-7-2 所示。

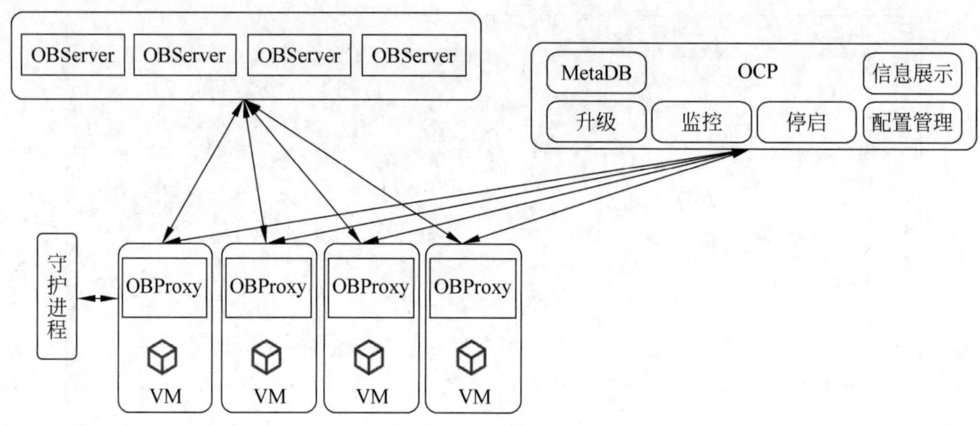

图 3-7-2 OBProxy 部署在应用端的架构

2. 部署在 OBServer 端

OBProxy 部署在 OBServer 端如图 3-7-3 所示。

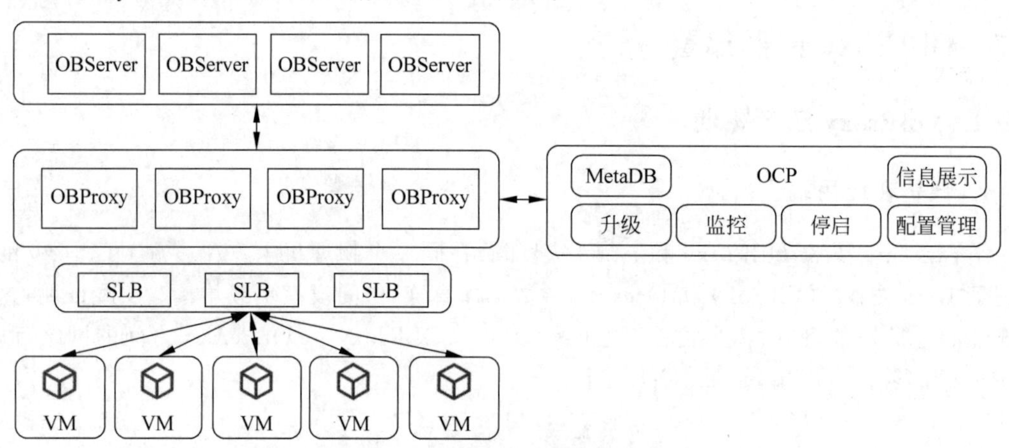

图 3-7-3 OBProxy 部署在 OBServer 端

部署在 OBServer 端是指在部署 OBServer 的服务器上部署一个 OBProxy 进程，这样 OBServer 和 OBProxy 的数量满足 1∶1 关系。OBProxy 数量和 App 没有了对应关系。除了一台 OBServer 部署一个 OBProxy，也可以在一个 Zone 内部署一个 OBProxy。

专有云很常见的部署形态与部署在应用端相比有以下区别：多了 LB 组件做 OBProxy 的负载均衡，链路更长，App 和 OBProxy 之间没有明确的一一对应关系，排查问题会困难些，OBProxy 部署在 OBServer 所在服务器，压力情况下会发生服务器的 CPU/MEM 资源抢占。

3. 部署环境资源要求

OBProxy 推荐安装在 x86_64 平台和 ARM 平台。目前，OBProxy 在 x86_64 平台运行最久、最稳定、性能表现也最佳。近两年 OBProxy 也对 ARM 平台做了适配，可以在 ARM 平台上很好地工作。当前，在蚂蚁集团生产环境中，已经有一批 OBProxy 运行在 ARM 平台服务器上。

OBProxy 当前支持 Linux 系统，暂不支持 Windows 系统和其他系统。对于 Linux 系统，OBProxy 的配置项 enable_strict_kernel_release 控制对操作系统的版本检查，检查不通过会导致启动失败，关键日志如下：

[2021-10-13 10:38:17.235062] WARN [PROXY] get_kernel_release_by_uname(ob_config_server_processor.cpp:1039) [2060][Y0-0] [lt=14] [dc=0] unknown unamerelease (uinfo.release="4.18.0-80.el8.x86_64", ret=-4016)

大家可以使用 uname 命令查看内核信息，该选项目前只允许 el 系列和 alios 系列通过，检查策略偏保守型，可能会产生一些误报。其他 Linux 系统如果遇到上面问题，可以通过关闭该配置项予以解决。

OBProxy 启动成功后，CPU 占用 0.7 核左右，内存占用约 100MB。当遇到请求流量后，CPU 和内存的使用会增加。

资源使用情况如下。

CPU：随着请求量的增加，CPU 使用率会增加，QPS 也会接近线性增加，直到 CPU 满负载，QPS 会基本恒定。

内存：内存使用量主要和连接数有关，随着连接数的增加，内存使用会变多，配置项 client_max_connections 会控制允许的客户端连接数，默认最多支持 8192 个客户端连接，超过该数值会导致客户端连接失败。

磁盘：磁盘主要用来存放配置文件和日志文件，其中日志文件对磁盘的使用比较多，当磁盘使用量超过 80%后，OBProxy 会主动清理日志文件。

OS：Linux RedHat 7u x86-64 及以上。

OS 内核：3.10 及以上版本。

CPU：2 核及以上。

内存：1GB 及以上。

磁盘空间：对磁盘大小没有特别需求，推荐 10GB 及以上，主要用于存放 OBProxy 的应用日志。

3.7.2 OBProxy 的安装

通常在生产环境将 OBServer 和 OBProxy 部署在一起，如有特殊需求也可以在独立的 3 台服务器上部署 OBProxy。具体安装步骤如下。

(1) 在 OCP 管理控制台页面左侧选择 OBProxy，在右上角单击“创建 OBProxy 集群”按钮添加 OBProxy 集群。创建 OBProxy 集群如图 3-7-4 所示。

(2) 填写 OBProxy 集群名称、访问地址和访问端口，访问地址和访问端口在生产环境为负载均衡对外提供服务的 IP 地址和端口。启动方式通常选 ConfigUrl，然后选择 OBProxy 关联的 OB 集群。OBProxy 集群基本信息如图 3-7-5 所示。

(3) 打开部署 OBProxy 开关，端口采用默认端口，选择对应版本的软件包，最后选择部署 OBProxy 的服务器。OBProxy 版本及地址如图 3-7-6 所示。

如果服务器配置较低，可以修改参数 proxy_mem_limited 为 1GB 和 log_cleanup_interval 为 15m。通常在生产环境下不需要修改。最后提交创建 OBProxy 集群任务。OBProxy 参数设置如图 3-7-7 所示。

(4) 可以单击“查看任务详情”按钮，查看创建过程。创建 OBProxy 任务如图 3-7-8 所示。

创建 OBProxy 步骤如图 3-7-9 所示。

(5) 在任务详情中可以看到 OBProxy 集群创建完成，如图 3-7-10 所示。

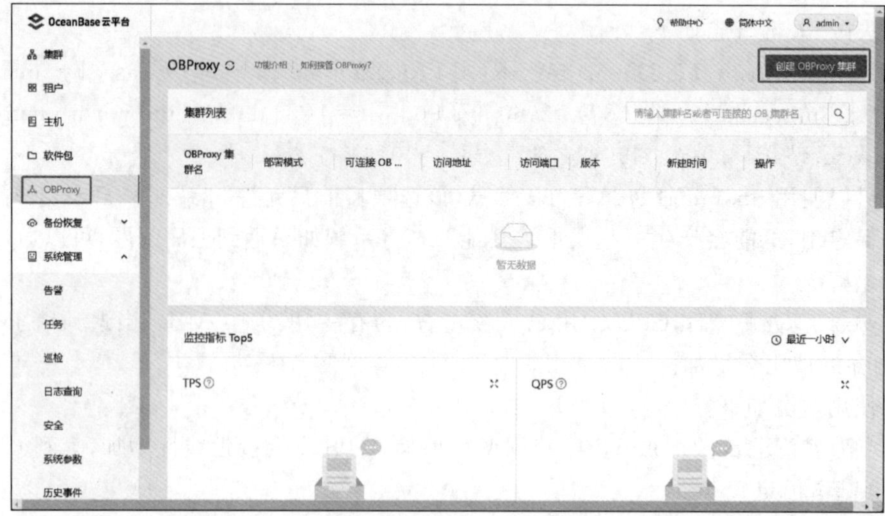

图 3-7-4　创建 OBProxy 集群

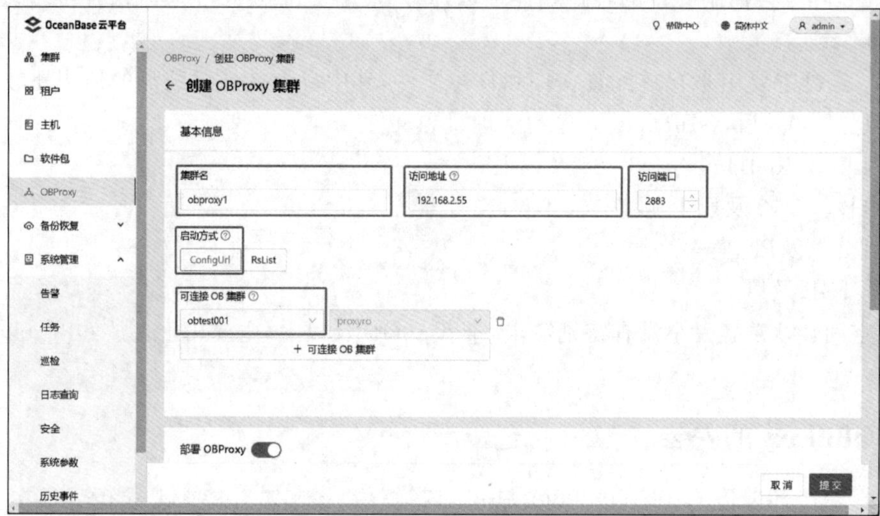

图 3-7-5　OBProxy 集群的基本信息

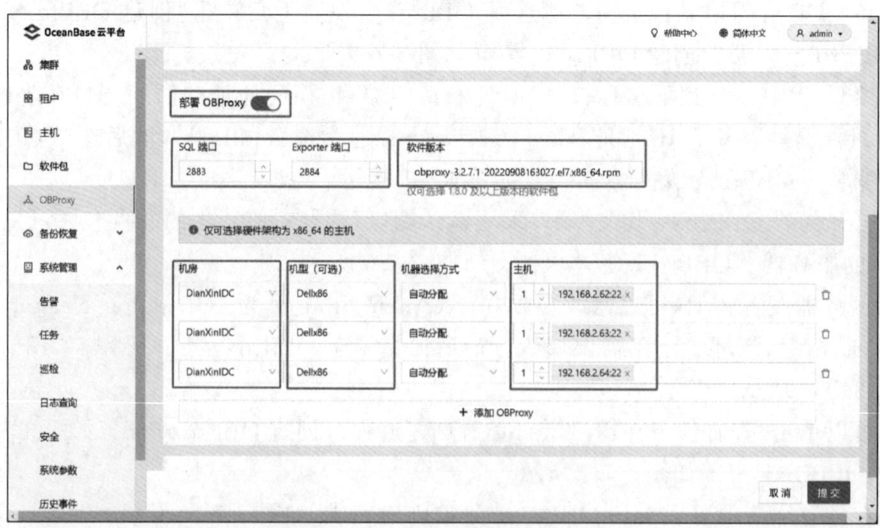

图 3-7-6　OBProxy 的版本及地址

图 3-7-7　OBProxy 参数设置

图 3-7-8　创建 OBProxy 任务

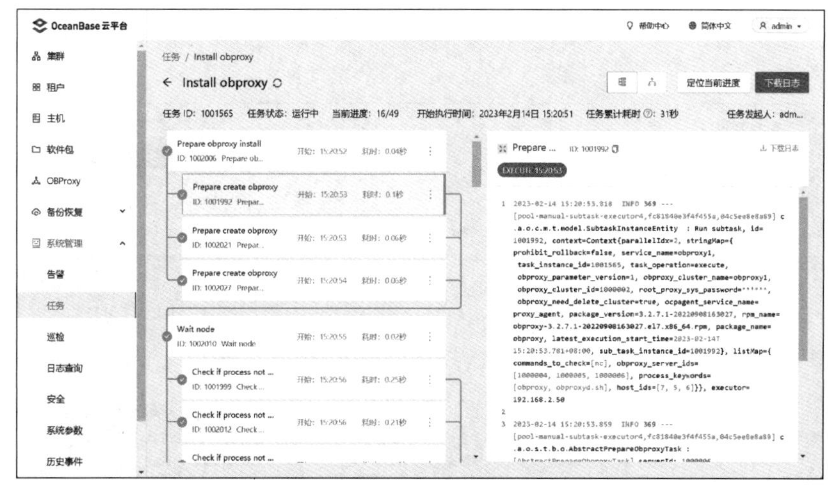

图 3-7-9　创建 OBProxy 步骤

（6）在 OCP 管理控制台单击 OBProxy 菜单，可以看到新创建的 OBProxy 集群。OBProxy 的状态如图 3-7-11 所示。

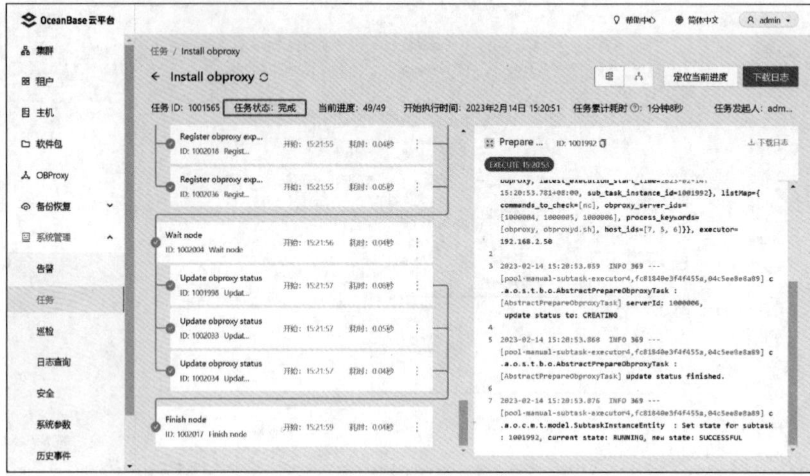

图 3-7-10 OBProxy 创建完成

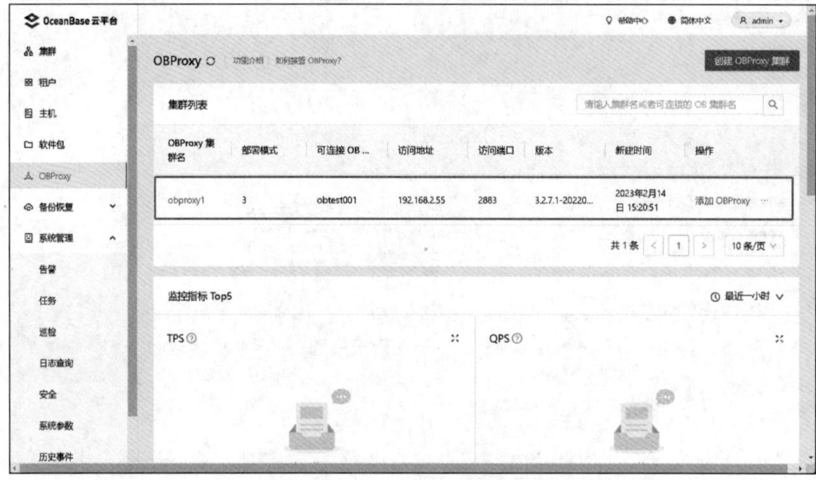

图 3-7-11 OBProxy 的状态

(7) 单击集群名称，进入查看 OBProxy 集群详细信息的界面。OBProxy 集群总览如图 3-7-12 所示。

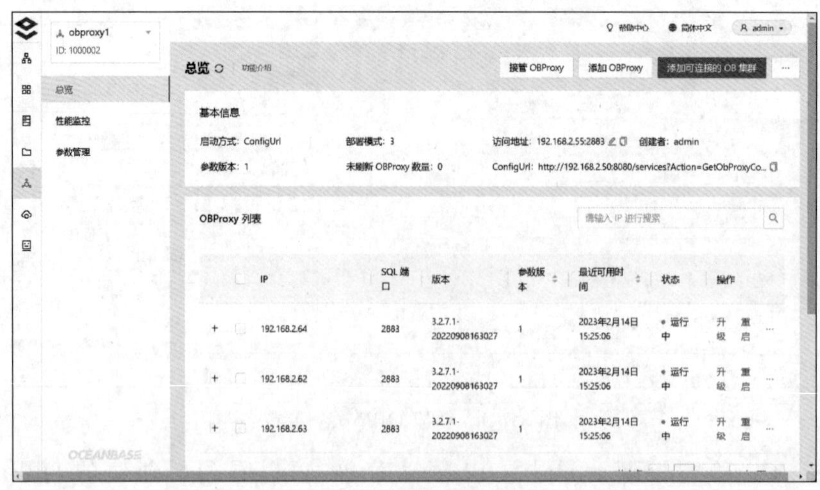

图 3-7-12 OBProxy 集群总览

3.8　卸载 OceanBase 组件

3.8.1　卸载 OceanBase 集群

通过浏览器登录 OCP 管理控制台：http://192.168.2.50:8080，并且输入管理员用户名 admin 和密码，OCP 登录页面如图 3-8-1 所示。

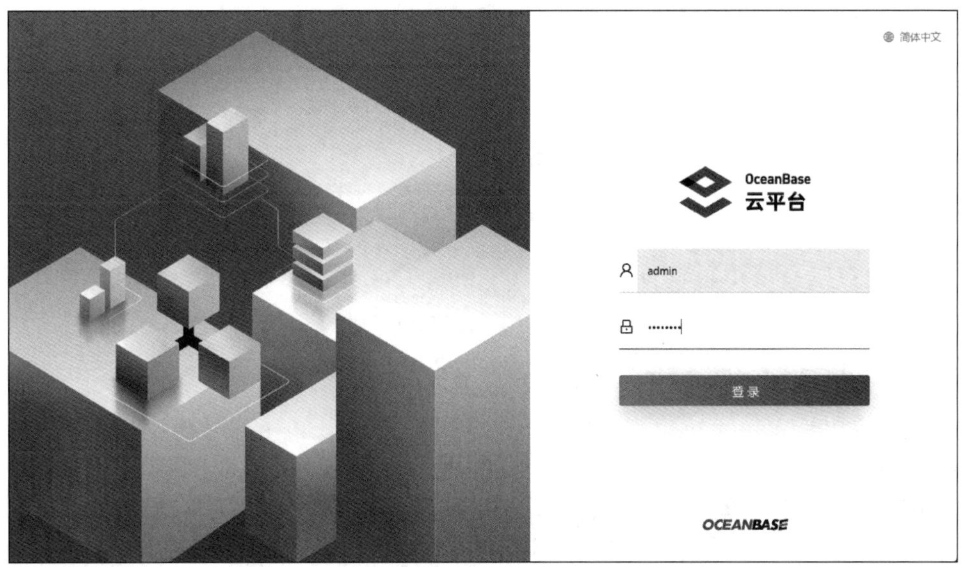

图 3-8-1　OCP 登录页面

1. 删除 OceanBase 集群

在 OCP 管理控制台首页单击左侧“集群”菜单，然后在右下角列表里找到想要卸载的集群，并单击该集群名字。选择待卸载集群，如图 3-8-2 所示。

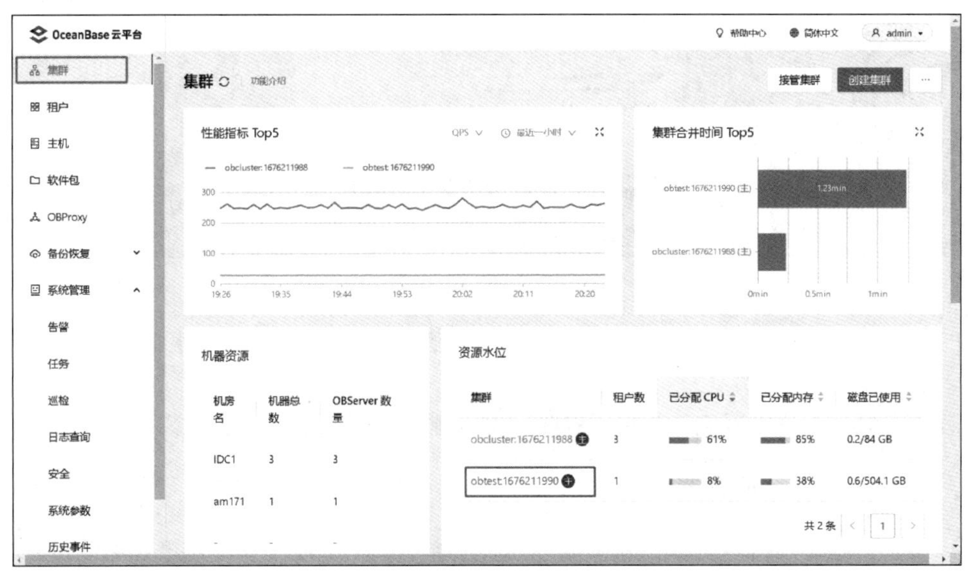

图 3-8-2　选择待卸载集群

在接下来的页面单击左上角的“...”按钮，在下拉菜单中单击“删除集群”菜单。删除集群，如图 3-8-3 所示。

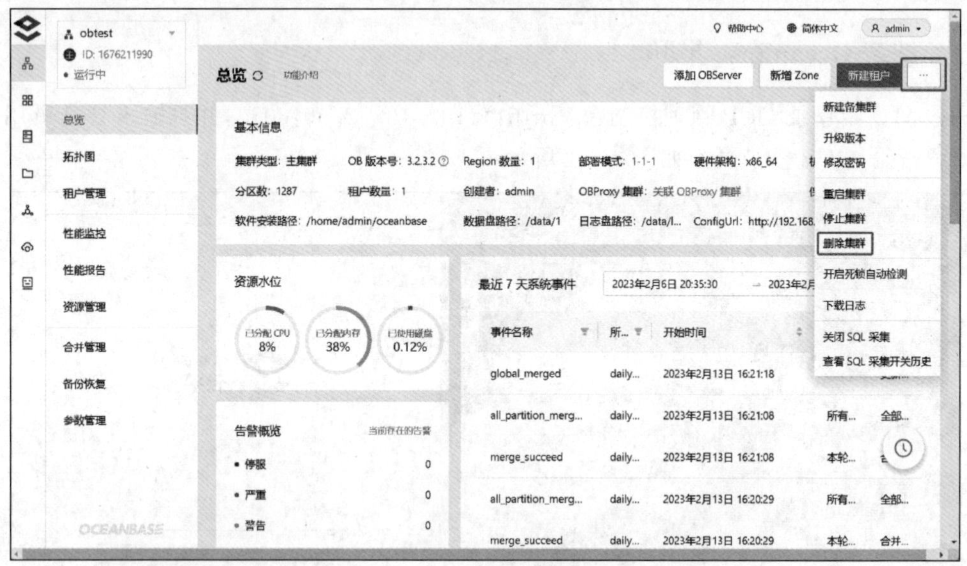

图 3-8-3　删除集群

在弹出窗口中输入“delete”，然后单击“删除”按钮。确认删除集群，如图 3-8-4 所示。

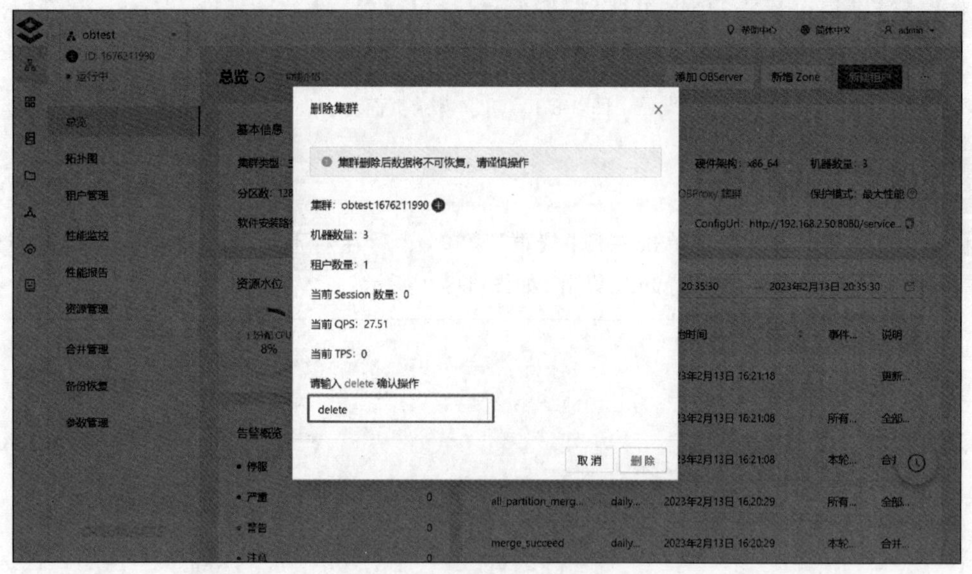

图 3-8-4　确认删除集群

在弹出窗口中可以单击“查看任务”按钮，查看删除过程。查看删除集群任务，如图 3-8-5 所示。

在任务详情中，可以看到 OB 集群删除完成。删除集群的步骤如图 3-8-6 所示。

2. 删除 OBServer 服务器

在 OCP 管理控制台首页单击左侧的“主机”菜单，在右侧列表里找到想要删除的主机，并选中该主机前面的复选框。然后，在页面的最下方单击“批量删除”按钮。批量删除 OBServer 服务器，如图 3-8-7 所示。

图 3-8-5 查看删除集群任务

图 3-8-6 删除集群的步骤

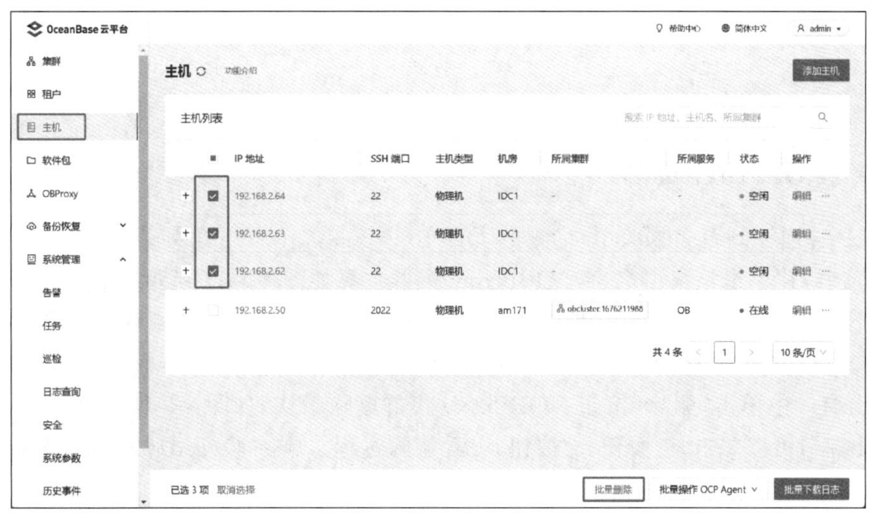

图 3-8-7 批量删除 OBServer 服务器

在弹出窗口中单击“删除”按钮。删除确认,如图 3-8-8 所示。

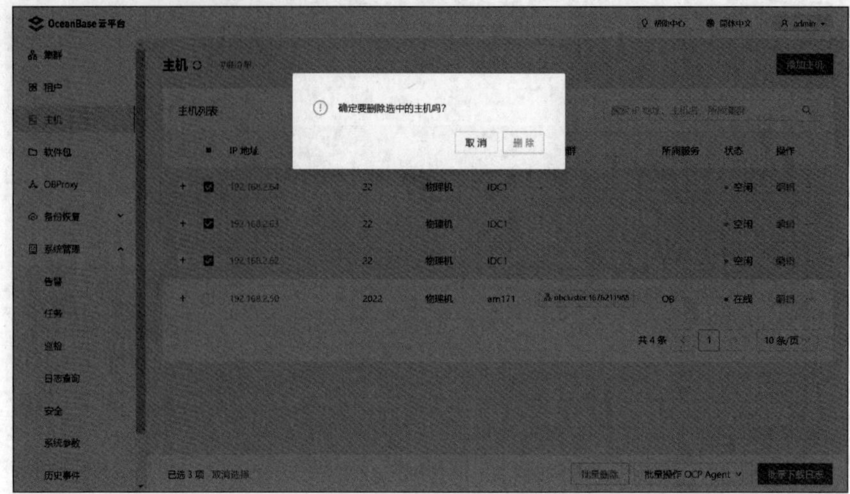

图 3-8-8　删除确认

最后,可以看到被删除的主机处于“删除中”状态。OBServer 状态如图 3-8-9 所示。

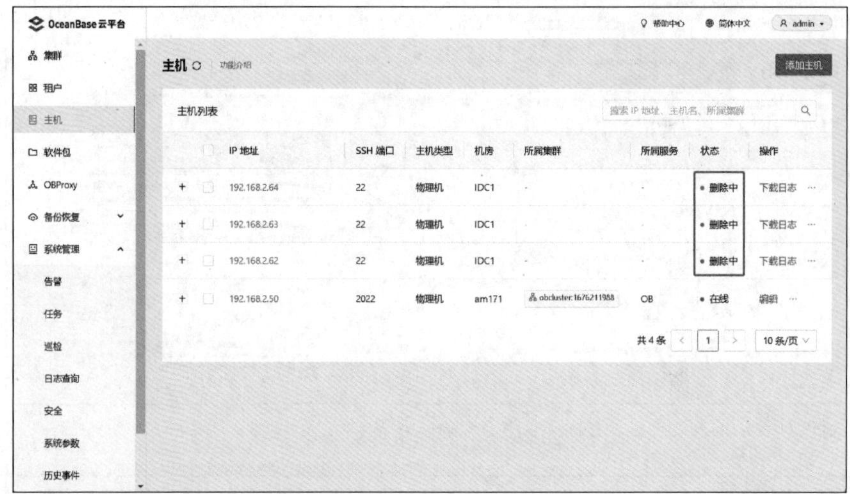

图 3-8-9　OBServer 状态

主机删除完成,如图 3-8-10 所示。

3.8.2　卸载 OBProxy 集群

在 OCP 管理控制台首页单击左侧的 OBProxy 菜单,在右下角列表里找到想要卸载的 OBProxy 集群,并单击该集群名字。OBProxy 集群主页如图 3-8-11 所示。

在接下来的页面单击左上角的“…”按钮,在下拉菜单中单击“删除集群”菜单。删除 OBProxy 集群,如图 3-8-12 所示。

在弹出窗口中单击“删除”按钮。OBProxy 集群删除确认,如图 3-8-13 所示。

在弹出窗口可以单击“查看任务”按钮,查看删除过程。删除 OBProxy 集群任务如图 3-8-14 所示。

在任务详情中,可以看到 OBProxy 集群删除完成。删除 OBProxy 集群的步骤如图 3-8-15 所示。

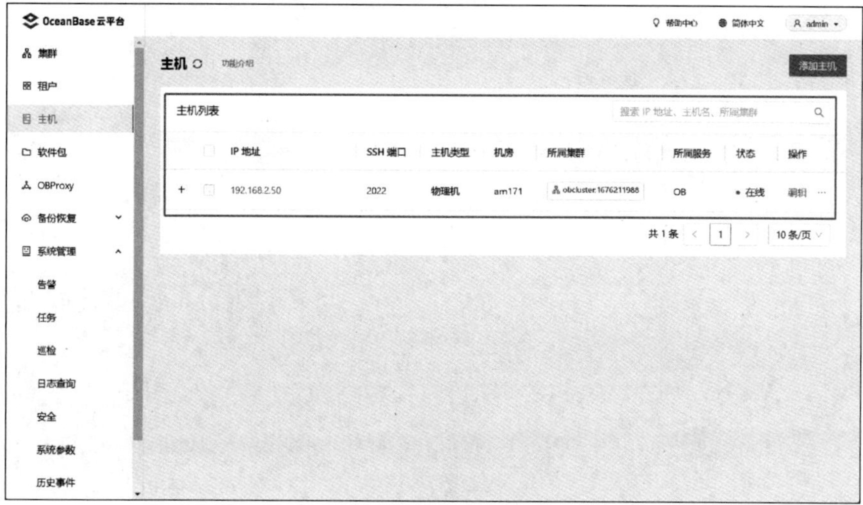

图 3-8-10　删除成功

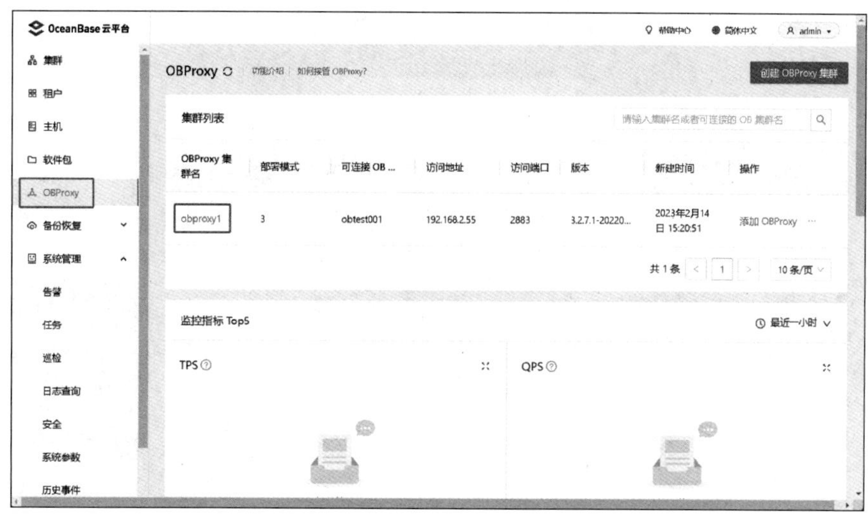

图 3-8-11　OBProxy 集群主页

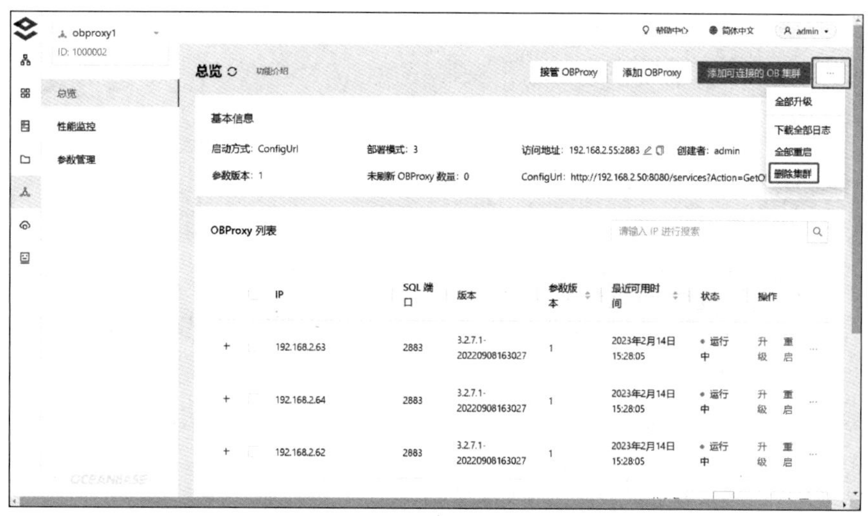

图 3-8-12　删除 OBProxy 集群

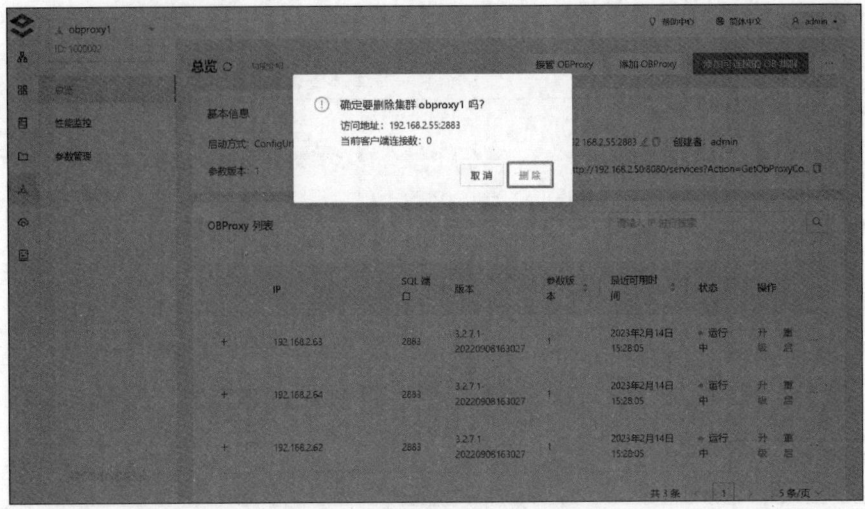

图 3-8-13　OBProxy 集群删除确认

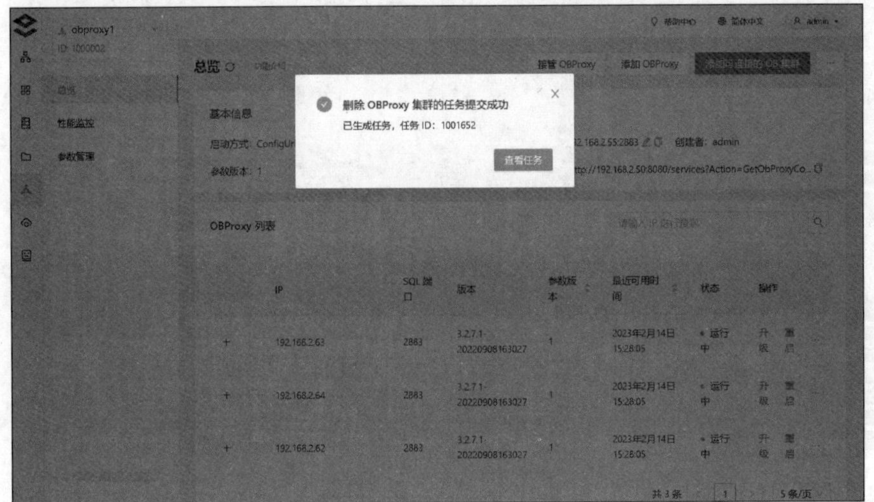

图 3-8-14　删除 OBProxy 集群任务

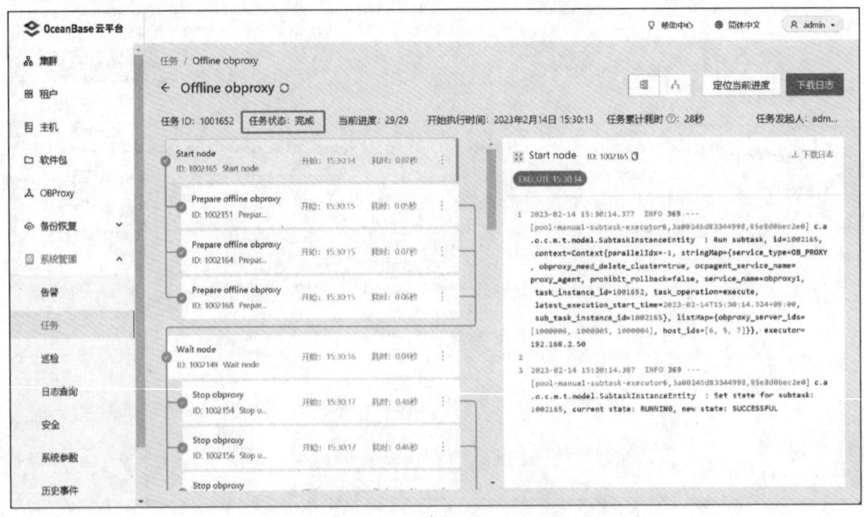

图 3-8-15　删除 OBProxy 集群的步骤

3.8.3　卸载 OCP 管理平台

1. 命令行方式卸载

如果是通过 antman 命令行工具部署的 OCP，就需要通过命令行方式卸载。进入 antman 安装目录 cd /root/t-oceanbase-antman，执行./uninstall.sh：

```
./uninstall.sh:line 229:uninstall_obagent:command not found
[2023-02-1921:01:47.840373]INFO[remove ocp docker on host:LOCAL]
[2023-02-1921:01:48.247513]INFO[docker rm -f af8ac0dfb1df]
af8ac0dfb1df
[2023-02-1921:01:52.430825]INFO[remove ocp dockeron host:LOCAL done]
[2023-02-1921:01:52.449630]INFO[remove OBProxy docker on host:LOCAL]
[2023-02-1921:01:52.850070]INFO[remove OBProxy docker on host:LOCAL done!]
[2023-02-1921:01:52.880332]INFO[remove OceanBase server and docker on host:LOCAL]
[2023-02-1921:01:53.481686]INFO[docker rm -f dd2d2053be50]
dd2d2053be50
[2023-02-1921:02:01.500435]INFO[remove OceanBase server and docker on host:LOCAL done!]
[2023-02-1921:02:01.511203]INFO[remove ob_ha proxy docker on host:LOCAL}]
ipaddr del 192.168.2.57/dev
Error:any valid prefix is expected rather than "192.168.2.57/"
ipaddr del 192.168.2.57/dev
Error:any valid prefix is expected rather than "192.168.2.57/"
[2023-02-1921:02:01.650805]INFO[remove ob_ha proxy docker on host:LOCAL done!]
[2023-02-1921:02:01.660901]INFO[remove oms docker on host:LOCAL]
[2023-02-1921:02:01.679236]INFO[oms version is 3.3.0]
[2023-02-1921:02:01.863778]INFO[TIPS:auto delete oms bind dirs:/data/oms/oms_logs /data/oms/
oms_run /data/oms/oms_store]
[2023-02-1921:02:02.053310]INFO[TIPS:auto delete influxdb bind dirs:/data/oms/influxdb]
[2023-02-1921:02:02.063105]INFO[remove oms docker on host:LOCAL done]
[2023-02-1921:02:02.072647]INFO[remove odc docker on host:LOCAL]
[2023-02-1921:02:02.204000]INFO[remove odc docker on host:LOCAL done]
```

通过 docker ps -a 命令查看，OCP 的运行 Docker 镜像已经卸载：

```
CONTAINERID IMAGE COMMAND CREATED STATUS PORTS NAMES
```

2. 图形界面方式卸载

如果是通过 OAT 图形界面工具部署的 OCP，就需要通过图形界面方式卸载。

(1) 访问地址：http://192.168.2.47:7000，登录 OAT 服务器。OAT 登录页面如图 3-8-16 所示。

(2) 在 OAT 管理平台卸载 OCP 应用，依次单击"产品服务"→"产品管理"按钮，然后找到 OCP 单击"卸载"按钮。OAT 产品管理如图 3-8-17 所示。

卸载 OCP，如图 3-8-18 所示。

(3) 查看 OCP 应用卸载状态，依次单击"系统与安全" →"任务列表"，然后找到"卸载 OCP 的任务"，并单击。卸载任务如图 3-8-19 所示。

(4) OCP 应用卸载完成，删除步骤如图 3-8-20 所示。

(5) 卸载 OCP 元数据数据库，依次单击"产品服务"→"组件管理"，然后找到 OCP 元数据数据库 MetaDB 单击"卸载"按钮。OAT 组件管理如图 3-8-21 所示。

图 3-8-16　OAT 登录页面

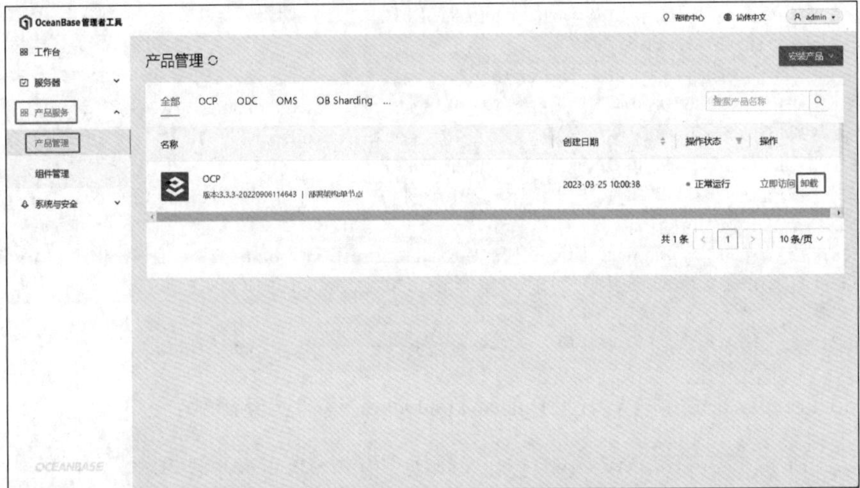

图 3-8-17　OAT 产品管理

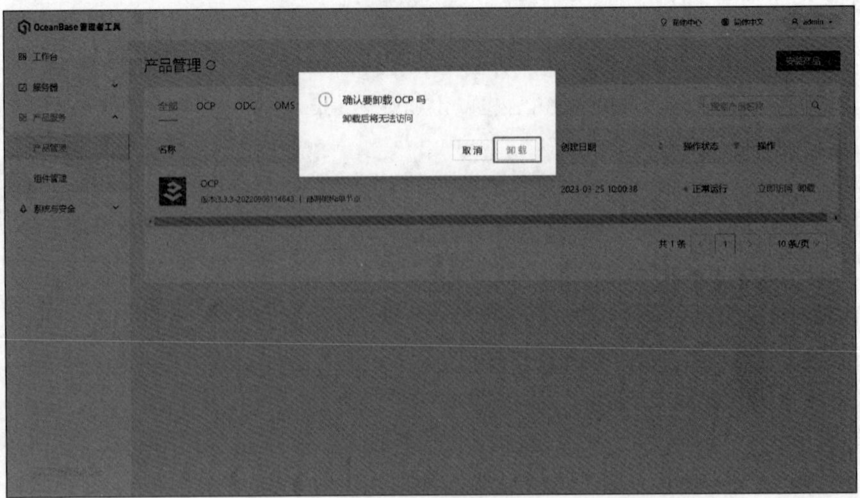

图 3-8-18　卸载 OCP

图 3-8-19　卸载任务

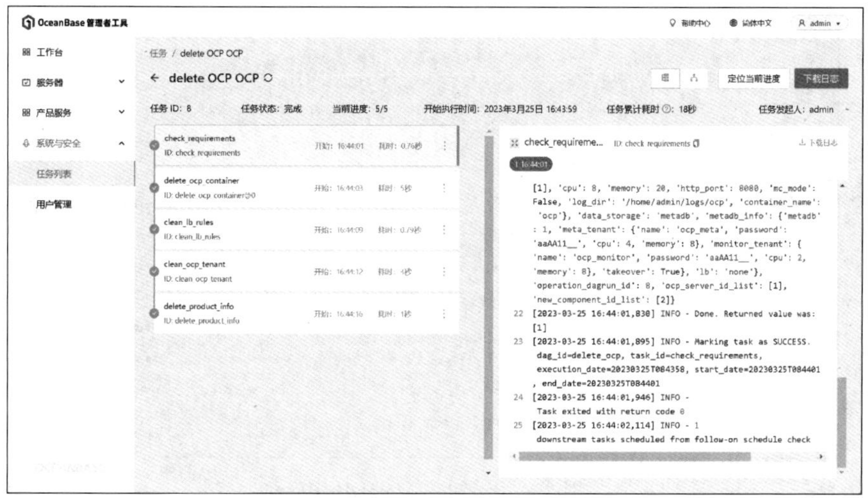

图 3-8-20　删除步骤

图 3-8-21　OAT 组件管理

卸载 MetaDB，如图 3-8-22 所示。

（6）查看 OCP 元数据数据库卸载状态，依次单击“系统与安全”→“任务列表”按钮，然后

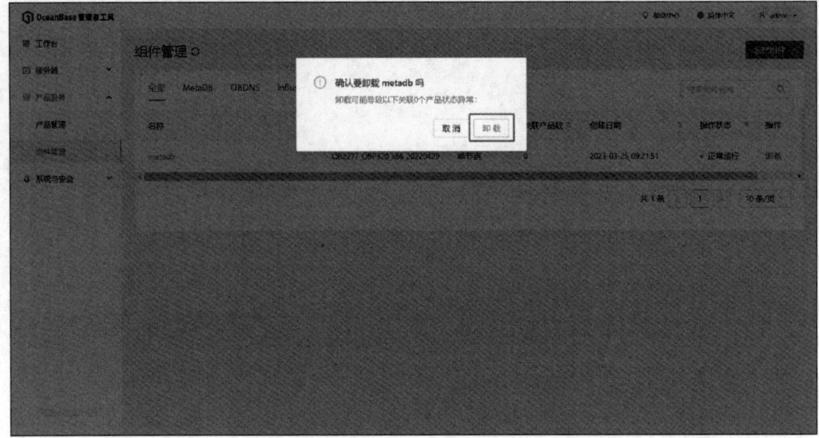

图 3-8-22　卸载 MetaDB

找到卸载 OCP 元数据数据库的任务，并单击。卸载 MetaDB 任务，如图 3-8-23 所示。

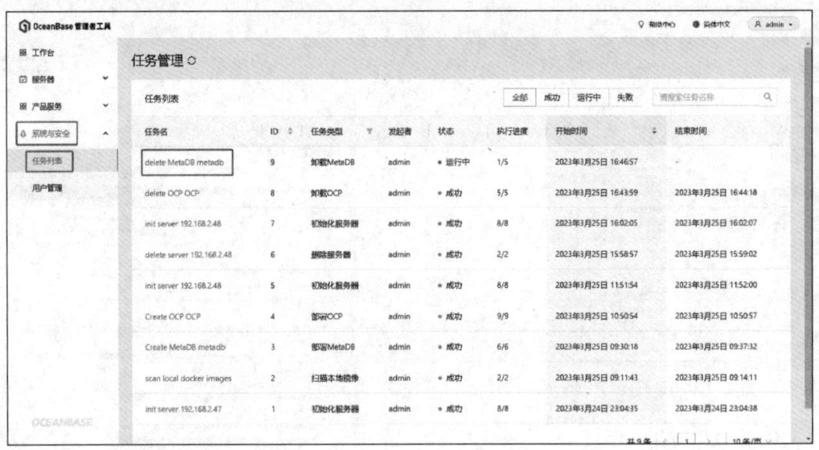

图 3-8-23　卸载 MetaDB 任务

(7) OCP 元数据数据库卸载完成，如图 3-8-24 所示。

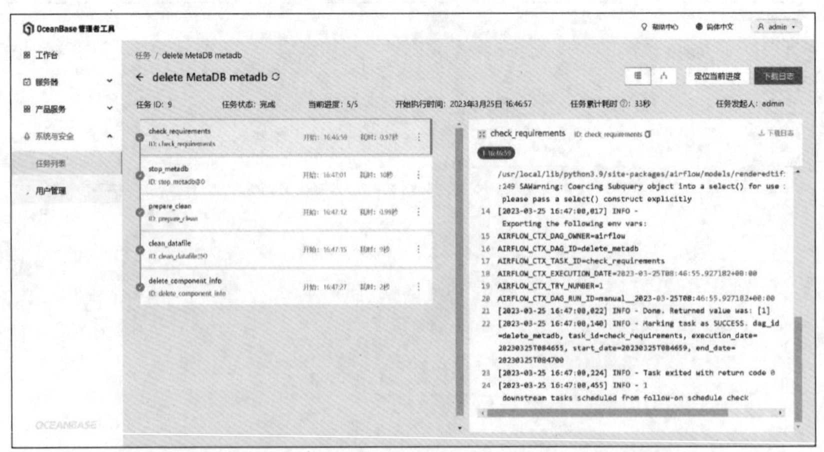

图 3-8-24　卸载 MetaDB 步骤

(8) 删除 OCP 服务器，依次单击“服务器”→“服务器管理”，然后找到 OCP 服务器，单击“删除”按钮，将所有 OCP 服务器依次删除。OAT 服务器管理如图 3-8-25 所示。

图 3-8-25　OAT 服务器管理

卸载服务器，如图 3-8-26 所示。

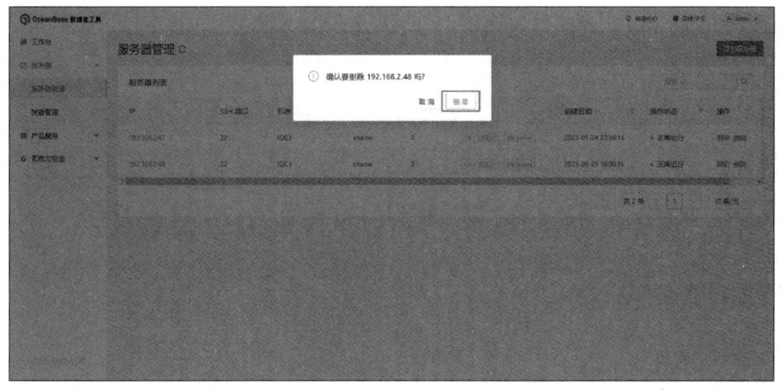

图 3-8-26　卸载服务器

(9) 查看 OCP 服务器删除状态，依次单击“系统与安全”→“任务列表”，然后找到删除 OCP 服务器的任务，OCP 服务器删除完成，如图 3-8-27 所示。

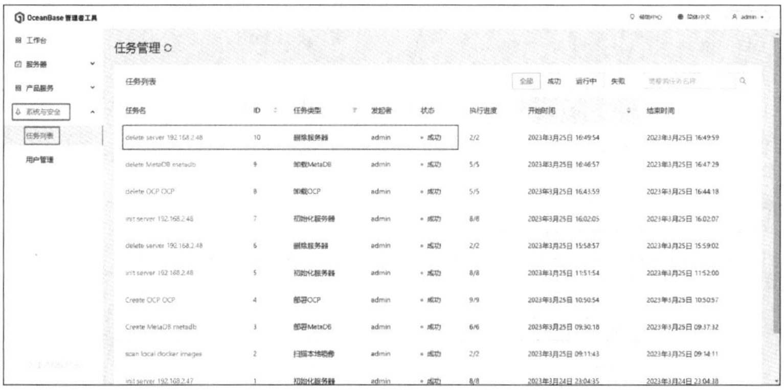

任务名	ID	任务类型	发起者	状态	执行进度	开始时间	结束时间
delete server 192.168.2.48	10	删除服务器	admin	成功	2/2	2023年3月25日 16:49:54	2023年3月25日 16:49:59
delete MetaDB metadb	9	卸载MetaDB	admin	成功	5/5	2023年3月25日 16:46:57	2023年3月25日 16:47:29
delete OCP OCP	8	卸载OCP	admin	成功	5/5	2023年3月25日 16:43:59	2023年3月25日 16:44:18
init server 192.168.2.48	7	初始化服务器	admin	成功	8/8	2023年3月25日 16:02:05	2023年3月25日 16:02:07
delete server 192.168.2.48	6	删除服务器	admin	成功	2/2	2023年3月25日 15:58:57	2023年3月25日 15:59:02
init server 192.168.2.48	5	初始化服务器	admin	成功	8/8	2023年3月25日 11:51:54	2023年3月25日 11:52:00
Create OCP OCP	4	部署OCP	admin	成功	9/9	2023年3月25日 10:50:54	2023年3月25日 10:50:57
Create MetaDB metadb	3	部署MetaDB	admin	成功	6/6	2023年3月25日 09:30:18	2023年3月25日 09:37:32
scan local docker images	2	扫描本地镜像	admin	成功	2/2	2023年3月25日 09:11:43	2023年3月25日 09:14:11
init server 192.168.2.47	1	初始化服务器	admin	成功	8/8	2023年3月24日 23:04:35	2023年3月24日 23:04:38

图 3-8-27　卸载服务器任务

3.8.4　卸载 OAT

如果是通过 OAT 图形界面工具部署的 OCP，就需要按照以下方式卸载 OAT。

1. 卸载 OAT 容器

查看运行的相关容器：

```
docker ps -a
CONTAINERID IMAGE COMMAND CREATED STATUS PORTS NAMES
93220594b9ae reg.docker.alibaba-inc.com/oceanbase/oat:3.2.0_20220819_x86 "/oat/distribution/p…"
18 hours ago Up 18 hours 3306/tcp,0.0.0.0:7000→7000 /tcpzealous_fermat
```

停止相关运行的容器：

```
docker stop 93220594b9ae
93220594b9ae

docker ps -a
CONTAINERID IMAGE COMMAND CREATED STATUS PORTS NAMES
93220594b9ae reg.docker.alibaba-inc.com/oceanbase/oat:3.2.0_20220819_x86 "/oat/distribution/p…"
18 hours ago Exited(137) 3 seconds ago zealous_fermat
```

删除相关运行的容器：

```
docker rm 93220594b9ae
93220594b9ae

docker ps -a
CONTAINERID IMAGE COMMAND CREATED STATUS PORTS NAMES
```

2. 删除相关容器镜像

查看相关容器镜像：

```
docker images
REPOSITORY                                          TAG                             IMAGE ID        CREATED
  SIZE
reg.docker.alibaba-inc.com/oceanbase/ocp-all-in-one 3.3.3-20220906114643            dcbd88997aa8    10
months ago      1.93GB
reg.docker.alibaba-inc.com/oceanbase/oat            3.2.0_20220819_x86              ed24d1cd4382    10
months ago      1.27GB
reg.docker.alibaba-inc.com/antman/ob-docker         OB2277_OBP320_x86_20220429 7cc7f45f0f7e
14 months ago       3.28GB
```

删除相关容器镜像：

```
docker rmi dcbd88997aa8
docker rmi ed24d1cd4382
docker rmi 7cc7f45f0f7e
```

3. 删除文件系统和用户

删除 OAT 目录和 admin 用户：

```
cd /home
ls admin oat
rm -rf oat
userdel -r admin
```

OceanBase租户管理

4.1 资源管理概述

OceanBase 数据库通过 OceanBase 集群来进行管理。一个 OceanBase 集群由多个 OBServer 节点组成，每个 OBServer 节点属于一个 zone。一般情况下，各个 zone 内的服务器配置与数量保持一致，多台 OBServer 作为资源组成各个业务所需的资源池。管理员可以根据业务情况，将资源再划分成不同大小的资源池分配给租户使用，一般建议高性能要求的业务分配大资源池，低性能要求的业务分配小资源池。租户拥有资源池后，可以创建数据库、表、分区等。

OceanBase 数据库基础概念之间的关系如图 4-1-1 所示。

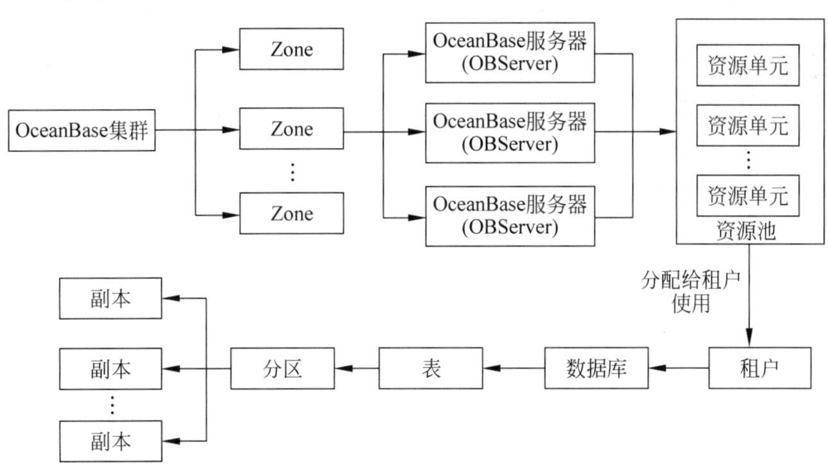

图 4-1-1　OceanBase 数据库基础概念之间的关系

租户的可用物理资源以资源池(Resource Pool)的方式描述，资源池由分布在物理机上的若干资源单元(Resource Unit)组成，资源单元的可用物理资源通过资源配置(Resource Unit Config)指定，资源配置由用户创建。

1. 资源单元

资源单元是一个容器。实际上，副本是存储在资源单元之中的，所以资源单元是副本的容器。资源单元包含了计算存储资源(Memory、CPU 和 I/O 等)，同时资源单元也是集群负载均衡的一个基本单位，在集群节点上下线、扩容、缩容时，会动态调整资源单元在节点上的分布，进而达到资源的使用均衡。

2. 资源池

一个租户拥有若干资源池，这些资源池的集合描述了这个租户所能使用的所有资源。一个资源池由具有相同资源配置的若干资源单元组成。一个资源池只能属于一个租户。每个资源单元描述了位于一个 Server 上的一组计算和存储资源，可以视为一个轻量级的虚拟机，包括若干 CPU 资源、内存资源、磁盘资源等。一个租户在同一个 Server 上最多有一个资源单元。

3. 资源配置

资源配置是资源单元的配置信息，用来描述资源池中每个资源单元可用的 CPU、内存、存储空间和 IOPS 等。修改资源配置可以动态调整资源单元的规格，进而调整对应租户的资源。资源配置指定的是对应资源单元能够提供的服务能力，而不是资源单元的实时负载。

4.1.1 资源单元管理

1. 创建资源单元

在创建租户前，需要先确定租户的资源单元配置和资源使用范围。可以通过 SQL 语句或 OCP 创建资源单元。

租户使用的资源被限制在资源单元的范围内，如果当前存在的资源单元配置无法满足新租户的需要，可以新建资源单元配置。

通过 SQL 语句创建资源单元配置的语法如下：

```
CREATE RESOURCE UNIT unitname
MAX_CPU [=] cpunum,
MAX_MEMORY [=] memsize,
MAX_IOPS [=] iopsnum,
MAX_DISK_SIZE [=] disksize,
MAX_SESSION_NUM [=] sessionnum,
[MIN_CPU [=] cpunum,]
[MIN_MEMORY [=] memsize,]
[MIN_IOPS [=] iopsnum];
```

配置项说明：

(1) 该语句仅支持 sys 租户的管理员执行。

(2) 语句中涉及的参数不能省略，必须指定 CPU、Memory、IOPS、Disk Size 和 Session Num 的大小。

(3) 为参数指定值时，可以采用纯数字不带引号的方式，也可以使用带单位加引号的方式(例如'1T'、'1G'、'1M'、'1K')。例如，max_memory='10G'等效于 max_memory=10737418240。

① MAX_MEMORY 的取值范围为[1073741824,+∞]，单位为字节，即最小值为 1GB。

② MAX_IOPS 的取值范围为[128,+∞)。

③ MAX_DISK_SIZE 的取值范围为[536870912,+∞]，单位为字节，即最小值为 512MB。

④ MAX_SESSION_NUM 的取值范围为[64,+∞]。

⑤ MAX_CPU 和 MAX_MEMORY 表示使用该资源配置的资源单元能够提供的 CPU 和 Memory 的上限。MIN_CPU 和 MIN_MEMORY 表示使用该资源配置的资源单元能够提供的 CPU 和 Memory 的下限。

创建资源单元 unit1 的示例如下：

```
obclient > CREATE RESOURCE UNIT unit1 MAX_CPU 1, MAX_MEMORY '1G', MAX_IOPS 128,
MAX_DISK_SIZE '10G', MAX_SESSION_NUM 64, MIN_CPU=1, MIN_MEMORY='1G', MIN_
IOPS=128;
```

创建的资源单元实际上是资源单元的模板,可以被其他多个不同的资源池使用。例如,资源单元 unit1 创建后,可以创建资源池 pool1 和 pool2 并且 pool1 和 pool2 均使用 unit1 资源单元的配置。

2. 查看资源单元配置

创建资源池前,需要查看资源单元的配置,以便选择合适的资源模板。资源单元可以理解为服务器资源的使用模板。通过查询内部表可以获知当前集群中已经存在的资源单元的配置信息。查看方法如下。

(1) 使用 root 用户登录数据库的 sys 租户。

(2) 执行以下语句,查看集群中所有的资源单元配置。

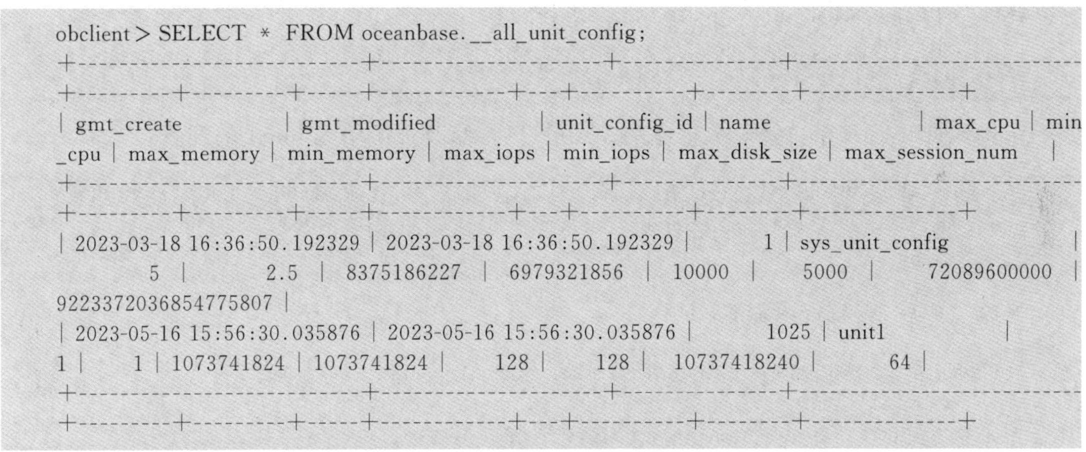

```
obclient > SELECT * FROM oceanbase.__all_unit_config;
+---------------------------+---------------------------+--------------+----------------------------
+---------+---------+-----+-----------+---+---------+-------+-------------+
| gmt_create                | gmt_modified              | unit_config_id | name                    | max_cpu | min
_cpu | max_memory | min_memory | max_iops | min_iops | max_disk_size | max_session_num    |
+---------------------------+---------------------------+--------------+----------------------------
+---------+---------+-----+-----------+---+---------+-------+-------------+
| 2023-03-18 16:36:50.192329 | 2023-03-18 16:36:50.192329 |          1 | sys_unit_config          |
       5 |        2.5 | 8375186227 | 6979321856 | 10000 |    5000 |     72089600000 |
9223372036854775807 |
| 2023-05-16 15:56:30.035876 | 2023-05-16 15:56:30.035876 |        1025 | unit1                 |
1 |     1 | 1073741824 | 1073741824 |      128 |      128 | 10737418240 |        64 |
+---------------------------+---------------------------+--------------+----------------------------
+---------+---------+-----+-----------+---+---------+-------+-------------+
```

查询结果中的相关字段说明,如表 4-1-1 所示。

表 4-1-1　查询结果字段说明

字　段　名	描　　述
gmt_create	资源单元的创建时间
gmt_modified	资源单元最近一次修改的时间
unit_config_id	资源单元的 ID
name	资源单元名称
max_cpu	该资源单元能够提供的 CPU 的上限,单位为核
min_cpu	该资源单元能够提供的 CPU 的下限,单位为核
max_memory	该资源单元能够提供的 Memory 的上限,单位为字节
min_memory	该资源单元能够提供的 Memory 的下限,单位为字节
max_iops	该资源单元能够提供的 IOPS 的上限,单位为字节

续表

字段名	描述
min_iops	该资源单元能够提供的 IOPS 的下限，单位为字节
max_disk_size	该资源单元能够提供的数据盘的最大容量，单位为字节
max_session_num	该资源单元能够提供的最大会话数

3. 修改资源单元的配置

修改资源单元配置即是调整资源单元配置中 CPU、内存、存储空间和 IOPS 等若干项，没有被修改的值将保持不变。

在修改资源单元配置前，如果该资源单元配置已经被租户使用并确认需要增加资源，则在增加资源的过程中必须保证 OBServer 有足够的剩余资源可用于分配。可通过内部表 oceanbase. __all_virtual_server_stat 来查询节点总资源、已分配资源，通过计算，确定剩余资源是否可以满足修改资源单元配置。

修改资源单元的语句如下：

```
ALTER RESOURCE UNIT unitname
MAX_CPU [=] cpunum,
MAX_MEMORY [=] memsize,
MAX_IOPS [=] iopsnum,
MAX_DISK_SIZE [=] disksize,
MAX_SESSION_NUM [=] sessionnum,
[MIN_CPU [=] cpunum,]
[MIN_MEMORY [=] memsize,]
[MIN_IOPS [=] iopsnum];
```

示例：使用 root 用户登录数据库的 sys 租户后，修改资源单元 unit1 的配置：

```
obclient> ALTER RESOURCE UNIT unit1 MAX_CPU 15, MAX_MEMORY '20G', MAX_IOPS 128,
max_disk_size '100G', MAX_SESSION_NUM 64, MIN_CPU=10, MIN_MEMORY='10G', MIN_
IOPS=128;
```

修改完成后，查看资源配置：

```
MySQL [test]> SELECT * FROM oceanbase.__all_unit_config;
+----------------------------+----------------------------+----------------+---------------------------
+---------+---------+-----+-------------+---+----------+--------+--------------+
| gmt_create                 | gmt_modified               | unit_config_id | name                | max_cpu |
min_cpu | max_memory | min_memory | max_iops | min_iops | max_disk_size | max_session_num
 |
+----------------------------+----------------------------+----------------+---------------------------
+---------+---------+-----+-------------+---+----------+--------+--------------+
| 2023-03-18 16:36:50.192329 | 2023-03-18 16:36:50.192329 |              1 | sys_unit_config
  |       5 |       2.5 | 8375186227 | 6979321856 | 10000 |       5000 | 72089600000 |
9223372036854775807 |
| 2023-05-16 15:56:30.035876 | 2023-05-16 16:04:19.660463 |           1025 | unit1
|      15 |      10 | 21474836480 | 10737418240 |     128 |     128 | 107374182400 |              64 |
+----------------------------+----------------------------+----------------+---------------------------
+---------+---------+-----+-------------+---+----------+--------+--------------+
```

4. 删除资源单元

删除资源单元，前提必须确保当前资源单元未被租户使用。如果资源单元正在被租户使用，则需要先将资源单元从资源池中移除后再删除资源单元。删除资源单元主要有以下两个场景。

(1) 资源单元未被使用。如果资源单元未被指定给资源池,可以直接执行以下语句,删除资源单元。

示例语句如下:

```
obclient> DROP RESOURCE UNIT unit1;
```

注意:使用 DROP RESOURCE UNIT 语句删除资源单元时,仅支持删除单个资源单元,不支持批量删除多个资源单元。

(2) 资源单元正在被使用。如果资源单元已被指定给资源池,需要为原资源池指定新的资源单元后,再删除资源单元。

示例:待删除的资源单元为 unit1,unit1 被指定给了资源池 pool1,如果要移除资源单元 unit1,则需要先创建资源单元 unit2,并将 unit2 指定给 pool1 后,再删除 unit1。

```
obclient> CREATE RESOURCE UNIT unit2 MAX_CPU 4, MAX_MEMORY '5G', MAX_IOPS 128,
MAX_DISK_SIZE '10G', MAX_SESSION_NUM 64, MIN_CPU=4, MIN_MEMORY= '5G', MIN_
IOPS=128;

obclient> ALTER RESOURCE POOL pool1 UNIT='unit2';

obclient> DROP RESOURCE UNIT unit1;
```

4.1.2 资源池管理

1. 创建资源池

在创建新租户时,如果当前的资源池均被使用(被其他租户使用),需要创建新的资源池。在使用 SQL 语句创建资源池前,需要确认已创建了待使用的资源单元配置。仅 sys 租户才能创建资源池。

创建资源池语句的语法如下:

```
CREATE RESOURCE POOL poolname
UNIT [=] unitname,
UNIT_NUM [=] unitnum,
ZONE_LIST [=] ('zone' [, 'zone'...]);
```

(1) 参数 UNIT_NUM 表示在集群的一个 zone 里面包含的资源单元个数。该值小于或等于一个 zone 中的 OBServer 的个数。

(2) 参数 ZONE_LIST 表示资源池的 zone 列表,显示该资源池的资源在哪些 zone 中被使用。

示例:使用 root 用户登录数据库的 sys 租户。创建资源池 pool1 并为其指定资源配置。

```
obclient> CREATE RESOURCE POOL pool1 UNIT='unit1', UNIT_NUM=1, ZONE_LIST=('zone1',
'zone2', 'zone3');
```

2. 将资源池分配给租户

资源池创建成功后,可以在创建租户时将资源池分配给租户,也可以在修改资源池列表时,将未使用的资源池分配给租户。

创建租户时，可将未被使用的资源池分配给新租户，SQL 语句示例如下：

```
obclient> CREATE TENANT IF NOT EXISTS test_tenant charset='utf8mb4', replica_num=3, zone_list=('zone1','zone2','zone3'), primary_zone='zone1;zone2,zone3', resource_pool_list=('pool1')
```

每个资源池仅能绑定给一个租户，每个租户可以拥有多个资源池。但是，在创建租户时，一个租户仅支持指定一个资源池。

租户在 zone 内被分配的所有资源总量为：Unit 规格×Unit 数量。

3. 修改资源池

修改资源池是实现租户扩容或缩容的另一种方式。例如，在每个 zone 中增加或减少节点数量，可以通过修改参数 UNIT_NUM 来实现。

修改资源池语句的语法如下：

```
ALTER RESOURCE POOL pool_name
UNIT [=] unit_name,
UNIT_NUM [=] unit_num
[DELETE UNIT = (unit_id_list)],
ZONE_LIST [=] ('zone'[, 'zone' ...]);
```

使用说明：

(1) 该语句仅支持由 sys 租户的管理员执行。

(2) 修改资源池的命令一次仅支持修改一个参数。

(3) UNIT_NUM 表示指定修改每个 zone 下的资源单元个数，要求取值小于或等于对应 zone 中的 OBServer 的个数。

(4) 减小 UNIT_NUM 时，使用 DELETE UNIT 可明确指定本次删除的 Unit。如果不指定 DELETE UNIT，则系统将自动选择 Unit 进行删除。删除指定的 unit_id 可通过查询视图 gv$unit 获取。另外还需满足以下几个条件。

① 待删除的 unit_id 列表中，每个 zone 内删除的 Unit 的数量必须相等，目前认为删除列表中各 zone 的 Unit 数量不相同的缩容操作属于非法操作。

② 待删除的 unit_id 列表中，每个 zone 内删除的 Unit 的数量和 UNIT_NUM 的数量需要匹配。

(5) ZONE_LIST 表示指定资源池的使用范围。

假设当前环境中存在如下所示的资源单元和资源池：

```
obclient> CREATE RESOURCE UNIT unit1 MAX_CPU 6, MIN_CPU 6, MAX_MEMORY '36G', MIN_MEMORY '36G', MAX_IOPS 128, MIN_IOPS 128, MAX_DISK_SIZE '2T', MAX_SESSION_NUM 64;

obclient> CREATE RESOURCE POOL pool1 UNIT 'unit1', UNIT_NUM 2, ZONE_LIST ('z1','z2','z3');
```

示例 1：修改资源池 pool1 的资源单元，修改后，unit2 替代 unit1 属于资源池 pool1：

```
obclient> CREATE RESOURCE UNIT unit2 MAX_CPU 8, MAX_MEMORY '40G', MAX_IOPS 128, MAX_DISK_SIZE '10G', MAX_SESSION_NUM 64, MIN_CPU=8, MIN_MEMORY='40G', MIN_IOPS=128;

obclient> ALTER RESOURCE POOL pool1 unit='unit2';
```

示例 2：不指定 unit_id，将资源池 pool1 中每个 zone 下的资源单元个数修改为 1 个：

```
obclient> ALTER RESOURCE POOL pool1 UNIT_NUM = 1;
```

示例 3：指定删除资源池 pool1 中 unit_id 为 1001、1003、1005 的资源单元，使每个 zone 下的资源单元个数为 1 个：

```
obclient> ALTER RESOURCE POOL pool1 UNIT_NUM 1 DELETE UNIT = (1001,1003,1005);
```

示例 4：修改资源池 pool1，使资源池 pool1 中 ZONE_LIST 的范围扩大到'z1','z2','z3','z4'：

```
obclient> ALTER RESOURCE POOL pool1 ZONE_LIST=('z1','z2','z3','z4');
```

示例 5：每次只能修改资源池的一个参数，同时修改资源池的两个参数时会报错：

```
obclient> ALTER RESOURCE POOL pool1 unit='unit1', zone_list=('HANGZHOU_1');
ERROR 1235 (0A000): alter unit_num, resource_unit, zone_list in one cmd not supported
```

4. 合并资源池

为了便于管理，可以将租户内相同资源配置的多个资源池合并为一个资源池。合并资源池有以下使用限制。

(1) 被合并的资源池的 unit_num 要求相等。

(2) 被合并的资源池的资源配置要求是同一个。

(3) 合并资源池的 SQL 语句，该语句仅支持由 sys 租户的管理员执行。

```
ALTER RESOURCE POOL MERGE ('pool_name'[, 'pool_name' ...]) INTO ('merge_pool_name')
```

注意：合并资源池时，不会影响资源池被租户使用，仅在 RootService 的管理层看来是多个资源池合并为一个资源池，方便统一维护。例如：

```
obclient> ALTER RESOURCE POOL MERGE ('pool0','pool1','pool2') INTO ('pool3');
```

5. 分裂资源池

在日常使用中，每个 zone 上的物理机规格可能有较大差别，如果每个 zone 使用同一个资源规格，将无法充分利用每个 zone 内物理机的资源。

因此，考虑到对资源的充分利用，可以将租户的一个多 zone 资源池分裂为多个单 zone 资源池，并为每个 zone 重新配置各自的资源配置。分裂资源池的 SQL 语句如下(仅支持 sys 租户的管理员执行)：

```
ALTER RESOURCE POOL SPLIT INTO ('pool_name' [, 'pool_name' ...]) ON ('zone' [, 'zone' ...])
```

分裂完成后，分裂出来的资源池的默认资源配置仍然为原资源配置，可以根据各 zone 的资源使用情况自行调整各新资源池的资源配置。

示例：资源池 pool1 的当前使用范围是 z1、z2、z3，而资源配置规格均为 uc0，由于 z1、z2、z3 等 3 个 zone 上的物理机规格可能有较大差别，3 个 zone 内如果使用同一个资源规格 uc0，无法充分利用每个 zone 内物理机的资源。分裂资源池可以将一个多 zone 资源池分裂为多个单 zone 资源池,再为每个单 zone 资源池配置各自的资源配置规格。可以将资源池 pool1 分裂为 pool10、pool11 和 pool12,并为新的资源池指定新的资源单元配置:

```
obclient> ALTER RESOURCE POOL pool1 SPLIT INTO ('pool10','pool11','pool12') ON ('z1','z2','z3');

ALTER RESOURCE POOL pool10 UNIT='uc1';

ALTER RESOURCE POOL pool11 UNIT='uc2';

ALTER RESOURCE POOL pool12 UNIT='uc3';
```

6. 从租户中移除资源池

从租户中移除资源池的场景,通常使用在减少租户副本数的场景中。可以使用 ALTER TENANT 语句将资源池从租户中移除。从租户中移除资源池的 SQL 语法如下:

```
ALTER TENANT tenant_name RESOURCE_POOL_LIST [=](pool_name [, pool_name...]) ;
```

该语句仅支持由 sys 租户的管理员执行。

对于 RESOURCE_POOL_LIST,一次仅支持删除一个资源池。

示例:假设集群中当前有 z1、z2、z3、z4、z5 共 5 个 zone,且 5 个 zone 都属于同一个 Region,每个 zone 内有一台 OBServer。集群中有一个普通租户 tenant1,当前副本分布情况 locality='F@z1,F@z2,F@z3,F@z4,F@z5',resource_pool_list=('pool1','pool2')。根据业务需要,需要将租户 tenant1 由 5 副本调整为 3 副本,且资源池调整为 1 个,即租户的 Locality 变成 locality='F@z1,F@z2,F@z3',resource_pool_list=('pool1')。

操作步骤如下。

(1) 使用 root 用户登录集群的 sys 租户。

(2) 通过修改租户 tenant1 的 Locality 来删除副本。

根据 Locality 的变更规则,每次只能删除一个 zone 内的 Locality。

```
obclient> ALTER TENANT tenant1 LOCALITY='F@z1,F@z2,F@z3,F@z4';
obclient> ALTER TENANT tenant1 LOCALITY='F@z1,F@z2,F@z3';
```

(3) 删除 z1、z2、z3 上的资源池 pool2。

```
obclient> ALTER TENANT tenant1 RESOURCE_POOL_LIST =('pool1') ;
```

7. 删除资源池

删除资源池前,需要确认该资源池当前未被任何租户使用。如果资源池正在被租户使用,则需要将资源池从租户中移除后再删除。删除资源池的语句如下(使用 sys 租户的管理员执行):

```
obclient> DROP RESOURCE POOL pool_name;
```

操作步骤如下。

(1) 使用 root 用户登录到集群的 sys 租户。

(2) 执行以下命令,查看待删除的资源池 resource_pool1 是否被租户使用:

```
obclient> SELECT tenant_id, tenant_name FROM oceanbase.gv$unit WHERE resource_pool_name='
resource_pool1';
+---------+-------------+
| tenant_id | tenant_name |
+---------+-------------+
|          NULL | NULL          |
|          NULL | NULL          |
+---------+-------------+
2 row in set
```

(3) 执行以下命令,删除资源池:

```
obclient> DROP RESOURCE POOL resource_pool1;
Query OK, 0 rows affected
```

(4) 删除完成后,可以执行以下语句,确认是否删除成功:

```
obclient> SELECT * FROM oceanbase.__all_resource_pool;
```

注:查询结果中没有 resource_pool1,则表示资源池删除成功。

4.2 租户管理概述

OceanBase 数据库采用了单集群多租户设计,一个集群内可包含多个相互独立的租户。在 OceanBase 数据库中,租户是资源分配的单位,是数据库对象管理和资源管理的基础。

租户在一定程度上相当于传统数据库的"实例"概念。租户之间是完全隔离的。在数据安全方面,不允许跨租户的数据访问,确保用户的数据资产没有被其他租户窃取的风险。在资源使用方面表现为租户"独占"其资源配额。总体上来说,租户(tenant)既是各类数据库对象的容器,又是资源(CPU、Memory、I/O 等)的容器。

租户按照职责范围的不同,分为系统租户和普通租户。

系统租户即 sys 租户(MySQL 类型),是 OceanBase 数据库的系统内置租户。

普通租户与通常所说的数据库管理系统相对应,可以被看作一个数据库实例,它是由系统租户业务需要所创建的。

租户按照兼容模式的不同,又分为 MySQL 租户和 Oracle 租户。使用不同类型的租户对应不同类型的语法和功能。

4.2.1 新建租户

OceanBase 数据库支持两种类型的租户:MySQL 模式和 Oracle 模式。只有 root@sys(即 sys 租户的管理员 root 用户)才能执行 CREATE TENANT 命令创建租户。在创建租户时,需要重点关注字符集、Primary zone、资源池、租户的类型、连接租户的白名单等重要配置选项。创建租户参数如表 4-2-1 所示。

表 4-2-1 创建租户参数

参 数	描 述
RESOURCE_POOL_LIST	创建租户时的必填项,创建租户时仅支持分配一个资源池。如果需要为租户添加多个资源池,则可以待租户创建成功后通过修改租户资源池的方式再进行添加。注意在分配资源池时,普通租户的内存的最小规格必须大于或等于 5GB,否则租户会创建失败。如果希望创建一个租户进行非常简单的功能测试,可以修改参数 alter system __min_full_resource_pool_memory 的值为 1073741824 来允许以最小 1GB 内存的规格创建租户
CHARACTER SET |CHARSET	指定租户的字符集
COLLATE	指定租户的字符序
ZONE_LIST	可选项,指定租户的 zone 列表,默认为集群内所有 zone
PRIMARY_ZONE	指定租户的 Primary zone。Primary zone 表示 Leader 副本的偏好位置。指定 Primary zone 实际上是指定了 Leader 更趋向于被调度到哪个 zone 上。 Primary zone 实际上是一个 zone 的列表,列表中包含多个 zone。当 Primary zone 列表包含多个 zone 时,使用分号(;)分隔的 zone 具有从高到低的优先级。 使用逗号(,)分隔的 zone 具有相同优先级。 例如,primary_zone='zone1; zone2,zone3'表示该租户的表的分区 Leader 在 zone1 上,zone1 比 zone2、zone3 的优先级高,zone2 和 zone3 是同一优先级。 注意在指定 PRIMARY_ZONE 时,其值可以设置为 RANDOM(必须大写),表示随机选择最高优先级内的任意一个作为 Primary zone
system_var_name	可选,指定租户的系统变量值,其中: 变量 ob_compatibility_mode 用于指定租户的兼容模式,可选择 MySQL 或 Oracle 模式,并且只能在创建时指定。如果不指定 ob_compatibility_mode,则默认兼容模式为 MySQL 模式。 变量 ob_tcp_invited_nodes 用于指定租户连接的白名单,即允许哪些客户端 IP 连接该租户。如果不调整 ob_tcp_invited_nodes 的值,则默认租户的连接方式为只允许本机的 IP 连接数据库。 也可以待租户创建成功后再修改其白名单设置,修改白名单的具体操作参见设置和查看租户白名单

使用示例:

创建一个 3 副本的 MySQL 租户(默认是 MySQL 租户):

```
obclient>CREATE TENANT IF NOT EXISTS test_tenant CHARSET='utf8mb4', ZONE_LIST=
('zone1','zone2','zone3'), PRIMARY_ZONE='zone1;zone2,zone3', RESOURCE_POOL_LIST=
('pool1');
```

创建一个 3 副本的 Oracle 租户:

```
obclient>CREATE TENANT IF NOT EXISTS test_tenant CHARSET='utf8mb4', ZONE_LIST=
('zone1','zone2','zone3'), PRIMARY_ZONE='zone1;zone2,zone3', RESOURCE_POOL_LIST=
('pool1') SET ob_compatibility_mode='oracle';
```

注意:Oracle 租户需要通过参数 ob_compatibility_mode 设置租户模式。

创建 MySQL 租户,同时指定允许连接的客户端 IP。

```
obclient> CREATE TENANT IF NOT EXISTS test_tenant CHARSET='utf8mb4', ZONE_LIST=
('zone1','zone2','zone3'), PRIMARY_ZONE='zone1;zone2,zone3', RESOURCE_POOL_LIST=
('pool1') SET ob_tcp_invited_nodes='%';
```

租户创建成功后，默认其管理员用户（MySQL 模式为 root，Oracle 模式为 sys）的密码为空，可以使用 obclient 客户端进行登录验证：

```
obclient -h10.10.10.1 -P2883 -uusername@tenantname#clustername -p -A
```

4.2.2 查看租户信息

sys 租户下可以通过视图 oceanbase.gv$tenant 来查看集群中的租户信息，包括各租户的 ID、名称、zone 集合、Primary zone 以及副本分布方式等。

操作过程：

(1) 使用 root@sys(即 sys 租户的管理员 root 用户)登录 OceanBase 数据库的 sys 租户。

(2) 查询系统视图 gv$tenant 或者执行 SHOW TENANT 语句，查看当前集群中的租户信息。

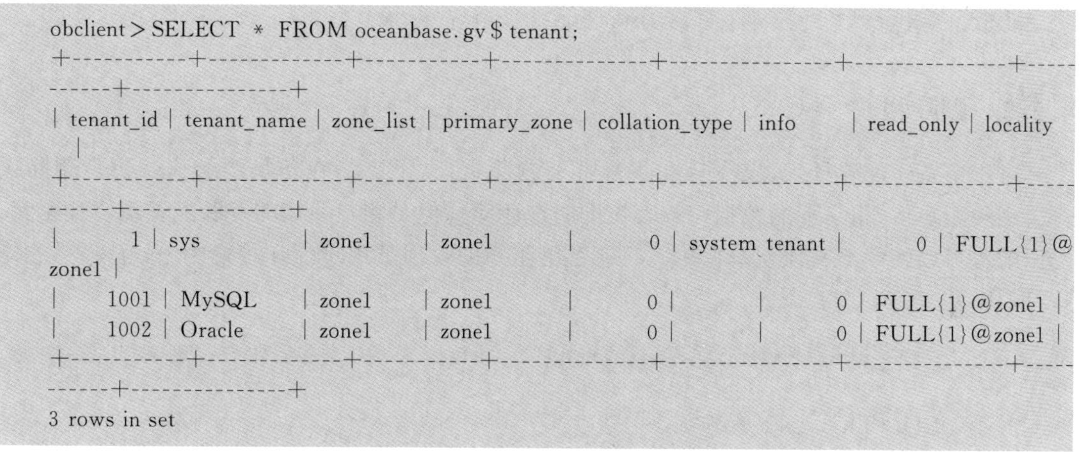

```
obclient> SELECT * FROM oceanbase.gv$tenant;
+-----------+-------------+-----------+--------------+----------------+---------------+-----------
------+---------------+
| tenant_id | tenant_name | zone_list | primary_zone | collation_type | info          | read_only | locality
  |
+-----------+-------------+-----------+--------------+----------------+---------------+-----------
------+---------------+
|         1 | sys         | zone1     | zone1        |              0 | system tenant |         0 | FULL{1}@
zone1 |
|      1001 | MySQL       | zone1     | zone1        |              0 |               |         0 | FULL{1}@zone1 |
|      1002 | Oracle      | zone1     | zone1        |              0 |               |         0 | FULL{1}@zone1 |
+-----------+-------------+-----------+--------------+----------------+---------------+-----------
------+---------------+
3 rows in set
```

注意：MySQL 模式普通租户下查询，只能查看当前租户的信息。

Oracle 模式普通租户下不支持查询 gv$tenant 视图。

4.2.3 修改租户

租户创建成功后，可以通过 SQL 语句修改租户的信息，包括修改租户的副本数、zone 列表、主 zone 以及系统变量值等。

(1) 仅 sys 租户的管理员可以执行，如 root@sys 用户。

(2) 对于 RESOURCE_POOL_LIST 资源池列表，每次仅支持添加或删除一个资源池。不支持直接替换租户的资源池。假设租户原来使用的资源池为 pool1，通过以下命令直接将租户的资源池替换为 pool2 时，系统会报错。

```
obclient> ALTER TENANT tenant1 resource_pool_list=('pool2');
ERROR 1210 (HY000): Incorrect arguments to resource pool list
```

示例 1：修改租户 tenant1 的 Primary zone 为 zone2。

```
obclient> ALTER TENANT tenant1 primary_zone='zone2';
```

示例 2：修改租户 tenant1 的 Locality，增加副本数。其中 F 表示副本类型为全功能型副本，B_4 为新增的 zone 名称。

```
obclient> ALTER TENANT tenant1 locality="F@B_1,F@B_2,F@B_3,F@B_4"
```

4.2.4 重命名租户

创建租户后，sys 租户可以更改普通租户的名称。当前 OceanBase 数据库仅支持修改普通租户的名称。sys 租户修改普通租户名称的 SQL 语句如下：

```
obclient> ALTER TENANT old_tenant_name RENAME GLOBAL_NAME TO new_tenant_name;
```

例如：

(1) 使用 root 用户登录数据库的 sys 租户。

(2) 将租户 tenant1 的租户名修改为 tenant2。

```
obclient> ALTER TENANT tenant1 RENAME GLOBAL_NAME TO tenant2;
```

4.2.5 删除租户

对于主备库配置场景，仅支持在主集群上删除租户，不支持在备集群上执行租户删除操作。删除租户后，租户下的数据库和表也同时被删除。但是租户使用的资源配置不会被删除。资源配置可以继续给其他租户使用。只有系统租户的管理员用户（sys 租户的 root 用户）才能执行 DROP TENANT 命令。

```
obclient> DROP TENANT tenant_name [FORCE | PURGE]
```

对于 DROP TENANT 操作如下：

当系统租户开启回收站功能时，DROP TENANT 操作表示删除的租户会进入回收站。对于回收站中的租户，后续系统租户可以通过租户级回收站功能，进一步删除或恢复该租户。

当系统租户关闭回收站功能时，DROP TENANT 操作表示延迟删除租户，后台线程会进行 GC（Garbage Collection）动作，租户的信息仍然可以通过内部表查询。租户具体延迟删除的时间由配置项 schema_history_expire_time 控制，默认为 7 天，表示执行 DROP TENANT 7 天后租户会被删除，租户下的数据库和表也同时被删除。

PURGE 操作表示仅延迟删除租户，且无论系统租户是否开启回收站功能，删除的租户均不进入回收站。

FORCE 参数表示无论系统租户是否开启回收站功能，均可以立刻删除租户。

使用示例：

(1) 系统租户开启回收站功能后，删除租户 t1，删除的租户可进入回收站。系统租户关闭回收站功能时，删除租户 t1，租户被延迟删除。

```
obclient> DROP TENANT t1;
```

(2) 延迟删除租户 t1，删除的租户不进入回收站。

```
obclient> DROP TENANT t1 PURGE;
```

(3) 立刻删除租户 t1。

```
obclient> DROP TENANT t1 FORCE;
```

4.3 OceanBase 租户兼容模式介绍

OceanBase 数据库在一个系统中可同时支持 MySQL 和 Oracle 两种模式的租户。用户在创建租户时,可选择创建 MySQL 兼容模式的租户或 Oracle 兼容模式的租户,租户的兼容模式一经确定就无法更改,所有数据类型、SQL 功能、视图等相应地与 MySQL 数据库或 Oracle 数据库保持一致。

1. MySQL 模式

MySQL 模式是为降低 MySQL 数据库迁移至 OceanBase 数据库所引发的业务系统改造成本,同时使业务数据库设计人员、开发人员、数据库管理员等可复用积累的 MySQL 数据库技术知识经验,并能快速上手 OceanBase 数据库而支持的一种租户类型功能。OceanBase 数据库兼容 MySQL 5.5/5.6/5.7,基于 MySQL 的应用能够平滑迁移。

2. Oracle 模式

OceanBase 数据库从 V2.x.x 版本开始支持 Oracle 兼容模式。Oracle 模式是为降低 Oracle 数据库迁移 OceanBase 数据库的业务系统改造成本,同时使业务数据库设计开发人员、数据库管理员等可复用积累的 Oracle 数据库技术知识经验,并能快速上手 OceanBase 数据库而支持的一种租户类型功能。Oracle 模式目前能够兼容 Oracle 的视图、基础数据类型、SQL 功能、数据库对象和 PL 功能等,可以做到大部分的 Oracle 业务进行少量修改后的自动迁移。

主要的不兼容项功能有:

- 不支持创建表后修改主键;
- 不支持时态表(temporal table);
- 不支持物化视图(materialized view);
- LOB 字段最大为 48MB,且性能不佳,不建议在复杂场景下使用;
- 不支持 SQL 并行的 Auto DOP 功能,需要通过 hint/session 变量指定并行度;
- 不支持执行租户内数据库级或表级的备份和恢复;
- DBLink 功能只支持连接 Oracle 数据库或 OceanBase 的 Oracle 租户,且不支持通过 DBLink 修改、插入或者删除数据,不建议在复杂场景下使用。

4.3.1 Oracle 兼容性概述

1. SQL 数据类型

Oracle 数据库中有 24 个数据类型,OceanBase 数据库目前支持 20 种,详细支持信息参见 SQL 数据类型。

基于优化考虑,LONG 和 LONGRAW 数据类型过于老旧,OceanBase 数据库暂不计划支持这两种数据类型。

说明：OceanBase 数据库中大对象数据类型有 48MB 的大小限制且性能不佳，所以不推荐在复杂场景下使用。

2. 内建函数

Oracle 数据库中支持内建函数 257 个，OceanBase 数据库当前支持内建函数 155 个。

3. SQL 语法

SQL 语法如表 4-3-1 所示。

表 4-3-1　SQL 语法

操　　作	支持的内容
SELECT	支持大部分查询功能，包括支持单、多表查询；支持子查询；支持内连接、半连接、外连接；支持分组、聚合；支持层次查询；常见的概率、线性回归等数据挖掘函数等。支持如下集合操作：UNION、UNION ALL、INTERSECT、MINUS
INSERT	支持单行、多行插入，同时支持指定分区插入；支持 INSERT INTO…SELECT…语句；支持单表和多表插入
UPDATE	支持单列和多列的更新；支持使用子查询；支持集合更新
DELETE	支持单表和多表的删除
TRUNCATE	支持完全清空指定表

4. Hint

OceanBase 数据库支持使用 Hint。Oracle 数据库中有 72 个 Hint，目前 OceanBase 数据库兼容 24 个。另外，OceanBase 数据库特有的 Hint 有 23 个。

5. 过程性语言

过程性语言如表 4-3-2 所示。

表 4-3-2　过程性语言

PL 功能	兼　容　性
数据类型	支持
流程控制	支持
集合与记录	暂不支持多维度集合
静态 SQL	支持
动态 SQL	支持
子过程	支持
触发器	目前仅支持在表上创建触发器，不支持在视图上创建触发器
异常处理	支持
程序包	支持
性能优化	支持
自定义数据类型	支持
PL 系统包	包括 DBMS_CRYPTO、DBMS_DEBUG、DBMS_LOB、DBMS_LOCK、DBMS_METADATA、DBMS_OUTPUT、DBMS_RANDOM、DBMS_SQL、DBMS_XA、UTL_I18N、UTL_RAW 等

续表

PL 功能	兼 容 性
PL 标签安全包	包括 SA_SYSDBA、SA_COMPONENTS、SA_LABEL_ADMIN、SA_POLICY_ADMIN、SA_USER_ADMIN、SA_SESSION 等
条件编译	不支持

6. 字符集和字符序

字符集和字符序如表 4-3-3 所示。

表 4-3-3 字符集和字符序

OceanBase 数据库支持的字符集	binary、utf8mb4、gbk、utf16、gb18030
OceanBase 数据库支持的字符序	binary、utf8mb4_general_ci、utf8mb4_bin、gbk_chinese_ci、gbk_bin、utf16_general_ci、utf16_bin、utf8mb4_unicode_ci、utf16_unicode_ci、gb18030_chinese_ci 和 gb18030_bin

7. 数据库对象管理

数据库对象管理如表 4-3-4 所示。

表 4-3-4 数据库对象管理

对 象	兼 容 性
表管理	创建表：支持创建表，建表时可以指定分区、约束等信息。 修改基表：支持通过 ALTER TABLE 语句添加、删除、修改列；添加、删除约束；添加、删除、修改分区。 删除基表：支持删除表，并级联约束
约束	支持 CHECK、UNIQUE 和 NOT NULL 约束。 支持外键。 支持使用 ALTER TABLE 语句添加外键约束。 不支持 UNIQUE 约束的 DISABLE 操作。 不支持添加外键约束的 DISABLE 和 ENABLE。 不支持级联中的 SET NULL
分区支持	支持一级分区、模板化和非模板化的二级分区。 支持哈希(Hash)、范围(Range)、列表(List)和组合分区等分区形式。 支持局部索引和全局索引。 对于分区维护操作： 一级分区表支持添加一级分区、删除一级分区、Truncate 一级分区。 模板化二级分区表支持添加一级分区、删除一级分区；非模板化二级分区表支持添加一级分区、删除一级分区、Truncate 一级分区、添加二级分区、删除二级分区、Truncate 二级分区。 模板化二级分区表暂不支持添加二级分区、删除二级分区。 支持模板化和非模板化二级分区表组
索引管理	OceanBase 数据库仅支持 BTree 索引。 支持创建和删除索引。 不支持位图和反向等索引类型

续表

对　　象	兼　容　性
视图管理	支持创建简单或复杂视图。 支持删除视图。 支持 SELECT 语句。 支持 DML 语句
可更新视图	不支持 WITH CHECK OPTION 子句
序列管理	支持创建、修改、删除序列，还支持序列的重置取值功能
同义词	支持对表、视图、同义词和序列等对象创建同义词，并且支持创建公共同义词
触发器管理	支持创建、修改、删除触发器

8. 高可用

OceanBase 数据库的高可用主要采用多副本来实现，同时，也支持以下特性：

(1) 兼容 Oracle 数据库的 Data Guard 特性，支持主备库的最大可用模式、最大性能模式以及最大保护模式。

(2) 为了数据安全性，支持逻辑备份和物理备份，类似 Oracle 数据库的 RMAN 特性。

9. 暂不支持的功能

(1) 不支持 LONG 和 LONG RAW 数据类型。

(2) PL 中暂不支持条件编译。

(3) 数据库约束中，不支持 UNIQUE 约束的 DISABLE 操作；不支持添加外键约束的 DISABLE 和 ENABLE；不支持级联中的 SET NULL。

(4) 不支持位图和反向索引类型。

(5) 不支持 WITH CHECK OPTION 子句。

(6) 暂不支持删除审计相关的各类视图。

(7) 对于备份恢复功能，不支持租户级指定备份的手动清理；不支持租户内部部分数据库和表级别的备份恢复。

(8) 对于 SQL 引擎，暂不支持估算器、执行计划隔离、表达式统计存储(ESS)和近似查询处理功能。

4.3.2 MySQL 兼容性概述

1. 数据类型

数据类型如表 4-3-5 所示。

表 4-3-5　数据类型

整数类型	BOOL/BOOLEAN/TINYINT、SMALLINT、MEDIUMINT、INT/INTEGER 和 BIGINT
定点类型	DECIMAL 和 NUMERIC
浮点类型	FLOAT 和 DOUBLE
Bit-Value 类型	BIT
日期时间类型	DATETIME、TIMESTAMP、DATE、TIME 和 YEAR
字符类型	CHAR、VARCHAR、BINARY 和 VARBINARY
大对象类型	TINYBLOB、BLOB、MEDIUMBLOB 和 LONGBLOB

续表

文本类型	TINYTEXT、TEXT、MEDIUMTEXT 和 LONGTEXT
枚举类型	ENUM
集合类型	SET
JSON 数据类型	json

2. SQL 语法

SQL 语法如表 4-3-6 所示。

表 4-3-6 SQL 语法

SELECT	支持大部分查询功能,包括支持单、多表查询;支持子查询;支持内连接、半连接以及外连接;支持分组、聚合;支持常见的概率、线性回归等数据挖掘函数等 支持对多个 SELECT 查询的结果进行 UNION、UNION ALL、MINUS、EXCEPT 或 INTERSECT 等集合操作 不支持 SELECT…FOR SHARE…语法
INSERT	支持单行和多行插入,以及指定分区插入。 支持 INSERT INTO…SELECT…语句。 不支持直接对子查询进行插入操作
UPDATE	支持单列和多列更新。 支持使用子查询。 支持集合更新。 不支持直接对子查询进行更新值操作
DELETE	支持单表和多表删除。 不支持直接对子查询进行删除操作
TRUNCATE	支持完全清空指定表。 不支持在进行事务处理和表锁定的过程中操作

3. 系统视图

OceanBase 数据库实现了 information_schema 和 MySQL 这两个内部数据库中的大部分视图,但是由于架构不同,OceanBase 数据库并不保证所有视图均能实现以及视图中所有的列含义与 MySQL 相同。

4. 字符集和字符序

字符集和字符序如表 4-3-7 所示。

表 4-3-7 字符集和字符序

字符集	binary、utf8mb4、gbk、utf16 和 gb18030
字符序	utf8mb4_general_ci、utf8mb4_bin、binary、gbk_chinese_ci、gbk_bin、utf16_general_ci、utf16_bin、utf8mb4_unicode_ci、utf16_unicode_ci、gb18030_chinese_ci 和 gb18030_bin

5. 函数

函数如表 4-3-8 所示。

表 4-3-8 函数

类 型	不支持的函数
日期时间函数	ADDTIME()和 DAYNAME()
字符串函数	CHARACTER_LENGTH()、FROM_BASE64()、LOAD_FILE()、MATCH()、OCTET_LENGTH()、SOUNDEX()和 TO_BASE64()
XML 函数	ExtractValue()和 UpdateXML()
加密和压缩函数	COMPRESS()、RANDOM_BYTES()、SHA1()、SHA()、SHA2()、UNCOMPRESS()、UNCOMPRESSED_LENGTH()和 VALIDATE_PASSWORD_STRENGTH()
锁定函数	GET_LOCK()、IS_FREE_LOCK()、IS_USED_LOCK()、RELEASE_ALL_LOCKS()和 RELEASE_LOCK()
其他函数	MASTER_POS_WAIT()和 NAME_CONST()

注意：OceanBase 数据库的 MySQL 模式暂不支持性能模式函数。OceanBase 数据库所支持的分析(窗口)函数是 MySQL 数据库的超集，即 MySQL 数据库的分析(窗口)函数都支持。

6. 分区支持

分区支持如表 4-3-9 所示。

表 4-3-9 分区支持

OceanBase 支持的功能	MySQL 支持的功能
OceanBase 数据库支持一级分区，模板化和非模板化二级分区	MySQL 数据库不支持非模板化二级分区
OceanBase 数据库的二级分区支持 Hash、Key、Range、Range Columns、List 和 List Columns 分区	MySQL 数据库的二级分区仅支持 Hash 分区和 Key 分区
OceanBase 数据库支持模板化和非模板化二级分区表组	MySQL 数据库不支持非模板化二级分区表组

7. 存储引擎

与 MySQL 数据库基于数据块的 InnoDB 和 MyISAM 引擎不同，OceanBase 数据库使用的是基于 LSM Tree 架构的存储引擎。

8. 优化器

优化器如表 4-3-10 所示。

表 4-3-10 优化器

类 别	功 能
查看执行计划	输出的列信息仅包含 ID、OPERATOR、NAME、EST. ROWS 和 COST 以及算子的详细信息。 不支持使用 SHOW WARNINGS 显示额外的信息
查看统计信息	支持执行 ANALYZE TABLE 语句查询数据字典表存储有关列值的直方图统计信息。 支持通过内部表__all_meta_table 查看表统计信息和列统计信息

续表

类　别	功　能
查询改写优化	支持外连接优化。 支持外连接简化。 支持块嵌套循环和批量 Key 访问连接。 支持条件过滤。 支持常量叠算优化。 支持 ISNULL 优化(索引不存储 NULL 值)。 支持 ORDER BY 优化。 支持 GROUP BY 优化。 支持 DISTINCT 消除。 支持 LIMIT 下压。 支持 Window 函数优化。 支持避免全表扫描。 支持谓词下压
Optimizer Hint 机制	支持连接顺序 Optimizer Hints。 支持表级别的 Optimizer Hints。 支持索引级别的 Optimizer Hints。 语法支持 INDEX Hint、FULL Hint、ORDERED Hint 和 LEADING Hint 等，不支持 USE INDEX 和 FORCE INDEX。 兼容 MySQL 数据库的并行执行能力包括并行查询、并行复制和并行写入等，且 OceanBase 数据库已经支持并行算子，包括并行聚集、并行连接、并行分组以及并行排序等。 OceanBase 数据库还支持计划缓存和预编译，MySQL 数据库并不支持

9. 暂不支持的功能

(1) 主键列不支持 INT 转为 BIGINT 数据类型。

(2) 不支持 SELECT…FOR SHARE…语法。

(3) 不支持性能模式函数。

(4) 对于备份恢复功能，不支持租户内部部分数据库和表级的备份恢复。

(5) 对于优化器，查看执行计划的命令不支持使用 SHOW WARNINGS 显示额外的信息。

4.3.3 兼容性适配总结

1. 字符类型

MySQL 模式支持的字符类型：CHAR、VARCHAR、BINARY、VARBINARY。CHAR 的长度单位为 CHAR；其他类型的长度单位均为 BYTE。

Oracle 模式支持的字符类型：CHAR、NCHAR、NVARCHAR2、VARCHAR、VARCHAR2。在 CHAR、VARCHAR、VARCHAR2 的定义中既可以指定长度单位为 CHAR，也可以指定为 BYTE。

LENGTH()函数：MySQL 返回字符串的字节数，Oracle 返回字符串的字符数。MySQL 模式下，使用 CHAR_LENGTH 函数返回字符数。

两种模式下对 NULL、空串和空格的处理差异比较如表 4-3-11 所示(以 CHAR(10)为例)。

表 4-3-11 两种模式下的 NULL、空串和空格的处理差异比较

租户模式	插入 NULL 查询返回结果		插入空串查询返回结果		插入 *n* 个空格查询返回结果	
	字符	长度	字符	长度	字符	长度
租户模式：MySQL	null	null	空串	0	空串	0
租户模式：Oracle	null	null	null	null	空格	10

2. 数值类型

MySQL 模式支持所有标准 SQL 数值类型，包括精确数值类型（INTEGER、SMALLINT、DECIMAL 和 NUMERIC）、近似数值类型（FLOAT 和 DOUBLE）、存储位值的 BIT 数据类型和扩展类型（TINYINT、MEDIUMINT 和 BIGINT）。

Oracle 模式支持 4 种数值类型：NUMBER、FLOAT、BINARY_FLOAT 和 BINARY_DOUBLE。

小数点后末尾 0 的处理方式差异：以 DECIMAL(5,2)为例，两种模式下的数据类型处理方式差异比较如表 4-3-12 所示。

表 4-3-12 两种模式下的数据类型处理方式的差异比较

查询返回结果	插入 1	插入 1.0	插入 1.1
MySQL 模式	1.00	1.00	1.10
Oracle 模式	1	1	1.1

3. 分页查询

MySQL 直接在 SQL 语句中使用 limit 来实现分页。

```
SET @offset= 100; SET @rownum=20;
SELECT C1, C2, C3 FROM T1
WHERE C1 > xxx
LIMIT offset, rownum;
```

Oracle 需要使用伪列 ROWNUM 和嵌套查询实现分页。

```
SELECT C1, C2, C3
FROM
(SELECT ROWNUM as row_num, C1, C2, C3 FROM T1
WHERE C1 > xxx) T1_R
WHERE row_num between 101 and 120
```

4. 查看 DDL

MySQL 模式：

```
show create tablegroup/view/table obj_name;
show create table tb1;
show index from tb1
```

Oracle 模式：

```
show create tablegroup/view/table obj_name;
show create table tb1; #仅显示 Table 的 DDL 定义,获取索引的 DDL 可使用下面的方法:
SELECT dbms_metadata.get_ddl('INDEX',
'indexname', 'username') from dual;
```

4.4 Oracle 模式

4.4.1 客户端连接 Oracle 租户

OBClient 是一个交互式和批处理查询工具,需要单独安装。它是一个命令行用户界面,在连接到数据库时充当客户端,支持 OceanBase 数据库的 Oracle 租户和 MySQL 租户。

OBClient 运行时需要指定 OceanBase 数据库租户的连接信息。连接上 OceanBase 数据库后,通过 OBClient 可以运行一些数据库命令(包含常用的 MySQL 命令)、SQL 语句和 PL 语句。

操作步骤如下。

(1) 打开命令行终端。

(2) 输入 OBClient 的运行参数。格式参见以下示例:

```
$ obclient -h10.0.0.0 -P2881 -usys@Oracle -p_**1***_ -A
```

参数含义如下。

① -h:提供 OceanBase 数据库连接的 IP,通常是一个 OBProxy 地址。

② -u:提供租户的连接账户,格式包含两种:用户名@租户名#集群名或者集群名:租户名:用户名。Oracle 租户的管理员用户名默认是 sys。

③ -P:提供 OceanBase 数据库连接端口,也是 OBProxy 的监听端口,默认是 2883,可以自定义。

④ -p:提供账户密码。为了安全可以不提供,改为在后面提示符下输入,密码文本不可见。

⑤ -A:表示在连接数据库时不去获取全部表信息,可以使登录数据库速度最快。

(3) 连接成功后,命令行终端出现默认的 OBClient 命令行提示符,如下例所示:

```
obclient>
```

(4) 如果要退出 OBClient 命令行,可以输入 exit 后按 Enter 键,或者使用快捷键 Ctrl+D。

4.4.2 管理表

在 OceanBase 数据库中,表是最基础的数据存储单元。表包含了所有用户可以访问的数据,每个表包含多行记录,每个记录由多个列组成。在创建和使用表之前,管理员可以根据业务需求进行规划,主要需要遵循以下原则。

(1) 应规范化使用表,合理估算表结构,使数据冗余达到最小。

(2) 为表的每个列选择合适的 SQL 数据类型。

(3) 根据实际需求,创建合适类型的表,OceanBase 数据库当前支持非分区表和分区表。

1. 创建非分区表

创建非分区表是指创建只有一个分区的表。基于性能和后期维护的需要,建议建表时为表设计主键或者唯一键。如果没有合适的字段作为主键,可以为表增加一个数值列作为主键,并使用Oracle租户的序列为该列填充值。

注意:由于ALTER TABLE语句不支持在后期增加主键,因此在创建表时就需要设置主键。

我们也可以通过CREATE TABLE AS SELECT语句复制表的基本数据类型和数据,但不包含约束、索引和非空等属性。示例语句如下:

```
obclient>CREATE TABLE t2_copy AS SELECT * FROM t2;
Query OK, 0 rows affected (0.10 sec)
```

注意:不支持使用CREATE TABLE LIKE语句复制表结构。

2. 创建一级分区表

在OceanBase数据库中,分区是指根据一定的规则,把一个表分解成多个更小的、更容易管理的部分。每个分区都是一个独立的对象,具有自己的名称和可选的存储特性。本文主要介绍分区的相关概念以及使用分区的好处。

1) 概述

对于访问数据库的应用而言,逻辑上访问的只有一个表或一个索引,但是实际上这个表可能由数十个物理分区对象组成,每个分区都是一个独立的对象,可以独自处理访问,也可以作为表的一部分处理访问。分区对应用来说是完全透明的,不影响应用的业务逻辑。

从应用程序的角度来看,只存在一个Schema对象。访问分区表不需要修改SQL语句。分区对于许多不同类型的数据库应用程序非常有用,尤其是那些管理大量数据的应用程序。

分区表可以由一个或多个分区组成,这些分区是单独管理的,可以独立于其他分区运行。表可以是已分区或未分区的,即使已分区表仅由一个分区组成,该表也不同于未分区表,非分区表不能添加分区。

分区表也可以由一个或多个表分区段组成。OceanBase数据库将每个表分区的数据存储在自己的SStable中,每个SStable包含表数据的一部分。

2) 优势

(1) 提高可用性。

分区不可用并不意味着对象不可用。查询优化器自动从查询计划中删除未引用的分区。因此,当分区不可用时,查询不受影响。

(2) 更轻松地管理对象。

分区对象具有可以集体或单独管理的片段。DDL语句可以操作分区而不是整个表或索引。因此,可以对重建索引或表等资源密集型任务进行分解。例如,可以一次只移动一个分区。如果出现问题,只需要重做分区移动,而不是表移动。此外,对分区进行TRUNCATE操作可以避免大量数据被删除。

(3) 减少OLTP系统中共享资源的争用。

在TP场景中,分区可以减少共享资源的争用。例如,DML分布在许多分区而不是一个表上。

(4) 增强数据仓库中的查询性能。

在AP场景中,分区可以加快即席查询的处理速度。分区键有天然的过滤功能。例如,查询一个季度的销售数据,当销售数据按照销售时间进行分区时,仅仅需要查询一个分区或者几个分区，而不是整个表。

(5) 提供更好的负载均衡效果。

OceanBase 数据库的存储单位和负载均衡单位都是分区。不同的分区可以存储在不同的节点。因此，一个分区表可以将不同的分区分布在不同的节点，这样可以将一个表的数据比较均匀地分布在整个集群。

3) 分区类型

OceanBase 数据库 Oracle 模式目前支持的分区类型如下。

(1) Range 分区；

(2) List 分区；

(3) Hash 分区；

(4) 组合分区(二级分区)。

分区类型对比如表 4-4-1 所示。

表 4-4-1　分区类型对比

分区类型	分区键	分区键数值类型	使用说明
Range	column[,column]	字符、数字、时间	范围分片：支持多种数据类型与多个列的组合
List	column[,column]	字符、数字、时间	枚举分片：支持多种数据类型与多个列的组合
Hash	column[,column]	字符、数字、时间	随机分片：支持多种数据类型与多个列的组合

- Range 分区

Range 分区根据分区表定义时为每个分区建立的分区键值范围，将数据映射到相应的分区中。它是常见的分区类型，经常跟日期类型一起使用。例如，可以将业务日志表按日/周/月分区。

- List 分区

List 分区使得可以显式地控制记录行如何映射到分区，具体方法是为每个分区的分区键指定一组离散值列表，这点跟 Range 分区和 Hash 分区都不同。List 分区的优点是可以方便地对无序或无关的数据集进行分区。

- Hash 分区

Hash 分区适用于不能用 Range 分区、List 分区方法的场景，它的实现方法简单，通过对分区键上的 Hash 函数值来散列记录到不同分区中。如果数据符合下列特点，使用 Hash 分区是一个很好的选择：

◇ 不能指定数据的分区键的列表特征。

◇ 不同范围内的数据大小相差非常大，并且很难手动调整均衡。

◇ 使用 Range 分区后数据聚集严重。

◇ 并行 DML、分区剪枝和分区连接等性能非常重要。

- 二级分区

二级分区通常是先使用一种分区策略，然后在子分区再使用另外一种分区策略，适用于业务表的数据量非常大时。使用组合分区能发挥多种分区策略的优点。

4）创建 Range 分区表

创建 Range 分区表的语法如下：

```
CREATE TABLE table_name (column_name column_type[, column_name column_type])
    PARTITION BY RANGE(column_name)
(PARTITION partition_name VALUES LESS THAN(expr)
[, PARTITION partition_name VALUES LESS THAN (expr )...]
[, PARTITION partition_name VALUES LESS THAN (MAXVALUE)]
);
```

在创建 Range 分区时，需要遵循以下规则。

（1）每个分区都有一个 VALUES LESS THAN 子句，它为分区指定一个非包含的上限值。分区键的任何值等于或大于这个值时将被映射到下一个分区中。

（2）除第一个分区外，所有分区都隐含一个下限值，即上一个分区的上限值。

（3）仅允许最后一个分区的上限定义为 MAXVALUE，这个值没有具体的数值，并且比其他所有分区的上限都要大，也包含空值。如果最后一个 Range 分区指定了 MAXVALUE，则不能新增分区。range 分区参数解释如表 4-4-2 所示。

表 4-4-2 range 分区参数解释

参数	描述
table_name	指定表名
column_name	指定列名称
column_type	指定列的数据类型
partition_name	指定一级分区名称

示例：

（1）创建 range_table 分区表：

```
obclient > CREATE TABLE range_table(log_id NUMBER, log_date DATE NOT NULL DEFAULT
SYSDATE) PARTITION BY RANGE(log_date)
(PARTITION M197001 VALUES LESS THAN(TO_DATE('1970/02/01', 'YYYY/MM/DD')) ,
PARTITION M197002 VALUES LESS THAN(TO_DATE('1970/03/01', 'YYYY/MM/DD')),
PARTITION M197003 VALUES LESS THAN(TO_DATE('1970/04/01', 'YYYY/MM/DD')), 、
PARTITION M197004 VALUES LESS THAN(TO_DATE('1970/05/01', 'YYYY/MM/DD')),
PARTITION M197005 VALUES LESS THAN(TO_DATE('1970/06/01', 'YYYY/MM/DD')),
PARTITION M197006 VALUES LESS THAN(TO_DATE('1970/07/01', 'YYYY/MM/DD')),
PARTITION M197007 VALUES LESS THAN(TO_DATE('1970/08/01', 'YYYY/MM/DD')),
PARTITION M197008 VALUES LESS THAN(TO_DATE('1970/09/01', 'YYYY/MM/DD')),
PARTITION M197009 VALUES LESS THAN(TO_DATE('1970/10/01', 'YYYY/MM/DD')),
PARTITION M197010 VALUES LESS THAN(TO_DATE('1970/11/01', 'YYYY/MM/DD')),
PARTITION M197011 VALUES LESS THAN(TO_DATE('1970/12/01', 'YYYY/MM/DD')),
PARTITION M197012 VALUES LESS THAN(TO_DATE('1971/01/01', 'YYYY/MM/DD')),
PARTITION MMAX VALUES LESS THAN (MAXVALUE));
Query OK, 0 rows affected
```

（2）向 range_table 表插入数据：

```
obclient > INSERT INTO range_table VALUES (1, date'1970-11-11');
Query OK, 1 row affected
```

（3）查看数据落入的分区：

```
obclient> SELECT * FROM range_table partition(M197011);
+--------+------------+
| LOG_ID | LOG_DATE   |
+--------+------------+
|      1 | 11-NOV-70  |
+--------+------------+
1 row in set
```

5）创建 List 分区表

语法如下：

```
CREATE TABLE table_name (column_name column_type[,column_name column_type])
    PARTITION BY { LIST ( expr(column_name) | column_name )}
        (PARTITION partition_name VALUES (v01 [, v0N])
            [,PARTITION partition_name VALUES (vN1 [, vNN])]
            [,PARTITION partition_name VALUES (DEFAULT)]
        );
```

说明：

当使用 List 分区时，分区表达式只能引用一列，不能有多列（即列向量）。

如果最后一个 List 分区指定了 DEFAULT，则不能新增分区。

List 分区参数解释如表 4-4-3 所示。

表 4-4-3 List 分区参数解释

参　数	描　述
table_name	指定表名
column_name	指定列名称
column_type	指定列的数据类型
partition_name	指定分区名称
DEFAULTv	仅允许最后一个分区指定这个值，这个值没有具体的数值，并且比其他所有分区的上限都要大，也包含空值

示例：

（1）创建 list_table list 分区表：

```
obclient>CREATE TABLE list_table(log_id INT, log_value VARCHAR2(20))
    PARTITION BY LIST(log_value)
        (PARTITION P01 VALUES ('A'),
        PARTITION P02 VALUES ('B'),
        PARTITION P03 VALUES ('C')
    );
Query OK, 0 rows affected
```

（2）向 list_table 表插入数据：

```
obclient>INSERT INTO list_table VALUES (1, 'A');
Query OK, 1 row affected
```

（3）查看数据落入的分区：

```
obclient> SELECT * FROM list_table partition(P01);
+--------+---------------+
| LOG_ID | LOG_VALUE     |
```

```
+--------+---------------+
|      1 | A             |
+--------+---------------+
row in set
```

6）创建 Hash 分区表

语法如下：

```
CREATE TABLE table_name (column_name column_type[,column_name column_type])
PARTITION BY HASH(expr) PARTITIONS partition_count;
```

对于 Hash 分区，创建时如果没有指定分区的名字，分区的命名由系统根据命名规则完成。对于一级分区表，则每个分区分别命名为 p0，p1，…，p*n*。Hash 分区参数解释如表 4-4-4 所示。

表 4-4-4 Hash 分区参数解释

参　数	描　述
table_name	指定表名
column_name	指定列名
column_type	指定列的数据类型
expr	指定 Hash 分区表达式
partition_count	指定一级分区个数

示例：

（1）创建 tbl1_h 分区表：

```
obclient>CREATE TABLE tbl1_h(col1 INT,col2 VARCHAR(50))
    PARTITION BY HASH(col1) PARTITIONS 60;
Query OK, 0 rows affected
```

（2）向 tbl1_h 表插入数据：

```
obclient>INSERT INTO tbl1_h VALUES (1,'一');
Query OK, 1 row affected
```

（3）查看数据落入的分区：

```
obclient>SELECT * FROM tbl1_h partition(P1);
+------+-------+
| COL1 | COL2  |
+------+-------+
|    1 | 一    |
+------+-------+
1 row in set
```

3. 管理一级分区表

分区表创建成功后，可以对一级分区表进行添加、删除或 TRUNCATE 分区操作。各类型分区支持操作情况如表 4-4-5 所示。

表 4-4-5 各类型分区支持操作情况

分区类型	添加一级分区	删除一级分区	TRUNCATE 一级分区数据
Range 分区	支持	支持	支持
List 分区	支持	支持	支持
Hash 分区	不支持	不支持	不支持

1）添加一级分区

语法如下：

```
ALTER TABLE table_name ADD partition_option;
partition_option:
    range_partition_option | list_partition_option

range_partition_option:
    PARTITION partition_name VALUES LESS THAN partition_expr

list_partition_option:
    PARTITION partition_name VALUES partition_expr
```

对于 Range 分区，只能在最大的分区之后添加一个分区，不可以在中间某个或者开始的地方添加。如果当前的分区中有 MAXVALUE 的分区，则不能继续添加分区。

List 分区添加一级分区时，要求添加的分区与之前的分区不冲突。如果一个 List 分区有默认分区即 Default Partition，则不能添加任何分区。

在 Range/List 分区中添加一级分区不会影响全局索引和局部索引的使用。

示例 1：向 Range 分区中添加一级分区。

（1）创建 Range 分区表 range_table，并添加分区 M197006：

```
CREATE TABLE range_table(
    log_id NUMBER,
    log_date DATE NOT NULL DEFAULT SYSDATE
) PARTITION BY RANGE(log_date) (
    PARTITION M197001 VALUES LESS THAN(TO_DATE('1970/02/01', 'YYYY/MM/DD')),
    PARTITION M197002 VALUES LESS THAN(TO_DATE('1970/03/01', 'YYYY/MM/DD')),
    PARTITION M197003 VALUES LESS THAN(TO_DATE('1970/04/01', 'YYYY/MM/DD')),
    PARTITION M197004 VALUES LESS THAN(TO_DATE('1970/05/01', 'YYYY/MM/DD')),
    PARTITION M197005 VALUES LESS THAN(TO_DATE('1970/06/01', 'YYYY/MM/DD'))
);
```

（2）在 range_table 表中添加分区 M197106：

```
obclient> ALTER TABLE range_table ADD PARTITION
    M197006 VALUES LESS THAN(TO_DATE('1970/07/01','YYYY/MM/DD'));
Query OK, 0 rows affected
```

（3）向 range_table 表的 M197106 分区插入数据：

```
obclient> INSERT INTO range_table VALUES (1,date'1970-06-02');
Query OK, 1 row affected
```

（4）查看数据落入的 M197106 分区：

```
obclient> INSERT INTO range_table VALUES (1,date'1970-06-02');
Query OK, 1 row affected
```

示例 2：向 List 分区中添加一级分区。

(1) 向 List 分区中添加一级分区。创建 List 分区表 tbl1_l，并添加分区 p4：

```
CREATE TABLE tbl1_l(log_id INT, log_value VARCHAR2(20))
    PARTITION BY LIST(log_value)
        (PARTITION p1 VALUES ('A'),
        PARTITION p2 VALUES ('B'),
        PARTITION p3 VALUES ('C')
        );
```

(2) 在 tbl1_l 表中添加分区 p4：

```
obclient> ALTER TABLE tbl1_l ADD PARTITION p4 VALUES('D');
Query OK, 0 rows affected
```

(3) 向 tbl1_l 表的 p4 分区插入数据：

```
obclient> INSERT INTO tbl1_l VALUES(8, 'A');
Query OK, 1 row affected
```

(4) 查看落入 p1 分区的数据：

```
obclient> SELECT * FROM tbl1_l partition(p1);
+--------+---------------+
| LOG_ID | LOG_VALUE     |
+--------+---------------+
|      8 | A             |
+--------+---------------+
row in set
```

2) 删除一级分区

语法如下：

```
ALTER TABLE table_name DROP PARTITION partition_name_list [UPDATE GLOBAL INDEXES];
partition_name_list:
partition_name [, partition_name ...]
```

(1) 删除一级分区时，可以删除一个或多个分区，但不能删除全部分区。

(2) 删除一级分区时，尽量避免该分区上存在活动的事务或查询，否则可能会导致 SQL 语句报错，或者出现一些异常情况。

(3) 删除分区时，会同时删除分区中的数据，如果只需要删除数据，则可以使用 TRUNCATE 语句。

(4) 对于 Oracle 模式下有全局索引的一级分区表，删除一级分区时，需要通过在 ALTER TABLE 语句中添加 UPDATE GLOBAL INDEXES 关键字的方式来更新全局索引信息。如果未添加 UPDATE GLOBAL INDEXES 关键字，则删除分区后，该分区表上的全局索引会处于不可用状态。

示例：删除一级分区表 range_table 中的 M197105 和 M197106：

```
obclient> ALTER TABLE range_table DROP PARTITION M197105, M197106;
Query OK, 0 rows affected
```

3）Truncate 一级分区

语法如下：

```
ALTER TABLE table_name TRUNCATE PARTITION partition_name_list[ UPDATE GLOBAL
INDEXES ];
partition_name_list:
    partition_name[, partition_name ...]
```

对于 Oracle 模式下有全局索引的二级分区表，Truncate 一级分区时，需要通过在 ALTER TABLE 语句中添加 UPDATE GLOBAL INDEXES 关键字的方式来更新全局索引信息；如果未添加 UPDATE GLOBAL INDEXES 关键字，则 TRUNCATE 分区后，该分区表上的全局索引会处于不可用状态。

示例：

（1）清空分区表 list_table 的一级分区 p01 和 p02：

```
obclient> ALTER TABLE list_table TRUNCATE PARTITION p01,p02;
Query OK, 0 rows affected
```

（2）查看 list_table 表的一级分区 p0 和 p1：

```
obclient> SELECT * FROM list_table partition(p01,p02);
Empty set
```

4. 创建二级分区表

二级分区是按照两个维度把数据拆分成分区的操作。最常用的地方是类似用户账单的场景。

OceanBase 数据库的 Oracle 模式目前支持 Hash、Range 和 List 三种分区方式，二级分区为任意两种分区方式的组合。创建二级分区表支持情况如表 4-4-6 所示。

表 4-4-6 二级分区表支持情况

二级分区类型	创建模板化二级分区表	创建非模板化二级分区表
Range+Range	支持	支持
Range+List	支持	支持
Range+Hash	支持	支持
List+Range	支持	支持
List+List	支持	支持
List+Hash	支持	支持
Hash+Range	支持	支持
Hash+List	支持	支持
Hash+Hash	支持	支持

二级分区表可分为模板化二级分区表和非模板化二级分区表。

1）创建模板化二级分区表

模板化二级分区表的每个一级分区下的二级分区都按照模板中的二级分区定义，即每个一级分区下的二级分区定义均相同。

对于模板化二级分区表来说，二级分区的命名规则为($part_name)s($subpart_name)。

示例 1：创建模板化 Range+Range 分区表。

```
obclient>CREATE TABLE range_range_table(col1 NUMBER,col2 NUMBER)
    PARTITION BY RANGE(col1)
    SUBPARTITION BY RANGE(col2)
    SUBPARTITION TEMPLATE
        (SUBPARTITION mp0 VALUES LESS THAN(2020),
        SUBPARTITION mp1 VALUES LESS THAN(2021),
        SUBPARTITION mp2 VALUES LESS THAN(2022)
        )
        (PARTITION p0 VALUES LESS THAN(100),
        PARTITION p1 VALUES LESS THAN(200)
        );
Query OK, 0 rows affected
```

示例 2：创建模板化 Range+List 分区表。

```
obclient>CREATE TABLE range_list_table(col1 NUMBER,col2 VARCHAR2(50))
    PARTITION BY RANGE(col1)
    SUBPARTITION BY LIST(col2)
    SUBPARTITION TEMPLATE
        (SUBPARTITION mp0 VALUES('01'),
        SUBPARTITION mp1 VALUES('02'),
        SUBPARTITION mp2 VALUES('03')
        )
        (PARTITION p0 VALUES LESS THAN(100),
        PARTITION p1 VALUES LESS THAN(200)
        );
Query OK, 0 rows affected
```

示例 3：创建模板化 Range+Hash 分区表。

```
obclient>CREATE TABLE range_hash_table(col1 NUMBER,col2 VARCHAR2(50))
    PARTITION BY RANGE(col1)
    SUBPARTITION BY HASH(col2) SUBPARTITIONS 5
        (PARTITION p0 VALUES LESS THAN(100),
        PARTITION p1 VALUES LESS THAN(200)
        );
Query OK, 0 rows affected
```

示例 4：创建模板化 List+Range 分区表。

```
obclient>CREATE TABLE list_range_table(col1 NUMBER,col2 varchar2(50))
    PARTITION BY LIST(col2)
    SUBPARTITION BY RANGE(col1)
    SUBPARTITION TEMPLATE
        (SUBPARTITION mp0 VALUES LESS THAN(100),
        SUBPARTITION mp1 VALUES LESS THAN(200),
        SUBPARTITION mp2 VALUES LESS THAN(300)
        )
        (PARTITION p0 VALUES('01'),
        PARTITION p1 VALUES('02')
        );
Query OK, 0 rows affected
```

示例 5：创建模板化 List+List 分区表。

```
obclient>CREATE TABLE list_list_table(col1 NUMBER,col2 varchar2(50))
    PARTITION BY LIST(col1)
```

```
    SUBPARTITION BY LIST(col2)
    SUBPARTITION TEMPLATE
    (SUBPARTITION mp0 VALUES('A'),
    SUBPARTITION mp1 VALUES('B'),
    SUBPARTITION mp2 VALUES('C')
    )
    (PARTITION p0 VALUES('01'),
    PARTITION p1 VALUES('02')
    );
Query OK, 0 rows affected
```

示例 6：创建模板化 List＋Hash 分区表。

```
obclient>CREATE TABLE list_hash_table(col1 NUMBER,col2 VARCHAR2(50))
    PARTITION BY LIST(col1)
    SUBPARTITION BY HASH(col2) SUBPARTITIONS 5
    (PARTITION p0 VALUES('01'),
    PARTITION p1 VALUES('02')
    );
Query OK, 0 rows affected
```

示例 7：创建模板化 Hash＋Range 分区表。

```
obclient>CREATE TABLE hash_range_table(col1 NUMBER,col2 NUMBER,col3 NUMBER)
    PARTITION BY HASH(col1)
    SUBPARTITION BY RANGE(col2)
    SUBPARTITION TEMPLATE
    (SUBPARTITION sp0 VALUES LESS THAN(100),
    SUBPARTITION sp1 VALUES LESS THAN(200),
    SUBPARTITION sp2 VALUES LESS THAN(300)
    )
    PARTITIONS 5;
Query OK, 0 rows affected
```

示例 8：创建模板化 Hash＋List 分区表。

```
obclient>CREATE TABLE hash_list_table(col1 NUMBER,col2 NUMBER,col3 NUMBER)
    PARTITION BY HASH(col1)
    SUBPARTITION BY LIST(col2)
    SUBPARTITION TEMPLATE
    (SUBPARTITION sp0 VALUES(100),
    SUBPARTITION sp1 VALUES(200),
    SUBPARTITION sp2 VALUES(300)
    )
    PARTITIONS 5;
Query OK, 0 rows affected
```

示例 9：创建模板化 Hash＋Hash 分区表。

```
obclient>CREATE TABLE hash_hash_table(col1 NUMBER,col2 NUMBER,col3 NUMBER)
    PARTITION BY HASH(col1)
    SUBPARTITION BY HASH(col2)
    SUBPARTITIONS 3
    PARTITIONS 5;
Query OK, 0 rows affected
```

2）创建非模板化二级分区表

非模板化二级分区表的每个一级分区下的二级分区均可以自由定义，即每个一级分区下的二级分区的定义可以相同也可以不同。

示例 1：创建非模板化 Range+Range 分区表。

```
obclient>CREATE TABLE range_range_table(col1 NUMBER,col2 NUMBER)
    PARTITION BY RANGE(col1)
    SUBPARTITION BY RANGE(col2)
    (PARTITION p0 VALUES LESS THAN(100)
        (SUBPARTITION sp0 VALUES LESS THAN(2020),
        SUBPARTITION sp1 VALUES LESS THAN(2021)
        ),
    PARTITION p1 VALUES LESS THAN(200)
        (SUBPARTITION sp2 VALUES LESS THAN(2020),
        SUBPARTITION sp3 VALUES LESS THAN(2021),
        SUBPARTITION sp4 VALUES LESS THAN(2022)
        )
    );
Query OK, 0 rows affected
```

示例 2：创建非模板化 Range+List 分区表。

```
obclient>CREATE TABLE range_list_table(col1 NUMBER,col2 VARCHAR2(50))
    PARTITION BY RANGE(col1)
    SUBPARTITION BY LIST(col2)
    (PARTITION p0 VALUES LESS THAN(100)
        (SUBPARTITION sp0 VALUES('01'),
        SUBPARTITION sp1 VALUES('02')
        ),
        PARTITION p1 VALUES LESS THAN(200)
        (SUBPARTITION sp2 VALUES('01'),
        SUBPARTITION sp3 VALUES('02'),
        SUBPARTITION sp4 VALUES('03')
        )
    );
Query OK, 0 rows affected
```

示例 3：创建非模板化 Range+Hash 分区表。

```
obclient>CREATE TABLE range_hash_table(col1 NUMBER,col2 VARCHAR2(50))
    PARTITION BY RANGE(col1)
    SUBPARTITION BY HASH(col2)
    (PARTITION p0 VALUES LESS THAN(100)
        (SUBPARTITION sp0,
        SUBPARTITION sp1
        ),
    PARTITION p1 VALUES LESS THAN(200)
        (SUBPARTITION sp2,
        SUBPARTITION sp3,
        SUBPARTITION sp4
        )
    );
Query OK, 0 rows affected
```

示例 4：创建非模板化 List+Range 分区表。

```
obclient>CREATE TABLE list_range_table(col1 INT,col2 VARCHAR2(50))
    PARTITION BY LIST(col2)
    SUBPARTITION BY RANGE(col1)
    (PARTITION p0 VALUES('01')
        (SUBPARTITION sp0 VALUES LESS THAN(100),
        SUBPARTITION sp1 VALUES LESS THAN(200)
        ),
    PARTITION p1 VALUES('02')
        (SUBPARTITION sp2 VALUES LESS THAN(100),
        SUBPARTITION sp3 VALUES LESS THAN(200),
        SUBPARTITION sp4 VALUES LESS THAN(300)
        )
    );
Query OK, 0 rows affected
```

示例 5：创建非模板化 List+List 分区表。

```
obclient>CREATE TABLE list_list_table(col1 NUMBER,col2 varchar2(50))
    PARTITION BY LIST(col1)
    SUBPARTITION BY LIST(col2)
    (PARTITION p0 VALUES ('01', '02')
        (SUBPARTITION sp0 VALUES ('A'),
        SUBPARTITION sp1 VALUES ('B'),
        SUBPARTITION sp2 VALUES ('C')
        ),
    PARTITION p1 VALUES ('03', '04')
        (SUBPARTITION sp3 VALUES ('A'),
        SUBPARTITION sp4 VALUES ('B'),
        SUBPARTITION sp5 VALUES ('C')
        )
    );
Query OK, 0 rows affected
```

示例 6：创建非模板化 List+Hash 分区表。

```
obclient>CREATE TABLE list_hash_table(col1 NUMBER,col2 VARCHAR2(50))
    PARTITION BY LIST(col1)
    SUBPARTITION BY HASH(col2)
    (PARTITION p0 VALUES('01')
        (SUBPARTITION sp0,
        SUBPARTITION sp1
        ),
    PARTITION p1 VALUES('02')
        (SUBPARTITION sp2,
        SUBPARTITION sp3,
        SUBPARTITION sp4
        )
    );
Query OK, 0 rows affected
```

示例 7：创建非模板化 Hash+Range 分区表。

```
obclient>CREATE TABLE hash_range_table(col1 NUMBER,col2 NUMBER,col3 NUMBER)
    PARTITION BY HASH(col1)
    SUBPARTITION BY RANGE(col2)
    (PARTITION p0
```

```
        (SUBPARTITION sp0 VALUES LESS THAN(100),
        SUBPARTITION sp1 VALUES LESS THAN(200)),
    PARTITION p1
        (SUBPARTITION sp2 VALUES LESS THAN(100),
        SUBPARTITION sp3 VALUES LESS THAN(200)
        )
    );
Query OK, 0 rows affected
```

示例 8：创建非模板化 Hash+List 分区表。

```
obclient>CREATE TABLE hash_list_table(col1 NUMBER,col2 NUMBER,col3 NUMBER)
    PARTITION BY HASH(col1)
    SUBPARTITION BY LIST(col2)
    (PARTITION p0
        (SUBPARTITION sp0 VALUES(1,3),
        SUBPARTITION sp1 VALUES(4,7)
        ),
        PARTITION p1
        (SUBPARTITION sp2 VALUES(1,3),
        SUBPARTITION sp3 VALUES(4,7)
        )
    );
Query OK, 0 rows affected
```

示例 9：创建非模板化 Hash+Hash 分区表。

```
obclient>CREATE TABLE hash_hash_table(col1 NUMBER,col2 NUMBER,col3 NUMBER)
    PARTITION BY HASH(col1)
    SUBPARTITION BY HASH(col2)
    (PARTITION p0
        (SUBPARTITION sp0,
        SUBPARTITION sp1
        ),
        PARTITION p1
        (SUBPARTITION sp2,
        SUBPARTITION sp3
        )
    );
Query OK, 0 rows affected
```

5. 管理二级分区表

1）添加分区

(1) 模板化二级分区表添加一级分区。

对于模板化二级分区表，添加一级分区时只需要指定一级分区的定义即可，二级分区的定义会自动按照模板填充。

示例：Range+Range 模板化分区表添加一级分区。

向 Range+Range 模板化分区表 range_range_table 中添加一级分区 p2。

```
obclient>ALTER TABLE range_range_table ADD PARTITION p2 VALUES LESS THAN(300);
Query OK, 0 rows affected
```

（2）非模板化二级分区表添加一级分区。

对于非模板化二级分区表，添加一级分区时，需要同时指定一级分区的定义和该一级分区下的二级分区定义。

示例：向 Range+Range 非模板化分区表中添加一级分区。

向 Range+Range 非模板化分区表 range_range_table 中添加一级分区 p2。

```
obclient> ALTER TABLE range_range_table ADD PARTITION p2 VALUES LESS THAN(300)
    (SUBPARTITION sp5 VALUES LESS THAN(2020),
    SUBPARTITION sp6 VALUES LESS THAN(2021),
    SUBPARTITION sp7 VALUES LESS THAN(2022)
    );
Query OK, 0 rows affected
```

（3）添加二级分区。

示例：向非模板化 Range+Range 分区表 range_range_table 的一级分区 p1 中添加二级分区 sp8 和 sp9。

```
obclient> ALTER TABLE range_range_table MODIFY PARTITION p1 ADD
    SUBPARTITION sp8 VALUES LESS THAN(2023),
    SUBPARTITION sp9 VALUES LESS THAN(2024);
Query OK, 0 rows affected
```

2）删除分区

（1）删除一级分区。

删除二级分区表中的一级分区时，尽量避免该分区上存在活动的事务或查询，否则可能会导致 SQL 语句报错，或者出现一些异常情况。在 sys 租户下，通过事务状态表__all_virtual_trans_stat 可以查询到当前还未结束的事务上下文状态。

删除一级分区会同时删除该一级分区的定义和其对应的二级分区及数据。

对于 Oracle 模式下有全局索引的二级分区表，删除一级分区时，需要通过在 ALTER TABLE 语句中添加 UPDATE GLOBAL INDEXES 关键字的方式来更新全局索引信息；如果未添加 UPDATE GLOBAL INDEXES 关键字，则删除一级分区后，该分区表上的全局索引会处于不可用状态。

示例：删除分区表 Range+Rangee 分区表的一级分区 p0。

```
obclient> ALTER TABLE range_range_table DROP PARTITION p0;
Query OK, 0 rows affected
```

（2）删除二级分区。

删除二级分区表中的二级分区时，尽量避免该分区上存在活动的事务或查询，否则可能会导致 SQL 语句报错，或者出现一些异常情况。在 sys 租户下，通过事务状态表__all_virtual_trans_stat 可以查询到当前还未结束的事务上下文状态。

删除二级分区会同时删除该分区的定义和其中的数据。

对于 Oracle 模式下有全局索引的二级分区表，删除二级分区时，需要通过在 ALTER TABLE 语句中添加 UPDATE GLOBAL INDEXES 关键字的方式来更新全局索引信息；如果未添加 UPDATE GLOBAL INDEXES 关键字，则删除二级分区后，该分区表上的全局索引会处于不可用状态。

示例：删除分区表 t2_f_rr 中一级分区 p1 下的二级分区 sp8 和 sp9 分区并更新全局索引

信息。

```
obclient> ALTER TABLE t2_f_rr DROP SUBPARTITION sp8, sp9 UPDATE GLOBAL INDEXES;
Query OK, 0 rows affected
```

(3) TRUNCATE 二级分区。

TRUNCATE 二级分区表中的二级分区时，尽量避免该分区上存在活动的事务或查询，否则可能会导致 SQL 语句报错，或者出现一些异常情况。在 sys 租户下，通过事务状态表__all_virtual_trans_stat 可以查询到当前还未结束的事务上下文状态。

OceanBase 数据库支持对 Range/List 类型(包括：Range+Range、Range+List、List+Range、List+List 四种分区组合)的二级分区表中的二级分区执行 TRUNCATE 操作，将一个或多个二级分区中的数据全部移除。

对于 Oracle 模式下有全局索引的二级分区表，TRUNCATE 二级分区时，需要通过在 ALTER TABLE 语句中添加 UPDATE GLOBAL INDEXES 关键字的方式来更新全局索引信息；如果未添加 UPDATE GLOBAL INDEXES 关键字，则 TRUNCATE 二级分区后，该分区表上的全局索引会处于不可用状态。

示例：清空分区表 list_range_table 中一级分区 p1 下的二级分区 sp3 和 sp4 并更新全局索引信息。

```
obclient > ALTER TABLE t2_f_lr TRUNCATE SUBPARTITION sp3, sp4 UPDATE GLOBAL
INDEXES;
Query OK, 0 rows affected
```

4.4.3 管理索引

索引也叫二级索引，是一种可选的结构，用户可以根据自身业务的需求决定在某些字段创建索引，从而加快在这些字段的查询速度。OceanBase 数据库采用的聚集索引表模型，对于用户指定的主键会自动生成主键索引，而对于用户创建的其他索引，则是二级索引。

索引的优点如下：

(1) 用户可以在不修改 SQL 语句的情况下加速查询，只需要扫描用户所需要的部分数据。

(2) 索引存储的列数通常较少，可以节省查询 I/O。

索引的缺点如下：

(1) 选择在什么字段上创建索引需要对业务和数据模型有较深的理解。

(2) 当业务发生变化时，需要重新评估以前创建的索引是否满足需求。

(3) 写入数据时，需要维护索引表中的数据，消耗一定的性能代价。

(4) 索引表会占用内存、磁盘等资源。

索引的可用性：在 Drop Partition 场景，如果没有指定 rebuild index 字段，会将索引标记为 UNUSABLE，即索引不可用。此时，在 DML 操作中，索引是无须维护的，并且该索引也会被优化器忽略。

索引的可见性：索引的可见性是指优化器是否忽略该索引，如果索引是不可见的，则优化器会忽略该索引，但在 DML 操作中索引是需要维护的。一般在删除索引前，可以先将索引设置成不可见，来观察对业务的影响，如果确认无影响后，再将索引删除。

1. 局部索引

分区表的局部索引和非分区表的索引类似，索引的数据结构还是和主表的数据结构保持一对一的关系，但由于主表已经做了分区，主表的每个分区都会有自己单独的索引数据结构。对每个索引数据结构来说，里面的键(Key)只映射到自己分区中的主表数据，不会映射到其他分区中的主表，因此这种索引被称为局部索引。

从另一个角度来看，这种模式下索引的数据结构也做了分区处理，因此有时也被称为局部分区索引(Local Partitioned Index)。局部索引的结构如图 4-4-1 所示。

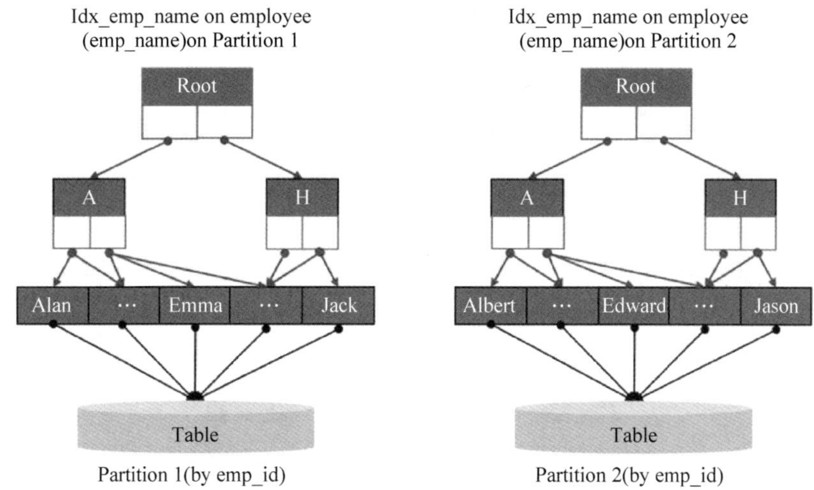

图 4-4-1 局部索引结构

在图 4-4-1 中，employee 表按照 emp_id 做了 Range 分区，同时也在 emp_name 上创建了局部索引。

2. 全局索引

与分区表的局部索引相比，分区表的全局索引不再和主表的分区保持"一对一"的关系，而是将所有主表分区的数据合成一个整体来看，索引中的一个键可能会映射到多个主表分区中的数据(当索引键有重复值时)。更进一步，全局索引可以定义自己独立的数据分布模式，既可以选择非分区模式，也可以选择分区模式；在分区模式中，分区的方式既可以和主表相同也可以和主表不同。

因此，全局索引又分为以下两种形式。

(1) 全局非分区索引(Global Non-Partitioned Index)。

索引数据不做分区，保持单一的数据结构，与非分区表的索引类似。但由于主表已经做了分区，因此会出现索引中的某一个键映射到不同主表分区的情况，即"一对多"的对应关系。全局非分区索引的结构如图 4-4-2 所示。

(2) 全局分区索引(Global Partitioned Index)。

索引数据按照指定的方式做分区处理，例如做哈希(Hash)分区或者范围(Range)分区，将索引数据分散到不同的分区中。但索引的分区模式是完全独立的，和主表的分区没有任何关系，因此对于每个索引分区来说，里面的某一个键都可能映射到不同的主表分区(当索引键有重复值时)，索引分区和主表分区之间是"多对多"的对应关系。

全局分区索引的结构如图 4-4-3 所示。

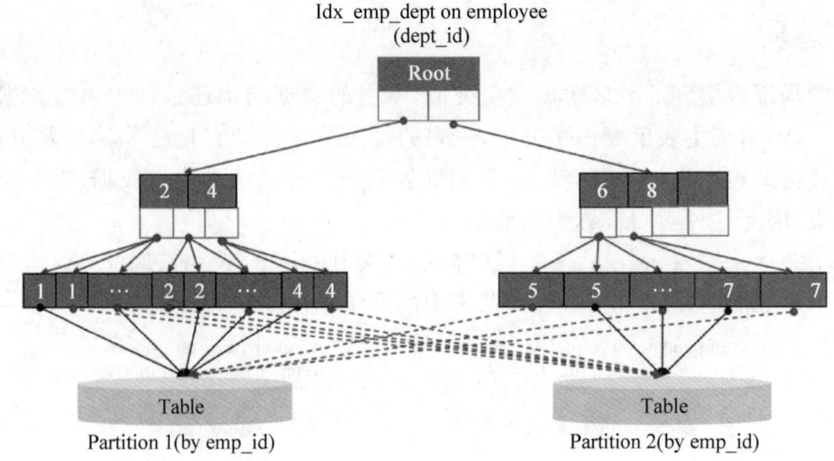

图 4-4-2　全局非分区索引结构

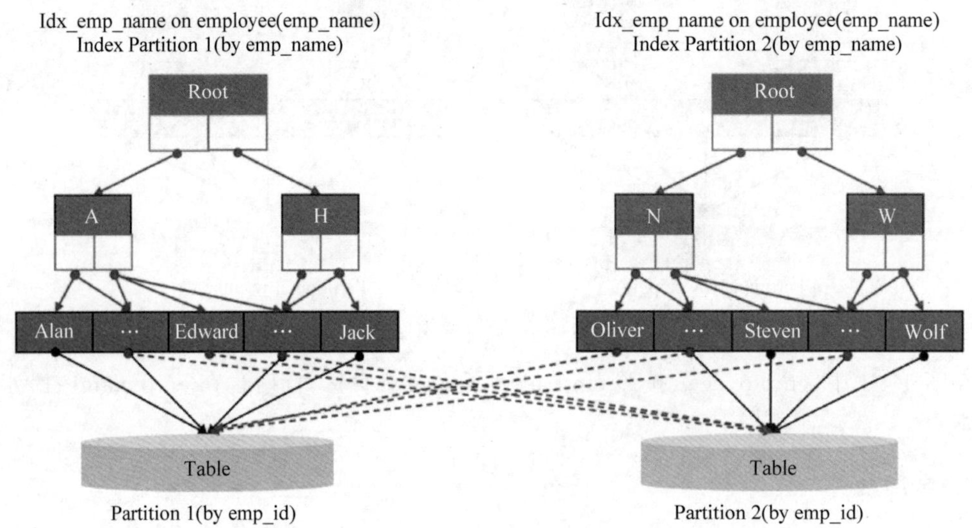

图 4-4-3　全局分区索引结构

在图 4-4-3 中，employee 表按照 emp_id 做了 Range 分区，同时在 emp_name 上做了全局分区索引。可以看到同一个索引分区里的键会指向不同的主表分区。

由于全局索引的分区模式和主表的分区模式完全没有关系，看上去全局索引更像是另一张独立的表，因此也会将全局索引叫作索引表，理解起来会更容易一些（和主表相对应）。

说明：非分区表也可以创建全局分区索引。但如果主表没有分区的必要，通常来说，索引也就没有必要分区。

推荐使用全局索引的场景包括以下两种。

① 业务上除了主键外，还有其他列的组合需要满足全局唯一性的强需求，这个业务需求仅能通过全局性的唯一索引来实现。

② 业务的查询无法得到分区键的条件谓词，且业务表没有高并发地同时写入，为避免进行全分区的扫描，可以根据查询条件构建全局索引，必要时可以将全局索引按照新的分区键来分区。

需要注意的是，全局索引虽然为全局唯一、数据重新分区带来了可能，解决了一些业务需要根据不同维度进行查询的强需求，但是为此付出的代价是每一笔数据的写入都有可能变成跨机的分布式事务，在高并发的写入场景下它将影响系统的写入性能。

当业务的查询可以拥有分区键的条件谓词时，OceanBase 数据库依旧推荐构建局部索引，通过数据库优化器的分区裁剪功能，排除掉不符合条件的分区。这样的做法可以同时兼顾查询和写入的性能，让系统的总体性能表现更优。

创建索引时的默认行为：当用户创建索引时，如果没有指定 LOCAL 或者 GLOBAL 关键字，在分区表上会默认创建出 GLOBAL 索引。

3. 分区表的索引

分区表的查询性能跟 SQL 中的条件有关。当 SQL 中带上拆分键时，OceanBase 会根据条件做分区裁剪，只需要搜索特定的分区即可；如果没有拆分键，则要扫描所有分区。

分区表也可以通过创建索引来提升性能。跟分区表一样，分区表的索引也可以分区或者不分区。

如果分区表的索引不分区，就是一个全局索引，是一个独立的分区，索引数据覆盖整个分区表。

如果分区表的索引分区了，根据分区策略又可以分为两类。一是跟分区表保持一致的分区策略，则每个索引分区的索引数据覆盖相应的分区表的分区，这个索引又叫本地索引；二是作为 GLOBAL 索引可以有自己独立的分区方式。

建议尽可能地使用本地索引，只有在有必要的时候才使用全局索引。其原因是全局索引会降低 DML 的性能，DML 可能会因此产生分布式事务。

示例：创建分区表的本地索引。

(1) 创建 local_index_table 表。

```
obclient > CREATE TABLE local_index_table (log_date NUMBER primary key, c_date date)
PARTITION BY HASH(log_date) PARTITIONS 10;
Query OK, 0 rows affected
```

(2) 创建分区表的本地索引 idx_log_date。

```
obclient > CREATE INDEX idx_log_date ON local_index_table (c_date) LOCAL;
Query OK, 0 rows affected
```

4. 索引的工作原理

当用户创建好索引后，OceanBase 数据库会自动维护该索引，所有的 DML 操作都会实时更新索引表相应的数据记录，同时优化器也会根据用户的查询来自动地选择是否使用索引。本文主要介绍如何进行索引扫描。

当 SQL 查询语句指定谓词条件查询的是索引列时，数据库会自动地抽取谓词条件作为查询索引的范围，也就是查询索引表的起始键和终止键。数据库根据起始键能定位到数据开始的位置，根据终止键能定位出数据结束的位置，而开始和结束位置范围内所包含的数据是需要被此查询扫描的数据。

对于索引表，OceanBase 数据库存储时使用 MemTable 和 SSTable 来存储数据，其中 MemTable 使用的是 B 树结构，而 SSTable 使用的是宏块结构。在 MemTable 或者 SSTable 都按照上述扫描过程，扫描出相应的数据，而最终的数据行是由 MemTable 和 SSTable 的数据行融合成完整的数据行。

因此，OceanBase 数据库查询索引表数据的完整过程如下。

(1) 在 MemTable 中查询数据。

(2) 在 SSTable 中查询数据。

(3) 将 MemTable 和 SSTable 中的数据融合，得到完整的行。

当 SQL 查询语句只涉及索引表中的列时，数据库会根据用户指定的列，按照上述查询过程，查询相应索引表的 MemTable 和 SSTable，得到完整的数据行。

当 SQL 查询语句除了包含索引表中的列，还包含其他列时，数据库会先通过索引表，查询出相关的行，并根据行上的主键，按照上述查询过程，到主表中查询所需要的数据列，这个过程也称为“回表”。

索引的匹配原则如下。

(1) 条件的先后顺序不影响索引能效，如 where A=? and B=? 和 where B=? and A=? 效果相同。

(2) 按照索引字段的顺序匹配，一旦前面的索引字段缺失，后面的索引字段无法参与匹配。

(3) 遇到第一个范围查询字段后，后续的字段不参与匹配。

(4) 查询条件中的索引字段如果不能参与匹配，依然可以提供扫描过滤。

例如：索引IX1(A,B,C)的匹配规则如表 4-4-7 所示。

表 4-4-7　索引IX1(A,B,C)的匹配规则

查询条件	匹配字段	扫描过滤字段
where A=? and B=? and C=?	A,B,C	无
where A=? and B>? and C=?	A,B	C
where A=? and C=?	A	C
where A>? and B=? and C=?	A	B,C
where A LIKE‘%ABC’ and B=?	无	A,B

4.4.4 表组管理

作为分布式数据库，为了满足扩展性和多点写入等需求，OceanBase 数据库支持分区功能，即将一个表的数据分成多个分区来存储。表中用来参与具体数据分区的列称为分区键，通过一行数据的分区键值，对其进行 Hash 计算(数据分区的方式有多种，这里以 Hash 分区为例)，能够锁定其所属的分区。

让用户将分区方式相同的表聚集到一起就形成了表组(以 Hash 分区为例，分区方式相同等价于分区个数相同，当然计算分区的 Hash 算法也是一样的)，表组内每个表的同号分区称为一个分区组，如图 4-4-4 所示。

OceanBase 数据库在分区创建及之后可能发生的负载均衡时，会将一个分区组的分区放到一个服务器，这样即便存在跨表操作，只要操作数据所在的分区属于同一个分区组，就不存在跨服务器的操作。那么，如何保障操作的数据在同一个分区组呢？OceanBase 数据库无法干涉用户的操作，但是可以根据业务特点大概率地保障某些操作涉及的跨表数据在同一分区组中。

以学生表和班级表为例，学生表和班级表中都有班级 id，可以将班级 id 列作为分区键，两表中同一班级的数据聚集到同一个分区中，这样在对班级 id 列作 JOIN 时，只需要在这个分区所在的服务器上处理，不需要所有分区跨机锁定某一班级 id 对应的数据。对于分布式写事务

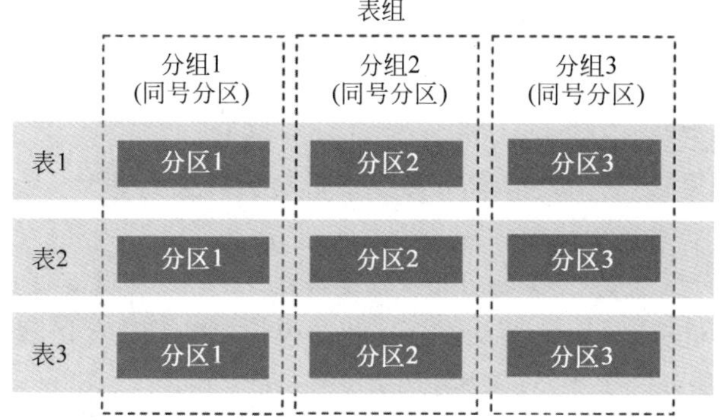

图 4-4-4 表组逻辑示意图

的场景，如果增加一个同学信息，需要在学生表中增加一条数据，并在班级表中更新学生总数。因为这两个数据不在一个表，自然也不在一个分区，因此需要执行分布式写事务才能进行一致的更新。由于两个分区在同一台 OBServer 上，OceanBase 数据库对于同一台 OBServer 上的分布式事务执行优化，因此相对跨机的分布式事务效率更高。

因为分区方式相同的表才能聚集到一个表组中，所以在表组里的表不支持打破分区规则的分区操作，但是可以通过对表组做分区操作来更改其内所有表的分区。

目前的表组功能设计中，一个分区对应一个日志流，日志流通过 Paxos 算法将数据变动日志由主副本同步到备副本上，如果涉及多分区的事务，就对应多个日志流的写入，因此需要分布式事务才能完全一致地操作。尽管单机分布式事务相对跨机已经有一些优化，OceanBase 数据库通过绑定表组的方式进一步优化，分区组的分区不仅在一台服务器上，而且将分区的改动写在一个日志流里，这样对一个分区组的跨表写事务就可以在一个日志流里原子地提交，将分布式事务优化为单机事务，可以达到更好的优化效果。由于分区组对应一个日志流，导致表从表组里删除变得很困难，OceanBase 数据库目前还不支持绑定表组来删除表。用户可以根据特点灵活使用表组。

综上，在典型的业务场景下，OceanBase 数据库支持的表组功能优化了分布式查询和分布式事务的场景，但是也引入一些限制。例如，不支持表组里的表单独做分区更改操作，在此基础上，又支持绑定表组，这使得在典型分布式事务场景下可以拥有更好的性能，但是也增加了一些限制，例如不支持从表组中删除表。

表组中所有表的限制说明如下：

- 分区类型需相同。
- 如果是 Hash 分区，要求分区个数相同。
- 如果是 Range 分区，要求分区数相同，且 Range 分割点相同(各 value 的规则相同)。

对于二级分区，根据分区类型，限制如下：

- 如果是 Hash 分区，要求分区个数相同。
- 分区增减只支持 Range 分区的表组。

无法通过 ALTER TABLE SET table group 或 ALTER TABLE GROUP add table 语句把表迁入到 OceanBase 数据库 V2. x. x 之前创建的表组中。

任何时候将表加入 OceanBase 数据库 V2. x. x 之后创建的表组，都会进行校验。如检查分区方式、Primary zone 和 Locality 是否匹配。

1. 创建分区表组

创建分区表组时的注意事项如下。

- 当前仅具备租户管理员权限的用户才能创建表组。
- 创建分区表表组前，需要制定表组的分区策略，表组的分区策略需要与待加入表组的分区表的分区策略一致。
- 创建分区表表组后，表组内的表不能单独进行分区管理操作，只能通过表组对分区表进行分区的统一管理。

分区表组支持的分区类型。OceanBase 数据库的 Oracle 模式支持创建 Range 分区、List 分区和 Hash 分区的一级分区表表组及模板化和非模板化的二级分区表表组。

二级分区表表组的分区类型支持情况如表 4-4-8 所示。

表 4-4-8 二级分区表表组的分区类型支持情况

分 区 类 型	模板化二级分区表组	非模板化二级分区表组
Range＋Range/Range＋List/Range＋Hash	支持	支持
List＋Range/List＋List/List＋Hash	支持	支持
Hash＋Range/Hash＋List/Hash＋Hash	不支持	不支持

(1) 创建一级分区表表组示例。

示例 1：创建 Range 分区的一级分区表表组 tg1_r。

```
obclient>CREATE TABLEGROUP tg_range PARTITION BY RANGE 1
          (PARTITION p0 VALUES LESS THAN(2019),
          PARTITION p1 VALUES LESS THAN(2020),
          PARTITION p1 VALUES LESS THAN(2021)
          );
Query OK, 0 rows affected
```

示例 2：创建 List 分区的一级分区表表组 tg1_l。

```
obclient>CREATE TABLEGROUP tg_list PARTITION BY LIST 1
          (PARTITION p0 VALUES ('A'),
          PARTITION p1 VALUES ('B'),
          PARTITION p2 VALUES ('C')
          );
Query OK, 0 rows affected
```

示例 3：创建 Hash 分区的一级分区表表组 tg1_h。

```
obclient>CREATE TABLEGROUP tg_hash PARTITION BY HASH PARTITIONS 2;
Query OK, 0 rows affected
```

(2) 创建模板化二级分区表表组示例。

示例 1：创建 Range＋Range 分区的模板化二级分区表表组。

```
obclient>CREATE TABLEGROUP tg_range_range
          PARTITION BY RANGE 1
          SUBPARTITION BY RANGE 1
          SUBPARTITION TEMPLATE
          (SUBPARTITION mp0 VALUES LESS THAN (2019),
          SUBPARTITION mp1 VALUES LESS THAN (2020),
          SUBPARTITION mp2 VALUES LESS THAN (2021)
          )
          (PARTITION p0 VALUES LESS THAN (100),
```

```
        PARTITION p1 VALUES LESS THAN (200)
        );
Query OK, 0 rows affected
```

示例 2：创建 Range+Hash 分区的模板化二级分区表表组。

```
obclient> CREATE TABLEGROUP tg_range_hash
    PARTITION BY RANGE 1
        SUBPARTITION BY HASH SUBPARTITIONS 5
        (PARTITION p0 VALUES LESS THAN (100),
        PARTITION p1 VALUES LESS THAN (200)
        );
Query OK, 0 rows affected
```

示例 3：创建 List+Hash 分区的模板化二级分区表表组。

```
obclient> CREATE TABLEGROUP tg_list_hash
    PARTITION BY LIST 1
    SUBPARTITION BY HASH SUBPARTITIONS 5
    (PARTITION p0 VALUES ('01'),
    PARTITION p1 VALUES ('02')
    );
Query OK, 0 rows affected
```

(3) 创建非模板化二级分区表表组示例。

示例 1：创建 Range+Hash 分区的非模板化二级分区表表组。

```
obclient> CREATE TABLEGROUP tg_range_hash
    PARTITION BY RANGE 1
    SUBPARTITION BY HASH
    (PARTITION p0 VALUES LESS THAN (100)
        (SUBPARTITION sp0,
        SUBPARTITION sp1
        ),
        PARTITION p1 VALUES LESS THAN (200)
            (SUBPARTITION sp2,
            SUBPARTITION sp3,
            SUBPARTITION sp4
            )
        );
Query OK, 0 rows affected
```

示例 2：创建 Range+List 分区的非模板化二级分区表表组。

```
obclient> CREATE TABLEGROUP tg_range_list
    PARTITION BY RANGE 1
    SUBPARTITION BY LIST 1
        (PARTITION p0 VALUES LESS THAN (100)
        (SUBPARTITION sp0 VALUES ('01'),
        SUBPARTITION sp1 VALUES ('02')
        ),
        PARTITION p1 VALUES LESS THAN (200)
        (SUBPARTITION sp2 VALUES ('01'),
        SUBPARTITION sp3 VALUES ('02'),
        SUBPARTITION sp4 VALUES ('03')
```

```
        )
    );
Query OK, 0 rows affected
```

示例 3：创建 List+Range 分区的非模板化二级分区表表组。

```
obclient> CREATE TABLEGROUP tg_list_range
            PARTITION BY LIST 1
            SUBPARTITION BY RANGE 1
            (PARTITION p0 VALUES ('OR', 'WA')
            (SUBPARTITION sp0 VALUES LESS THAN (1000),
            SUBPARTITION sp1 VALUES LESS THAN (2000)
            ),
            PARTITION p1 VALUES ('AZ', 'UT', 'NM')
            (SUBPARTITION sp2 VALUES LESS THAN (1000),
            SUBPARTITION sp3 VALUES LESS THAN (2000)
            )
        );
Query OK, 0 rows affected
```

2. 将表加入表组

将表 test(Range 分区)加入表组 tg_range 的示例如下：

```
obclient> ALTER TABLE test SET TABLEGROUP tg_range;
```

3. 将表移出表组

将表 test 移出表组的示例如下：

```
obclient> ALTER TABLE test SET TABLEGROUP '';
```

4. 删除表组

下述为删除表组语句的语法，但是如果有任何表的 TABLE GROUP 属性引用了目标表组，则该表组不允许被删除。

例如，将表组 grp1 删除示例如下：

```
obclient> DROP TABLEGROUP grp1;
```

删除表组之前可以通过如下命令查看表组中是否包含表。如果包含表，在删除表组之前需要先将表从表组中移除。

```
obclient> SHOW TABLEGROUPS;
+----------------+--------------------+---------------+
| Tablegroup_name | Table_name        | DataBase_name |
+----------------+--------------------+---------------+
| grp1           | t1                 | oceanbase     |
+----------------+--------------------+---------------+
```

4.4.5 序列

序列(Sequence)是 Oracle 租户的数据库对象，可以产生不重复的有顺序的值，在表需要不重复的列做主键时很有用。

序列可以提供两个伪列 CURRVAL 和 NEXTVAL，每次查询会返回当前的序列值和下一个序列值。每当查询 NEXTVAL 都会推进 CURRVAL 值。

序列创建成功后，可以通过 USER_SEQUENCES、ALL_SEQUENCES、DBA_SEQUENCES 视图查看自己创建的序列。

ALTER SEQUENCE 语句用来修改序列的属性。序列的起始值不能修改，其他属性如最小值、最大值、步长、循环属性都可以修改。

序列是一个独立的对象，同一个序列可以用在不同的表上。如下面的示例中，第一个 INSERT 语句会向表 t1 中插入 1，第二个 INSERT 语句会向表 t2 中插入 2。

```
CREATE SEQUENCE s1 MINVALUE 1 MAXVALUE 100 INCREMENT BY 1;
INSERT INTO t1 (id) VALUES (s1.nextval);
INSERT INTO t2 (id) VALUES (s1.nextval);
```

1. CACHE 和 ORDER

Oracle 数据库序列与 OceanBase 数据库的差异如表 4-4-9 所示。

表 4-4-9　Oracle 数据库序列与 OceanBase 数据库的差异

模　　式	Oracle 数据库	OceanBase 数据库
NOCACHE with ORDER	所有 Instance 不缓存任何序列，使用时从全局 CACHE 中获取，CACHE 根据请求的先后顺序返回序列值	所有 Instance 不缓存任何序列，使用时从全局 CACHE 中获取，CACHE 根据请求的先后顺序返回序列值
NOCACHE with NOORDER	所有 Instance 不缓存任何序列，使用时从全局 CACHE 中获取，CACHE 可以根据繁忙程度延迟满足一些请求，导致 NOORDER	仅语法兼容，实际效果与 NOCACHE with ORDER 相同
CACHE with ORDER	每个 Instance 都缓存相同的序列，使用之前需要通过全局锁来同步序列中的下一个可用位置	仅语法兼容，实际效果与 NOCACHE with ORDER 相同
CACHE with NOORDER	每个 Instance 都缓存不同的序列，并且不需要全局同步 CACHE 状态。此时的值自然是 NOORDER	每个 Instance 都缓存不同的序列，并且不需要全局同步 CACHE 状态。此时的值自然是 NOORDER

说明：

出于性能考虑，OceanBase 数据库建议使用默认的 CACHE with NOORDER 方式。

OceanBase 数据库中，不建议使用 ORDER with NO CACHE。这种模式下，每次调用 NEXTVAL 都会触发一次内部表 SELECT 与 UPDATE 操作，会影响数据库的性能。

在创建序列时，由于默认的 CACHE 值只有 20，需要手动声明一个比较大的值。对于单机 TPS 为 100 时，CACHE SIZE 建议设置为 360000。

2. CURRVAL

在一个节点上通过 NEXTVAL 取到的序列值，不支持在另一个节点上用 CURRVAL 获得。常见于 Proxy 将 NEXTVAL 获取的语句和 CURRVAL 获取的语句发给了不同节点的情况。为了避免这种情况，可以让 NEXTVAL 取值和 CURRVAL 取值在同一个事务中，确保 Proxy 会始终把 Query 发给同一个节点。

4.5 MySQL 模式

4.5.1 客户端连接 MySQL 租户

1. 通过 MySQL 客户端连接 OceanBase 租户

前提条件：

- 确保本地已正确安装 MySQL 客户端。
- OceanBase 当前版本支持的 MySQL 客户端版本包括 v5.5、v5.6 和 v5.7。
- 确保环境变量 PATH 包含了 MySQL 客户端命令所在的目录。

操作步骤：

(1) 打开命令行终端。输入 MySQL 的运行参数。格式参见以下示例。

```
mysql -hxxx.xxx.xxx.xxx -uroot@obmysql#obdemo -P2883 -p****** -c -A oceanbase
```

参数含义如下。

-h：提供 OceanBase 数据库连接 IP，通常是一个 OBProxy 地址。

-u：提供租户的连接账户，格式包含两种：用户名@租户名#集群名或者集群名：租户名：用户名。MySQL 租户的管理员用户名默认是 root。

-P：提供 OceanBase 数据库连接端口，也是 OBProxy 的监听端口，默认是 2883，可以自定义。

-p：提供账户密码，为了安全可以不提供，改为在后面提示符下输入，密码文本不可见。

-c：表示在 MySQL 运行环境中不要忽略注释。

-A：表示在 MySQL 连接数据库时不自动获取统计信息。

oceanbase：访问的数据库名，可以改为对应的业务数据库。

(2) 如果要退出 OceanBase 命令行，可以输入 Exit 后按 Enter 键，或者使用快捷键 Ctrl+D。

2. 通过 OBClient 连接 OceanBase 租户

操作步骤：

(1) 打开命令行终端，输入 OBClient 的运行参数。格式参见以下示例。

```
$obclient -hxxx.xxx.xxx.xxx -P2883 -uroot@MySQL -p****** -A
```

参数含义如下。

-h：提供 OceanBase 数据库连接的 IP，通常是一个 OBProxy 地址。

-u：提供租户的连接账号，格式包含两种：用户名@租户名#集群名或者集群名：租户名：用户名。Oracle 租户的管理员用户名默认是 sys。

-P：提供 OceanBase 数据库连接端口，也是 OBProxy 的监听端口，默认是 2883，可以自定义。

-p：提供账号密码。为了安全可以不提供，改为在后面提示符下输入，密码文本不可见。

-A：表示在连接数据库时不去获取全部表信息，可以使登录数据库速度最快。

(2) 如果要退出 OBClient 命令行，可以输入 Exit 后按 Enter 键，或者使用快捷键 Ctrl+D。

4.5.2 管理数据库

1. 通过 SQL 语句创建数据库

可以使用 CREATE DATABASE 语句创建数据库，示例如下。

(1) 创建数据库 test1，并指定字符集为 UTF8。

```
obclient > CREATE DATABASE test1 DEFAULT CHARACTER SET UTF8;
Query OK, 1 row affected
```

(2) 创建读写属性的数据库 test2。

```
obclient > CREATE DATABASE test2 READ WRITE;
Query OK, 1 row affected
```

(3) 创建只读属性的数据库 test3。

```
obclient > CREATE DATABASE test3 READ ONLY;
Query OK, 1 row affected
```

2. 修改数据库

可以使用 ALTER DATABASE 语句来修改 MySQL 模式下租户的数据库属性。例如，修改数据库 test2 的字符集为 UTF8MB4，校对规则为 UTF8MB4_BIN，且为读写属性。

```
obclient > ALTER DATABASE test2 DEFAULT CHARACTER SET UTF8MB4;
obclient > ALTER DATABASE test2 DEFAULT COLLATE UTF8MB4_BIN;
obclient > ALTER DATABASE test2 READ WRITE;
```

4.5.3 管理表

表包含了所有用户可以访问的数据，每个表包含多行记录，每个记录由多个列组成。

在创建和使用表之前，管理员可以根据业务需求进行规划，设计表主要需要遵循以下原则。

(1) 应规范化使用表，合理估算表结构，使数据冗余达到最小。

(2) 为表的每个列选择合适的 SQL 数据类型。

(3) 根据实际需求，创建合适类型的表，OceanBase 数据库当前支持非分区表和分区表。

1. 创建非分区表

当前用户具有用户级或数据库级 CREATE 权限，可以使用 CREATE TABLE 语句来创建表。CREATE TABLE 重要选项说明如表 4-5-1 所示。

表 4-5-1 CREATE TABLE 重要选项说明

参　数	描　述
PRIMARY KEY	为创建的表指定主键。如果不指定，则使用隐藏主键。特别地，OceanBase 数据库不支持修改表的主键或通过 ALTER TABLE 语句为表添加主键，因此推荐在创建表时指定好表的主键

续表

参　数	描　述
FOREIGN KEY	为创建的表指定外键。如果不指定外键名，则会使用表名＋OBFK＋创建时间命名。例如，在 2021 年 8 月 1 日 00：00：00 为 t1 表创建的外键名称为 t1_OBFK_1627747200000000
KEY| INDEX	为创建的表指定键或索引。如果不指定索引名，则会使用索引引用的第一列作为索引名，如果命名存在重复，则会使用下画线(_)＋序号的方式命名。例如，使用 c1 列创建的索引如果命名重复，则会将索引命名为 c1_2。可以通过 SHOW INDEX 语句查看表上的索引
DUPLICATE_SCOPE	用来指定复制表属性，取值如下： none：表示该表是一个普通表。 zone：表示该表是一个复制表，Leader 需要将事务复制到本 zone 的所有 F 副本及 R 副本。 region：表示该表是一个复制表，Leader 需要将事务复制到本 Region 的所有 F 副本及 R 副本。 cluster：表示该表是一个复制表，Leader 需要将事务复制到 Cluster 的所有 F 副本及 R 副本。 不指定 DUPLICATE_SCOPE 的情况下，默认值为 none。目前，OceanBase 数据库仅支持 cluster 级别的复制表
ROW_FORMAT	指定表是否开启 Encoding 存储格式： redundant：不开启 Encoding 存储格式。 compact：不开启 Encoding 存储格式。 dynamic：Encoding 存储格式。 compressed：Encoding 存储格式。 default：等价于 dynamic 模式
[GENERATED ALWAYS] AS(expr) [VIRTUAL | STORED]	创建生成列，expr 为用于计算列值的表达式。 VIRTUAL：列值不会被存储，而是在读取行时，在任何 BEFORE 触发器之后立即计算。虚拟列不占用存储空间。 STORED：在插入或更新行时评估和存储列值。存储列确实需要存储空间并且可以被索引
BLOCK_SIZE	指定表的微块大小
COMPRESSION	指定表的压缩算法，取值如下： none：不使用压缩算法。 lz4_1.0：使用 lz4 压缩算法。 zstd_1.0：使用 zstd 压缩算法。 snappy_1.0：使用 snappy 压缩算法
CHARSET | CHARACTER SET	指定表中列的默认字符集，可使用字符集如下：utf8，utf8mb4，gbk，utf16，gb18030
COLLATE	指定表中列的默认字符序，可使用字符序如下：utf8_bin，utf8_general_ci，utf8_unicode_ci，gbk_bin，gbk_chinese_ci，utf8mb4_general_ci，utf8mb4__general_cs，utf8mb4_bin，utf8mb4_unicode_ci，utf16_general_ci，utf16_bin，utf16_unicode_ci，gb18030_chinese_ci，gb18030_bin
primary_zone	指定主 zone(副本 Leader 所在 zone)
replica_num	指定副本数。说明：当前版本暂不支持此参数
table_tablegroup	指定表所属的 tablegroup
AUTO_INCREMENT	指定表中自增列的初始值。OceanBase 数据库支持使用自增列作为分区键

续表

参　数	描　述
comment	注释
LOCALITY	描述副本在 zone 间的分布情况，如 F@z1、F@z2、F@z3、R@z4 表示 z1、z2、z3 为全功能副本，z4 为只读副本
PCTFREE	指定宏块保留空间百分比
parallel_clause	指定表级别的并行度： NOPARALLEL：并行度为 1，默认配置。 PARALLEL integer：指定并行度，integer 取值大于或等于 1

基于性能和后期维护的需要，建议建表时为表设计主键或者唯一键。如果没有合适的字段作为主键，可以在创建表时不指定主键，待表创建成功后系统会为无主键表指定自增列作为隐藏主键。

由于 ALTER TABLE 语句不支持在后期增加主键，因此在创建表时就需要设置主键。

创建表语法同 MySQL 数据库。

示例 1：复制已有表的数据创建新表。

可以使用 CREATE TABLE AS SELECT 语句复制表的数据，但是结构并不完全一致，并且会丢失约束、索引、默认值、分区等信息。

将 staff 表的数据复制到 staff_copy 表。语句如下：

```
CREATE TABLE staff_copy AS SELECT * FROM staff;
```

注意：

通过复制 staff 表数据示例前后对比可以看出，复制表数据后原 staff 表数据和复制后的 staff_copy 表数据完全一致，但 staff_copy 表结构中的约束、索引、默认值等信息则会丢失。

示例 2：复制表结构。

可以使用 CREATE TABLE LIKE 语句复制表结构，但是不能复制表数据。同时表结构中的约束、索引、默认值等信息会丢失。

将 staff 表的表结构复制到 staff_like 表。语句如下：

```
CREATE TABLE staff_like like staff;
```

2. 创建一级分区表

分区技术(Partitioning)是 OceanBase 非常重要的分布式能力之一，它能解决大表的容量问题和高并发访问时的性能问题，主要思想就是将大表拆分为更多更小的结构相同的独立对象，即分区。普通的表只有一个分区，可以看作分区表的特例。每个分区只能存在于一个节点内部，分区表的不同分区可以分散在不同节点上。分区表是指在一张大的数据表中根据一定的规则将属于同一类的数据归类到若干小表。

OceanBase 数据库的基本分区策略包括范围分区、列表分区和哈希分区。一个一级分区仅限使用一种数据分配方法。例如，仅使用 List 分区或仅使用 Range 分区。

在进行二级分区时，表首先通过一种数据分配方法进行分区，然后使用第二种数据分配方法将每个分区进一步划分为二级分区。例如，一个表中包含 create_time 列和 user_id 列，可以在 create_time 列上使用 Range 分区，然后在 user_id 列上使用 Hash 进行二级分区。MySQL 模式：分区类型对比如表 4-5-2 所示。

表 4-5-2 MySQL 模式：分区类型对比

分区类型	分区键	分区键数值类型	使用说明
Hash	expr(column)|column	整型	随机分片：分区号＝分区键值%分区数
Key	column[,column]	字符、数字、时间	随机分片：使用内置的 Hash 函数，用户无法直接计算得到记录对应的分区号
List	expr(column)|column	整型	枚举分片：指定数值与分区的关系
List Columns	column[,column]	字符、数字、时间	枚举分片：指定数值与分区的关系
Range	expr(column)|column	整型	范围分片：如果要按时间类型列做 Range 分区，则必须使用 Timestamp 类型，并且使用函数 UNIX_TIMESTAMP 将时间类型转换为数值
Range Columns	column[,column]	字符、数字、时间	范围分片：可以使用 Range Columns 直接对时间类型列做 Range 分区

1）创建 Range 分区表

Range 分区是最常见的分区类型，通常与日期一起使用。在进行 Range 分区时，数据库根据分区键的值范围将行映射到分区。

Range 分区的分区键只支持一列，并且只支持 INT 类型。

如果要支持多列的分区键，或者其他数据类型，可以使用 Range Columns 分区。Range Columns 分区作用跟 Range 分区基本类似，不同点如下：

（1）Range Columns 拆分列结果不要求是整型，可以是任意类型。

（2）Range Columns 拆分列不能使用表达式。

（3）Range Columns 拆分列可以写多个列（即列向量）。

创建 Range 分区语法如下：

Range 分区根据分区表定义时为每个分区建立的分区键值范围，将数据映射到相应的分区中。它是常见的分区类型，经常跟日期类型一起使用。比如说，可以将业务日志表按日/周/月分区。当使用 Range 分区时，需要遵守以下 4 个规则。

（1）PARTITION BY RANGE(expr)里的 expr 表达式的结果必须为整型。

（2）每个分区都有一个 VALUES LESS THAN 子句，它为分区指定一个非包含的上限值。分区键的任何值等于或大于这个值时将被映射到下一个分区中。

（3）除第一个分区外，所有分区都隐含一个下限值，即上一个分区的上限值。

（4）允许且只允许最后一个分区上限定义为 MAXVALUE，这个值没有具体的数值，比其他所有分区的上限都要大，也包含空值。

示例 1：创建一个 Range 分区表 range_table。

```
obclient>CREATE TABLE range_table (log_id BIGINT NOT NULL, log_value VARCHAR(50), log_
date TIMESTAMP NOT NULL)
    PARTITION BY RANGE(UNIX_TIMESTAMP(log_date))
    (PARTITION M197001 VALUES LESS THAN(UNIX_TIMESTAMP('1970/02/01'))
    , PARTITION M197002 VALUES LESS THAN(UNIX_TIMESTAMP('1970/03/01'))
    , PARTITION M197003 VALUES LESS THAN(UNIX_TIMESTAMP('1970/04/01'))
    , PARTITION M197004 VALUES LESS THAN(UNIX_TIMESTAMP('1970/05/01'))
    , PARTITION M197005 VALUES LESS THAN(UNIX_TIMESTAMP('1970/06/01'))
    , PARTITION M197006 VALUES LESS THAN(UNIX_TIMESTAMP('1970/07/01'))
    , PARTITION M197007 VALUES LESS THAN(UNIX_TIMESTAMP('1970/08/01'))
    , PARTITION M197008 VALUES LESS THAN(UNIX_TIMESTAMP('1970/09/01'))
```

```
    , PARTITION M197009 VALUES LESS THAN(UNIX_TIMESTAMP('1970/10/01'))
    , PARTITION M197010 VALUES LESS THAN(UNIX_TIMESTAMP('1970/11/01'))
    , PARTITION M197011 VALUES LESS THAN(UNIX_TIMESTAMP('1970/12/01'))
    , PARTITION M197012 VALUES LESS THAN(UNIX_TIMESTAMP('1971/01/01'))
    );
Query OK, 0 rows affected
```

示例 2：创建一个 Range Columns 分区表 range_tablec。

```
obclient>CREATE TABLE range_columns_table (log_id BIGINT NOT NULL,log_value VARCHAR
(50),log_date DATE NOT NULL)
    PARTITION BY RANGE COLUMNS(log_date)
    (PARTITION M197001 VALUES LESS THAN('1970/02/01')
    , PARTITION M197002 VALUES LESS THAN('1970/03/01')
    , PARTITION M197003 VALUES LESS THAN('1970/04/01')
    , PARTITION M197004 VALUES LESS THAN('1970/05/01')
    , PARTITION M197005 VALUES LESS THAN('1970/06/01')
    , PARTITION M197006 VALUES LESS THAN('1970/07/01')
    , PARTITION M197007 VALUES LESS THAN('1970/08/01')
    , PARTITION M197008 VALUES LESS THAN('1970/09/01')
    , PARTITION M197009 VALUES LESS THAN('1970/10/01')
    , PARTITION M197010 VALUES LESS THAN('1970/11/01')
    , PARTITION M197011 VALUES LESS THAN('1970/12/01')
    , PARTITION M197012 VALUES LESS THAN('1971/01/01')
    , PARTITION MMAX VALUES LESS THAN MAXVALUE
    );
Query OK, 0 rows affected
```

2）创建 List 分区表

在进行 List 分区时，数据库使用离散值列表作为每个分区的分区键。分区键由一个或多个列组成。可以使用 List 分区来控制单个行如何映射到指定分区。

List 分区仅支持单分区键，分区键可以是一列，也可以是一个表达式。分区键的数据类型仅支持 INT 类型。当使用列表分区时，需要遵守以下规则：

(1) 分区表达式结果必须是整型。

(2) 分区表达式只能引用一列，不能有多列(即列向量)。

示例：创建 list_table 表。

```
CREATE TABLE list_table (
    c1 BIGINT PRIMARY KEY,
    c2 VARCHAR(50)
) PARTITION BY list(c1) (
    PARTITION p0 VALUES IN (1, 2, 3),
    PARTITION p1 VALUES IN (5, 6),
    PARTITION p2 VALUES IN (DEFAULT)
);
```

说明：LIST 分区可以新增分区，指定新的不重复的列表，也可以删除分区。

3）创建 Hash 分区表

在进行 Hash 分区时，数据库根据数据库应用于用户指定的分区键的哈希算法将行映射到分区。当分区数量为 2 的幂次方时，哈希算法会创建所有分区中大致均匀的行分布。

Hash 分区是在节点之间均匀分布数据的理想方法。Hash 分区也是 Range 分区的一种易于使用的替代方法，特别是当要分区的数据不是历史数据或没有明显的分区键的场景。Hash分区在具有极高更新冲突的OLTP系统里面非常有用。这是因为Hash分区将一个表分成几个分区，将一个表的修改分解到不同的分区修改，而不是修改整个表。Hash分区适用于对不能用Range分区、List分区方法的场景，它的实现方法简单，通过对分区键上的Hash函数值来散列记录到不同分区中。如果数据符合下列特点，使用Hash分区是个很好的选择。

(1) 不能指定数据的分区键的列表特征。

(2) Hash分区键的表达式必须返回INT类型。

(3) 不同范围内的数据大小相差非常大，并且很难手动调整均衡。

(4) 使用Range分区后数据聚集严重。

(5) 并行DML、分区剪枝和分区连接等性能非常重要。

示例：创建一个Hash分区表tbl1_h。

```
obclient>CREATE TABLE hash_table(col1 INT,col2 VARCHAR(50))
    PARTITION BY HASH(col1) PARTITIONS 60;
Query OK, 0 rows affected
```

4) 创建Key分区表

Key分区和Hash分区类似。主要区别如下：

(1) Hash分区的分区键可以是用户自定义的表达式，而Key分区的分区键只能是列，或者不指定。

(2) key分区的分区键不限于INT类型。

(3) key分区可以指定或不指定列，也可以指定多个列作为分区键。如果表上有主键，那么这些列必须是表的主键的一部分或者全部。如果Key分区不指定分区键，那么分区键就是主键列。如果没有主键，有UNIQUE键，那么分区键就是UNIQUE键。

(4) Key分区与Hash分区类似，支持除TEXT和BLOB之外的所有数据类型的分区。Key分区不允许使用用于自定义的表达式，需要使用MySQL服务器提供的Hash函数。

示例：创建key_table表。

```
CREATE TABLE key_table (
    id INT ,
    var CHAR(32)
)
PARTITION BY KEY(var)
PARTITIONS 10;
```

3. 管理一级分区表

分区表创建成功后，可以对一级分区表进行添加、删除或TRUNCATE分区操作。管理一级分区表如表4-5-3所示。

表4-5-3 管理一级分区表

分区类型	添加一级分区	删除一级分区	TRUNCATE一级分区
Range分区	支持	支持	支持
Range Column分区	支持	支持	支持
List分区	支持	支持	支持
List Columns分区	支持	支持	支持

续表

分区类型	添加一级分区	删除一级分区	TRUNCATE 一级分区
Hash 分区	不支持	不支持	不支持
Key 分区	不支持	不支持	不支持

1）添加一级分区

对于 Range/Range Columns 分区，只能在最大的分区之后添加一个分区，不可以在中间或者开始的地方添加。如果当前的分区中有 MAXVALUE 的分区，则不能继续添加分区。

List/List Columns 分区添加一级分区时，要求添加的分区不与之前的分区冲突即可。如果一个 List/List Columns 分区有默认分区即 Default Partition，则不能添加任何分区。

在 Range/Range Columns/List/List Columns 分区中添加一级分区不会影响全局索引和局部索引的使用。

示例 1：向 Range 分区中添加一级分区。

```
obclient> ALTER TABLE range_table ADD PARTITION
    (PARTITION M197106 VALUES LESS THAN(UNIX_TIMESTAMP('1971/07/01')));
Query OK, 0 rows affected
```

示例 2：向 List 分区中添加一级分区。

```
obclient> ALTER TABLE list_table ADD PARTITION
    (PARTITION p2 VALUES IN (7,8),
     PARTITION p3 VALUES IN (DEFAULT)
    );
Query OK, 0 rows affected
```

2）删除一级分区

删除一级分区时，可以删除一个或多个分区，但不能删除全部分区。

删除一级分区时，尽量避免该分区上存在活动的事务或查询，否则可能会导致 SQL 语句报错，或者出现一些异常情况。

删除分区时，会同时删除分区中的数据，如果只需要删除数据，则可以使用 TRUNCATE 语句。

示例：删除一级分区表 range_table 中的 M197105 和 M197106。

```
obclient> ALTER TABLE range_table DROP PARTITION M197105,M197106;
Query OK, 0 rows affected
```

3）TRUNCATE 一级分区

TRUNCATE 一级分区时，可以将一个或多个分区中的数据清空。

在 TRUNCATE 一级分区时，尽量避免该分区上存在活动的事务或查询，否则可能会导致 SQL 语句报错，或者出现一些异常情况。

示例：清除一级分区表 range_table 中 M197101 和 M197102 分区的数据。

```
obclient> ALTER TABLE range_table TRUNCATE PARTITION M197101,M197102;
Query OK, 0 rows affected
```

4. 创建二级分区表

二级分区是按照两个维度来把数据拆分成分区的操作。OceanBase 数据库目前 MySQL

模式支持 Hash、Range、List、Key、Range Columns 和 List Columns 6 种分区方式，二级分区为任意两种分区方式的组合。创建二级分区表支持情况如表 4-5-4 所示。

表 4-5-4　创建二级分区表支持情况

二级分区类型	创建模板化二级分区表	创建非模板化二级分区表
Range+Range	支持	支持
Range+Range Columns	支持	支持
Range+List	支持	支持
Range+List Columns	支持	支持
Range+Hash	支持	支持
Range+Key	支持	支持
Range Columns+Range	支持	支持
Range Columns+Range Columns	支持	支持
Range Columns+List	支持	支持
Range Columns+List Columns	支持	支持
Range Columns+Hash	支持	支持
Range Columns+Key	支持	支持
List+Range	支持	支持
List+Range Columns	支持	支持
List+List	支持	支持
List+List Columns	支持	支持
List+Hash	支持	支持
List+Key	支持	支持
List Columns+Range	支持	支持
List Columns+Range Columns	支持	支持
List Columns+List	支持	支持
List Columns+List Columns	支持	支持
List Columns+Hash	支持	支持
Hash+Key	支持	支持
Key+Range	支持	支持
Key+Range Columns	支持	支持
Key+List	支持	支持
Key+List Columns	支持	支持
Key+Hash	支持	支持

1）创建模板化二级分区表

模板化二级分区表的每个一级分区下的二级分区都按照模板中的二级分区定义，即每个一级分区下的二级分区定义均相同。对于模板化二级分区表来说，二级分区的命名规则为（$part_name）s（$subpart_name）。

示例 1：创建模板化 Range Columns+Range Columns 分区表。

```
obclient>CREATE TABLE rc_rc_table(col1 INT,col2 INT)
    PARTITION BY RANGE COLUMNS(col1)
    SUBPARTITION BY RANGE COLUMNS(col2)
    SUBPARTITION TEMPLATE
    (SUBPARTITION mp0 VALUES LESS THAN(1000),
        SUBPARTITION mp1 VALUES LESS THAN(2000),
        SUBPARTITION mp2 VALUES LESS THAN(3000)
```

```
    )
    (PARTITION p0 VALUES LESS THAN(100),
    PARTITION p1 VALUES LESS THAN(200),
    PARTITION p2 VALUES LESS THAN(300)
    );
Query OK, 0 rows affected
```

示例 2：创建模板化 Range Columns+List Columns 分区表。

```
obclient> CREATE TABLE rc_list_table(col1 INT, col2 INT)
    PARTITION BY RANGE COLUMNS(col1)
    SUBPARTITION BY LIST COLUMNS(col2)
    SUBPARTITION TEMPLATE
    (SUBPARTITION mp0 VALUES IN(1,3),
    SUBPARTITION mp1 VALUES IN(4,6),
    SUBPARTITION mp2 VALUES IN(7)
    )
    (PARTITION p0 VALUES LESS THAN(100),
    PARTITION p1 VALUES LESS THAN(200),
    PARTITION p2 VALUES LESS THAN(300)
    );
Query OK, 0 rows affected
```

示例 3：创建模板化 Range Columns+Hash 分区表。

```
obclient> CREATE TABLE rc_hash_table(col1 INT, col2 INT)
    PARTITION BY RANGE COLUMNS(col1)
    SUBPARTITION BY HASH(col2) SUBPARTITIONS 5
    (PARTITION p0 VALUES LESS THAN(100),
    PARTITION p1 VALUES LESS THAN(200),
    PARTITION p2 VALUES LESS THAN(300)
    );
Query OK,0 rows affected
```

2）创建非模板化二级分区表

非模板化二级分区表的每个一级分区下的二级分区均可以自由定义，即每个一级分区下的二级分区的定义可以相同也可以不同。

示例 1：创建非模板化 Range+Range 分区表。

```
obclient> CREATE TABLE range_range_table(col1 INT, col2 TIMESTAMP)
    PARTITION BY RANGE(col1)
    SUBPARTITION BY RANGE(UNIX_TIMESTAMP(col2))
    (PARTITION p0 VALUES LESS THAN(100)
        (SUBPARTITION sp0 VALUES LESS THAN(UNIX_TIMESTAMP('1971/04/01')),
        SUBPARTITION sp1 VALUES LESS THAN(UNIX_TIMESTAMP('1971/07/01')),
        SUBPARTITION sp2 VALUES LESS THAN(UNIX_TIMESTAMP('1971/10/01')),
        SUBPARTITION sp3 VALUES LESS THAN(UNIX_TIMESTAMP('1972/01/01'))
        ),
        PARTITION p1 VALUES LESS THAN(200)
        (SUBPARTITION sp4 VALUES LESS THAN(UNIX_TIMESTAMP('1971/04/01')),
        SUBPARTITION sp5 VALUES LESS THAN(UNIX_TIMESTAMP('1971/07/01')),
        SUBPARTITION sp6 VALUES LESS THAN(UNIX_TIMESTAMP('1971/10/01')),
        SUBPARTITION sp7 VALUES LESS THAN(UNIX_TIMESTAMP('1972/01/01'))
            )
        );
Query OK, 0 rows affected
```

示例 2：创建非模板化 Range Columns+Hash 分区表。

```
obclient> CREATE TABLE rc_hash_table(col1 INT, col2 INT)
    PARTITION BY RANGE(col1)
    SUBPARTITION BY HASH(col2)
    (PARTITION p0 VALUES LESS THAN(100)
        (SUBPARTITION sp0,
            SUBPARTITION sp1,
            SUBPARTITION sp2),
     PARTITION p1 VALUES LESS THAN(200)
        (SUBPARTITION sp3,
            SUBPARTITION sp4,
            SUBPARTITION sp5)
    );
Query OK, 0 rows affected
```

示例 3：创建非模板化 Hash+Range 分区表。

```
obclient> CREATE TABLE hash_range_table (col1 INT, col2 INT)
    PARTITION BY Hash(col1)
    SUBPARTITION BY RANGE(col2)
        (PARTITION p1
            (SUBPARTITION sp0 VALUES LESS THAN (1970)
            ,SUBPARTITION sp1 VALUES LESS THAN (1971)
            ,SUBPARTITION sp2 VALUES LESS THAN (1972)
            ,SUBPARTITION sp3 VALUES LESS THAN (1973)
            ),
            PARTITION p2
            (SUBPARTITION sp4 VALUES LESS THAN (1970)
            ,SUBPARTITION sp5 VALUES LESS THAN (1971)
            ,SUBPARTITION sp6 VALUES LESS THAN (1972)
            ,SUBPARTITION sp7 VALUES LESS THAN (1973)
            )
        );
Query OK, 0 rows affected
```

5. 管理二级分区表

当前 MySQL 模式暂不支持向表中添加二级分区，只支持向表中添加一级分区。

1）添加一级分区

（1）模板化二级分区表添加一级分区。

对于模板化二级分区表，添加一级分区时只需要指定一级分区的定义即可，二级分区的定义会自动按照模板填充。

示例：向 Range Columns+Range Columns 模板化分区表 rc_rc_table 中添加一级分区 p3 和 p4。

```
obclient> ALTER TABLE rc_rc_table ADD PARTITION
    (PARTITION p3 VALUES LESS THAN(400),
     PARTITION p4 VALUES LESS THAN(500)
    );
Query OK, 0 rows affected
```

（2）非模板化二级分区表添加一级分区。

对于非模板化二级分区表，添加一级分区时，需要同时指定一级分区的定义和该一级分区下的二级分区定义。

示例：向 Range+Range 非模板化分区表 range_range_table 中添加一级分区 p2。

```
obclient> ALTER TABLE range_range_table ADD PARTITION
    (PARTITION p2 VALUES LESS THAN(300)
        (SUBPARTITION sp6 VALUES IN(1,3),
        SUBPARTITION sp7 VALUES IN(4,6),
        SUBPARTITION sp8 VALUES IN(7,9))
    );
Query OK, 0 rows affected
```

2）删除分区

（1）删除一级分区。

删除二级分区表中的一级分区时，尽量避免该分区上存在活动的事务或查询，否则可能会导致 SQL 语句报错，或者出现一些异常情况。在 sys 租户下，通过事务状态表__all_virtual_trans_stat 可以查询到当前还未结束的事务上下文状态。删除一级分区会同时删除该一级分区的定义和其对应的二级分区及数据。

示例 1：删除 Range Columns+Range Columns 模板化分区表 rc_rc_table 中的一级分区 p3 和 p4。

```
obclient> ALTER TABLE rc_rc_table DROP PARTITION p3,p4;
Query OK, 0 rows affected
```

示例 2：删除 Range+Range 非模板化分区表 range_range_table 中的一级分区 p2。

```
obclient> ALTER TABLE range_range_table DROP PARTITION P2;
Query OK, 0 rows affected
```

（2）删除二级分区。

删除二级分区表中的二级分区时，尽量避免该分区上存在活动的事务或查询，否则可能会导致 SQL 语句报错，或者出现一些异常情况。在 sys 租户下，通过事务状态表__all_virtual_trans_stat 可以查询到当前还未结束的事务上下文状态。删除二级分区会同时删除该分区的定义和其中的数据。当删除多个二级分区时，这些二级分区必须属于同一个一级分区。

示例：删除 Range+Range 非模板化分区表 range_range_table 中的二级分区 sp6 和 sp7。

```
obclient> ALTER TABLE range_range_table DROP SUBPARTITION sp6,sp7;
Query OK, 0 rows affected
```

3）TRUNCATE 分区

（1）TRUNCATE 二级分区表的一级分区。

TRUNCATE 二级分区表中的一级分区时，尽量避免该分区上存在活动的事务或查询，否则可能会导致 SQL 语句报错，或者出现一些异常情况。在 sys 租户下，通过事务状态表__all_virtual_trans_stat 可以查询到当前还未结束的事务上下文状态。

OceanBases 数据库当前支持对 Range/List[Columns]类型（组合）的二级分区表中的一级分区执行 TRUNCATE 操作，将一个或多个一级分区中对应的二级分区的数据全部移除。

示例：清空 Range Columns+List Columns 分区表 rc_listc_table 的一级分区 p0 中的数据。

```
obclient > ALTER TABLE rc_listc_table TRUNCATE PARTITION p0;
Query OK, 0 rows affected
```

(2) TRUNCATE 二级分区表的二级分区。

TRUNCATE 二级分区表中的二级分区时，尽量避免该分区上存在活动的事务或查询，否则可能会导致 SQL 语句报错，或者出现一些异常情况。在 sys 租户下，通过事务状态表__all_virtual_trans_stat 可以查询到当前还未结束的事务上下文状态。

OceanBases 数据库支持对 Range/List[Columns]类型（组合）的二级分区表中的二级分区执行 TRUNCATE 操作，将一个或多个二级分区中的数据全部移除。当清除多个二级分区时，这些二级分区必须属于同一个一级分区。

示例：清空 Range+Range 分区表 range_range_table 的二级分区 sp1 和 sp2 中的数据。

```
obclient > ALTER TABLE range_range_table TRUNCATE SUBPARTITION sp1,sp2;
Query OK, 0 rows affected
```

OceanBase数据库连接与OBProxy管理

5.1 OBProxy 是什么?

OceanBase 是一个分布式数据库,与传统数据库最大的不同是数据库是分布式,数据副本被打散分布在不同的 Server 上。因此,客户端在访问 OceanBase 时,也与传统数据库不同。

在分布式数据库系统中,客户端需要与多个数据库节点进行通信。这就带来了一些挑战,包括负载均衡、连接池管理、安全性和性能优化等。那么,如何做到像访问传统数据库那样访问分布式数据库呢?

一种连接应用于 OceanBase 数据库的桥梁孕育而生,它就是 OBProxy。它主要有以下两方面的作用:

(1) 连接管理。OBServer 集群规模庞大,服务器、软件出现问题或者本身运维服务器上线、下线概率较大,如果直连 OBServer,遇到上面的情况客户端就会发生断连。ODP 屏蔽了 OBServer 本身分布式的复杂性,客户连接 ODP 可以保证连接的稳定性,自身对 OBServer 的复杂状态进行处理。

(2) 数据路由。ODP 可以获取到 OBServer 中的数据分布信息,可以将用户 SQL 高效转发到数据所在服务器,执行效率更高。

5.2 OBProxy 管理

5.2.1 OBProxy 简介

OBProxy 产品从 2014 年开始设计研发,至今已经有近 10 年的历史了,其产品在蚂蚁内部、专有云场景、公有云场景都有广泛使用,在访问链路上发挥了重要的作用。

OBProxy 全称为 OceanBase DataBase Proxy(ODP),是 OceanBase 数据库专用的服务代理。使用 OBProxy 可以屏蔽后端 OBServer 集群本身的分布式带来的复杂性,让访问分布式数据库像访问单机数据库一样简单。用户的 SQL 会先发送给 ODP 节点,由 ODP 选择合适的 OBServer(OceanBase 数据库进程名)进行转发,并将结果返回给用户。

OceanBase 数据库作为典型的分布式数据库与传统单机数据库不同,每个表甚至每个表的不同分区都可能存放在不同的服务器上。想要对表进行读写,必须先要定位到数据所属的表或是分区的主副本位置,然后才能执行相应的 SQL DML 语句,这在应用层面而言是几乎不可能做到的。OBProxy 作为 OceanBase 数据库专用的反向代理软件，其核心功能就是路由以将客户端发起的数据访问请求转发到正确的 OBServer 上。

首先，从整体架构对 OBProxy 进行一个了解。OBProxy 架构如图 5-2-1 所示。

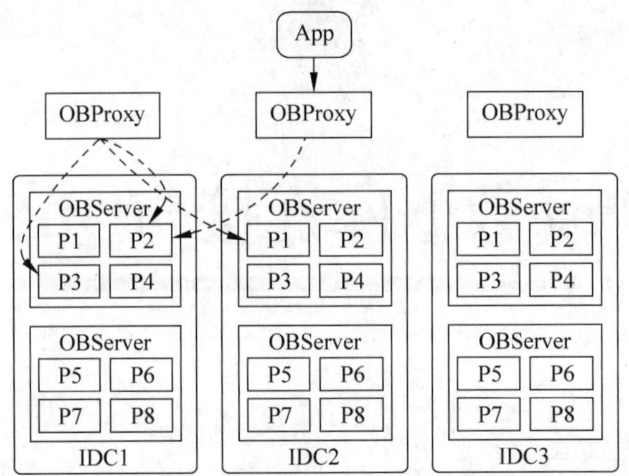

图 5-2-1　OBProxy 架构

图 5-2-1 中 App 表示业务程序，App 前面有三台 OBProxy(进程名叫作 OBProxy)。在实际部署中，App 和 OBProxy 之间一般会有负载均衡器，如 F5 将请求分散到多台 OBProxy 上面，OBProxy 的后面就是 OBServer，图 5-2-1 中一共有 6 台 OBServer。OBProxy 知道 OBServer 中的数据分布信息，可以将用户 SQL 高效转发到数据所在服务器，这样执行效率比转发到没数据的节点执行效率更高。如表 t1 数据在图 5-2-1 中 P1 内，表 t2 数据在 P2 内，表 t3 数据在 P3 内；红色表示主副本，蓝色表示备副本。对于 insert into t1 语句，OBProxy 可以将 SQL 转发到 IDC2 中含有 P1 主副本的 OBServer 服务器上。

为什么 OBProxy 需要将 SQL 发送到数据所在节点呢？因为发到数据所在节点后，SQL 的执行计划可以在本地执行，没有了远程 RPC 调用，性能会更好。在实际生产环境中，除了考虑数据分布，OBProxy 还会考虑服务器的地理位置分布，避免请求跨机房、跨城等情况出现。

1. 如何使用 OBProxy?

在部署好 OceanBase 数据库集群(包含部署 OBProxy)后，用户就可以使用数据库服务了。以 JDBC 访问数据库举例：

```
final String URL = "jdbc:mysql://127.0.0.1:2883/test?useSSL=false&useServerPrepStmts=true";
```

在建立连接时，需要先初始化相关的连接信息。上面 URL 包含了数据库的 IP、PORT、访问的库名 test、连接属性等信息。使用 OBProxy 访问和直接连接 OBServer 访问的区别在于 IP 和 PORT 的不同，其他信息不需要任何改动。后续使用时，OBProxy 对用户完全透明。

因此，使用 OBProxy 会让问题变得简单，用户无须关心数据库系统的分布式架构，这样设计的好处有以下三点。

(1) OBProxy 兼容 MySQL 协议，用户可以使用 MySQL 标准驱动。

(2) 从 MySQL 数据库切换到 OceanBase 数据库，用户访问数据库的代码无须改动。

(3) OBProxy 对用户屏蔽了后端分布式系统的复杂性：如服务器的变更、服务器宕机、租户的 Unit 分布、每日合并等，保证客户端和 OBProxy 连接的稳定性。

2. OBProxy 的执行流程

对功能模块有进一步认识之后，再从 SQL 请求去看 OBProxy 的执行流程。OBProxy 的执行流程如图 5-2-2 所示。

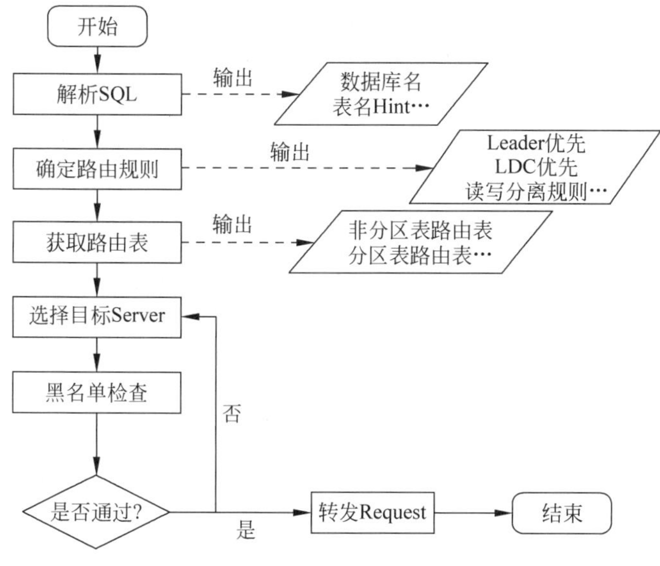

图 5-2-2 OBProxy 的执行流程

执行流程如下：

(1) 客户端和 OBProxy 建立 TCP 连接，OBProxy 通过 epoll(网络通信库中实现)处理套接字的读写事件。

(2) 从 TCP 读取字节流保存到 buffer 缓冲中，并进行 MySQL 协议报文解析，先解析报头再决定是否解析后续内容。

(3) 从报文中读取 SQL，进行 SQL 解析。

(4) 根据表名和 Location Cache(表分区信息)找到表数据分布，结合路由规则等计算出 SQL 语句发往的目的 OBServer 主机。

(5) 从数据库连接中找到对应的 OBServer 连接，并做 OBServer 的容灾管理检查。

(6) 使用选中的连接，通过高性能转发框架和后端 OBServer 进行交互。

(7) 将从 OBServer 收到的数据进行协议层处理，并返回给客户端。

3. OBProxy 的关键特性

了解了 OBProxy 执行一条 SQL 时的主要工作后，下面总结一下 OBProxy 的主要关键特性。

(1) 高性能转发。OBProxy 是数据访问流程中的重要部分，采用多线程异步框架和透明流式转发的设计，对关键路径代码做深入优化，同时确保了自身对服务器资源的最小消耗。

(2) 协议支持。支持多种格式协议，如 MySQL 协议、Oracle 兼容协议和自主研发协议。目前，在增强自主研发协议实现更多强大功能。

(3) 连接管理。保持客户端连接稳定是非常重要的事情，直观感受是业务不报连接错误，OBProxy 会去屏蔽后端的问题，保持和客户端连接的稳定。

(4) 数据路由。数据路由影响性能和高可用，与部署架构、数据分布等关系密切，对 SQL

执行有很大影响，路由正确也是大家非常关心的特性。

5.2.2 OBProxy 连接管理

OBProxy 为用户提供了接入和路由功能，用户连接 OBProxy 就可以正常使用 OceanBase 数据库。用户在使用数据库功能时，OBProxy 和 OBServer 进行交互，且交互流程对用户透明，连接管理就是该交互过程中的关键点。

针对一个客户端的物理连接，OBProxy 维持自身到后端多个 OBServer 的连接，采用基于版本号的增量同步方案维持每个 OBServer 的连接在同一状态，保证了客户端高效访问各个 OBServer。连接管理的另外一个功能是连接保持，在 OBServer 宕机/升级/重启时，客户端与 OBProxy 的连接不会断开，OBProxy 可以迅速切换到健康的 OBServer 上，对应用透明。

(1) 创建连接。

OBProxy 的 Session 分为两类：Client Session 和 Server Session。Client Session 指的是客户端与 OBProxy 之间建立的连接；Server Session 指的是 OBProxy 与 OBServer 之间创建的连接。当 OBProxy 向 OBServer 转发客户端请求时，如果与 OBServer 之间没有创建连接，则需要初始化一个 Session 实例。

创建 Session 时需要做认证操作，OBProxy 无法决定该 Session 将来要访问哪些 OBServer，所以认证过程中，OBProxy 只能任意选择一台 OBServer 进行认证，将客户端发送的认证数据包转发给 OBServer，并将 OBServer 返回的结果转发给客户端，同时将客户端认证的数据包都缓存在 ClientSession 内部，以便 OBProxy 与其他 OBServer 建立该 Client Session 关联的 Server Session 时，将这些认证数据表发送给 OBServer，便于与 OBServer 进行顺利认证。

(2) 存储连接。

每当客户端向 OBProxy 发送请求时，需要根据客户端连接信息查询获取 Client Session。在非连接池模式下，Server Session 不能脱离 Client Session 独立存在，只有根据 Client Session 来查询其关联的 Server Session，或者查询某个 Server Session 是否与某个 Client Session 关联。

OBProxy 接收到客户端 SQL 请求时，会通过查询 Partition Table Cache 来获取 OBServer 的地址，然后查询 Client Session 保存的 Server Session 有没有与该 OBServer 关联的 Server Session 存在。如果存在则使用该 Server Session；如果不存在，则与该 OBServer 创建连接，并将 Server Session 加入 Client Session 关联的 Server Session 存储结构中。

(3) 事务状态维护。

OBProxy 以事务来绑定 Client Session 与 Server Session。事务的第一条语句到达 OBProxy 时，OBProxy 选择一个 Server Session，并绑定到 Client Session 上，以后在整个事务处理过程中，都使用该 Server Session 转发数据到 OBServer，在事务中不能切换 Server Session，所以需要记录事务的状态到 Client Session 中。

在事务开启时，记录事务开启状态到 Client Session，事务结束时将该事务状态重置。那么怎么判断事务是否结束了呢？如果使用 autocommit，每个请求都要解析 OBServer 的返回包，如果一旦数据转发完成，就将该请求的事务状态重置。如果是长事务，只需要在 commit/rollback 请求后解析 OBServer 数据包来判断事务是否结束。

维护事务状态的目的主要是保证在事务中不切换 Server Session，也就是说，如果在事务中 OBServer 宕机，OBProxy 需要感知 OBServer 状态，并将未完结的事务结束掉。因为

MySQL 协议没有超时机制，OBProxy 必须主动通知客户端事务已经终止。OBServer 也没有对事务做同步，暂时也不能实现事务迁移功能，也就是说事务只能由接受请求的那台 OBServer 负责响应结果，换一台 OBServer 就不能处理了。基于这个原因，在 OBProxy 做主备切换时，一定要保证正在处理的事务完成后才能切换，或者返回特殊错误，便于 OBProxy 通知客户端终止事务。

维护事务状态还有一个目的就是在 OBProxy 升级时，旧 OBProxy 经历一段时间，活跃的 Client Session 比较少时，采用 Kill 旧 OBProxy 的方式停止服务，停止服务也要保证在所有事务完结后才能进行，尽量减小对用户的影响。

(4) 连接变量管理。

Client Session 需要记录客户端在该 Session 上所有设置过的变量，每次修改一个变量，在 Client Session 中记录下修改时间。当 OBProxy 选择一个 Server Session 转发请求时，首先检查该 Server Session 上 Session 变量的修改时间是否大于 Client Session 中记录的修改时间。若小于，则意味着该 Session 没有使用最新的 Session 变量。OBProxy 会先重置该 Server Session 上的所有 Session 变量，批量将当前 Client Session 中保存的 Session 变量设置到该 Server Session 上后，再通过该 Server Session 转发请求；反之，则直接通过 Server Session 转发。

对于一些常见的 Session 变量，如 autocommit 等，客户端可能频繁设置，所以不能根据 modify time 来决定是否批量重置，而是每个 Server Session 存储这些常见 Session 变量的值，每次请求都对比 Client Session 中的变量值与 Server Session 中的变量值是否一致，不一致则重新设置这些变量值。

(5) 闪断避免。

闪断避免指的是 OBProxy 与 OBServer 的 Server Session 异常不会被客户端感知，客户端与 OBProxy 之间的 Client Session 正常，客户端能够正常地读写数据。需要处理 Server Session 异常的情况有：

① OBServer 发生 Leader 切换，OBProxy 还没有获取到新的 Leader。这种情况主要由 OBServer 来处理，Leader 切换一定要保证将正在处理的事务都完成，OBProxy 只是尽力保证将请求发送给数据所在的 OBServer，OBServer 发生了 Leader 切换，那么即使数据不在该 OBServer 上，该 OBServer 也需要负责处理该请求，并把结果返回给 OBProxy。

② 当 OBServer 发生宕机时，OBProxy 与该 OBServer 的连接就会断开。如果该 Server Session 正在处理事务中，那么 OBProxy 需要发送一个错误响应给客户端；如果该 Server Session 处于空闲状态，只需将该 Server Session 从其对应的 Client Session 中标记删除即可。新的请求将不再使用该 Server Session 转发请求。

③ 当 OBProxy 与 OBServer 通信超时，MySQL 协议本身没有超时机制，但 OBServer 有超时机制。所以，OBserver 超时会通知 OBProxy，OBProxy 将错误通知给客户端。如果 OBServer 发现 Server Session 长时间不活动，也会 Kill 该 Session，这种情况的处理参考第②项的处理方式。

④ OBProxy 与 OBServer 之间的网络连接断开或发生网络分区，这种情况处理参考第②项，即使发生网络分区，如果 Server Session 上有事务正在执行，OBServer 在一段时间后终止该 Session。所以，OBProxy 在 Server Session 断开一段时间后，给客户端报错，结束未完成的事务，避免 Session 长时间被挂住。

⑤ OBProxy 升级，新启动的 OBProxy 将负责客户端发起的新 Session，旧 OBProxy 上的

Session 数量会越来越少，当旧 OBProxy 上的 Session 数量低于某个阈值时，需要将旧 OBProxy 上的 Session 全部都终止掉(当然要保证正在处理的事务完成，长事务需要等一段时间，超时仍然没有完成也只能强制 Kill 掉)，然后停止旧 OBProxy。这个过程无法完全避免客户端连接闪断。

⑥ 在 OBProxy 宕机情况下，OBProxy 上的连接都会断掉，可能很快 OBProxy 被重新启动，或者该 OBProxy 负责的连接被其他的 OBProxy 处理，闪断无法避免。

使用 OBProxy 能够避免大部分异常情况下的连接闪断，特别是在 OBServer 发生 Leader 切换、主备集群切换、OBProxy 升级等后端维护的情况下，能保持客户端连接正常，对客户端的影响比较小。

(6) 连接复用。

当 Client Session 关闭后，与 Client Session 关联的 Server Session 是否需要全部关闭？如果按常理处理，会关闭所有关联的 Server Session，但如果同一个客户端再次来连接 OBProxy，那么 Server Session 又需要重新建立一遍。创建 Session 是比较耗时的操作，特别是有应用的客户端代码，创建一个 Client Session，发送一条 SQL 请求获取到数据后关闭 Client Session，反复创建/关闭 Session 给 OBProxy 带来比较大的资源消耗。其中一种解决办法就是 Session 复用。

Session 复用是在 Client Session 关闭后，不关闭与之关联的 Server Session，而是将该 Client Session 加入 free list 中，如果该 Client 再创建 Client Session，则先查询是否该 Client 有空闲的 Client Session 可以使用，如果有，则重用该 Client Session，当需要使用与之关联的 Server Session 时，重置其 Session 变量，并设置新的 Session 变量后，就可以使用该 Server Session 转发客户端请求。

通过 Session 复用可以减少 OBProxy 与 OBServer 创建 Session 的频率，这是一种优化的手段，并且 OBProxy 支持 Client Session 与 Server Session 不强绑定，作为一个公共的池子(连接池)，所有的 Client Session 都可以从该连接池中获取可用的连接。当不再使用时，就将该连接释放归还连接池，从而可以被别的请求使用。

(7) Kill Session 处理。

MySQL 协议没有超时机制，但 MySQL 会 Kill 长时间不活跃的 Session，如果客户端一直等不到服务端的响应，会一直等待，遇到这种挂住的情况，一般 DBA 会介入，调用 MySQL 的 Kill Session 命令将 Session 关闭。

1. OBProxy 的连接管理

登录成功后，客户端↔OBProxy↔OBServer 之间的网络连接便建立起来，此时 OBProxy 只是和其中一台 OBServer 建立了连接。随着 SQL 请求的到来，如果路由到新的 OBServer，会和新的 OBServer 建立连接。在此过程中涉及连接的映射关系、状态同步和连接功能特性。

1) 连接的映射关系

连接映射主要指客户端连接和服务端连接之间的关系，我们先从一个客户端连接说起。当客户端和 OBProxy 建立一个连接后，OBProxy 会和后面 N 个 server 建立连接，整个连接的映射关系如图 5-2-3 所示。

可以看到，OBProxy 按需和两台 OBServer 建立了连接。这两个连接只属于这一个客户端连接，不会被其他客户端连接复用。连接映射的关键点就是需要用 id 标志出每一个连接并记录 id 之间的映射关系，可以将图 5-2-3 抽象成如下模型：

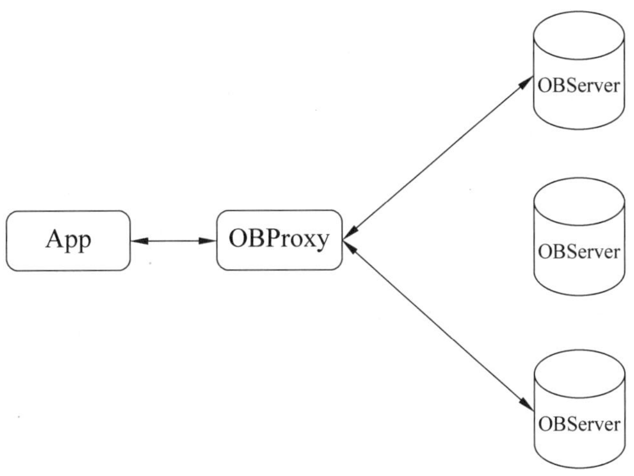

图 5-2-3 连接的映射关系

App←[proxy_sessid1]→OBProxy←[server_sessid1]→OBServer1←[server_sessid3]→OBServer3

这样就可以用 proxy_sessid 唯一标志 App 和 OBProxy 之间的连接，用 server_sessid 唯一标志 OBProxy 和 OBServer 之间的连接。当 SQL 执行错误、执行慢等情况出现时，会将映射关系打印到日志中，这样就将 App 和 OBServer 关联起来，进行全链路问题定位。

2）状态同步

一个客户端连接对应多个服务端连接，要保证执行结果的正确性，就要求多个服务端连接的 Session 状态是一致的。那么，状态不同步会导致什么问题？我们举个反例，假设用户执行下面的 SQL 命令：

```
set autocommit=1;
insert into t1 values(1);
insert into t2 values(2);
```

执行过程如下：

(1) set autocommit=0 发给 OBServer1。

(2) insert into t1 values(1)发给 OBServer1。

(3) 进行连接切换，insert into t2 values(2)发给 OBServer2。

状态同步执行过程如图 5-2-4 所示。

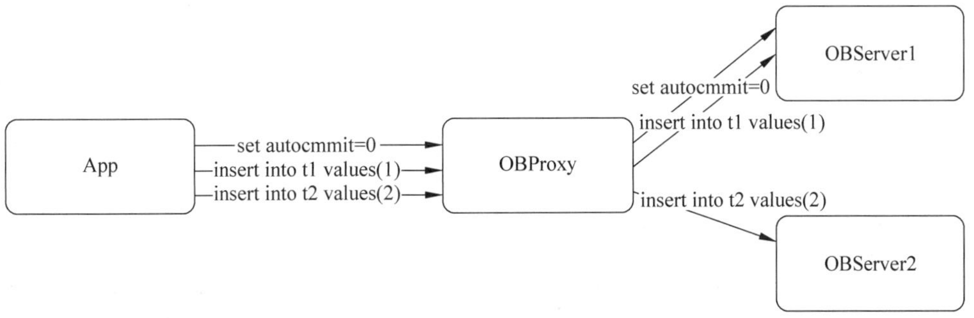

图 5-2-4 状态同步执行过程

对于第三条 SQL，OBProxy 和 OBServer2 的连接并未同步连接状态 autocommit=1，这

样就可能导致第三条语句 insert into t2 并未提交事务。

正确的步骤是 OBProxy 在给 OBServer2 发送 INSERT SQL 前，先同步 autocommit 变量的值。OBProxy 通过版本号机制解决了状态同步的问题，实现了 database、sessionvariables、last_insert_id、ps prepare 语句的状态同步，保证功能的正确性。

3）连接功能特性

与单机数据库不同，OBProxy 改变了连接的映射关系为 $M:N$，因此有些连接功能需要做额外处理。举个例子，用户通过 Show Processlist 查看连接数，此时他希望看到的是客户端和 OBProxy 之间的连接数，而不是 OBProxy 和 OBServer 之间的连接数。下面我们对常见的连接功能展开详细介绍。

（1）连接黏性。OBProxy 还未实现所有功能的状态同步，如事务状态、临时表状态、cursor 状态等。对于这些功能，OBProxy 只会将后续请求都发往状态开始的节点，这样就不需要进行状态同步，而缺点是无法充分发挥分布式系统的优势。

（2）Show Processlist 和 Kill 命令配套使用。Show Processlist 用于展示客户端和服务端之间的连接，对于 OBProxy，Show Processlist 只展示客户端和 OBProxy 之间的连接，不展示 OBProxy 和 OBServer 之间的连接。Kill 命令用于杀死一个客户端连接，客户端连接关闭后，OBProxy 也会关闭对应的服务端连接。对于 OBProxy 的 Kill 命令，需要先获取对应的 Id，如图 5-2-5 的 Id 列内容（Show Proxysession 和 Show Processlist 功能类似，Show Proxysession 是 OBProxy 专属命令）。

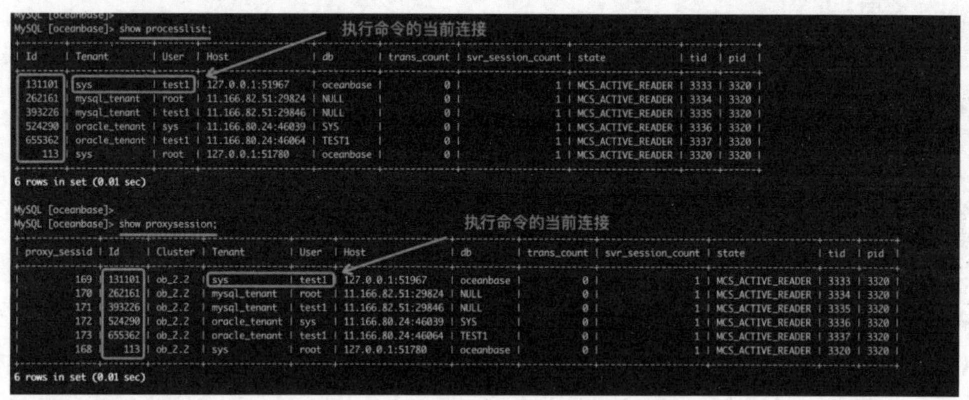

MySQL [oceanbase]> show processlist;

Id	Tenant	User	Host	db	trans_count	svr_session_count	state	tid	pid
131101	sys	test1	127.0.0.1:51967	oceanbase	0	1	MCS_ACTIVE_READER	3333	3320
262161	mysql_tenant	root	11.166.82.51:29824	NULL	0	1	MCS_ACTIVE_READER	3334	3320
393226	mysql_tenant	test1	11.166.82.51:29846	NULL	0	1	MCS_ACTIVE_READER	3335	3320
524290	oracle_tenant	sys	11.166.80.24:46039	SYS	0	1	MCS_ACTIVE_READER	3336	3320
655362	oracle_tenant	test1	11.166.80.24:46064	TEST1	0	1	MCS_ACTIVE_READER	3337	3320
113	sys	root	127.0.0.1:51780	oceanbase	0	1	MCS_ACTIVE_READER	3320	3320

6 rows in set (0.01 sec)

MySQL [oceanbase]>
MySQL [oceanbase]> show proxysession;

proxy_sessid	Id	Cluster	Tenant	User	Host	db	trans_count	svr_session_count	state	tid	pid
169	131101	ob_2.2	sys	test1	127.0.0.1:51967	oceanbase	0	1	MCS_ACTIVE_READER	3333	3320
170	262161	ob_2.2	mysql_tenant	root	11.166.82.51:29824	NULL	0	1	MCS_ACTIVE_READER	3334	3320
171	393226	ob_2.2	mysql_tenant	test1	11.166.82.51:29846	NULL	0	1	MCS_ACTIVE_READER	3335	3320
172	524290	ob_2.2	oracle_tenant	sys	11.166.80.24:46039	SYS	0	1	MCS_ACTIVE_READER	3336	3320
173	655362	ob_2.2	oracle_tenant	test1	11.166.80.24:46064	TEST1	0	1	MCS_ACTIVE_READER	3337	3320
168	113	ob_2.2	sys	root	127.0.0.1:51780	oceanbase	0	1	MCS_ACTIVE_READER	3320	3320

6 rows in set (0.01 sec)

图 5-2-5　连接功能特性

（3）负载均衡影响。因为 OBProxy 对 Show Processlist 和 Kill 命令做了处理，所以 Show Processlist 和 Kill 命令只有都发往同一台 OBProxy 才能正常工作。

2. 查看物理连接

本文介绍两种查看 ODP 上物理连接的方法。

通过 SHOW PROCESSLIST 语句查询当前租户的会话数量及会话 ID。

示例如下：

```
obclient＞SHOW PROCESSLIST;
```

OBServer 有超时机制，一般情况下，无论是服务端宕机，还是网络分区，或者 OBProxy 与服务端的连接断开，OBProxy 都能通知 Client Session 事务处理失败。但如果超时时间设置得过长，或者 OBProxy 处理有遗漏，Client Session 确实挂住了，那么应用就会要求做 Kill

Session 操作。OBProxy 需要能够对 Kill Session 做特殊处理，不仅要处理 OBProxy 上记录的 Client Session 状态，还需要通知 OBServer 关闭 Server Session。

通过 SHOW PROXYNET CONNECTION 语句查看 ODP 上所有网络连接的内部属性状态。

SQL 语句如下：

```
SHOW PROXYNET CONNECTION [thread_id [LIMIT xx]]
```

参数说明：

不指定 thread_id 时，展示 ODP 上所有网络连接的内部属性状态。

指定 thread_id 时，展示指定 thread 上的连接状态。支持指定 LIMIT [offset,] rows 和 LIMIT rows OFFSET offset 参数，使格式与 MySQL 完全兼容。当 rows==－1 时，展示全部行。

示例如下：

```
obclient>SHOW PROXYNET CONNECTION\G
```

3. 展示全部 Session

sys 租户通过 SHOW PROXYSESSION 语句，可以查看 ODP 上所有租户连接的全部 Client Session 的内部状态；租户通过 SHOW PROXYSESSION 语句，可以查看 ODP 上当前租户连接的全部 Client Session 的内部状态。

通过 ODP 连接的方式连接 OceanBase 数据库，并执行 SHOW PROXYSESSION 命令：

```
obclient -h xx.xx.xx.xx -uusername@tenant_name#cluster_name -P2883 -p****** -c -
A oceanbase
>SHOW PROXYSESSION;
```

4. 展示 Session 详细状态

通过 SHOW PROXYSESSION ATTRIBUTE 语句可以查看指定 Client Session 的详细内部状态，包括该 Client Session 上涉及的相关 Server Session。SQL 语句如下：

```
SHOW PROXYSESSION ATTRIBUTE [id [like 'xxx']]
```

参数说明：

(1) 不指定 id 时，显示当前 Session 的详细状态(ODP 1.1.0 版本起开始支持)，支持模糊查询当前 Session 指定属性名称的 value(Proxy 1.1.2 版本起开始支持)。

(2) 指定 id 时，显示指定 id 对应 Client Session 的详细状态(ODP 1.1.0 版本起开始支持)，支持模糊查询指定属性名称的 value(ODP 1.1.2 版本起开始支持)。

(3) id 既可以是 cs_id，也可以是 connection_id，显示结果相同。

(4) cs_id 为 ODP 内部标记的每个 Client 的 id 号，connection_id 为整个 OceanBase 数据库标记的每个 Client 的 id 号。

(5) like 模糊匹配字段名称，支持'%'和'_'。

5. 展示 Session 变量

通过 SHOW PROXYSESSION VARIABLES 语句可以查看指定 Client Session 的

Session 变量。语句的详细信息如下：

```
SHOW PROXYSESSION VARIABLES [[all] id [like 'xx']]
```

参数说明：

（1）不带 all 参数时，展示指定 Client Session 的本地 Session 变量（包括修改过的系统变量和用户变量）。

（2）带 all 参数时，展示指定 Client Session 的全部 Session 变量（包括所有系统变量和用户变量）。

（3）不指定 id 时，显示当前 Session 的 Session 变量（ODP 1.1.0 版本起开始支持），支持模糊查询当前 Session 指定属性名称的 value（Proxy 1.1.2 版本起开始支持）。

（4）指定 id 时，显示指定 id 对应 Client Session 的 Session 变量（ODP 1.1.0 版本起开始支持），支持模糊查询指定属性名称的 value（ODP 1.1.2 版本起开始支持）。

（5）id 既可以是 cs_id，也可以是 connection_id，显示结果相同。

（6）cs_id 为 ODP 内部标记的每个 client 的 id 号，connection_id 为整个 OceanBase 数据库标记的每个 Client 的 id 号。

（7）like 模糊匹配，支持'%'和'_'。

6. 终止 Server Session

可以通过 KILL PROXYSESSION(cs_id|connection_id)语句终止指定 Client Session。

参数说明：

（1）cs id 为 ODP 内部标记的每个 Client 的 id 号，connection_id 为整个 OceanBase 数据库标记的每个 Client 的 id 号。

（2）与 KILL connection_id 的作用一致。有关 KILL 语句的详细介绍，参见 KILL（MySQL 模式）或 KILL（Oracle 模式）。

也可以通过 KILL PROXYSESSION(cs_id|connection_id)ss_id 语句，来终止指定 Client Session 上的 Server Session。

参数说明：

（1）id 既可以是 cs_id，也可以是 connection_id，显示结果相同。

（2）cs_id 为 ODP 内部标记的每个 Client 的 id 号，connection_id 为整个 OceanBase 数据库标记的每个 Client 的 id 号。

（3）ss_id 表示 ODP 内部标记每个 Server 端会话（Server Session）的 id 号，可以从 SHOW PROXYSESSION ATTRIBUTE id 中获取。详细的获取操作参见展示 Session 详细状态。

5.2.3 OBProxy 路由管理

OBProxy 会充分考虑用户请求涉及的副本位置、用户配置的读写分离路由策略、OceanBase 数据库多地部署的最优链路，以及 OceanBase 数据库各服务器的状态及负载情况，将用户的请求路由到最佳的 OBServer，最大程度地保证了 OceanBase 数据库整体的高性能运转。

开始阅读本节内容之前，先回顾一些路由相关的概念：

（1）Zone。

(2) Region。

(3) Server List。

(4) RS List。

(5) Location Cache。

(6) 副本。

(7) 合并。

(8) 强一致性读/弱一致性读。

(9) 读写 Zone/只读 Zone。

(10) 分区表。

(11) 分区键。

路由实现了根据 OBServer 的数据分布精准访问到数据所在的服务器。同时还可以根据一定的策略将一致性要求不高的读请求发送给副本服务器，充分利用服务器的资源。路由选择输入的是用户的 SQL、用户配置规则和 OBServer 状态，路由选择输出的是一个可用 OBServer 地址。其路由逻辑如图 5-2-6 所示。

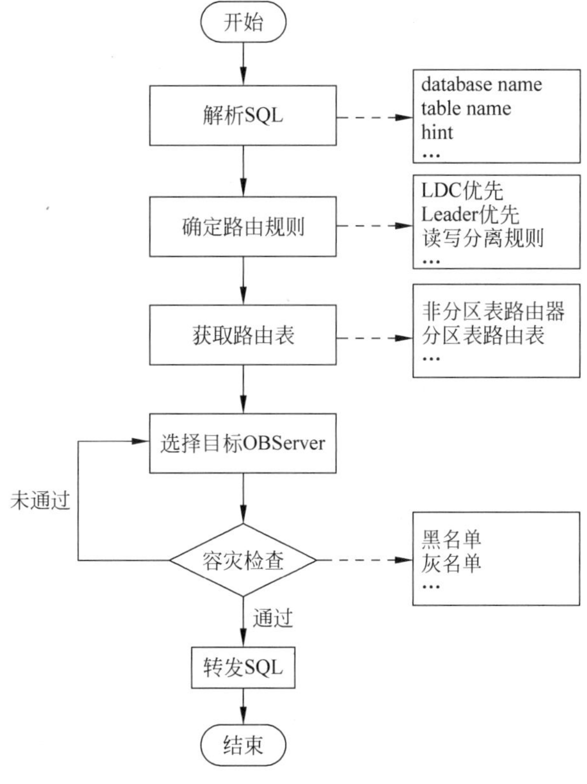

图 5-2-6　OBProxy 的路由逻辑

OBProxy 包含简单的 SQL Parser 功能，可进行轻量的 SQL 解析，即先从客户端发出的 SQL 语句中解析出数据库名和表名，然后根据用户的租户名、数据库名、表名以及分区 ID 信息等信息，向 OBServer 拉取表分区的路由表。

所谓的路由表是指表分区的主/从副本所在 OBServer 的 IP 地址列表信息。有了这些信息之后，OBProxy 将请求路由至主副本所在的服务器上，同时将副本的位置信息更新到自己的 Location Cache 中，当再次访问时，会命中该 Cache 以加速访问。

1. LDC 概述

逻辑数据中心(Logical Data Center,LDC)路由可用于解决分布式关系型数据库多地多中心部署时产生的异地路由延迟问题。

OceanBase 数据库作为典型的高可用分布式关系型数据库,使用 Paxos 协议进行日志同步,天然支持多地多中心的部署方式以提供高可靠的容灾保证。但当真正多地多中心部署时,任何数据库都会面临异地路由延迟问题。

逻辑数据中心(Logical Data Center,LDC)路由正是为了解决这一问题而设计的,通过给 OceanBase 集群的每个 Zone 设置 Region 属性和 IDC 属性,并给 OBProxy 指定 IDC 名称配置项后,当数据请求发送到 OBProxy 时,OBProxy 将按以下优先级顺序进行路由转发。

(1) 选取本机房不在合并的副本。

(2) 选取同地域机房不在合并的副本。

(3) 选取本机房在合并的副本。

(4) 选取同地域机房在合并的副本。

(5) 随机选取非本地域机房不在合并的副本。

(6) 随机选取非本地域机房在合并的副本。

LDC 路由的设置需要进行以下 3 个步骤。

(1) OceanBase 集群的 LDC 配置。

(2) OBProxy 的 LDC 配置。

(3) 应用配置弱一致性读。

2. 非分区表路由算法

非分区表可以直接利用 Location Cache 中的副本信息。ODP 保存了分区和 OBServer 地址的映射,通过解析 SQL 中的表名,根据表名查询 ODP 缓存中的分区对应的服务器 IP。缓存的有效性有以下三种情况。

(1) 缓存中找不到,此时需要访问 OBServer 查询最新映射并缓存。

(2) 缓存中存在但不可用,此时需要重新去 OBServer 查询并更新。

(3) 缓存中存在且可用,此时可以直接使用。

3. 分区表路由算法

分区表的路由相比非分区表而言,增加了分区 ID 及其相关的计算和查询过程。在获取了 Location Cache 后,分区表需要继续判定表的一级/二级分区,根据不同分区键类型和计算方式,计算分区 ID 并获取对应主备副本信息。

做分区计算时,通过表结构可以得知分区键及其类型,之后通过解析 SQL 语句获取对应分区键的值,并根据表结构和分区键类型做分区计算,从而能转发到对应分区所在的服务器。

正常情况下,通过分区计算,ODP 可以将 SQL 路由到分区对应的服务器上,从而避免 Remote 执行,提升效率。

在 ODP v3.2.0 版本中,已针对分区表且无法计算分区路由的场景进行优化,由随机选择租户的服务器路由,优化成随机从分布了分区的服务器中随机路由,提升命中率,尽可能减少 Remote 执行。

以二级分区为例,路由分为以下 10 个步骤。

(1) 解析 SQL 获取表名。

(2) 根据表名访问 OceanBase 内部表,确认是分区表。

(3) 解析 SQL 中的列表达式(如 c1=1)。

(4) 访问 OceanBase 内部表获取分区表信息。

(5) 访问 OceanBase 内部表获取一级分区信息。

(6) 根据列表达式计算一级分区的 partition_id。

(7) 访问 OceanBase 内部表获取二级分区信息。

(8) 根据列表达式计算二级分区的 partition_id。

(9) 计算最终的 partition_id。

(10) 访问 OceanBase 内部表获取对应 partition_id 的位置信息。

4. 强一致性读路由策略

在分布式系统中,为了容灾高可用,会采用多副本机制。OceanBase 副本之间需要保证数据一致性,采用了 Paxos 算法。在工程实践中,有一个特殊副本,该副本数据最新,并控制数据在副本间的同步,这个副本叫作主副本,其他副本统称为备副本。

由于 OceanBase 数据库只有一个主副本,因此,主副本路由策略就是发往该副本。此处以 select c1 from t1 语句为例,介绍主副本路由需要满足的两个条件。

(1) SQL 语句操作(查询、插入、更新和删除等)实体表,如上例中的 t1 表。

(2) 请求必须读到最新数据,即强读。

默认的路由策略为强一致性读路由策略,适用于对读写一致性要求高的场景。需要读取分区的 Leader 副本的数据,即 SQL 必须转发到涉及分区的 Leader Server 上执行,以此保证获取到实时最新的数据。

5. 弱一致性读路由策略

和主副本路由相似,备副本路由也需要满足以下两个条件。

(1) SQL 语句查询实体表,如 select c1 from t1 中的 t1 表。

(2) 请求要求弱读即可,即不要求读到最新数据。

这两个条件和主副本路由需要满足的条件是有区别的。

(1) 对于条件 1,备副本路由只支持查询语句,不支持其他语句,这也是 Paxos 算法的实现要求。

(2) 对于条件 2,需要主动设置弱读标记 ob_read_consistency=weak,可以通过 hint、session 等设置。

对于备副本路由,SQL 发往主副本和备副本都可以正常工作,因此备副本路由的选择变多了。

1) 主备均衡路由策略(默认)

OBProxy 默认的路由方式为主备均衡路由。首先,考虑 Region,相同 Region 的 OBServer 优先于不同 Region 的 OBServer;其次,考虑合并状态,不处于合并状态的 OBServer 优先于处于合并状态的 OBServer;最后,考虑 IDC 关系,相同 IDC 的 OBServer 优先于不同 IDC 的 OBServer。

详细的路由顺序如下。

(1) 相同 Region,相同 IDC 并且不处于合并状态的 OBServer。

(2) 相同 Region,不同 IDC 并且不处于合并状态的 OBServer。

(3) 相同 Region,相同 IDC 并且处于合并状态的 OBServer。

(4) 相同 Region,不同 IDC 并且处于合并状态的 OBServer。

(5) 不同 Region 并且不处于合并状态的 OBServer。

(6) 不同 Region 并且处于合并状态的 OBServer。

2) 备优先读策略

OBProxy 支持备优先读路由策略,通过用户级别系统变量 proxy_route_policy 控制备优先读路由。备优先读仅在弱一致性读时生效,且优先读 follower 而非主备均衡选择。使用 root 用户登录集群的 sys 租户后,运行下述语句对用户系统变量 proxy_route_policy 进行设置:

设置命令 SET @proxy_route_policy='[policy]';

验证命令 select @proxy_route_policy; |show proxysession variables;

取值为 follower_first 时,路由逻辑是优先发给备机(即使集群在合并状态)。

取值为 unmerge_follower_first 时,路由逻辑是优先发不在集群合并状态的备机。

3) 读写分离策略

读写分离部署,要求客户端将写请求路由到 ReadWrite zone 主副本,将弱一致性读请求路由到 ReadOnly zone。OceanBase 数据库由于不是所有 zone 里的副本数据都是实时一致的,因此业务对只读操作需接受弱一致性读。

使用 root 用户登录到集群的业务租户,运行下述语句设置 Global 级别系统变量 ob_route_policy 为对应取值即可,默认取值为 readonly_zone_first。读写分离策略如表 5-2-1 所示。

表 5-2-1 读写分离策略

值	路由策略	说明
readonly_zone_first	①本地常态读库 PS→ ②同城常态读库 PS→ ③本地合并读库 PS→ ④同城合并读库 PS→ …	默认值,读库优先访问 优先级:zone 类型>合并状态>IDC 状态
only_readonly_zone	①本地常态读库 PS→ ②同城常态读库 PS→ ③本地合并读库 PS→ ④同城合并读库 PS→ ⑤本地常态读库 TS→ …	只访问读库 优先级:合并状态>IDC 状态
unmerge_zone_first	①本地常态读库 PS→ ②同城常态读库 PS→ ③本地常态写库 PS→ ④同城常态写库 PS→ …	优先访问不再合并的 zone 优先级:合并状态>zone 类型>IDC 状态

注意:PS 表示 OBProxy 中有目标 Partition 的路由信息;TS 表示 OBProxy 中没有目标 Partition 的路由信息,只有租户的路由信息。

读写分离部署应注意的事项如下:不能仅仅在异地 Region 设置只读 zone,否则可能导致每次请求都与 OBServer 进行建连,耗时增加。原因是 OBProxy 内部有个策略,如果 Session

上设置了弱读，并且这个租户有只读 zone，会判断上一次访问的 Server 是不是处于只读 zone。如果不是的话，会关掉这个 Server Session。同时，根据上面的路由策略，如果同 Region 下是读写 zone，异地是只读 zone，OBProxy 始终会路由到同 Region 下的读写 zone。因此，这样就可能会导致不断地与同 Region 下的读写 zone 的 Server 建连，然后关闭连接，下次请求又继续重复。

5.2.4　OBProxy 运维管理

1. OBProxy 重启

OBProxy 部署成功后，可以通过 OCP 启动单个服务器上的 OBProxy 进程。

详细的操作步骤如下：

首先，登录 OCP 集群，找到 OBProxy 集群。OBProxy 页面如图 5-2-7 所示。

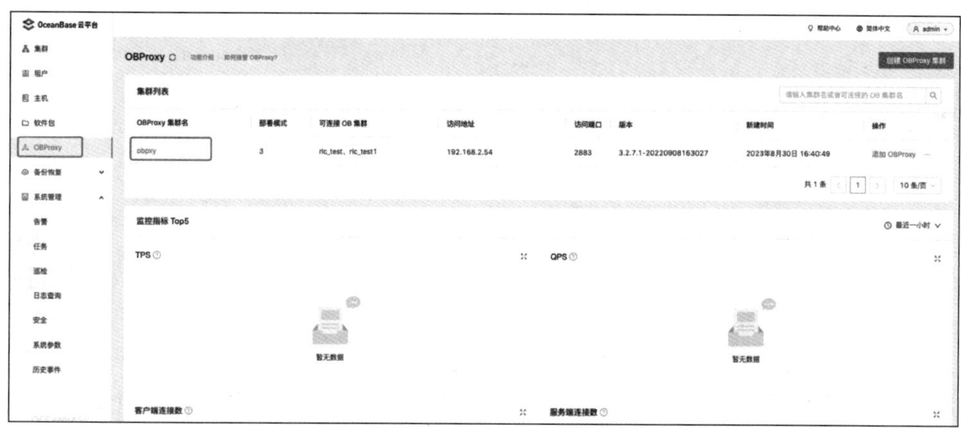

图 5-2-7　OBProxy 页面

其次，进入 OBProxy 集群，找到需要重启的 OBProxy 主机。最后选择重启，如图 5-2-8 所示。

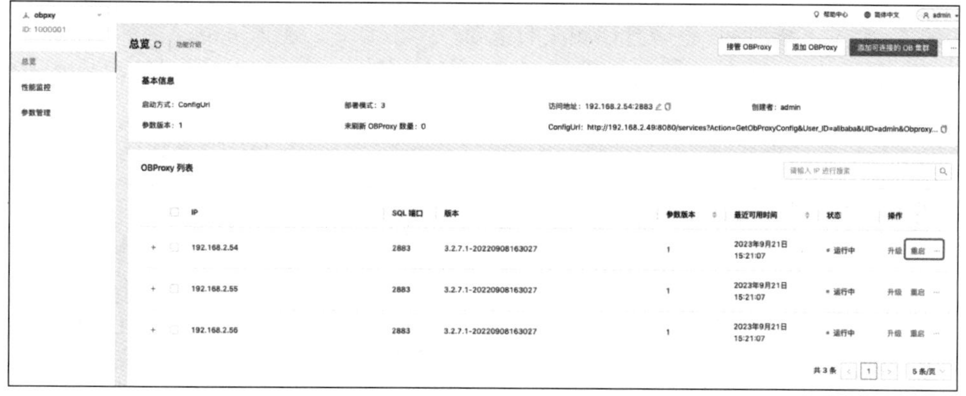

图 5-2-8　OBProxy 集群页面

2. 命令行停止 OBProxy

OBProxy 部署成功后，默认进程为启动状态，可以通过命令行停止单个 OBProxy 进程。

停止 OBProxy 进程：使用 admin 用户登录到 OBProxy 进程所在的服务器。执行以下命令，查看 OBProxy 进程的进程号。

```
$ps -ef|grep obproxy
admin    37360        0    6 11:35 ?        00:00:09 bin/obproxy
admin    43055    36750    0 11:37 pts/10   00:00:00 grep --color=auto obproxy
root     85623        1    0 Jun02 ?        00:15:19
/home/admin/ocp_agent/obagent/obstat2 -o http://xx.xx.xx.xx:81 -c test323 __obproxy__ -f 20
```

查询到 OBProxy 的进程号为 37360。

执行以下命令，根据查询到的进程号，停止 OBProxy 进程。

```
$kill -9 37360
```

停止成功后，再次执行以下命令，确认 OBProxy 进程已不存在。

```
$ps -ef|grep obproxy
admin    45795    36750    0 11:39 pts/10   00:00:00 grep --color=auto obproxy
root     85623        1    0 Jun02 ?        00:15:19
/home/admin/ocp_agent/obagent/obstat2 -o http://xx.xx.xx.xx:81 -c test323 __obproxy__ -f 20
```

3. OBProxy 捕获慢查询

OBServer 的慢查询阈值默认为 100ms，表示超过 100ms 的慢查询才会记录在 OBServer 上。而 OBProxy 也有其慢查询的阈值，通过设置 OBProxy 的慢查询阈值，可以捕获到通过该 OBProxy 连接的相关慢查询。

1）OBProxy 慢查询相关参数

OBProxy 有慢查询日志打印功能，通过 OBProxy 的以下配置项来控制打印到日志中的 SQL 或事务的处理时间阈值：

（1）slow_transaction_time_threshold：指慢查询或事务的整个生命周期的时间阈值，超过了该时间，就会打印相关日志。

（2）query_digest_time_threshold：指 OBProxy 得到 SQL 直到返回给客户端之前的这段时间的阈值，超过了该时间，也会打印相关日志。

（3）slow_query_time_threshold：OBServer 上慢查询的阈值，默认是 500ms，超过 500ms 的 SQL 会打印相关的日志。该参数应当与 OBServer 的配置项 trace_log_slow_query_watermark 设置为相同的值。

2）修改 OBProxy 慢查询配置项

通过 OBProxy 登录 OceanBase 数据库的 sys 租户。查看 OBProxy 当前配置：

```
obclient> SHOW proxyconfig LIKE 'slow_transaction_time_threshold';
obclient> SHOW proxyconfig LIKE 'slow_query_time_threshold';
obclient> SHOW proxyconfig LIKE 'query_digest_time_threshold';
```

根据实际需求修改 OBProxy 配置项：

```
obclient> ALTER proxyconfig SET slow_transaction_time_threshold='100ms';
obclient> ALTER proxyconfig SET query_digest_time_threshold='5ms';
```

一般情况下，只需要修改配置项 slow_transaction_time_threshold。配置项 slow_proxy_process_time_threshold 使用默认值 2ms，slow_query_time_threshold 使用默认值 500ms 适

用于绝大多数场景。

慢查询举例：

```
[2023-08-20 22:39:00.824392] WARN [PROXY.SM] update_cmd_stats (ob_mysql_sm.cpp:4357)
[28044][Y0-7F70BE3853F0] [14]
Slow query:
client_ip=127.0.0.1:17403              // 执行 SQL client IP
server_ip=192.168.2.54:45785           // SQL 被路由到的 OBServer
conn_id=2147549270
cs_id=1
sm_id=8
md_size_stats=
client_request_bytes:26                // 客户端请求 SQL 大小
server_request_bytes:26                // 路由到 OBServer SQL 大小
server_response_bytes:1998889110       // OBServer 转发给 OBProxy 数据大小
client_response_bytes:1998889110       // OBProxy 转发给 client 数据大小
cmd_time_stats=
client_transaction_idle_time_us=0 // 在事务中该条 SQL 与上一条 SQL 执行结束之间的间隔时间，即
                                  // 客户端事务中 SQL 间隔时间
client_request_read_time_us=0          // OBProxy 读取客户端 SQL 耗时
server_request_write_time_us=0         // OBProxy 将客户端 SQL 转发给 OBServer 耗时
client_request_analyze_time_us=15      // OBProxy 解析本条 SQL 消耗时间
cluster_resource_create_time_us=0 //如果执行该条 SQL，需要收集 OB cluster 相关信息(一般发生在
                                  // 第一次连接到该集群的时候)，建立集群相关信息耗时
pl_lookup_time_us=3158                 // 查询 partition location 耗时
prepare_send_request_to_server_time_us=3196 // 从 OBProxy 接收到客户端请求，到转发到 OBServer
                                            // 执行前总计时间，正常应该是前面所有时间之和
server_process_request_time_us=955 // OBServer 处理请求的时间，对于流式请求就是从 OBServer 处
                                   // 理数据，到第一次转发数据的时间
server_response_read_time_us=26067801 // OBServer 转发数据到 OBProxy 耗时，对于流式请求
//OBServer 是一边处理请求，一边转发数据(包含网络上的等待时间)
client_response_write_time_us=716825     // OBProxy 将数据写到客户端耗时
request_total_time_us=26788969           // 处理该请求的总时间
sql=select * from sbtest1                // 请求 SQL
```

4. OBProxy 常见问题

(1) 启动失败问题的排查步骤。

① 服务器是否存在 hostname。输入 hostname-i，确认 host ip 是否存在。

② 目录是否存在，权限是否正确。确保当前目录下有读、写、执行的权限。

③ 端口是否被占用。使用 obproxyd.sh 启动 OBProxy，使用的端口为 2883。

④ 启动环境是否指定正确。如果通过 obproxyd.sh 启动，需要使用-e 参数指定 OBProxy 运行环境。

(2) OBProxy 连接问题的排查步骤。

① 尝试直连 OceanBase 数据库，看是否可以连接成功。注意直连 OceanBase 数据库时不需要带集群名，且端口号默认为 2881。

```
[admin@hostname/] $ obclient -h $ IP -uroot@sys -P2881 -p
```

② 如果直连可以成功，确认 OBProxy 管理员账户 proxyro 是否创建。

执行以下命令创建 proxyro 用户，如果命令执行成功，则表示连接失败是由于 OBProxy 管理员账户未创建。

```
obclient > CREATE USER proxyro IDENTIFIED BY 'xxxxxxxx';
```

(3) OBProxy 应该部署在哪里?

OBProxy 是一个反向代理,可以部署在任意节点(OBServer 服务器、应用服务器、网络中其他服务器等)。OBProxy 是通过第一次启动时,指定 OceanBase 集群的 RootService 地址完成集群注册的,因此可以不关注具体部署在哪些服务器上。

(4) 通过 OBProxy 可以对 OceanBase 数据库进行探活吗?

OceanBase 数据库不具有探活机制,但 OBProxy 会定期从 OceanBase 集群中获取 rs_list。

5. OBProxyTCP 参数配置

通过前面章节的学习,我们了解了 OBProxy 的操作步骤及其原理,如果想了解更深层次的连接原理,我们需要追溯到 TCP 协议。因为 OBProxy 的连接基于 TCP 协议,了解 TCP 协议的连接机制就能更透彻地掌握连接管理的功能及连接问题定位等知识。

OBProxy 在代码层面设置了 TCP 的 no_delay 和 keepalive 属性,以保证低延迟、高可用等特性。

(1) no_delay。属性通过禁用 TCP Nagle 算法解决延迟问题。在 Linux 的网络栈中默认启用 Nagle 算法,用于解决网络报文小分组出现,但会导致网络报文发送延迟。我们曾在生产环境中遇到 TCP 未禁用 Nagle 算法的情况,导致一条 SQL 发送耗时 40ms 左右,这是不满足业务要求的。

(2) keepalive 属性用于故障探测。及时发现服务器故障,将无效的连接关闭,使 TCP 层高可用一部分。

这两个属性可以通过 OBProxy 的配置项进行配置,推荐配置如下:

```
##和 OBServer 的 TCP 连接设置,主要控制 ODP → OBServer 节点连接机制的开启
sock_option_flag_out = 3; --这是个二进制位参数,bit 0 表示不启用 no_delay,bit 1 表示启用 keepalive.3 的二进制是 11,表示启用 no_delay 和 keepalive
server_tcp_keepidle = 5; -- 启动 keepalive 探活前的 idle 时间,5s
server_tcp_keepintvl = 5; --两个 keepalive 探活包之间的时间间隔,5s
server_tcp_keepcnt = 2; -- 最多发送多少个 keepalive 包,2 个.最长 5+5 * 2=15s 发现 dead_socket

## 与客户端的 TCP 连接设置,主要控制 client → ODP 连接机制的开启
client_sock_option_flag_out = 2; -- 启用 keepalive,不启用 no_delay
client_tcp_keepidle = 5; -- 同上
client_tcp_keepintvl = 5; -- 同上
client_tcp_keepcnt = 2; -- 同上
```

6. JDBC 连接超时参数配置

我们在排查问题时,偶尔会遇到 TCP 连接断了的情况,但无法确定是客户端断连还是服务端断连。根据经验判断,往往是超时机制触发的。这里介绍几种超时机制。

1) socketTimeout

socketTimeout 是 Java Socket 的超时时间,指的是业务程序和后端数据库之间 TCP 通信的超时时间,如果业务程序发送一个 MySQL Packet 后,超过 socketTimeout 的时间还没有从后端数据库收到 Response 报文,这时候 JDBC 会抛出异常,程序执行失败。

socketTimeout 单位是毫秒，可以通过以下方式设置：

```
jdbc:mysql://$ip:$port/$database?socketTimeout=60000
```

2) connectTimeout

connectTimeout 是业务程序使用 JDBC 跟后端数据库建立 TCP 连接的超时时间，也相当于是在 connect 阶段的 socketTimeout，如果 TCP 连接超过这个时间没有创建成功，JDBC 会抛出异常。connectTimeout 的单位是毫秒，可以通过以下方式设置：

```
jdbc:mysql://$ip:$port/$database?socketTimeout=60000&connecTimeout=5000
```

3) queryTimeout

queryTimeout 是业务程序执行 SQL 时，JDBC 设置的本地的超时时间。在业务调用 JDBC 的接口执行 SQL 时，JDBC 内部会开启这个超时机制，超过 queryTimeout 没有执行结束，JDBC 会在当前连接上发送一个 Kill query 给后端数据库，并给上层业务抛一个 MySQLTimeoutException。queryTimeout 单位是秒，可以通过 JDBC 的 Statement.setQueryTimeout 接口来设置：

```
int queryTimeout = 10;
java.sql.Statement stmt = connection.CreateStatement();
stmt.setQueryTimeout(queryTimeout);
```

第 6 章

视频讲解

OceanBase存储引擎技术

6.1 OceanBase 存储引擎背景知识及架构

OceanBase 作为分布式数据库的典型代表，其存储引擎相较于传统集中式数据库，例如 Oracle、DB2 等有明显的区别；作为一个准内存数据库，OB 采用了基于 LSM Tree 架构的存储引擎，内存中的增量数据通过合并和转储进行落盘，其中有不少需要关注的细节；系统地认识 OB 的存储引擎以及数据落盘方式，将会是开发和运维人员的必备知识点。本节将对 LSM Tree 进行介绍，逐步延展到 OceanBase 内存、转储及合并管理。

6.1.1 数据库存储结构的分类

数据库数据的存储方式通常分为两种：In-Place Update 和 Out-Of-Place Update，LSM Tree 是 Out-Of-Place Update 的方式，而 In-Place Update 的典型代表是 B+树。数据库存储结构如图 6-1-1 所示。

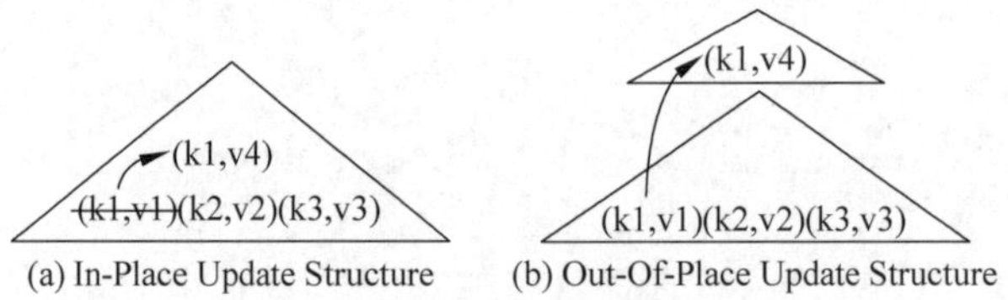

图 6-1-1 数据库存储结构

In-Place Update 可以翻译为“就地更新结构”，B 树、B+树都是就地更新结构。它们都是直接覆盖旧记录来存储更新内容的。如图 6-1-1(a)所示的部分，为了更新 key 为 k1 的 value，选择直接涂改掉(k1，v1)，再在原位置写入(k1，v4)。这种就地更新的结构，因为只会存储每个记录的最新版本，所以往往读性能更优(只需要读一份数据)，但写入的代价会变大，因为更新会导致随机 I/O。

Out-Of-Place Update 翻译成“异位更新结构”，LSM Tree 就是标准的异位更新结构。异位更新结构会将更新的内容存储到新的位置，而不是覆盖旧的条目。如图 6-1-1(b)所示的部分，更新 k1 的 value 不会修改掉(k1，v1)这个键值对，而是会在新的位置写一个新的条目(k1，v4)。这种设计因为是顺序写，所以写入性能显然更高，但读性能显然就被牺牲掉了，因为可能要扫描多个位置，才能读到想要的结果。此外，这种数据结构还需要一个数据整合的过程，主要是为了防止数据的无限膨胀，这个过程称为 Compaction 过程。为了避免占用的硬盘空间不断上升，以及存在重复数据导致的搜索效率下降，我们需要定期、不定期地处理重复数据，处理方法是执行 Compaction，即选择一些文件进行合并，删除重复的数据后，生成新的不包含重复内容的文件。由于写入和 Compaction 时，写入的都是完整的文件，所以随机 I/O 很少。但是，由于存在 Compaction 操作，一个数据可能被重复读写多次，所以会造成执行 I/O 的数据量比实际写入的数据量要大几倍甚至几十倍，也就是写放大问题。

分布式技术、固态硬盘技术促成存储结构从 In-Place Update 向 Out-Of-Place Update 的演进。2014 年左右，固态硬盘 SSD 开始进入大规模商用阶段。相比于传统的机械硬盘 HDD，SSD 除了性能大幅度提升外，还有两个显著的特性，第一，没有寻道时间。相比于机械硬盘，随机读性能有很大的提升。第二，SSD 是基于闪存进行存储的，但闪存不能覆盖写。如果要修改一个块的内容，只能把整个闪存块擦除后才能写入，并且闪存的使用寿命就是和擦除次数直接关联的；如果能减少擦除次数，就相当于延长了 SSD 的使用寿命。而这两个特性，也是契合了 Out-Of-Place Update 结构。SSD 随机读取性能的提升，在很大程度上弥补了 LSM Tree 的读取性能弱这一短板；而 LSM Tree 追加写的写入模式，也有助于节省 SSD 擦除的损耗，并提升 SSD 的使用寿命。

6.1.2 LSM Tree 概述

1. LSM Tree 基本概念

OB 采用了基于 LSM Tree 架构的存储引擎，因此学习和理解 LSM Tree 存储架构对于理解 OceanBase 数据库存储管理至关重要。本节将对 LSM Tree 存储架构进行介绍。

LSM Tree 全称是 Log-Structured Merge Tree，其采用了 Out-Of-Place Update 的存储方式。会将所有的数据插入、修改、删除等操作保存在内存之中，当此类操作达到一定的数据量后，再批量地写入磁盘当中。而在写入磁盘时，会和以前的数据做合并。在合并过程中，并不会像 B+树一样，在原数据的位置上修改，而是直接插入新的数据，从而避免了随机写。

LSM Tree 的结构横跨内存和磁盘，包含 MemTable、immutable MemTable、SSTable 等多个部分。在内存中的数据结构，用以保存最近的一些更新操作，当写数据到 MemTable 中时，会先通过 WAL(Write-Append-Log)预写日志的方式在写入内存前，先顺序写入日志，以防数据因为内存掉电而丢失。

MemTable 可以使用跳跃表或者搜索树等数据结构来组织数据以保持数据的有序性。当 MemTable 达到一定的数据量后，MemTable 会转化成为 Immutable MemTable，同时会创建一个新的 MemTable 来处理新的数据。

预写式日志(Write-Ahead Logging，WAL)是关系数据库系统中用于提供原子性和持久性(ACID 属性中的两个)的一系列技术。在使用 WAL 的系统中，所有的修改在提交之前都要先写入 Log 文件中。

1) ImmutableMemTable

内存中是不可修改的数据结构，它是将 MemTable 转变为 SSTable 的一种中间状态。目的是在转存过程中不阻塞写操作。写操作可以由新的 MemTable 处理，而不用因为锁住 MemTable 而等待。

2) SSTable(Sorted String Table)

LSM Tree 持久化到硬盘上之后的结构称为 Sorted Strings Table(SSTable)。顾名思义，SSTable 保存了排序后的数据(实际上是按照 key 排序的 key-value 对)。每个 SSTable 可以包含多个存储数据的文件,称为 Segment,每个 Segment 内部都是有序的,但不同的 Segment 之间没有顺序关系。一个 Segment 一旦生成便不再修改(Immutable)。一个 SSTable 的示例如下,可以看到,每个 Segment 内部的数据都是按照 Key 排序的。SSTable 内部图如图 6-1-2 所示。

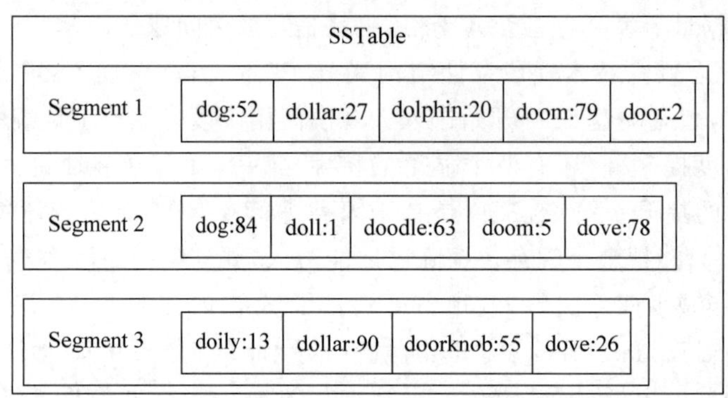

图 6-1-2 SSTable 内部图

2. LSM Tree 的写入与查询

LSM Tree 的写入和查询操作过程如图 6-1-3 所示。

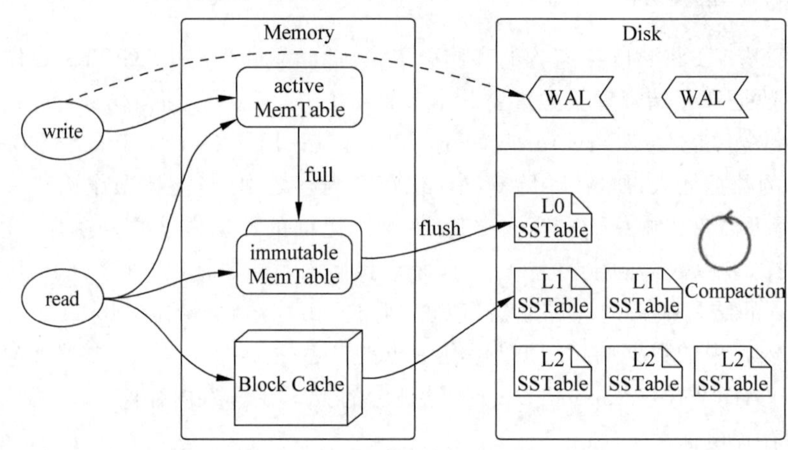

图 6-1-3 LSM Tree 的写入和查询

1) 写入操作

写操作首先需要通过 WAL 将数据写入磁盘 Log 中,防止数据丢失;然后数据会被写入内存的 MemTable 中,这样一次写操作就已经完成了,只需要一次磁盘 I/O(写 WAL Log),再加一次内存操作(写 active MemTable)。相较于 B+树的多次磁盘随机 I/O,大大提高了效率。随后这些在 MemTable 中的数据会被批量地合并到磁盘中的 SSTable 当中,过程参考 SSTable 写入操作,将随机写变为了顺序写。

2) 查询操作

查询操作相较于 B+树更慢,读操作需要依次读取 MemTable、immutable MemTable、SSTable0、SSTable1、…。需要反序地遍历所有的集合,又因为写入顺序和合并顺序的缘故,序号小的集合中的数据一定会比序号大的集合中的数据新。所以,在这个反序遍历的过程中,一旦匹配到了要读取的数据,那么一定是最新的数据,只要返回该数据即可。但是,如果一个数据不在所有的数据集合中,则会白白遍历一遍。读操作看上去比较笨拙,但可以通过稀疏索引和布隆过滤器来加速读操作。当布隆过滤器显示相应的 SSTable 中没有要读取的数据时，就跳过该 SSTable。

3. SSTable 操作

1）SSTable 写操作

LSM Tree 的所有写操作均为连续写，因此效率非常高。但由于外部数据是无序到来的，如果连续写入 Segment，显然是不能保证顺序的。对此，LSM Tree 会在内存中构造一个有序数据结构（即上述介绍的 MemTable），例如红黑树。每条新到达的数据都插入该红黑树中，从而始终保持数据有序。

当写入的数据量达到一定阈值时，将触发红黑树的 flush 操作，把所有排好序的数据一次性写入硬盘中（该过程为连续写），生成一个新的 Segment。而之后红黑树便从零开始下一轮积攒数据的过程。红黑树如图 6-1-4 所示。

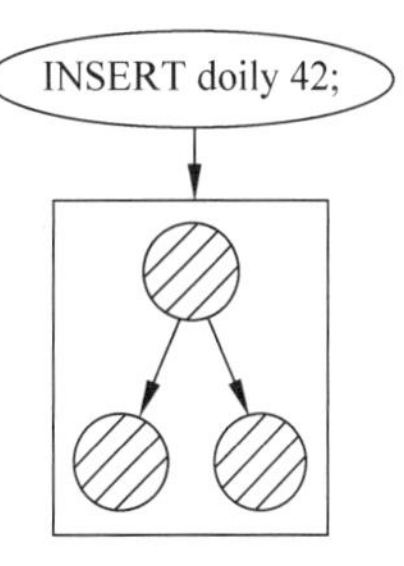

图 6-1-4 红黑树

SSTable 写操作如图 6-1-5 所示。

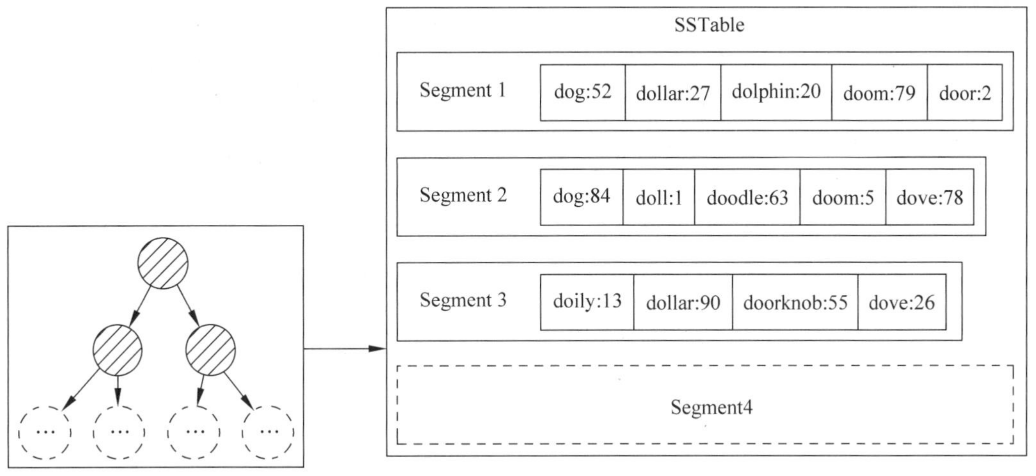

图 6-1-5 SSTable 写操作

2）SSTable 查询操作

如何从 SSTable 中查询一条特定的数据呢？一个最简单直接的办法是扫描所有的 Segment，直到找到所查询的 key 为止。通常应该从最新的 Segment 扫描，依次到最老的 Segment，这是因为越是最近的数据越可能被用户查询，把最近的数据优先扫描能够提高平均查询速度。

当扫描某个特定的 Segment 时，由于该 Segment 内部的数据是有序的，因此可以使用二分查找的方式，在 $O(\log_2 n)$的时间内得到查询结果。但对于二分查找来说，要么一次性把数据全部读入内存，要么在每次二分时都消耗一次磁盘 I/O，当 Segment 非常大时（这种情况在大数据场景下司空见惯），这两种情况的代价都非常高。一个简单的优化策略是，在内存中维护一个稀疏索引（Sparse Index），其 SSTable 查询操作如图 6-1-6 所示。

有了稀疏索引之后，可以先在索引表中使用二分查找快速定位某个 key 位于哪一小块数据中。然后，仅从磁盘中读取这一块数据即可获得最终查询结果，此时加载的数据量仅仅是整个 Segment 的一小部分，因此 I/O 代价较小。以图 6-1-6 为例，假设要查询 dollar 所对应的 value。首先在稀疏索引表中进行二分查找，定位到 dollar 应该位于 dog 和 downgrade 之间，

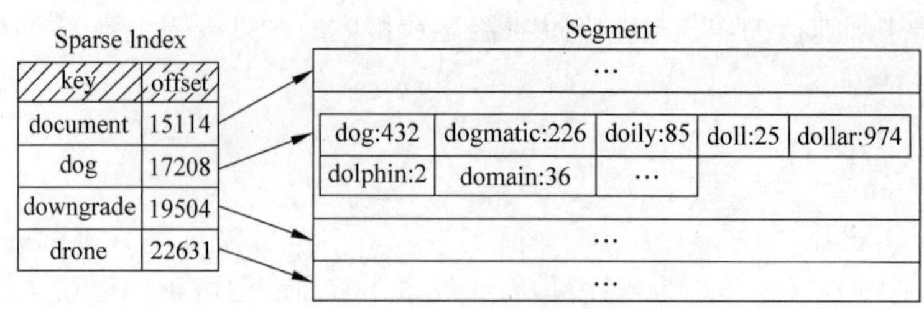

图 6-1-6　SSTable 查询操作

对应的 offset 为 17208～19504；然后，去磁盘中读取该范围内的全部数据；最后，再次进行二分查找即可找到结果，或确定结果不存在。

稀疏索引极大地提高了查询性能，然而有一种极端情况却会造成查询性能骤降：当要查询的结果在 SSTable 中不存在时，将不得不依次扫描完所有的 Segment，这是最差的一种情况。有一种称为布隆过滤器(Bloom Filter)的数据结构天然适合解决该问题。布隆过滤器是一种空间效率极高的算法，能够快速地检测一条数据是否在数据集中存在。只需要在写入每条数据之前先在布隆过滤器中登记一下，在查询时即可确定某条数据是否缺失。布隆过滤器的内部依赖于哈希算法，当检测某一条数据是否见过时，有一定概率出现假阳性(False Positive)，但一定不会出现假阴性(False Negative)。也就是说，当布隆过滤器认为一条数据出现过，那么该条数据很可能出现过；如果布隆过滤器认为一条数据没出现过，那么该条数据一定没出现过。这种特性刚好与此处的需求相契合，即检验某条数据是否缺失。

3) SSTable 文件合并(Compaction)

随着数据的不断积累，SSTable 将会产生越来越多的 Segment，导致查询时扫描文件的 I/O 次数增多，效率降低，因此需要有一种机制来控制 Segment 的数量。对此，LSM Tree 会定期执行文件合并操作，将多个 Segment 合并成一个较大的 Segment，随后将旧的 Segment 清理掉。由于每个 Segment 内部的数据都是有序的，合并过程类似于归并排序，效率很高，只需要 $O(\log_2 n)$的时间复杂度。SSTable 文件合并如图 6-1-7 所示。

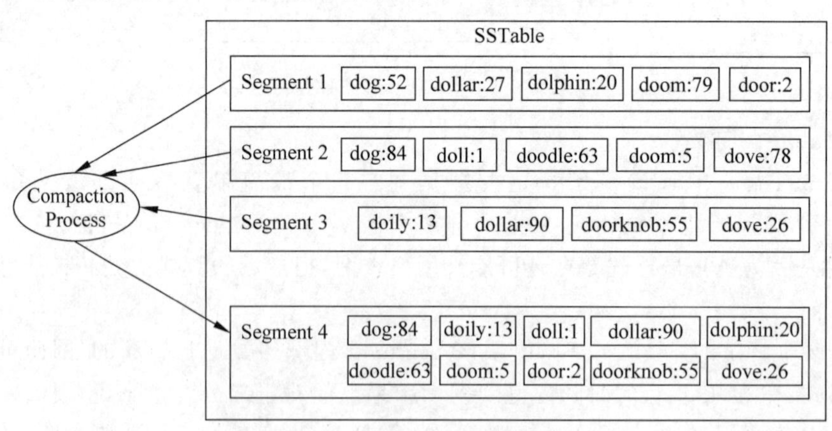

图 6-1-7　SSTable 文件合并

在图 6-1-7 的示例中，Segment 1 和 Segment 2 中都存在 key 为 dog 的数据，这时应该以最新的 Segment 为准，因此合并后的值取 84 而不是 52，这实现了类似于字典/HashMap 中“覆盖写”的语义。

4) SSTable 删除数据

LSM Tree 如何删除数据呢？如果是在内存中，删除某块数据通常是将它的引用指向

NULL，那么这块内存就会被回收。若数据已经存储在硬盘中，要从一个 Segment 文件中间抹除一段数据必须复写其之后的所有内容，这个成本非常高。LSM Tree 所采用的做法是设计一个特殊的标志位，称为 tombstone（墓碑），删除一条数据就是把它的 value 置为墓碑，如图 6-1-8 所示。

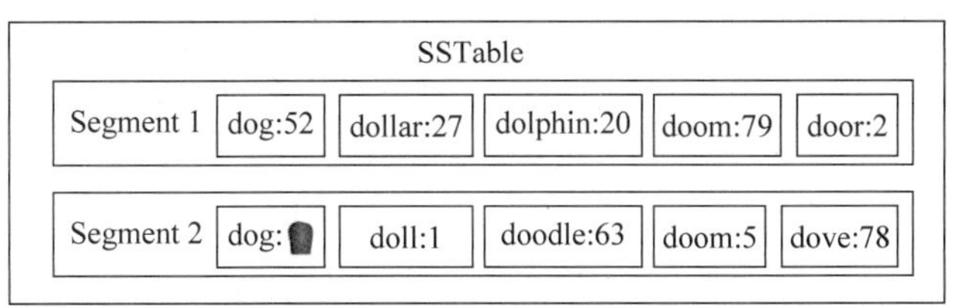

图 6-1-8 SSTable 删除数据

这个例子展示了删除 Segment 2 中的 dog 之后的效果。注意，此时 Segment 1 中仍然保留着 dog 的旧数据，如果查询 dog，那么应该返回空，而不是 52。因此，删除操作的本质是覆盖写，而不是清除一条数据，这一点初看起来不太符合常识。墓碑会在合并操作中被清理掉，因此置为墓碑的数据在新的 Segment 中将不复存在。

4. LSM Tree 合并策略

在 LSM Tree 中，合并是一种重要的策略，用于减少存储空间的浪费和提高查询性能。合并操作主要通过合并多个 SSTables 以及删除已经过期或无效的数据来实现。

1）Size-tiered Compaction 与空间放大

Size-tiered Compaction 的思路非常直接：每层允许的 SST 文件最大数量都有个相同的阈值，随着 MemTable 不断 flush 成 SST，某层的 SST 数达到阈值时，就把该层所有 SST 全部合并成一个大的新 SST，并放到较高一层去。图 6-1-9 是阈值为 4 的示意图。

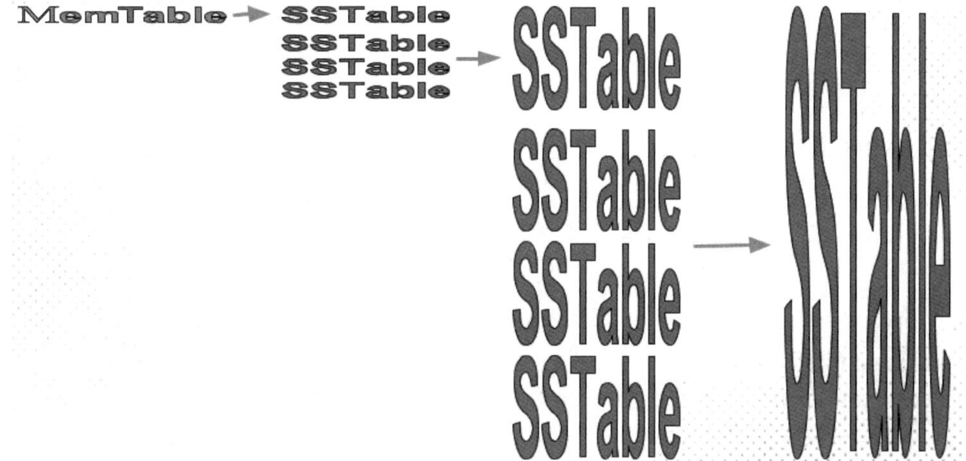

图 6-1-9 SSTable 合并

Size-tiered Compaction 的优点是简单且易于实现，并且 SST 数目少，定位到文件的速度快。当然，单个 SST 的大小有可能会很大，较高的层级出现数百 GB 甚至 TB 级别的 SST 文件都是常见的。它的缺点是空间放大比较严重，下面详细来讲。

所谓空间放大（Space Amplification），就是指存储引擎中的数据实际占用的磁盘空间比数据的真正大小偏多的情况。例如，数据的真正大小是 10MB，但实际存储时耗掉了 25MB 的空间，那么空间放大因子(Space Amplification Factor)就是 2.5。

为什么会出现空间放大呢？很显然，LSM-based 存储引擎中数据的增删改都不是 In-Place 的，而是需要等待 Compaction 执行到对应的 key 才算完成。也就是说，一个 key 可能会同时对应多个 value(删除标记算作特殊的 value)，而只有一个 value 是真正有效的，其余那些就算作空间放大。另外，在 Compaction 过程中，原始数据在执行完成之前是不能删除的(防止出现意外无法恢复)，所以同一份被 Compaction 的数据最多可能膨胀成原来的两倍，这也算作空间放大的范畴。

2) Leveled Compaction 与写放大

Leveled Compaction 的思路是：对于 L1 层及以上的数据，将 Size-tiered Compaction 中原本的大 SST 拆开，成为多个 key 互不相交的小 SST 的序列，这样的序列叫作"run"。L0 层是从 MemTable flush 过来的新 SST，该层各个 SST 的 key 是可以相交的，并且其数量阈值单独控制。从 L1 层开始，每层都包含恰好一个 run，并且 run 内包含的数据量阈值呈指数增长。

图 6-1-10 是假设从 L1 层开始，每个小 SST 的大小都相同(在实际操作中不会强制要求这点)，且数据量阈值按 10 倍增长的示例。即 L1 最多可以有 10 个 SST，L2 最多可以有 100 个，以此类推。

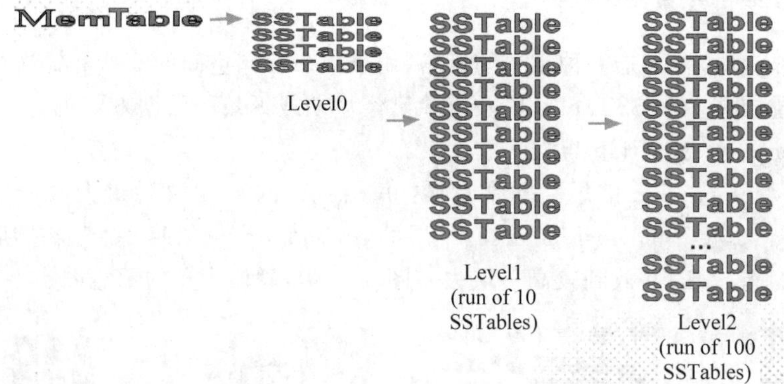

图 6-1-10 Leveled Compaction 与写放大

随着 SST 不断写入，L1 的数据量会超过阈值。这时就会选择 L1 中的至少一个 SST，将其数据合并到 L2 层与其 key 有交集的那些文件中，并从 L1 删除这些数据。仍然以图 6-1-10 为例，一个 L1 层 SST 的 key 区间大致能够对应到 10 个 L2 层的 SST，所以一次 Compaction 会影响到 11 个文件。该次 Compaction 完成后，L2 的数据量又有可能超过阈值，进而触发 L2 到 L3 的 Compaction，如此往复，就可以完成 Ln 层到 L$n+1$ 层的 Compaction 了。

可见，Leveled Compaction 与 Size-tiered Compaction 相比，每次做 Compaction 时不必再选取一层内所有的数据，并且每层中 SST 的 key 区间都是不相交的，重复 key 减少了，所以很大程度上缓解了空间放大的问题。但是"鱼与熊掌不可兼得"，空间放大并不是唯一掣肘的因素。仍然以 Size-tiered Compaction 的第一个实验为例，写入的总数据量约为 9GB，但是查看磁盘的实际写入量，会发现写入了 50GB 的数据。这就叫写放大(Write Amplification)问题。这是由 Compaction 的本质决定的：同一份数据会不断地随着 Compaction 过程向更高的层级重复写入，有多少层就会写多少次。但是，Leveled Compaction 的写放大要严重得多，同等条件下实际写入量会达到 110GB，是 Size-tiered Compaction 的两倍有余。这是因为 Ln 层 SST 在合并到 L$n+1$ 层时是一对多的，因此重复写入的次数会更多。在极端情况下，甚至可以观测到数十倍的写放大。

写放大会带来两个风险：一是更多的磁盘带宽耗费在了无意义的写操作上，会影响读操作的效率；二是对于闪存存储(SSD)，会造成存储介质的寿命更快消耗，因为闪存颗粒的擦写次数是有限制的。在实际使用时，必须权衡好空间放大、写放大、读放大三者的优先级。

6.1.3 OceanBase 数据存储架构

OceanBase 数据存储架构如图 6-1-11 所示。

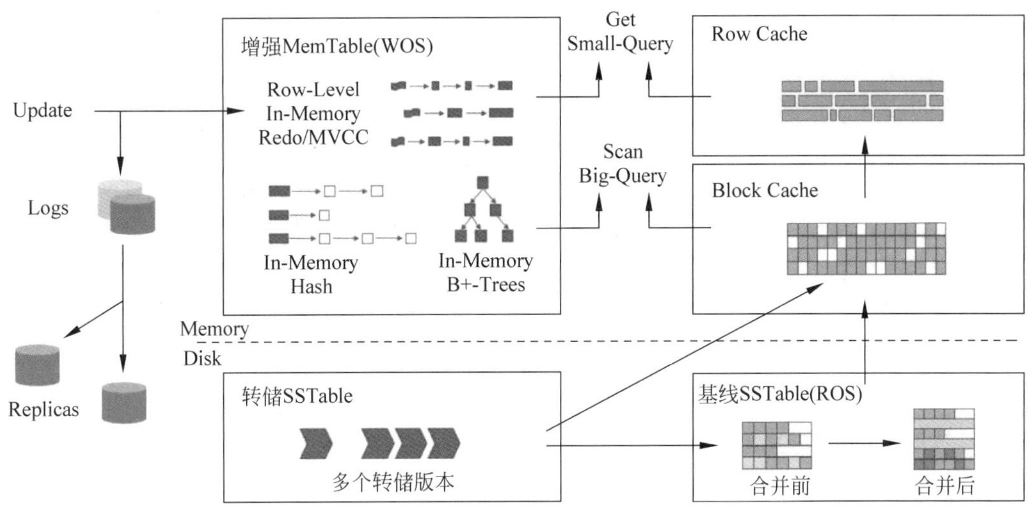

图 6-1-11 OceanBase 数据存储架构

OceanBase 数据库的存储引擎基于 LSM Tree 架构，将数据分为静态基线数据(放在 SSTable 中)和动态增量数据(放在 MemTable 中)两部分，其中 SSTable 是只读的，一旦生成就不再被修改，存储于磁盘；MemTable 支持读写，存储于内存。数据库 DML 操作插入、更新、删除等首先写入 MemTable，等到 MemTable 达到一定大小时转储到磁盘转储为 SSTable。在进行查询时，需要分别对 SSTable 和 MemTable 进行查询，并将查询结果进行归并，返回给 SQL 层归并后的查询结果。同时在内存实现了 Block Cache 和 Row cache，以避免对基线数据的随机读取。

当内存的增量数据达到一定规模时，会触发增量数据和基线数据的合并，把增量数据落盘。同时，每天晚上的空闲时刻，系统也会自动每日合并。

OceanBase 数据库本质上是一个基线加增量的存储引擎，在保持 LSM Tree 架构优点的同时也借鉴了部分传统关系数据库存储引擎的优点。传统数据库把数据分成很多页面，OceanBase 数据库也借鉴了传统数据库的思想，把数据文件按照 2MB 为基本粒度切分为一个个宏块，每个宏块内部继续拆分出多个变长的微块；而在合并时数据会基于宏块的粒度进行重用，没有更新的数据宏块不会被重新打开读取，这样能够尽可能减少合并期间的写放大，相较于传统的 LSM Tree 架构数据库显著降低合并代价。

由于 OceanBase 数据库采用基线加增量的设计，一部分数据在基线，另一部分在增量，原理上每次查询都是既要读基线，也要读增量。为此，OceanBase 数据库做了很多的优化，尤其是针对单行的优化。OceanBase 数据库内部除了对数据块进行缓存之外，也会对行进行缓存，行缓存会极大加速对单行的查询性能。对于不存在行的“空查”，会构建布隆过滤器，并对布隆过滤器进行缓存。OLTP 业务大部分操作为小查询，通过小查询优化，OceanBase 数据库避免了传统数据库解析整个数据块的开销，达到了接近内存数据库的性能。另外，由于基线是只读数据，而且内部采用连续存储的方式，OceanBase 数据库可以采用比较激进的压缩算法，既能做到高压缩比，又不影响查询性能，大大降低了成本。

结合借鉴经典数据库的部分优点，OceanBase 数据库提供了一个更为通用的 LSM Tree 架构的关系型数据库存储引擎，具备以下特性。

(1) 低成本。利用 LSM Tree 写入数据不再更新的特点，通过自主研发行列混合编码叠加通用压缩算法，OceanBase 数据库的数据存储压缩率能够相较传统数据库提升 10 多倍。

(2) 易使用。不同于其他 LSM Tree 数据库，OceanBase 数据库通过支持活跃事务的落盘保证用户的大事务/长事务的正常运行或回滚，多级合并和转储机制来帮助用户在性能和空间上找到更佳的平衡。

(3) 高性能。对于常见的点查，OceanBase 数据库提供了多级 Cache 加速来保证极低的响应延时，而对于范围扫描，存储引擎能够利用数据编码特征支持查询过滤条件的计算下压，并提供原生的向量化支持。

(4) 高可靠。除了全链路的数据检验之外，利用原生分布式的优势，OceanBase 数据库还会在全局合并时，通过多副本比对以及主表和索引表比对的校验来保证用户数据正确性，同时提供后台线程定期扫描规避静默错误。

6.2 OceanBase 内存管理

6.2.1 OceanBase 内存管理的原理

OceanBase 数据库是支持多租户架构的分布式数据库。OceanBase 数据库在运行过程中，存储引擎在使用限额内会尽量多地使用内存来加速对数据的操作和访问，与此同时，各种系统任务使用内存保持数据库引擎的高效运转，这都对大容量内存的管理和使用提出了很高的要求。OceanBase 数据库在运行过程中会逐渐占据服务器的大部分内存并对其进行统一管理。当有新业务需要上线时，系统管理员可以为新业务创建一个新租户。新租户可以使用的内存是从租户可分配的内存中划分资源，租户需要配置的 CPU 和内存大小取决于业务规模。当可分配的 CPU 和内存资源不足时，应水平横向扩展 OceanBase 集群，为不断扩展的业务规模提供可持续的服务能力。

OceanBase 数据库既支持部署在物理机上，也支持部署在虚拟机 VM 环境或者 Docker 环境。但是，同时还需要注意，作为生产环境的数据库集群，建议部署在物理机环境来保证 I/O 性能以及节点间的网络性能。如果必须要部署在 VM 环境，就需要确保在 VM 上的性能表现不会对 OceanBase 集群的正常运行造成瓶颈。图 6-2-1 描述了一台 OBServer 所在的环境（物理机、VM 或者 Docker）中内存分布的架构图。

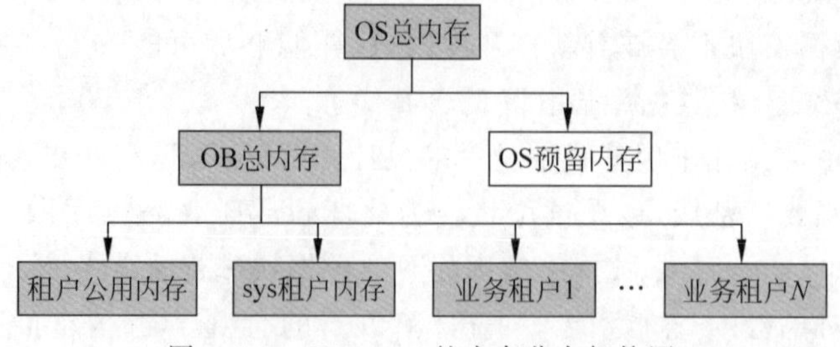

图 6-2-1 OBServer 的内存分布架构图

OceanBase 数据库是多租户设计的数据库，同一个进程会运行着多个租户的请求，从内存的租户资源划分上可以分为三类，租户公用内存（500 租户内存）、系统租户内存、业务租户内存。

租户公用内存（500 租户内存）：500 是个特殊的虚拟租户，共享性的、非实体租户消耗的内存都被 OceanBase 数据库划归 500 租户。OBServer 上的租户都会共享部分资源或功能，这些资源或功能所使用的内存由于并不属于任何一个普通租户，所以被归结到"系统内部内存"中。目前，500 租户内存不直接设置上限，可以消耗的内存受到 OBServer 整体内存上限约束，当 500 租户内存消耗过多时，需要保留 observer. log，联系 OB 支持进行问题诊断和分析。

sys 租户（系统租户）：是 OceanBase 数据库自动创建的第一个实体租户，管理着集群相关的内部表，这些内部表上的请求触发的内存就划归到了 sys 租户。

业务租户内存：当有新业务需要上线时，数据库管理员可以为其创建一个新租户，其内存是从租户的可分配内存中划分资源。每个租户内存使用的上限由创建租户时指定的资源池的资源单元内存上限所决定。

OceanBase 数据库的内存存储引擎 MemTable 采用 BTree 和 HashTable 组成的双索引结构，在插入/更新/删除数据时，数据被写入内存块，在 HashTable 和 BTree 中存储的均为指向对应数据的指针。BTree 索引能够更好地支持范围查找，哈希索引是针对单行查找的一种优化，每次事务执行时，MemTable 会自动维护 BTree 索引与哈希索引之间的一致性。OceanBase MemTable 如图 6-2-2 所示。

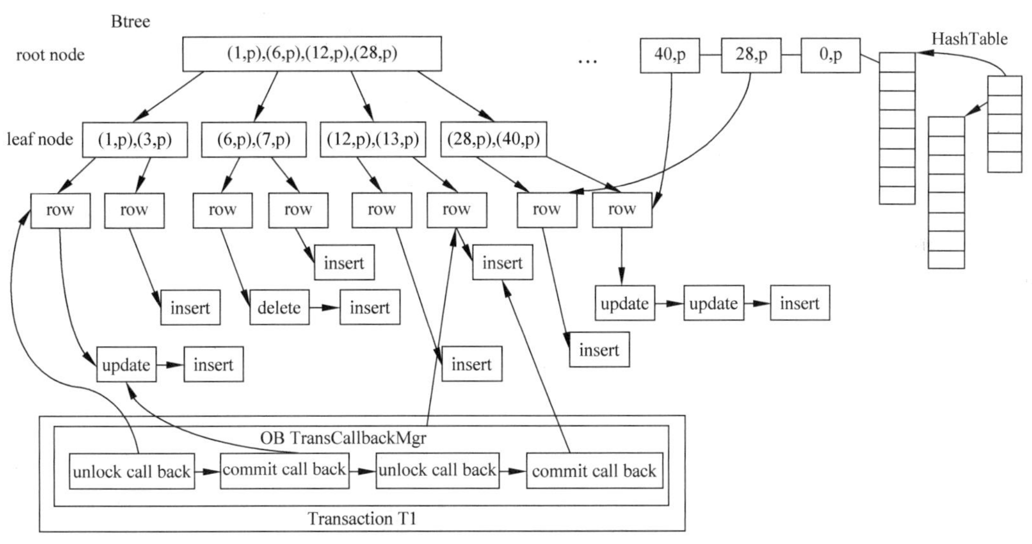

图 6-2-2　OceanBase MemTable

数据结构的优缺点如表 6-2-1 所示。

表 6-2-1　数据结构的优缺点

数据结构	优　点	缺　点
HashTable	插入一行数据时，需要先检查此行数据是否已经存在，当且仅当数据不存在时才能插入，检查冲突时，用 HashTable 要比 BTree 快。事务在插入或更新一行数据时，需要找到此行并对其进行上锁，防止其他事务修改此行，OceanBase 数据库的行锁放在行头数据结构中，需要先找到它，才能上锁	不适合对范围查询使用 HashTable

续表

数据结构	优　点	缺　点
BTree	范围查找时，由于 BTree 中的数据都是有序的，因此只需要搜索局部的数据	单行的查找，也需要进行大量的主键比较，从根结点找到叶子结点，而主键比较性能是较差的，因此理论上性能比 HashTable 慢很多

6.2.2 OceanBase 内存管理与配置

OceanBase 的内存容量分配可通过参数设置进行配置。OceanBase 内存管理如图 6-2-3 所示。

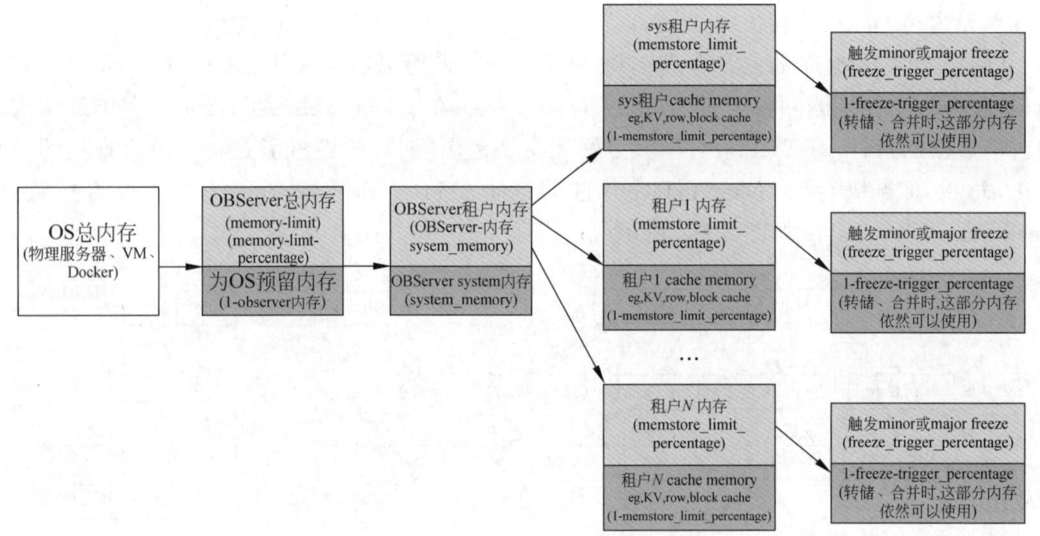

图 6-2-3　OceanBase 内存管理

其内存容量的配置路径也可参考图 6-2-3。

(1) 设置 OBServer 内存上限(OBServer 进程所使用的内存上限)如图 6-2-4 所示。

Total Memory(物理机、VM、Docker)

OBServer Memory

OS预留内存

图 6-2-4　设置 OBServer 内存上限

OceanBase 提供两种方式来设置 OBServer 内存上限：

① 按照物理服务器总内存的百分比计算 OBServer 内存上限。

② 由 memory_limit_percentage 参数配置直接设置 OBServer 内存上限。

由 memory_limit 参数配置，memory_limit 的默认单位为 MB。如果希望限制运行中的 OceanBase 数据库的内存大小，可以直接修改 memory_limit 的值，使其达到预期。设置后，后台参数 Reload 线程会使其动态生效，无须重启。但是，在设置时需要保证 memory_limit 的值小于系统总的内存值。

仅当 memory_limit=0 时，memory_limit_percentage 决定 OBServer 内存大小；否则，由 memory_limit 决定 OBServer 内存大小。以 100GB 物理内存的服务器为例，表 6-2-2 展示了不同配置下服务器上的 OBServer 内存上限。

表 6-2-2 OBServer 内存上限

场 景	memory_limit_percentage	memory_limit	OBServer 的内存上限
场景 1	80	0	80GB
场景 2	80	90GB	90GB

场景 1：memory_limit=0，因此由 memory_limit_percentage 确定 OBServer 内存大小，即 100GB * 80%=80GB。

场景 2：memory_limit='90GB'，因此 OBServer 内存上限就是 90GB，memory_limit_percentage 参数失效。

(2) 设置 OBServer 租户可用内存上限。

每个 OBServer 都包含多个租户(sys 租户 & 非 sys 租户)的数据，但 OBServer 的内存并不是全部分配给租户。OBServer 中有些内存不属于任何租户，属于所有租户共享的资源，称为“系统内部内存”或租户公用内存(500 租户内存)。OBServer 租户可用内存上限如图 6-2-5 所示。

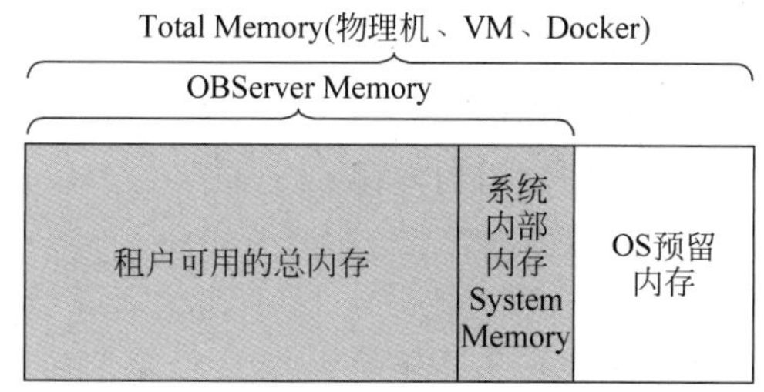

图 6-2-5 OBServer 租户可用内存上限

通过参数 system_memory 设定“系统内部内存”上限，(3. x 版本默认值为 30GB)，租户可用的总内存=“OBServer 内存上限”-“系统内部内存”。

(3) 设置 OBServer 租户可用内存上限，OceanBase 内存结构如图 6-2-6 所示。

每个租户内部的内存总体上分为两部分：

① MemStore

MemStore 主要用于保存未落盘的更新数据。MemStore 的使用上限由参数 memstore_limit_percentage 控制。memstore_limit_percentage 用于设置租户的 MemStore 部分最多占租户总内存上限的百分比，其默认值为租户 MinMemory 的 50%。

大小由参数 memstore_limit_percentage 决定，表示租户的 MemStore 部分占租户总内存的百分比。默认值为 50，即占用租户内存的 50%。当 MemStore 内存使用超过 freeze_trigger_percentage 定义的百分比时(默认为 70%)，触发冻结及后续的转储/合并等行为，具体将在后面章节进行介绍。

② 可动态伸缩的内存 KVCache

为了加速对 SSTable 的访问，提高吞吐性能，OceanBase 数据库使用 KVCache 缓存了 SSTable 的 BlockCache。除此之外，还有 Row Cache(用于缓存数据行)、Log Cache(用于缓存 Redo Log)、Location Cache(用于缓存数据副本所在的位置)、Schema Cache(用于缓存表的

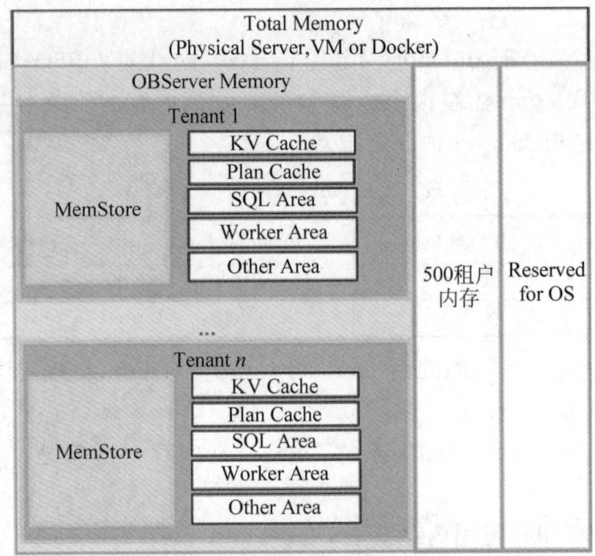

图 6-2-6 OceanBase 内存结构

Schema 信息)、Bloom Filter Cache(用于缓存静态数据的 Bloomfilter，快速过滤空查)等。OceanBase 数据库对 KVCache 进行了统一的管理。KVCache 支持动态伸缩、不同 KV 的优先级控制以及智能的淘汰机制，在一般情况下都不需要去进行任何人工干预。

此外，还有部分用于 SQL 执行模块的内存。

- SQL Area：SQL 解析和优化使用的内存。
- Worker Area：SQL 工作线程使用的内存。
- Plan Cache：Plan Cache 使用的内存。
- SQL Audit：SQL Audit 使用的内存。
- Other Area：例如分区事务管理等使用的内存。

6.3 OceanBase 存储管理

6.3.1 转储与合并概述

OceanBase 数据库的存储引擎基于 LSM Tree 架构，数据大体上被分为 MemTable 和 SSTable 两部分，当 MemTable 的大小超过一定阈值时，就需要将 MemTable 中的数据转存到 SSTable 中以释放内存，OceanBase 把这个过程称为转储(Minor Freeze)。转储会生成新的 SSTable，当转储的次数超过一定阈值时，或者在每天的业务低峰期，系统会将基线 SSTable 与之后转储的增量 SSTable 合并为一个 SSTable，OceanBase 这一过程称为合并(Major Freeze)，如图 6-3-1 所示。

参考业界的部分实现，结合目前 OceanBase 数据库架构，OceanBase 数据库的分层转储方案可以理解为常见的 Tiered-leveled Compaction 变种方案，L0 层是 Size-tiered Compaction，内部继续根据不同场景分裂多层，L1 和 L2 层基于宏块粒度来维持 Leveled Compaction。

L0 层内部称为 Mini SSTable，根据不同转储策略需要的不同参数设置，L0 层 SSTable 可能存在、可以为空。对于 L0 层提供 Server 级配置参数来设置 L0 层内部分层数和每层最大 SSTable 个数，L0 层内部即分为 level-0 到 level-*n* 层，每层最大容纳 SSTable 个数相同。当 L0 层 level-*n* 的 SSTable 到达一定数目上限或阈值后开始整体 Compaction，合并成一个

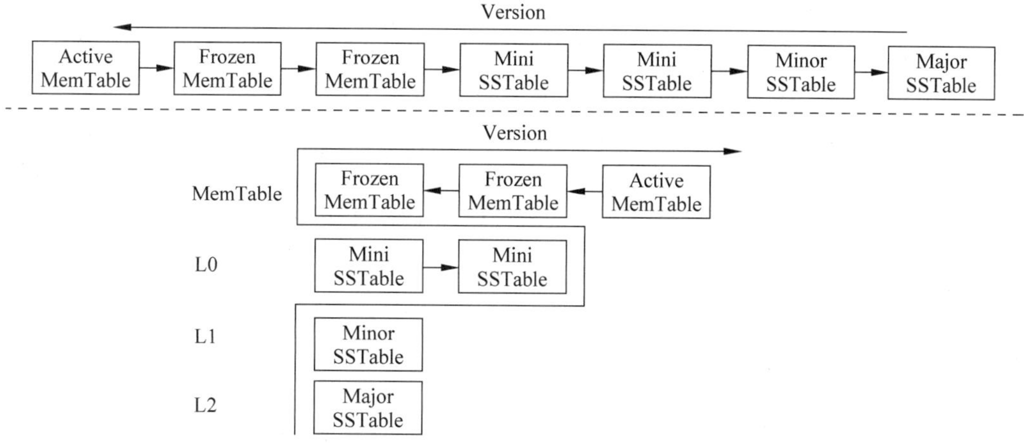

图 6-3-1 合并

SSTable 写入 level−n+1 层。当 L0 层 max level 内 SSTable 个数达到上限后，开始做 L0 层到 L1 层的整体 Compaction 释放空间。在存在 L0 层的转储策略下，冻结 MemTable 直接转储在 L0-level0 写入一个新的 Mini SSTable，L0 层每个 level 内多个 SSTable 根据 base_version 有序，后续本层或跨层合并时需要保持一个原则，参与合并的所有 SSTable 的 Version 必须邻接，这样新合并后的 SSTable 之间仍然能维持 Version 有序，简化后续读取合并逻辑。

L0 层内部分层会延缓到 L1 的 Compaction，更好地降低写放大，但同时会带来读放大，假设共 n 层，每层最多 m 个 SSTable，则最差情况 L0 层会需要持有($n\times m+2$)个 SSTable。因此，实际应用中层数和每层 SSTable 上限都需要控制在合理范围内。

L1 层内部称为 Minor SSTable，L1 层的 Minor SSTable 仍然维持 rowkey 有序，每当 L0 层 Mini SSTable 达到 Compaction 阈值后，L1 层 Minor SSTable 开始参与和 L0 层的 Compaction。为了尽可能提升 L1 Compaction 效率，降低整体写放大，OceanBase 数据库内部提供写放大系数设置，当 L0 层 Mini SSTable 总大小和 L1 Minor SSTable 大小比率达到指定阈值后，才开始调度 L1 Compaction，否则仍调度 L0 层内部 Compaction。

L2 层是基线 Major SSTable，为保持多副本间基线数据完全一致，日常转储过程中 Major SSTable 仍保持只读，不发生实际 Compaction 动作。

6.3.2 合并

1. 合并过程

合并操作(Major Compaction)是将动静态数据做归并，会比较费时。当转储产生的增量数据积累到一定程度时，通过 Major Freeze 实现大版本的合并。它和转储最大区别在于，合并是租户上所有的分区在一个统一的快照点和全局静态数据进行合并的行为，是一个全局的操作，最终形成一个全局快照。

合并操作是针对整个 OB 集群的，会影响 OB 集群的所有租户，同时具有高消耗、时间长的特点，因此如果频繁地合并操作会对业务产生较大影响。为了解决 2 层 LSM Tree 合并时引发的问题(资源消耗大、内存释放速度慢等)，OB 引入了“转储”机制。我们将在 6.3.3 节介绍转储的过程。

合并虽然比较费时，但是同时为数据库提供了一个操作窗口，在这个窗口内 OceanBase 数据库可以利用合并特征完成多个计算密集任务，提升整体资源利用效率。这个操作包括：

1）数据压缩

合并期间 OceanBase 数据库会对数据进行两层压缩，第一层是数据库内部基于语义的编码压缩，第二层是基于用户指定压缩算法的通用压缩，使用 lz4 等压缩算法对编码后的数据再做一次瘦身。压缩不仅节省了存储空间，同时也会极大地提升查询性能。目前 OceanBase 数据库支持（snappy、lz4、lzo，zstd）等压缩算法，允许用户在压缩率和解压缩时间上做各自的权衡。MySQL 和 Oracle 在一定程度上也支持对数据的压缩，但和 OceanBase 相比，由于传统数据库定长页的设计，压缩不可避免地会造成存储的空洞，压缩效率会受影响。而更重要的是，对于 OceanBase 数据库这样的 LSM Tree 架构的存储系统，压缩对数据写入性能是几乎无影响的。

2）数据校验

通过全局一致快照进行合并，一方面能够帮助 OceanBase 数据库很容易地进行多副本的数据一致校验，合并完成后多个副本可以直接比对基线数据，来确保业务数据在不同副本间是一致的；另一方面，还能基于这个快照基线数据做主表和索引表的数据校验，保障数据在主表和索引表之间是一致的。

3）统计信息收集

排查宏块重用的场景，合并过程需要对每个用户表全表扫描，这个过程中能够顺便完成对每一列以及全表的统计信息收集，并提供给优化器使用。

4）Schema 变更

对于加列、减列等 Schema 变更，OceanBase 数据库可以在合并中一起完成数据变更操作，DDL 操作对业务来说更加平滑。

2. 合并方式

合并有很多种不同的方式，具体描述如下。

1）全量合并

全量合并是 OceanBase 数据库最初的合并算法，和 HBase 与 RocksDB 的 Major Compaction 过程是类似的。在全量合并过程中，会把当前的静态数据都读取出来，和内存中的动态数据合并后，再写到磁盘上去作为新的静态数据。在这个过程中，会把所有数据都重写一遍。全量合并会极大地耗费磁盘 I/O 和空间，除了 DBA 强制指定外，目前 OceanBase 数据库一般不会主动做全量合并。

2）增量合并

在 OceanBase 数据库的存储引擎中，宏块是 OceanBase 数据库基本的 I/O 写入单位，在很多情况下，并不是所有的宏块都会被修改，当一个宏块没有增量修改时，合并可以直接重用这个数据宏块，OceanBase 数据库中将这种合并方式称为增量合并。增量合并极大地减少了合并的工作量，是 OceanBase 数据库目前默认的合并算法。更进一步地，OceanBase 数据库会在宏块内部将数据拆分为更小的微块，很多情况下，也并不是所有的微块都会被修改，可以重用微块而不是重写微块。微块级增量合并进一步减少了合并的时间。

3）渐进合并

为了支持业务的快速发展，用户不可避免地要做加列、减列、建索引等诸多 DDL 变更。这些 DDL 变更对于数据库来说通常是很昂贵的操作。MySQL 在很长一段时间内都不能支持在线的 DDL 变更（直到 5.6 版本才开始对 Online DDL 有比较好的支持），而即使到今天，对于 DBA 来说，在 MySQL 5.7 中做 Online DDL 仍然是一件比较有风险的操作，因为一个大的

DDL 变更就会导致 MySQL 主备间的 Replication Lag。

OceanBase 数据库在设计之初就考虑到了 Online DDL 的需求，目前在 OceanBase 数据库中加列、减列、建索引等 DDL 操作都是不阻塞读写的，也不会影响到多副本间的 paxos 同步。加减列的 DDL 变更是实时生效的，将对存储数据的变更延后到每日合并的时候来做。然而，对于某些 DDL 操作如加减列等，是需要将所有数据重写一遍的，如果在一次每日合并过程中完成对所有数据的重写，那么对存储空间和合并时间都会是一个比较大的考验。为了解决这个问题，OceanBase 数据库引入了渐进合并，将 DDL 变更造成的数据重写分散到多次每日合并中去做，假设渐进轮次设置为 60，那么一次合并就只会重写 1/60 的数据，在 60 轮合并过后，数据就被整体重写了一遍。渐进合并减轻了 DBA 做 DDL 操作的负担，同时也使得 DDL 变更更加平滑。

4）并行合并

在 OceanBase 数据库 v1.0 中增加了对分区表的支持。对于不同的数据分区，合并是会并行来做的。但是，由于数据倾斜，某些分区的数据量可能会非常大。尽管增量合并极大减少了合并的数据量，但对于一些更新频繁的业务，合并的数据量仍然非常大。为此，OceanBase 数据库引入了分区内并行合并。合并会将数据划分到不同线程中并行做合并，极大地提升了合并速度。

3. 合并的触发

合并触发有三种触发方式：定时触发、自动触发与手动触发。

1）定时触发

由 major_freeze_duty_time 参数控制定时合并时间，可以修改参数控制合并时间。

```
alter system set major_freeze_duty_time='02:00';
```

2）自动触发

当租户的 MemStore 内存使用率达到 freeze_trigger_percentage 参数的值，并且转储的次数已经达到了 minor_freeze_times 参数的值，会自动触发合并。

通过查询(g)v$memstore 视图来查看各租户的 memstore 内存使用情况。

查转储次数：gv$memstore，__all_virtual_tenant_memstore_info 中 freeze_cnt 列。

3）手动触发

可以在“root@sys”用户下，通过以下命令发起手动合并（忽略当前 MemStore 的使用率）：

Alter System Major Freeze；合并发起以后，可以在 OceanBase 数据库里用以下命令查看合并状态。合并信息统计，如图 6-3-2 所示。

```
select * from __all_zone; 或者 select * from __all_zone where name = 'merge_status';
```

全局信息		ZONE 相关信息		合并状态	
frozen_time	冻结时间	all_merged_version	ZONE 最近一次已经合并完成的版本	IDLE	未合并
frozen_version	版本号，从 1 开始	broadcast_version	本 ZONE 收到的可以进行合并的版本	TIMEOUT	合并超时

续表

全局信息		ZONE 相关信息		合并状态	
global_broadcast_version	这个版本已经通过各 OBServer 进行合并。	is_merge_timeout	如果在一段时间还没有合并完成，则将此字段置为1，表示合并时间太长，具体时间可以通过参数 zone_merge_timeout 来控制	MERGING	正在合并
is_merge_error	合并过程中是否出现错误	merge_start_time/last_merged_time	合并开始、结束时间	ERROR	合并出错
last_merged_version	表示上次合并完成的版本	merge_status	合并状态		
try_frozen_version	正在进行哪个版本的冻结				
merge_list	ZONE 的合并顺序				

图 6-3-2 合并信息统计

4. 轮转合并

一般来说每日合并会在业务低峰期进行，但并不是所有业务都有业务低峰期。在每日合并期间，会消耗比较多的 CPU 和 I/O，此时如果有大量业务请求，势必会对业务造成影响。为了规避每日合并对业务的影响，OceanBase 引入了轮转合并机制，借助自身天然具备的多副本分布式架构，尽可能将用户请求流量与合并过程错开。一般情况下，OceanBase 会有 3 份(或更多)数据副本；可以轮流为每份副本单独做合并，当一个副本在合并时，这个副本上的业务流量可以暂时切到其他没有合并的副本上，某个副本合并完成后，将流量切回这个副本，然后以类似的方式为下一个副本做合并，直至所有副本完成合并。

关于轮转合并的其他说明如下：

(1) 通过参数 enable_merge_by_turn 开启或者关闭轮转合并。

(2) 以 ZONE 为单位轮转合并，只有一个 ZONE 合并完成后才开始下一个 ZONE 的合并；合并整体时间变长。

(3) 某一个 ZONE 的合并开始之前，会将这个 ZONE 上的 Leader 服务切换到其他 ZONE；切换动作对长事务有影响。

(4) 由于正在合并的 ZONE 上没有 Leader，避免了合并对在线服务带来的性能影响。

(5) 合并开始前，可以通过参数 zone_merge_order 设置合并顺序；只对轮转合并有效。场景举例：假设集群中有三个 ZONE，分别是 z1、z2、z3，想设置轮转合并的顺序为"z1→z2→z3"，步骤如下：

```
alter system set enable_manual_merge = false; -- 关闭手动合并
alter system set enable_merge_by_turn = true; -- 开启轮转合并
alter system set zone_merge_order = 'z1,z2,z3'; -- 设置合并顺序了
```

取消自定义的合并顺序：

```
alter system set zone_merge_order = ''; -- 取消自定义合并顺序
```

假设集群中的设置是 zone_merge_order='z1,z2,z3,z4,z5',zone_merge_concurrency=3，一次轮转合并的大概过程如图 6-3-3 所示。

事件	调度	并发合并的ZONE	合并完成的ZONE
(1)开始合并。	z1,z2,z3发起合并	z1,z2,z3	
(2)一段时间后，z2完成合并。	z4发起合并	z1,z3,z4	z2
(3)一段时间后，z3完成合并。	z5发起合并	z1,z4,z5	z2,z3
(4)一段时间后，全部ZONE完成合并。			z1,z2,z3,z4,z5

图 6-3-3　轮转合并

5. 合并策略

可通过以下几项控制每日合并的策略，如图 6-3-4 所示。

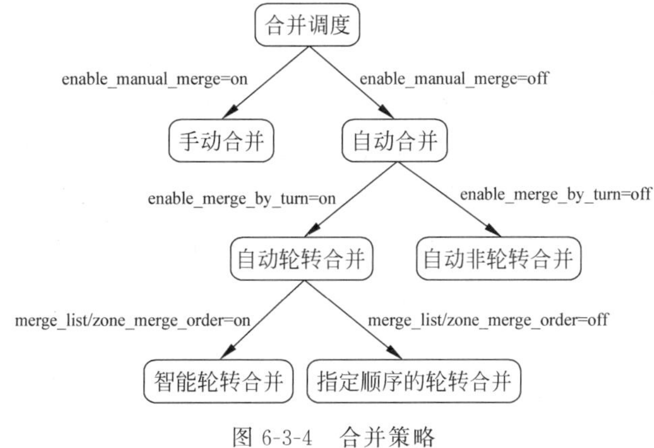

图 6-3-4　合并策略

enable_manual_merge：OB 的配置项，指示是否开启手动合并。

enable_merge_by_turn：OB 的配置项，指示是否开启自动轮转合并。

zone_merge_order：指定自动轮转合并的合并顺序。

6.3.3　转储

合并操作引发的一系列问题，包括资源消耗高、对在线业务性能影响较大；单个租户 MemStore 使用率高会触发集群级合并，其他租户成为受害者；合并耗时长，MemStore 内存释放不及时，容易造成 MemStore 满而数据写入失败的情况。转储功能的引入是为了解决上述问题。转储的基本设计思路是：每个 MemStore 触发单独的冻结（freeze_trigger_percentage）及数据合并，不影响其他租户，也可以通过命令为指定租户、指定 OBServer、指定分区做转储，只和上一次转储的数据做合并，不和 SSTable 的数据做合并。转储设计思路如图 6-3-5 所示。

1. 转储的触发

转储有两种触发方式：自动触发与手动触发。

1）自动触发转储

当一个租户的 MemTable 内存的使用量达到 memstore_limit_percentage * freeze_trigger_percentage 所限制使用的值时，就会自动触发冻结（转储的前置动作），然后系统内部再调度转储。

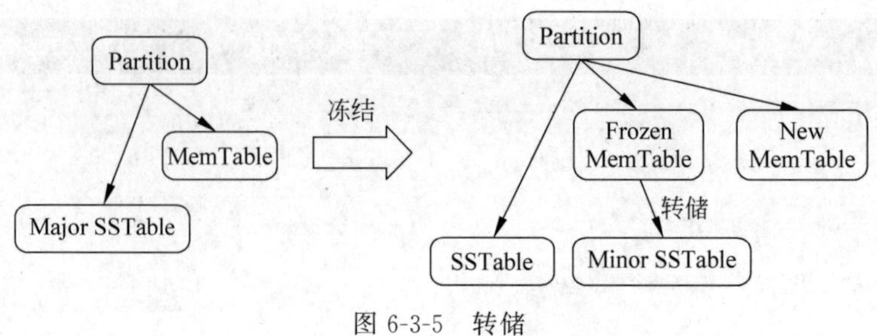

图 6-3-5 转储

2）手动触发转储

```
ALTER SYSTEM MINOR FREEZE [{TENANT[=] ('tt1'[, 'tt2'...]) | PARTITION_ID [=]
'partidx%partcount@tableid'}][SERVER [=] ('ip:port'[, 'ip:port'...])];
```

可选的控制参数如下。

tenant：指定要执行 minor freeze 的租户。

partition_id：指定要执行 minor freeze 的 partition。

server：指定要执行 minor freeze 的 OBServer。

当什么选项都不指定时，默认对所有 OBServer 上的所有租户执行转储。

手动触发的转储次数不受参数 minor_freeze_times 的限制，即手动触发的转储次数即使超过设置的次数，也不会触发合并(Major Freeze)。

2. 转储的控制

1）minor_freeze_times

控制两次合并之间的转储次数，达到此次数则自动触发合并(Major Freeze)，n 设置为 0 表示关闭转储，即每次租户 MemStore 使用率达到冻结阈值(freeze_trigger_percentage)都直接触发集群合并。

2）minor_merge_concurrency

并发做转储的分区个数，单个分区暂时不支持拆分转储，分区表可加快速度。

并发转储的分区过少，会影响转储的性能和效果(例如 MemStore 内存释放不够快)。

并发转储的分区过多，同样会消耗过多资源，影响在线交易的性能。

6.4 OceanBase 存储引擎配置策略

6.4.1 OLTP 场景

(1) 业务特点。读写 RT 敏感；数据一致性敏感；SQL 多以 key-value 类型为主；范围查询及联表查询较少，且也都是最优索引；读写比相差不大；业务存在明显高峰期。

(2) 场景解读。一般 OLTP 场景对读写响应时间(RT)要求严格，GB 级 OB 库一般要求 RT 保证在 10ms 以内，TB 级 OB 库甚至要求更低，例如 5ms。日常交易或者说事务要求严格保证数据一致性，如发生 RT 抖动，锁冲突骤增、极易发生业务数据错误。日常读写流量比基本上为 3∶1～1∶1，且日常流量一般存在峰值，跟正常作息时间正相关。涉及行业一般有金融、电商、物流、社会各类服务业等。

配置推荐：对于此类场景的特点，一般需要将 OB 内存切换时间调整到最小，在日常流量峰值期间尽可能避免集群发生合并，而将日常合并时间尽量调整到业务低峰期保证集群合并对集群性能影响最小，具体推荐配置参数如下。

① memory_limit＝0(默认即可，即 OB 使用物理机操作系统内存上限由 memory_limit_percentage 参数决定)。

② memory_limit_percentage＝80/90(根据物理机可用内存大小决定，512GB 以下的使用 80％，512GB 及以上的采用 90％)。

③ freeze_trigger_percentage＝60％～75％(根据读写比例判断，建议写越高则取数越趋于 memory_limit_percentage 的值，目的是能更多地存放 DML 数据到内存，减少转储和合并)。

④ minor_freeze_times＝3-8(根据每日 DML 量决定，转储可快速释放内存但也存在轻微抖动，转储速度取决于存储介质，ssd>hdd>sata)。

6.4.2 OLAP 场景

(1) 业务特点。读写 RT 可容忍在百毫秒甚至秒级；数据一致性不敏感(可容忍毫秒级节点间数据不一致，且分析型业务聚合计算数据都是万到百万级别量级)；SQL 多以条件范围排序；联表聚合计算为主(此类 AP 查询 SQL 在 OB 中只需走分区键索引或主键即可)；读写比往往是读远小于写；仅读业务存在高峰期；写业务峰值往往有周期性或间歇性(主要原因为大多数 AP 类业务都有实时、离线周期性同步任务)。涉及行业一般有金融、电商、彩票、服务业、咨询、科学计算等领域，较 AP 类业务更常见。

(2) 配置推荐。对于此类场景的特点，一般需要将 OB 内存切换时间调整到尽可能小的程度以保证数据同步性能不受合并影响，但同时也要考虑到 AP 场景物理机存储介质对合并影响的问题。日常合并次数减少带来的一个问题就是合并时间也会增加(相比于每日开多轮转储和不开转储的情况)。所以，这类场景需要结合存储介质进行决策，如采用 SSD 介质可相对增加转储次数，尽量将合并控制在数据同步低峰期；如采用 SATA 慢速存储介质，可优化合并线程数并减少转储次数(类似于历史库场景)，尽可能增加合并速度，减少合并对写入的影响。具体推荐配置参数如下：

① memory_limit＝0(默认即可，即 OB 使用物理机操作系统内存上限由 memory_limit_percentage 参数决定)。

② memory_limit_percentage＝80(建议使用 80 的配置，保证更多内存分配到 Cache 和 SQL 线程等动态伸缩内存中，保证读数据正常返回)。

③ freeze_trigger_percentage＝60％(这里建议调小合并阈值，保证剩余内存能支持冻结后内存未释放期间的批量写入，从而不影响到同步写数据任务)。

④ minor_freeze_times＝3-5(该场景下建议 SSD 和 HDD 存储介质开启转储，转储可快速释放内存但也存在轻微抖动，转储速度取决于存储介质，ssd>hdd>sata，sata 盘在此场景中不建议开启转储)。

6.4.3 历史库场景

(1) 业务特点。读 RT 与 TP 类型业务无太大差异，对数据一致性敏感，但对写 RT 不敏感，SQL 类型与 TP 类业务相似，多为 key-value 查询，偶尔有统计及聚合类 SQL 但量不大。读业务存在高峰期，写业务无绝对峰值但存在规律性(同步数据任务为主)。涉及行业及使用场景有金融行业的冷备库、电商行业订单类冷备库等，主要作用为存放有价值的冷数据，提供数据回溯、历史记录查询、历史数据统计等，需保证读 RT 在毫秒级，写流量持续稳定，存储数据量级一般在 TB 甚至 PB 级，因此一般存储介质采用 SATA 盘。

(2) 配置推荐。根据此类场景的特点，需要控制 OB 在内存切换时不影响读性能，同时由于存储介质带宽比较低，因此还需控制合并效率，参数如下：

① memory_limit＝0(默认即可，即 OB 使用物理机操作系统内存上限由 memory_limit_percentage 参数决定)。

② memory_limit_percentage＝80(根据物理机可用内存大小决定，512GB 以下的使用 80％，512GB 及以上的采用 90％)。

③ freeze_trigger_percentage＝80％(这里建议将合并阈值调到跟 memstore 参数一致，保证每日合并次数尽可能少)。

④ minor_freeze_times＝0(该场景多为 SATA 盘，SATA 盘在此场景中不建议开启转储)。

⑤ sys_bkgd_io_percentage＝90(调整系统 I/O 线程占比到 90％，保证合并时数据盘带宽能开到最大)。

⑥ merge_thread_count＝48(默认为 0，即由租户线程自动分配合并线程，将其调整到 48，使更多线程参与到合并中保证合并时间不会太久)。

总之，使用 OceanBase 的过程中需要根据使用场景以及物理机型去调整内存管理参数，使集群性能与业务要求达到最佳匹配，在充分发挥出 OceanBase 内存表查询低 RT 的优势的同时，保证在高可用前提下设备的最大利用率，在性能和性价比之间达到最佳均衡。

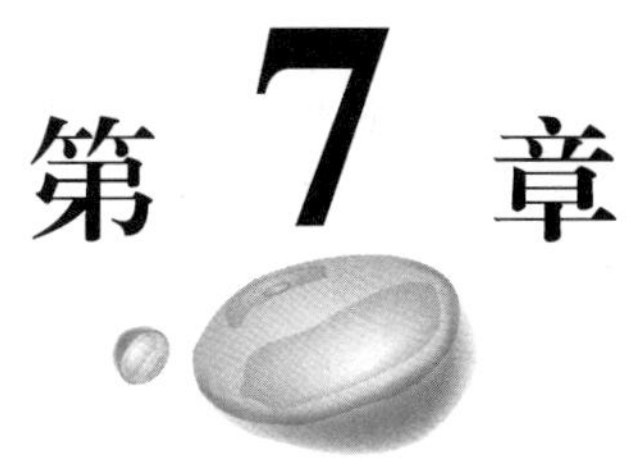

OceanBase数据迁移

数据迁移从字面意思上来看，是把数据从源端通过一定的方式转移到目标端。本章主要讨论 OceanBase 与一些主流数据库之间的数据迁移，并且介绍 OceanBase 产品家族中关于迁移组件的使用场景及使用方式。

7.1 数据迁移面临的挑战

(1) 兼容性问题。跨数据库系统迁移，业务应用面临数据库对象、SQL 语法、存储过程、数据模型等深度改造。

(2) 增量 DDL 实时同步。迁移同步期间，为了保障业务快速发展或者迭代的诉求，DDL 结构变更在所难免。

(3) 数据迁移方式。不同业务体现不同的数据形态及特征，数据迁移方式面临多种选择和优化空间。

(4) 迁移效能问题。降低数据迁移对源端和目标端的业务影响，保障低延时并快速地完成从备库、历史数据、增量数据以及表迁移工作。

(5) 稳定性问题。面临源端和目标端数据服务故障、数据迁移中断等潜在稳定性问题，保证重试幂等，确保数据迁移的稳定性和可持续性。

(6) 数据质量风险。在数据迁移过程中，数据存在失真、漏数等质量风险，因此要确保数据的准确性、完整性和稳定高效的性能。

(7) 迁移失败风险。非预期突发问题导致迁移失败时，如何应对不确定性风险，减少损失。

7.2 数据迁移方案设计

7.2.1 结构迁移设计

1. 结构迁移评估范围

(1) 环境配置。确定源端和目标端的环境配置，包括字符集、时区设置、时间格式、排序规则等，结合业务数据需求确定源端和目标端环境设置，评估两边兼容情况。

(2) 对象范围。辨别应用系统依赖的数据对象，确定具体需要迁移的数据库结构对象类别。

(3) 兼容评估。识别异构数据库的不兼容语法,并进行改造适配,保证语义功能和数据正确;不同数据库类型语法方言不一致,OB 支持 MySQL 和 Oracle 语法,但需要考虑部分细节不兼容点,例如,Oracle 数据库中 TableSpace 等存储选项;位图索引等对象类型;Long Raw 数据类型等。

(4) 优化改造。考虑 OceanBase 的分布式数据库特点,结合业务应用的使用方式特征,对表的分区定义、TableGroup 定义、全局索引定义等进行相应的优化改造,确定最终的定义方式。

(5) 迁移顺序。基于迁移的数据对象进行分类,考虑迁移效率、数据一致性、数据重复更新等情况,合理安排各结构对象和数据迁移顺序。

(6) 其他。迁移窗口是否存在业务结构变更、是否存在多表汇聚等。

2. 迁移顺序设计

考虑到数据迁移过程中不同对象创建的先后顺序,存在对迁移性能和数据正确性的影响。以 OMS 结构迁移为例,通常的顺序为:

(1) 表/视图/索引迁移;

(2) 数据迁移;

(3) 业务停机;

(4) 源端数据库重新导出序列;

(5) OceanBase 库启用外键、导入触发器、存储过程、函数、约束、同义词等对象。

7.2.2 数据迁移设计

1. 无 LOB 类型数据

无 LOB 数据类型的表的迁移,单位迁移批次的大小较小且稳定,内存需求可控,并发度可适度加大,以提高迁移速度。所以,对该部分数据可使用较高的并发度和预读批次单链路或多链路迁移。

2. LOB 类型数据

数据表行 LOB 类型空间占用较大,每一批次的数据拉取大小会在原始行的基础上有显著增加。相比无 LOB 数据类型,对 OMS 端内存需求有数倍的需求。因此,优化的策略是单独对 LOB 类型的表建立新的链路,采用较小的并发,较低的批次,防范 JVM OOM 的风险。同时,为了提高整体迁移的速度可以多链路并行。

3. 大库多链路并发

单台 OMS 可以支持多个迁移任务,但是共享数据网络带宽。鉴于大数据库数据的持续迁移,可以将大数据库迁移分散至不同的 OMS 节点,以减少大数据量网络带宽的争用。

7.2.3 数据迁移工具的选择

1. 结构迁移

OMA:Oracle/MySQL 迁移 OceanBase 兼容性评估。

Dbcat+自定义脚本:Oracle/MySQL 向 OceanBase 对象结构转换。

2. 数据迁移

DataX/OBLoader：文本数据离线迁移。

OMS：异构关系型数据库数据实时/离线迁移＋数据验证。

DataX：异构关系型数据库之间数据离线迁移。

OMS：异构关系型数据库数据实时迁移 OceanBase 后回写源端。

7.2.4 数据迁移校验方案的设计

1. 结构校验

首先，进行各类型对象数量对比；然后，在测试阶段进行校验或在切换之前进行冒烟测试。

2. 数据校验

在小数据量场景下，可以通过 OMS 进行全量校验。

在大数据、无足够停机窗口场景下，可以将数据按优先级拆分，核心数据全量校验，次要数据逻辑校验，冷数据不校验或者业务侧进行逻辑校验。

7.2.5 数据迁移应急预案的设计

1. 数据回流

调整链路方向，将源端和目标端互换，将在目标端产生的数据变更实时回流到源端，降低数据迁移至目标端的失败风险。在 OB 业务发生故障时，业务依旧可以连接至源端数据库进行继续操作。

2. 数据双写

基于数据迁移的风险，应用侧设计一个入口，同时将数据更新请求发送至原数据库以及 OB 数据库，观测窗口期并行双跑并验证，确定系统正确性和稳定性验证无误后，完整切换至 OB。

7.3 数据迁移工具介绍

7.3.1 OMA

OMA 是 OceanBase Migration Assessment（迁移评估工具）的简称，该工具主要用于其他数据库迁移到 OceanBase 的兼容性评估和性能评估。

1. OMA 系统架构

如图 7-3-1OMA 系统架构所示，OMA 是连接待评估的数据库（通常为 Oracle 或 MySQL）和目标库（通常为 OceanBase 数据库）的中间工具。内置的 OceanBase 数据库语法解析器（OBParser），可以对采集的对象和 SQL 进行兼容性评估，同时输出对应的评估报告供用户查阅。

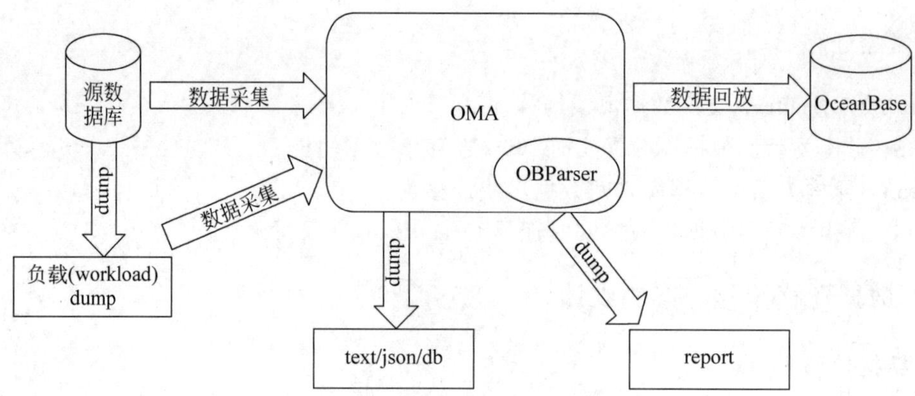

图 7-3-1 OMA 系统架构

OMA 的工作流程如下。

(1) OMA 从待评估数据库或负载信息采集对应的对象详情和 SQL 详情。

(2) 内置的 OBParser 对采集的对象和 SQL 进行兼容性分析。

(3) 根据应用场景的不同,生成评估报告,或者在目标数据库进行回放。

(4) 对于回放场景,将从源端采集的 SQL 按照顺序和真实流量向目标库进行回放,同时输出回放报告供用户查阅。

2. OMA 支持的评估对象和版本

注意:对于 Oracle 数据库,OMA 仅支持回放 11GB/12C/18C/19C 版本的负载采集文件。OMA 支持的评估对象和版本如表 7-3-1 所示。

表 7-3-1 OMA 支持的评估对象和版本

评估对象	版本
MySQL	5.6/5.7/8.0
PostgreSQL	9/10/11/12/13/14
TiDB	3.0/4.0/5.0
DB2 LUW	10.1.0/10.5.0/11.1/11.5
RDS MySQL	所有版本
Polar MySQL	所有版本
Polar O	所有版本
DRDS	所有版本
MSSQL	所有版本
openGauss	所有版本
OceanBase 数据库 MySQL 租户	2.2.0/3.2.2/3.2.3/3.2.4/4.0.0/4.1.0
OceanBase 数据库 Oracle 租户	2.2.5/2.2.7/3.1.2/3.2.2/3.2.3/3.2.4/4.0.0/4.1.0

3. 兼容性评估方法

目前,仅支持表 7-3-1 中数据库转换至 OceanBase 数据库的兼容性评估。对于 Oracle 和 MySQL 实例的评估,评估报告中会显示不兼容的具体原因和修改建议。对于其他类型实例的评估,仅会显示不兼容的具体原因。

OMA 支持数据库对象评估、数据库 SQL 或 PL 语句评估以及整库评估。

1）数据库对象评估

（1）直接连接源端数据库，自动获取源端数据库对象的信息，评估源端数据库至OceanBase对应版本的兼容性。

（2）从Oracle和MySQL的DDL语句进行兼容性评估，支持对文本文件（"$ $"分隔）的DDL语句进行评估。

（3）支持通过轻客户端连接Oracle，导出DDL语句文件进行兼容性评估。

（4）支持直接读取MySQLDump导出的DDL语句进行兼容性评估。

（5）支持通过db2look工具导出DB2数据库DDL语句进行兼容性评估。

2）数据库SQL或PL语句评估

（1）支持直接连接Oracle数据库，直接扫描V$SQL视图，获取对应Schema的SQL语句，并评估对应OceanBase数据库版本的兼容性。

（2）支持从文本文件（"；"或"$ $"分隔）评估SQL或PL兼容性。

（3）支持直接从MyBatis文件和iBatis文件解析SQL语句评估其兼容性。

（4）支持直接连接Oracle数据库，长时间周期性扫描V$SQL视图，获取一个时间段的所有SQL语句并进行评估。

（5）支持连接DB2 LUW数据库，长时间周期性扫描Snapshot for Dynamic SQL，获取一个时间段内所有的SQL并进行评估。

3）整库评估

（1）整库评估整合了对象评估、SQL评估和画像评估等模式，让用户可以在一次评估任务中，完成对数据库上述三种模式的评估，并可以在一个报告中查看相应的评估结果。

（2）目前OMA整库评估功能对Oracle、MySQL、TiDB、PostgreSQL和DB2 LUW数据库支持的模式不同。

（3）整库评估在各类数据库中支持的评估类型限制如表7-3-2所示。

表7-3-2 整库评估在各类数据库中支持的评估类型限制

数 据 库	OBJECT	SQL	OBJECT、SQL、PORTRAIT
Oracle	支持	支持	支持
MySQL	支持	支持（文件形式）	支持
TiDB	支持	不支持	不支持
PostgreSQL	支持	不支持	支持
DB2 LUW	支持（文件形式）	支持	不支持

4. 性能评估方法

OMA支持SQL回放或压测：

（1）支持连接源端数据库，采集查询类型的SQL语句（SELECT语句），并且向OceanBase数据库进行SQL回放，验证SQL语句的兼容性和OceanBase数据库的性能。

（2）支持Oracle负载采集，并且对解析出的SQL语句进行兼容性评估，或向OceanBase数据库进行回放，验证SQL语句的准确性和性能。

（3）支持解析MySQL数据库的General Log文件并进行回放。

（4）在OceanBase数据库升级的场景下，支持从低版本的OceanBase数据库拉取查询语句，在新版本的OceanBase数据库进行回放。

5. OMA 应用场景

在待迁移数据库迁移至 OceanBase 数据库的整个生命周期中，OMA 的应用场景如下。

1）在 OMS 数据迁移前

（1）通过 OMA 完成源库的数据库画像。

（2）通过兼容性评估确定应用需进行的改造。

（3）方便用户了解目前数据库的拓扑情况、应用拓扑情况和数据库的整体负载。

（4）根据评估的结果，方便用户制定适当的迁移策略。

2）在 OMS 数据迁移过程中

（1）在 OMS 全量或增量迁移过程中，通过 OMA 抓取源库 SQL 或数据库的负载信息。

（2）回放对应的 SQL 至目标 OceanBase 中，长期验证 SQL 的正确性和性能。

（3）帮助 OceanBase 工程师查找或解决兼容性和性能问题。

3）在 OMS 迁移完成后、业务切流前

（1）通过 OMA 的数据回放和倍数回放功能，对 OceanBase 数据库模拟真实流量或倍数流量进行压测。

（2）根据压测报告评估 OceanBase 数据库的压测性能，方便用户进行决策。

4）在 OceanBase 数据库进行升级或变更时

通过 OMA 的数据回放功能，测试新版 OceanBase 数据库的性能情况并提供报告，降低升级和变更风险。

6. OMA 安装部署

OMA 安装基本配置要求如表 7-3-3 所示。

表 7-3-3 OMA 安装基本配置

基本配置要求	服务器资源至少是 8C16GB。8C 是逻辑 CPU 个数，16GB 是内存大小。如果待评估对象的数量较大，建议增大服务器资源配置和磁盘空间
	至少需要 2GB 的磁盘空间。如果评估对象较多，则需要考虑报告占用的磁盘空间
	系统中需要安装好 Java 1.8 版本的环境
	推荐使用 Linux 系统或 Mac 系统运行本程序
	如果需要连接数据库，就要确保安装 OMA 的服务器能够访问源端数据库

OMA 无须安装，工具包解压即可使用。

```
tar zxvf oma-x.x.x.tar.gz
cd oma-x.x.x
```

7. OMA 命令行模式的使用方式

OMA 无须安装，工具包解压后可直接使用。在 Windows 环境中，使用 start.bat 脚本，在 Linux 环境中，使用 start.sh 脚本。执行示例如图 7-3-2 所示。

执行结果如图 7-3-3 所示。

OMA 执行报告如图 7-3-4 所示。

8. OMA 使用参数详解

OMA 参数使用详解如表 7-3-4 所示。

```
[root@OBServer1 bin]# ./start.sh --name test_19c \
> --mode ANALYZE \
> --from-type DB \
> --evaluate-mode SOURCE_TARGET \
> --source-db-type ORACLE \
> --source-db-version 19c \
> --source-db-host \
> --source-db-port  1521 \
> --source-db-user TEST2 \
> --source-db-password test2 \
> --source-db-service-name oratest \
> --schemas "TEST2" \
> --target-db-type OBORACLE \
> --target-db-version 3.2.3.3
19:54:58,753 |-INFO in ch.qos.logback.classic.LoggerContext[default] - This is logback-classic version 1.3.5
19:54:58,834 |-INFO in ch.qos.logback.classic.LoggerContext[default] - Found resource [file:/software/old_dir/oma-4.0.0.tar/oma
-4.0.0/config/logback.xml] at [file:/software/old_dir/oma-4.0.0.tar/oma-4.0.0/config/logback.xml]
19:54:59,518 |-WARN in ch.qos.logback.core.model.processor.ImplicitModelHandler - Ignoring unknown property [jmxConfigurator] i
n [ch.qos.logback.classic.LoggerContext]
19:54:59,543 |-INFO in ch.qos.logback.core.model.processor.AppenderModelHandler - Processing appender named [FILE_APPENDER]
19:54:59,543 |-INFO in ch.qos.logback.core.model.processor.AppenderModelHandler - About to instantiate appender of type [ch.qos
.logback.core.rolling.RollingFileAppender]
19:54:59,600 |-INFO in c.q.l.core.rolling.SizeAndTimeBasedRollingPolicy@1607305514 - Archive files will be limited to [64 MB] e
ach.
19:54:59,725 |-INFO in c.q.l.core.rolling.SizeAndTimeBasedRollingPolicy@1607305514 - No compression will be used
19:54:59,730 |-INFO in c.q.l.core.rolling.SizeAndTimeBasedRollingPolicy@1607305514 - Will use the pattern /software/old_dir/oma
-4.0.0.tar/oma-4.0.0/logs/oma.%d{yyyy-MM-dd}.%i.log for the active file
19:54:59,793 |-INFO in ch.qos.logback.core.rolling.SizeAndTimeBasedFNATP@8b87145 - The date pattern is 'yyyy-MM-dd' from file n
ame pattern '/software/old_dir/oma-4.0.0.tar/oma-4.0.0/logs/oma.%d{yyyy-MM-dd}.%i.log'.
19:54:59,794 |-INFO in ch.qos.logback.core.rolling.SizeAndTimeBasedFNATP@8b87145 - Roll-over at midnight.
19:54:59,802 |-INFO in ch.qos.logback.core.rolling.SizeAndTimeBasedFNATP@8b87145 - Setting initial period to Sun Sep 17 19:54:5
9 CST 2023
19:54:59,820 |-INFO in ch.qos.logback.core.model.processor.ImplicitModelHandler - Assuming default type [ch.qos.logback.classic
.encoder.PatternLayoutEncoder] for [encoder] property
19:54:59,882 |-INFO in ch.qos.logback.core.rolling.RollingFileAppender[FILE_APPENDER] - Active log file name: /software/old_dir
/oma-4.0.0.tar/oma-4.0.0/logs/oma.2023-09-17.0.log
19:54:59,883 |-INFO in ch.qos.logback.core.rolling.RollingFileAppender[FILE_APPENDER] - File property is set to [null]
19:54:59,886 |-INFO in ch.qos.logback.core.model.processor.AppenderModelHandler - Processing appender named [TRACE_LOG]
19:54:59,886 |-INFO in ch.qos.logback.core.model.processor.AppenderModelHandler - About to instantiate appender of type [ch.qos
.logback.core.rolling.RollingFileAppender]
19:54:59,887 |-INFO in c.q.l.core.rolling.SizeAndTimeBasedRollingPolicy@1686369710 - Archive files will be limited to [64 MB] e
ach.
19:54:59,888 |-INFO in c.q.l.core.rolling.SizeAndTimeBasedRollingPolicy@1686369710 - No compression will be used
19:54:59,888 |-INFO in c.q.l.core.rolling.SizeAndTimeBasedRollingPolicy@1686369710 - Will use the pattern /software/old_dir/oma
-4.0.0.tar/oma-4.0.0/logs/oma.%d{yyyy-MM-dd}.%i.trace.log for the active file
```

图 7-3-2　OMA 命令行模式使用方式

```
[INFO ] 19:55:15.494 [ScheduleTask] c.a.oceanbase.oma.scheduler.Analyze - analyze schema [TEST2] finished
[ TEST2(0|4) ] Progress: ######################################################################################## |
100%
[INFO ] 19:55:15.497 [ScheduleTask] c.a.o.o.r.ReportServiceForSqliteImpl - report get count : 4
SCHEMA : TEST2 评估耗时 : 11705 毫秒
+---------------------------------------------------------------------------+
| schema: schema       | source: sourceDB           | target: targetDB      |
+----------------+---------+---------+---------+---------+---------+---------+
|  Object Type   |  pass   | convert | failure | skipped |  total  | percent |
+----------------+---------+---------+---------+---------+---------+---------+
| PROCEDURE      | 1       | 0       | 0       | 0       | 1       | 100.0%  |
+----------------+---------+---------+---------+---------+---------+---------+
| SEQUENCE       | 3       | 0       | 0       | 0       | 3       | 100.0%  |
+----------------+---------+---------+---------+---------+---------+---------+

=============================================================

[INFO ] 19:55:15.521 [ScheduleTask] c.a.o.o.e.advisor.TablePartAdvisor - no tables found for partition advice.


[INFO ] 19:55:15.529 [ScheduleTask] c.a.o.oma.scheduler.ReportUtil - 评估完成开始创建basic.html报告.
[INFO ] 19:55:15.533 [ScheduleTask] c.a.o.oma.reporter.html.HtmlReporter - create html report at /software/old_dir/oma-4.0.0.ta
r/oma-4.0.0/report//test_19c_20230917_195502-basic.html, current dir /software/old_dir/oma-4.0.0.tar/oma-4.0.0/bin
[INFO ] 19:55:15.750 [ScheduleTask] c.a.o.oma.scheduler.ReportUtil - basic.html报告: /software/old_dir/oma-4.0.0.tar/oma-4.0.0/
report//test_19c_20230917_195502-basic.html
[INFO ] 19:55:15.754 [ScheduleTask] c.a.oceanbase.oma.scheduler.Analyze - all schema finished ...start Time : [ 2023.09.17 19:5
5:03 ] end Time : [ 2023.09.17 19:55:15 ] cost time :  12 Sec

评估程序OMA运行完成,评估报告简报:
任务 : test_19c_20230917_195502 开始时间 : 2023.09.17 19:55:03 结束时间 : 2023.09.17 19:55:15

SCHEMA : TEST2 评估耗时 : 11705 毫秒
+---------------------------------------------------------------------------+
| schema: schema       | source: sourceDB           | target: targetDB      |
+----------------+---------+---------+---------+---------+---------+---------+
|  Object Type   |  pass   | convert | failure | skipped |  total  | percent |
+----------------+---------+---------+---------+---------+---------+---------+
| PROCEDURE      | 1       | 0       | 0       | 0       | 1       | 100.0%  |
+----------------+---------+---------+---------+---------+---------+---------+
| SEQUENCE       | 3       | 0       | 0       | 0       | 3       | 100.0%  |
+----------------+---------+---------+---------+---------+---------+---------+

=============================================================

[root@OBServer1 bin]#
```

图 7-3-3　OMA 执行结果

迁移OceanBase兼容性报告

评估工具版本：4.0.0

源端数据库版本 ORACLE_19c
源端Schema DEFAULT

评估迁移到

目的数据库版本 OBORACLE_3.2.3
目的Schema DEFAULT

兼容情况:

对象总数 4 兼容率 100.0%

对象类型	数量	无法转换的数量
PROCEDURE	1	0
SEQUENCE	3	0

不兼容点摘要

不兼容点编号	数量	原因	建议

兼容情况

对象总数: 4 兼容率 100.00%

对象类型	数量	无法转换的数量
PROCEDURE	1	0
SEQUENCE	3	0

图 7-3-4　OMA 执行报告

表 7-3-4 OMA 参数使用详解

<table>
<tr><th>参数</th><th>描述</th><th>可选值</th><th>默认值</th><th>适用场景</th></tr>
<tr><td>name</td><td>任务的名称</td><td>任意字符串</td><td>随机生成唯一 ID</td><td>所有场景</td></tr>
<tr><td rowspan="2">mode</td><td rowspan="2">任务模式</td><td>analyze：表示分析，通常使用该值</td><td rowspan="2">analyze</td><td rowspan="2">所有场景</td></tr>
<tr><td>evaluate：表示分析单条 SQL 语句</td></tr>
<tr><td rowspan="7">target-db-type</td><td rowspan="7">目标端的类型</td><td rowspan="7">OBOracle/OBMySQL</td><td>源端为 Oracle，目标端为 OBOracle</td><td rowspan="7">所有场景</td></tr>
<tr><td>源端为 MySQL 和 TiDB 时，目标端为 OBMySQL</td></tr>
<tr><td>源端为 DB2_LUW 时，目标端支持 OBOracle，以及 3.2.3 版本的 OBMySQL</td></tr>
<tr><td>源端为 PostgreSQL 时，目标端支持 OBMySQL 以及 3.2.3 版本的 OBOracle</td></tr>
<tr><td>源端为 GaussDB 时，目标端支持 3.2.3 版本的 OBMySQL</td></tr>
<tr><td>源端为 OBMySQL 时，目标端支持 OBMySQL</td></tr>
<tr><td>源端为 OBOracle 时，目标端支持 OBOracle</td></tr>
<tr><td>target-db-version</td><td>目标端的版本</td><td>包括 1.4.x（仅 OBMySQL 支持）、2.1.x、2.2.x，以及 3.1.2 至 4.2.0 版本</td><td>Oracle 和 DB2 LUW 为 3.1.2，MySQL、PostgreSQL 和 TiDB 为固定值 2.2.x</td><td>所有场景</td></tr>
<tr><td>target-db-host</td><td>目标端的地址</td><td>—</td><td>无默认值</td><td>回放场景</td></tr>
<tr><td>target-db-port</td><td>目标端的端口</td><td>—</td><td>无默认值</td><td>回放场景</td></tr>
<tr><td>target-db-user</td><td>目标端的用户名</td><td>—</td><td>无默认值</td><td>回放场景</td></tr>
<tr><td>target-db-password</td><td>目标端的密码</td><td>—</td><td>必填，无默认值</td><td>回放场景</td></tr>
<tr><td>target-db-schemas</td><td>目标端的 Schemas</td><td>—</td><td>必填，无默认值</td><td>回放场景</td></tr>
<tr><td>source-file</td><td>当数据来源为 TEXT、Mybatis、iBatis 或 OMA 时使用，表示来源的文件路径</td><td>Mybatis 和 iBatis 模式支持文件夹，其他模式仅支持单个文件</td><td>必填，无默认值</td><td>所有场景</td></tr>
<tr><td rowspan="5">from-type</td><td rowspan="5">数据来源</td><td>DB：数据库</td><td rowspan="5">必填，无默认值</td><td rowspan="5">兼容性评估</td></tr>
<tr><td>TEXT：文本文件</td></tr>
<tr><td>Mybatis：Mybatis 文件</td></tr>
<tr><td>iBatis：iBatis 文件</td></tr>
<tr><td>COLLECT：采集 SQL</td></tr>
</table>

续表

参　　数	描　　述	可　选　值	默　认　值	适用场景
from-type	数据来源	OMA：OMA 工具导出的文件 SINGLE：单条 SQL	必填，无默认值	兼容性评估
evaluate-mode	评估类型	SOURCE_TARGET：使用源端数据库和目标端数据库的语法对比进行评估 ONLY_TARGET：仅适用对目标端数据库的语法进行评估 ONLY_INSTANCE：存在目标端 OceanBase 数据库时使用 APPLICATION_CODE：评估 C 语言或 Java 语言的代码	必填，无默认值	兼容性评估
source-db-type	源端数据库的类型	支持 Oracle、MySQL、PostgreSQL、TiDB、DB2 LUW、RDS MySQL、Polar MySQL、PolarO、DRDS、GaussDB、OBMySQL 和 OBOracle	Oracle	兼容性评估
source-db-version	源端数据库的版本	Oracle：11g/12c/18c/19c MySQL：5.6/5.7/8.0 PostgreSQL：10/11/12/13/14，忽略小版本号 TiDB：3.0/4.0/5.0，忽略小版本号 DB2 LUW：10.1.0/10.5.0/11.1/11.5 DRDS：3.2.3.0 GaussDB：所有版本 OBMySQL：2.2.0/3.2.2/3.2.3/3.2.4/4.0.0/4.1.0 OBOracle：2.2.5/2.2.7/3.1.2/3.2.2/3.2.3/3.2.4/4.0.0/4.1.0	Oracle 数据库的默认值为 11g，其他类型的数据库暂无默认值	兼容性评估
source-db-host	源端数据库的地址	—	必填，无默认值	兼容性评估
source-db-port	源端数据库的端口	—	必填，无默认值	兼容性评估
source-db-user	源端数据库的用户名	如果用户名中有空格，需要使用引号将用户名括起来。例如"sys as dba"	必填，无默认值	兼容性评估

续表

参　数	描　述	可 选 值	默 认 值	适用场景
source-db-password	源端数据库的密码	—	必填，无默认值	兼容性评估
source-db-sid	源端数据库的 SID	—	与 source-db-service-name 任选其一，无默认值	兼容性评估
source-db-service-name	源端数据库的 Service Name，也可以替换为 source-db-sid 表示 SID	—	和 source-db-sid 任选其一，无默认值	兼容性评估
source-db-name	当源端为 DB2 LUW 数据库时，用于指定该数据库的名称	—	必填，无默认值	兼容性评估
schemas	Schema	如果是 Oracle 数据库，可以指定多个，使用英文逗号(,)分隔 如果是 PostgreSQL 数据库，由于其特殊性，需要将 DB 和 Schema 写一起，用英文句号(.)分隔 如果是 TiDB 数据库，暂不支持评估多个 Schema	必填，无默认值	兼容性评估
objects	需要评估的对象，使用英文逗号(,)分隔	" TABLE, INDEX, VIEW, SEQUENCE, SYNONYM, FUNCTION, PROCEDURE, PACKAGE, TRIGGER, PACKAGE BODY, TYPE, TYPE BODY"	全部对象	兼容性评估
collect-start-time	数据来源为 COLLECT 时使用，表示收集的起始时间。字符串格式为 "YYYY-MM-DD HH:mm:ss"	—	必填，无默认值	兼容性评估
collect-during-time	数据来源为 COLLECT 时使用，表示收集的持续时间(分钟)	整数，单位为分钟	必填，无默认值	兼容性评估
collect-loop	数据来源为 COLLECT 时使用，表示是否持续采集	布尔值，有此参数为 True	False	兼容性评估
collect-interval	数据来源为 COLLECT 时使用，表示收集的时间间隔(秒)	整数，单位为秒	必填，无默认值	兼容性评估

续表

参 数	描 述	可 选 值	默 认 值	适 用 场 景
store-in-db	是否存储结果至数据库中。OMA 工具自带一个 SQLite 数据库,可以存储结果至该数据库中	True 表示存储结果至数据库中 False:表示不存储结果至数据库中	False	兼容性评估
collect-filter	过滤条件	自定义过滤条件。--collect-filter"1=1"的情况将不进行任何过滤	没有该参数的情况下,默认过滤条件为 COMMAND _ TYPE = 3ANDSERVICE! ='SYS @USERS'	兼容性评估
collect-end-time	采集结束时间	例如,2021-04-07\19:00:51,需要注意中间的空格有\转义符	必填,无默认值	兼容性评估
scan-sql	采集执行的 SQL 语句	指定 SQL 语句,语句需要加双引号。同时,如果 SQL 语句中引用了表名带有 $ 的表,需要进行转义。例如--scan-sql " \" SELECT sql _ fulltext FROM v\\\ $ sql where rownum < 10\""	无默认值	兼容性评估,且 from-type 为 COLLECT、源端为 Oracle
task-interval	不填写该参数表示只采集一次,否则每隔指定秒数会重新运行一次任务,适用于长期采集任务	—	无默认值	兼容性评估
collect-filter	自定义过滤条件。添加为" "的情况将不进行任何过滤,注意中间有个空格	—	无默认值	兼容性评估
useUidToSchemaMap	使用 Oracle 负载信息解析 11g 的 Oracle 文件时,该参数用于表示 UID 至 Schema 的映射关系	使用冒号(:)分隔用户的 UID 和 Schema 名称,多个映射关系之间使用英文逗号(,)分隔	必填,无默认值	性能评估
	注意: 该参数前使用的是单横线(-)	例如,-D useUidToSchemaMap = 11:SCHEMA1,22:SCHEMA2		

续表

参　数	描　述	可 选 值	默 认 值	适用场景
replay-phase	回放流程。回放包括采集、分析和发送三个阶段,该参数指定当前命令对应的阶段	COLLECT、ANALYZE 和 SEND 如果选择 COLLECT,且 with-reduce 参数配置为 True,则采集和分析阶段合并到一条命令运行	必填,无默认值	性能评估
with-reduce	是否合并采集和分析阶段。通过指定该参数可以将采集阶段和分析阶段合并到一条命令运行	如果填写该参数,表示 True。如果未填写该参数,表示 False。如果该参数为 True,则 replay-phrase 参数只能选择 COLLECT	False	性能评估
nls-format	OceanBase 数据库端的 date format 格式,用于转换 date 格式。使用 show variables like '%nls%format%';查看具体的 nls 配置	—	如果不填写该参数,默认为"DD-MON-RR"	性能评估
split-count	分片数	—	必填,无默认值	性能评估
source-tenant	需要采集的租户名称	—	必填,无默认值	性能评估
parallel-count	并行处理线程数	线上库使用 20	5	性能评估
replay-process-name	回放进程的名称	—	无默认值	性能评估
delay-start-time	开始回放的时间。例如, delay-start-time 5,表示 5s 后开始回放	—	无默认值	性能评估
replay-scale	回放倍数,默认按照原始速度回放	—	1	性能评估
warm-up	系统预热时间。由于回放时存在冷启动问题,需要配置一个预热时间,单位为秒	—	0	性能评估
replay-sample	抽样率为 0～1。默认为 1,即全抽样	—	1	性能评估
max-parallel	最大线程数	不能超过 400	400	性能评估
target-db-tenant-cluster	租户和集群名,使用#分开。前面是租户,后面是集群。目前多个 USER 回放仅支持同一租户下的多用户	—	无默认值	性能评估

续表

参　数	描　述	可　选　值	默　认　值	适用场景
userAndPassword	登录的用户名和密码。注意：该参数前使用的是单横线(-)	使用冒号(:)分隔用户名和密码，每组之间使用英文逗号(,)分隔。例如，-D userAndPassword=user1:password1,user2:password2	无默认值	性能评估
hide-detail	报告中是否隐藏评估语句细节	指定该参数时，报告中不显示待评估的语句，仅显示评估结果。不指定该参数时，正常生成报告	默认为不指定该参数，正常生成报告	兼容性评估
tuning-mode	开启调优模式	如果填写该参数，表示True。如果不填写该参数，表示False	无默认值	兼容性评估
metadata-from	调优需要的数据库信息来源。如果未填写tuning-mode参数，则无须指定该参数	目前仅支持JDBC	JDBC	兼容性评估

9. 兼容性评估

OMA兼容性评估包括评估对象兼容性、评估SQL语句兼容性、评估业务代码兼容性及导出OceanBase数据库的SQL语句，本节主要介绍评估对象兼容性和评估SQL语句兼容性。

1) 评估对象兼容性

OceanBase迁移评估工具(OceanBase Migration Assessment，OMA)支持评估Oracle、MySQL、PostgreSQL、TiDB和DB2 LUW、RDS MySQL、Polar MySQL、Polar O、DRDS、openGauss，以及OceanBase数据库(包括MySQL和Oracle租户)转换至OceanBase数据库的兼容性，并出具兼容性报告。这里主要介绍Oracle、MySQL及DB2数据库的对象兼容性评估。

(1) 评估Oracle对象兼容性。

评估Oracle对象的前提条件为：

① 能够直接访问到需要评估的Oracle数据库，配置的数据库用户至少具备create session和create resource权限，以确保能够正常连接。目前支持10g/11g/12c/18c/19c版本的Oracle数据库。

② 配置的数据库用户需要具备select any dictionary权限，本程序会扫描DBA_OBJECTS表，获取待评估的对象。

③ 配置的数据库用户需要具备select_catalog_role角色，确保本程序能够正常使用DBMS_METADATA.GET_DDL函数来获取对应对象的DDL语句。

以TEST2用户为例，通过以下命令检查待评估的Oracle用户是否有相关权限：

```
--该 SQL 的返回中应包含 CONNECT、RESOURCE 和 SELECT_CATALOG_ROLE
SELECT * FROM DBA_ROLE_PRIVS WHERE GRANTEE = 'TEST2';
GRANTEE                    GRANTED_ROLE                  ADM DEL DEF COM INH
-----------------------------------------
TEST2                   RESOURCE
NO      NO      YES     NO      NO
```

```
    TEST2                    CONNECT
NO      NO      YES     NO      NO
    TEST2                    SELECT_CATALOG_ROLE
NO      NO      YES     NO      NO

    -- 该 SQL 的返回中应包含 CREATE SESSION 和 SELECT ANY DICTIONARY
    SELECT * FROM DBA_SYS_PRIVS WHERE GRANTEE = 'TEST2';
    GRANT PRIVILEGE                          ADM      COM      INH
    ----------------------
    TEST2 SELECT ANY DICTIONARY              NO       NO       NO
    TEST2 CREATE SESSION                     NO       NO       NO
```

如果无上述权限，通过以下命令给 TEST2 用户赋权。

```
GRANT CREATE SESSION,RESOURCE TO TEST2;
GRANT SELECT ANY DICTIONARY TO TEST2;
GRANT SELECT_CATALOG_ROLE TO TEST2;
```

评估示例：

```
./start.sh \
# 任务的名称,可以随意取值
--name test19c \
# 分析模式
--mode ANALYZE \
# 来源为数据库
--from-type DB \
# 评估方式
--evaluate-mode SOURCE_TARGET \
#源端数据库的类型
--source-db-type ORACLE \
#源端数据库的版本
--source-db-version 19c \
#源端数据库的地址
--source-db-host 192.168.2.42 \
# 源端数据库的端口
--source-db-port 1521 \
#源端数据库的用户名
--source-db-user TEST2 \
# 源端数据库的密码
--source-db-password test2 \
# 源端数据库的 service-name
--source-db-service-name oratest \
# 需要评估的 Schema
--schemas TEST2 \
# 目标数据库的类型
--target-db-type OBORACLE \
# 目标数据库的版本
--target-db-version 3.2.3
```

评估完成后，在终端上会显示，如图 7-3-5 所示。

由于完整的评估结果需要网页展示，因此在评估结束后，需要将整个 OMA 文件夹打包，然后拿到 Windows 系统上解压查看。查看报告主要有以下 3 个步骤：

① 进入 OMA 根目录，在 reportTool 文件夹下找到 index.html 文件，然后使用浏览器打开。OMA 首页如图 7-3-6 所示。

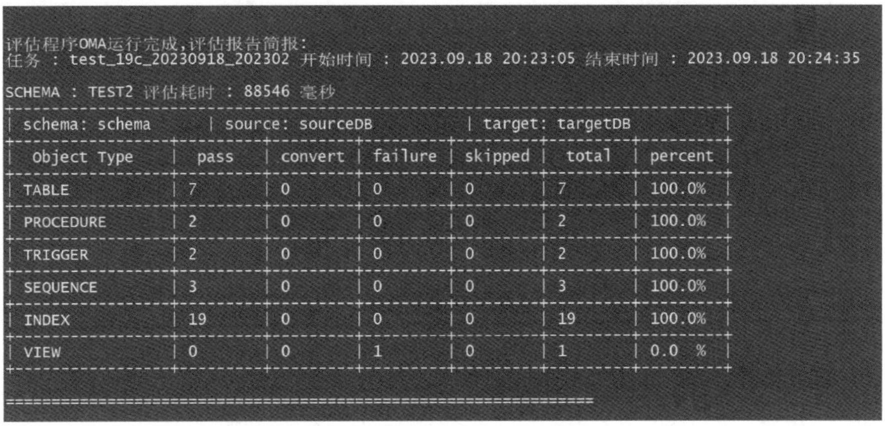

```
评估程序OMA运行完成,评估报告简报:
任务 : test_19c_20230918_202302 开始时间 : 2023.09.18 20:23:05 结束时间 : 2023.09.18 20:24:35

SCHEMA : TEST2 评估耗时 : 88546 毫秒
+--------------------------------------------------------------------------------+
| schema: schema      | source: sourceDB            | target: targetDB           |
+--------------------------------------------------------------------------------+
|  Object Type   |  pass  | convert | failure | skipped |  total  | percent |
+--------------------------------------------------------------------------------+
| TABLE          | 7      | 0       | 0       | 0       | 7       | 100.0%  |
+--------------------------------------------------------------------------------+
| PROCEDURE      | 2      | 0       | 0       | 0       | 2       | 100.0%  |
+--------------------------------------------------------------------------------+
| TRIGGER        | 2      | 0       | 0       | 0       | 2       | 100.0%  |
+--------------------------------------------------------------------------------+
| SEQUENCE       | 3      | 0       | 0       | 0       | 3       | 100.0%  |
+--------------------------------------------------------------------------------+
| INDEX          | 19     | 0       | 0       | 0       | 19      | 100.0%  |
+--------------------------------------------------------------------------------+
| VIEW           | 0      | 0       | 1       | 0       | 1       | 0.0  %  |
+--------------------------------------------------------------------------------+

================================================================
```

图 7-3-5　OMA 评估结果

OCEANBASE

欢迎使用OMA数据迁移评估服务

1 请单击「授权并查看报告」

2 选择 oma.sqlite 文件并打开

sqlite 文件一般在 OMA 根目录下的 db 文件夹中，一般位于：xxx/oma/db/oma.sqlite

3 查看完整的迁移评估报告

授权并查看报告　关闭

* 由于浏览器的安全限制，我们无法直接访问您的本地文件，选择报告文件这一步需要您手动完成

图 7-3-6　OMA 首页

② 打开后会显示以下内容，按照提示单击“授权并查看报告”按钮，此时会弹出选择文件窗口，在 OMA 根目录下的 db 目录下找到 oma.sqlite，选中并单击“打开”按钮。选择 oma.sqlite，如图 7-3-7 所示。

③ 该报告会包含所有评估过的报告，从网页的右上角找到“选择报告”，单击下拉菜单，根据名称找到所要查看的报告即可。OMA 迁移评估报告首页如图 7-3-8 所示。

④ 单击“对象评估概览”按钮，即可查看 Oracle 与 OBOracle 的对象兼容程度。OMA 对象评估概览如图 7-3-9 所示。

(2) 评估 MySQL 对象兼容性。

评估 MySQL 对象和评估 Oracle 对象的方法一致，仅命令行参数不同，目前支持评估的 MySQL 版本为 5.6、5.7 和 8.0。以下给出评估 MySQL 对象的示例：

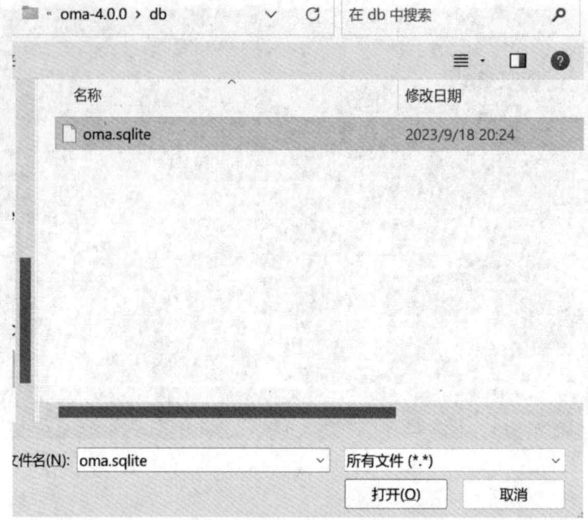

图 7-3-7 选择 oma. sqlite

图 7-3-8 OMA 迁移评估报告首页

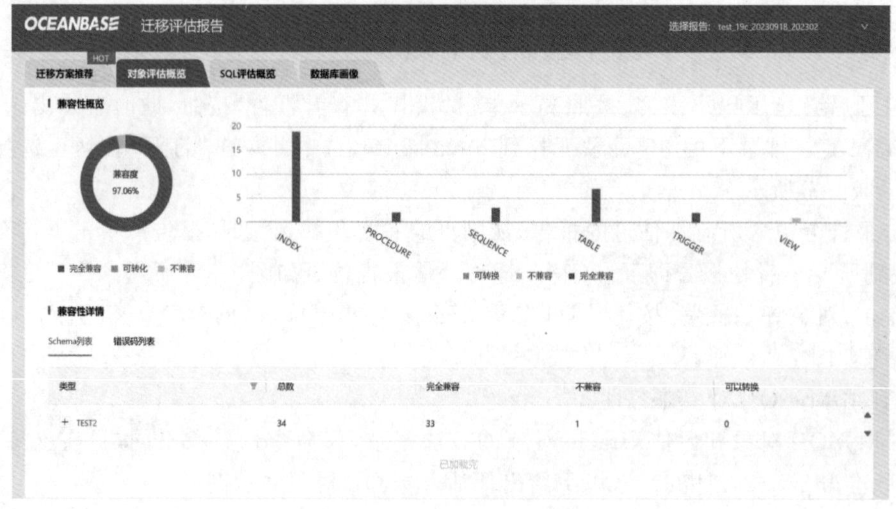

图 7-3-9 OMA 对象评估概览

```
./start.sh \
# 任务的名称,可以随意取值
--name test \
# 分析模式
--mode ANALYZE \
# 来源为数据库
--from-type DB \
# 评估方式
--evaluate-mode SOURCE_TARGET \
# 源端数据库的类型
--source-db-type MYSQL \
# 源端数据库的版本
--source-db-version 5.7 \
# 源端数据库的地址
--source-db-host xxx.xxx.xxx.xxx \
# 源端数据库的端口
--source-db-port port \
# 源端数据库的用户名
--source-db-user username \
# 源端数据库的密码
--source-db-password password \
# 需要评估的 Schema
--schemas "test" \
# 目标数据库的类型
--target-db-type OBMYSQL \
# 目标数据库的版本
--target-db-version 3.2.3
```

(3) 评估 DB2 对象兼容性。

评估 DB2 LUW 数据库对象的兼容性,可以通过以下两种方式。

① 使用 OMA 直接连接源端数据库采集待评估的对象。

② 使用 db2look 工具导出待评估的数据库对象后,传递至 OMA 进行评估。使用 OMA 连接 DB2 LUW 的方式进行评估。

```
./start.sh \
#任务的名称,可以随意取值
--name test11 \
# 分析模式
--mode ANALYZE \
# 来源为数据库
--from-type DB \
# 评估方式
--evaluate-mode SOURCE_TARGET \
# 源端数据库的类型
--source-db-type DB2LUW \
# 源端数据库的版本
--source-db-version 10.5.0 \
# 源端数据库的地址
--source-db-host host \
# 源端数据库的端口
--source-db-port port \
# 源端数据库的用户名
--source-db-user user \
```

```
# 源端数据库的密码
--source-db-password password \
# 源端数据库的名称
--source-db-name dbname \
# 待评估的 Schema
--schemas schema \
# 目标数据库的类型
--target-db-type OBORACLE \
# 目标数据库的版本
--target-db-version 3.2.3
```

使用 db2look 导出的文件进行评估：

```
--db2look 导出数据库对象命令
db2look -d 库名 -a -e -o db2look.sql
sh bin/start.sh \
# 任务的名称,可以随意取值
--name textTest \
# 分析模式
--mode ANALYZE \
# 来源为文件
--from-type TEXT \
# 评估方式
--evaluate-mode SOURCE_TARGET \
# DDL 文件的位置
--source-file db2look.sql \
# 源端数据库的类型
--source-db-type DB2LUW \
# 源端数据库的版本
--source-db-version 10.5.0 \
# 源端数据库的 Schema
--schemas db2inst1 \
# 目标数据库的类型
--target-db-type OBORACLE \
# 目标数据库的版本
--target-db-version 3.2.3
```

2）评估 SQL 语句兼容性

OMA 支持评估 SQL 语句和 PL 语句的兼容性，这里主要以 Oracle 数据库为例，介绍通过连接 Oracle 数据库评估兼容性和通过 TEXT 文件评估兼容性。

在评估前，可以在 config/OracleCheckerConfig.json 配置文件中，指定评估过程中需要跳过的 Schema 和表（OMA 为 3.2.1-BP9 及以上版本）。例如，OracleCheckerConfig.json 文件为：

```
{
    "skipSchemaPattern": "",
    "skipSchemaList": [],
    "skipTablePattern": "SYS_EXPORT*|ET\\$*|GV\\$*|V\\$",
    "skipTableList": ["x$kccic", "user$"],
    "skipHintPattern":"",
    "skipHintList": []
}
```

参数解释如表 7-3-5 所示。

表 7-3-5 OMA 参数解释

参 数	描 述
skipSchemaPattern	需要跳过的 Schema 的正则表达式
skipSchemaList	需要跳过的 Schema 列表
skipTablePattern	需要跳过的表的正则表达式
skipTableList	需要跳过的表的列表
skipHintPattern	通过指定 skipHintPattern 和 skipHintList,可以跳过含有特定 Hint 的 SQL 语句(通常是 Oracle 数据库相关工具执行的语句)
skipHintList	通过指定 skipHintPattern 和 skipHintList,可以跳过含有特定 Hint 的 SQL 语句(通常是 Oracle 数据库相关工具执行的语句)

查找和匹配过程中,不区分大小写。当 SQL 语句中含有指定的 Schema、表或 Hint 时,评估程序将不会再对该条语句进行评估,并标记该语句为兼容。以下为示例命令:

```
sh bin/start.sh \
# 任务的名称,可以随意取值
--name test \
# 分析模式
--mode ANALYZE \
# 来源为数据库
--from-type COLLECT \
# 评估方式,如果是 Oracle 数据库,请使用 SOURCE_TARGET
--evaluate-mode SOURCE_TARGET \
#源端数据库的类型
--source-db-type ORACLE \
#源端数据库的版本
--source-db-version 19c \
#源端数据库的地址
--source-db-host xxx.xxx.xxx.xxx \
# 源端数据库的端口
--source-db-port 1521 \
#源端数据库的用户名
--source-db-user TEST2 \
# 源端数据库的密码
--source-db-password test2 \
# 源端数据库的 service-name
--source-db-service-name oratest \
# 目标数据库的类型
--target-db-type OBORACLE \
# 目标端的版本.2.2.50 表示 2.2.5x 版本、2.2.70 表示 2.2.7x 版本、3.1.20 表示 3.1.x 版本
--target-db-version 3.2.3 \
# 采集的 SQL 语句,可以由用户自定义从 V$SQL 还是 SQLArea 采集
--scan-sql "\"SELECT sql_fulltext FROM v\\\$sql where rownum < 10\""
```

使用"--scan-sql ""SELECT sql_fulltext FROM v\$sql where rownum < 10"""时要注意以下问题:

(1) 需要具备对应视图的权限。

(2) 会采集 sql_fulltext 字段的内容,所以 SELECT sql_fulltext 是必填项。

(3) 由于 v$sql 中的美元符号($)前需要多次转义,因此需要输入三个反斜线(\\\)。

3) 通过 TEXT 文件评估 SQL 语句的兼容性

如果是 TEXT 文件,需要使用$ $分隔各个 SQL。以下是一个文本文件示例。

```
select COUNTRY_ID from COUNTRIES;
$ $
select FIRST_NAME, LAST_NAME from EMPLOYEES;
$ $
```

以下为 Oracle 通过 TEXT 文件评估 SQL 语句兼容性的示例。

```
sh bin/start.sh \
# 任务的名称,可以随意取值
--name test \
# 分析模式
--mode ANALYZE \
# 也可以设置为 MYBATIS 或 IBATIS
--from-type TEXT \
# 评估方式
--evaluate-mode SOURCE_TARGET \
# 文件地址
--source-file "/oma/oratable.sql" \
# 源端数据库的类型
--source-db-type ORACLE \
# 源端数据库的版本
--source-db-version 19c \
# 需要评估的 Schema
--schemas DEFAULT \
# 目标端数据库的类型
--target-db-type OBORACLE \
# 目标端数据库的版本
# 2.2.50 表示 2.2.5x 版本、2.2.70 表示 2.2.7x 版本、3.1.20 表示 3.x 版本、3.2.1 表示 3.2.x 版本
--target-db-version 3.2.3 \
# 评估任务的并行数
--process-thread-count 5
```

4）整库评估

为了满足用户一次性对一个数据库实例进行全面评估的需求，OMA 支持整库评估模式。该模式整合了对象评估、SQL 评估和数据库画像等模式，使用者可以在一次评估任务中完成对数据库上述三种模式的评估，并可以在一个报告中查看相应的评估结果。

OMA 评估过程中对业务特殊统计表的描述如表 7-3-6 所示。

表 7-3-6　OMA 评估过程中对业务特殊统计表的描述

业务特殊统计表	描　　述
无索引表	未创建索引的数据表
无访问表	评估期间未读写的表
无主键表	未创建主键或非空唯一键的数据表
无更新表	评估期间未更新的表
大数据表	数据量在 100 万行以上的表
高频访问表	每秒大于 10000 次读写的表
高增长表	每秒写入数据量大于 1000 行的表

本节主要以 Oracle 为例，展示整库评估的流程。以下为 Oracle 数据库执行整库评估的命令。

```
sh bin/start.sh \
# 任务的名称,可以随意取值
```

```
--name TOTAL_TEST \
# 评估模式,此处为整库评估
--mode ANALYZE_TOTAL \
# 评估类型,包括 OBJECT(对象评估)、SQL(SQL 语句评估)和 PORTRAIT(用户画像)
--analyze-types OBJECT,SQL,PORTRAIT \
# 来源为数据库
--from-type DB \
# 评估方式
--evaluate-mode SOURCE_TARGET \
# 源端数据库的类型
--source-db-type ORACLE \
# 源端数据库的版本
--source-db-version 19c \
# 源端数据库的地址
--source-db-host xxx.xxx.xxx.xxx \
# 源端数据库的端口
--source-db-port 1521 \
# 源端数据库的用户名
--source-db-user TEST2 \
# 源端数据库的密码
--source-db-password test2 \
# 源端数据库的 service-name,也可以换为 --source-db-sid,表示 SID
--source-db-service-name oratest \
# 目标数据库的类型
--target-db-type OBORACLE \
# 目标数据库的版本
--target-db-version 3.2.3 \
# 需要评估的 Schema.如果不填写,则默认评估所有 Schema
--schemas \
# 是否开启调优模式.如果填写该参数,表示 True.如果不填写该参数,表示 False
--tuning-mode \
# 调优需要的数据库信息来源
--metadata-from jdbc
```

执行完成后,在界面上会显示结果信息,整库评估会产生两份报告：一份 PDF 报告和一份 HTML 报告。PDF 报告在 OMA 根目录的 report 目录下面；HTML 报告在 OMA 根目录下的 reportToolhtml 目录下面。报告与对象评估时的显示结果差不多,下面主要看下 PDF 报告的目录结构。OMA 评估报告路径如图 7-3-10 所示。

```
t//TOTAL_TEST_20230918_225713-basic.html, current dir /software/old_dir/oma-4.0.0.tar/oma-4.0.0/bin
[INFO ] 22:57:49.940 [work-thread-0] c.a.o.oma.scheduler.ReportUtil - basic.html报告: /software/old_dir/oma-4.0.0.tar/oma-4.0.0/report//TOTAL_TES
T_20230918_225713-basic.html
[INFO ] 22:57:49.940 [work-thread-0] c.a.o.oma.scheduler.ReportUtil - 评估完成开始创建PDF报告......
[INFO ] 22:57:49.987 [work-thread-0] c.a.o.o.r.adaption.AdaptionReporter - start to calculate migration feasibility and risk report.
[INFO ] 22:57:50.242 [work-thread-0] c.a.o.o.c.m.d.MigrationFeasibilityDto - before update: {
  "taskId" : "e1aa1bb6-9088-447d-bfea-3523018844c6",
  "overallFeasibility" : 99,
  "overallCompatibility" : 100,
  "objectCompatibility" : 100,
  "sqlCompatibility" : 100,
  "adaptionCost" : 0,
  "insert_SQL" : "INSERT INTO MIGRATION_FEASIBILITY (task_id,overall_feasibility,overall_compatibility,object_compatibility,sql_compatibility,ada
ption_cost) VALUES('%s', %d, %d, %d, %d, %d) "
}
[INFO ] 22:57:50.248 [work-thread-0] c.a.o.o.c.m.d.MigrationFeasibilityDto - after update: {
  "taskId" : "e1aa1bb6-9088-447d-bfea-3523018844c6",
  "overallFeasibility" : 99,
  "overallCompatibility" : 100,
  "objectCompatibility" : 100,
  "sqlCompatibility" : 100,
  "adaptionCost" : 0,
  "insert_SQL" : "INSERT INTO MIGRATION_FEASIBILITY (task_id,overall_feasibility,overall_compatibility,object_compatibility,sql_compatibility,ada
ption_cost) VALUES('%s', %d, %d, %d, %d, %d) "
}
[ERROR] 22:57:51.516 [work-thread-0] c.a.o.oma.reporter.DbServiceImpl - get MigrationRiskInfo from table error:
### Error querying database.  Cause: org.apache.ibatis.reflection.ReflectionException: Could not set property 'autoIncColCount' of 'class com.ali
pay.oceanbase.oma.common.mybatis.entity.MigrationRiskInfo' with value '0' Cause: org.apache.ibatis.reflection.ReflectionException: There is no se
tter for property named 'autoIncColCount' in 'class com.alipay.oceanbase.oma.common.mybatis.entity.MigrationRiskInfo'
### The error may exist in mapper/MigrationRiskInfoMapper.xml
### The error may involve com.alipay.oceanbase.oma.common.mybatis.mapper.MigrationRiskInfoMapper.selectMigrationRiskInfoByTaskId
### The error occurred while handling results
### SQL: select auto_inc_col,          -- 自增列列数量                abnormal_sql,         -- 异常SQL的数量                slow_sql,
 -- 慢SQL数量               incompatible_charset, -- 不兼容的字符集列表                incompatible_engine,  -- 不兼容的存储引擎列表
    special_part_table     -- 特殊分区表的数量         from MIGRATION_RISK         where task_id = ?;
### Cause: org.apache.ibatis.reflection.ReflectionException: Could not set property 'autoIncColCount' of 'class com.alipay.oceanbase.oma.common.m
ybatis.entity.MigrationRiskInfo' with value '0' Cause: org.apache.ibatis.reflection.ReflectionException: There is no setter for property named 'a
utoIncColCount' in 'class com.alipay.oceanbase.oma.common.mybatis.entity.MigrationRiskInfo'
----------------+-----------------------------------------------------
    PDF报告       |/software/old_dir/oma-4.0.0.tar/oma-4.0.0/report//TOTAL_TEST_20230918_225713.pdf
----------------+-----------------------------------------------------
    HTML报告      | 请进入reportTool文件夹点击index.html进行查看
----------------+-----------------------------------------------------

任务 : TOTAL_TEST_20230918_225713 开始时间 : 2023.09.18 22:57:16 结束时间 : 2023.09.18 22:57:49
```

图 7-3-10　OMA 评估报告路径

OMA 评估报告 PDF 版如图 7-3-11 所示。

2.2.1数据库实例概况

数据库类型	数据库版本	服务器类型	SID/Service Name
ORACLE	19c	Linux x86 64-bit	oratest
字符集	Archivelog		
ZHS16GBK	1		

2.2.2业务特殊表

无索引表	无访问表	无主键表	无更新表
0	0	0	0
大表	高频访问表	高增长表	
0	0	0	

5/12

图 7-3-11 OMA 评估报告 PDF 版

7.3.2 DBCAT

DBCAT 是一款轻量级的命令行工具，可用于提供数据库之间 DDL 转换和 Schema 比对等功能。DBCAT 安装包文件名为 dbcat-[版本号]-SNAPSHOT. tar. gz，下载后解压缩即可使用，可执行文件名为 DBCAT。在使用 OMS 的过程中，源库除表和视图的对象无法迁移，需要通过 DBCAT 导出源库的存储过程、函数、触发器等对象。甚至有些数据库无法通过 OMS 迁移无主键表。此时，也可以通过 DBCAT 完成源库到 OceanBase 数据库的表结构转换。

1. 环境准备

DBCAT 能运行在 Linux、macOS 和 Windows 环境下。需要安装 JDK 1.8 以上（含）版本。可以使用 OpenJDK。

以下为 DBCAT 的目录结构。

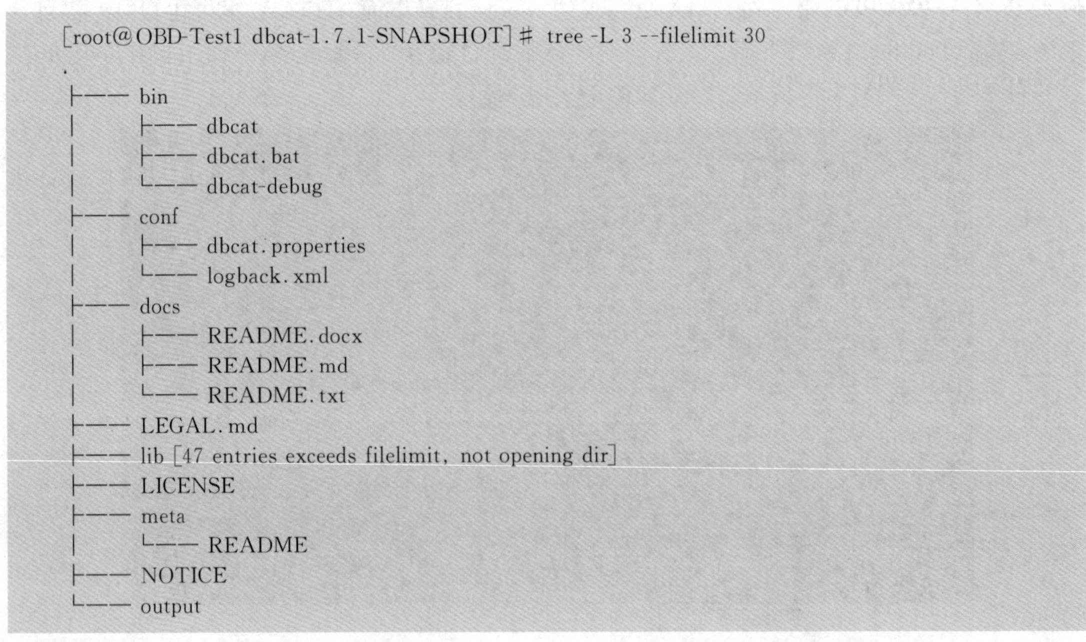

```
[root@OBD-Test1 dbcat-1.7.1-SNAPSHOT]# tree -L 3 --filelimit 30
.
├── bin
│   ├── dbcat
│   ├── dbcat.bat
│   └── dbcat-debug
├── conf
│   ├── dbcat.properties
│   └── logback.xml
├── docs
│   ├── README.docx
│   ├── README.md
│   └── README.txt
├── LEGAL.md
├── lib [47 entries exceeds filelimit, not opening dir]
├── LICENSE
├── meta
│   └── README
├── NOTICE
└── output
```

```
    └── dbcat-2023-07-18-160549
├── output
├── tgiger
└── tgiger-conversion.html
9 directories, 13 files
```

DBCAT 目录解释如表 7-3-7 所示。

表 7-3-7 DBCAT 目录解释

目 录 名 称	说　明
bin	可执行文件目录
conf	日志文件配置目录
lib	运行时期依赖的包
meta	离线转换场景下,导出字典表数据
~/output	SQL 文件与报告文件,运行时生成

2. 注意事项

(1) Oracle 数据库的选项-D 注意区分大小写,否则可能无法转换 Schema。

(2) 注意 Shell 命令中的参数是否包含特殊字符,常见的特殊字符有:\ | & $ # ! -> <" ' * 等。

3. 导出数据库的表结构

DBCAT 具有在线转换功能,该功能是指 DBCAT 能直连源端数据库,将数据库中的对象导出。当对象非常多时(如超过 1 万),导出过程可能会有点慢。

DBCAT 导出命令如下:

```
bin/dbcat convert -H <host> -P <port> -u <user> -p <password> -D <database> --from <from> --to <to> --all
```

可运行命令 bin/dbcat help convert 查看更多参数信息。DBCAT 必选参数如表 7-3-8 所示。

表 7-3-8 DBCAT 必选参数

选　项	有 无 参 数	中 文 描 述
-H/--host	Y	数据库服务器的 IP 地址
-P/--port	Y	数据库服务器的端口
-u/--user	Y	登录数据库的用户名
-t/--tenant	Y	连接 OceanBase 集群需要提供租户名
-c/--cluster	Y	连接 OceanBase 集群需要提供集群名
-p/--password	Y	登录数据库的密码
-D/--database	Y	数据库名(源库),DB2 须区分数据库名和模式名
--service-id	Y	连接 Oracle 数据库需要提供服务 ID
--service-name	Y	连接 Oracle 数据库需要提供服务名
--as-sysdba	N	连接 Oracle 数据库 sysdba 角色
--sys-user	Y	连接 OceanBase 集群系统租户的用户名
--sys-password	Y	连接 OceanBase 集群系统租户的密码
--schema	Y	模式名(源库),非 DB2,模式名与数据名相同

续表

选　　项	有无参数	中文描述
--from	Y	源库的类型
--to	Y	目标库的类型
--all	N	所有的数据库对象(默认为 TABLE,VIEW)

DBCAT 可选参数如表 7-3-9 所示。

表 7-3-9　DBCAT 可选参数

选　　项	有无参数	中文描述
-f/--file	Y	SQL 文件的输出路径
--offline	N	使用离线模式
--target-schema	Y	模式名(目标库)
--table	Y	导出的表
--view	Y	导出的视图
--trigger	Y	导出的触发器
--synonym	Y	导出的同义词
--sequence	Y	导出的序列
--function	Y	导出的函数
--procedure	Y	导出的存储过程
--dblink	Y	导出所有的 DBLink
--type	Y	导出的 type
--type-body	Y	导出的 typebody
--package	Y	导出的 package
--package-body	Y	导出的 packagebody
--no-quote	N	产生的 DDL 不带引号
--no-schema	N	产生的 DDL 不带模式名
--target-schema	Y	产生的 DDL 中使用指定的模式名
--exclude-type	Y	搭配--all 使用,如--all--exclude-type'TABLE'表示排除 TABLE 类型

说明:

(1) DBCAT 不需要直接安装在数据库主机上,安装在可直连数据库主机的主机上即可。

(2) 参数中的--from 和--to 为源端和目的端的数据库类型,需要详细到版本号。

当前,DBCAT 支持的源端和目标端数据库如表 7-3-10 所示。

表 7-3-10　DBCAT 支持的源端和目标端数据库

源端数据库类型	目标端数据库类型
TiDB	OBMySQL
PG	OBMySQL
Sybase	OBOracle
MySQL	OBMySQL
Oracle	OBOracle
Oracle	OBMySQL
DB2 IBM i	OBOracle
DB2 LUW	OBOracle
DB2 LUW	OBMySQL
OBMySQL	MySQL
OBOracle	Oracle

当前,DBCAT 支持的源端和目标端数据库详细的版本如表 7-3-11 所示。

表 7-3-11 DBCAT 支持的源端和目标端数据库详细的版本

数据库类型	数据库版本
TiDB	tidb4
	tidb5
PG	pgsql10
Sybase	sybase15
DB2 IBM i	db2ibmi71
DB2 LUW	db2luw970
	db2luw1010
	db2luw1050
	db2luw111
	db2luw115
MySQL	mysql56
	mysql57
	mysql </80 >
Oracle	Oracle9i
	Oracle10g
	Oracle11g
	Oracle12c
	Oracle18c
	Oracle19c
OBMySQL	obmysql14x
	obmysql21x
	obmysql22x
	obmysql200
	obmysql211
	obmysql2210
	obmysql2230
	obmysql2250
	obmysql2271～obmysql2277
	obmysql30x
	obmysql31x
	obmysql32x
	obmysql322
	obmysql40
OBOracle	oboracle2220
	oboracle2230
	oboracle2250
	oboracle2270～oboracle2277
	oboracle21x
	oboracle22x
	oborcle30x
	oboracle31x
	oboracle32x
	oboracle322
	oboracle40

4. 使用示例

(1) 转换 Oracle 数据库的 DDL 语法。

```
bin/dbcat convert -H 192.168.xxx.xxx -P 1521 -uxxx -pxxxxxx -D test --service-name xxx --service-id xxx --from oracle12c --to oboracle32x --all
```

(2) 转换 MySQL 数据库的 DDL 语法。

```
bin/dbcat convert -H 192.168.xxx.xxx -P 3306 -uroot -pxxxxxx -D test --from mysql57 --to oboracle32x --all
```

(3) 转换 DB2 数据库的 DDL 语法。

```
bin/dbcat convert -H 192.168.xxx.xxx -P 50001 -udb2inst2 -p****** --schema TESTDB -DTESTDB --table bmsql_customer --from db2luw115 --to obmysql32x --all
```

7.3.3 OMS

1. OMS 简介

OceanBase 迁移服务(OceanBase Migration Service,OMS)是 OceanBase 提供的一种支持同构或异构 RDBMS 与 OceanBase 之间进行数据交互的服务,具备在线迁移存量数据和实时同步增量数据的能力。

OMS 的优势如下。

(1) 支持多种数据源。

OMS 支持 MySQL、Kafka 等多种类型的数据终端与 OceanBase 进行实时数据传输。

(2) 在线不停服迁移,业务应用无感知。

在不停服的情况下,可以通过 OMS 无缝迁移数据至 OceanBase。应用切换至 OceanBase 数据库后,OceanBase 数据库上所有的变更数据会实时同步至切换前的源端数据库。

(3) 安全可靠高性能。

OMS 能够实时复制异构的 IT 基础结构之间大量数据的毫秒级延迟;可以应用于数据迁移、跨城异地数据灾备、应急系统、实时数据同步、容灾、数据库升级和移植等多个场景。

(4) 实时同步助解耦。

OMS 支持 OceanBase 两种租户与自建 Kafka、RocketMQ 之间的数据实时同步,可以应用于实时数据仓库搭建、数据查询和报表分流等业务场景。

2. OMS 架构及分层功能体系

OMS 架构及分层功能体系如图 7-3-12 所示。

OceanBase 迁移服务连接的两端分别是待迁移的源业务数据库和目标端 OceanBase 数据库。

OMS 的系统架构图如图 7-3-13 所示。

1) 服务接入层

服务接入层主要包括客户端迁移服务的交互、各种类型数据源的管理、迁移任务的录入、OMS 各个组件模块的运维和监控,以及告警设置等。

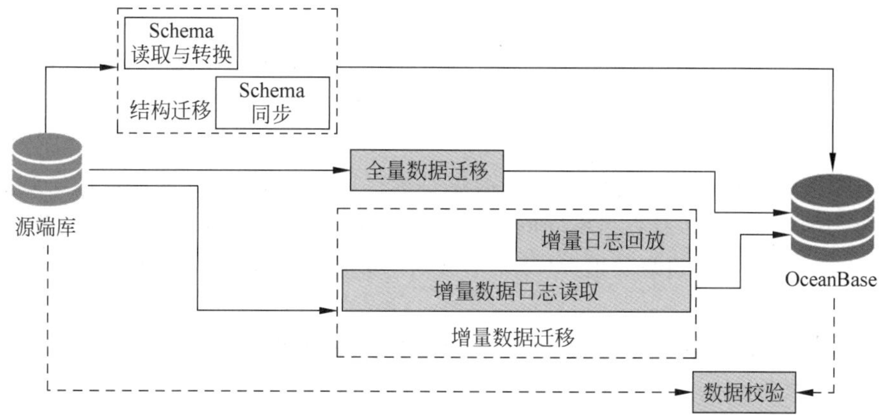

图 7-3-12　OMS 架构及分层功能体系

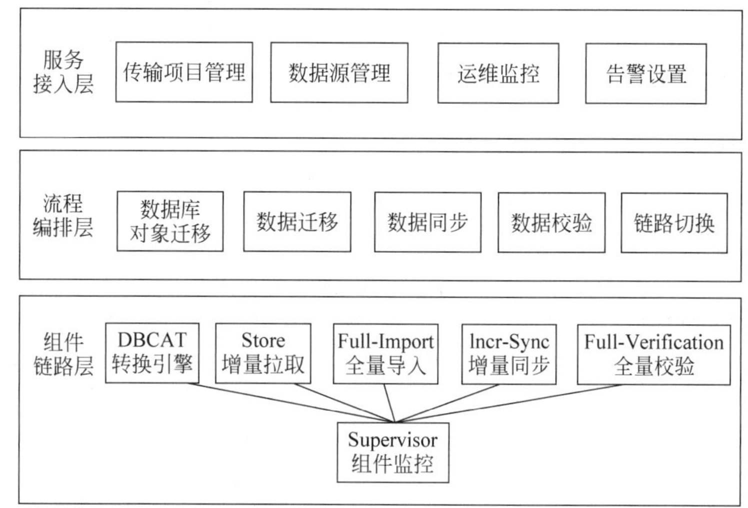

图 7-3-13　OMS 系统架构图

2）流程编排层

流程编排层主要负责实现上层表结构同步、全量数据同步、增量数据同步、数据校检和数据订正，以及链路切换等任务的执行细节。

3）组件链路层

组件链路层包括以下模块。

（1）负责全量数据的迁移和校检，并针对校检不一致的数据生成订正 SQL 脚本的 Light-Dataflow 模块。

（2）负责数据库增量日志的读取、解析和存储的 Store 模块。

（3）负责向目标端数据库并发写入的 JDBCWriter 模块。

（4）负责向目标端消息队列增量写入的 Connector 模块。

（5）负责组件状态监控的 Supervisor 模块。

3. OMS 功能

1）数据迁移

（1）迁移任务是 OMS 数据迁移功能的基本单元。OMS 在创建迁移任务时，可以指定的最大迁移范围是数据库级别，最小迁移范围是表级别。迁移任务的生命周期包括结构迁移、全量数据迁移和增量迁移同步链路的全部流程管理。

(2) OMS 支持 Schema 结构迁移、全量数据迁移以及增量数据迁移,同时支持数据校验功能。

2) 数据同步

同步对象的选择粒度为表、列,可以根据需要选择同步的对象。OMS 可以实现对源端实例和目标实例的库名、表名或列名不同的两个对象之间进行数据同步。其功能特性如下。

(1) 支持 OceanBase 的两种租户(Oracle 和 MySQL)与自建 Kafka、RocketMQ 之间的实时数据同步。

(2) 支持 Sybase ASE 和自建 RocketMQ 之间的实时数据同步。

(3) 支持 OB_MySQL/Oracle/MySQL 和 DataHub 之间的实时数据同步。

(4) 支持库、表和列三级对象名映射。

(5) 支持根据 DML 类型过滤投递消息,过滤需要同步的数据。

(6) 数据同步提供同步延迟、当前同步位点等数据,便于查看同步链路的性能。

(7) 支持在数据同步过程中动态增加同步数据表,并支持回拉位点重新投递增量数据。

4. OMS 安装实施

1) 安装实施所需软件包

安装实施所需软件包如表 7-3-12 所示。

表 7-3-12 OMS 安装实施所需软件包

软　件	版　本
oms 安装包	oms. feature_3. 3. 1-bp3. 202208261415. tar. gz
dbcat 软件	dbcat-1. 7. 1-SNAPSHOT. tar. gz
influxdb(oms 安装包之一)	influxdb_1. 8. tar. gz
metaob(oms 安装包之一)	metaob_OB2277_OBP320_x86_20220429. tgz
OAT 安装包	oat_3. 2. 0_20220819_x86. tgz
antman 安装包	t-oceanbase-antman-1. 4. 3-20220731101607. alios7. x86_64. rpm

2) 部署 OAT(OceanBase Admin Toolkit)v3. 2. 0

(1) 安装 antman v1. 4. 3, install docker。

```
su - root
rpm -ivh t-oceanbase-antman-1.4.3-20220807062003.alios7.x86_64.rpm
cd /root/t-oceanbase-antman/clonescripts
./clone.sh -i
```

(2) 创建/data_dir 目录。

```
mkdir -p /data_dir
```

(3) 装载 OAT 镜像。

```
docker load -i oat_3.2.0_20220819_x86.tgz
```

(4) 获取 OAT 镜像标签。

```
oat_image=`docker images | grep oat | awk '{printf $1":"$2"\n"}'`
echo $oat_image
```

（5）启动 OAT 服务。

```
docker run -d -v /data_dir:/data -p 7000:7000 --restart on-failure:5 $oat_image
```

（6）确认 OAT docker 服务已启动。

```
docker ps
```

3）配置 oms 组件 metadb 所需环境

（1）使用 Linux fdisk 工具对/dev/vdb 建立两个分区。

```
/dev/vdb1 2048 230688767 115343360 83 Linux (110G)
/dev/vdb2 230688768 272629759 20970496 83 Linux (20G)
```

（2）创建文件系统。

```
mkfs.ext4 /dev/vdb1
mkfs.ext4 /dev/vdb2
```

（3）创建/data/1 和/data/log1 路径。

```
mkdir -p /data/1
mkdir -p /data/log1
```

（4）装载分区。

```
mount /dev/vdb1 /data/1
mount /dev/vdb2 /data/log1
```

（5）创建 admin 用户。

```
/root/t-oceanbase-antman/clonescripts/clone.sh -u
id admin
mkdir -p /home/admin/oceanbase
chown admin.admin /home/admin/oceanbase
```

（6）将部署 OMS 产品的 3 个镜像移动到/data_dir/images 目录下。

```
mv current_branchs_feature_3.3.1-bp2_oms.feature_3.3.1-bp2.202208220356.tar.gz
influxdb_1.8.tar.gz metaob_OB2277_OBP320_x86_20220429.tgz /data_dir/images/
```

4）部署 OMS 组件 metadb 和 influxdb

（1）登录 OAT Web 页面，http://<分配的 IP 地址>:7000，修改密码。OMA 登录界面如图 7-3-14 所示。

（2）添加服务器，单击“服务器”→“服务器管理”→“添加服务器”按钮，确认服务器用途全部勾选。添加服务器界面如图 7-3-15 所示。

（3）按照实际 OMS 服务器的信息填写。添加服务器基础信息配置，如图 7-3-16 所示。

添加服务器初始化配置，如图 7-3-17 所示。

（4）等待初始化任务结束，或者查看任务进度，在进度输出处如果看到“Python 没有找到”的错误，可以忽略，单击“precheck”→“设置成功”命令。添加服务器的步骤，如图 7-3-18 所示。

简体中文
OceanBase
管理者工具
请输入用户名
请输入密码
登录
OCEANBASE

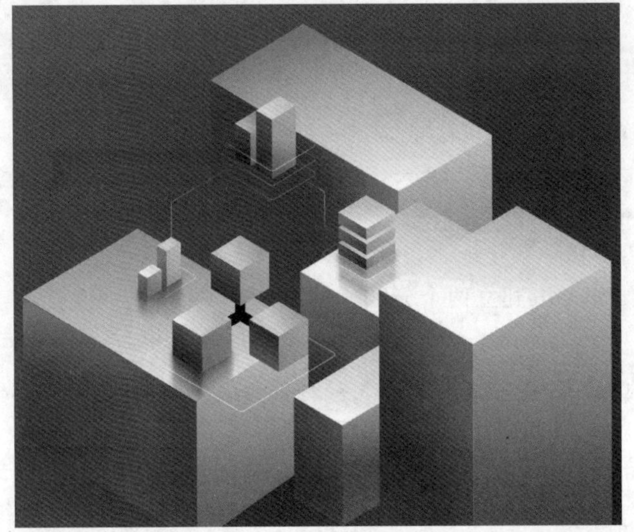

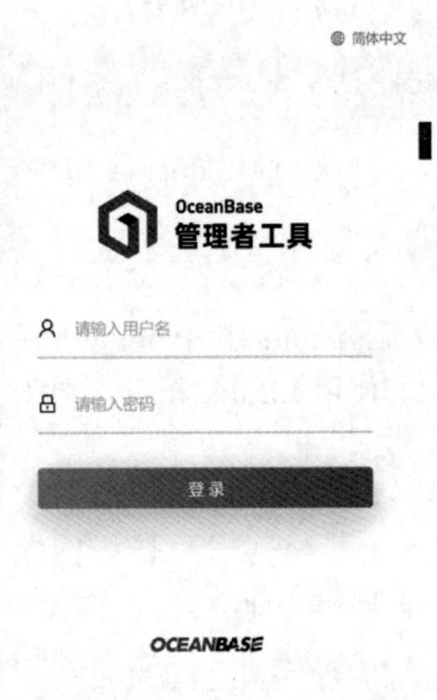

图 7-3-14　OMA 登录页面

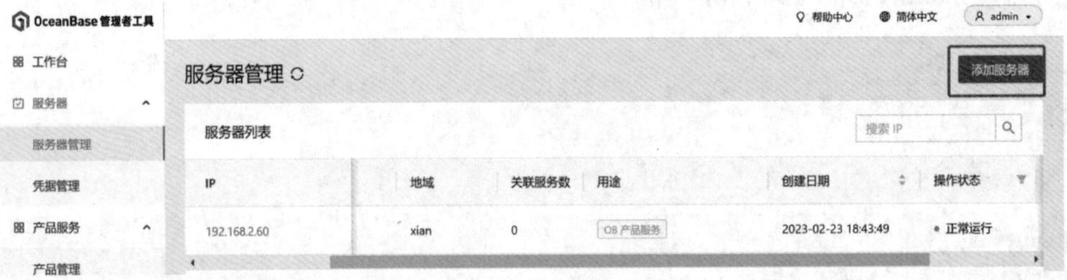

OceanBase 管理者工具
帮助中心
简体中文
admin
工作台
服务器
服务器管理
凭据管理
产品服务
产品管理
服务器管理
添加服务器
服务器列表
搜索 IP
IP
地域
关联服务数
用途
创建日期
操作状态
192.168.2.60
xian
0
OB 产品服务
2023-02-23 18:43:49
正常运行

图 7-3-15　添加服务器

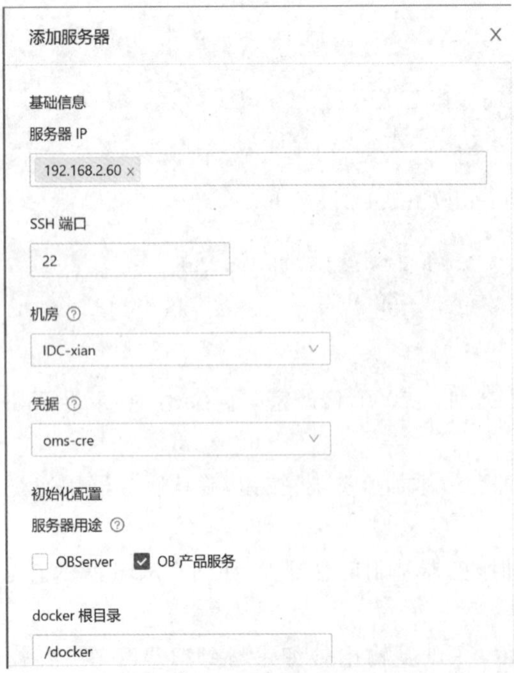

添加服务器
基础信息
服务器 IP
192.168.2.60
SSH 端口
22
机房
IDC-xian
凭据
oms-cre
初始化配置
服务器用途
OBServer
OB 产品服务
docker 根目录
/docker

图 7-3-16　添加服务器基础信息配置

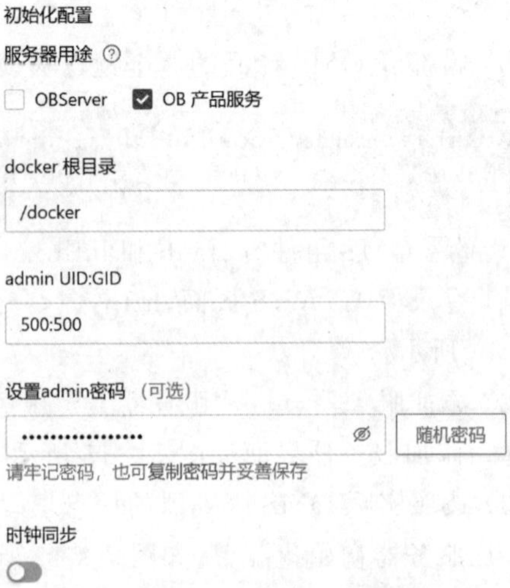

初始化配置
服务器用途
OBServer
OB 产品服务
docker 根目录
/docker
admin UID:GID
500:500
设置admin密码（可选）
随机密码
请牢记密码，也可复制密码并妥善保存
时钟同步

图 7-3-17　添加服务器初始化配置

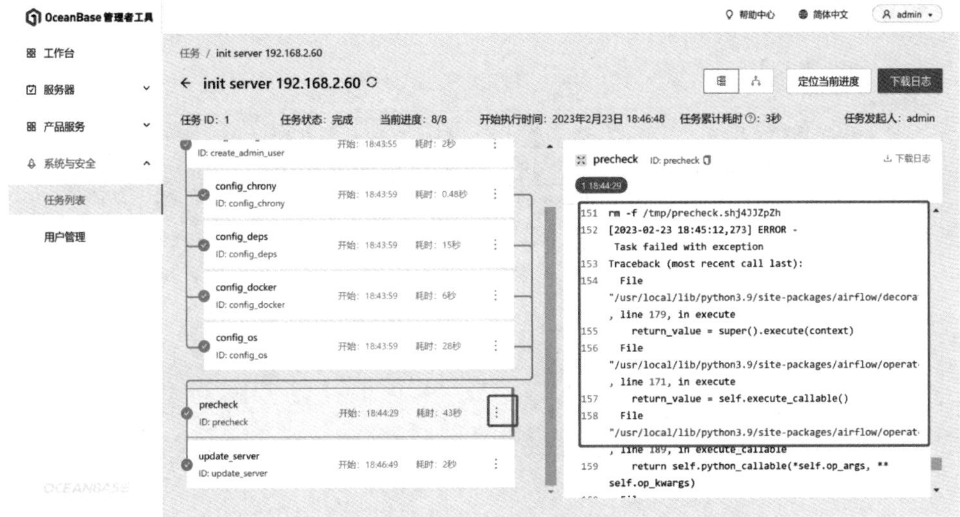

图 7-3-18　添加服务器的步骤

(5) 确认服务器部署成功，单击"服务器管理"按钮，确认操作状态为"正常运行"，如图 7-3-19 所示。

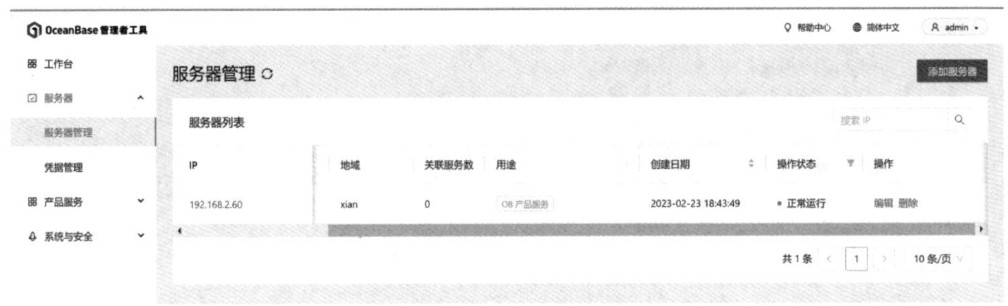

图 7-3-19　服务器状态

(6) 单击"组件管理"→"创建组件"→"创建 MetaDB"按钮。创建 MetaDB，如图 7-3-20 所示。

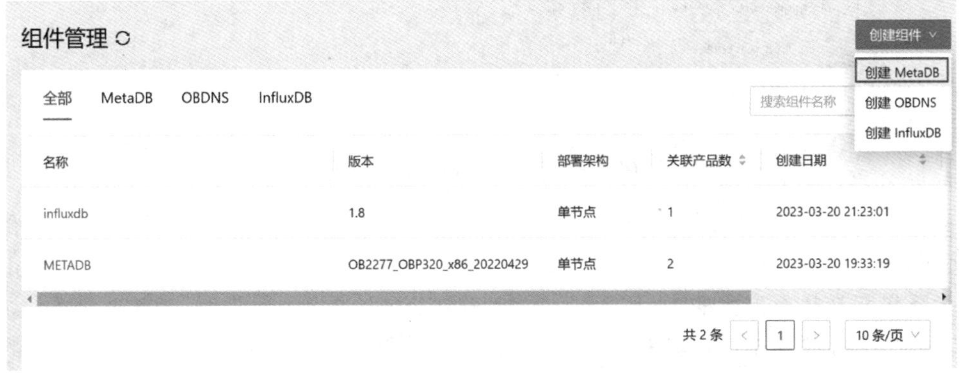

图 7-3-20　创建 MetaDB

(7) 在 MetaDB 镜像中，单击"添加镜像文件"→"扫描本地镜像"命令，选择 MetaDB 的镜像(metaob_OB2277_OBP320_x86_20220429.tgz)，其他参数如图 7-3-21 所示，system_memory 可以减小为 15GB(默认为 30GB)，单击"提交"按钮。调整 OBServer 参数如图 7-3-22

所示，调整 OBProxy 参数如图 7-3-23 所示。

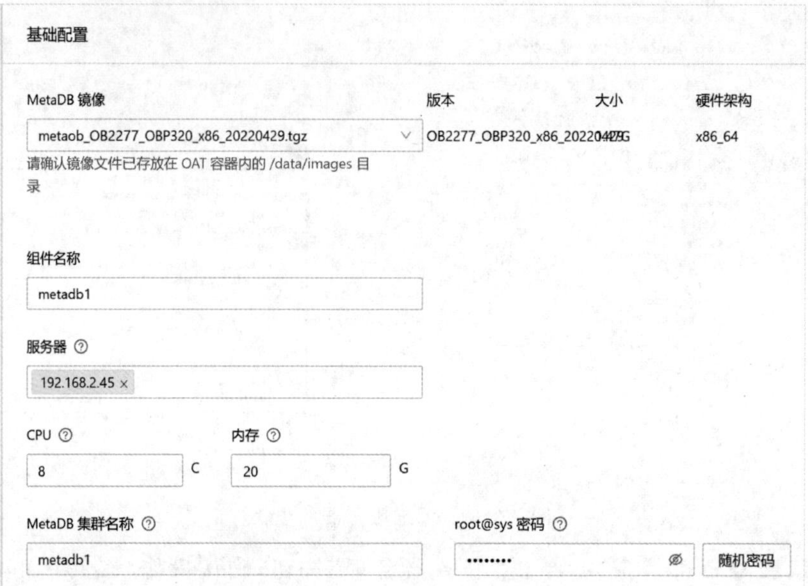

基础配置

MetaDB 镜像　　版本　　大小　　硬件架构

metaob_OB2277_OBP320_x86_20220429.tgz　　OB2277_OBP320_x86_20220429　　x86_64

请确认镜像文件已存放在 OAT 容器内的 /data/images 目录

组件名称

metadb1

服务器

192.168.2.45

CPU　8 C　　内存　20 G

MetaDB 集群名称　metadb1　　root@sys 密码　　随机密码

图 7-3-21　配置 MetaDB

图 7-3-22　调整 OBServer 参数

(8) 单击“查看任务”按钮，创建一个 OceanBase 数据库集群作为 MetaDB 使用。在任务进度页面，执行 start_metadb 步骤时会每隔 30s 报告“连接不上 MySQL”的错误，这是正常报错，因为系统正在执行磁盘的 I/O bench 操作，需要 20min 左右，需要耐心等待(注意：如果遇到报错终止，就需要单击该步骤右侧三个小点按钮，选择“重试”即可)。创建 MetaDB 的步骤如图 7-3-24 所示。

(9) MetaDB 部署成功后，单击“组件管理”按钮，确认操作状态为“正常运行”。MetaDB 状态如图 7-3-25 所示。

(10) 单击“组件管理”→“创建组件”→“创建 InfluxDB”按钮。创建 InfluxDB，如图 7-3-26 所示。

OB Proxy 启动参数

OB Proxy 服务端口

2883

OB Proxy进程启动参数（可选）

参数名	参数值	取值范围 / 参考值	操作
automatic_match_work_thread	false	-	删除
enable_strict_kernel_release	false	-	删除
work_thread_num	16	-	删除
proxy_mem_limited	4G	-	删除
client_max_connections	16384	-	删除

＋ 添加自定义参数

SSHD 启动参数

SSHD 端口

2022

root 密码

随机密码

图 7-3-23　调整 OBProxy 参数

图 7-3-24　创建 MetaDB 的步骤

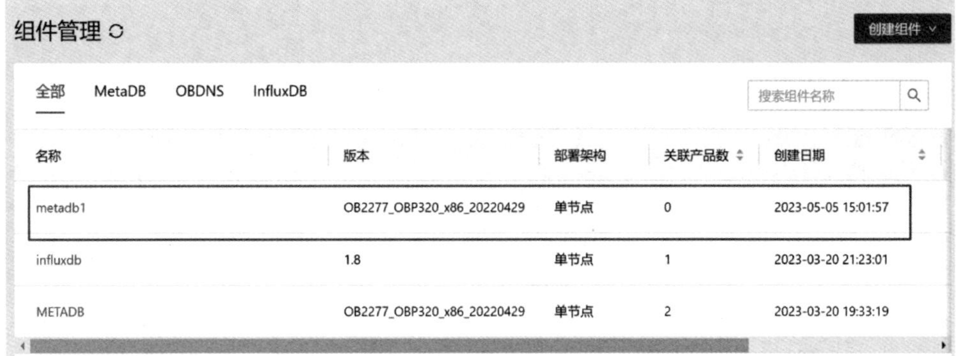

名称	版本	部署架构	关联产品数	创建日期
metadb1	OB2277_OBP320_x86_20220429	单节点	0	2023-05-05 15:01:57
influxdb	1.8	单节点	1	2023-03-20 21:23:01
METADB	OB2277_OBP320_x86_20220429	单节点	2	2023-03-20 19:33:19

图 7-3-25　查看 MetaDB 状态

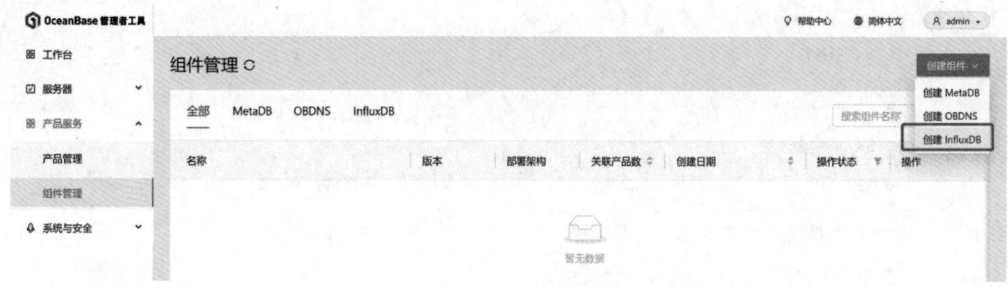

图 7-3-26　创建 InfluxDB

（11）使用默认配置创建 InfluxDB，单击"提交"按钮，查看任务。扫描 InfluxDB 镜像，如图 7-3-27 所示；InfluxDB 配置如图 7-3-28 所示；创建 InfluxDB 的步骤如图 7-3-29 所示。

图 7-3-27　扫描 InfluxDB 镜像

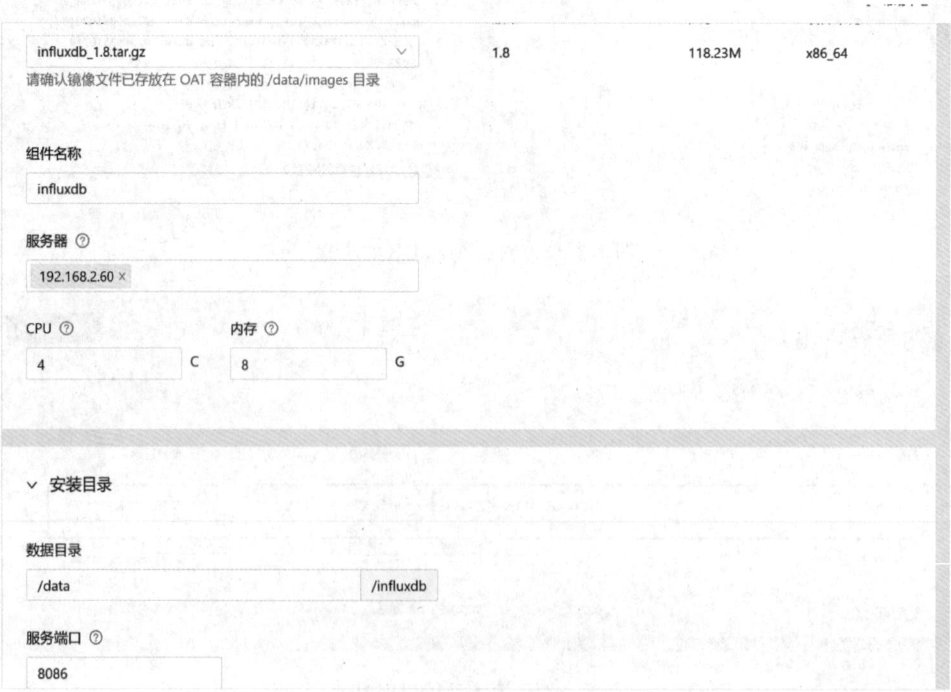

图 7-3-28　InfluxDB 配置

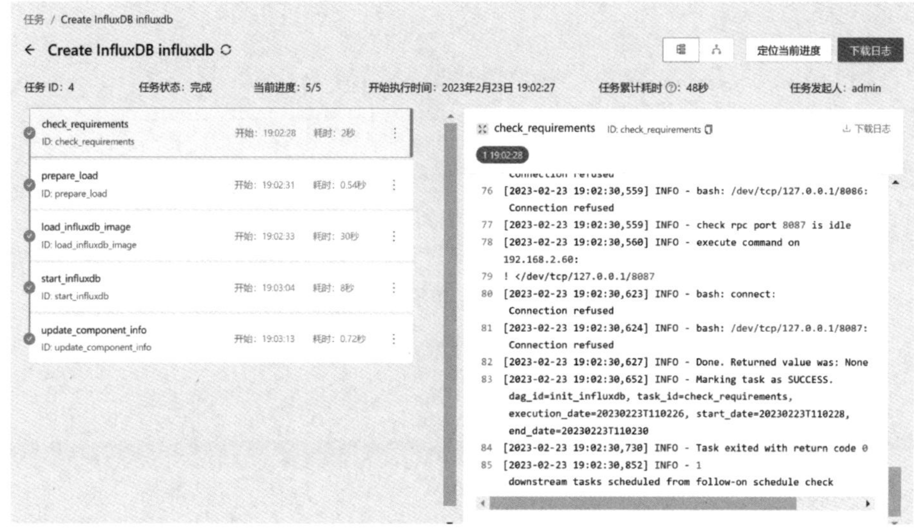

图 7-3-29 创建 InfluxDB 的步骤

(12) 单击“组件管理”按钮，确认 InfluxDB 操作状态为“正常运行”。InfluxDB 状态如图 7-3-30 所示。

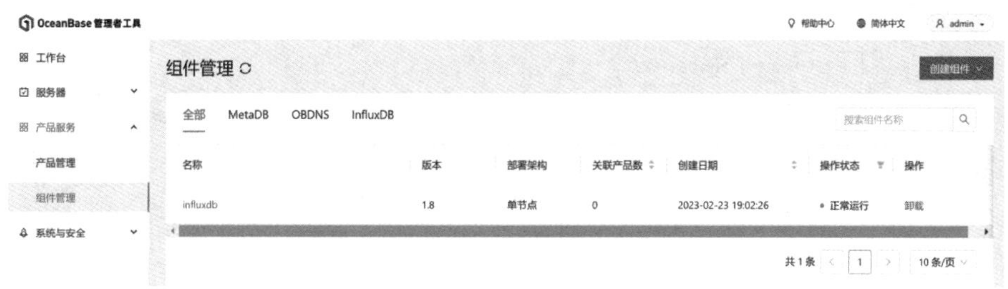

图 7-3-30 InfluxDB 状态

5) 部署 OMS 服务

(1) 在 OAT Web 界面，单击“产品管理”→“安装产品”→“安装 OMS”按钮，如图 7-3-31 所示。

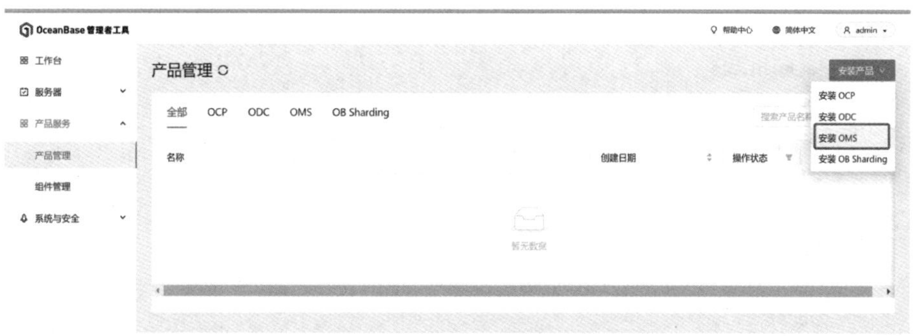

图 7-3-31 安装 OMS

(2) 输入图 7-3-32 所示信息，单击“提交”按钮，查看任务，确认此步骤没有错误(注意：此处 MetaDB 的租户名为新建，与之前安装 MetaDB 时不同，同理 InfluxDB 也一样)。安装 OMS 基础配置，如图 7-3-32 所示；安装 OMS MetaDB 配置，如图 7-3-33 所示；安装 OMS 时序数据库配置，如图 7-3-34 所示；具体安装 OMS 的步骤如图 7-3-35 所示。

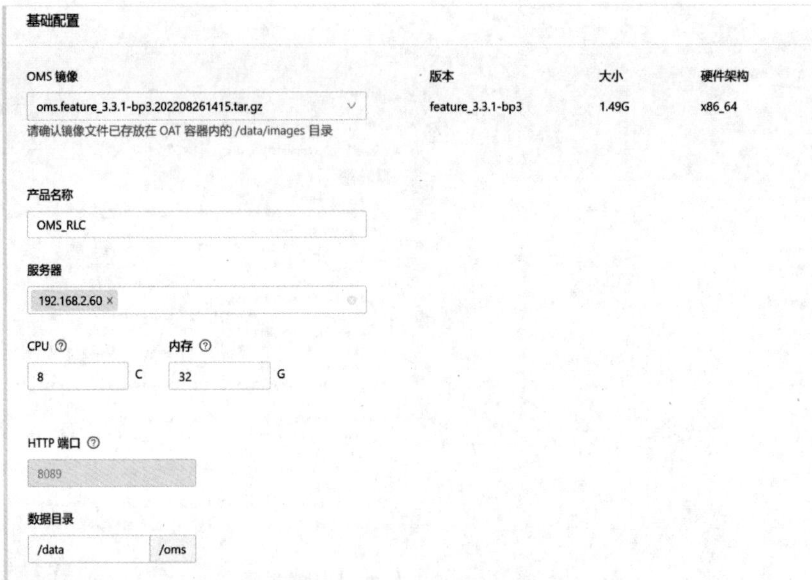

基础配置
OMS 镜像
oms.feature_3.3.1-bp3.202208261415.tar.gz
请确认镜像文件已存放在 OAT 容器内的 /data/images 目录
版本
feature_3.3.1-bp3
大小
1.49G
硬件架构
x86_64
产品名称
OMS_RLC
服务器
192.168.2.60
CPU
8
C
内存
32
G
HTTP 端口
8089
数据目录
/data
/oms

图 7-3-32　安装 OMS 基础配置

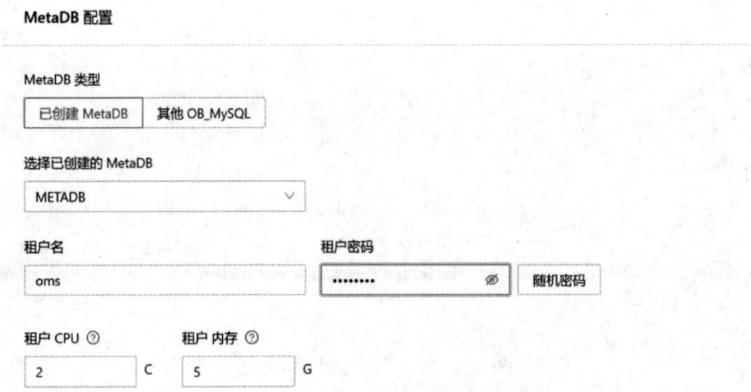

MetaDB 配置
MetaDB 类型
已创建 MetaDB
其他 OB_MySQL
选择已创建的 MetaDB
METADB
租户名
oms
租户密码
••••••••
随机密码
租户 CPU
2
C
租户 内存
5
G

图 7-3-33　安装 OMS MetaDB 配置

时序数据库存储
已创建 InfluxDB
其他 InfluxDB
选择已创建的 InfluxDB
influxdb
数据库账号
oms_monitor
数据库密码
YI0_xlK_bGg8
随机密码
负载均衡配置
负载均衡模式
已创建 OBDNS
其他负载均衡
不使用
选择不使用负载均衡将无法获得高可用能力，默认使用第一台ip作为连接信息

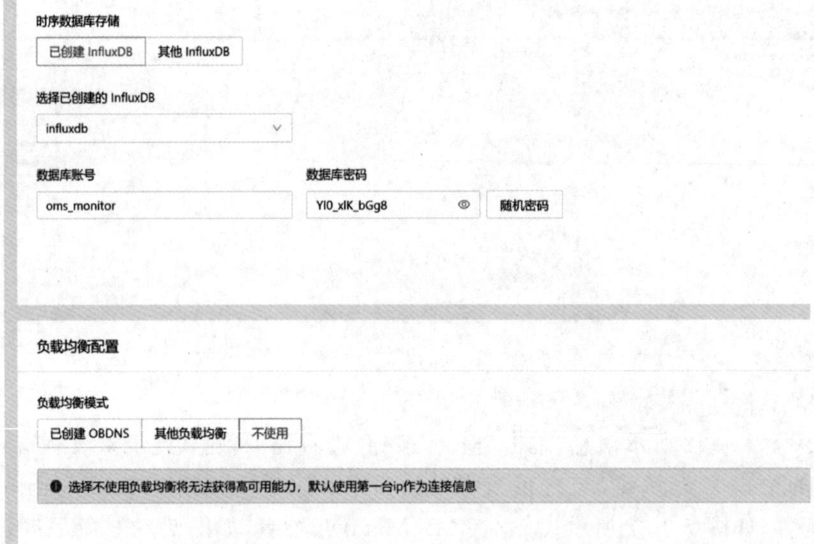

图 7-3-34　安装 OMS 时序数据库配置

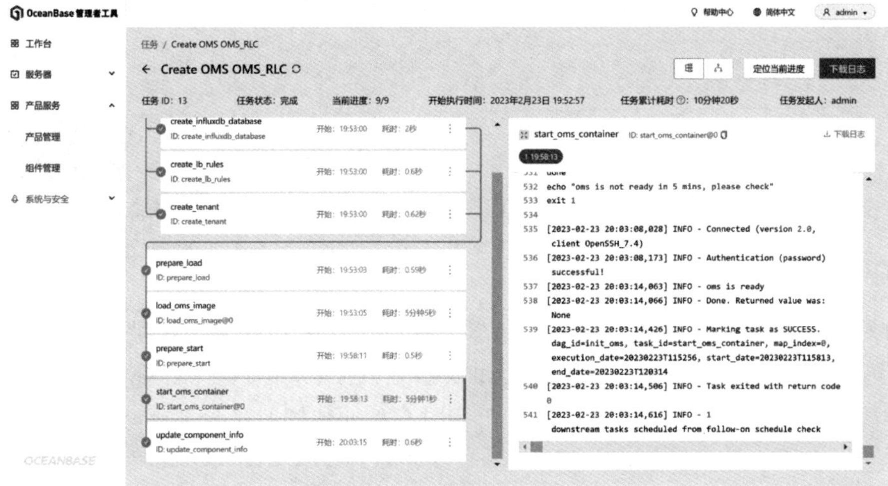

图 7-3-35　安装 OMS 步骤

（3）确认 OMS 部署成功，单击“产品管理”按钮，确认 OMS 组件的操作状态是“正常运行”，如图 7-3-36 所示。

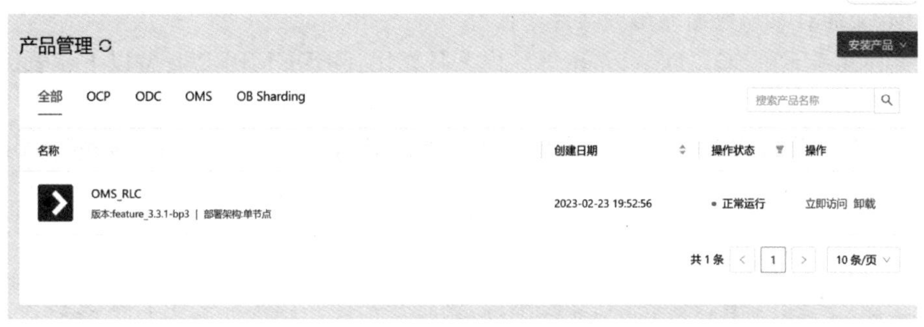

图 7-3-36　OMS 状态

（4）单击此界面的“立即访问”按钮，第一次登录 OMS，登录地址< ip 地址：8089 >，用户名：admin，初始密码：aaAA11__。OMS 首页如图 7-3-37 所示。

图 7-3-37　OMS 首页

(5) 设置 OceanBase 目标数据库端满足迁移要求。

```
set global max_allowed_packet= 10485760; --10M,如果此参数低于 8M,后面预检过程会警告
```

7.3.4 OceanBase 导数工具

OceanBase 导数工具包括导入工具 OBLOADER 和导出工具 OBDUMPER。

1. OBLOADER 简介

OBLOADER 是一款使用 Java 开发的客户端导入工具。该工具提供了非常灵活的命令行选项,可在多种复杂的场景下,将定义和数据导入 OceanBase 中。推荐 OBLOADER 与 OBDUMPER 搭配使用,但是在外部业务中,OBLOADER 同时支持如 Navicat、Mydumper 和 SQL Developer 等工具导出的 CSV 格式的文件导入。OBLOADER 充分利用 OceanBase 分布式系统的特性,重点优化导入性能和稳定性以及丰富运行监控信息,提升用户体验。

2. OBDUMPER 简介

OBDUMPER 是一款使用 Java 开发的客户端导出工具。可以使用该工具将 OceanBase 数据库中定义的对象和数据导出到文件中。

与 MyDumper 和 SQL Developer 等导出工具相比,OBDUMPER 具备以下显著优势。

- 高性能:在无主键表和分区表等场景下,提供针对性的性能优化。
- 多功能:提供数据预处理、多种类型的数据格式和全局一致性非锁定导出数据等功能。

3. 支持的版本

OceanBase 导数工具已支持的 OceanBase 数据库模式与版本如表 7-3-13 所示。

表 7-3-13 OceanBase 导数工具支持的模式与版本

OceanBase 模式	支持的版本号
Oracle 模式	2.2.30、2.2.52、2.2.7x、3.1.x、3.2.x、4.0.0
MySQL 模式	1.4.70、1.4.72、1.4.75、1.4.78、1.4.79、2.2.30、2.2.50、2.2.70、2.2.71、2.2.72、2.2.76、3.1.x、3.2.x、4.0.0

4. 运行环境

运行导数工具前,需要确认已拥有合适的运行环境和运行权限。运行环境如表 7-3-14 所示。

表 7-3-14 运行环境

环 境	要 求
系统版本	支持 Linux/macOS/Windows 7 及之后版本
Java 环境	安装 Oracle JDK 1.8,配置 JAVA_HOME 环境变量。不推荐使用 OpenJDK
字符集	推荐使用 UTF-8 文件编码
JVM 参数	编辑 bin/obloader 和 bin/obdumper 脚本修改 JVM 内存参数,避免出现 JVM 内存不足

由于 Open JDK 1.8 部分版本存在严重的 GC Bug,导入导出程序运行时会出现 OOM 问题,所以需要用户安装 OpenJDK 1.8 最新的小版本。

5. 运行权限

OceanBase 4.0.0.0 之前的版本，导数工具命令行中需要指定--sys-user，--sys-password 选项的参数值。--sys-user，--sys-password 选项必须使用 sys 租户下拥有查询系统表和查询视图权限的用户。运行权限如表 7-3-15 所示。

表 7-3-15　运行权限

工　具	运 行 权 限
OBLOADER	SELECT，INSERT，MERGE，UPDATE
OBDUMPER	SELECT，SET

6. 使用 OBLOADER

1）产品功能

OBLOADER 主要具备以下功能特性。

（1）支持导入数据库对象定义的语句。

（2）支持导入标准的 CSV，SQL，ORC，Parquet 格式的数据文件。

（3）支持导入定长字节格式，字符串分隔格式以及 DDL 和 DML 混合的文件格式。

（4）支持导入时配置数据预处理的控制规则以及文件与表之间的字段映射关系。

（5）支持导入限速、防导爆、断点恢复和自动重试等特性。

（6）支持指定自定义的日志目录、保存坏数据和冲突数据等特性。

（7）支持将 OSS 云存储中的数据导入 OceanBase 数据库。

（8）支持导入生成列（Generated Column）作为分区键的数据。

（9）支持全库导入时增加 truncate table 等风险操作的确认环节。

（10）支持默认情况下启用 UNSAFE 对文件进行粗粒度切分，可以在运行脚本中修改 -Dfile.split=SAFE 对文件进行精确切分。

2）注意事项

（1）标准的 CSV 格式请参考 RFC 4180 规范，建议导入时严格遵从 RFC 4180 规范。

（2）导入大量数据时，应在运行的脚本中修改 Java 虚拟机的内存参数。

（3）命令行参数指定的对象名、数据文件名、规则文件名要求大小写一致。Oracle 默认大写，MySQL 默认小写。如果需要区分大小写，请将表名放入方括号内（[ ]）。例如：--table '[test]' 表示 test 表，文件名格式为 test.group.sequence.suffix；--table '[TEST]' 表示 TEST 表，文件名格式为 TEST.group.sequence.suffix。

（4）导入的数据文件的命名规范是 table.group.sequence.suffix。

（5）数据库对象存在依赖时，无法保证对象定义和数据按照依赖顺序导入。

（6）无主键的表，暂不支持中断续传和数据替换。

（7）OceanBase MySQL 1.4.79 使用 INSERT…WHERE NOT EXISTS 解决主键冲突时存在跨分区插入的错误。

（8）OceanBase MySQL 1.4.x 组合分区表 RANGE_COLUMNS + KEY 在虚拟路由视图中的元数据有缺陷。

（9）当分区键是生成列时，数据文件中需要存在生成列的数据，否则应指定 --no-sys 选项导入数据。

(10) OBLOADER 支持的文件格式如下：

① DDL 文件。文件中的内容仅包含 DDL 语句。

② CSV 文件。文件中的内容是符合 RFC 4180 规范的标准 CSV 格式。

③ SQL 文件。文件中的内容仅包含 INSERT SQL 语句，数据不换行。

④ ORC 文件。文件中的内容是标准的 Apache ORC 格式。

⑤ Parquet 文件。文件中的内容是标准的 Apache Parquet 格式。

⑥ MIX 文件。文件中的内容既包含 DDL 语句又包含 DML 语句。

⑦ POS 文件。文件中的内容是以固定字节长度定义的格式。

⑧ CUT 文件。文件中的内容是按照字符串进行分隔的格式，区别于 CSV 格式。

3) OBLOADER 支持的文件格式

(1) DDL 文件。文件中的内容仅包含 DDL 语句。

(2) CSV 文件。文件中的内容是符合 RFC 4180 规范的标准 CSV 格式。

(3) SQL 文件。文件中的内容仅包含 INSERT SQL 语句，数据不换行。

(4) ORC 文件。文件中的内容是标准的 Apache ORC 的格式。

(5) Parquet 文件。文件中的内容是标准的 Apache Parquet 的格式。

(6) MIX 文件。文件中的内容既包含 DDL 语句又包含 DML 语句。

(7) POS 文件。文件中的内容是以固定字节长度定义的格式。

(8) CUT 文件。文件中的内容是按照字符串进行分隔的格式。区别于 CSV 格式。

4) 性能调优

OBLOADER 的性能可从命令行选项、虚拟机参数和数据库内核三方面进行调优。

(1) 命令行选项调优。

① 宽表或者列值较长，将--batch 选项的参数值调小；反之则调大。

② 索引会影响数据导入的性能。除主键和唯一键以外，普通索引延迟到数据导入结束后再创建。

③ 服务器的负载和网络都较低时，视情况可调整--thread 选项的参数值。

④ 调优时可关注 OBLOADER 运行的服务器、ODP 服务节点以及 OceanBase 集群中各个节点的资源使用率。其中 ODP 所在的服务器需要重点关注网络。

(2) 虚拟机参数调优。

将导入脚本中的虚拟机参数修改为可用物理内存的 60%。默认值：-Xms4G-Xmx4G。

```
vim bin/obloader

JAVA_OPTS = " $JAVA_OPTS -server -Xms4G -Xmx4G -XX: MetaspaceSize = 256M -XX:
MaxMetaspaceSize=256M -Xss352K"
```

(3) 数据库内核调优。

① 导入数据的性能会受到租户的增量内存写入速度的影响。

② 增量内存不足时，数据库会触发合并或者转储。合并比较消耗性能，尽量不要触发。可开启内存的转储，并将转储的次数设置为 100 以上。

③ 增量内存使用率达到租户限速阈值时，导入性能同时会下降。

④ 增量内存使用率已满时，数据很容易导入失败。建议租户限速的阈值高于 90。转储相关参数的设置与租户内存的大小、写入速度都有关系，需根据实际情况进行调优。内核相关的调优参数如表 7-3-16 所示。

表 7-3-16　数据库内核调优参数

参　　数	默 认 值	说　　明
set global ob_sql_work_area_percentage=20;	5	SQL 执行过程中的内存占用百分比。 取值范围：[0,100]
set global max_allowed_packet=1073741824;	130023424	服务端可接收的最大的网络数据包大小
alter system set freeze_trigger_percentage=30;	70	用于设置触发全局冻结的租户使用内存阈值。major_freeze_trigger_percent=major_freeze 触发阈值，memstore 容量是通过配置项 memstore_lmt_percent 计算所得。计算公式：memstore_lmt_percent=memstore_limit/min_memory。取值范围：[1,99]
alter system set minor_freeze_times=500;	5	用于设置多少次小合并触发一次全局合并。值为 0 时，表示关闭小合并。内存超过预设限制会触发 minor freeze 或 major freeze，该参数指在连续两次触发 major freeze 之间触发 minor freeze 的次数。0 表示禁止自动触发 minor freeze。 取值范围：[0,65536)
alter system setminor_compact_trigger=16;	—	用于控制分层转储触发向下一层下压的阈值。当该层的 Mini SSTable 总数达到设定的阈值时，所有 SSTable 都会被下压到下一层，组成新的 Minor SSTable
alter system set merge_thread_count=32;	0	用于设置每日合并工作的线程数。该配置项的值为 0 时，合并的工作进程数的计算方式为 min{10,cpu_cnt * 0.3}，其中 cpu_cnt 为系统 CPU 的数量。修改动态参数后，无须重启，即刻生效。 取值范围：[0,256]
alter system set minor_merge_concurrency=48;	0	用于设置小合并时的并发线程数。 取值范围：[0,64]
alter system set writing_throttling_trigger_percentage=100;	100	设定服务端内存限流阈值 OceanBase 2.2.30 及之后版本才支持该系统参数，要求工具拥有防导爆能力

5）使用示例

数据库信息列表如表 7-3-17 所示。

表 7-3-17　信息列表

数据库信息	值
集群名称	Test_Cluster_001
OceanBase DataBase Proxy(ODP)主机地址	192.168.2.57
OceanBase DataBase Proxy(ODP)端口号	2883
集群的租户名	test
sys 租户下 root/proxyro 用户名	root
sys 租户下 root/proxyro 用户的密码	xxx
业务租户下的用户账号(要求读写权限)	APP_USER
业务租户下的用户密码	APP_USER
Schema 名称	APP_USER

(1) 导入 DDL 定义文件。

① 通过 OBDUMPER 备份 app_user.tmp 表的表结构及数据。

```
export JAVA_HOME=/usr/lib/jvm/java-1.8.0-openjdk-1.8.0.181-7.b13.el7.x86_64/jre
/software/ob-loader-dumper-4.0.1-SNAPSHOT/bin/obdumper -h192.168.2.51 -P 2883 -u APP_USER
-p app_user --sys-user root --sys-password aaAA22__ -c Test_Cluster_001 -t test -D app_user --ddl --
table=TMP -f /backup/obdumper/ddl_tmp

/software/ob-loader-dumper-4.0.1-SNAPSHOT/bin/obdumper -h192.168.2.51 -P 2883 -u APP_USER
-p app_user --sys-user root --sys-password aaAA22__ -c Test_Cluster_001 -t test -D app_user --csv --
table=TMP -f /backup/obdumper/csv_tmp
```

② 查看 TMP 表如图 7-3-38 所示；删除 TMP 表如图 7-3-39 所示。

```
obclient -h192.168.2.57 -P2883 -uapp_user@test#Test_Cluster_001:1678634951 -p
drop table TMP;
```

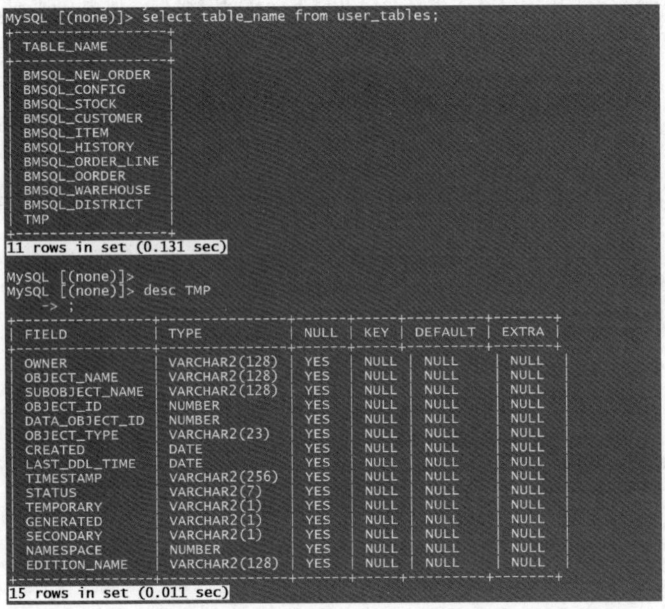

```
MySQL [(none)]> select table_name from user_tables;
+------------------+
| TABLE_NAME       |
+------------------+
| BMSQL_NEW_ORDER  |
| BMSQL_CONFIG     |
| BMSQL_STOCK      |
| BMSQL_CUSTOMER   |
| BMSQL_ITEM       |
| BMSQL_HISTORY    |
| BMSQL_ORDER_LINE |
| BMSQL_OORDER     |
| BMSQL_WAREHOUSE  |
| BMSQL_DISTRICT   |
| TMP              |
+------------------+
11 rows in set (0.131 sec)

MySQL [(none)]>
MySQL [(none)]> desc TMP
    -> ;
+----------------+---------------+------+------+---------+-------+
| FIELD          | TYPE          | NULL | KEY  | DEFAULT | EXTRA |
+----------------+---------------+------+------+---------+-------+
| OWNER          | VARCHAR2(128) | YES  | NULL | NULL    | NULL  |
| OBJECT_NAME    | VARCHAR2(128) | YES  | NULL | NULL    | NULL  |
| SUBOBJECT_NAME | VARCHAR2(128) | YES  | NULL | NULL    | NULL  |
| OBJECT_ID      | NUMBER        | YES  | NULL | NULL    | NULL  |
| DATA_OBJECT_ID | NUMBER        | YES  | NULL | NULL    | NULL  |
| OBJECT_TYPE    | VARCHAR2(23)  | YES  | NULL | NULL    | NULL  |
| CREATED        | DATE          | YES  | NULL | NULL    | NULL  |
| LAST_DDL_TIME  | DATE          | YES  | NULL | NULL    | NULL  |
| TIMESTAMP      | VARCHAR2(256) | YES  | NULL | NULL    | NULL  |
| STATUS         | VARCHAR2(7)   | YES  | NULL | NULL    | NULL  |
| TEMPORARY      | VARCHAR2(1)   | YES  | NULL | NULL    | NULL  |
| GENERATED      | VARCHAR2(1)   | YES  | NULL | NULL    | NULL  |
| SECONDARY      | VARCHAR2(1)   | YES  | NULL | NULL    | NULL  |
| NAMESPACE      | NUMBER        | YES  | NULL | NULL    | NULL  |
| EDITION_NAME   | VARCHAR2(128) | YES  | NULL | NULL    | NULL  |
+----------------+---------------+------+------+---------+-------+
15 rows in set (0.011 sec)
```

图 7-3-38　查看 TMP 表

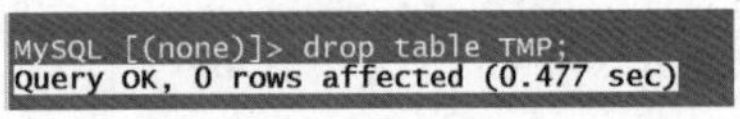

```
MySQL [(none)]> drop table TMP;
Query OK, 0 rows affected (0.477 sec)
```

图 7-3-39　删除 TMP 表

③ 通过 OBLOADER 导入备份的表结构，如图 7-3-40 所示。

```
/software/ob-loader-dumper-4.0.1-SNAPSHOT/bin/obloader -h192.168.2.51 -P 2883 -u APP_USER -
p app_user --sys-user root --sys-password aaAA22__ -c Test_Cluster_001 -t test -D app_user --ddl --
table=TMP -f /backup/obdumper/ddl_tmp
```

(2) 导入 CSV 数据文件。

通过 OBLOADER 导入备份的 TMP 表数据。导入 CSV 文件，如图 7-3-41 所示。

```
/software/ob-loader-dumper-4.0.1-SNAPSHOT/bin/obloader -h192.168.2.51 -P 2883 -u APP_USER -
p app_user --sys-user root --sys-password aaAA22__ -c Test_Cluster_001 -t test -D app_user --csv --
table=TMP -f /backup/obdumper/csv_tmp
```

(3) 导入 SQL 数据文件。

① 将 TMP 表数据导出成 SQL 文件。

```
/software/ob-loader-dumper-4.0.1-SNAPSHOT/bin/obdumper -h192.168.2.51 -P 2883 -u APP_USER
-p app_user --sys-user root --sys-password aaAA22__ -c Test_Cluster_001 -t test -D app_user --sql --
table=TMP -f /backup/obdumper/sql_tmp
```

```
[--cluster] Test_Cluster_001
[--password] ******
[--database] app_user
[--sys-user] root
[--sys-password] ******
[--table] [TMP]

2023-05-15 20:38:20 [INFO] Load jdbc driver class: "com.oceanbase.jdbc.Driver" finished
2023-05-15 20:38:20 [INFO] The manifest file: "/backup/obdumper/ddl_tmp/data/MANIFEST.bin" has been saved
2023-05-15 20:38:20 [INFO] Init writer thread pool finished
2023-05-15 20:38:20 [WARN] The object type : "SEQUENCE" doesn't exist in the -schema.sql files
2023-05-15 20:38:20 [WARN] The object type : "TABLE_GROUP" doesn't exist in the -schema.sql files
2023-05-15 20:38:20 [INFO] Start 32 schema file loader threads successed
2023-05-15 20:38:21 [INFO] No.1 sql of the file: "/backup/obdumper/ddl_tmp/data/APP_USER/TABLE/TMP-schema.sql" exec success. El
apsed: 404.0 ms
2023-05-15 20:38:21 [INFO] Load file: "TMP-schema.sql" succeeded
2023-05-15 20:38:21 [WARN] The object type : "VIEW" doesn't exist in the -schema.sql files
2023-05-15 20:38:21 [WARN] The object type : "FUNCTION" doesn't exist in the -schema.sql files
2023-05-15 20:38:21 [WARN] The object type : "PROCEDURE" doesn't exist in the -schema.sql files
2023-05-15 20:38:21 [WARN] The object type : "TRIGGER" doesn't exist in the -schema.sql files
2023-05-15 20:38:21 [WARN] The object type : "PACKAGE" doesn't exist in the -schema.sql files
2023-05-15 20:38:21 [WARN] The object type : "TYPE" doesn't exist in the -schema.sql files
2023-05-15 20:38:21 [WARN] The object type : "PACKAGE_BODY" doesn't exist in the -schema.sql files
2023-05-15 20:38:21 [WARN] The object type : "TYPE_BODY" doesn't exist in the -schema.sql files
2023-05-15 20:38:21 [WARN] The object type : "SYNONYM" doesn't exist in the -schema.sql files
2023-05-15 20:38:21 [WARN] The object type : "PUBLIC_SYNONYM" doesn't exist in the -schema.sql files
2023-05-15 20:38:21 [WARN] The object type : "FILE" doesn't exist in the -schema.sql files
2023-05-15 20:38:21 [INFO] Close connection count: 0 of the DataSource. Key: 192_168_2_51_11532_158756775_app_user
2023-05-15 20:38:21 [INFO] Close connection count: 0 of the DataSource. Key: 192_168_2_51_11532_62799405_oceanbase
2023-05-15 20:38:21 [INFO] Shutdown task context finished
2023-05-15 20:38:21 [INFO] ----------   Finished Tasks: 1      Running Tasks: 0       Progress: 100.00%       ----------
2023-05-15 20:38:21 [INFO]

All Load Tasks Finished:

------------------------------------------------------------------------------------------------
      No.#      |      Type      |         Name         |       Count       |      Status
------------------------------------------------------------------------------------------------
       1        |     TABLE      |          TMP         |       1 -> 1      |      SUCCESS
------------------------------------------------------------------------------------------------

Total Count: 1          End Time: 2023-05-15 20:38:21

2023-05-15 20:38:22 [INFO] Load schema finished. Total Elapsed: 1.170 s
2023-05-15 20:38:22 [INFO] System exit 0
-bash-4.2$
```

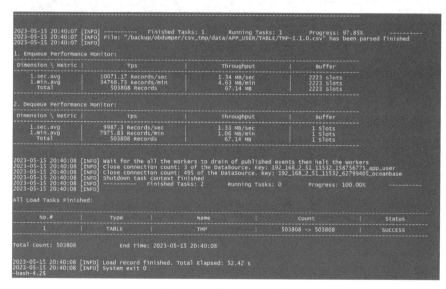

图 7-3-40　通过 OBLOADER 导入备份的表结构

```
---------------------------------------------------------------------------------

2023-05-15 20:40:07 [INFO] ----------   Finished Tasks: 1      Running Tasks: 1       Progress: 97.85%       ----------
2023-05-15 20:40:07 [INFO] File: "/backup/obdumper/csv_tmp/data/APP_USER/TABLE/TMP-1.1.0.csv" has been parsed finished
2023-05-15 20:40:07 [INFO]

1. Enqueue Performance Monitor:
---------------------------------------------------------------------------------
 Dimension \ Metric |          Tps           |       Throughput       |     Buffer
---------------------------------------------------------------------------------
     1.sec.avg      |  10071.17 Records/sec  |      1.34 MB/sec       |   2223 Slots
     1.min.avg      |  34768.73 Records/min  |      4.63 MB/min       |   2223 Slots
       Total        |    503808 Records      |       67.14 MB         |   2223 Slots
---------------------------------------------------------------------------------

2. Dequeue Performance Monitor:
---------------------------------------------------------------------------------
 Dimension \ Metric |          Tps           |       Throughput       |     Buffer
---------------------------------------------------------------------------------
     1.sec.avg      |   9987.3 Records/sec   |      1.33 MB/sec       |     1 Slots
     1.min.avg      |  7975.83 Records/min   |      1.06 MB/min       |     1 Slots
       Total        |    503808 Records      |       67.14 MB         |     1 Slots
---------------------------------------------------------------------------------

2023-05-15 20:40:08 [INFO] Wait for the all the workers to drain of published events then halt the workers
2023-05-15 20:40:08 [INFO] Close connection count: 3 of the DataSource. Key: 192_168_2_51_11532_158756775_app_user
2023-05-15 20:40:08 [INFO] Close connection count: 495 of the DataSource. Key: 192_168_2_51_11532_62799405_oceanbase
2023-05-15 20:40:08 [INFO] Shutdown task context finished
2023-05-15 20:40:08 [INFO] ----------   Finished Tasks: 2      Running Tasks: 0       Progress: 100.00%       ----------
2023-05-15 20:40:08 [INFO]

All Load Tasks Finished:

------------------------------------------------------------------------------------------------
      No.#      |      Type      |         Name         |       Count        |      Status
------------------------------------------------------------------------------------------------
       1        |     TABLE      |          TMP         |  503808 -> 503808  |      SUCCESS
------------------------------------------------------------------------------------------------

Total Count: 503808          End Time: 2023-05-15 20:40:08

2023-05-15 20:40:08 [INFO] Load record finished. Total Elapsed: 52.42 s
2023-05-15 20:40:08 [INFO] System exit 0
-bash-4.2$
```

图 7-3-41　导入 CSV 文件

② 清空 TMP 表。

```
truncate table tmp;
```

③ 将备份的 SQL 文件导入 TMP 表里，如图 7-3-42 所示。

```
/software/ob-loader-dumper-4.0.1-SNAPSHOT/bin/obloader -h192.168.2.51 -P 2883 -u APP_USER -
p app_user --sys-user root --sys-password aaAA22__ -c Test_Cluster_001 -t test -D app_user --sql --table
=TMP -f /backup/obdumper/sql_tmp
```

7. 使用 OBDUMPER

1）产品功能

OBDUMPER 主要具备以下功能特性。

（1）支持导出数据库对象定义的语句。

```
2023-05-15 20:53:08 [INFO] ----------   Finished Tasks: 0      Running Tasks: 3       Progress: 33.05%        ----------
2023-05-15 20:53:09 [INFO]

1. Enqueue Performance Monitor:
----------------------------------------------------------------------------------------------------
 Dimension \ Metric |            Tps             |          Throughput          |       Buffer
----------------------------------------------------------------------------------------------------
     1.sec.avg      |    11173.82 Records/sec    |         1.49 MB/sec          |      2035 Slots
     1.min.avg      |    12707.58 Records/min    |         1.69 MB/min          |      2035 Slots
       Total        |      503808 Records        |          67.13 MB            |      2035 Slots
----------------------------------------------------------------------------------------------------

2. Dequeue Performance Monitor:
----------------------------------------------------------------------------------------------------
 Dimension \ Metric |            Tps             |          Throughput          |       Buffer
----------------------------------------------------------------------------------------------------
     1.sec.avg      |    10558.03 Records/sec    |         1.41 MB/sec          |      127 Slots
     1.min.avg      |    7791.71 Records/min     |         1.04 MB/min          |      127 Slots
       Total        |      479000 Records        |          63.83 MB            |      127 Slots
----------------------------------------------------------------------------------------------------


2023-05-15 20:53:09 [INFO] File: "/backup/obdumper/sql_tmp/data/APP_USER/TABLE/TMP-3.1.0.sql" has been parsed finished
2023-05-15 20:53:11 [INFO] File: "/backup/obdumper/sql_tmp/data/APP_USER/TABLE/TMP-1.1.0.sql" has been parsed finished
2023-05-15 20:53:11 [INFO] File: "/backup/obdumper/sql_tmp/data/APP_USER/TABLE/TMP-2.1.0.sql" has been parsed finished
2023-05-15 20:53:12 [INFO] Wait for the all the workers to drain of published events then halt the workers
2023-05-15 20:53:12 [INFO] Close connection count: 3 of the DataSource. Key: 192_168_2_51_11532_158756775_app_user
2023-05-15 20:53:12 [INFO] Close connection count: 466 of the DataSource. Key: 192_168_2_51_11532_62799405_oceanbase
2023-05-15 20:53:12 [INFO] Shutdown task context finished
2023-05-15 20:53:12 [INFO] ----------   Finished Tasks: 3      Running Tasks: 0       Progress: 100.00%       ----------
2023-05-15 20:53:12 [INFO]

All Load Tasks Finished:

-----------------------------------------------------------------------------------------------------------------
        No.#       |       Type        |          Name            |         Count           |       Status
-----------------------------------------------------------------------------------------------------------------
         1         |       TABLE       |          TMP             |    503808 -> 503808     |       SUCCESS
-----------------------------------------------------------------------------------------------------------------

Total Count: 503808          End Time: 2023-05-15 20:53:12


2023-05-15 20:53:12 [INFO] Load record finished. Total Elapsed: 50.96 s
2023-05-15 20:53:12 [INFO] System exit 0
-bash-4.2$ █
```

图 7-3-42　导入 SQL 文件

（2）支持将表中的数据按照 CSV、SQL、CUT、ORC、Parquet 格式导出到文件中。

（3）支持指定分区名，导出指定表分区内的数据。

（4）支持指定全局的过滤条件，仅导出满足条件的数据。

（5）支持配置数据预处理规则，导出前对数据进行转换处理。

（6）支持基于 SCN/TIMESTAMP 闪回查询，导出任意事务点或者时间点的数据。

（7）支持将导出数据上传到 OSS 云存储服务。

（8）支持从 OceanBase 的备副本中导出数据。（区别于备集群）

（9）支持将自定义查询的结果集按照 CSV、SQL、CUT、ORC、Parquet 格式导出到文件中。

（10）支持通过读取快照版本以不锁表的方式导出全局一致的数据。

2）注意事项

（1）标准的 CSV 格式需要参考 RFC 4180 规范，导出严格遵从 RFC 4180 规范。

（2）导出大量数据时，在运行的脚本中修改虚拟机的内存参数。

（3）命令行参数指定的对象名、数据文件名、控制规则文件名要求大小写一致。Oracle 默认大写，MySQL 默认小写。如果需要区分大小写，就要将表名放入方括号内（[ ]）。例如：--table '[test]'表示 test 表，文件名格式为 test. group. sequence. suffix；--table '[TEST]'表示 TEST 表，文件名格式为 TEST. group. sequence. suffix。

（4）导出的数据文件的命名规范是 table. group. sequence. suffix。

（5）外键中包含多列，导出时无法保证列的顺序。例如：FOREIGN KEY（c1，c2）REFERENCE(c1，c2)。

（6）OceanBase Oracle 模式下不支持导出 interval day(2) to second(0)
类型的数据。

（7）Windows 系统不能使用"!"作为分隔符。数据库的对象名不能包含\ / ： * ？" <> |

等特殊符号,否则数据库对象定义和表数据都无法正常导出。

(8) 导出表数据中包含生成列时默认会导出生成列的数据,可以使用--exclude-virtual-columns 选项标志不导出生成列的数据。

(9) 使用--date-value-format,--time-value-format,--datetime-value-format,--timestamp-value-format,--timestamp-tz-value-format,--timestamp-ltz-value-format 选项时,指定正确的时间格式,否则导出会报错。

(10) 导出 CUT 格式文件时,如果字段内容中出现指定的字段分隔符,会对字段中的分隔符字符进行转义。例如,字段内容为 abc|def,指定分隔符为|(--column-splitter"|"),则导出的字段内容会转换为 abc\|def。

(11) --no-sys 选项用于标志私有云环境下用户无法提供 sys 租户的密码。导数工具 OBDUMPER 3.3.0 及之后版本对公共云环境和私有云环境进行了区分,--public-cloud 选项仅用于公共云环境,--no-sys 选项仅用于私有云环境。

(12) OceanBase 3.2.4.0 及之后版本使用 OBDUMPER 前,需要将系统配置项 open_cursors 设置为较大的值,否则导出可能会出现错误。数据导出结束后,还需要将该系统配置项重置成初始值。例如,ALTER SYSTEM SET open_cursors=65535。

(13) OceanBase 4.0.0.0 及之后版本中表结构发生过任意的变更操作,无法使用 OBDUMPER 导出该表最近一次成功合并的基线数据(即一致性快照数据),用户可以手动发起一次合并以后,再重新导出最近一次成功合并的基线数据。

3) 闪回导出

(1) 使用 FLASHBACK 导出数据时,需要设置合理的 undo_retention 系统变量。

(2) 假设 t1 为撤回(Undo)操作的时间点,且 t2=t1+900s,则在 t2 时间点可以查询到[t1,t2]区间内的数据。设置 undo_retention 后,当前的会话仅对 t1 之后的时间点的数据有效,对 t1 时间点之前的数据无效。该参数默认单位:秒,默认值:0。

(3) 目前只能在 sys 租户下查询 v$ob_timestamp_service 视图获取有效的 OceanBase SCN。

(4) 可通过固定时间点查询最近一次版本合并的数据。例如:t1 时间点发起合并,最早可查询到 t1 时间点的数据。

(5) 如果所查询的表已被删除且放置在回收站,则需要先将该表从回收站中恢复。

(6) 闪回查询受限于转储,如果发生转储且 undo_retention 变量未设置,则无法查询。

(7) 设置 undo_retention 变量后,可查询 t1(转储时间点)+undo_retention 变量设置的时间范围内的数据。

4) 性能调优

OBDUMPER 的性能可从命令行选项、虚拟机内存和数据库内核等三方面进行调优。

(1) 命令行选项调优如表 7-3-18 所示。

表 7-3-18 命令行选项调优

命令行选项	默 认 值	说 明
--thread	CPU*2	导出线程的并发数,根据数据库系统资源的利用情况进行调整
--page-size	1000000	指定任务分片的大小,根据数据库系统资源的利用情况进行调整

(2) 虚拟机参数调优。

将导入脚本中的虚拟机参数修改为可用物理内存的 60%。默认值:-Xms4G-Xmx4G。

```
vim bin/obloader

JAVA_OPTS = " $JAVA_OPTS -server -Xms4G -Xmx4G -XX: MetaspaceSize = 256M -XX:
MaxMetaspaceSize=256M -Xss352K"
```

(3) 数据库内核调优。

要求导出一致性数据时，建议在导出数据前，手动触发一次合并，在合并成功后再重新导出数据。

5) 使用示例

为方便大家理解，将 OBOracle 租户的用户名和 OBMySQL 租户的数据库名统称为模式名，即 Schema。信息列表如表 7-3-19 所示。

表 7-3-19 信息列表

数据库信息	值
集群名称	Test_Cluster_001
OceanBase DataBase Proxy(ODP)主机地址	192.168.2.57
OceanBase DataBase Proxy(ODP)端口号	2883
集群的租户名	test
sys 租户下 root/proxyro 用户名	root
sys 租户下 root/proxyro 用户的密码	xxx
业务租户下的用户账号(要求读写权限)	APP_USER
业务租户下的用户密码	app_user
Schema 名称	APP_USER

(1) 导出 DDL 定义文件。

将 Schema APP_USER 中所有已支持的对象定义语句导出到/backup/obdumper 目录中(OceanBase 4.0.0.0 之前的版本要求提供 sys 租户的密码)。导出 DDL 定义文件如图 7-3-43～图 7-3-45 所示；DDL 定义文件导出结果如图 7-3-46 所示。

```
export JAVA_HOME=/usr/lib/jvm/java-1.8.0-openjdk-1.8.0.181-7.b13.el7.x86_64/jre
/software/ob-loader-dumper-4.0.1-SNAPSHOT/bin/obdumper -h192.168.2.57 -P 2883 -u APP_USER
-p app_user --sys-user root --sys-password aaAA22__ -c Test_Cluster_001 -t test -D app_user --ddl --all
-f /backup/obdumper
```

```
-bash-4.2$ /software/ob-loader-dumper-4.0.1-SNAPSHOT/bin/obdumper -h192.168.2.57 -P 2883 -u APP_USER -p app_user --sys-user roo
t --sys-password aaAA22__ -c Test_Cluster_001 -t test -D app_user --ddl --all -f /backup/obdumper
2023-04-18 21:31:12 [INFO] Parsed args:
[--ddl] true
[--file-path] /backup/obdumper
[--host] 192.168.2.57
[--port] 2883
[--user] APP_USER
[--tenant] test
[--cluster] Test_Cluster_001
[--password] ******
[--database] app_user
[--sys-user] root
[--sys-password] ******
[--all] true

2023-04-18 21:31:13 [INFO] Load jdbc driver class: "com.oceanbase.jdbc.Driver" finished
2023-04-18 21:31:13 [INFO] The manifest file: "/backup/obdumper/data/MANIFEST.bin" has been saved
2023-04-18 21:31:14 [INFO] Query column metadata for the table: "BMSQL_CONFIG" finished
2023-04-18 21:31:14 [INFO] Query column metadata for the table: "BMSQL_CUSTOMER" finished
2023-04-18 21:31:14 [INFO] Query column metadata for the table: "BMSQL_DISTRICT" finished
2023-04-18 21:31:14 [INFO] Query column metadata for the table: "BMSQL_HISTORY" finished
2023-04-18 21:31:14 [INFO] Query column metadata for the table: "BMSQL_ITEM" finished
2023-04-18 21:31:14 [INFO] Query column metadata for the table: "BMSQL_NEW_ORDER" finished
2023-04-18 21:31:14 [INFO] Query column metadata for the table: "BMSQL_OORDER" finished
2023-04-18 21:31:14 [INFO] Query column metadata for the table: "BMSQL_ORDER_LINE" finished
2023-04-18 21:31:14 [INFO] Query column metadata for the table: "BMSQL_STOCK" finished
2023-04-18 21:31:14 [INFO] Query column metadata for the table: "BMSQL_WAREHOUSE" finished
2023-04-18 21:31:14 [INFO] Query column metadata for the table: "TMP" finished
2023-04-18 21:31:14 [WARN] No views are exist in the schema: "APP_USER"
2023-04-18 21:31:14 [WARN] No triggers are exist in the schema: "APP_USER"
2023-04-18 21:31:15 [WARN] No procedures are exist in the schema: "APP_USER"
2023-04-18 21:31:15 [WARN] No types are exist in the schema: "APP_USER"
2023-04-18 21:31:16 [WARN] No type bodies are exist in the schema: "APP_USER"
2023-04-18 21:31:16 [WARN] No synonyms are exist in the schema: "APP_USER"
2023-04-18 21:31:16 [WARN] No public synonyms are exist in the schema: "APP_USER"
2023-04-18 21:31:16 [INFO] Generate 6 dump tasks finished. Total Elapsed: 5.151 ms
2023-04-18 21:31:16 [INFO] Start 3 schema dump threads for 6 dump tasks finished.
2023-04-18 21:31:16 [INFO] Build direct com.alibaba.druid.pool.DruidDataSource finished
2023-04-18 21:31:16 [INFO] Build direct com.alibaba.druid.pool.DruidDataSource finished
2023-04-18 21:31:16 [INFO] Build direct com.alibaba.druid.pool.DruidDataSource finished
2023-04-18 21:31:16 [INFO] Return the latest compatible version: 3.2.3.2 -> 2.2.72
2023-04-18 21:31:16 [INFO] Return the latest compatible version: 3.2.3.2 -> 2.2.72
2023-04-18 21:31:16 [INFO] Dump create objects success. DbType: OBORACLE Version: 3.2.3.2
```

图 7-3-43 导出 DDL 定义文件 1

```
2023-04-18 21:31:16 [INFO] Return the latest compatible version: 3.2.3.2 -> 2.2.72
2023-04-18 21:31:16 [INFO] Dump create objects success. DbType: OBORACLE Version: 3.2.3.2
2023-04-18 21:31:16 [INFO] Return the latest compatible version: 3.2.3.2 -> 2.2.72
2023-04-18 21:31:16 [INFO] Dump create objects success. DbType: OBORACLE Version: 3.2.3.2
2023-04-18 21:31:16 [INFO] Dump create objects success. DbType: OBORACLE Version: 3.2.3.2
2023-04-18 21:31:17 [INFO] Oboracle(3.2.3.2) is older than 4.0 ? true
2023-04-18 21:31:17 [INFO] Oboracle(3.2.3.2) is older than 4.0 ? true
2023-04-18 21:31:17 [INFO] Oboracle(3.2.3.2) is older than 4.0 ? true
2023-04-18 21:31:17 [INFO] Load meta/oboracle/oboracle22x.xml successed
2023-04-18 21:31:17 [INFO] Load meta/oboracle/oboracle22x.xml successed
2023-04-18 21:31:17 [INFO] Load meta/oboracle/oboracle22x.xml successed
2023-04-18 21:31:17 [INFO] Query 0 dependencies elapsed 259.0 ms
2023-04-18 21:31:17 [INFO] Query 0 dependencies elapsed 259.0 ms
2023-04-18 21:31:17 [WARN] No tablegroups was found in the schema [ APP_USER ]
2023-04-18 21:31:17 [INFO] Query 0 dependencies elapsed 476.9 ms
2023-04-18 21:31:17 [INFO] Query 0 tablegroups elapsed 222.4 ms
2023-04-18 21:31:17 [INFO] No.1 It has dumped 0 TABLE_GROUPs finished. Remain: 0
2023-04-18 21:31:17 [INFO] Total dumped 1 TABLE_GROUPs finished. Elapsed: 564.2 ms
2023-04-18 21:31:17 [INFO] Dump the ddl of schema: "APP_USER" finished
2023-04-18 21:31:17 [INFO] Build direct com.alibaba.druid.pool.DruidDataSource finished
2023-04-18 21:31:17 [INFO] Return the latest compatible version: 3.2.3.2 -> 2.2.72
2023-04-18 21:31:17 [INFO] Dump create objects success. DbType: OBORACLE Version: 3.2.3.2
2023-04-18 21:31:17 [INFO] Oboracle(3.2.3.2) is older than 4.0 ? true
2023-04-18 21:31:17 [INFO] Load meta/oboracle/oboracle22x.xml successed
2023-04-18 21:31:17 [INFO] Query 1 sequences elapsed 445.0 ms
2023-04-18 21:31:17 [INFO] Dump [SEQUENCE] BMSQL_HIST_ID_SEQ to "/backup/obdumper/data/APP_USER/SEQUENCE/BMSQL_HIST_ID_SEQ-sche
ma.sql " finished
2023-04-18 21:31:17 [INFO] No.1 It has dumped 1 SEQUENCEs finished. Remain: 0
2023-04-18 21:31:17 [INFO] Total dumped 1 SEQUENCEs finished. Elapsed: 806.4 ms
2023-04-18 21:31:17 [INFO] Dump the ddl of schema: "APP_USER" finished
2023-04-18 21:31:17 [INFO] Build direct com.alibaba.druid.pool.DruidDataSource finished
2023-04-18 21:31:17 [INFO] Return the latest compatible version: 3.2.3.2 -> 2.2.72
2023-04-18 21:31:17 [INFO] Dump create objects success. DbType: OBORACLE Version: 3.2.3.2
2023-04-18 21:31:17 [INFO] Oboracle(3.2.3.2) is older than 4.0 ? true
2023-04-18 21:31:17 [INFO] Load meta/oboracle/oboracle22x.xml successed
2023-04-18 21:31:18 [INFO] Query 0 dependencies elapsed 502.9 ms
2023-04-18 21:31:18 [INFO] Query 0 dependencies elapsed 264.1 ms
2023-04-18 21:31:19 [INFO] Query 1 functions elapsed 1.764 s
2023-04-18 21:31:19 [INFO] Query 1 packages elapsed 1.769 s
2023-04-18 21:31:19 [INFO] Dump [FUNCTION] F1 to "/backup/obdumper/data/APP_USER/FUNCTION/F1-schema.sql " finished
2023-04-18 21:31:19 [INFO] No.1 It has dumped 1 FUNCTIONs finished. Remain: 0
2023-04-18 21:31:19 [INFO] Dump [PACKAGE] PL_RUN_PACKAGE to "/backup/obdumper/data/APP_USER/PACKAGE/PL_RUN_PACKAGE-schema.sql "
 finished
2023-04-18 21:31:19 [INFO] Total dumped 1 FUNCTIONs finished. Elapsed: 2.056 s
2023-04-18 21:31:19 [INFO] Dump the ddl of schema: "APP_USER" finished
2023-04-18 21:31:19 [INFO] No.1 It has dumped 1 PACKAGEs finished. Remain: 0
2023-04-18 21:31:19 [INFO] Total dumped 1 PACKAGEs finished. Elapsed: 2.303 s
```

图 7-3-44　导出 DDL 定义文件 2

```
2023-04-18 21:31:19 [INFO] No.1 It has dumped 1 PACKAGEs finished. Remain: 0
2023-04-18 21:31:19 [INFO] Total dumped 1 PACKAGEs finished. Elapsed: 2.303 s
2023-04-18 21:31:19 [INFO] Dump the ddl of schema: "APP_USER" finished
2023-04-18 21:31:19 [INFO] Build direct com.alibaba.druid.pool.DruidDataSource finished
2023-04-18 21:31:19 [INFO] Return the latest compatible version: 3.2.3.2 -> 2.2.72
2023-04-18 21:31:19 [INFO] Dump create objects success. DbType: OBORACLE Version: 3.2.3.2
2023-04-18 21:31:19 [INFO] Oboracle(3.2.3.2) is older than 4.0 ? true
2023-04-18 21:31:19 [INFO] Load meta/oboracle/oboracle22x.xml successed
2023-04-18 21:31:20 [INFO] Query 0 dependencies elapsed 178.2 ms
2023-04-18 21:31:20 [INFO] Query 1 package bodies elapsed 359.5 ms
2023-04-18 21:31:20 [INFO] Dump [PACKAGE BODY] PL_RUN_PACKAGE to "/backup/obdumper/data/APP_USER/PACKAGE BODY/PL_RUN_PACKAGE-sc
hema.sql " finished
2023-04-18 21:31:20 [INFO] No.1 It has dumped 1 PACKAGE_BODYs finished. Remain: 0
2023-04-18 21:31:20 [INFO] Total dumped 1 PACKAGE_BODYs finished. Elapsed: 575.5 ms
2023-04-18 21:31:20 [INFO] Dump the ddl of schema: "APP_USER" finished
2023-04-18 21:31:20 [INFO] ----------   Finished Tasks: 5       Running Tasks: 1       Progress: 83.00%       ----------
2023-04-18 21:31:21 [INFO] Query table: "TMP" attr finished. Remain: 10
2023-04-18 21:31:21 [INFO] Query table: "BMSQL_ORDER_LINE" attr finished. Remain: 9
2023-04-18 21:31:21 [INFO] Query table: "BMSQL_STOCK" attr finished. Remain: 8
2023-04-18 21:31:21 [INFO] Query table: "BMSQL_HISTORY" attr finished. Remain: 7
2023-04-18 21:31:21 [INFO] Query table: "BMSQL_OORDER" attr finished. Remain: 6
2023-04-18 21:31:21 [INFO] Query table: "BMSQL_WAREHOUSE" attr finished. Remain: 5
2023-04-18 21:31:21 [INFO] Query table: "BMSQL_NEW_ORDER" attr finished. Remain: 4
2023-04-18 21:31:21 [INFO] Query table: "BMSQL_CONFIG" attr finished. Remain: 3
2023-04-18 21:31:21 [INFO] Query table: "BMSQL_CUSTOMER" attr finished. Remain: 2
2023-04-18 21:31:21 [INFO] Query table: "BMSQL_ITEM" attr finished. Remain: 1
2023-04-18 21:31:21 [INFO] Query table: "BMSQL_DISTRICT" attr finished. Remain: 0
2023-04-18 21:31:21 [INFO] Query 11 tables elapsed 3.816 s
2023-04-18 21:31:21 [INFO] Dump [TABLE] BMSQL_CONFIG to "/backup/obdumper/data/APP_USER/TABLE/BMSQL_CONFIG-schema.sql " finishe
d
2023-04-18 21:31:21 [INFO] Dump [TABLE] BMSQL_CUSTOMER to "/backup/obdumper/data/APP_USER/TABLE/BMSQL_CUSTOMER-schema.sql " fin
ished
2023-04-18 21:31:21 [INFO] Dump [TABLE] BMSQL_DISTRICT to "/backup/obdumper/data/APP_USER/TABLE/BMSQL_DISTRICT-schema.sql " fin
ished
2023-04-18 21:31:21 [INFO] Dump [TABLE] BMSQL_HISTORY to "/backup/obdumper/data/APP_USER/TABLE/BMSQL_HISTORY-schema.sql " finis
hed
2023-04-18 21:31:21 [INFO] Dump [TABLE] BMSQL_ITEM to "/backup/obdumper/data/APP_USER/TABLE/BMSQL_ITEM-schema.sql " finished
2023-04-18 21:31:21 [INFO] Dump [TABLE] BMSQL_NEW_ORDER to "/backup/obdumper/data/APP_USER/TABLE/BMSQL_NEW_ORDER-schema.sql " f
inished
2023-04-18 21:31:21 [INFO] Dump [TABLE] BMSQL_OORDER to "/backup/obdumper/data/APP_USER/TABLE/BMSQL_OORDER-schema.sql " finishe
d
2023-04-18 21:31:21 [INFO] Dump [TABLE] BMSQL_ORDER_LINE to "/backup/obdumper/data/APP_USER/TABLE/BMSQL_ORDER_LINE-schema.sql "
 finished
2023-04-18 21:31:21 [INFO] Dump [TABLE] BMSQL_STOCK to "/backup/obdumper/data/APP_USER/TABLE/BMSQL_STOCK-schema.sql " finished
2023-04-18 21:31:21 [INFO] Dump [TABLE] BMSQL_WAREHOUSE to "/backup/obdumper/data/APP_USER/TABLE/BMSQL_WAREHOUSE-schema.sql " f
inished
2023-04-18 21:31:21 [INFO] Dump [TABLE] TMP to "/backup/obdumper/data/APP_USER/TABLE/TMP-schema.sql " finished
```

图 7-3-45　导出 DDL 定义文件 3

```
 finished
2023-04-18 21:31:21 [INFO] Dump [TABLE] BMSQL_STOCK to "/backup/obdumper/data/APP_USER/TABLE/BMSQL_STOCK-schema.sql " finished
2023-04-18 21:31:21 [INFO] Dump [TABLE] BMSQL_WAREHOUSE to "/backup/obdumper/data/APP_USER/TABLE/BMSQL_WAREHOUSE-schema.sql " f
inished
2023-04-18 21:31:21 [INFO] Dump [TABLE] TMP to "/backup/obdumper/data/APP_USER/TABLE/TMP-schema.sql " finished
2023-04-18 21:31:21 [INFO] No.1 It has dumped 11 TABLEs finished. Remain: 0
2023-04-18 21:31:21 [INFO] Total dumped 11 TABLEs finished. Elapsed: 4.506 s
2023-04-18 21:31:21 [INFO] Dump the ddl of schema: "APP_USER" finished
2023-04-18 21:31:21 [INFO] Close connection count: 19 of the DataSource. Key: 192_168_2_57_11532_62799405_oceanbase
2023-04-18 21:31:22 [INFO] Close connection count: 73 of the DataSource. Key: 192_168_2_57_11532_158756775_app_user
2023-04-18 21:31:22 [INFO] Shutdown task context finished
2023-04-18 21:31:22 [INFO] ----------   Finished Tasks: 6       Running Tasks: 0       Progress: 100.00%       ----------
2023-04-18 21:31:22 [INFO]

All Dump Tasks Finished:

----------------------------------------------------------------------------------------------------------
      No.#      |      Type       |         Name          |         Count          |       Status
----------------------------------------------------------------------------------------------------------
       1        |    FUNCTION     |          F1           |           1            |       SUCCESS
       2        |    PACKAGE      |    PL_RUN_PACKAGE     |           1            |       SUCCESS
       3        |  PACKAGE BODY   |    PL_RUN_PACKAGE     |           1            |       SUCCESS
       4        |    SEQUENCE     |   BMSQL_HIST_ID_SEQ   |           1            |       SUCCESS
       5        |     TABLE       |    BMSQL_NEW_ORDER    |           1            |       SUCCESS
       6        |     TABLE       |      BMSQL_STOCK      |           1            |       SUCCESS
       7        |     TABLE       |      BMSQL_ITEM       |           1            |       SUCCESS
       8        |     TABLE       |   BMSQL_ORDER_LINE    |           1            |       SUCCESS
       9        |     TABLE       |    BMSQL_WAREHOUSE    |           1            |       SUCCESS
       10       |     TABLE       |    BMSQL_DISTRICT     |           1            |       SUCCESS
       11       |     TABLE       |     BMSQL_CONFIG      |           1            |       SUCCESS
       12       |     TABLE       |          TMP          |           1            |       SUCCESS
       13       |     TABLE       |    BMSQL_CUSTOMER     |           2            |       SUCCESS
       14       |     TABLE       |     BMSQL_HISTORY     |           1            |       SUCCESS
       15       |     TABLE       |     BMSQL_OORDER      |           2            |       SUCCESS
----------------------------------------------------------------------------------------------------------

Total Count: 17         End Time: 2023-04-18 21:31:22


2023-04-18 21:31:22 [INFO] Dump schema finished. Total Elapsed: 5.126 s
2023-04-18 21:31:22 [INFO] Unnecessary to upload the data files to the remote cloud storage service
2023-04-18 21:31:22 [INFO] System exit 0
```

图 7-3-46　DDL 定义文件导出结果

查看导出的目录结构，如图 7-3-47 所示。

查看导出内容，如图 7-3-48 所示。

```
-bash-4.2$ tree obdumper/
obdumper/
├── data
│   ├── APP_USER
│   │   ├── FUNCTION
│   │   │   └── F1-schema.sql
│   │   ├── PACKAGE
│   │   │   └── PL_RUN_PACKAGE-schema.sql
│   │   ├── PACKAGE\ BODY
│   │   │   └── PL_RUN_PACKAGE-schema.sql
│   │   ├── SEQUENCE
│   │   │   └── BMSQL_HIST_ID_SEQ-schema.sql
│   │   └── TABLE
│   │       ├── BMSQL_CONFIG-schema.sql
│   │       ├── BMSQL_CUSTOMER-schema.sql
│   │       ├── BMSQL_DISTRICT-schema.sql
│   │       ├── BMSQL_HISTORY-schema.sql
│   │       ├── BMSQL_ITEM-schema.sql
│   │       ├── BMSQL_NEW_ORDER-schema.sql
│   │       ├── BMSQL_OORDER-schema.sql
│   │       ├── BMSQL_ORDER_LINE-schema.sql
│   │       ├── BMSQL_STOCK-schema.sql
│   │       ├── BMSQL_WAREHOUSE-schema.sql
│   │       └── TMP-schema.sql
│   ├── CHECKPOINT.bin
│   └── MANIFEST.bin
└── logs
    ├── ob-loader-dumper.error
    ├── ob-loader-dumper.info
    └── ob-loader-dumper.warn

8 directories, 20 files
```

图 7-3-47　导出的目录结构

```
-bash-4.2$ cat TMP-schema.sql
CREATE TABLE "TMP" (
        "OWNER" VARCHAR2(128 BYTE),
        "OBJECT_NAME" VARCHAR2(128 BYTE),
        "SUBOBJECT_NAME" VARCHAR2(128 BYTE),
        "OBJECT_ID" NUMBER,
        "DATA_OBJECT_ID" NUMBER,
        "OBJECT_TYPE" VARCHAR2(23 BYTE),
        "CREATED" DATE,
        "LAST_DDL_TIME" DATE,
        "TIMESTAMP" VARCHAR2(256 BYTE),
        "STATUS" VARCHAR2(7 BYTE),
        "TEMPORARY" VARCHAR2(1 BYTE),
        "GENERATED" VARCHAR2(1 BYTE),
        "SECONDARY" VARCHAR2(1 BYTE),
        "NAMESPACE" NUMBER,
        "EDITION_NAME" VARCHAR2(128 BYTE)
```

图 7-3-48　导出的内容

（2）导出 CSV 数据文件。

将 Schema APP_USER 中所有表中的数据按照 CSV 格式导出到/backup/obdumper/table_data 目录中（OceanBase 4.0.0.0 之前的版本要求提供 sys 租户的密码）。CSV 数据文件以纯文本形式存储，可通过文本编辑器或者 Excel 等工具直接打开。导出的 CSV 文件如图 7-3-49 所示。

```
export JAVA_HOME=/usr/lib/jvm/java-1.8.0-openjdk-1.8.0.181-7.b13.el7.x86_64/jre
/software/ob-loader-dumper-4.0.1-SNAPSHOT/bin/obdumper -h192.168.2.57 -P 2883 -u APP_USER
-p app_user --sys-user root --sys-password aaAA22__ -c Test_Cluster_001 -t test -D app_user --csv --
table '*' -f /backup/obdumper/table_data
```

```
2023-04-18 22:18:30 [INFO] ----------   Finished Tasks: 19     Running Tasks: 1       Progress: 95.00%       ----------
2023-04-18 22:18:31 [INFO]

Dump Performance Monitor:
------------------------------------------------------------------------------------------
 Dimension \ Metric |           Tps            |        Throughput       |     Buffer
------------------------------------------------------------------------------------------
     1.sec.avg      |   2232.37 Records/sec    |     318.24 KB/sec       |     1 Slots
     1.min.avg      |   2196.62 Records/min    |     313.16 KB/min       |     1 Slots
       Total        |     502350 Records       |       69.94 MB          |     1 Slots
------------------------------------------------------------------------------------------

2023-04-18 22:18:33 [INFO] Dump 503808 rows APP_USER.TMP to "/backup/obdumper/table_data/data/APP_USER/TABLE/TMP.1.*.csv" finished
2023-04-18 22:18:33 [INFO] Close connection count: 22 of the DataSource. Key: 192_168_2_57_11532_62799405_oceanbase
2023-04-18 22:18:33 [INFO] Close connection count: 33 of the DataSource. Key: 192_168_2_57_11532_158756775_app_user
2023-04-18 22:18:33 [INFO] Shutdown task context finished
2023-04-18 22:18:33 [INFO] ----------   Finished Tasks: 20     Running Tasks: 0       Progress: 100.00%      ----------
2023-04-18 22:18:33 [INFO]

All Dump Tasks Finished:

----------------------------------------------------------------------------------------------------------------
       No.#        |      Type      |         Name          |          Count          |        Status
----------------------------------------------------------------------------------------------------------------
         1         |     TABLE      |    BMSQL_NEW_ORDER    |           202           |        SUCCESS
         2         |     TABLE      |     BMSQL_STOCK       |           200           |        SUCCESS
         3         |     TABLE      |   BMSQL_ORDER_LINE    |           200           |        SUCCESS
         4         |     TABLE      |      BMSQL_ITEM       |           201           |        SUCCESS
         5         |     TABLE      |   BMSQL_WAREHOUSE     |            1            |        SUCCESS
         6         |     TABLE      |    BMSQL_DISTRICT     |           10            |        SUCCESS
         7         |     TABLE      |         TMP           |         503808          |        SUCCESS
         8         |     TABLE      |     BMSQL_CONFIG      |            6            |        SUCCESS
         9         |     TABLE      |    BMSQL_CUSTOMER     |           200           |        SUCCESS
        10         |     TABLE      |    BMSQL_HISTORY      |           400           |        SUCCESS
        11         |     TABLE      |     BMSQL_OORDER      |           400           |        SUCCESS
----------------------------------------------------------------------------------------------------------------

Total Count: 505628          End Time: 2023-04-18 22:18:33

2023-04-18 22:18:33 [INFO] Unnecessary to merge the data files. As --file-name is missing
2023-04-18 22:18:33 [INFO] Dump record finished. Total Elapsed: 3.814 min
2023-04-18 22:18:33 [INFO] Unnecessary to upload the data files to the remote cloud storage service
2023-04-18 22:18:33 [INFO] System exit 0
-bash-4.2$
```

图 7-3-49　导出的 CSV 文件

查看目录结构，如图 7-3-50 所示。

```
-bash-4.2$ tree table_data/
table_data/
├── data
│   ├── APP_USER
│   │   └── TABLE
│   │       ├── BMSQL_CONFIG.1.0.csv
│   │       ├── BMSQL_CUSTOMER.1.0.csv
│   │       ├── BMSQL_DISTRICT.1.0.csv
│   │       ├── BMSQL_HISTORY.1.0.csv
│   │       ├── BMSQL_ITEM.1.0.csv
│   │       ├── BMSQL_NEW_ORDER.1.0.csv
│   │       ├── BMSQL_OORDER.1.0.csv
│   │       ├── BMSQL_ORDER_LINE.1.0.csv
│   │       ├── BMSQL_STOCK.1.0.csv
│   │       ├── BMSQL_WAREHOUSE.1.0.csv
│   │       └── TMP.1.0.csv
│   ├── CHECKPOINT.bin
│   └── MANIFEST.bin
└── logs
    ├── ob-loader-dumper.error
    ├── ob-loader-dumper.info
    └── ob-loader-dumper.warn
```

图 7-3-50 导出的目录结构

查看导出的 CSV 文件内容，如图 7-3-51 所示。

```
-bash-4.2$ more BMSQL_DISTRICT.1.0.csv
'D_W_ID','D_ID','D_YTD','D_TAX','D_NEXT_O_ID','D_NAME','D_STREET_1','D_STREET_2','D_CITY','D_STATE','D_ZIP'
1,1,30000,.1124,3001,'xP1Hkxn3NV','dyw97GSjeG8L5y','Gou2qxrpJyZe6w0mU','SDIiLFdyAiEFccwe','ZS','323211111'
1,2,30000,.0158,3001,'OsL826','TalVHWwip1UmfF7U','QDFI0rSwKuKPnnt7CAd7','TKk8va9w4VwtW1Dm1yoN','SS','673611111'
1,3,30000,.0457,3001,'mOqTjo','SQtz9tU9op8K','XMpt4Q7x743tdOkxk','YAyuKTFJvA5','TR','137811111'
1,4,30000,.0491,3001,'cB9RMh','auGvzSDZx0Jwp','LBGbyyAp2aUDh1vtkc','VtdUwtPBMtx2GLQzgej2','WX','307811111'
1,5,30000,.1171,3001,'tExUyIz2','VH6Ve0sqTB3ahuW','ELx3FqJ66aJd','j4vdg4WFto0rt7EcUaP1','BH','716211111'
1,6,30000,.1268,3001,'ZMtMk3','yvt4yoYV3epddydxU','QelwIoZGjuX','onCSg0ORAk','NJ','209711111'
1,7,30000,.0772,3001,'IaokxIT','oMGAv29u01KQbJvO48','dw3nmlTEyORSKMSdc','ByPnaYrbiFOe','MK','643811111'
1,8,30000,.0437,3001,'uxjMJZYrZ','BRDMAnRcD3otfGv','tHzgtO81tounTHV0','firlPn15rpuEX9INC','BJ','084711111'
1,9,30000,.0095,3001,'ORdvKcU','WmmnzdBUiqHU1FXm1V','k9pbuxn9xMYQ','vwAdYl71x3z785tCg','SA','205711111'
1,10,30000,.0955,3001,'zbdsvFv','qgvu7xQAjNlcl','Z5Bbnshjt6VaHISvZIO','LiC8ygOCQ3RN','CN','099411111'
```

图 7-3-51 导出的 CSV 文件内容

（3）导出 SQL 数据文件。

将 Schema APP_USER 中所有表中的数据按照 SQL 格式导出到/backup/obdumper/sql_data 目录中（OceanBase 4.0.0.0 之前的版本要求提供 sys 租户的密码）。SQL 数据文件（后缀名.sql）存储的是 Insert SQL 语句，可通过文本编辑器或者 SQL 编辑器等工具直接打开。导出 SQL 数据文件，如图 7-3-52 所示。

```
export JAVA_HOME=/usr/lib/jvm/java-1.8.0-openjdk-1.8.0.181-7.b13.el7.x86_64/jre
/software/ob-loader-dumper-4.0.1-SNAPSHOT/bin/obdumper -h192.168.2.57 -P 2883 -u APP_USER
-p app_user --sys-user root --sys-password aaAA22__ -c Test_Cluster_001 -t test -D app_user --sql --
table '*' -f /backup/obdumper/sql_data
```

```
2023-04-18 22:27:37 [INFO] ----------   Finished Tasks: 19      Running Tasks: 1       Progress: 95.00%       ----------
2023-04-18 22:27:37 [INFO] No Server Status
2023-04-18 22:27:37 [INFO]

Dump Performance Monitor:
------------------------------------------------------------------------------------------
 Dimension \ Metric |          Tps            |         Throughput        |     Buffer
------------------------------------------------------------------------------------------
     1.sec.avg      |  2096.27 Records/sec    |      790.74 KB/sec        |    1 Slots
     1.min.avg      |  2104.92 Records/min    |      794.03 KB/min        |    1 Slots
       Total        |    503160 Records       |        185.35 MB          |    1 Slots
------------------------------------------------------------------------------------------


2023-04-18 22:27:38 [INFO] Dump 503808 rows APP_USER.TMP to "/backup/obdumper/sql_data/data/APP_USER/TABLE/TMP.1.*.sql" finished
2023-04-18 22:27:40 [INFO] Close connection count: 22 of the DataSource. Key: 192_168_2_57_11532_62799405_oceanbase
2023-04-18 22:27:40 [INFO] Close connection count: 33 of the DataSource. Key: 192_168_2_57_11532_158756775_app_user
2023-04-18 22:27:40 [INFO] Shutdown task context finished
2023-04-18 22:27:40 [INFO] ----------   Finished Tasks: 20      Running Tasks: 0       Progress: 100.00%      ----------
2023-04-18 22:27:40 [INFO]

All Dump Tasks Finished:

----------------------------------------------------------------------------------------------------------------
        No.#        |       Type       |          Name             |          Count           |      Status
----------------------------------------------------------------------------------------------------------------
         1          |      TABLE       |     BMSQL_NEW_ORDER       |           202            |     SUCCESS
         2          |      TABLE       |       BMSQL_STOCK         |           200            |     SUCCESS
         3          |      TABLE       |     BMSQL_WAREHOUSE       |            1             |     SUCCESS
         4          |      TABLE       |    BMSQL_ORDER_LINE       |           200            |     SUCCESS
         5          |      TABLE       |       BMSQL_ITEM          |           201            |     SUCCESS
         6          |      TABLE       |     BMSQL_DISTRICT        |            10            |     SUCCESS
         7          |      TABLE       |          TMP              |          503808          |     SUCCESS
         8          |      TABLE       |      BMSQL_CONFIG         |            6             |     SUCCESS
         9          |      TABLE       |     BMSQL_CUSTOMER        |           200            |     SUCCESS
        10          |      TABLE       |      BMSQL_HISTORY        |           400            |     SUCCESS
        11          |      TABLE       |      BMSQL_OORDER         |           400            |     SUCCESS
----------------------------------------------------------------------------------------------------------------

Total Count: 505628           End Time: 2023-04-18 22:27:40


2023-04-18 22:27:40 [INFO] Unnecessary to merge the data files. As --file-name is missing
2023-04-18 22:27:40 [INFO] Dump record finished. Total Elapsed: 4.049 min
2023-04-18 22:27:40 [INFO] Unnecessary to upload the data files to the remote cloud storage service
2023-04-18 22:27:40 [INFO] System exit 0
-bash-4.2$
```

图 7-3-52 导出 SQL 数据文件

查看目录结构，如图 7-3-53 所示。

```
-bash-4.2$ tree sql_data/
sql_data/
├── data
│   ├── APP_USER
│   │   └── TABLE
│   │       ├── BMSQL_CONFIG.1.0.sql
│   │       ├── BMSQL_CUSTOMER.1.0.sql
│   │       ├── BMSQL_DISTRICT.1.0.sql
│   │       ├── BMSQL_HISTORY.1.0.sql
│   │       ├── BMSQL_ITEM.1.0.sql
│   │       ├── BMSQL_NEW_ORDER.1.0.sql
│   │       ├── BMSQL_OORDER.1.0.sql
│   │       ├── BMSQL_ORDER_LINE.1.0.sql
│   │       ├── BMSQL_STOCK.1.0.sql
│   │       ├── BMSQL_WAREHOUSE.1.0.sql
│   │       └── TMP.1.0.sql
│   ├── CHECKPOINT.bin
│   └── MANIFEST.bin
└── logs
    ├── ob-loader-dumper.error
    ├── ob-loader-dumper.info
    └── ob-loader-dumper.warn

4 directories, 16 files
```

图 7-3-53 SQL 数据文件目录结构

查看导出的 SQL 文件内容，如图 7-3-54 所示。

```
-bash-4.2$ cat BMSQL_WAREHOUSE.1.0.sql
INSERT INTO "APP_USER"."BMSQL_WAREHOUSE" ("W_ID","W_YTD","W_TAX","W_NAME","W_STREET_1","W_STREET_2","W_CITY","W_STATE","W_ZIP") VALUES (1,300000,.0212,'WHaxE
ec','wij07HWciFKJQct6zuL','HIkZ5wKy1vxksrR','MOHugNkkq61N0LnZ','DR','965711111');
```

图 7-3-54 导出的 SQL 文件内容

（4）导出自定义查询结果集。

将--query-sql 选项指定的查询语句执行的结果集按照 CSV 格式导出到指定目录中（OceanBase 4.0.0 之前的版本要求提供 sys 租户的密码）。

注意：用户需要保证 SQL 查询语句的语法正确性以及查询性能。

导出 APP_USER. BMSQL_NEW_ORDER 表 NO_O_ID 字段大于 2253 的数据。该表共计 202 条数据，欲导出 49 条。查看特定数据，如图 7-3-55 所示。

```
MySQL [(none)]> select count(*) from BMSQL_NEW_ORDER where NO_O_ID>2253;
+----------+
| COUNT(*) |
+----------+
|       49 |
+----------+
1 row in set (0.022 sec)

MySQL [(none)]> select count(*) from BMSQL_NEW_ORDER;
+----------+
| COUNT(*) |
+----------+
|      202 |
+----------+
1 row in set (0.006 sec)
```

图 7-3-55 查看特定数据

从下列内容可以看出，导出成功 49 条。导出指定 SQL 的 CSV 文件，如图 7-3-56 所示。

```
export JAVA_HOME=/usr/lib/jvm/java-1.8.0-openjdk-1.8.0.181-7.b13.el7.x86_64/jre

/software/ob-loader-dumper-4.0.1-SNAPSHOT/bin/obdumper -h192.168.2.57 -P 2883 -u APP_USER
-p app_user --sys-user root --sys-password aaAA22__ -c Test_Cluster_001 -t test -D app_user -f /
backup/obdumper/query_data --csv --query-sql 'select * from BMSQL_NEW_ORDER where NO_O_
ID>2253;'
```

查看目录结构及文件内容，文件包含字段值共计 50 条。查看导出的结果，如图 7-3-57 所示。

```
-bash-4.2$ export JAVA_HOME=/usr/lib/jvm/java-1.8.0-openjdk-1.8.0.181-7.b13.el7.x86_64/jre
-bash-4.2$ /software/ob-loader-dumper-4.0.1-SNAPSHOT/bin/obdumper -h192.168.2.57 -P 2883 -u APP_USER -p app_user --sys-user roo
t --sys-password aaAA22__ -c Test_Cluster_001 -t test -D app_user  -f /backup/obdumper/query_data --csv --query-sql 'select * f
rom BMSQL_NEW_ORDER where NO_O_ID>2253;'
2023-05-06 17:32:34 [INFO] Parsed args:
[--csv] true
[--file-path] /backup/obdumper/query_data
[--host] 192.168.2.57
[--port] 2883
[--user] APP_USER
[--tenant] test
[--cluster] Test_Cluster_001
[--password] ******
[--database] app_user
[--sys-user] root
[--sys-password] ******
[--query-sql] select * from BMSQL_NEW_ORDER where NO_O_ID>2253;

2023-05-06 17:32:34 [INFO] Load jdbc driver class: "com.oceanbase.jdbc.Driver" finished
2023-05-06 17:32:36 [INFO] Generate 1 dump tasks finished. Total Elapsed: 29.57 ms
2023-05-06 17:32:36 [INFO] Start 32 record dump threads for 1 dump tasks finished
2023-05-06 17:32:37 [INFO] Dump 49 rows APP_USER.CUSTOM_SQL to "/backup/obdumper/query_data/data/APP_USER/TABLE/CUSTOM_SQL.0.*.
csv" finished
2023-05-06 17:32:37 [INFO] Close connection count: 0 of the DataSource. Key: 192_168_2_57_11532_62799405_oceanbase
2023-05-06 17:32:38 [INFO] Close connection count: 1 of the DataSource. Key: 192_168_2_57_11532_158756775_app_user
2023-05-06 17:32:38 [INFO] Shutdown task context finished
2023-05-06 17:32:38 [INFO] ----------   Finished Tasks: 1      Running Tasks: 0       Progress: 100.00%       ----------
2023-05-06 17:32:38 [INFO]

All Dump Tasks Finished:

----------------------------------------------------------------------------------------------------------------
        No.#        |        Type        |           Name           |           Count           |       Status
----------------------------------------------------------------------------------------------------------------
         1          |        TABLE       |        CUSTOM_SQL        |             49            |       SUCCESS
----------------------------------------------------------------------------------------------------------------

Total Count: 49         End Time: 2023-05-06 17:32:38


2023-05-06 17:32:38 [INFO] Unnecessary to merge the data files. As --file-name is missing
2023-05-06 17:32:38 [INFO] Dump record finished. Total Elapsed: 1.426 s
2023-05-06 17:32:38 [INFO] Unnecessary to upload the data files to the remote cloud storage service
2023-05-06 17:32:38 [INFO] System exit 0
```

图 7-3-56　导出指定 SQL 的 CSV 文件

```
-bash-4.2$ tree /backup/obdumper/query_data
/backup/obdumper/query_data
├── data
│   ├── APP_USER
│   │   └── TABLE
│   │       └── CUSTOM_SQL.0.0.csv
│   └── CHECKPOINT.bin
└── logs
    ├── ob-loader-dumper.error
    ├── ob-loader-dumper.info
    └── ob-loader-dumper.warn

4 directories, 5 files
-bash-4.2$
-bash-4.2$ cd /backup/obdumper/query_data/data/APP_USER/TABLE
-bash-4.2$ cat CUSTOM_SQL.0.0.csv |wc -l
50
-bash-4.2$ more CUSTOM_SQL.0.0.csv
'NO_W_ID','NO_D_ID','NO_O_ID'
1,1,2254
1,1,2255
1,1,2256
1,1,2257
1,1,2258
```

图 7-3-57　查看导出的结果

7.3.5　OMS 数据迁移示例

1. OMS 迁移 MySQL 到 OB_MySQL

1）背景信息

MySQL 数据库支持单主库、单备库和主备库等模式。迁移 MySQL 数据库的数据至 OceanBase 数据库 MySQL 租户时，不同类型的数据源支持的迁移操作也不同。MySQL 不同类型支持的迁移操作如表 7-3-20 所示。

表 7-3-20　MySQL 不同类型支持的迁移操作

类　型	支持的操作
单主库	结构迁移＋全量迁移＋增量同步＋全量校验＋反向增量
单备库	结构迁移＋全量迁移＋全量校验
主备库	主库：支持增量同步＋反向增量备库：支持结构迁移＋全量迁移＋全量校验

2）前提条件

（1）已在目标端 OceanBase 数据库 MySQL 租户中创建对应的 Schema。OMS 支持迁移表和列，需要提前在目标端创建对应的 Schema。

(2) 已为自建 MySQL 数据库开启 Binlog。

(3) 目前 OMS 支持以下字符集：binary；gbk；gb18030；utf8mb4；utf16；utf8。

(4) 对目标端 OceanBase 的 max_allowed_packet 参数，建议 MySQL 模式≥8MB，Oracle 模式≥64MB。

(5) 已为源端自建 MySQL 数据库和目标端 OceanBase 数据库 MySQL 租户创建专用于数据迁移项目的数据库用户，并为其赋予了相关权限。MySQL 及 OceanBase 需要的数据库用户及权限如表 7-3-21 所示。

表 7-3-21　MySQL 及 OceanBase 需要的数据库用户及权限

数　据　库	结 构 迁 移	全 量 迁 移	增 量 同 步
自建 MySQL 数据库	SELECT 权限 如果是 MySQL 8.0 版本，需要额外赋予 SHOW VIEW 权限	SELECT 权限	REPLICATION SLAVE、REPLICATION CLIENT、SHOW VIEW 和 SELECT 权限
OceanBase 数据库 MySQL 租户	CREAT、CREATE VIEW、SELECT、INSER、UPDATE 和 DELETE 权限	读写权限	读写权限

3）使用限制

(1) 目前支持 MySQL 数据库 5.5、5.6、5.7 和 8.0 版本。同时，OMS 仅支持 MySQL InnoDB 存储引擎，其他类型引擎无法使用数据迁移功能。

(2) 如果主键是 Float 或 Double 类型，预检查会失败。强烈建议勿使用该类型作为主键。

(3) 库到库长期同步中，OMS 不支持目标端存在 Trigger。

(4) 确保源端和目标端数据库的时钟同步。

(5) OceanBase 数据库 MySQL 租户 3.2.0 版本，不支持一条语句中同时使用 change 和 modify column。

(6) 如果源端和目标端的 lower_case_table_names 设置不一致，则不允许创建项目。同时，OMS 不支持 MySQL 数据库和 OceanBase 数据库 MySQL 租户大小写敏感的情况，即源端和目标端设置为 lower_case_table_names＝0 时，也不允许创建项目。

(7) OMS 不支持迁移源端 MySQL 数据库的 Cascade 外键。

(8) OMS 不支持 MySQL 数据库的索引字段大于 767 字节(191 个字符)。

(9) 数据源标志和用户账号等，在 OMS 系统内全局唯一。

(10) OMS 仅支持迁移库名、表名为 ASCII 码且不包含特殊字符(. | "'` ( ) =；/ & \ n)的对象。

(11) OMS 支持全量同步分区字段不在主键中的表，但不支持新建表的 DDL 操作。

4）注意事项

(1) MySQL 数据库宿主机需要具备足够的出口带宽。如果未具备足够的出口带宽，会影响日志解析和数据迁移速度，可能导致同步延迟增大。

(2) MySQL 数据库至 OceanBase 数据库 MySQL 租户的反向增量中，当 OceanBase 数据库 MySQL 租户为 3.2x 以下的版本且具有全局唯一索引的多分区表时，如果更新了表的分区键的值，可能导致数据迁移过程中丢失数据。

(3) 如果源端和目标端数据库的 Collation 不同，以 VARCHAR 作为主键的表数据校验会不一致。

（4）如果 MySQL 数据库需要进行增量解析，则源端 MySQL Server 必须设置 server_id。

（5）当变更目标端的唯一索引时，需要重启增量同步组件，否则可能存在数据不一致的问题。

（6）当目标端的字段长度小于源端字段长度时，本字段的数据会被数据库自动截断，造成源端和目标端的数据不一致。

（7）建议单个项目内数据库对象不超过 1.5 万个。

（8）对于包含 LOB 字段的表和宽表（大于 500 列），建议单独创建项目，并根据实际情况设置相关组件的 JVM 参数（全量校验组件：limitator. select. batch. max；全量导入组件：sourceBatchSize；增量同步组件：sourceBatchSize）。查看包含 LOB 字段表的 SQL 语句为：SELECT DISTINCT(TABLE_NAME) FROM ALL_TAB_COLUMNS WHERE DATA_TYPE IN('BLOB', 'CLOB', 'NCLOB') AND OWNER = XXX；。

（9）在多表汇聚场景下建议：

- 使用导入对象和匹配规则的方式映射源端和目标端的关系。
- 在目标端创建表结构时，如果使用 OMS 创建，需要在结构迁移步骤跳过部分失败对象。

（10）如果在迁移过程中，跳过“源端-主库-数据库 ROW_MOVEMENT 检查”预检查项，同步 ROW_MOVEMENT 为 enable 的表，会出现数据不一致的情况。

5）数据库信息列表

数据库信息列表如表 7-3-22 所示。

表 7-3-22 数据库信息列表

迁移角色	数据库类型	数据库版本	数据库名
源库	MySQL	5.7.40	testdb
目标库	OceanBase	OceanBase-v3.2.3.2	testdb

6）DBCAT 转换源库对象结构

（1）解压 DBCAT 工具包。

```
tar -zxvf dbcat-1.7.1-SNAPSHOT.tar.gz
```

（2）查看 Java 环境，确保配置好 Java 环境，Java 版本必须为 1.8 及以上，如图 7-3-58 所示。

```
[root@rlc-mdw bin]# java -version
java version "1.8.0_171"
Java(TM) SE Runtime Environment (build 1.8.0_171-b11)
Java HotSpot(TM) 64-Bit Server VM (build 25.171-b11, mixed mode)
```

图 7-3-58 Java 版本

（3）导出 testdb 下的所有对象。

注：如果源库存在触发器，--to 参数必须是 obmysql322 及以上，否则触发器无法成功转换。

DBCAT 执行过程如图 7-3-59 所示；DBCAT 执行结果存放路径如图 7-3-60 所示。

```
cd dbcat-1.8.1-SNAPSHOT/bin
./dbcat convert -H192.168.3.29 -P3306 -uomstest -p'xxx' -D testdb --from mysql57 --to obmysql322 --all
```

```
[root@rlc-mdw bin]# ./dbcat convert -H192.168.3.29 -P3306 -uomstest -p        ' -D testdb --from mysql57 --to obmysql2250 --al
l
Parsed args:
[--all] true
[--host] 192.168.3.29
[--port] 3306
[--user] omstest
[--password] ******
[--database] testdb
[--from] mysql57
[--to] obmysql2250

2023-04-10 21:48:34 INFO  Init convert config finished.
2023-04-10 21:48:34 INFO  {dataSource-1} inited
2023-04-10 21:48:34 INFO  Init source druid connection pool finished.
2023-04-10 21:48:36 INFO  Load meta/mysql/mysql56.xml, meta/mysql/mysql57.xml successed
2023-04-10 21:48:37 INFO  Query 0 dependencies elapsed 22.55 ms
2023-04-10 21:48:37 INFO  Query table: "t_student" attr finished. Remain: 3
2023-04-10 21:48:37 INFO  Query table: "employees" attr finished. Remain: 2
2023-04-10 21:48:37 INFO  Query table: "employees_audit" attr finished. Remain: 1
2023-04-10 21:48:37 INFO  Query table: "runoob_tbl" attr finished. Remain: 0
2023-04-10 21:48:37 INFO  Query 4 tables elapsed 80.54 ms
2023-04-10 21:48:37 INFO  Query 1 views elapsed 2.322 ms
2023-04-10 21:48:37 INFO  Query 1 triggers elapsed 12.60 ms
2023-04-10 21:48:37 INFO  Query 1 funtions elapsed 14.68 ms
2023-04-10 21:48:37 INFO  Query 1 procedures elapsed 14.82 ms
2023-04-10 21:48:37 WARN  Include types is empty. Ignore schema: testdb
2023-04-10 21:48:37 WARN  Skip to compare/convert tablespaces as TABLESPACE is unsupported
2023-04-10 21:48:37 WARN  c.o.o.d.m.m.MySql56Database does't implement acquireTableGroupMapping()
2023-04-10 21:48:37 WARN  Skip to compare/convert aliases as ALIAS is unsupported
2023-04-10 21:48:37 WARN  Skip to compare/convert synonyms as SYNONYM is unsupported
2023-04-10 21:48:37 WARN  Skip to compare/convert sequences as SEQUENCE is unsupported
2023-04-10 21:48:37 WARN  Skip to compare/convert dblinks as DBLINK is unsupported
2023-04-10 21:48:37 WARN  c.o.o.d.m.o.ObMySql14xDatabase does't implement acquireTypeMapping()
2023-04-10 21:48:37 WARN  c.o.o.d.m.m.MySql56Database does't implement acquireTypeMapping()
2023-04-10 21:48:37 WARN  c.o.o.d.m.o.ObMySql14xDatabase does't implement acquireTypeBodyMapping()
```

图 7-3-59 DBCAT 执行过程

```
2023-04-10 21:48:37 WARN  c.o.o.d.m.o.ObMySql14xDatabase does't implement acquirePackageBodyMapping()
2023-04-10 21:48:37 WARN  c.o.o.d.m.m.MySql56Database does't implement acquirePackageBodyMapping()
2023-04-10 21:48:37 INFO  Starting to convert schema to path: "/root/lg/dbcat-1.7.1-SNAPSHOT/output/dbcat-2023-04-10-214837/tes
tdb"
2023-04-10 21:48:37 INFO  Successed to generate report in the path: "/root/lg/dbcat-1.7.1-SNAPSHOT/output/dbcat-2023-04-10-2148
37/testdb-conversion.html"
2023-04-10 21:48:37 INFO  {dataSource-1} closing ...
2023-04-10 21:48:37 INFO  {dataSource-1} closed
```

图 7-3-60 DBCAT 执行结果存放路径

图 7-3-61 是生成的 HTML 报告，通过报告可知对象转换成功。

依赖关系

No.#	依赖集合
没有依赖关系！	

错误警告

No.#	对象名	状态	说明
没有错误警告！			

图 7-3-61 DBCAT 生成的报告

(4) 图 7-3-62 为转换后的对象创建的脚本。由于表和视图 OMS 在迁移时一同创建，因此只需要创建除表和视图的其他对象即可。

```
[root@rlc-mdw testdb]# ls -ltr
total 20
-rw-r--r-- 1 root root  231 Apr 10 21:57 FUNCTION-schema.sql
-rw-r--r-- 1 root root  308 Apr 10 21:57 VIEW-schema.sql
-rw-r--r-- 1 root root  290 Apr 10 21:57 TRIGGER-schema.sql
-rw-r--r-- 1 root root 1343 Apr 10 21:57 TABLE-schema.sql
-rw-r--r-- 1 root root  214 Apr 10 21:57 PROCEDURE-schema.sql
```

图 7-3-62 DBCAT 转换后的对象创建的脚本

7) 添加源数据库和目标数据库

(1) 登录 OMS，单击"数据源管理"→"添加数据源"按钮，按图 7-3-63 信息创建 MySQL 数据库源，注意主机 IP 以 MySQL 数据库部署的实际 IP 为准，单击"测试"按钮，确认无错误信息，单击"添加"按钮即可。

① 如果勾选"增量同步时，允许 OMS 向该实例自动写入增量心跳数据"复选框，OMS 会向对应的 MySQL 数据库创建并更新 drc. heartbeat 表，从而推动 Store 位点，避免出现在源端无业务的情况下，OMS 的延迟信息显示过长的问题。此时，MySQL 数据库迁移用户需要具

备创建表、写表的权限。

```
GRANT CREATE ON drc.heartbeat To omstest;
GRANT INSERT, UPDATE, DELETE ON drc.heartbeat TO 'omstest'@'192.168.%';
```

② 在迁移前,需要在源端(也就是 MySQL 数据库)创建迁移用户,并赋予相关权限。添加 MySQL 数据源,如图 7-3-63 所示;测试 MySQL 数据源,如图 7-3-64 所示。

```
CREATE USER 'omstest'@'192.168.%' IDENTIFIED BY 'password';
GRANT ALL PRIVILEGES ON *.* TO 'omstest'@'192.168.%' WITH GRANT OPTION;
FLUSH PRIVILEGES;
```

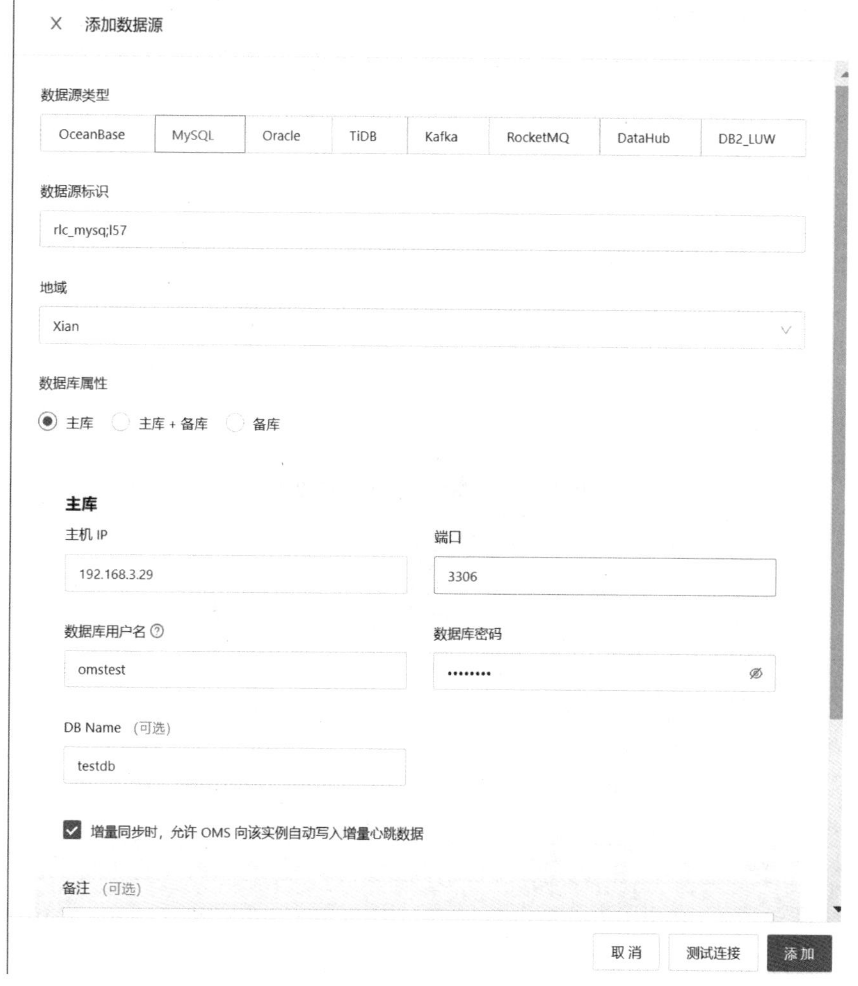

图 7-3-63　添加 MySQL 数据源

(2) 添加 OceanBase 目标数据库源,按图 7-3-65 所示输入 OceanBase 目标数据库的信息,单击"测试"按钮,确认无错误,单击"添加"按钮。添加 OceanBase 数据源,如图 7-3-66 所示;测试 OceanBase 数据源,如图 7-3-67 所示。

8) 数据迁移

(1) 单击"数据迁移"→"新建迁移项目"按钮,填写源端和目标端。数据迁移界面如图 7-3-68 所示;新建迁移项目如图 7-3-69 所示。

注意:没有主键或非空唯一索引的表是无法迁移的。

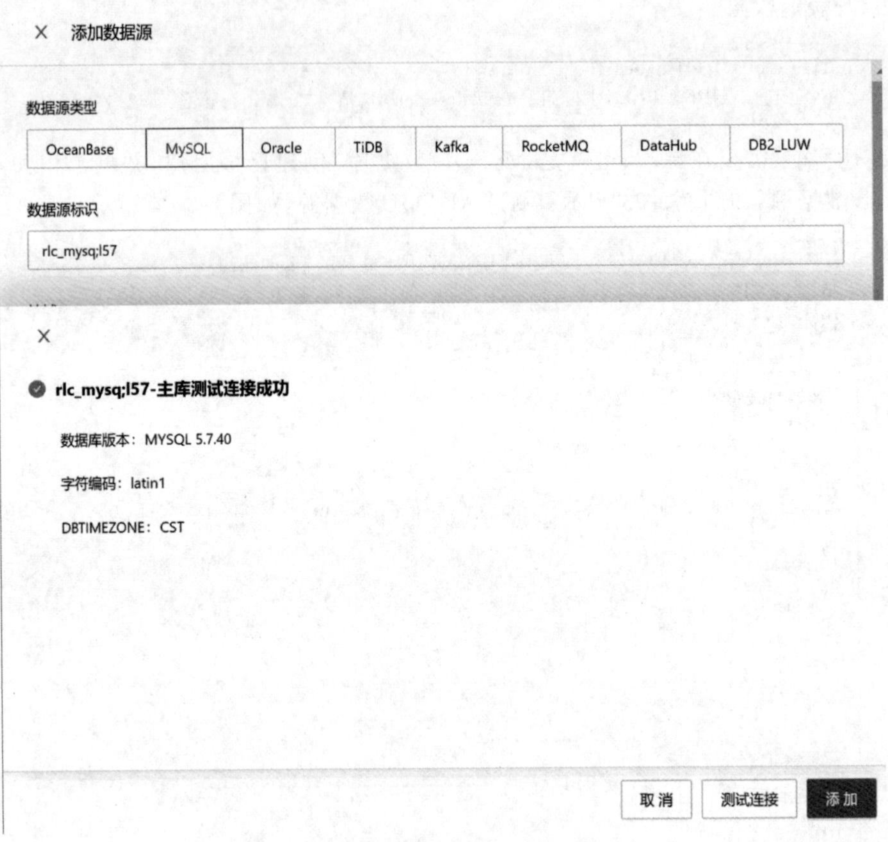

图 7-3-64　测试 MySQL 数据源

添加数据源

数据源类型

OceanBase　MySQL　Oracle　TiDB　Kafka　RocketMQ　DataHub　DB2_LUW

物理数据源　逻辑数据源

数据源标识

rlc_ob_mysql

地域

Xian

租户类型

Oracle　MySQL

所属 OCP (可选)

default_ocp

连接方式

手动输入　命令行连接串

命令行连接串

mysql -h1[illegible]7 -P2883 -uroot@mysqltest#Test_Cluster_001:1678634951

图 7-3-65　输入 OceanBase 目标数据库的信息

主机 IP

端口
2883

租户名
mysqltest

集群名
Test_Cluster_001

数据库用户名
root

数据库密码
••••••••

DB Name （可选）
testdb

备注 （可选）
请输入

0 / 2048

高级选项　收起

若需进行结构迁移、同步，增量同步（作为源端）或反向增量（作为目标端），请填写如下全部信息

图 7-3-66　添加 OceanBase 数据源

rlc_ob_mysql测试连接成功

数据库版本：OB_MYSQL 3.2.3.2

字符编码：utf8mb4

DBTIMEZONE：+08:00

取 消　测试连接　添 加

图 7-3-67　测试 OceanBase 数据源

OceanBase迁移服务　帮助中心　简体中文　admin

概览
数据迁移
数据同步
数据源管理
运维监控
系统管理

数据迁移　新建迁移项目

迁移项目　标签　全部状态　全部类型　请输入搜索关键字

暂无数据

图 7-3-68　数据迁移界面

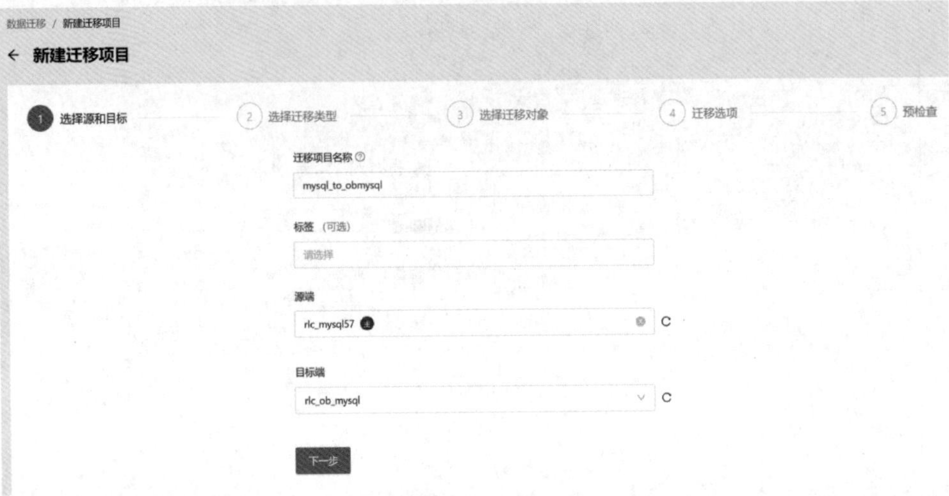

图 7-3-69 新建迁移项目

(2) 在“选择迁移类型”一栏，如图 7-3-70 所示框，注意不要勾选。

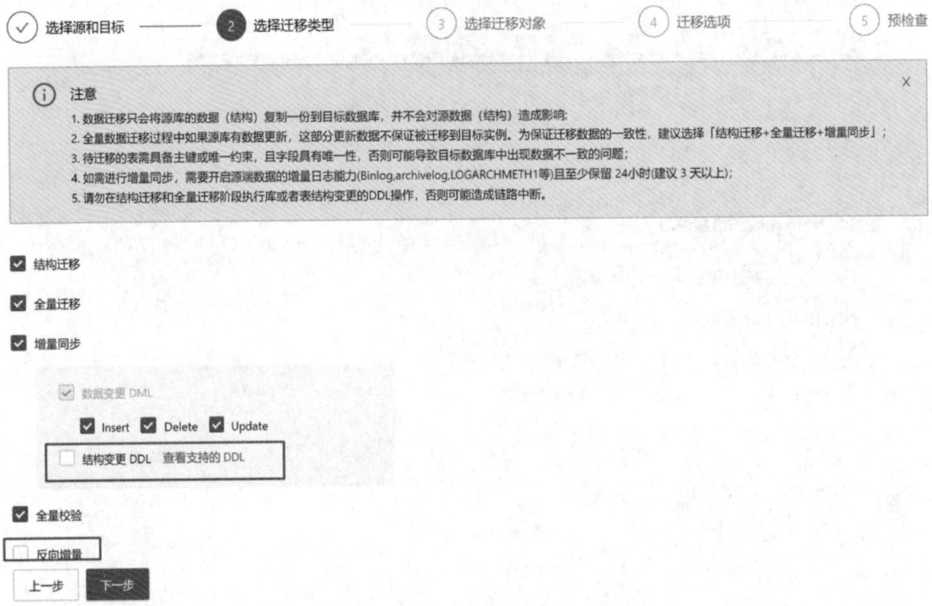

图 7-3-70 选择迁移类型

(3) 在“选择迁移对象”页面，选择除 testdb 下的所有对象，如图 7-3-71 所示；指定迁移对象，如图 7-3-72 所示。

(4) 接受预检前所有默认设置，在预检页面，如果存在不满足条件的报告，需要进行修改，如果确认警告信息可以跳过，则可以忽略。选择迁移选项，如图 7-3-73 所示；预检查如图 7-3-74 所示；预检查通过，如图 7-3-75 所示。

(5) 确认结构迁移步骤正确，如图 7-3-76 所示。

(6) 结构迁移正确以后，OMS 迁移项目自动进入下一个全量数据迁移步骤，全量数据同步时间与要同步的数据量成正比。在此过程中，可以单击右上角功能“查看组件监控”按钮，确认各个组件没有错误，检查源表的所有记录全部迁移，索引也成功迁移。全量迁移如图 7-3-77 所示；查看组件监控，如图 7-3-78 所示；查看组件状态，如图 7-3-79 所示。

图 7-3-71　选择迁移对象

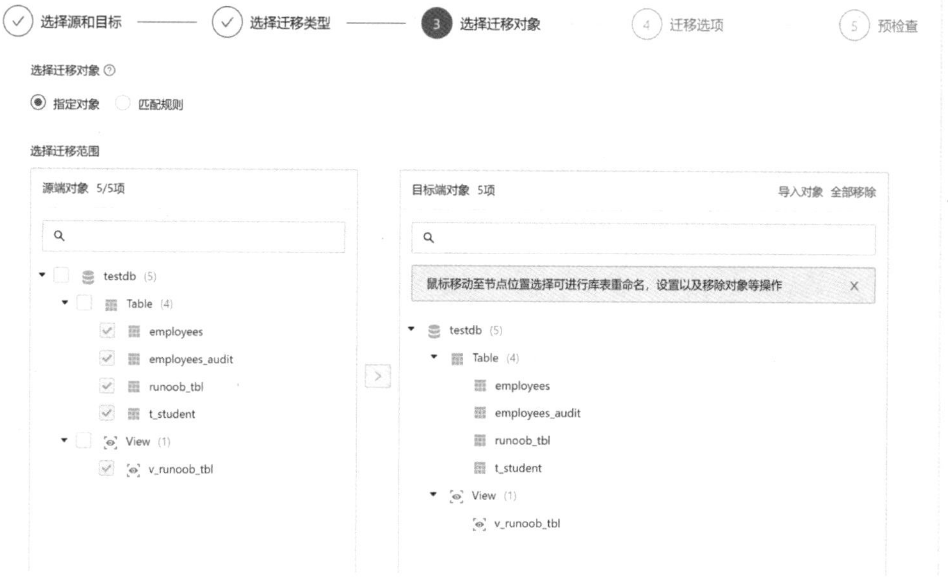

图 7-3-72　指定迁移对象

（7）全量数据迁移完成后，OMS 迁移项目自动进入下一个增量同步步骤，计数器自动计数，等待源端数据库发生的 DML 和 DDL 变更自动同步到目标 OceanBase 数据库。增量同步如图 7-3-80 所示。

（8）单击“全量检查”按钮，查看源数据库表的记录个数和目标表记录个数是否一致，确认全量迁移项目成功完成。全量校验如图 7-3-81 所示。

9）创建除表和视图外的其他对象

执行从源库中通过 DBCAT 生成的脚本即可。创建除表和视图外的其他对象，如图 7-3-82 所示；查看对象是否创建成功，如图 7-3-83 所示。

10）测试增量同步功能

（1）在源数据库 MySQL 中增加一条记录。源库增加数据如图 7-3-84 所示。

选择源和目标
选择迁移类型
选择迁移对象
4 迁移选项
5 预检查
基本配置
全量迁移并发速度
平稳
正常
快速
全量校验并发速度
平稳
正常
快速
增量记录保存时间
120
小时
高级配置
全量迁移是否允许目标表非空
不允许
允许
是否允许索引后置
不允许
允许
上一步
预检查

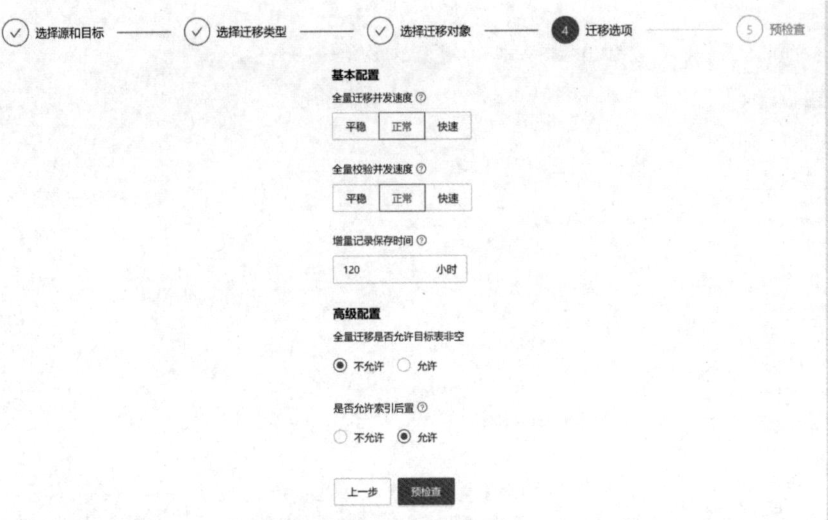

图 7-3-73　选择迁移选项

选择源和目标
选择迁移类型
选择迁移对象
迁移选项
5 预检查
预检查成功
预检查项目
项目状态
检查结果
源端-主库-数据库连通性检查
成功
源端-主库-增量日志检查
成功
源端-主库-数据库时钟同步性检查
成功
源端-主库-mysql 账号 create 权限检查
成功
源端-主库-数据库存在性检查
成功
源端-主库-数据库版本检查
成功
源端-主库-库表名大小写敏感配置一致检查
成功
源端-主库-表存在性预检查
成功
源端-主库-对象间依赖完整性检查
成功
源端-主库-外键检查
成功

图 7-3-74　预检查

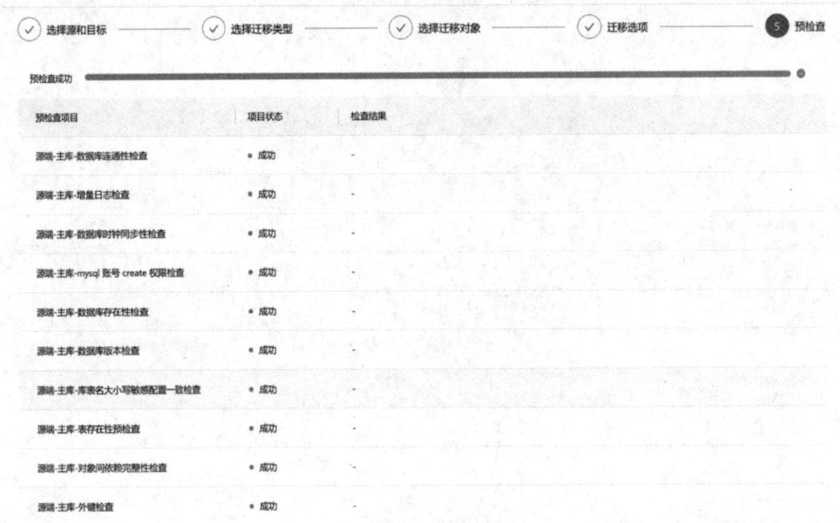

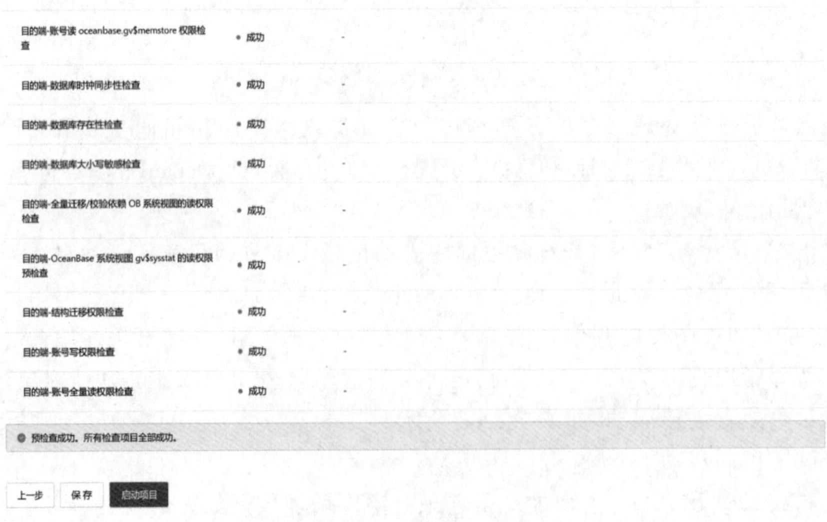

目的端-账号读 oceanbase.gv$memstore 权限检查
成功
目的端-数据库时钟同步性检查
成功
目的端-数据库存在性检查
成功
目的端-数据库大小写敏感检查
成功
目的端-全量迁移/校验依赖 OB 系统视图的读权限检查
成功
目的端-OceanBase 系统视图 gv$sysstat 的读权限预检查
成功
目的端-结构迁移权限检查
成功
目的端-账号写权限检查
成功
目的端-账号全量读权限检查
成功
预检查成功。所有检查项目全部成功。
上一步
保存
启动项目

图 7-3-75　预检查通过

预检查 ＞ 结构迁移 ＞ 全量迁移 ＞ 增量同步 ＞ 全量校验 ＞ 正向切换

状态：● 已完成　启动时间：2023-04-07 17:34:56　结束时间：2023-04-07 17:35:18　总计耗时：22 秒　收起 ^

进度：100%

表(4/4)　视图　　只查看异常对象　请输入关键词　重试全部失败对象

对象名称	源库	目标库	耗时(ms)	状态	操作
employees_audit	testdb	testdb	537	● 已完成(有转换)	查看创建语法
t_student	testdb	testdb	178	● 已完成(有转换)	查看创建语法
employees	testdb	testdb	208	● 已完成(有转换)	查看创建语法
runoob_tbl	testdb	testdb	193	● 已完成(有转换)	查看创建语法

第 1-4 条/总共 4 条　1　10 条/页

图 7-3-76　结构迁移

预检查 ＞ 结构迁移 ＞ 全量迁移 ＞ 增量同步(7 秒) ＞ 全量校验 ＞ 正向切换

状态：● 已完成　启动时间：2023-04-07 17:37:22　结束时间：2023-04-07 17:37:44　总计耗时：22 秒　收起 ^

进度：100%　预估总行数：2　已完成迁移行数：2　实时流量：0 KB/s | 0 KB/s

RPS：0 | 0

表对象　表索引　全量迁移性能

表对象　　查看有问题的对象　请输入关键词

对象名称	源库	目标库	预估数据量	已完成数据量	状态
runoob_tbl	testdb	testdb	1	1	● 已完成
t_student	testdb	testdb	0	1	● 已完成
employees_audit	testdb	testdb	0	0	● 已完成
employees	testdb	testdb	0	0	● 已完成

第 1-4 条/总共 4 条　1　10 条/页

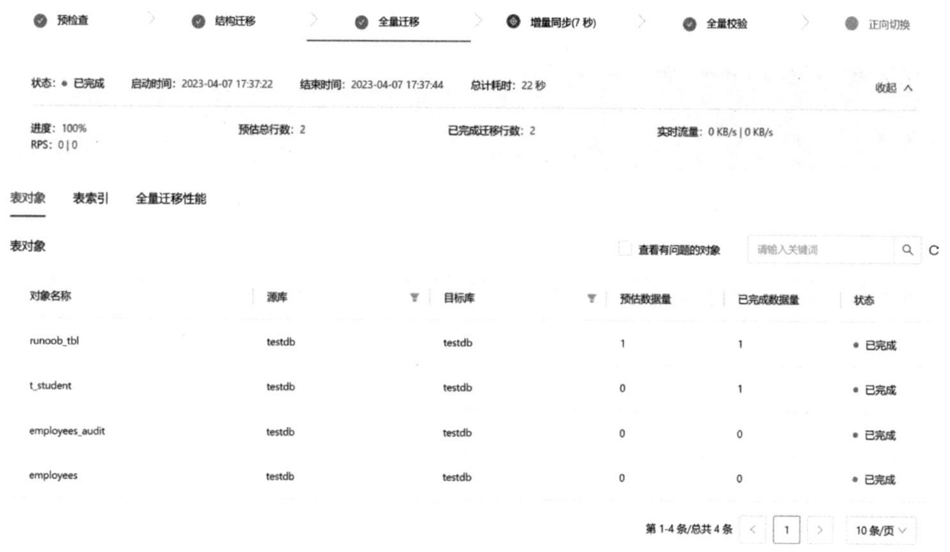

图 7-3-77　全量迁移

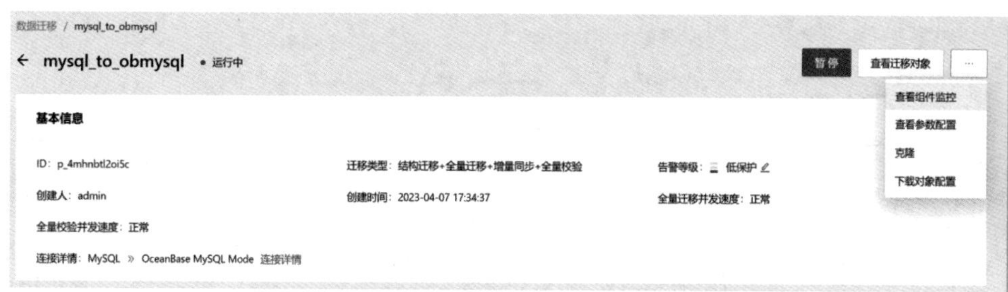

图 7-3-78　查看组件监控

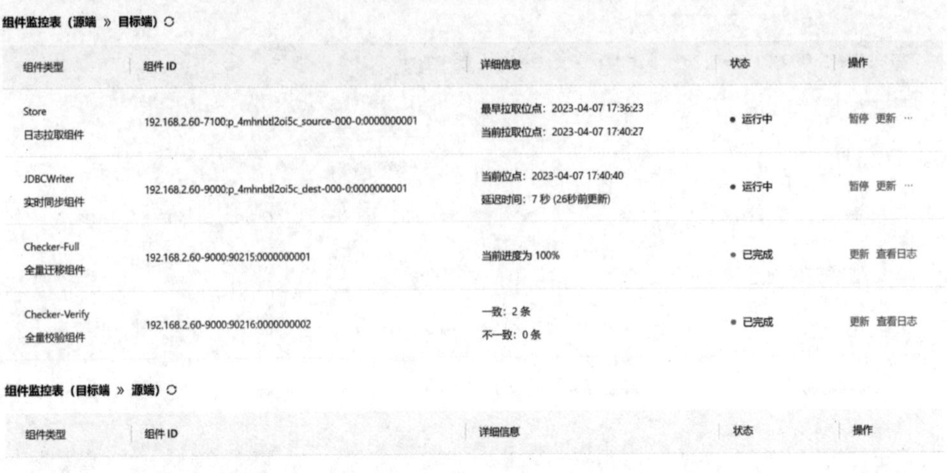

图 7-3-79 组件状态

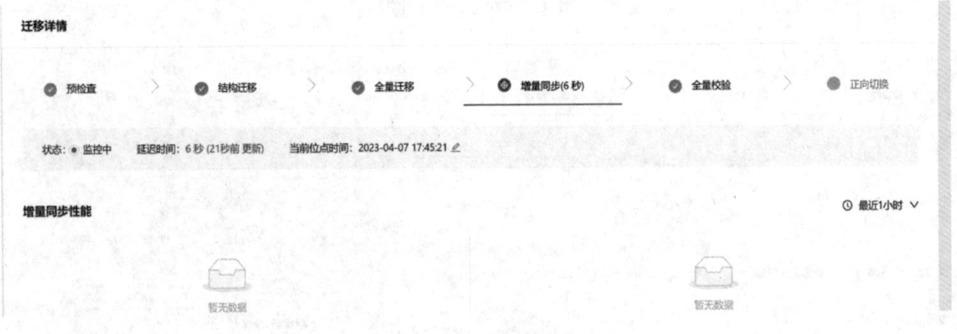

图 7-3-80 增量同步

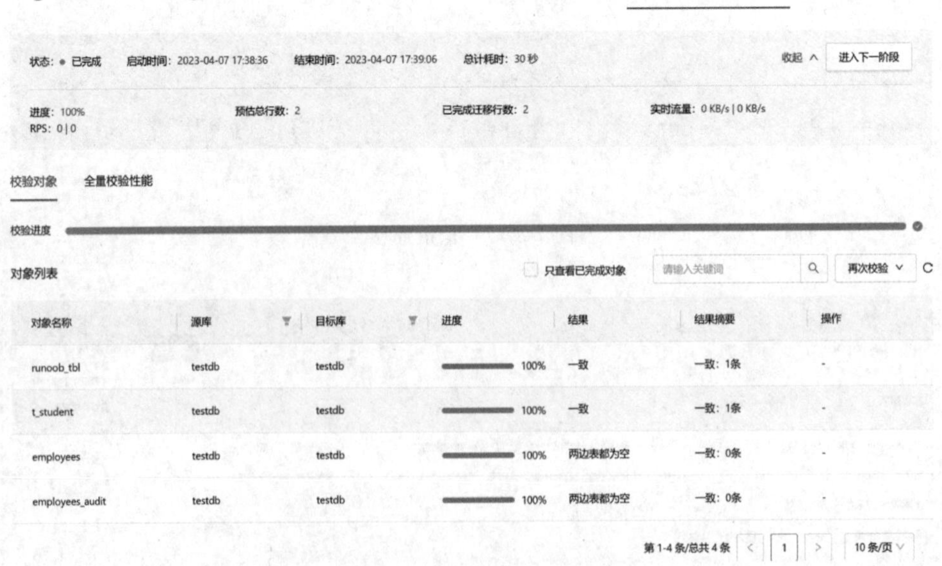

图 7-3-81 全量校验

```
MySQL [testdb]> source /tmp/testdb/FUNCTION-schema.sql
Query OK, 0 rows affected (0.12 sec)

MySQL [testdb]> source /tmp/testdb/TRIGGER-schema.sql
Query OK, 0 rows affected (0.22 sec)

MySQL [testdb]> source /tmp/testdb/PROCEDURE-schema.sql
Query OK, 0 rows affected (0.05 sec)
```

图 7-3-82　创建除表和视图外的其他对象

```
MySQL [information_schema]> select ROUTINE_NAME,ROUTINE_TYPE from information_schema.ROUTINES where ROUTINE_SCHEMA='testdb';
+----------------------------+--------------+
| ROUTINE_NAME               | ROUTINE_TYPE |
+----------------------------+--------------+
| GetEmployeeInformationByID | FUNCTION     |
| getStuById                 | PROCEDURE    |
+----------------------------+--------------+
2 rows in set (0.01 sec)

MySQL [information_schema]> select TRIGGER_NAME from information_schema.TRIGGERS where TRIGGER_SCHEMA='testdb';
+------------------------+
| TRIGGER_NAME           |
+------------------------+
| before_employee_update |
+------------------------+
1 row in set (0.00 sec)

MySQL [information_schema]> select ROUTINE_NAME,ROUTINE_TYPE from information_schema.ROUTINES where ROUTINE_SCHEMA='testdb';
+----------------------------+--------------+
| ROUTINE_NAME               | ROUTINE_TYPE |
+----------------------------+--------------+
| GetEmployeeInformationByID | FUNCTION     |
| getStuById                 | PROCEDURE    |
+----------------------------+--------------+
2 rows in set (0.01 sec)
```

图 7-3-83　查看对象是否创建成功

```
mysql> select * from employees;
Empty set (0.00 sec)

mysql> insert into  employees values (1,1,'mike',"2023-04-07",'sale');
Query OK, 1 row affected (0.01 sec)

mysql>
mysql>
mysql> commit;
Query OK, 0 rows affected (0.00 sec)

mysql> select * from employees;
+----+----------------+----------+---------------------+--------+
| id | employeeNumber | lastname | changedat           | action |
+----+----------------+----------+---------------------+--------+
|  1 |              1 | mike     | 2023-04-07 00:00:00 | sale   |
+----+----------------+----------+---------------------+--------+
1 row in set (0.00 sec)
```

图 7-3-84　源库增加数据

（2）10s 后，查看目标数据库，看到新的记录已经自动添加到目标 OceanBase 数据库的 sbtest schema 中。目标库查看同步情况如图 7-3-85 所示。

```
MySQL [testdb]> show tables;
+------------------+
| Tables_in_testdb |
+------------------+
| employees        |
| employees_audit  |
| runoob_tbl       |
| t_student        |
| v_runoob_tbl     |
+------------------+
5 rows in set (0.01 sec)

MySQL [testdb]> select * from employees;
+----+----------------+----------+---------------------+--------+
| id | employeeNumber | lastname | changedat           | action |
+----+----------------+----------+---------------------+--------+
|  1 |              1 | mike     | 2023-04-07 00:00:00 | sale   |
+----+----------------+----------+---------------------+--------+
1 row in set (0.02 sec)

MySQL [testdb]>
```

图 7-3-85　目标库查看同步情况

2. 通过 OMS 迁移 Oracle 到 OBOracle

1）背景信息

使用 OMS 可以通过结构迁移、全量迁移和增量数据同步三种方式，无缝迁移源端 Oracle 数据库中的存量业务数据以及增量业务数据至 OB 的 Oracle 租户。

Oracle 数据库支持单主库、单备库和主备库等模式。迁移 Oracle 数据库的数据至 OceanBase 数据库 Oracle 租户的数据库时，不同类型的数据源支持的操作也不同。Oracle 不同类型支持的迁移操作如表 7-3-23 所示。

表 7-3-23 Oracle 不同类型支持的迁移操作

类型	支持的操作
单主库	结构迁移＋全量迁移＋增量同步＋全量校验＋反向增量
单备库	结构迁移＋全量迁移＋增量同步＋全量校验
主备库	主库：支持反向增量备库：支持结构迁移＋全量迁移＋增量同步＋全量校验

2）前提条件

Oracle 侧配置准备：

(1) Oracle 源端需要开启日志归档，迁移之前需要手动执行归档，确保日志数据均完成归档。

(2) Oracle 源端需要开启数据库或者表级别补偿日志，并安装 LogMiner 工具可正常使用。

(3) Oracle 源端修改_log_parallelism_max(可选，仅针对 Oracle 10g)。

(4) 已为源端 Oracle 数据库和目标端 OceanBase 数据库 Oracle 租户创建专用于数据迁移任务的数据库用户，并为其赋予了相关权限。

(5) 调整归档备份清理策略，避免增量期间归档日志在抓取之前提前删除。

(6) 建议待迁移表关闭 row movement 选项，迁移期间禁止引起 rowid 变更的操作，例如 Table move，FlashBack Table，分区拆分合并等。

(7) 配置 Oracle 服务器和 OMS 服务器之间时钟同步。

(8) 开启数据库级别的 PK 和 UK 补偿日志，当无须同步的表产生较多不必要的日志时，会增加 LogMiner Reader 拉取日志的压力和 Oracle 自身的压力。所以，OMS 支持 Oracle 数据库仅开启表级别的 PK 和 UK 补偿日志。但是，如果在创建迁移任务时，针对非 PK 列或 UK 列设置了 ETL 过滤，需要开启对应列的补偿日志，或者直接开启所有列的补偿日志。

OceanBase 侧配置准备：

(1) 视迁移数据量情况，调整租户参数 max_allowed_packet，ob_query_timeout，ob_trx_timeout 等。

(2) 确定 OceanBase 租户同源端的字符集兼容包含。

3）使用限制

(1) OMS 支持的 Oracle 数据库版本为 10GB/11GB/12C/18C/19C，12C 及以上版本包含容器数据库(Container DataBase，CDB)和可插拔数据库(Pluggable DataBase，PDB)。

(2) 库到库长期同步中，OMS 不支持目标端存在 Trigger。

(3) 数据类型的限制：

① 不支持表中全部列均为 LOB 类型(BLOB/CLOB/NCLOB)的增量数据迁移。

② 对于无主键且包含 LOB 类型字段的表，反向增量会出现数据质量问题。

③ 源端 Oracle 数据库的 LOB 字段过大，会导致无法在 OceanBase 数据库存储，造成数据同步异常。

(4) 对于 Oracle 数据库至 OceanBase 数据库 Oracle 租户的增量同步，如果有新增的无主键表迁移，OMS 不会自动删除在 OceanBase 数据库 Oracle 租户目标端添加的隐藏列和唯一索引。在进行反向迁移前需手动删除。可以查看 logs/msg/manual_table.log 文件，确认增量同步阶段添加的无主键表。

(5) 当 Oracle 数据库为 12C 以下版本时，索引名称的长度不得超过 30 字节。

(6) 数据源标志和用户账号等，在 OMS 系统内全局唯一。

(7) OMS 仅支持迁移库名、表名为 ASCII 码且不包含特殊字符(. | " '`( ) =；/ & \ n)的对象。

(8) OMS 支持全量同步分区字段不在主键中的表，但不支持新建表的 DDL 操作。

(9) 字符编码与反向同步限制：

① 当源端和目标端的字符编码配置不同时，结构迁移会提供字段长度定义扩大的策略。例如字段长度 1.5 倍扩大，长度单位从 BYTE 转为 CHAR 等。

② 转换后可以保证源端不同字符集中的数据能成功迁移至目标端，但割接后反向增量同步可能会出现数据超长无法写回源端的问题。

4) 注意事项

(1) 当录入的 Oracle 数据库为单备库或主备库模式时，如果 Oracle 主库和备库的运行实例数不同，可能导致少拉取某些实例的增量日志。此时需要手动设置 Oracle Store 的参数，以指定增量从备库拉取时需要拉取的实例的增量日志。具体操作方式如下：

① Oracle Store 启动后马上将其停止。

② 在 Store 组件的"更新配置"页面，新增参数 deliver2store.logminer.instance_threads 来设置需要拉取哪些实例的日志。

多个 thread 之间使用|分隔。例如，1|2|3。

③ 设置参数后，重启 Oracle Store。

④ 5 分钟后，执行 grep 'log entries from' connector/connector.log，即可查看拉取了哪些实例的日志(thread 字段表示拉取到的是哪个实例的日志)。

(2) 当需要进行 Oracle 数据库的增量迁移时，Oracle 数据库单个归档文件的大小建议小于 2GB。单个归档文件过大，会存在以下风险：

① 单个归档文件越大，拉取的耗时比线性增长更大。

② 录入的 Oracle 数据库为单备库或主备库模式时，增量是从备库拉取，此时只能拉取归档文件。当归档文件生成后才能拉取，归档文件越大，也就意味着在处理该归档文件之前已经延迟较久，并且处理该大的归档文件耗时也越久。

③ 单个归档文件越大，在开启相同并发度的拉取时，Oracle Store 需要的内存也越大。

(3) Oracle 数据库的归档文件保存 2 天以上，否则由于某个时间段归档量陡增或者 Oracle Store 处理异常，准备恢复时没有了归档文件，将无法恢复。

(4) OMS 从 Oracle 备库拉取增量数据时，如果选择的迁移类型中包含增量同步和反向增量，而增量数据拉取出现异常，可以尝试在主库执行 ALTER SYSTEM SWITCH LOGFILE，以便推动 OMS 正常工作。

(5) 迁移 Oracle 数据库的无主键表至 OceanBase 数据库 Oracle 租户时，需要在 Oracle 源端避免进行导入、导出、Alter Table、FlashBack Table、分区分裂或合并等会导致 ROWID 变更的操作。

(6) 由于中国曾经实行夏令时的历史原因，导致 Oracle 数据库至 OceanBase 数据库 Oracle 租户的增量同步中，1986—1991 年的夏令时开始和结束的日期，以及 1988 年 4 月 10 日—4 月 17 日，TIMESTAMP(6) WITH TIME ZONE 类型，源端和目标端可能存在 1 小时的时间差。

(7) Oracle 数据库至 OceanBase 数据库 Oracle 租户的反向增量中，当源端 OceanBase 数据库 Oracle 租户为 3.2.x 以下的版本且具有全局唯一索引的多分区表时，如果更新了表的分区键的值，可能导致数据迁移过程中丢失数据。

(8) 目标端 OceanBase 数据库 Oracle 租户的版本低于 2.2.70 时,切换流程补充外键、Check 等对象有不兼容的风险。

(9) 如果数据迁移项目未启动正向切换步骤,需要删除源端数据库对应的唯一索引和伪列。如果不删除唯一索引和伪列,就会导致无法写入数据,以及往下游导入数据时,会重新生成伪列,导致与源端数据库的伪列发生冲突。

(10) 建议单个项目内数据库对象不超过 1.5 万个。

(11) 对于包含 LOB 字段的表和宽表(大于 100 列),建议单独创建项目,并根据实际情况设置相关组件的 JVM 参数(全量校验组件: limitator.select.batch.max; 全量导入组件: sourceBatchSize; 增量同步组件: sourceBatchSize)。

(12) 查看包含 LOB 字段表的 SQL 语句为: SELECT DISTINCT(TABLE_NAME) FROM ALL_TAB_COLUMNS WHERE DATA_TYPE IN('BLOB', 'CLOB', 'NCLOB') AND OWNER = XXX; 。

(13) 多表汇聚场景下:

① 建议使用导入对象、匹配规则的方式映射源端和目标端的关系。

② 建议在目标端创建表结构。如果使用 OMS 创建,就需要在结构迁移步骤跳过部分失败对象。

(14) 如果在迁移过程中,跳过"源端-主库-数据库 ROW_MOVEMENT 检查"预检查项,同步 ROW_MOVEMENT 为 Enable 的表,会出现数据不一致的情况。

(15) CLOB 和 BLOB 类型的数据必须小于 48MB。

5) Oracle 表分区转换

OMS 迁移 Oracle 数据库时,会对业务 SQL 用法进行适配转换。OceanBase 对 Oracle 表定义的语法转换如表 7-3-24 所示。

表 7-3-24 OceanBase 对 Oracle 表定义的语法转换

Oracle 数据库表定义	OceanBase 数据库 2.2.50 及以上版本转换输出
CREATE TABLE T_RANGE_0(A INT, B INT, PRIMARY KEY(B))PARTITION BY RANGE(A)(....);	CREATE TABLE "T_RANGE_0"("A" NUMBER, "B" NUMBER NOT NULL, CONSTRAINT "T_RANGE_10_UK" UNIQUE("B"))PARTITION BY RANGE("A")(....);
CREATE TABLE T_RANGE_10("A" INT, "B" INT, "C" DATE, "D" NUMBER GENERATED ALWAYS AS (TO_NUMBER(TO_CHAR("C",'dd'))) VIRTUAL, CONSTRAINT "T_RANGE_10_PK" PRIMARY KEY(A))PARTITION BY RANGE(D)(....);	CREATE TABLE T_RANGE_10("A" INT NOT NULL, "B" INT, "C" DATE, "D" NUMBER GENERATED ALWAYS AS (TO_NUMBER(TO_CHAR("C",'dd'))) VIRTUAL, CONSTRAINT "T_RANGE_10_PK" UNIQUE(A))PARTITION BY RANGE(D)(....);

续表

Oracle 数据库表定义	OceanBase 数据库 2.2.50 及以上版本转换输出
CREATE TABLE T_RANGE_4(A INT NOT NULL, B INT, UNIQUE(A))PARTITION BY RANGE(A)(....);	CREATE TABLE "T_RANGE_4"("A" NUMBER NOT NULL, "B" NUMBER, PRIMARY KEY("A"))PARTITION BY RANGE("A")(....);
CREATE TABLE T_RANGE_7(A INT NOT NULL, B INT NOT NULL, UNIQUE(A, B))PARTITION BY RANGE(A)(partition P_MAX values less than(10));	CREATE TABLE "T_RANGE_7"("A" NUMBER NOT NULL, "B" NUMBER NOT NULL, PRIMARY KEY("A", "B"))PARTITION BY RANGE("A")(....);
CREATE TABLE T_RANGE_9("A" INT, "B" INT, "C" INT NOT NULL, UNIQUE(A), UNIQUE(B), UNIQUE(C))PARTITION BY RANGE(C)(partition P_MAX values less than(10));	CREATE TABLE "T_RANGE_9"("A" NUMBER, "B" NUMBER, "C" NUMBER NOT NULL, PRIMARY KEY("C"), UNIQUE("A"), UNIQUE("B"))PARTITION BY RANGE("C")(....);

6）数据库信息列表

数据库信息列表如表 7-3-25 所示。

表 7-3-25 数据库信息列表

迁移角色	数据库类型	数据库版本	数据库名
源库	Oracle	19.3.0.0.0	test
目标库	OceanBase	OceanBase-v3.2.3.2	test

7）Oracle 环境准备

（1）确认 Oracle 源端需要迁移的对象，如图 7-3-86 所示。

```
sqlplus app_user/app_user
set lines 200 pages 80
col object_name for a60
select object_name,object_type from user_objects order by object_type;
```

（2）检查 Oracle 服务器与 OMS 平台的时钟同步状态，如图 7-3-87 所示。

```
clockdiff 192.168.2.60
```

（3）检查 Oracle 实例是否开启归档。Oracle 归档参数如图 7-3-88 所示。

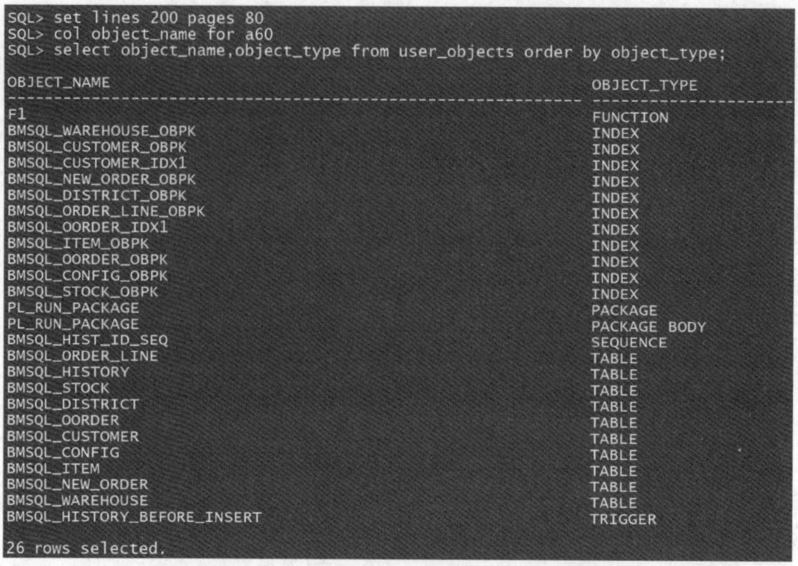

```
SQL> set lines 200 pages 80
SQL> col object_name for a60
SQL> select object_name,object_type from user_objects order by object_type;

OBJECT_NAME                                                  OBJECT_TYPE
------------------------------------------------------------ -------------------
F1                                                           FUNCTION
BMSQL_WAREHOUSE_OBPK                                         INDEX
BMSQL_CUSTOMER_OBPK                                          INDEX
BMSQL_CUSTOMER_IDX1                                          INDEX
BMSQL_NEW_ORDER_OBPK                                         INDEX
BMSQL_DISTRICT_OBPK                                          INDEX
BMSQL_ORDER_LINE_OBPK                                        INDEX
BMSQL_OORDER_IDX1                                            INDEX
BMSQL_ITEM_OBPK                                              INDEX
BMSQL_OORDER_OBPK                                            INDEX
BMSQL_CONFIG_OBPK                                            INDEX
BMSQL_STOCK_OBPK                                             INDEX
PL_RUN_PACKAGE                                               PACKAGE
PL_RUN_PACKAGE                                               PACKAGE BODY
BMSQL_HIST_ID_SEQ                                            SEQUENCE
BMSQL_ORDER_LINE                                             TABLE
BMSQL_HISTORY                                                TABLE
BMSQL_STOCK                                                  TABLE
BMSQL_DISTRICT                                               TABLE
BMSQL_OORDER                                                 TABLE
BMSQL_CUSTOMER                                               TABLE
BMSQL_CONFIG                                                 TABLE
BMSQL_ITEM                                                   TABLE
BMSQL_NEW_ORDER                                              TABLE
BMSQL_WAREHOUSE                                              TABLE
BMSQL_HISTORY_BEFORE_INSERT                                  TRIGGER

26 rows selected.
```

图 7-3-86　Oracle 源端需要迁移的对象

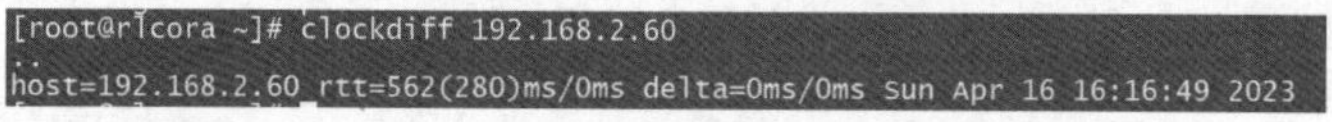

```
[root@r1cora ~]# clockdiff 192.168.2.60
..
host=192.168.2.60 rtt=562(280)ms/0ms delta=0ms/0ms Sun Apr 16 16:16:49 2023
```

图 7-3-87　Oracle 服务器与 OMS 平台时钟同步状态

```
sqlplus / as sysdba
archive log list ;
```

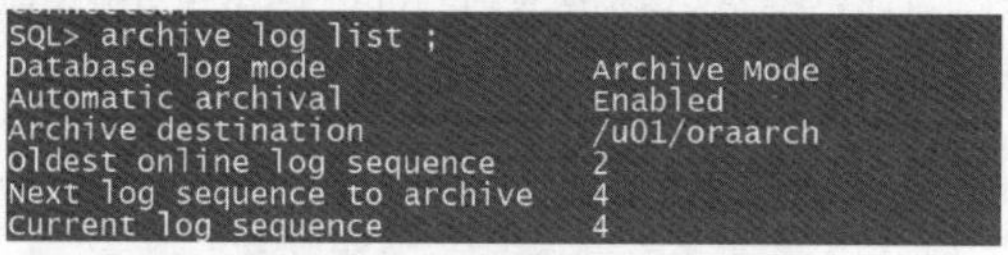

```
SQL> archive log list ;
Database log mode              Archive Mode
Automatic archival             Enabled
Archive destination            /u01/oraarch
Oldest online log sequence     2
Next log sequence to archive   4
Current log sequence           4
```

图 7-3-88　Oracle 归档参数

若未开启归档，需要通过以下命令开启归档模式。

```
alter system set log_archive_dest_1='location=/u01/oraarch' scope=spfile;
shutdown immediate
startup mount
alter database archivelog;
alter database open;
```

多次切换日志，确保在线日志均完成归档。

```
--以下命令执行多次
alter system switch logfile;
```

(4) 检查 Oracle 是否启动补充日志。

LogMiner Reader 支持 Oracle 系统配置仅开启表级别的补偿日志。如果迁移前，在 Oracle 实例中新创建表，则需要在执行 DML 操作之前，打开 PK、UK 的补偿日志。否则，OMS 会报日志不全的异常。Oracle 补偿日志如图 7-3-89 所示。

```
select supplemental_log_data_min, supplemental_log_data_pk, supplemental_log_data_ui from v
$database;
```

```
SQL> select supplemental_log_data_min,supplemental_log_data_pk, supplemental_log_data_ui from v$database;

SUPPLEME SUP SUP
-------- --- ---
NO       NO  NO
```

图 7-3-89 Oracle 补偿日志

开启补偿日志后，需要切换3次归档日志的原因：

Oracle Store 定位起始拉取文件时，会根据指定的时间戳回退0～2个归档文件。开启补偿后，为了不拉取开启补偿日志前的日志，需要切换3次归档。否则，Store 将异常退出。

如果是 Oracle RAC，需要多个实例交替切换的原因：

在 Oracle RAC 的情况下，如果一个实例切换多次后，再切换另外的实例，而非交替切换，则定位起始拉取文件时，后切换的实例将可能定位至开启补偿日志前的日志。

通过以下命令开启补偿日志，如图 7-3-90 所示。

```
alter database add supplemental log data;
alter database add supplemental log data(primary key) columns;
alter database add supplemental log data(unique) columns;
```

```
SQL> alter database add supplemental log data;

Database altered.

SQL> alter database add supplemental log data(primary key) columns;

Database altered.

SQL> alter database add supplemental log data(unique) columns;

Database altered.

SQL> select supplemental_log_data_min,supplemental_log_data_pk, supplemental_log_data_ui from v$database;

SUPPLEME SUP SUP
-------- --- ---
YES      YES YES
```

图 7-3-90 开启补偿日志

(5) 检查 Oracle 实例是否安装 LogMiner 组件，该组件是否可用，如图 7-3-91 所示。

```
desc dbms_logmnr
```

```
SQL> set pages 300 lines 200
SQL> desc dbms_logmnr
PROCEDURE ADD_LOGFILE
 Argument Name                  Type                    In/Out Default?
 ------------------------------ ----------------------- ------ --------
 LOGFILENAME                    VARCHAR2                IN
 OPTIONS                        BINARY_INTEGER          IN     DEFAULT
FUNCTION COLUMN_PRESENT RETURNS BINARY_INTEGER
 Argument Name                  Type                    In/Out Default?
 ------------------------------ ----------------------- ------ --------
 SQL_REDO_UNDO                  NUMBER                  IN     DEFAULT
 COLUMN_NAME                    VARCHAR2                IN     DEFAULT
PROCEDURE END_LOGMNR
PROCEDURE INIT_REPLICATION_METADATA
FUNCTION MINE_VALUE RETURNS VARCHAR2
 Argument Name                  Type                    In/Out Default?
 ------------------------------ ----------------------- ------ --------
 SQL_REDO_UNDO                  NUMBER                  IN     DEFAULT
 COLUMN_NAME                    VARCHAR2                IN     DEFAULT
PROCEDURE PROFILE
 Argument Name                  Type                    In/Out Default?
 ------------------------------ ----------------------- ------ --------
 OPTIONS                        BINARY_INTEGER          IN     DEFAULT
 SCHEMA                         VARCHAR2                IN     DEFAULT
 STARTSCN                       NUMBER                  IN     DEFAULT
 ENDSCN                         NUMBER                  IN     DEFAULT
 STARTTIME                      DATE                    IN     DEFAULT
 ENDTIME                        DATE                    IN     DEFAULT
 THREADS                        VARCHAR2                IN     DEFAULT
 LOGLOCATION                    VARCHAR2                IN     DEFAULT
 LOGNAMESPECIFIER               VARCHAR2                IN     DEFAULT
PROCEDURE REMOVE_LOGFILE
 Argument Name                  Type                    In/Out Default?
 ------------------------------ ----------------------- ------ --------
 LOGFILENAME                    VARCHAR2                IN
PROCEDURE START_LOGMNR
 Argument Name                  Type                    In/Out Default?
 ------------------------------ ----------------------- ------ --------
 STARTSCN                       NUMBER                  IN     DEFAULT
 ENDSCN                         NUMBER                  IN     DEFAULT
 STARTTIME                      DATE                    IN     DEFAULT
 ENDTIME                        DATE                    IN     DEFAULT
 DICTFILENAME                   VARCHAR2                IN     DEFAULT
 OPTIONS                        BINARY_INTEGER          IN     DEFAULT
```

图 7-3-91 检查 Oracle 数据库 LogMiner 组件

(6) 检查 Oracle 实例是否已经关闭表的 row movement 功能,如图 7-3-92 所示。

```
col TABLE_NAME for a100
select table_name, row_movement from dba_tables where owner='APP_USER';
```

```
SQL> col TABLE_NAME for a100
SQL> select table_name,row_movement from dba_tables where owner='APP_USER';

TABLE_NAME                                                                                           ROW_MOVE
---------------------------------------------------------------------------------------------------- --------
BMSQL_CONFIG                                                                                         DISABLED
BMSQL_CUSTOMER                                                                                       DISABLED
BMSQL_DISTRICT                                                                                       DISABLED
BMSQL_HISTORY                                                                                        DISABLED
BMSQL_ITEM                                                                                           DISABLED
BMSQL_NEW_ORDER                                                                                      DISABLED
BMSQL_OORDER                                                                                         DISABLED
BMSQL_ORDER_LINE                                                                                     DISABLED
BMSQL_STOCK                                                                                          DISABLED
BMSQL_WAREHOUSE                                                                                      DISABLED

10 rows selected.
```

图 7-3-92 检查 Oracle 表的 row movement 功能

(7) 检查 Oracle 实例当前使用的字符集,如图 7-3-93 所示。

```
set lines 200
col parameter for a60
col value for a40
select * from nls_database_parameters where PARAMETER in ('NLS_CHARACTERSET','NLS_
NCHAR_CHARACTERSET');
```

```
SQL> set lines 200
SQL> col parameter for a60
SQL> col value for a40
SQL> select * from nls_database_parameters where PARAMETER in ('NLS_CHARACTERSET','NLS_NCHAR_CHARACTERSET');

PARAMETER                                                    VALUE
------------------------------------------------------------ ----------------------------------------
NLS_NCHAR_CHARACTERSET                                       AL16UTF16
NLS_CHARACTERSET                                             ZHS16GBK
```

图 7-3-93 检查 Oracle 数据库当前使用的字符集

(8) 创建 Oracle 迁移用户,并赋予 DBA 权限,如图 7-3-94 所示。

```
create user app_qy identified by app_qy;
grant dba to app_qy;
grant select on sys.user$ to app_qy;
```

```
SQL> create user app_qy identified by app_qy;
grant dba to app_qy;
User created.

SQL>
Grant succeeded.
```

图 7-3-94 创建迁移用户

8) OceanBase 环境准备

(1) 创建 OBOracle 模式租户,采用与 Oracle 相同的字符集。OceanBase 数据库创建 Oracle 租户,如图 7-3-95 所示;OceanBase 数据库检查租户字符集,如图 7-3-96 所示。

```
create tenant test charset='gbk', zone_list=('zone1,zone2,zone3') ,primary_zone='zone1;zone2,zone3',
resource_pool_list=('restore_pool') set ob_tcp_invited_nodes='%', ob_compatibility_mode='oracle';
```

```
obclient -h192.168.2.57 -P2883 -uSYS@test#Test_Cluster_001:1678634951 -p

select * from nls_database_parameters where PARAMETER in ('NLS_CHARACTERSET','NLS_
NCHAR_CHARACTERSET');
```

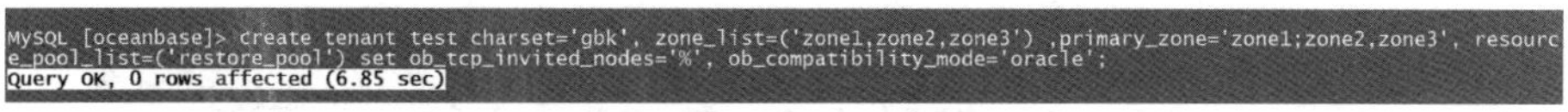

```
MySQL [oceanbase]> create tenant test charset='gbk', zone_list=('zone1,zone2,zone3') ,primary_zone='zone1;zone2,zone3', resourc
e_pool_list=('restore_pool') set ob_tcp_invited_nodes='%', ob_compatibility_mode='oracle';
Query OK, 0 rows affected (6.85 sec)
```

图 7-3-95 OceanBase 数据库创建 Oracle 租户

```
MySQL [(none)]> select * from nls_database_parameters where PARAMETER in ('NLS_CHARACTERSET','NLS_NCHAR_CHARACTERSET');
+------------------------+-----------+
| PARAMETER              | VALUE     |
+------------------------+-----------+
| NLS_CHARACTERSET       | ZHS16GBK  |
| NLS_NCHAR_CHARACTERSET | AL16UTF16 |
+------------------------+-----------+
```

图 7-3-96 OceanBase 数据库检查租户字符集

(2) 检查 OMS 同 OB 的连通性。

登录 OMS 服务器,连接 OceanBase 集群 sys 租户,如图 7-3-97 所示。

```
obclient -h192.168.2.57 -P2883 -uSYS@test#Test_Cluster_001:1678634951 -p
```

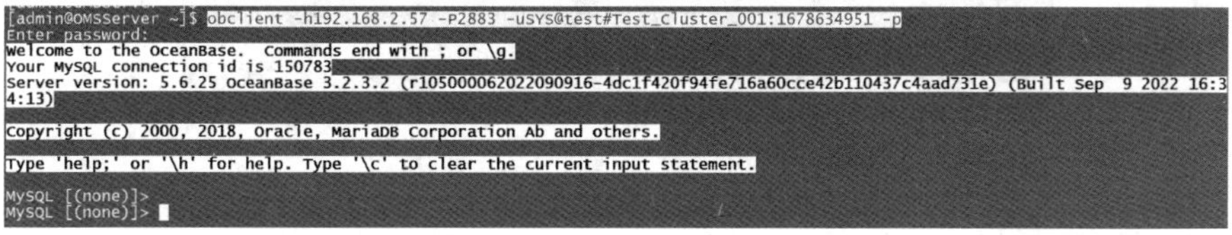

```
[admin@OMSServer ~]$ obclient -h192.168.2.57 -P2883 -uSYS@test#Test_Cluster_001:1678634951 -p
Enter password:
Welcome to the OceanBase.  Commands end with ; or \g.
Your MySQL connection id is 150783
Server version: 5.6.25 OceanBase 3.2.3.2 (r105000062022090916-4dc1f420f94fe716a60cce42b110437c4aad731e) (Built Sep  9 2022 16:3
4:13)

Copyright (c) 2000, 2018, Oracle, MariaDB Corporation Ab and others.

Type 'help;' or '\h' for help. Type '\c' to clear the current input statement.

MySQL [(none)]>
MySQL [(none)]>
```

图 7-3-97 连接 OceanBase 集群 sys 租户

(3) 创建迁移相关用户。

① 创建 sys 租户下 oms_drc 用户,如图 7-3-98 所示。

```
obclient -h192.168.2.57 -P2883 -uroot@sys#Test_Cluster_001:1678634951 -p
drop user oms_drc;
CREATE USER oms_drc IDENTIFIED BY 'omstest';
GRANT SELECT ON *.* TO oms_drc;
```

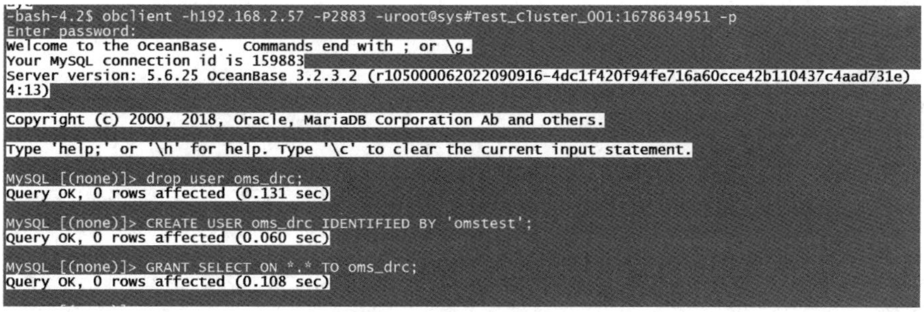

```
-bash-4.2$ obclient -h192.168.2.57 -P2883 -uroot@sys#Test_Cluster_001:1678634951 -p
Enter password:
Welcome to the OceanBase.  Commands end with ; or \g.
Your MySQL connection id is 159883
Server version: 5.6.25 OceanBase 3.2.3.2 (r105000062022090916-4dc1f420f94fe716a60cce42b110437c4aad731e)
4:13)

Copyright (c) 2000, 2018, Oracle, MariaDB Corporation Ab and others.

Type 'help;' or '\h' for help. Type '\c' to clear the current input statement.

MySQL [(none)]> drop user oms_drc;
Query OK, 0 rows affected (0.131 sec)

MySQL [(none)]> CREATE USER oms_drc IDENTIFIED BY 'omstest';
Query OK, 0 rows affected (0.060 sec)

MySQL [(none)]> GRANT SELECT ON *.* TO oms_drc;
Query OK, 0 rows affected (0.108 sec)
```

图 7-3-98 创建 oms_drc 用户

② 创建 Oracle 租户下__OCEANBASE_INNER_DRC_USER 用户,如图 7-3-99 所示。

```
obclient -h192.168.2.57 -P2883 -usys@test#Test_Cluster_001:1678634951 -p
create user "__OCEANBASE_INNER_DRC_USER" identified by 123;
grant create session to "__OCEANBASE_INNER_DRC_USER";
grant select any dictionary to "__OCEANBASE_INNER_DRC_USER";
grant select any table to "__OCEANBASE_INNER_DRC_USER";
```

③ 创建 Oracle 租户下 APP_USER 用户,如图 7-3-100 所示。

```
obclient -h192.168.2.57 -P2883 -usys@test#Test_Cluster_001:1678634951 -p
create user app_user identified by app_user;
grant connect,resource to app_user;
```

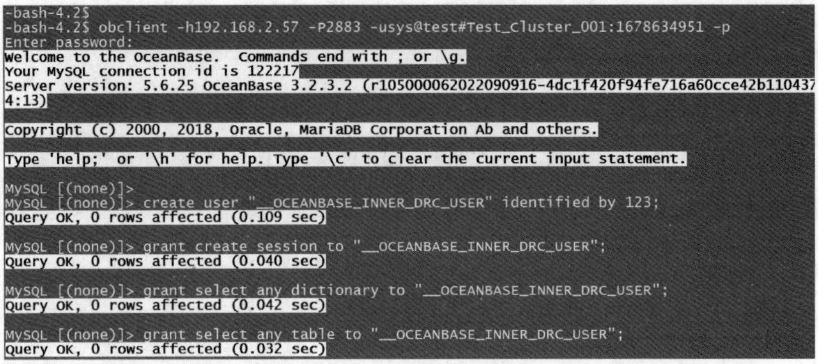

```
-bash-4.2$
-bash-4.2$ obclient -h192.168.2.57 -P2883 -usys@test#Test_Cluster_001:1678634951 -p
Enter password:
Welcome to the OceanBase.  Commands end with ; or \g.
Your MySQL connection id is 122217
Server version: 5.6.25 OceanBase 3.2.3.2 (r105000062022090916-4dc1f420f94fe716a60cce42b110437
4:13)

Copyright (c) 2000, 2018, Oracle, MariaDB Corporation Ab and others.

Type 'help;' or '\h' for help. Type '\c' to clear the current input statement.

MySQL [(none)]>
MySQL [(none)]> create user "__OCEANBASE_INNER_DRC_USER" identified by 123;
Query OK, 0 rows affected (0.109 sec)

MySQL [(none)]> grant create session to "__OCEANBASE_INNER_DRC_USER";
Query OK, 0 rows affected (0.040 sec)

MySQL [(none)]> grant select any dictionary to "__OCEANBASE_INNER_DRC_USER";
Query OK, 0 rows affected (0.042 sec)

MySQL [(none)]> grant select any table to "__OCEANBASE_INNER_DRC_USER";
Query OK, 0 rows affected (0.032 sec)
```

图 7-3-99　创建__OCEANBASE_INNER_DRC_USER 用户

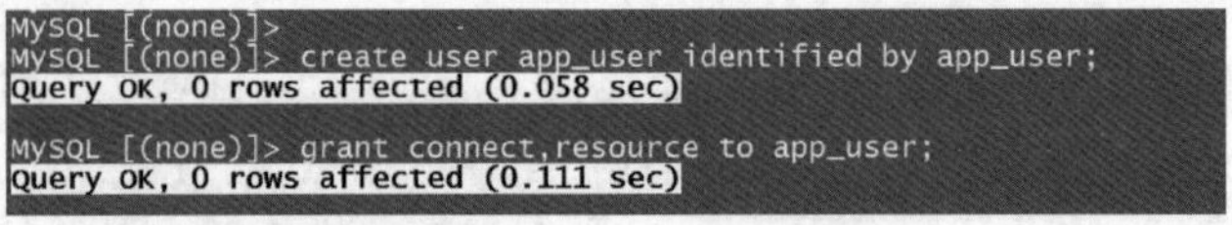

```
MySQL [(none)]>
MySQL [(none)]> create user app_user identified by app_user;
Query OK, 0 rows affected (0.058 sec)

MySQL [(none)]> grant connect,resource to app_user;
Query OK, 0 rows affected (0.111 sec)
```

图 7-3-100　创建 APP_USER 用户

④ 创建 Oracle 租户下迁移用户，如图 7-3-101 所示。

```
obclient -h192.168.2.57 -P2883 -usys@test#Test_Cluster_001:1678634951 -p
create user app_qy identified by app_qy;
GRANT dba to app_qy;
```

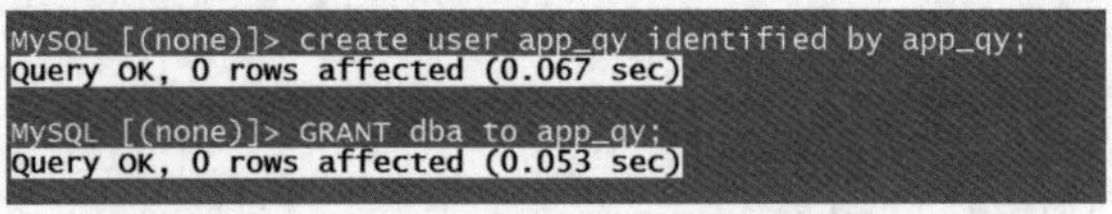

```
MySQL [(none)]> create user app_qy identified by app_qy;
Query OK, 0 rows affected (0.067 sec)

MySQL [(none)]> GRANT dba to app_qy;
Query OK, 0 rows affected (0.053 sec)
```

图 7-3-101　创建迁移租户

(4) 修改 max_allowed_packet 参数，如图 7-3-102 所示。

```
obclient -h192.168.2.57 -P2883 -usys@test#Test_Cluster_001:1678634951 -p
set global max_allowed_packet= 67108864;
```

```
-bash-4.2$ obclient -h192.168.2.57 -P2883 -usys@test#Test_Cluster_001:1678634951 -p
Enter password:
Welcome to the OceanBase.  Commands end with ; or \g.
Your MySQL connection id is 161738
Server version: 5.6.25 OceanBase 3.2.3.2 (r105000062022090916-4dc1f420f94fe716a60cce42b110437c4aad731e) (Built Sep  9 2022 16:34:13)

Copyright (c) 2000, 2018, Oracle, MariaDB Corporation Ab and others.

Type 'help;' or '\h' for help. Type '\c' to clear the current input statement.

MySQL [(none)]> set global max_allowed_packet= 67108864;
Query OK, 0 rows affected (0.008 sec)
```

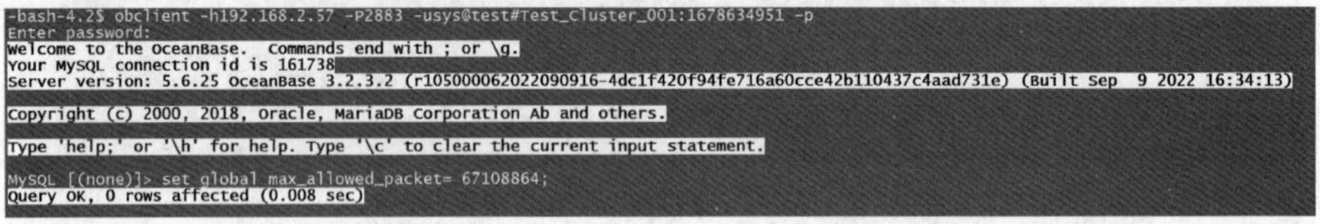

图 7-3-102　修改 max_allowed_packet 参数

9) 创建数据源

(1) 创建 Oracle 数据源。

单击“数据源管理”→“添加数据源”按钮。添加 Oracle 数据源，如图 7-3-103 所示。

填写相关信息，单击“测试连接”按钮，注意数据库用户名需拥有 DBA 权限，此处需填写在 Oracle 数据库创建的迁移用户。测试数据源连接，如图 7-3-104 所示。

至此，Oracle 数据源创建完成。

(2) 创建 OceanBase Oracle 租户数据源。

单击“数据源管理”→“添加数据源”按钮。添加 OceanBase 数据源，如图 7-3-105 所示。

填写 OceanBase 数据源有两种方式：一种是直接填入连接串，一种是分别填写相关信息，

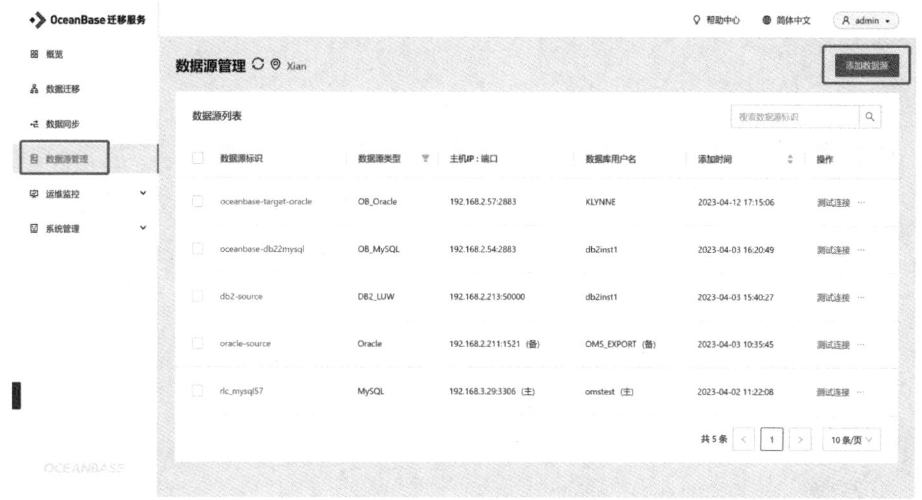

图 7-3-103　添加 Oracle 数据源

×　编辑数据源

数据源标识

oracle19c

地域

Xian

数据库属性

主库　主库 + 备库　备库

主库

主机 IP　192.168.2.42

端口　1521

数据库用户名　APP_QY

数据库密码　请输入

Service Name　oratest

Schema Name（可选）　APP_USER

备注（可选）

取消　测试连接　保存

图 7-3-104　测试数据源连接

此处填入连接串。

本次添加数据源开启高级选项，如图 7-3-106 所示。

“高级选项”第一个用户名，填写在 OB sys 租户创建的用户。数据源高级选项连接测试如图 7-3-107 所示。

测试连接成功，单击“添加”按钮。数据源高级选项连接测试成功，如图 7-3-108 所示；数据源列表如图 7-3-109 所示。

X 添加数据源

数据源类型

OceanBase | MySQL | Oracle | TiDB | Kafka | RocketMQ | DataHub | DB2_LUW

物理数据源 逻辑数据源

数据源标识

OB_Oracle

地域

Xian

租户类型

Oracle MySQL

所属 OCP（可选）

default_ocp

连接方式

手动输入 命令行连接串

命令行连接串

obclient -h192.168.2.57 -P2883 -usys@test#Test_Cluster_001:1678634951 -p

主机 IP

192.168.2.57

端口

2883

图 7-3-105 添加 OceanBase 数据源

租户名

test

集群名

Test_Cluster_001

数据库用户名

sys

数据库密码

••••••

Schema Name（可选）

APP_USER

备注（可选）

请输入

0 / 2048

高级选项

收起

若需进行结构迁移、同步，增量同步（作为源端）或反向增量（作为目标端），请填写如下全部信息

用户名（可选）

请输入

密码（可选）

请输入

本用户主要用于获取数据库内无主键表的内部唯一键:_pk_increment（如果本数据源作为目标端，则非必填），请注意：本用户需要在本数据源所在的租户下创建

图 7-3-106 数据源高级选项

高级选项　收起^

用于读取 OceanBase clog 日志文件和数据库对象结构，注意：本用户必须创建于业务集群 sys租户下。

增量同步（作为源端）或反向增量（作为目标端），请填写如下全部信息

用户名 (可选)　oms_drc

密码 (可选)　•••••••

本用户主要用于获取数据库内无主键表的内部唯一键:_pk_increment（如果本数据源作为目标端，则非必填），请注意：本用户需要在本数据源所在的租户下创建

_OCEANBASE_INNER_DRC_USER 密码 (可选)　•••

取消　测试连接　添加

图 7-3-107　数据源高级选项连接测试

OB_Oracle测试连接成功

数据库版本：OB_ORACLE 3.2.3.2

字符编码：ZHS16GBK

NLS_LENGTH_SEMANTIC：BYTE

DBTIMEZONE：+00:00

取消　测试连接　添加

图 7-3-108　数据源高级选项连接测试成功

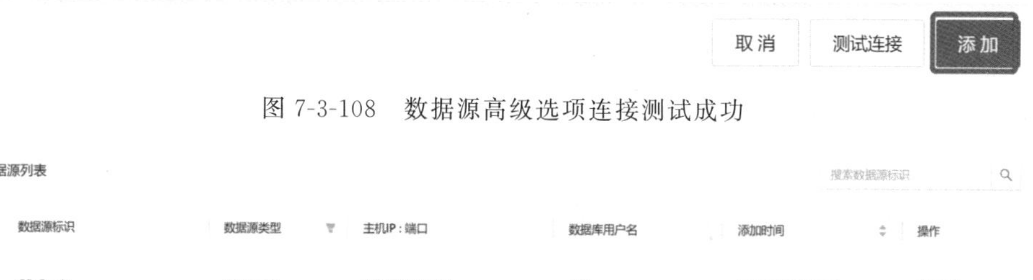

数据源列表

数据源标识	数据源类型	主机IP：端口	数据库用户名	添加时间	操作
OB_Oracle	OB_Oracle	192.168.2.57:2883	SYS	2023-04-16 18:56:40	测试连接 ···
oracle19c	Oracle	192.168.2.42:1521 (主)	APP_QY (主)	2023-04-16 18:42:08	测试连接 ···

图 7-3-109　数据源列表

10）结构迁移

OMS 结构迁移功能包括表、索引、视图、约束和注释，用 DBCAT 或者脚本方式迁移其他数据库对象，包括同义词、触发器、存储过程、函数。（序列需要在上线当晚导出，保持 current_value 同源库一致。）

结构迁移会自动过滤临时表。

考虑到数据迁移过程中不同对象创建的先后顺序，存在对迁移性能和数据正确性的影响。通常的顺序为：

(1) 表、索引、视图、除外键其他约束迁移；

(2) 数据迁移；

(3) 停机；

(4) 源端重新导出序列；

(5) 启用外键、导入触发器、同义词、存储过程、函数及序列。

注意：创建完触发器、存储过程、函数、约束、同义词、视图、临时表等，进行结构比对校验，序列必须在业务停机窗口内导出，保证序列值起点同原有生产的连续性和唯一性。全量/增量迁移期间，关闭外键和触发器，避免数据的重复写入；数据迁移校验完成之后，启用外键和触发器。

11) 使用 DBCAT 导出源端 Oracle 的对象定义脚本

DBCAT 有两种运行方式，其导出的结果形式为 SQL 文本。

(1) 在线转换。DBCAT 直连客户的数据库，将数据库中的定义转换/导出。

(2) 离线转换。客户的网络环境限制较多，无法直接提供访问，可以基于客户数据库数据字典元信息进行转换。

注意：

(1) 事后需要仔细查看一下转换报告，查看哪些表出现转换失败，避免漏掉失败的对象；查看哪些语义已被转换，是否符合预期及是否合理。

(2) 如果目标数据库用户跟源用户不一致，需要手动将导出文件中的宿主进行更新。

本次使用 DBCAT 在线转换的运行方式。

(1) 解压 DBCAT 工具包。

```
tar -zxvf dbcat-1.7.1-SNAPSHOT.tar.gz
```

(2) 查看 Java 环境，确保配置好 Java 环境，Java 版本必须为 1.8 及以上，如图 7-3-110 所示。

```
[oracle@rlcora bin]$ java -version
openjdk version "1.8.0_181"
OpenJDK Runtime Environment (build 1.8.0_181-b13)
OpenJDK 64-Bit Server VM (build 25.181-b13, mixed mode)
[oracle@rlcora bin]$
```

图 7-3-110 Java 版本

(3) 导出 app_user 用户下的所有对象。

注意：如果源库存在触发器，--to 参数必须是 OBOracle 32x 及以上，否则触发器无法成功转换。

使用 DBCAT 转换对象 DDL，如图 7-3-111 所示。

```
export JAVA_HOME=/usr/lib/jvm/java-1.8.0-openjdk-1.8.0.181-7.b13.el7.x86_64/jre
cd /u01/dbcat-1.7.1-SNAPSHOT/bin
./dbcat convert -H 192.168.2.42 -P 1521 -u app_user -p app_user --service-name oratest -D app_user --from oracle19c --to oboracle32x --all
```

图 7-3-112 和图 7-3-113 是生成的 HTML 报告，通过报告可知对象转换成功。

```
[oracle@rlcora ~]$ cd /u01/dbcat-1.7.1-SNAPSHOT/bin
[oracle@rlcora bin]$ ./dbcat convert -H 192.168.2.42 -P 1521 -u app_user -p app_user --service-name oratest -D app_user --from oracle19c --to oboracle32x --all
Parsed args:
[--all] true
[--host] 192.168.2.42
[--port] 1521
[--user] app_user
[--password] ******
[--database] app_user
[--service-name] oratest
[--from] oracle19c
[--to] oboracle32x

2023-04-16 19:37:54 INFO  Init convert config finished.
2023-04-16 19:37:55 INFO  {dataSource-1} inited
2023-04-16 19:37:55 INFO  Init source druid connection pool finished.
2023-04-16 19:37:55 INFO  Register c.o.o.d.m.c.o.OracleOboracle22xColumnConverter
2023-04-16 19:37:58 INFO  Load meta/oracle/oracle10g.xml, meta/oracle/oracle11g.xml, meta/oracle/oracle12c1.xml, meta/oracle/oracle12c2.xml, meta/oracle/oracle18c.xml, meta/oracle
/oracle19c.xml successed
2023-04-16 19:38:04 INFO  Query 3 dependencies elapsed 2.481 s
2023-04-16 19:38:17 INFO  Query table: "BMSQL_HISTORY" attr finished. Remain: 9
2023-04-16 19:38:17 INFO  Query table: "BMSQL_CUSTOMER" attr finished. Remain: 7
2023-04-16 19:38:17 INFO  Query table: "BMSQL_DISTRICT" attr finished. Remain: 6
2023-04-16 19:38:17 INFO  Query table: "BMSQL_CONFIG" attr finished. Remain: 8
2023-04-16 19:38:17 INFO  Query table: "BMSQL_OORDER" attr finished. Remain: 5
2023-04-16 19:38:17 INFO  Query table: "BMSQL_NEW_ORDER" attr finished. Remain: 4
2023-04-16 19:38:17 INFO  Query table: "BMSQL_ITEM" attr finished. Remain: 3
2023-04-16 19:38:17 INFO  Query table: "BMSQL_ORDER_LINE" attr finished. Remain: 2
2023-04-16 19:38:17 INFO  Query table: "BMSQL_WAREHOUSE" attr finished. Remain: 1
2023-04-16 19:38:17 INFO  Query table: "BMSQL_STOCK" attr finished. Remain: 0
2023-04-16 19:38:17 INFO  Query 10 tables elapsed 13.13 s
2023-04-16 19:38:17 WARN  No views were found in the schema [ APP_USER ]
2023-04-16 19:38:17 INFO  Query 0 views elapsed 601.3 ms
2023-04-16 19:38:18 INFO  Query 1 sequences elapsed 845.5 ms
2023-04-16 19:38:20 INFO  Query 0 synonyms elapsed 1.685 s
2023-04-16 19:38:20 INFO  Query 1 triggers elapsed 355.3 ms
2023-04-16 19:38:20 INFO  Query 1 functions elapsed 17.68 ms
2023-04-16 19:38:20 INFO  Query 0 procedures elapsed 15.54 ms
2023-04-16 19:38:20 INFO  Query 0 types elapsed 14.04 ms
2023-04-16 19:38:20 INFO  Query 0 type bodies elapsed 15.57 ms
2023-04-16 19:38:20 INFO  Query 1 packages elapsed 15.83 ms
2023-04-16 19:38:20 INFO  Query 1 package bodies elapsed 16.23 ms
2023-04-16 19:38:20 WARN  Include types is empty. Ignore schema: APP_USER
2023-04-16 19:38:20 WARN  c.o.o.d.m.o.Oracle11gDatabase does't implement acquireTableGroupMapping()
2023-04-16 19:38:21 WARN  c.o.o.d.m.o.Oracle11gDatabase does't implement acquireAliasMapping()
2023-04-16 19:38:21 INFO  Starting to convert schema to path: "/u01/dbcat-1.7.1-SNAPSHOT/output/dbcat-2023-04-16-193821/APP_USER"
2023-04-16 19:38:21 INFO  Successed to generate report in the path: "/u01/dbcat-1.7.1-SNAPSHOT/output/dbcat-2023-04-16-193821/APP_USER-conversion.html"
2023-04-16 19:38:21 INFO  {dataSource-1} closing ...
2023-04-16 19:38:21 INFO  {dataSource-1} closed
[oracle@rlcora bin]$
```

图 7-3-111 使用 DBCAT 转换对象 DDL

对象转换报告

摘要信息

总共：17　单击查看：对象统计　需要转换：0　单击查看：转换信息　转换失败：0　单击查看：错误警告

对象统计

No.#	对象类型	对象数量
1	TABLE	10
2	PACKAGE	1
3	TRIGGER	1
4	SEQUENCE	1
5	INDEX	2
6	PACKAGE BODY	1
7	FUNCTION	1

图 7-3-112 DBCAT 转换报告 1

依赖关系

No.#	依赖集合
1	[APP_USER.PL_RUN_PACKAGE]
2	[APP_USER.BMSQL_HIST_ID_SEQ, APP_USER.BMSQL_HISTORY, APP_USER.BMSQL_HISTORY_BEFORE_INSERT]

错误警告

No.#	对象名	状态	说明
没有错误警告!			

转换信息

No.#	对象名	转换类型	转换说明	附加说明
没有转换信息!				

图 7-3-113 DBCAT 转换报告 2

(4) 图 7-3-114 为转换成功后创建的对象脚本。由于表和视图 OMS 在迁移时一同创建，因此只需要创建除表和视图的其他对象即可。

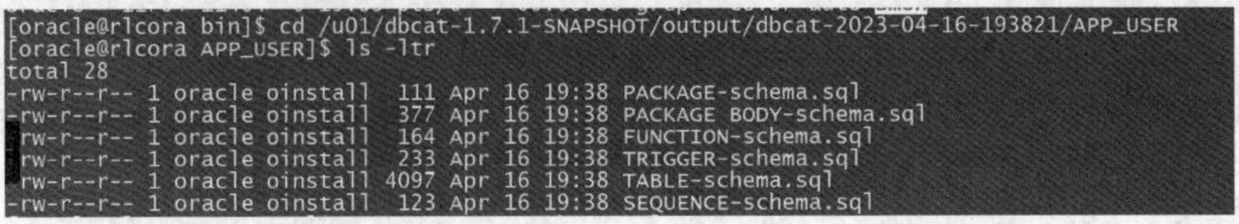

```
[oracle@rlcora bin]$ cd /u01/dbcat-1.7.1-SNAPSHOT/output/dbcat-2023-04-16-193821/APP_USER
[oracle@rlcora APP_USER]$ ls -ltr
total 28
-rw-r--r-- 1 oracle oinstall  111 Apr 16 19:38 PACKAGE-schema.sql
-rw-r--r-- 1 oracle oinstall  377 Apr 16 19:38 PACKAGE BODY-schema.sql
-rw-r--r-- 1 oracle oinstall  164 Apr 16 19:38 FUNCTION-schema.sql
-rw-r--r-- 1 oracle oinstall  233 Apr 16 19:38 TRIGGER-schema.sql
-rw-r--r-- 1 oracle oinstall 4097 Apr 16 19:38 TABLE-schema.sql
-rw-r--r-- 1 oracle oinstall  123 Apr 16 19:38 SEQUENCE-schema.sql
```

图 7-3-114　DBCAT 转换成功后创建的对象脚本

12) 创建迁移链路

登录 OMS 主页，单击“数据迁移”按钮，按照以下要求创建迁移链路：

(1) 迁移链路将对象和数据从 Oracle 迁移至 OB Oracle。

(2) 迁移类型要求包括结构迁移、全量迁移、增量迁移、全量校验以及反向增量，不包括 DDL 变更同步。

迁移项目名称建议使用中文、数字和字母的组合。名称中不能包含空格，长度不得超过 64 个字符。新建迁移项目如图 7-3-115 所示。

数据迁移 / 新建迁移项目

← 新建迁移项目

1 选择源和目标　2 选择迁移类型　3 选择迁移对象　4 迁移选项

迁移项目名称

ora19c_to_obora

标签 (可选)

请选择

源端

oracle19c

目标端

OB_Oracle

下一步

图 7-3-115　新建迁移项目

单击“下一步”按钮，进入“选择迁移类型”界面。迁移类型要求包括“结构迁移”“全量迁移”“增量同步”“全量校验”以及“反向增量”，不包括 DDL 变更同步。

如果选择“全量迁移”，建议在迁移数据前，使用 GATHER_SCHEMA_STATS 或 GATHER_TABLE_STATS 语句收集 Oracle 数据库的统计信息。

选择迁移类型如图 7-3-116 所示。

增量同步的限制如下：

Oracle 数据库 12C 及以上版本在新增或变更列时，表名和列名不得超过 30 字节。如果需要支持超过 30 字节的表名和列名，则需要使用 sys 用户开启，并检查 Oracle 数据库的 ENABLE_GOLDENGATE_REPLICATION 参数。同时，设置 Oracle Store 的参数 deliver2store.logminer.need_check_object_length=false。

图 7-3-116　选择迁移类型

- 如果选择了“结构变更 DDL”复选框，当源端数据库发生 OMS 未支持的同步 DDL 操作时，会存在数据迁移中断的风险。
- 如果 DDL 操作为新增列，建议设置该列的属性为 Null，否则会存在数据迁移中断的风险。
- 源端 Oracle 数据库暂不支持使用 empty_clob()函数的表进行增量同步。
- 如果选择了“反向增量”，且目标端 OceanBase 数据库 Oracle 租户数据源未配置 Configurl、用户名和密码，则会弹出“数据源补充信息”对话框，提醒要配置相应参数。补充完成后，单击“测试连通性”按钮。测试连接成功后，单击“保存”按钮。

单击“下一步”按钮，进入“选择迁移对象”界面。选择迁移对象如图 7-3-117 所示。

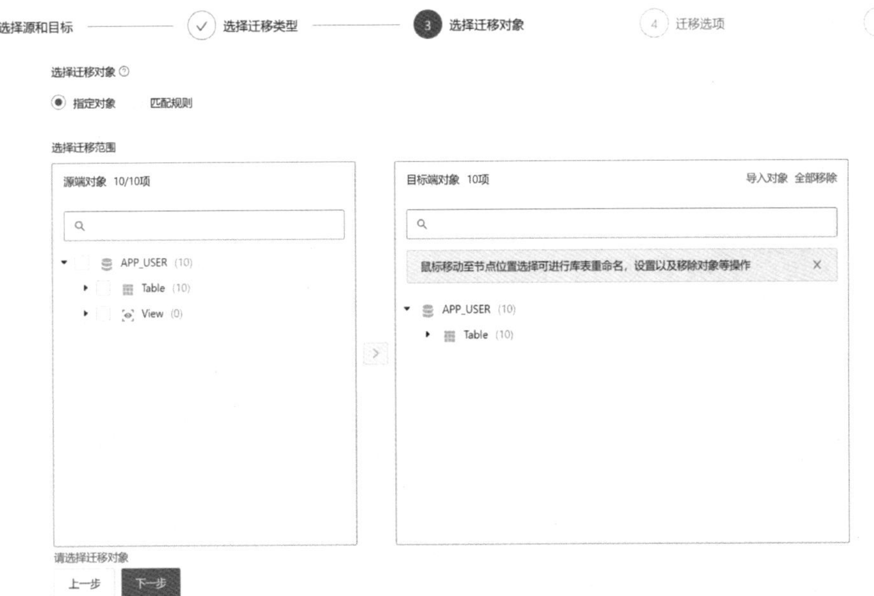

图 7-3-117　选择迁移对象

可以通过“指定对象”和“匹配规则”两个入口选择迁移对象。如果在选择迁移类型时选择了“同步 DDL”复选框，则仅支持使用“匹配规则”的方式指定迁移对象。

注意：待迁移的表名和其中的列名不能包含中文字符。当数据库的库名或表名存在“$$”字符时，会影响数据迁移项目的创建。

单击“下一步”按钮，进入“迁移选项”界面，如图 7-3-118 所示。

图 7-3-118 迁移选项

单击“预检查”按钮，如图 7-3-119 和图 7-3-120 所示，系统会对数据迁移项目进行预检查。在“预检查”环节，OMS 会检查数据库用户的读写权限、数据库的网络连接等是否符合要求。全部检查项目均通过后才能启动数据迁移项目。如果预检查报错，可以排查并处理问题后，重新执行预检查，直至预检查成功，如图 7-3-121 所示。也可以单击错误预检查项操作列中的“跳过”按钮，会弹出对话框提示跳过本操作的具体影响，确认可以跳过后，单击对话框中的“确定”按钮。

选择源和目标 — 选择迁移类型 — 选择迁移对象 — 迁移选项 — 5 预检查

预检查成功

预检查项目	项目状态	检查结果
源端-主库-数据库连通性检查	成功	-
源端-主库-表名唯一性检查	成功	-
源端-主库-增量日志检查	成功	-
源端-主库-数据库时钟同步性检查	成功	-
源端-主库-数据库存在性检查	成功	-
源端-主库-数据库版本检查	成功	-
源端-主库-列级别补偿日志开启检查	警告	列级别补偿日志开启检查不通过，列 APP_USER.BMSQL_ITEM.I_ID,APP_USER.BMSQL_NEW_ORDER.NO_O_ID,APP_U...
源端-主库-表存在性预检查	成功	-
源端-主库-表迁移字段数最大限制数量检查	成功	-
源端-主库-对象间依赖完整性检查	成功	-

图 7-3-119 预检查 1

源端-主库-对象间依赖完整性检查	成功	-
源端-主库-数据库数据类型检查	成功	-
源端-主库-函数式唯一索引表检查	成功	-
源端-主库-账号增量读权限检查	成功	-
源端-主库-Oracle 的外键约束支持性检查	成功	-
源端-主库-数据库编码检查	成功	-
源端-主库-数据库 ROW_MOVEMENT 检查	成功	-
源端-主库-账号全量读权限检查	成功	-
目的端-数据库连通性检查	成功	-
目的端-最大允许包大小检查	成功	-
目的端-账号读 oceanbase.gv$memstore 权限检查	成功	-
目的端-数据库时钟同步性检查	成功	-
目的端-数据库存在性检查	成功	-

图 7-3-120　预检查 2

目的端-账号读 oceanbase.gv$memstore 权限检查	成功	-
目的端-数据库时钟同步性检查	成功	-
目的端-数据库存在性检查	成功	-
目的端-OceanBase 系统视图 gv$sysstat 的读权限预检查	成功	-
目的端-账号写权限检查	成功	-
目的端-账号全量读权限检查	成功	-

预检查完成。预检查存在警告的子项目，创建的项目可能存在迁移失败的风险

上一步　保存　启动项目

图 7-3-121　预检查成功

注意：如果已经开启了数据库级别补偿日志，预检查中的补偿日志告警可忽略。

单击“启动项目”按钮，检查迁移链路各阶段状态，确认结构迁移、全量迁移均状态正常。全量校验如图 7-3-122 所示。

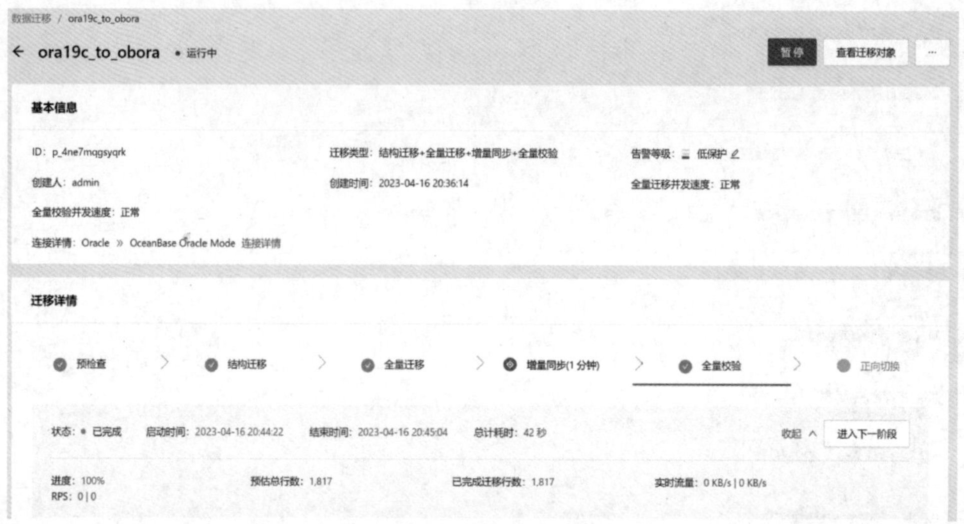

图 7-3-122　全量校验

13）数据库正向切换

（1）模拟源端停止业务写入，切换源端归档，确认增量同步追齐。

```
sqlplus / as sysdba
alter system switch logfile;
alter system switch logfile;
alter system switch logfile;
```

（2）单击“全量迁移”按钮，重启全量校验，确保无新数据写入后，源端目标端数据完整。全量迁移如图 7-3-123 所示。

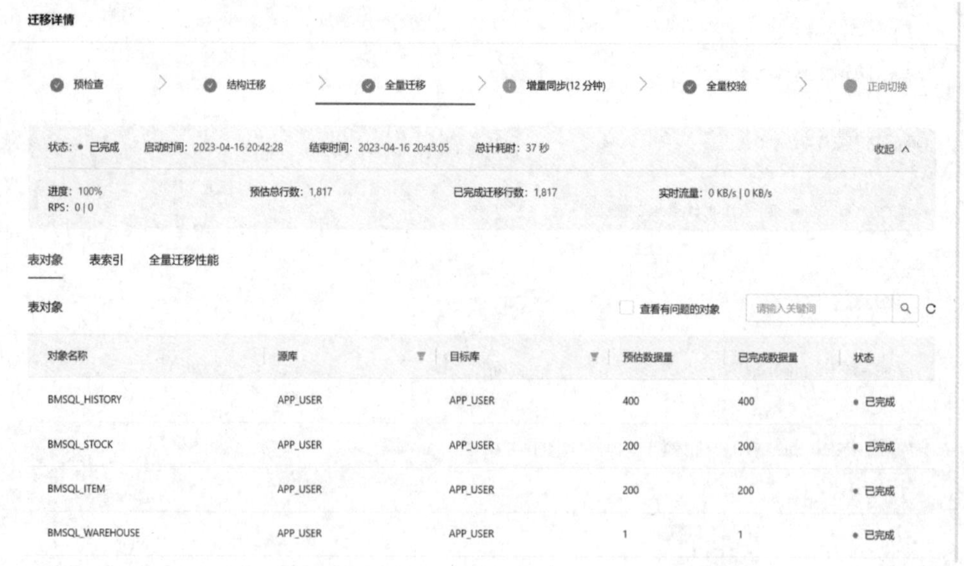

图 7-3-123　全量迁移

（3）通过 DBCAT 重新导出 Sequence 对象，如图 7-3-124 所示。

（4）将最新的 Sequence 同其他对象导入 OBOracle 租户。DBCAT 导出的对象导入 OBOracle 租户，如图 7-3-125 所示。

```
[oracle@rlcora ~]$ export JAVA_HOME=/usr/lib/jvm/java-1.8.0-openjdk-1.8.0.181-7.b13.el7.x86_64/jre
[oracle@rlcora ~]$ cd /u01/dbcat-1.7.1-SNAPSHOT/bin
[oracle@rlcora bin]$ ./dbcat convert -H 192.168.2.42 -P 1521 -u app_user -p app_user --service-name oratest -D app_user --from oracle19c --to oboracle32x --s
equence=BMSQL_HIST_ID_SEQ
Parsed args:
[--sequence] [BMSQL_HIST_ID_SEQ]
[--host] 192.168.2.42
[--port] 1521
[--user] app_user
[--password] ******
[--database] app_user
[--service-name] oratest
[--from] oracle19c
[--to] oboracle32x

2023-04-16 20:59:24 INFO  Init convert config finished.
2023-04-16 20:59:24 INFO  {dataSource-1} inited
2023-04-16 20:59:24 INFO  Init source druid connection pool finished.
2023-04-16 20:59:25 INFO  Register c.o.o.d.m.c.o.OracleOboracle22xColumnConverter
2023-04-16 20:59:28 INFO  Load meta/oracle/oracle10g.xml, meta/oracle/oracle11g.xml, meta/oracle/oracle12c1.xml, meta/oracle/oracle12c2.xml, meta/oracle/orac
le18c.xml, meta/oracle/oracle19c.xml successed
2023-04-16 20:59:31 INFO  Query 3 dependencies elapsed 575.8 ms
2023-04-16 20:59:33 INFO  Query 1 sequences elapsed 1.591 s
2023-04-16 20:59:33 WARN  Include types is empty. Ignore schema: APP_USER
2023-04-16 20:59:33 WARN  c.o.o.d.m.o.Oracle11gDatabase does't implement acquireTableGroupMapping()
2023-04-16 20:59:33 WARN  c.o.o.d.m.o.Oracle11gDatabase does't implement acquireAliasMapping()
2023-04-16 20:59:33 INFO  Starting to convert schema to path: "/u01/dbcat-1.7.1-SNAPSHOT/output/dbcat-2023-04-16-205933/APP_USER"
2023-04-16 20:59:33 INFO  Successed to generate report in the path: "/u01/dbcat-1.7.1-SNAPSHOT/output/dbcat-2023-04-16-205933/APP_USER-conversion.html"
2023-04-16 20:59:33 INFO  {dataSource-1} closing ...
2023-04-16 20:59:33 INFO  {dataSource-1} closed
[oracle@rlcora bin]$
```

图 7-3-124　重新导出 Sequence 对象

```
cd /tmp/test
obclient -h192.168.2.57 -P2883 -uapp_user@test#Test_Cluster_001:1678634951 -p
source SEQUENCE-schema.sql
source FUNCTION-schema.sql
source PACKAGE BODY-schema.sql
source PACKAGE-schema.sql
source TRIGGER-schema.sql
```

```
-bash-4.2$ cd /tmp/test
-bash-4.2$ obclient -h192.168.2.57 -P2883 -uapp_user@test#Test_Cluster_001:1678634951 -p
Enter password:
Welcome to the OceanBase.  Commands end with ; or \g.
Your MySQL connection id is 172817
Server version: 5.6.25 OceanBase 3.2.3.2 (r105000062022090916-4dc1f420f94fe716a60cce42b110437c4a

Copyright (c) 2000, 2018, Oracle, MariaDB Corporation Ab and others.

Type 'help;' or '\h' for help. Type '\c' to clear the current input statement.

MySQL [(none)]> source SEQUENCE-schema.sql
Query OK, 0 rows affected (0.084 sec)

MySQL [(none)]> source FUNCTION-schema.sql
Query OK, 0 rows affected (0.113 sec)

MySQL [(none)]> source PACKAGE BODY-schema.sql
Query OK, 0 rows affected, 1 warning (0.073 sec)

MySQL [(none)]> source PACKAGE-schema.sql
Query OK, 0 rows affected (0.049 sec)

MySQL [(none)]> source TRIGGER-schema.sql
Query OK, 0 rows affected (0.266 sec)
```

图 7-3-125　将 DBCAT 导出的对象导入 OBOracle 租户

（5）模拟在 Oracle 端写入数据，验证 OBOracle 租户侧数据同步更新。源端 Oracle 数据库插入新数据，如图 7-3-126 所示；目标端 OceanBase 查看新数据，如图 7-3-127 所示。

```
SQL> select * from BMSQL_CONFIG;

CFG_NAME                              CFG_VALUE
------------------------------------- ------------------------------------
testdata                              233
nURandCC_ID                           113
nURandCI_ID                           3987
nURandCLast                           112
warehouses                            1

SQL> insert into BMSQL_CONFIG values('testdata1',2331);

1 row created.

SQL> commit;

Commit complete.
```

图 7-3-126　源端 Oracle 数据库插入新数据

源端插入数据：

```
sqlplus app_user/app_user
select * from BMSQL_CONFIG;
insert into BMSQL_CONFIG values('testdata1',2331);
commi;
```

```
-bash-4.2$ obclient -h192.168.2.57 -P2883 -uapp_user@test#Test_Cluster_001:1678634951 -p
Enter password:
Welcome to the OceanBase.  Commands end with ; or \g.
Your MySQL connection id is 179024
Server version: 5.6.25 OceanBase 3.2.3.2 (r105000062022090916-4dc1f420f94fe716a60cce42b110437c4aad731e)
4:13)

Copyright (c) 2000, 2018, Oracle, MariaDB Corporation Ab and others.

Type 'help;' or '\h' for help. Type '\c' to clear the current input statement.

MySQL [(none)]>
MySQL [(none)]> select * from BMSQL_CONFIG;
+-------------+-----------+
| CFG_NAME    | CFG_VALUE |
+-------------+-----------+
| nURandCC_ID | 113       |
| nURandCI_ID | 3987      |
| nURandCLast | 112       |
| testdata    | 233       |
| testdata1   | 2331      |
| warehouses  | 1         |
+-------------+-----------+
6 rows in set (0.028 sec)
```

图 7-3-127 目标端 OceanBase 查看新数据

```
obclient -h192.168.2.57 -P2883 -uapp_user@test#Test_Cluster_001:1678634951 -p
select * from BMSQL_CONFIG;
```

(6) 禁用源端 Oracle 业务用户下外键和触发器，如图 7-3-128 所示。

```
sqlplus app_user/app_user

select trigger_name, status from user_triggers;
alter trigger BMSQL_HISTORY_BEFORE_INSERT disable;

select table_name, constraint_name, constraint_type, status from user_constraints where constraint_type
='R';
alter table <table_name> disable constraint <foreign key name>;
```

```
[oracle@rlcora APP_USER]$ sqlplus app_user/app_user

SQL*Plus: Release 19.0.0.0.0 - Production on Sun Apr 16 21:07:08 2023
Version 19.3.0.0.0

Copyright (c) 1982, 2019, Oracle.  All rights reserved.

Last Successful login time: Sun Apr 16 2023 20:59:29 +08:00

Connected to:
Oracle Database 19c Enterprise Edition Release 19.0.0.0.0 - Production
Version 19.3.0.0.0

SQL> select trigger_name,status from user_triggers;

TRIGGER_NAME
--------------------------------------------------------------------------------
STATUS
--------
BMSQL_HISTORY_BEFORE_INSERT
ENABLED


SQL> alter trigger BMSQL_HISTORY_BEFORE_INSERT disable;

Trigger altered.

SQL> select table_name,constraint_name,constraint_type,status from user_constraints where constraint_type='R';

no rows selected
```

图 7-3-128 禁用 Oracle 源端外键和触发器

(7) 进入“全量校验”页面，单击“进入下一阶段”按钮，如图 7-3-129 所示，开始正向切换，逐项检查切换条件后，启动反向增量。执行数据库对象处理，如图 7-3-130 所示；完成数据迁移，如图 7-3-131 所示。

注意：第(7)步需要自行确认没问题后，单击相关按钮确认即可。

14) 模拟在 OBOracle 端业务数据写入，验证 Oracle 侧数据同步更新

OceanBase 端插入数据，如图 7-3-132 所示；Oracle 端查看数据，如图 7-3-133 所示。

迁移详情

预检查 > 结构迁移 > 全量迁移 > 增量同步(38 秒) > 全量校验 > 正向切换 > 反向增量

状态：● 已完成　启动时间：2023-04-16 22:51:06　结束时间：2023-04-16 22:51:29　总计耗时：23 秒　收起 ^　进入下一阶段

进度：100%　预估总行数：1,818　已完成迁移行数：1,818　实时流量：0 KB/s | 0 KB/s

RPS：0 | 0

校验对象　全量校验性能

校验进度

图 7-3-129　进入下一阶段

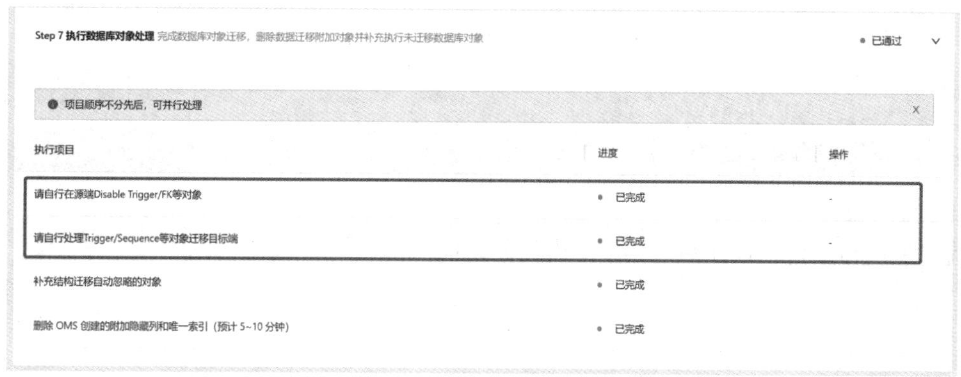

Step 7 执行数据库对象处理 完成数据库对象迁移，删除数据迁移附加对象并补充执行未迁移数据库对象
● 已通过
项目顺序不分先后，可并行处理
执行项目
进度
操作
请自行在源端Disable Trigger/FK等对象
● 已完成
请自行处理Trigger/Sequence等对象迁移目标端
● 已完成
补充结构迁移自动忽略的对象
● 已完成
删除 OMS 创建的附加隐藏列和唯一索引（预计 5~10 分钟）
● 已完成

图 7-3-130　执行数据库对象处理

Step 1 启动正向切换 此步骤不会停止链路，仅确认即将开始执行切换流程　● 已通过 >

Step 2 切换预检查 检查当前项目状态是否具备切换条件　● 已通过 >

Step 3 启动目标端store 启动目标端增量拉取，创建并启动目标端Store　● 已通过 >

Step 4 确认源端停写 确认源端无增量数据产生　● 已通过 >

Step 5 确认同步追平停写位点 OMS自动检查源端与目标端处于一致位点　● 已通过 >

Step 6 停止正向同步 停止源端到目标端的JDBCWriter　● 已通过 >

Step 7 执行数据库对象处理 完成数据库对象迁移，删除数据迁移附加对象并补充执行未迁移数据库对象　● 已通过 >

Step 8 启动反向增量 启动目标端到源端的JDBCWriter　● 已通过 >

图 7-3-131　完成数据迁移

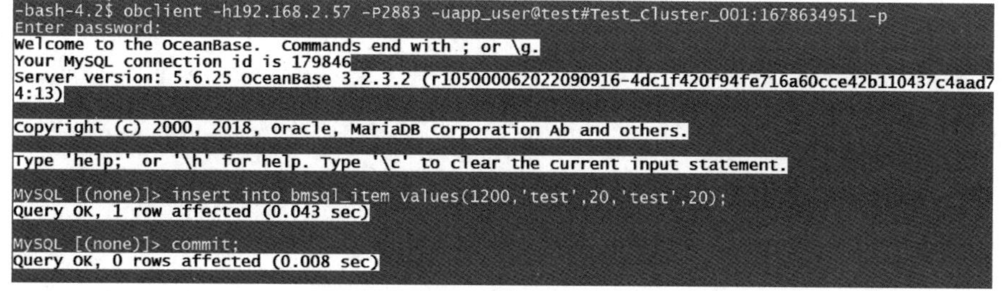

```
-bash-4.2$ obclient -h192.168.2.57 -P2883 -uapp_user@test#Test_Cluster_001:1678634951 -p
Enter password:
Welcome to the OceanBase.  Commands end with ; or \g.
Your MySQL connection id is 179846
Server version: 5.6.25 OceanBase 3.2.3.2 (r105000062022090916-4dc1f420f94fe716a60cce42b110437c4aad7
4:13)

Copyright (c) 2000, 2018, Oracle, MariaDB Corporation Ab and others.

Type 'help;' or '\h' for help. Type '\c' to clear the current input statement.

MySQL [(none)]> insert into bmsql_item values(1200,'test',20,'test',20);
Query OK, 1 row affected (0.043 sec)

MySQL [(none)]> commit;
Query OK, 0 rows affected (0.008 sec)
```

图 7-3-132　OceanBase 端插入数据

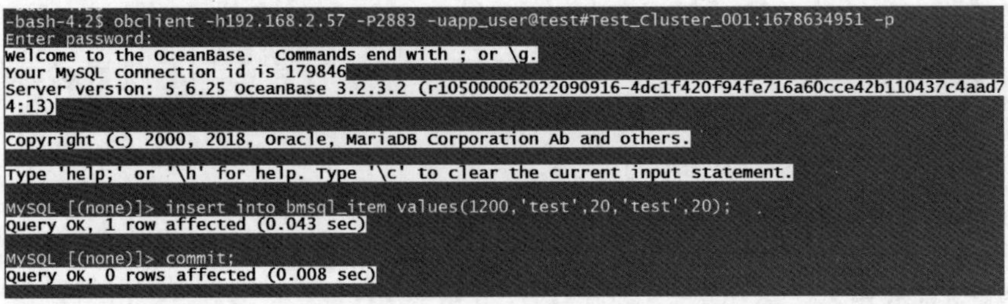

```
-bash-4.2$ obclient -h192.168.2.57 -P2883 -uapp_user@test#Test_Cluster_001:1678634951 -p
Enter password:
Welcome to the OceanBase.  Commands end with ; or \g.
Your MySQL connection id is 179846
Server version: 5.6.25 OceanBase 3.2.3.2 (r105000062022090916-4dc1f420f94fe716a60cce42b110437c4aad7
4:13)

Copyright (c) 2000, 2018, Oracle, MariaDB Corporation Ab and others.

Type 'help;' or '\h' for help. Type '\c' to clear the current input statement.

MySQL [(none)]> insert into bmsql_item values(1200,'test',20,'test',20);
Query OK, 1 row affected (0.043 sec)

MySQL [(none)]> commit;
Query OK, 0 rows affected (0.008 sec)
```

图 7-3-133　Oracle 端查看数据

```
# 登录 OceanBase 业务租户
obclient -h192.168.2.57 -P2883 -uapp_user@test#Test_Cluster_001:1678634951 -p
insert into bmsql_item values(1200,'test',20,'test',20);
commit;

# 登录 Oracle 业务用户
select * from bmsql_item where i_id=1200;
```

15）确定反向增量位点同步

确定反向增量位点同步后 OMS 迁移任务完成。

第8章

OceanBase集群管理与维护

通过对 OceanBase 分布式数据库了解后，本章将从运维管理者的角度，为大家介绍 OceanBase 分布式数据库的运维操作。

8.1 集群管理

在日常运维过程中，可以对集群进行重启、停止、删除及升级操作。

其前提条件为：

(1) 待管理的集群可以在当前 OCP 中进行管理。

(2) 如果该集群未加入 OCP 中进行管理，需要联系管理员将待操作的集群接管到当前 OCP 中，具体操作方法参见 OCP 对应版本的《用户指南》文档中的接管集群。

(3) 在执行集群管理操作前，需要确认当前登录用户具备 CLUSTER_MANAGER 角色权限。

(4) 如果当前用户没有该角色权限，则需要联系管理员添加，具体操作方法参见 OCP 对应版本的《用户指南》文档中的编辑用户。

图 8-1-1 为集群的架构图，本章所有的操作都以图 8-1-1 为标准。

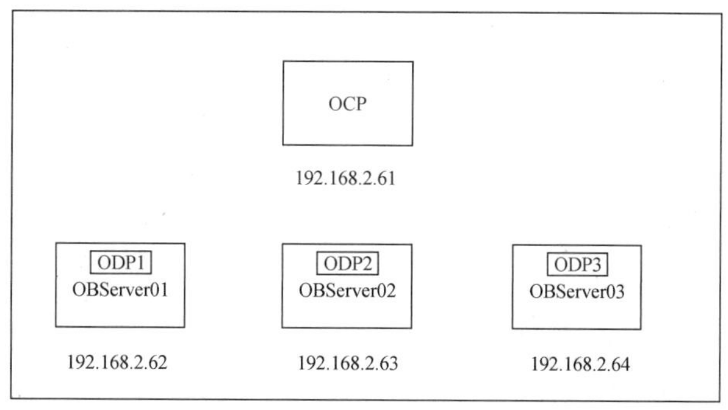

图 8-1-1 OceanBase 集群架构图

表 8-1-1 为本书实验示例的 OceanBase 软件版本。

表 8-1-1 实验示例的 OceanBase 软件版本

家族产品	版　本
OceanBase	3.2.3
OBProxy	3.2.7.1
OCP	3.3.3

8.1.1 查看集群信息

OceanBase分布式数据库有两种操作手段，分别为白屏(Web界面)和黑屏(命令行)，白屏操作相对较简单，本章只介绍黑屏相关操作。

OceanBase集群架构包括集群信息、可用区(ZONE)、节点等。下面介绍通过命令行查看集群视图。

(1) 使用root用户登录数据库的sys租户。

(2) 进入OceanBase数据库。

```
obclient> use oceanbase;
DataBase changed
```

(3) 通过视图查看集群相关信息。

① 通过视图v$ob_cluster查看集群id、集群名字和创建时间等信息。

```
obclient>SELECT * FROM v$ob_cluster\G
*********** 1. row ***********
           cluster_id: 14
                cluster_name: test3232
                     created: 2022-09-08 14:43:27.254167
                cluster_role: PRIMARY
           cluster_status: VALID
                 switchover#: 0
      switchover_status: NOT ALLOWED
           switchover_info: NONE SYNCED STANDBY CLUSTER
                current_scn: 1662620251109247
standby_became_primary_scn: 0
      primary_cluster_id: NULL
           protection_mode: MAXIMUM PERFORMANCE
           protection_level: MAXIMUM PERFORMANCE
   redo_transport_options: ASYNC NET_TIMEOUT = 30000000
1 row in set
```

② 通过视图__all_zone查看集群中所有的ZONE信息。

```
obclient>SELECT * FROM __all_zone WHERE name='idc';
+----------------+----------------+--------+--------+--------+-----+
| gmt_create       | gmt_modified                              | zone  | name | value | info |
+----------------+----------------+--------+--------+--------+-----+
| 2022-09-08 14:43:39.940623 | 2022-09-08 14:44:04.161923 | zone1 | idc |     0 | HZ0 |
| 2022-09-08 14:43:39.942688 | 2022-09-08 14:44:04.169328 | zone2 | idc |     0 | HZ0 |
| 2022-09-08 14:43:39.943735 | 2022-09-08 14:44:04.175624 | zone3 | idc |     0 | HZ0 |
+----------------+----------------+--------+--------+--------+-----+
3 rows in set
```

__all_zone表字段说明如表8-1-2所示。

表8-1-2 __all_zone表字段说明

字段名称	描述
gmt_create	创建时间
gmt_modified	更新时间
zone	ZONE名称

续表

字段名称	描　述
name	信息名称
value	信息值
info	信息值字符串表示

③ 通过查看__all_server 视图，可以了解集群中所有节点的 IP、对外提供的服务端口、内部通信端口、所属可用区、状态等信息。

```
obclient> SELECT id, svr_ip, svr_port, zone, inner_port, with_rootserver, status, start_service_time, last_offline_time
    FROM __all_server;
+----------------+----------------+--------+--------+--------+-----+
| id | svr_ip      | svr_port | zone | inner_port | with_rootserver | status | start_service_time | last_offline_time |
+----------------+----------------+--------+--------+--------+-----+
| 1 | 10.10.10.1 |     2882 | zone3 |      2881 |              1 | active | 1662619523361997 |       0 |
| 2 | 10.10.10.2 |     2882 | zone2 |      2881 |              0 | active | 1662619523371177 |       0 |
| 3 | 10.10.10.3 |     2882 | zone1 |      2881 |              0 | active | 1662619523366233 |       0 |
+----------------+----------------+--------+--------+--------+-----+
3 rows in set
```

__all_server 表字段说明如表 8-1-3 所示。

表 8-1-3　__all_server 表字段说明

字段名称	描　述
id	服务器 ID
svr_ip	IP 地址
svr_port	端口
zone	ZONE 名称
inner_port	SQL 执行端口
with_rootserver	是否为 RS 所在服务器
status	OBServer 状态，有以下取值。 active：Server 运行正常。 inactive：Server 异常。 deleting：Delete Server 进行中
start_service_time	开始服务的时间
last_offline_time	最近下线时间

④ 通过__all_virtual_server_stat 查看集群资源使用情况。

```
obclient> SELECT
    zone,
    concat(svr_ip, ':', svr_port) observer,
    cpu_capacity,
    cpu_total,
    cpu_assigned,
    cpu_assigned_percent,
    mem_capacity,
    mem_total,
    mem_assigned,
    mem_assigned_percent,
    unit_Num,
```

```
    round(`load`, 2) `load`,
    round(cpu_weight, 2) cpu_weight,
    round(memory_weight, 2) mem_weight,
    leader_count
    FROM __all_virtual_server_stat
    ORDER BY zone, svr_ip;
+----------------+----------------+--------+--------+--------+-----+
| zone | observer          | cpu_capacity | cpu_total | cpu_assigned | cpu_assigned_percent | mem_capacity | mem_total | mem_assigned | mem_assigned_percent | unit_Num | load | cpu_weight | mem_weight | leader_count |
+----------------+----------------+--------+--------+--------+-----+
| zone1 | 10.10.10.1:2882 |      62 |    62 |   5.5 |        8 | 53687091200 | 53687091200 | 25769803776 |          48 |   3 | 0.42 |   0.16 |   0.84 |    1585 |
| zone2 | 10.10.10.2:2882 |      62 |    62 |   5.5 |        8 | 53687091200 | 53687091200 | 25769803776 |          48 |   3 | 0.42 |   0.16 |   0.84 |       0 |
| zone3 | 10.10.10.3:2882 |      62 |    62 |   5.5 |        8 | 53687091200 | 53687091200 | 25769803776 |          48 |   3 | 0.42 |   0.16 |   0.84 |       0 |
+----------------+----------------+--------+--------+--------+-----+
3 rows in set
```

8.1.2 重启集群

集群的重启动作可以细分为每个 ZONE 重启，也可以是集群的所有 ZONE 一起重启。通常是在更改了某些参数后需要重启生效时执行的操作。应确保待重启的 OceanBase 集群为多副本集群，且副本数应大于或等于 3，这样 OceanBase 集群会轮转重启，重启过程中业务不停服。

若待重启的 OceanBase 集群的副本数小于 3，则重启集群时会停止业务，因此要谨慎操作。OceanBase 集群生产环境默认有三个副本，任意一个副本不可用，OceanBase 数据库的内部都会发生一次故障切换。此时部分数据访问会中断，恢复时间在 30s 左右，数据能保证绝对不丢。这个故障切换过程不需要运维人员介入，可靠性很高。

如果是计划中的节点重启，OceanBase 集群内部也会自动发起切换，此时大部分读写感知不到切换，少数大事务会中断需要重试。所以，整体上 OceanBase 集群计划重启可以做到业务不停机，数据库服务不中断。只需要按服务器所属的 ZONE 分批次重启 OceanBase 服务器。

由于 OceanBase 节点重启后会有一个恢复的过程，恢复的时间取决于从最近的基线版本到当前时间需要恢复的数据量。OceanBase 数据库可能要应用很多 clog 去恢复数据。如果需恢复的 clog 数据量实在太大，OceanBase 节点可能会直接从主副本那里拉取最新的数据。

如果条件允许，在重启节点之前，可先对整个集群发起一次合并。待合并结束后，每个节点内存中就只有最近一段时间的增量数据，那么，节点重启后的恢复时间可做到最短。

重启集群分为以下 5 个操作：

（1）使用 root 用户登录数据库的 sys 租户。

（2）集群合并。

```
alter system major freeze;
```

（3）停止 ZONE。

```
ALTER SYSTEM STOP|FORCE STOP ZONE zone_name;
```

① STOP ZONE：表示主动停止 ZONE。执行该语句后，系统会检查各分区数据副本的日志是否同步，以及多数派副本是否均在线。仅当所有条件都满足后，语句才能执行成功。

② FORCE STOP ZONE：表示强制停止 ZONE。执行该语句后，系统不会检查各分区数据副本的日志是否同步，仅检查多数派副本是否均在线。如果多数派副本均在线，该语句就会执行成功。

(4) 启动 ZONE。

```
ALTER SYSTEM START ZONE zone_name;
```

(5) 查看集群状态。

```
SELECT * FROM __all_zone;
```

8.1.3 删除集群

可以通过 OCP 删除不再使用的 OceanBase 集群。对于主备库配置的集群，删除主集群时，需要确保其备集群已删除。

8.1.4 增加或删除 ZONE

在集群中增加或删除 ZONE 的操作，通常用于集群扩容或缩容等需求场景。

增加或删除 ZONE 的 SQL 语句如下：

```
ALTER SYSTEM {ADD|DELETE} ZONE zone_name;
```

使用说明：

(1) 该语句仅支持在 sys 租户中执行。

(2) 参数 zone_name 为目标 ZONE 的名称，每条语句每次仅支持添加或删除一个 ZONE。

(3) 通过 ALTER SYSTEM ADD ZONE zone_name；语句增加 ZONE 后，如果需要进一步在集群中使用该 ZONE，还需要在 ZONE 上添加 OBServer。通过增加 ZONE 来完成集群扩容。

(4) 在删除 ZONE 前，需要保证该 ZONE 下已不存在 OBServer，否则将会导致删除失败。

示例：

在集群中新增一个名为 zone1 的 ZONE。

```
obclient> ALTER SYSTEM ADD ZONE zone1;
```

在集群中删除名为 zone1 的 ZONE。

```
obclient> ALTER SYSTEM DELETE ZONE zone1;
```

8.1.5 修改 ZONE 的配置信息

OceanBase 数据库提供了 SQL 语句来修改 ZONE 的配置信息，包括 ZONE 归属的 Region、所在的机房以及 ZONE 的类型。

```
修改 ZONE 的 SQL 语句如下:
ALTER SYSTEM {ALTER|CHANGE|MODIFY} ZONE zone_name SET [zone_option_list]
zone_option_list:
zone_option [, zone_option ...]
zone_option:
| region
| idc
| zone_type {READWRITE | ENCRYPTION}
```

语句说明:

该语句仅支持在 sys 租户中执行。

(1) ALTER|CHANGE|MODIFY:表示 ALTER、CHANGE、MODIFY 三者的功能相同,可以使用任意一个来修改 ZONE 的 Region 属性。

(2) zone_name:目标 ZONE 的名称,每条语句每次仅支持修改一个 ZONE。

(3) zone_option_list:用于指定目标 ZONE 待修改的属性,同时修改多个属性时,各属性之间用英文逗号(,)分隔。

ZONE 的属性如下。

(1) region:ZONE 所在 Region 的名称,默认为 default_region。

(2) idc:ZONE 所在机房的名称。默认为空。

(3) zone_type:指定目标 ZONE 为读写 ZONE()BEADWRITE 或者加密 ZONE(ENCRYPTION)。如果不显式指定,则默认为读写 ZONE。

注意:

当前版本不支持读写 ZONE 和加密 ZONE 之间的相互修改,加密 ZONE 不能修改为读写 ZONE,读写 ZONE 也不能修改为加密 ZONE。

示例:

```
obclient>ALTER SYSTEM ALTER ZONE zone1 SET REGION='HANGZHOU',IDC='HZ1';
```

8.1.6 集群副本扩/缩容

1. 三副本扩容到五副本

生产环境 OceanBase 集群通常有三个 ZONE,分布在一个机房或者同城三个机房,数据也有三份(简称三副本)。当建设异地容灾机房时,可能会选择从三个 ZONE 扩容到五个 ZONE(即五副本)。另外一种就是机房搬迁,将集群从一个机房在线搬迁到另外一个机房。这其中都涉及三副本扩容到五副本。

下面重点介绍如何从三副本扩容到五副本。

(1) 服务器节点进程初始化。

主要是对 zone4 和 zone5 的服务器进行初始化,注意启动参数中所属的 ZONE 要正确。

(2) 新增 ZONE。

```
alter system add zone 'zone4';
alter system add zone 'zone5';
```

(3) 启动 ZONE。

```
alter system start zone zone4;
alter system start zone zone5;
```

(4) 给新增的 ZONE 添加节点。

```
alter system add server '11.166.87.5:2882' zone 'zone4';
alter system add server '11.166.87.6:2882' zone 'zone5';
```

(5) 为租户在新增节点上分配资源。

```
create resource pool test_pool_z4 unit='unit_4c16g', unit_num=1, zone_list=('ZONE_4');
create resource pool test_pool_z5 unit='unit_4c16g', unit_num=1, zone_list=('ZONE_5');
```

该命令立即返回。

(6) 修改租户的 LOCALITY,给租户增加新增的资源池。

注意:每次只能给租户新增一个资源池。

```
alter tenant test227 resource_pool_list=('test_pool_z1','test_pool_z2','test_pool_z3','test_pool_z4');
alter tenant test227 resource_pool_list=('test_pool_z1','test_pool_z2','test_pool_z3','test_pool_z4','test
_pool_z5');
```

租户在新增 ZONE 中补数据副本是异步进行的,租户分区数越多,数据量越大,该命令的运行时间越长。

(7) 确认复制表的副本是否扩容(可选)。

复制表的 LOCALITY 可以指定在哪些 ZONE 里配置复制表副本(也可以不指定),默认是整个集群范围内。如果原本指定 LOCALITY,这里需要手动添加新的 ZONE(这个待验证)。

```
alter table BMSQL_ITEM locality='F,R{all_server}@ZONE1, F,R{all_server}@ZONE2, F,R{all_
server}@ZONE3, F,R{all_server}@ZONE4,F,R{all_server}@ZONE_5';
```

(8) 确认集群和租户副本扩容结果。

```
select a.zone,
          concat(a.svr_ip, ':', a.svr_port) observer,
          cpu_total,
          (cpu_total - cpu_assigned) cpu_free,
          round(mem_total / 1024 / 1024 / 1024) mem_total_gb,
          round((mem_total - mem_ assigned) / 1024 / 1024 / 1024) mem_free_gb,
          usec_to_time(b.last_offline_time) last_offline_ time,
          usec_to_time(b.start_service_time) start_service_time,
          b.status,
          usec_to_time(b.st op_time) stop_time
     from __all_virtual_server_stat a
     join __all_server b
          on (a.svr_ip = b.svr_ip and a.svr_por t = b.svr_port)
     order by a.zone, a.svr_ip;

select t1.name resource_pool_name,
          t2.name unit_config_name,
          t2.max_cpu,
          t2.min _cpu,
          t2.max_memory / 1024 / 1024 / 1024 max_mem_gb,
          t2.min_memory / 1024 / 1024 / 1024 min_mem_gb,
```

```
        t3.unit_id,
        t3.zone,
        concat(t3.svr_ip, ':', t3. svr_port) observer,
        t4.tenant_i d,
        t4.tenant_name
    from __all_resource_pool t1
    join __all_unit_config t2
        on (t1.unit_config_id = t2.unit_con fig_id)
    join __all_unit t3
        on (t1. resource_pool_id = t3. resource_pool_id)
    left join __all_tenant t4
        on (t1.tenant_id = t4.tenant_id)
    order by t1. resource_pool_id, t2. unit_config_id, t3.unit_id;

select * from __all_tenant;
```

2. 五副本缩容到三副本

五副本缩容到三副本时,将上面的步骤反过来执行即可。

(1) 调整复制表的 LOCALITY(可选),缩减副本数。

(2) 修改租户的 LOCALITY,缩减副本数。

```
alter tenant sys resource_pool_list = ('sys_pool','sys_pool_1');
alter tenant sys resource_pool_list = ('sys_pool');
alter tenant test227 resource_pool_list=('test_pool_z1','test_pool_z2','test_pool_z3','test_pool_z4');
alter tenant test227 resource_pool_list=('test_pool_z1','test_pool_z2','test_pool_z3');
```

注意:sys 租户也需要缩减副本数。这一步命令立即返回,但是删除副本会异步进行,速度也很快,分区数可以多一些,基本上在分钟量级内完成。

(3) 删除多余的资源池。

```
drop resource pool sys_pool_1;
drop resource pool sys_pool_2;
drop resource pool test_pool_z4;
drop resource pool test_pool_z5;
```

8.1.7 集群参数管理

OceanBase 集群配置可以通过集群参数来设定。通过参数的设置可以使 OceanBase 数据库的行为符合相关业务的要求。

OceanBase 数据库的集群参数即集群级配置项,同时参数还分为动态生效和重启生效两类。通过集群参数的设置可以控制集群的负载均衡、合并时间、合并方式、资源分配和模块开关等功能。

系统租户(即 sys 租户)可以查看和设置集群参数,普通租户只能查看集群参数,无法设置集群参数。

当 OBServer 启动后,如果没有指定参数,则使用系统指定的参数的 Default 值。在 OBServer 进程启动成功后,参数值将持久化到/home/admin/oceanbase/etc/observer.config. bin 文件中,可以通过 string sobserver. config. bin 命令查看文件中的内容。

不同集群参数的数据类型不同,当前 OceanBase 数据库中集群参数的主要数据类型及其相关说明如表 8-1-4 所示。

表 8-1-4　集群参数的主要数据类型及说明

数据类型	说　明
BOOL	boolean 类型（布尔），支持 True/False
CAPACITY	容量单位，支持 b（字节）、k（KB，千字节）、m（MB，百万字节）、g（GB，10 亿字节）、t（TB，万亿字节）、p（PB，千万亿字节）。单位不区分大小写字母，默认为 m
DOUBLE	双精度浮点数，占用 64b 存储空间，精确到小数点后 15 位，有效位数为 16 位
INT	int64 整型，支持正负整数和 0
MOMENT	时刻。格式为 hh：mm（例如 02：00）；或者特殊值 disable，表示不指定时间。目前仅用于 major_freeze_duty_time 参数
STRING	字符串。用户输入的字符串的值
STRING_LIST	字符串列表，即以分号（；）分隔的多个字符串
TIME	时间类型。支持 us（微妙）、ms（毫秒）、s（秒）、m（分钟）、h（小时）、d（天）等单位。如果不加后缀，默认为秒（s）。单位不区分大小写字母

1. 查询集群参数

集群参数即集群级配置项，可以通过查询配置项来确认该配置项属于集群级配置项还是租户级配置项。

查询配置项的语句如下：

```
SHOW PARAMETERS [SHOW_PARAM_OPTS];
```

其中，[SHOW_PARAM_OPTS]可指定为[LIKE 'pattern' | WHERE expr]，WHERE expr 中可以指定的列属性与 SHOW PARAMETERS 返回结果中的列属性一致。

SHOW PARAMETERS 返回结果中的列属性如表 8-1-5 所示。

表 8-1-5　SHOW PARAMETERS 返回结果中的列属性

列　名	含　义
zone	所在的 ZONE
svr_ip	服务器 IP
svr_port	服务器的端口
name	配置项名
data_type	配置项的数据类型，包括 STRING、CAPACITY 等
value	配置项的值
	说明
	由于在修改配置项值时，支持修改指定 ZONE 或 Server 的配置项值，因此不同 ZONE 或 Server 对应的配置项的值可能不同
info	配置项的说明信息
section	配置项所属的分类：
	SSTABLE：表示 SSTable 相关的配置项
	OBSERVER：表示 OBServer 相关的配置项
	ROOT_SERVICE：表示 RootService 相关的配置项
	TENANT：表示租户相关的配置项
	TRANS：表示事务相关的配置项
	LOAD_BALANCE：表示负载均衡相关的配置项

续表

列　名	含　义
section	DAILY_MERGE：表示合并相关的配置项
	CLOG：表示 clog 相关的配置项
	LOCATION_CACHE：表示 Location Cache 相关的配置项
	CACHE：表示缓存相关的配置项
	RPC：表示 RPC 相关的配置项
	OBPROXY：表示 OBProxy 相关的配置项
scope	配置项范围属性：
	TENANT：表示该配置项为租户级别的配置项
	CLUSTER：表示该配置项为集群级别的配置项
source	当前值来源：
	TENANT
	CLUSTER
	CMDLINE
	OBADMIN
	FILE
	DEFAULT
edit_level	定义该配置项的修改行为：
	READONLY：表示该参数不可修改
	STATIC_EFFECTIVE：表示该参数可修改但需要重启 OBServer 才会生效
	DYNAMIC_EFFECTIVE：表示该参数可修改且修改后动态生效

从表 8-1-5 中可知，当 scope 列对应的值为 CLUSTER 时，即表示该配置项为集群级配置项。

系统租户(即 sys 租户)和普通租户均可以查询集群级配置项的值。

示例：

```
obclient>SHOW PARAMETERS LIKE 'stack_size';

obclient>SHOW PARAMETERS WHERE edit_level='static_effective' AND name='stack_size';
```

2. 修改集群参数(SQL 语句)

集群参数即集群级配置项，修改集群级配置项的语法如下所示，同时修改多个集群级配置项时，需要使用英文逗号(,)分隔。

```
ALTER SYSTEM [SET]
    parameter_name = expression [SCOPE = {MEMORY | SPFILE | BOTH}]
            [COMMENT [=] 'text']
                [SERVER [=] 'ip:port' | ZONE [=] 'zone'];
```

语句说明：

仅 sys 租户可以修改集群级配置项，普通租户无法修改集群级配置项。

(1) expression 用于指定修改后该配置项的值。

(2) SCOPE 用于指定本次配置项修改的生效范围，默认值为 BOTH。

(3) MEMORY 表示仅修改内存中的配置项，修改立即生效，且本修改在 Server 重启以后会失效(当前暂无配置项支持这种方式)。

(4) SPFILE 表示仅修改配置表中的配置项值，当 Server 重启以后才生效。

(5) BOTH 表示既修改配置表，又修改内存值，修改后立即生效，且 Server 重启以后配置值仍然生效。

(6) SERVER 表示指定集群中要修改的 Server；ZONE 表示指定集群中要修改的 ZONE。

(7) ALTER SYSTEM 语句不能同时指定 ZONE 和 Server。并且在指定 ZONE 时，仅支持指定一个 ZONE；指定 Server 时，仅支持指定一个 Server。

如果修改集群级配置项时，不指定 ZONE 也不指定 Server，则表示该修改在整个集群内生效。

集群级别的配置项不能通过普通租户设置，也不可以通过系统租户（即 sys 租户）指定为普通租户设置。例如，执行 ALTER SYSTEM SET memory_limit='100G' TENANT='test_tenant'语句将导致报错，因为 memory_limit 是集群级别的配置项。

确认一个配置项为集群级别还是租户级别，可根据 SHOW PARAMETERS LIKE 'parameter_name'；语句执行结果中的 scope 列对应的值来判断：

scope 值为 CLUSTER 则表示为集群级别的配置项。

scope 值为 TENANT 则表示为租户级别的配置项。

示例：

```
obclient> ALTER SYSTEM SET net_thread_count=1 SCOPE = SPFILE;

obclient> ALTER SYSTEM SET mysql_port=8888;

obclient> ALTER SYSTEM SET mysql_port=8888 ZONE='z1';

obclient> ALTER SYSTEM SET mysql_port=8888 SERVER='192.168.100.1:2882';
```

8.2 OBServer 管理

8.2.1 重启节点

重启节点即重启集群中的 OBServer，重启 OBServer 主要分为以下 4 个操作。

1. 节点停止服务

OceanBase 数据库并没有提供重启节点的命令，但是提供了节点停服的命令：

```
alter system stop server '节点 IP:节点端口号';
```

节点停服后，节点上如果有主副本，会自动切换为备副本。节点的备副本依然参与投票，但不会当选为主副本。OceanBase 节点停服和 OceanBase 宕机性质不同，节点停服时间可以超出参数永久下线时间(server_permanent_offline_time)而不会导致节点真的下线。

节点停服后，1～2s 后就可以观察到有主备副本切换事件。确认 SQL 如下：

```
SELECT DATE_FORMAT(gmt_create, '%b%d %H:%i:%s') gmt_create_ , module, event,name1,
value1, name2, value2, rs_svr_ip,name3,value3,name4,value4
FROM __all_rootservice_event_history
```

```
WHERE 1 = 1 AND module IN ('leader_coordinator', 'balancer')
ORDER BY gmt_create DESC
LIMIT 20;
```

所有分区副本的主备切换通常需要数秒。

2. 停止进程

停止节点进程 OBServer 命令如下：

```
kill `pidof observer`
```

如果是在测试环境中，又在比较着急的情况下，可以不用发起节点停服命令，直接强制停止进程。

```
kill -9 `pidof observer`
```

3. 启动进程

启动节点进程的关键点在于上一次工作目录启动。所以，建议第一次启动时就把工作目录与安装目录保持一致，防止出错。

```
cd /home/admin/oceanbase && bin/observer
```

通常启动时不需要再带启动参数。但是，如果这次启动节点就是为了修改某个参数，则需要使用-o 带上具体的参数。示例如下：

```
cd /home/admin/oceanbase&& bin/observer -o "datafile_size=80G,clog_disk_usage_li
mit_percentage=96 "
```

进程启动后等 5～10s 后，确认进程是否启动成功。

```
#确认进程还在
ps -ef | grep observer | grep -v grep
# 确认端口监听成功
netstat -ntlp | grep `pidof observer`
```

4. 启动服务并确认节点服务状态

进程监听成功还不够，节点还需要一个数据恢复过程，即应用 CLOG 的过程。如果此前对节点停服了，先把节点服务启动。

```
alter system start server '节点 IP:节点端口号';
```

确认节点的服务状态。

```
select a.zone,
        concat(a.svr_ip, ':', a.svr_port) observer,
        cpu_total,
        (cpu_total - cpu_assigned) cpu_free,
        round(mem_total / 1024 / 1024 / 1024) mem_total_gb,
```

```
        round((mem_total - mem_ assigned) / 1024 / 1024 / 1024) mem_free_gb,
        usec_to_time(b.last_offline_time) last_offline_ time,
        usec_to_time(b.start_service_time) start_service_time,
        b.status,
        usec_to_time(b.st op_time) stop_time,
        b.build_version
    from __all_virtual_server_stat a
    join __all_server b
        on (a.svr_ip = b.svr_ip and a.svr_por t = b.svr_port)
    order by a.zone, a.svr_ip;
```

我们需重点关注的内容如下。

(1) 节点状态 status：升级前没有 inactive 值，升级过程中会有。

(2) 节点服务时间 start_service_time 是否是默认值(1970-01-01 08：00：00.000000)。如果是，则表示节点还没有恢复结束。

(3) 节点停止时间 stop_time 是否是默认值(1970-01-01 08：00：00.000000)。如果不是，则表示节点被停服(stopserver)，需要先启动服务(startserver)。

注意：节点的 start_service_time 状态正常之后，方可重启其他 ZONE 对应的其他副本所在的服务器。同一个 ZONE 的多台服务器可以并行重启。

8.2.2 重置节点

重置 OceanBase 节点属于应急手段之一，是高危操作，仅用在以下特殊的场景：

(1) 节点磁盘损坏后修复，怀疑数据有丢失的。此时需要重做副本。

(2) 想对节点数据文件大小进行缩容，重新初始化进程 OBServer，相当于重做副本。

重置 OceanBase 节点的步骤如下。

(1) 停掉节点进程。

因为是要重置节点，所以停进程的方法就不用像重启节点那么烦琐，可以直接杀进程。

```
kill -9 `pidof observer`
```

如果进程已经停止，则跳过这步操作。杀进程之前，需要先知道此前的进程启动时的工作目录。

使用如下命令：

```
ll /proc/`pidof observer`/cwd
lrwxrwxrwx 1 admin admin 0 Sep 25 08:18 /proc/15495/cwd -> /home/admin/oceanbase-ce
```

(2) 确认节点永久下线。

通常情况下，节点进程异常，相当于节点掉线。掉线时间超过节点掉线时间参数 server_temporary_offline_time 值(默认 60s)后，状态会进入临时下线状态。此后，如果节点进程能重新正常起来，节点还是集群的成员，会自动同步落后的数据。

示例：

```
select a.zone,
        concat(a.svr_ip, ':', a.svr_port) observer,
        usec_to_time(b.last_offline_time) la st_offline_time,
        usec_to_time(b.start_service_time) start_service_time,
```

```
        b.status,
        usec_to _time(b.stop_time) stop_time
    from __all_virtual_server_stat a
    join __all_server b
        on (a.svr_ip = b.svr_ip and a.svr_por t = b.svr_port)
    order by a.zone, a.svr_ip;
```

节点掉线后进入临时下线状态时，上面节点视图的 status 列会变为 inactive。同时，在 OceanBase 事件日志视图里也会有一条“临时下线”记录。

```
SELECT DATE_FORMAT(gmt_create, '%b%d %H:%i:%s') gmt_create_ , module, event,name1,
value1, name2, value2, rs_svr_ip
FROM __all_rootservice_event_history
WHERE 1 = 1
AND module IN ('server','root_service') and gmt_create > SUBDATE(now(),interval 1800 second)
ORDER BY gmt_create DESC
LIMIT 10;
```

节点掉线首先会有个 lease_expire 事件。节点掉线原因可以有很多，如进程宕掉、网络超时或延时过大、时间误差过大等。此外，由于这个示例集群是三节点，所以一个节点的掉线对总控服务成员也有影响，所以参数 rootservice_list 会自动变化，踢掉了故障节点。如果节点掉线时间超过参数 server_permanent_offline_time 值(默认是 3600s)，节点会进入永久下线状态。此时，集群会清空该节点上的数据副本，并自动在同 ZONE 其他节点寻求资源补足被清空的数据副本。如果没有可用资源，则这个副本对应的分区就只剩下两个副本(或者四个副本)。此时依然是多数派副本可用，所以数据读写是正常的，但如果再次宕机集群可能不可用。

```
SELECT DATE_FORMAT(gmt_create, '%b%d %H:%i:%s') gmt_create_,
            module,
            event,
            name1,
            value1,
            name2,
            value2,
            rs_svr_ip
        FROM __all_rootservice_event_history
    WHERE 1 = 1
        AND module IN ('server', 'root_service')
        and gmt_create > SUBDATE(n ow(), interval 7200 second)
    ORDER BY gmt_create DESC LIMIT 10;
```

从上面可以看出，节点被永久下线时，会发生事件 permanent_offline，节点的数据也会随后被清空，产生事件 clear_with_partition。从临时下线到永久下线时间可能有点长，默认为 1h。如果时间紧张，可以临时把这个节点的参数 server_permanent_offline_time 调小。等节点永久下线后再重新上线时，把参数再改回来。

```
alter system set server_permanent_offline_time='360s';
```

(3) 清理数据库相关文件(可选)。

如果希望重建副本，则这一步并不是必需的。如果想借重建副本操作重新定义数据文件的大小，则可以操作此步骤。清理的文件包括：

① 运行日志。包括 log 目录下的 observer.log、rootservice.log、election.log。

② 数据文件。包括 sstable 下的 block_file 文件。

③ 事务日志文件。包括目录{ilog、clog、slog}下的文件。

注意：

为方便再次启动节点进程，不要删除参数文件 etc。在启动参数-o 里指定需要修改的参数即可。

下面删除的只是示例，需要注意目录结构：

```
[admin@obce03 store] $ cd /home/admin/oceanbase-ce/store
[admin@obce03 store] $ ls
clog ilog slog sstable
[admin@obce03 store] $ pwd
/home/admin/oceanbase-ce/store
[admin@obce03 store] $ /bin/rm -rf */*
```

(4) 启动进程。

如果没有清理参数文件，则可以直接启动进程 OBServer，可以通过-o 修改参数。

```
cd /home/admin/oceanbase-ce && bin/observer
# 或
cd /home/admin/oceanbase-ce && bin/observer -o "datafile_size=100G"
```

启动后确认端口监听正常，节点状态正常，这个前面已经阐述，此处不再重复。

8.2.3 集群节点扩容/缩容/替换服务器

OceanBase 集群扩容或缩容主要是调整集群服务器资源池。

扩容就是往集群里加服务器，操作相对简单，复杂的是缩容。缩容的前提是剩余的服务器能容纳所有租户的资源需求。如果资源不足，通常就要先对集群里的租户进行缩容，所以集群的缩容步骤将留到介绍租户缩容时再补充。集群服务器替换则是先扩容后缩容，集群服务器资源池并没有发生变化，所以操作也很简单。

1. 集群扩容节点

OceanBase 集群的部署分为标准部署模式和非标准部署模式。

标准部署模式是有三个 ZONE，每个 ZONE 的服务器数量相等，每个 ZONE 里可以存在不同配置的服务器，但是不同 ZONE 之间的服务器配置是对等的，服务器资源总量也是对等的。

非标准部署模式则是 ZONE 之间的服务器配置不对等、数量也不对等。技术上这也是可以运行的，只是资源最少的服务器或 ZONE 会成为集群资源的瓶颈。

OceanBase 集群扩容的标准形式就是向每个 ZONE 里添加同等配置的服务器。非标准做法就是只向一个 ZONE 里添加服务器。

添加服务器的具体操作步骤如下。

(1) 使用 root 用户登录数据库的 sys 租户。

(2) 通过 ssh 登录到待添加的 OBServer，进行安装前的检查。

① 进入工具所在的目录。

```
cd /root/t-oceanbase-antman/clonescripts
```

② 执行以下命令，开始检查。推荐使用 oat-cli 工具进行检查。

```
sh precheck.sh -m ob
```

③ 执行以下命令，检查时钟同步情况，保证所有节点的时钟偏差在 100ms 以内。$IP 表示集群中其他 OBServer 的 IP 地址。

```
ntpdate $IP
```

(3) 安装 OceanBase 数据库的 RPM 包。

$rpm_dir 表示存放 RPM 包的目录，$rpm_name 表示 RPM 包的名称。

```
cd $rpm_dir
rpm -i --prefix=/home/admin/oceanbase $rpm_name
```

(4) 启动进程。

① 设置 admin 用户的 ulimit。

```
[admin@hostname oceanbase]$ ulimit -s 10240; ulimit -c unlimited
```

② 配置环境变量。

```
[admin@hostname oceanbase]$ export LD_LIBRARY_PATH=/home/admin
/oceanbase/lib:$LD_LIBRARY_PATH LD_PRELOAD=''
```

③ 启动 OBServer 进程。

```
cd ~/oceanbase && bin/observer -i eth0 -p 2881 -P 2882 -z zone1 -d ~/oceanbase/st
ore/obdemo -r '172.20.249.52:2882:2881;172.20.249.49:2882:2881;172.20.249.51:2882:2881'
-c 20210912 -n obdemo -o "memory_limit=8G,cache_wash_threshold=1G,__min_full_r
esource_pool_memory=268435456,system_memory=3G,memory_chunk_cache_size=128M,
cpu_count=16,net_thread_count=4,datafile_size=50G,stack_size=1536K,config_additional_
dir=/data/obdemo/etc3;/redo/obdemo/etc2" -d ~/oceanbase/store/obdemo
```

参数说明：

-p：连接端口，默认是 2881，可以根据实际情况修改。

-P：RPC 端口，默认是 2882，可以根据实际情况修改。

-r：指定 rootservice list，跟集群当前的 rootservice list 保持一致。

-z：指定节点所属 ZONE。

-c：cluster_id。

-n：指定节点所属的集群名。

-o：指定启动配置项。

-d：指定数据的存储目录。

(5) 添加节点。

在集群 sys 租户中运行以下命令添加新节点。

```
ALTER SYSTEM ADD SERVER '节点 IP:RPC 端口' ZONE '节点所属 ZONE';
# 例如：
alter system add server '11.166.87.5:2882' zone 'zone1';
```

(6) 查看状态。

添加节点之后查看节点状态，此时新节点的状态是 active。

```
select a.zone,
        concat(a.svr_ip, ':', a.svr_port) observer,
        cpu_total,
        (cpu_total - cpu_assigned) cpu_free,
        round(mem_total / 1024 / 1024 / 1024) mem_total_gb,
        round((mem_total - mem_ assigned) / 1024 / 1024 / 1024) mem_free_gb,
        usec_to_time(b.last_offline_time) last_offline_ time,
        usec_to_time(b.start_service_time) start_service_time,
        b.status,
        usec_to_time(b.st op_time) stop_time
    from __all_virtual_server_stat a
    join __all_server b
        on (a.svr_ip = b.svr_ip and a.svr_por t = b.svr_port)
    order by a.zone, a.svr_ip;
```

以上步骤全部完成之后，需按相同步骤向下一个 ZONE 中继续新增服务器。当三个 ZONE 都扩容完毕，集群扩容操作就完成了。不过，这里只代表着运维的工作结束。

集群扩容后，新的节点不会马上被集群里的租户使用到。集群资源池扩大后，新节点的利用率是 0，约 1min 后，集群会发现资源利用不均衡，之后会启动负载均衡逻辑，尝试将其他租户的资源单元迁移到新的节点上。

资源单元均衡的控制 OceanBase 数据库包含三个用于控制资源单元的均衡的配置项。enable_rebalance 配置项为负载均衡的总开关，用于控制资源单元的均衡和分区副本均衡开关。当 enable_rebalance 为 False 时，资源单元均衡和分区副本均衡均关闭；为 True 时，资源单元均衡需参考 resource_soft_limit 的配置。resource_soft_limit 配置项为资源单元均衡的开关。当 enable_rebalance 为 True 时，资源单元的均衡参考该配置项，resource_soft_limit 小于 100 时，资源单元均衡开启；大于或等于 100 时，资源单元均衡关闭。

server_balance_cpu_mem_tolerance_percent 配置项为触发资源单元均衡的阈值。当某些 OBServer 的资源单元负载与平均负载的差值超过 server_balance_cpu_mem_tolerance_percent 时，开始调度均衡，直到所有 OBServer 的资源单元的负载与平均负载的差值都小于 server_balance_cpu_mem_tolerance_percent 配置项。

集群缩容也会触发负载均衡。为集群中的每个 ZONE 添加节点后，集群整体的资源池能力新增，可用的资源也相对增加，但是租户的资源并没有增加，租户不一定能利用上新服务器，所以之后还需要进行租户扩容。

2. 集群缩容节点

OceanBase 集群的标准部署模式是有三个 ZONE，每个 ZONE 的服务器数量都对等。集群缩容节点就是减小某个 ZONE 的节点数。通常缩容节点时，建议每个 ZONE 都减少相同的节点，但实际操作中没有这个限制，都是按 ZONE 操作。集群缩容节点时，会触发租户资源的负载均衡。剩余的节点必须能容纳租户资源需求，否则这个节点缩容命令会报错。所以，集群节点缩容之前，需要计算集群可用资源和了解各个节点的资源池分布。集群缩容节点命令就是将某个节点从某个 ZONE 里删除，删除时需确保节点没有资源被分配出去。

示例：

```
alter system delete server '11.166.87.5:2882' zone 'zone1';
```

集群缩容节点会触发租户资源负载均衡，之后会触发数据迁移。建议关注数据迁移的进度和影响。查看集群事件日志视图。

```
SELECT DATE_FORMAT(gmt_create, '%b%d %H:%i:%s') gmt_create_,
        module,
        event,
        name1,
        value1,
        name2,
        value2,
        rs_svr_ip
    FROM __all_rootservice_event_history
    WHERE 1 = 1
    AND gmt_create > SUBDATE(now(), interval 1 hour)
    ORDER BY gmt_create DESC LIMIT 20;
```

8.3 OceanBase 集群升级

OceanBase 集群的升级是按路径进行升级的，路径中的每个版本均需要上传 RPM 包。集群升级有两种方式：一种是通过命令行升级，另一种是通过 OCP 来升级。

8.3.1 通过 OCP 升级集群

1. 升级概述

OceanBase 数据库支持通过 OceanBase 云平台（OceanBaseCloudPlatform，OCP）进行集群一键升级，一键即可完成对一个集群的升级操作。整个升级过程对应用无感知，应用无须配合服务端做任何的停写、停服务操作。

OceanBase 数据库会按照 ZONE 的顺序进行升级。在升级过程中，分区 Leader 会在各个 ZONE 间进行切主动作，并将要进行升级 ZONE 的业务引流到其他 ZONE 上执行。

2. 升级路径

OceanBase 数据库支持从 V3.2.2 版本直接升级到 V3.2.30 版本。如果使用的是 V3.1.2 之前的版本，需要按照以下升级路径先升级到路径上的 binary 版本，然后再升级到 V3.2.3。

```
1.451 > V1.4.60 > V1.4.61 > V1.4.70 > V1.4.71 > V1.4.72 > V1.4.73 > V1.4.74 > V1.4.75 >
V1.4.76 > V1.4.77 > V1.4.78 > V1.4.79 (binary)
V1.4.79(binary) > V2.0.0 > V2.1.1 > V2.1.11 > V2.1.20 > V2.1.30 > V2.1.31(binary)
V2.1.31(binary) > V2.2.0 > V2.2.1(binary)
V2.2.1(binary) > V2.2.20 > V2.2.30 > V2.2.40 > V2.2.50(binary)
V2.2.50(binary) > V2.2.51 > V2.2.52 > V2.2.60 > V2.2.70 > V2.2.71 > V2.2.72 > V2.2.73 >
V2.2.74 > V2.2.75 > V2.2.76 > V2.2.77(binary)
V2.2.77(binary) > V3.1.2(binary)
V3.1.2(binary) > V3.2.0 > V3.2.1 > V3.2.2 > V3.2.3
```

升级之前，需要将升级路径上所有版本对应的 RPM 包都上传到 OCP 中。

在进行升级时，OCP 会将升级任务按照升级路径中的 binary 版本进行拆分，会以 ZONE 为单位先将整个集群升级至 binary 版本，再继续进行升级。

以一个包含 3 个 ZONE（zone1、zone2、zone3）的集群为例。例如，集群当前为 V2.2.30 版本，需要升级到 V3.2.3 版本。这个集群的升级路径如下：

```
V2.2.30 > V2.2.40 > V2.2.50(binary) > V2.2.51 > V2.2.52 > V2.2.60 > V2.2.70 > V2.2.71 >
V2.2.72 > V2.2.73 > V2.2.74 > V2.2.75 > V2.2.76 > V2.2.77 > V3.1.2 > V3.2.0 > V3.2.1 >
V3.2.2 > V3.2.3
```

升级之前，需要将升级路径上所有版本对应的 RPM 上传到 OCP；在本示例中，需要上传 V2.2.40、V2.2.50、V2.2.51、V2.2.52、V2.2.60、V2.2.70、V2.2.71、V2.2.72、V2.2.73、V2.2.74、V2.2.75、V2.2.76、V2.2.77、V3.1.2、V3.2.0、V3.2.1、V3.2.2 和 V3.2.3 版本的 RPM 包到 OCP。OCP 会按照升级路径中的 binary 版本，将升级任务拆分为：

```
V2.2.30 > V2.2.40 > V2.2.50(binary)
V2.2.50(binary) > V2.2.51 > V2.2.52 > V2.2.60 > V2.2.70 > V2.2.71 > V2.2.72 > V2.2.73 >
V2.2.74 > V2.2.75 > V2.2.76 > V2.2.77(binary)
V2.2.77(binary) > V3.1.2(binary)
V3.1.2(binary) > V3.2.0 > V3.2.1 > V3.2.2 > V3.2.3
```

也就是说，OCP 首先会将 zone1 从 V2.2.30 版本升级到 V2.2.50 版本，再将 zone2 从 V2.2.30 版本升级到 V2.2.50 版本；其次，将 zone3 从 V2.2.30 版本升级到 V2.2.50 版本。此时，整个集群已经从 V2.2.30 版本升级到 binary 版本（V2.2.50）。OCP 会按照 ZONE 顺序依次将 zone1、zone2、zone3 从 binary 版本（V2.2.50）升级到 V2.2.77。最后，OCP 会同样按 ZONE 顺序依次将 zone1、zone2、zone3 从 V2.2.77 升级到 V3.2.3，等到所有 ZONE 均升级到 V3.2.3 后，集群升级就全部完成了。

3. 升级注意事项

在进行 OceanBase 数据库集群升级时，需要注意以下几点：

（1）当前仅支持整集群升级，不支持单 ZONE 升级。

（2）当前不支持升级后回滚，也不支持从高版本回退到低版本。

（3）OceanBase 数据库版本升级时，会禁用合并、复制迁移、业务 DDL 语句、部分租户 DDL。

（4）如果升级失败，不要重试，请联系 OceanBase 售后支持。

4. 升级影响

升级过程可能会有以下影响：

（1）升级过程分区 Leader 会在各个 ZONE 间进行切主，会对业务的 RT（ResponseTime，响应时间）有略微影响。

（2）升级过程中会发生 Leader 的切换，如果 Leader 切换时，所在的 Leader 正在发生业务相关的事务请求，则该事务会受到影响，即超过 100ms 的事务会被终止。

8.3.2 通过命令行升级集群

OceanBase 集群升级就是将集群所有节点进程 OBServer 的版本升级。通常小版本的升级直接替换可执行文件 OBServer，然后将进程重启即可。但有时升级还会涉及元数据的变更，这就需要参考新版本具体的 RELEASE NOTE。

通过命令行升级集群的具体方法如下。

（1）确认集群当前状态正常。

OceanBase 集群可以在线不停服升级，具体就是按 ZONE 滚动升级。升级前首先要确认集群和各个 ZONE 状态都正常。避免停止某个 ZONE 时出现多数派故障，数据库访问不可用问题等。

(2) 确保集群节点状态正常。

```
select a.zone,
        concat(a.svr_ip, ':', a.svr_port) observer,
        cpu_total,
        (cpu_total - cpu_assigned) cpu_free,
        round(mem_total / 1024 / 1024 / 1024) mem_total_gb,
        round((mem_total - mem_ assigned) / 1024 / 1024 / 1024) mem_free_gb,
        usec_to_time(b.last_offline_time) last_offline_ time,
        usec_to_time(b.start_service_time) start_service_time,
        b.status,
        usec_to_time(b.st op_time) stop_time,
        b.build_version
    from __all_virtual_server_stat a
    join __all_server b
        on (a.svr_ip = b.svr_ip and a.svr_por t = b.svr_port)
    order by a.zone, a.svr_ip;
```

上述 SQL 输出需要关注的有以下 4 点。

① 节点状态 status：升级前没有 inactive 值，升级过程中会有。

② 节点服务时间 start_service_time：时间是否为默认值(1970-01-01 08:00:00.000000)，如果是，则表示节点异常。

③ 节点停止时间 stop_time：时间是否为默认值(1970-01-01 08:00:00.000000)，如果不是，则表示节点被 stop server。

④ 节点版本 b.build_version：升级重启后会变为新版本。

(3) 观察集群最近一段时间的事件，确保无异常事件。

```
SELECT DATE_FORMAT(gmt_create, '%b%d %H:%i:%s') gmt_create_,
            module,
            event,
            name1,
            value1,
            name2,
            value2,
            rs_svr_ip
        FROM __all_rootservice_event_history
    WHERE 1 = 1
        AND module IN ('server', 'root_service', 'daily_merge')
        and gmt_create > SUBDATE(now(), interval 1 day)
    ORDER BY gmt_create DESC LIMIT 100;
```

如果有大量正常的事件影响查看，就过滤掉。留意报错的事件是否有影响，有些异常事件一定要先解决。如合并异常、副本创建/搬迁异常等。

(4) 发起合并(MAJOR FREEZE)(可选)。

由于集群升级需要重启节点，为了减少节点重启后的恢复时间，建议升级之前发起一次合并。

```
alter system major freeze;
```

(5) 停止 ZONE 服务 OceanBase 集群的升级,按 ZONE 滚动升级。

首先,选中一个 ZONE,将该 ZONE 停服。

```
alter system stop zone 'zone1';
SELECT * FROM __all_zone where name in ('status','merge_status') and zone = 'zone1';
```

其次,查看事件日志确认。

```
SELECT DATE_FORMAT(gmt_create, '%b%d %H:%i:%s') gmt_create_ , module, event,
name1, value1, name2, value2, rs_svr_ip
FROM __all_rootservice_event_history
WHERE 1 = 1
AND module IN ('server','root_service','leader_coordinator')
AND gmt_create > SUBDATE(now(),interval 1 hour)
ORDER BY gmt_create DESC
LIMIT 20;
```

从事件日志看出,停掉 ZONE,当总控服务(rootservice)的主副本也在该 ZONE 时,总控服务会发生切换(停掉老的服务,在新的节点上启动新的服务,其他 ZONE 所有节点重新上线),sys 租户和业务租户都发生切换。

(6) 确认节点状态。

```
select a.zone,
        concat(a.svr_ip, ':', a.svr_port) observer,
        usec_to_time(b.last_offline_time) la st_offline_time,
        usec_to_time(b.start_service_time) start_service_time,
        b.status,
        usec_to _time(b.stop_time) stop_time
    from __all_virtual_server_stat a
    join __all_server b
        on (a.svr_ip = b.svr_ip and a.svr_por t = b.svr_port)
    order by a.zone, a.svr_ip;
```

更新节点的 OBServer 软件包通常使用 RPM 包更新节点 OBServer 软件包。运行命令为 rpm-uvh oceanbase-xxx.rpm。此命令会自动覆盖可执行文件。但是,由 Linux 系统的设计可知,运行中的 OBServer 进程依然持有旧的文件句柄,所以不会释放文件。只有在 OceanBase 节点进程退出后才释放。

8.4 常用运维操作

8.4.1 时钟同步检查

OceanBase 从 Partition 的多个副本中选出主对外提供服务。为避免 Paxos 的活锁问题,OceanBase 采用一种基于时钟的选举算法选主,各个节点之间的时钟误差超过 100ms 会导致集群同步出现问题。

检查 NTP 状态:

```
运行 ntpstat.
如果结果为 synchronised to NTPserver,则可以认定 NTP 的配置处于同步状态
```

检查 NTP 的偏移量:

```
多次执行 ntpq -p|grep -E "\*|\=|remote" 命令,确保可以看到稳定的 offset.若 offset 值小于 50ms
则为时钟同步正常
```

8.4.2 停机运维

服务器需要运维操作时,需要停止 OceanBase 服务进程。

(1) 系统租户登录,确定运维时长。如果大于 1h,但小于 1 天,为了避免服务恢复后的补副本操作,需要设置永久下线时间。

```
alter system set server_permanent_offline_time = '86400s'
```

(2) 将服务从当前 OBServer 切走,保证停服务时对业务没有影响,内含"切主"动作。

```
alter system stop server 'ip 地址:2882';
```

(3) 检查主副本都切走。

```
select count(*) from __all_virtual_table t, __all_virtual_meta_table m where t.table_id=m.table_id
and role=1 and m.svr_ip='ip 地址'; ,返回值应为 0
```

(4) 停止进程。

```
kill -15 <observer pid>
```

8.4.3 停机运维结束后服务的恢复

服务器运维操作结束后,需要恢复 OceanBase 服务进程。具体包括:

(1) 服务器上电;

(2) 检查该服务器 NTP 同步状态和服务运行情况;

(3) admin 用户启动 OBServer 进程;

(4) 系统租户登录,启动 Server。

```
alter system start server 'ip 地址:2882';
```

(5) 检查__all_server 表,查看 status 为'active'且'start_service_time '的值>0,则表示 OBServer 正常启动并开始提供服务。

(6) 将永久下线时间改回默认值 3600s。

```
alter system set server_permanent_offline_time = '3600s';
```

8.4.4 故障节点替换

首先要确保集群中有足够的冗余资源(OBServer),可以代替故障节点进行工作。故障节点替换的方法是:

(1) 系统租户登录,stop server,确保主副本都切走。

(2) 为目标 ZONE 添加新的 server(alter system add server 'ip 地址: 2882' ZONE 'zone1';)。

(3) 将故障 Server 下线(alter system delete server 'ip 地址: 2882' ZONE 'zone1';),OB 会自动将被下线 OBServer 的 Unit 迁移至新添加的 OBServer 上。

(4) 检查__all_server 表检查 Server 状态，旧 OBServer 的信息已经消失。

8.4.5 数据库监控

1. 系统监控视图

OceanBase 数据库为多租户架构，租户分为两种类型：普通租户以及 sys 租户。OceanBase 数据库系统表都存储在 sys 租户里，且主键中存储租户号(tenant_id)，区分每个租户的内容。每个租户内部创建一个该租户数据的只读视图。

所有以__all 开头的表格包含所有租户的数据；所有以__tenant 开头的表格仅包含单个租户内部的数据。租户类型及其包含的系统表类别如表 8-4-1 所示。

表 8-4-1　租户类型及其包含的系统表类别

租户类型	包含的系统表类别
sys 租户	核心表 分表位置信息表 模式及用户权限表 DDL 操作相关的表 系统配置相关的表 系统变量及系统状态相关的表 ZONE 和服务器等部署相关的系统表 租户、Resource Pool、Unit 相关的系统表
普通租户	以__tenant 作为表名前缀的只读视图，表示租户内信息 其他系统表的视图

2. 状态查询 SQL

状态查询 SQL 如表 8-4-2 所示。

表 8-4-2　状态查询 SQL

SQL	说　明	注意事项
SELECT * FROM __all_zone;	查看 ZONE 状态	is_merge_error 对应的 value 是否是 0? status 是否全为 active?
SELECT ZONE, SVR_IP, STATUS, STOP_TIME FROM __all_server;	查看 OBServer 状态	status，stop_time 两个字段来标志 OBServer 的状态： stop_time 为 0 时，表示 OBServer 为 started 状态； 不为 0 时，表示 OBServer 处于 stopped 状态。 status 为 active 时，表示 OBServer 处于正常状态； 为 inactive 时，表示 OBServer 处于下线状态；为 deleting 时，表示 OBServer 正在被删除

3. 磁盘空间查询 SQL

查询 OceanBase 集群中各 OBServer 的磁盘容量和已使用量。

```
select total_size, used_size, free_size svr_ip from __all_virtual_disk_stat;
```

free_size 一般大于 800GB(根据实际服务器配置会有区别)。如果所有 Server 都小于此值，说明集群存储空间不够，应考虑集群扩容。

可按租户表统计磁盘空间的使用情况。

```
select tenant_id, svr_ip, unit_id, table_id, sum(data_size)/1024/1024/1024 size_G from __all_virtual_
meta_table group by 1, 2, 3, 4;
```

如果租户某 unit 磁盘空间占用过大(如>4TB)应考虑增加租户 unit。

如果单表磁盘空间占用过大(如>200GB),应考虑对表进行分区。

统计结果只包含 SSTable 中数据所使用的磁盘空间,不包含 MemTable 中数据使用的空间。

4. 历史事件查询 SQL

__all_rootservice_event_history 和 __all_server_event_history 分别记录集群级别和 OBServer 级别的历史事件。可以通过这两张表查询不同事件的信息,下面以查看转储事件为例。

系统租户从 RootService 角度查看最近 10 次的转储记录:

```
SELECT * FROM __all_rootservice_event_history WHERE event LIKE '%minor%' ORDER BY gmt_
create DESC LIMIT 10;
```

__all_rootservice_event_history 记录集群级事件,如 major freeze 合并、server 上下线、修改 primary_zone 引发的切主操作、负载均衡任务执行等,保留 7 天内的数据。

系统租户查看具体某台 OBServer 的转储情况:

```
SELECT * FROM __all_server_event_history WHERE svr_ip='192.168.100.1' AND module IN ('
freeze','minor_merge') ORDER BY gmt_create DESC LIMIT 10;
```

__all_server_event_history 记录 Server 级事件,如转储用户发起的系统命令,保留 7 天内的数据。

5. 服务器剩余资源查询

```
select b.zone,
                a.svr_ip,
                a.cpu_total,
                a.cpu_assigned cpu_ass,
                a.cpu_assigned_percent cpu_ass_percent,
                round(a.mem_total / 1024 / 1024 / 1024, 2) as mem_total,
                round(a.mem_assigned / 1024 / 1024 / 1024, 2) mem_ass,
                round((a.mem_total - a.mem_assigned) / 1024 / 1024 / 1024, 2) as mem_free,
                a.mem_assigned_percent mem_ass_percent
           from __all_virtual_server_stat a, __all_server b
      where a.svr_ip = b.svr_ip
      order by zone, cpu_assigned_percent desc;
```

如果某个 ZONE 中所有 Server 的某项指标(cpu_ass_percent,mem_ass_percent)都比较高(>90),后续加租户或扩租户资源可能会因资源不够而失败,可考虑集群扩容。

6. 系统性能视图

1）gv $ memory

gv $ memory 展示当前租户在所有 OBServer 上各个模块的内存使用情况，基于__all_virtual_memory_info 创建。系统性能视图 gv $ memory 字段说明如表 8-4-3 所示。

表 8-4-3 系统性能视图 gv $ memory 字段说明

字段名称	类型	说明
CONTEXT	varchar(256)	内存所属 Mod 名称
COUNT	bigint(20)	当前该 Mod 使用的内存单元个数
USED	bigint(20)	Mod 当前使用的内存数值，单位：B
ALLOC_COUNT	bigint(20)	该 Mod 申请的内存总个数
FREE_COUNT	bigint(20)	该 Mod 释放的内存总个数

2）gv $ memstore

gv $ memstore 展示所有服务器上所有租户的 MemTable 的内存使用状况，以__all_virtual_tenant_memstore_info 创建。系统性能视图 gv $ memstore 字段说明如表 8-4-4 所示。

表 8-4-4 系统性能视图 gv $ memstore 字段说明

字段名称	类型	说明
ACTIVE	bigint(20)	当前活跃的 MemTable 的内存占用大小(B)
TOTAL	bigint(20)	当前该 Mod 使用的内存单元个数，包括 active+frozen memstore
FREEZE_TRIGGER	bigint(20)	触发 MemTable 冻结的内存大小(B)
MEM_LIMIT	bigint(20)	MemTable 的内存大小限制(B)
FREEZE_CNT	bigint(20)	MemTable 的冻结次数

3）gv $ sql_audit

gv $ sql_audit 视图用于展示所有 Server 上每一次 SQL 请求的来源、执行状态等统计信息。该视图是按照租户拆分的，除系统租户外，其他租户不能跨租户查询。

检查特定租户下 Top10 的 SQL 执行时间：

```
select sql_id,
            query_sql,
            count( * ),
            avg(elapsed_time),
            avg(execute_time),
            avg(queue_time),
            avg(user_io_wait_time)
        from gv $ sql_audit
    where tenant_id = 1002
    group by sql_id
having count( * ) > 1
    order by 5 desc limit 10\G
```

检查特定租户下消耗 CPU 最多的 Top SQL：

```
select sql_id,
        avg(execute_time) avg_exec_time,
        count( * ) cnt,
        avg(execute_time - TOTAL_WAIT_TIME_MICRO) cpu_time
        from gv $ sql_audit
```

```
    where tenant_id = 1002
    group by 1
    order by avg_exec_time * cnt desc limit 5;
```

4) gv $ sql

gv $ sql 用于记录所有热更新的 SQL 相关统计信息，记录每个 Plan 上的统计信息，汇总单个 Plan 多次执行的统计信息，每个 Plan 都会在表中有一行。

```
SELECT s.tenant_id,
            svr_ip,
            plan_Id,
            sql_id,
            TYPE,
            query_sql,
            first_load_time,
            avg_exe_use c,
            slow_count,
            executions,
            slowest_exe_usec,
            s.outline_id
        FROM oceanbase. gv $ plan_cache_plan_stat s
    WHERE s.tenant_id = <TENANT_ID> -- 改成具体的 tenant_id
    ORDER BY avg_exe_usec desc limit 10;
```

表 8-4-5 对 gv $ sql 部分字段进行了简单归类说明。

表 8-4-5　系统性能视图 gv $ sql 部分字段说明

字 段 类 别	详 细 说 明
用于定位 SQL 的字段	[CON_ID：租户 ID][SVR_IP：IP 地址][SVR_PORT：端口号][PLAN_ID：执行计划的 ID][SQL_ID：SQL 的标识符][TYPE：SQL 类型，local remote distribute][SQL_TEXT：SQL 语句文本][PLAN_HASH_VALUE：执行计划的 Hash 值]
SQL 执行时间类统计字段	[FIRST_LOAD_TIME：第一次执行时间][LAST_ACTIVE_TIME：上一次执行时间][AVG_EXE_USEC：平均执行耗时][SLOWEST_EXE_TIME：最慢执行开始时间点][SLOWEST_EXE_USEC：最慢执行消耗时间][SLOW_COUNT：慢查询次数统计]
SQL 执行效率类统计字段	[HIT_COUNT：命中 Plan Cache 的统计][PLAN_SIZE：物理计划占用的内存][EXECUTIONS：执行次数][DISK_READS：读盘次数][DIRECT_WRITES：写盘次数][BUFFER_GETS：逻辑读次数][ELAPSED_TIME：完成总消耗时间][CPU_TIME：消耗的 CPU 时间]

5) gv $ plan_cache_plan_stat

gv $ plan_cache_plan_stat 视图详细记录了当前租户在所有 Server 上的计划缓存中缓存的每一个缓存对象的状态。该表不仅缓存了 SQL 计划对象，也缓存了 PL 对象(如匿名块、PL Package 以及 PL Function)，某些字段只在特定对象下有效。

gv $ plan_cache_plan_stat 记录的信息与 gv $ sql 视图相似，但更加丰富，表 8-4-6 列出了这些字段的说明。

表 8-4-6　系统性能视图 gv $ plan_cache_plan_stat 部分字段说明

字 段 名 称	类　型	说　明
LARGE_QUERYS	bigint(20)	被判断为大查询的次数
DELAYED_LARGE_QUERYS	bigint(20)	被判断为大查询且被丢入大查询队列的次数

续表

字段名称	类　型	说　明
DELAYED_PX_QUERYS	bigint(20)	并行查询被丢回队列重试的次数
OUTLINE_ID	bigint(20)	Outline 的 ID,为－1 表示不是通过绑定 Outline 生成的计划
OUTLINE_DATA	varchar(65536)	计划对应的 Outline 信息
TABLE_SCAN	tinyint(4)	表示该查询是否为主键扫描
TIMEOUT_COUNT	bigint(20)	超时的次数

6）gv $ plan_cache_plan_explain

gv $ plan_cache_plan_explain 视图用于展示缓存在全部的 Server 中的计划缓存的物理执行计划。

该视图仅支持 get 操作，查询时需要指定 IP、PORT、TENANT_ID、PLAN_ID 字段。

```
SELECT ip, plan_depth, plan_line_id, operator, name, rows, cost, propert y
       from oceanbase.gv$plan_cache_plan_explain
   WHERE tenant_id = <TENANT_ID>
         AND ip = '<IP_ADDR>'
         AND port = <PORT>
         AND plan_id = <PLAN_ID>;
```

7. 查看表统计信息

```
SELECT
    t.tenant_id,
    a.tenant_name,
    t.table_name,
    d.database_name,
    tg.tablegroup_name,
    t.part_num,
    t2.partition_id,
    t2.ZONE,
    t2.svr_ip,
    round(t2.data_size / 1024 / 1024) data_size_mb,
    t2.row_count
FROM
    oceanbase.__all_tenant AS a
    JOIN oceanbase.__all_virtual_database AS d ON (a.tenant_id = d.tenant_id)
    JOIN oceanbase.__all_virtual_table AS t ON (
        t.tenant_id = d.tenant_id
        AND t.database_id = d.database_id
    )
    JOIN oceanbase.__all_virtual_meta_table t2 ON (
        t.tenant_id = t2.tenant_id
        AND (
            t.table_id = t2.table_id
            OR t.tablegroup_id = t2.table_id
        )
        AND t2.ROLE IN (1)
    )
    LEFT JOIN oceanbase.__all_virtual_tablegroup AS tg ON (
        t.tenant_id = tg.tenant_id and t.tablegroup_id = tg.tablegroup_id
```

```
    )
WHERE
    a.tenant_id IN (1)
    AND t.table_type IN (3)
    AND d.database_name = '<DATABASE_NAME>'
    AND t.table_name='<TABLE_NAME>'
ORDER BY
    t.tenant_id,
    tg.tablegroup_name,
    d.database_name,
    t.table_name,
    t2.partition_id;
```

8.4.6 捕获慢 SQL

OceanBase 中执行时间超过 trace_log_slow_query_watermark(系统参数)的 SQL,在 OBServer 日志中都会打印 slow query 消息。

trace_log_slow_query_watermark 表示设置查询的执行时间阈值。如果查询的执行时间超过该阈值,则被认为是慢查询。执行时间阈值默认为 100ms。

在 OBServer 日志中,查找慢 SQL 消息。

```
fgrep '[slow query]' observer.log |sed -e 's/|/\n/g' | more <--查看日志中所有的 slow query
grep '<trace_id>' observer.log |sed -e 's/|/\n/g' | more <---根据 trace_id 查询某个 slow query
```

(1) [query begin]方括号内是指 SQL 执行经过的每一个内部模块。

(2) trace_id 与 gv$sql_audit 里的 trace_id 字段对应。

(3) stmt 是指执行的 SQL。

(4) u 代表每一步消耗的时间,单位是微秒。

(5) total_timeu 是指整个过程消耗的总时间。

OceanBase 提供两张虚拟表 v$sql_audit 和 gv$sql_audit 记录最近一段时间的 SQL 执行历史,v$sql_audit 存储本机的 SQL 执行历史,gv$sql_audit 存储整个集群的 SQL 执行历史。

查询 v$sql_audit 表,如查询某租户执行时间大于 1s(1000000μm)的 SQL:

```
select * from v$sql_audit where tenant_id = <tenant id>
and elapsed_time > 1000000 limit 10;
```

查询 SQL 执行时间按秒分布的直方图:

```
select round(elapsed_time/1000000), count( * ) from v$sql_audit
where tenant_id = <tenant_id> group by 1;
```

OBProxy 有自己的慢查询日志打印功能,通过设置 OBProxy 的配置项控制打印到日志中的 SQL 或事务的处理时间阈值;根据实际需求修改 OBProxy 配置项。慢查询参数如表 8-4-7 所示。

```
ALTER PROXYCONFIG SET slow_transaction_time_threshold='100ms';
ALTER PROXYCONFIG SET slow_proxy_process_time_threshold='5ms';
```

表 8-4-7 慢查询参数

参数	说明	默认值
slow_transaction_time_threshold	指慢查询或事务的整个生命周期的时间阈值，超过了该时间，就会打印相关日志	1s
slow_proxy_process_time_threshold	在发往 Server 前 Proxy 本身的处理时间，包括获取集群信息、路由信息、黑名单信息等	2ms
slow_query_time_threshold	指从 OBProxy 获取 SQL 直到返回给客户端之前的这段时间的阈值，超过了该时间，也会打印相关日志	500ms

8.4.7 集群日志剖析

1. OBServer 日志

1）日志概述

OceanBase 数据库在运行过程中会自动生成日志；通过查看和分析日志，可以了解 OceanBase 数据库的启动和运行状态。对于每一种日志，如 observer.log，按照文件名大致分为以下几种：

（1）observer.log；

（2）observer.log.20210901123456；

（3）observer.log.wf；

（4）observer.log.wf.20210901123456。

当 observer.log 达到 256MB 时，会将其 rename 为第二种日志，后面的数字为时间戳。wf 日志的含义见下文 enable_syslog_wf 配置项。OBServer 诊断日志类型说明如表 8-4-8 所示。

表 8-4-8 OBServer 诊断日志类型说明

日志名称	日志路径	说明
启动和运行日志（observer.log）	OBServer 服务器的～/appname/log 目录下	OceanBase 数据库所有的启动过程和启动后的运行过程中的日志
选举模块日志（election.log）	OBServer 服务器的～/appname/log 目录下	选举模块记录的日志
RootService 日志（rootservice.log）	OBServer 服务器的～/appname/log 目录下	RootService 模块记录的日志

2）日志级别说明

日志级别从低到高有 6 种：DEBUG、TRACE、INFO、WARN、USER_ERR、ERROR。

其中，ERROR 日志比较特殊，会将打印日志时所在的堆栈打印出来（需要通过符号表解析）。

开启 DEBUG 日志将耗费大量资源，在较新版本中，DEBUG 日志在 release 编译下会自动去掉，即使开启也无法生效。OBServer 日志级别说明如表 8-4-9 所示。

表 8-4-9 OBServer 日志级别说明

日志级别	含义
ERROR	严重错误。用于记录系统的故障信息，且必须进行故障排除，否则系统不可用
USER_ERR	用户输入导致的错误

续表

日志级别	含　义
WARN	警告。用于记录可能会出现的潜在错误
INFO(default)	提示。用于记录系统运行的当前状态，该信息为正常信息
TRACE	与 INFO 相比更细致化地记录事件消息
DEBUG	调试信息。用于调试时更详细地了解系统运行状态，包括当前调用的函数名、参数、变量、函数调用返回值等

查看日志打印级别：

```
SHOW PARAMETERS LIKE '%syslog_level%';
```

3）设置日志打印级别

在运维过程中，运维工程师可以通过设置日志模块的日志打印级别，从而获取更精确的目标日志。

对于 observer.log、election.log 和 rootservice.log 日志文件，日志打印级别可通过系统级别、Session 级别和语句级别三个级别进行设置。打印日志时，优先级从高到低依次为语句级别、Session 级别、系统级别。

（1）系统级别。作用范围为整个集群所有 OBServer，仅支持在系统租户下配置。

（2）Session 级别。作用范围为当前租户在集群内所在的 OBServer。

① 设置 Session 级别的变量仅对当前 Session 有效，对其他 Session 无效。

② 设置 Global 级别的变量对当前 Session 无效，需要重新登录建立新的 Session 才会生效。

（3）语句级别。作用范围为当前执行语句所在的 OBServer。只在 SQL 语句执行期间生效。

以下为通过系统级别、Session 级别和语句级别三个级别，对日志打印级别进行设置的具体方法。

通过系统级别设置日志模块的级别。可通过以下两种方式进行设置。

（1）通过系统配置项 syslog_level 设置系统级别的日志级别。例如：设置 SQL 模块的日志级别为 DEBUG；设置 COMMON 模块的日志级别为 ERROR。

```
obclient> ALTER SYSTEM SET syslog_level='sql.*:debug, common.*:error';
```

（2）通过操作系统 bash kill -41/42 $pid 命令设置系统级别的日志级别。

kill -41 用于降低程序日志的级别。例如，当前程序日志的级别为 INFO，执行 kill -41 后，则级别降低至 TRACE。kill -42 用于升高程序日志的级别。例如，当前程序日志的级别为 INFO，执行 kill -42 后，则级别升高至 WARN。

推荐通过系统配置项 syslog_level 设置系统级别的日志级别。因为 OceanBase 数据库在刷新 config 时，会导入 config 中配置的 ob_log_level，导致 kill 方式失效。

通过 Session 级别设置日志模块的级别。通过系统变量 ob_log_level 设置 Session 级别的日志级别。例如：设置 SQL 模块的日志级别为 DEBUG，设置 COMMON 模块的日志级别为 INFO。

```
obclient> SET @@ob_log_level='sql.*:debug, common.*:info';
```

通过语句级别设置日志模块的级别。可以通过 Hint 设置语句级别的日志级别。例如，设置 SQL 模块的日志级别为 DEBUG；设置 COMMON 模块的日志级别为 INFO。

```
obclient>SELECT /*+log_level('sql.*:debug, common.*:info')*/ * FROM t;
```

说明：

如果使用 MySQL 的 C 客户端执行带 Hint 的 SQL 语句，需要使用-c 选项登录，否则 MySQL 客户端会将 Hint 作为注释，从用户 SQL 语句中去除，导致系统无法收到用户 Hint。

4）日志数据格式

日志数据格式如下，具体格式以实际情况为准。

```
[time]log_level [module_name] (file_name:fine_no) [thread_id][Y_trace_id0-trace_id1] [lt=last_log_print_time] [dc=dropped_log_count] log_data_

[time] log_level [module_name] function_name (file_name:fine_no) [thread_id][Y_trace_id0-trace_id1] [lt=last_log_print_time] [`dc=`dropped_log_count] log_data_

日志打印示例如下：
[admin@OceanBase000000000.sqa.ztt /home/admin/oceanbase/log]
$ tail -f -n 1 observer.log
[2016-07-17 14:18:04.845802] INFO [RPC.OBMYSQL] obsm_handler.cpp:191 [9543][Y0-0] [lt=47] [dc=0] connection close(easy_connection_str(c)="192.168.0.2:56854_-1_0x7fb8a9171b68", version=0, sessid=2147562562, tenant_id=1, server_id=1, is_need_clear_sessid_=true, ret=0)
[admin@OceanBase000000000.sqa.ztt /home/admin/oceanbase/log]
$ tail -f -n 1 observer.log.wf
[2016-07-17 14:18:28.431351] WARN [SQL.SESSION] set_conn (ob_basic_session_info.cpp:2568) [8541][YB420AF4005E-52A8CF4E] [lt=16] [dc=0] debug for set_conn(conn=0x7fb8a9171b68, lbt()="0x4efe71 0x818afd 0xe9ea5b 0x721fc8 0x13747bc 0x2636db0 0x2637d68 0x5054e9 0x7fb98705aaa1 0x7fb9852cc93d ", magic_num_=324478056, sessid_=2147562617, version_=0)
[admin@OceanBase000000000.sqa.ztt /home/admin/oceanbase/log]
$ tail -f -n 1 rootservice.log
[2016-07-17 14:18:53.701463] INFO [RS] ob_server_table_operator.cpp:345 [8564][Y0-0] [lt=11] [dc=0] svr_status(svr_status="active", display_status=1)
[admin@OceanBase000000000.sqa.ztt /home/admin/oceanbase/log]
$ tail -f -n 1 rootservice.log.wf
[2016-07-16 02:02:12.847602] WARN [RS] choose_leader (ob_leader_coordinator.cpp:2067) [8570][YB420AF4005E-4626EDFC] [lt=8] [dc=0] choose leader info with not same candidate num(tenant_id=1005, server="192.168.0.1:2882", info={original_leader_count:0, primary_zone_count:0, cur_leader_count:1, candidate_count:1, in_normal_unit_count:1})
```

日志数据中各字段的含义如表 8-4-10 所示。

表 8-4-10 诊断日志数据中各字段说明

参　数	说　明
time	该条日志打印的时间
log_level	该条日志的级别
module_name	打印该条日志的语句所在模块
function_name	该条日志的语句所在的函数
file_name	该条日志的语句所在的文件
file_no	该条日志的语句所在文件的具体行数
thread_id	该条日志的线程号

续表

参　数	说　明
trace_id0-trace_id1	该条日志的 trace_id，由 trace_id0 和 trace_id1 组成，该 trace_id 可通过 RPC 在各个 OBServer 间传递，从而可以根据 trace_id 号来获取相互之间有关联关系的日志数据
last_log_print_time	OBServer 支持同步日志与异步日志，开启同步日志时，该参数语义表示“上一条日志消耗的时间”；开启异步日志时，该参数表示“本条日志格式化的时间”
dropped_log_count	丢掉的日志数量
log_data	具体的日志数据

5）日志文件切片管理

OceanBase 数据库的单个日志文件大小不超过 256MB，可通过日志文件切片来管理和控制。

OceanBase 数据库的日志文件(observer. log、election. log、rootservice. log、observer. log. wf、election. log. wf 和 rootservice. log. wf)最大不能超过 256MB。当日志文件超过 256MB 时，则会被进行切片处理。切片规则如下：

原日志文件大小为 256MB，并被重新命名为原日志文件名 yyyyMMddHHmmss，yyyyMMddHHmmss 为本日志文件中最后一条日志的生成时间。

新生成一个和原日志文件名一样的日志文件，用于打印新生成的日志。

例如，当 observer. log 日志文件的大小超过 256MB 时，原日志文件名被重新命名为 observer. log. yyyyMMddHHmmss，大小为 256MB，同时新生成一个名称为 observer. log 的日志文件。

6）日志文件数量管理

OceanBase 数据库运行过程中，可能会生成大量的日志文件，为防止磁盘被占满，可以控制日志文件的数量。

通过设置系统配置项 max_syslog_file_count 的值，OceanBase 数据库会根据日志文件类型和日志归档时间，将每类日志文件中时间较新的日志文件的数量控制在所配置的值。

当设置为 0 时，表示 OBServer 进程不对日志文件数量进行控制。

当设置为一个非 0 正数时，OBServer 进程会将每类日志文件中时间较新的日志文件的数量控制在所配置的值。例如，设置 max_syslog_file_count 为 100，则 observer. log、observer. log. wf、election. log、election. log. wf、rootservice. log、rootservice. log. wf 日志文件中，时间较新的日志文件的数量将控制在 100 个以内。以 observer. log 类型的日志文件为例：当日志文件总数小于 100 时，该区间内的日志文件会累计到 100，此后每产生一个新日志文件，该区间内最旧的一个日志文件将被删除。

当日志文件总数大于或等于 100 时，则归档时间较新的 100 个日志文件数量将维持不变，此后每产生一个新日志文件，该区间内最旧的一个日志文件将被删除。

下面通过两种方法设置 max_syslog_file_count 系统配置项。

当完成 max_syslog_file_count 系统配置项设置后，OceanBase 数据库会将每类日志文件中时间较新的日志文件的数量控制在所配置的值。

(1) OBServer 运行过程中，设置系统配置项 max_syslog_file_count 的值。例如，在客户端中，设置 max_syslog_file_count 的值：

```
obclient> ALTER SYSTEM SET max_syslog_file_count=20;
```

(2) 启动 OBServer 时，在-o 参数中指定 max_syslog_file_count 的值。例如，启动 OBServer 时，在-o 参数中指定 max_syslog_file_count 的值：

```
[admin@hostname oceanbase] $ /home/admin/oceanbase/bin/observer -i eth0 -P XXXX -p YYYY -z zone1 -d /home/admin/oceanbase/store/obdemo -r 'xxx.xxx.xxx.xxx:xxxx:xxx.xxx.xxx.xxx:xxxx xxx.xxx.xxx.xxx:xxxx:yyyy' -c 20190716 -n obdemo -o "max_syslog_file_count=20,memory_limit_percentage=90,memstore_limit_percentage=60,datafile_disk_percentage=80,config_additional_dir=/data/1/obdemo/etc3;/data/log1/obdemo/etc2"
```

开启系统日志自动回收功能(可选)。本功能开启后，当 OceanBase 数据库重启时，会保留每类日志文件中的 max_syslog_file_count 个时间最新的日志文件，并回收其他日志文件。

```
obclient> ALTER SYSTEM SET enable_syslog_recycle='True';
```

7) 日志分析

查找 SQL 请求日志的具体方法如下：

OceanBase 数据库支持获取目标 SQL 请求的完整日志。

为了便于查找目标 SQL 请求日志，可提前通过设置日志打印级别来减少 SQL 模块之外的日志的打印。

具体操作步骤如下：

(1) 登录 OBServer 所在的服务器。

(2) 执行以下命令，进入日志文件所在的目录：

```
cd ~/oceanbase/log
```

(3) 根据设置的日志级别，筛选出该级别的日志。例如，查看 WARN 级别的 observer.log 日志。

```
grep 'WARN' observer.log
observer.log:[2021-07-15 14:05:11.218141] WARN [SQL] execute_get_plan (ob_sql.cpp:3159) [119331][0][YB42AC1E87ED-0005C6866C3BAFB1-0-0] [lt=5] [dc=0] fail to get plan retry(ret=-5138)
observer.log:[2021-07-15 14:05:11.300671] WARN [SQL] execute_get_plan (ob_sql.cpp:3159) [119342][0][YB42AC1E87ED-0005C686685C0492-0-0] [lt=18] [dc=0] fail to get plan retry(ret=-5138)
observer.log:[2021-07-15 14:05:11.549102] WARN [STORAGE] set_io_prohibited (ob_storage.cpp:110) [119002][0][Y0-0000000000000000-0-0] [lt=14] [dc=0] set_io_prohibited(io_prohibited=false, prohibited=false)
observer.log:[2021-07-15 14:05:11.549109] WARN [STORAGE] enable_backup_white_list (ob_partition_service.cpp:14335) [119002][0][Y0-0000000000000000-0-0] [lt=6] [dc=0] backup set_io_prohibited(prohibited=false)
```

(4) 再根据筛选出的日志的 trace_id 获取某条 SQL 请求的完整日志。

```
grep $trace_id observer.log
例如:获取 trace_id 为 YB42AC1E87ED-0005C6866C3BAFB1-0-0 的日志.
grep YB42AC1E87ED-0005C6866C3BAFB1-0-0 observer.log
observer.log:[2021-07-15 14:05:11.2181N [SQ41] WARL] execute_get_plan (ob_sql.cpp:3159) [119331][0][YB42AC1E87ED-0005C6866C3BAFB1-0-0] [lt=5] [dc=0] fail to get plan retry(ret=-5138)
```

基于 Trace 功能查找上次 SQL 请求日志的具体方法如下：

OceanBase 数据库支持基于 Trace 功能快速获取上一次 SQL 请求的完整日志。

为了便于查找目标 SQL 请求日志，可提前通过设置日志打印级别来减少 SQL 模块之外的日志的打印。

具体操作步骤如下：

(1) 开启 Trace 功能。

可通过以下两种方式来开启 Trace 功能：

① 通过设置 Hint 中的 trace_log 字段来开启 Trace 功能。这种方式只对携带 Hint 的当前语句生效。

```
obclient > SELECT /*+trace_log=on*/c1 FROM t1 LIMIT 2;
```

② 通过设置 Session 变量 ob_enable_trace_log 来开启 Trace 功能。这种方式对本 Session 的后续所有语句生效。

```
obclient > SET ob_enable_trace_log= 'ON';
```

(2) 获取上一次 SQL 请求日志的 trace_id。

开启 Trace 功能并执行 SQL 请求后，通过 SHOWTRACE 语句可获取上一次 SQL 请求日志的 trace_id。

```
obclient > SHOW TRACE;
+-----------------------------------+-----------------------------------------+------+
| Title                             | KeyValue                                | Time |
+-----------------------------------+-----------------------------------------+------+
| process begin                | in_queue_time: 12, receive_ts: 1623988240448815, enqueue_ts:
1623988240448816                                                            | 0    |
| query begin                   | trace_id: YC1E64586A5D-0005C4C77E56FA98  | 2    |
| parse begin                       | stmt:"select count(*) from t1", stmt_len:23
| pc get plan begin                 |                                         | 7    |
| pc get plan end                   |                                         | 18   |
| transform_with_outline begin      |                                         | 2    |
| transform_with_outline end        |                                         | 45   |
| resolve begin                     |                                         | 22   |
| resolve end                       |                                         | 130  |
| transform begin                   |                                         | 40   |
| transform end                     |                                         | 138  |
| optimizer begin                   |                                         | 2    |
| get location cache begin          |                                         | 96   |
| get location cache end            |                                         | 108  |
| optimizer end                     |                                         | 272  |
| cg begin                          |                                         | 0    |
| cg end                            |                                         | 984  |
| execution begin                   | arg1:false, end_trans_cb:false          | 78   |
| do open plan begin                | plan_id:197                             | 29   |
| sql start stmt begin              |                                         | 1    |
| sql start stmt end                |                                         1      |
| execute plan begin                |                                         | 0    |
| execute plan end                  |                                         | 9    |
| sql start participant begin       |                                         0      |
| sql start participant end         |                                         | 1    |
| do open plan end                  |
```

```
| table scan begin                 |                                          | 11     |
| table scan end                   |                                          | 42     |
| start_close_plan begin           |                                          | 1344   |
| start_end_participant begin      |                                          | 13     |
| start_end_participant end        |                                          | 1      |
| start_close_plan end             |                                          | 1      |
| start_auto_end_plan begin        |                                          | 2      |
| start_auto_end_plan end          |                                          | 1      |
| execution end                    |                                          | 2      |
| query end                        |                                          | 52     |
| NULL                             | PHY_SCALAR_AGGREGATE                     |        |
| t1                               | PHY_TABLE_SCAN                           |        |
+----------------------------------+------------------------------------------+------+
38 rows in set (0.01 sec)
```

Time 字段表示当前该步骤花费的时间,单位是微秒。例如,pc get plan end 的 Time 字段显示为 18μs,表示 OceanBase 数据库从 Plan Cache 中获取一条执行计划花费了 18μs。

(3) 通过 trace_id 在日志文件查询上一次 SQL 请求的完整日志。

OceanBase 数据库日志打印时均会携带 trace_id,通过在日志文件(observer.log、election.log 和 rootservice.log)中搜索对应的 trace_id,可以获取上一次 SQL 请求的完整日志。

```
grep $trace_id observer.log
例如:获取 trace_id 为 YB42AC1E87ED-0005C6866C3BAFB1-0-0 的日志.
grep YB42AC1E87ED-0005C6866C3BAFB1-0-0 observer.log
observer.log: [2021-07-15 14:05:11.218141] WARN [SQL] execute_get_plan (ob_sql.cpp:3159)
[119331][0][YB42AC1E87ED-0005C6866C3BAFB1-0-0] [lt=5] [dc=0] fail to get plan retry(ret=
-5138)
```

2. ODP 日志

解决 ODP 问题的三大法宝：ODP 日志、Linux 命令(网络命令、系统命令和文本命令)和监控平台 OCP。其中,Linux 命令和监控平台的知识点十分通用,网络上资料很多,大家可以自行学习,掌握后对大家排查问题帮助很大。

本节主要介绍和 ODP 关系比较紧密的日志部分,ODP 的日志有多种类别,下面将分别介绍每种日志的作用,帮助大家排查问题。

1) 审计日志

obproxy_digest.log 日志是审计日志,记录执行时间大于参数 query_digest_time_threshold 阈值(默认是 100ms,主站是 2ms)的请求和错误响应请求。

日志格式如下：

```
日志打印时间,当前应用名,TraceId,RpcId,逻辑数据源名称,物理库信息(cluster:tenant:database),数据库类型(OB/RDS),逻辑表名,物理表名,SQL 命令,SQL 类型(CRUD),执行结果(success/failed),错误码(success 时为空),SQL,执行总耗时(ms),预执行时间,连接建立时间,数据库执行时间,当前线程名,shard_name,是否 BT 方式,系统穿透数据,穿透数据
```

说明：

(1) SQL 命令显示为 COM_QUERY、COM_STMT_PREPARE 等。

(2) 执行总耗时包括内部 SQL 执行耗时。

(3) 当前线程名显示 ODP 的内部线程 ID。

(4) shard_name 和是否 BT 方式需版本在 V2.0.20 及以上才会支持,其中 1 代表是 BT 方式,0 代表不是 BT 方式。

(5) 系统穿透数据将显示系统灾备信息等。

日志示例:

此处使用 select sleep(3) from dual 模仿慢 SQL,执行后查看 obproxy_digest.log,可以看到 ODP 执行花费了 409μs,OBServer 执行花费了 3039883μs。内容如下:

```
2022-07-11 14:32:51.758265,undefined,,,,obcluster:sys:test,OB_MYSQL,,,COM_QUERY,SELECT,success,,select sleep(3),3041116μs,409μs,0μs,3039883μs,Y0-7F4B1CEA13A0,,,,0,11.xxx.xxx.53:33041

# 日志通过逗号分隔,如果 SQL 中有逗号,会通过%2C 替代,通过 tr',''\n'替换结果如下
1,2022-07-11 14:32:51.758265      # 日志打印时间
2,undefined                       # 无须关注,内部使用
3,                                # 无须关注,内部使用
4,                                # 无须关注,内部使用
5,                                # 无须关注,内部使用
6,obcluster:sys:test              # 物理库信息(cluster:tenant:database)
7,OB_MYSQL                        # 数据库类型
8,                                # 逻辑表名
9,                                # 物理表名
10,COM_QUERY                      # SQL 命令(COM_QUERY、COM_STMT_PREPARE 等)
11,SELECT                         # SQL 类型
12,success                        # 执行结果(success/failed)
13,                               # 错误码(success 时为空)
14,select sleep(3)                # SQL 语句
15,3041116μs                      # 执行总耗时(ms,包括内部 SQL 执行耗时)
16,409μs                          # 预执行时间
17,0μs                            # 建立连接时间
18,3039883μs                      # 数据库执行时间
19,Y0-7F4B1CEA13A0                # ODP 内部日志 trace_id
20,                               # 无须关注,内部使用
21,                               # 无须关注,内部使用
22,                               # 无须关注,内部使用
23,0                              # 无须关注,内部使用
24,11.xxx.xxx.53:33041            # 路由到的 OBServer 的地址信息
```

对于审计日志比较重要的是第 14 行记录了执行的 SQL,第 15 和第 16 行记录了详细的执行时间,如果数据库执行慢第 18 行的时间就会很长。

2) SQL 执行统计日志

obproxy_stat.log 日志是 SQL 执行统计日志,统计日志默认每分钟(由 monitor_stat_dump_interval 参数控制)输出一次,通过该日志可以查看 ODP 1min 内 SQL 的执行情况。

日志格式如下:

```
日志打印时间,当前应用名,逻辑数据源名称,物理库信息(cluster:tenant:database),数据库类型(OB/RDS),SQL 类型(CRUD),执行结果(success/failed),错误码(success 时为空),总请求数量,[30ms,100ms)请求数量,[100ms,500ms)请求数量,[500ms,+∞)请求数量,执行总耗时(ms,包括内部 SQL 执行耗时),预执行时间,数据库执行时间
```

日志示例:

若要查看 ODP 是否有请求流量,看该日志记录如下:

```
2022-07-1110:26:59.499204,undefined,,obcluster:sys:test,OB_MYSQL,SELECT,success,,1,1,0,0,
41480μs,332μs,40369μs

#日志分析
1,2022-07-11 10:26:59.499204          #日志打印时间
2,undefined                           # 逻辑租户名
3,                                    # 逻辑库名
4,obcluster:sys:test                  # 物理库信息(cluster:tenant:database)
5,OB_MYSQL                            # 数据库类型
6,SELECT                              # SQL 类型
7,success                             # 执行结果(success/failed)
8,                                    # 错误码(success 时为空)
9,1                                   # 总请求数量
10,1                                  # [30ms, 100ms) 请求数量
11,0                                  # [100ms, 500ms) 请求数量
12,0                                  # [500ms,+∞) 请求数量
13,41480μs                            # 执行总耗时(ms,包括内部 SQL 执行耗时)
14,332μs                              # 预执行时间
15,40369μs                            # 数据库执行时间
```

3）慢 SQL 请求日志

obproxy_slow.log 日志是慢 SQL 请求日志，记录执行时间大于参数 slow_query_time_threshold 阈值(默认 500ms)的请求。

日志格式如下：

```
日志打印时间,当前应用名,TraceId,RpcId,逻辑数据源名称,物理库信息(cluster:tenant:database),数
据库类型(OB/RDS),逻辑表名,物理表名,SQL 命令,SQL 类型(CRUD),执行结果(success/failed),错
误码(success 时为空),SQL,执行总耗时(ms),预执行时间,连接建立时间,数据库执行时间,当前线程
名,系统穿透数据,穿透数据
```

说明：

(1) SQL 命令显示为 COM_QUERY、COM_STMT_PREPARE 等。

(2) 执行总耗时包括内部 SQL 执行耗时。

(3) 当前线程名显示 ODP 的内部线程 ID。

(4) 系统穿透数据将显示系统灾备信息等。

日志示例：

```
2022-07-11 14:32:51.758270,undefined,,,,obcluster:sys:test,OB_MYSQL,,,COM_QUERY,
SELECT,success,,select sleep(3),3041116μs,409μs,0μs,3039883μs,Y0-7F4B1CEA13A0,,,,0,11.
xxx.xxx.53:33041
```

对于慢 SQL，在 obproxy.log 中也会有记录，关键字是 SlowQuery，obproxy.log 中记录的信息更加详细，如执行 SQL 语句 select sleep(3) from dual，搜索 obproxy.log 将得到：

```
[2022-07-11 14:32:51.758195] WARN [PROXY.SM] update_cmd_stats (ob_mysql_sm.cpp:8425)
[74744][Y0-7F4B1CEA13A0] [lt=7] [dc=0] Slow Query: ((
client_ip={127.0.0.1:50422},              // 执行 SQL client IP
server_ip={11.xxx.xxx.53:33041},          // SQL 被路由到的目标 OBServer
obproxy_client_port={100.xxx.xxx.179:52052}, // 和 OBServer 连接的客户端地址
server_trace_id=Y81100B7C0535-0005E3460FBBE3CD-0-0, // 目标 OBServer 中执行过程中的 trace id
```

```
route_type=ROUTE_TYPE_NONPARTITION_UNMERGE_LOCAL, // SQL 使用的路由策略
user_name=root,                              // 用户名
tenant_name=sys,                             // 租户名
cluster_name=obcluster,                      // 集群名
logic_database_name=,                        // 逻辑库名
logic_tenant_name=,                          // 逻辑租户名
ob_proxy_protocol=0,                         // 协议类型
cs_id=14, // client login 时看到的 connection id, ODP 分配
proxy_sessid=7230691598940700681, // client 访问 OceanBase 时内部记录 connection id
ss_id=21,
server_sessid=3221588238, // SQL 在目标 OBServer 中的 connection id, OBServer 分配
sm_id=14,
cmd_size_stats={
    client_request_bytes:20,          // client 发给 ODP 的请求包大小
    server_request_bytes:38,          // ODP 发给目标 OBServer 的请求包大小
    server_response_bytes:0,          // 目标 OBServer 发给 ODP 的响应包大小
    client_response_bytes:71},        // ODP 发给 client 的响应包大小
cmd_time_stats={
    client_transaction_idle_time_μs=0, // 在事务中该条 SQL 与上一条 SQL 执行结束之间的间隔时
                                       // 间, 即 client 事务间隔时间
    client_request_read_time_μs=97,    // ODP 从 client socket 读取请求包的耗时
    client_request_analyze_time_μs=95, // ODP 分析 client 的 SQL 耗时
    cluster_resource_create_time_μs=0, // ODP 创建集群资源耗时(仅首次访问集群时需要创建)
    pl_lookup_time_μs=0,               // 根据 SQL 获取涉及路由表的耗时
    pl_process_time_μs=0,              // 对涉及路由表进行筛选排序的耗时
    congestion_control_time_μs=21,     // 根据 SQL 获取涉及黑名单信息的耗时
    congestion_process_time_μs=3,      // 对涉及黑名单的进行检查过滤的耗时
    do_observer_open_time_μs=55,      // 对目标 OBServer 获取可用连接的耗时, 包含 connect_time
        server_connect_time_μs=0,      // 对目标 OBServer 创建连接的耗时
    server_sync_session_variable_time_μs=0, // 对选择的目标连接进行初始化的耗时, 包括 saved_
// login, 同步 db, 同步系统变量, 同步 last_insert_id, 同步 start_trans
        server_send_saved_login_time_μs=0, // 对选择的目标连接进行 saved login 耗时
        server_send_use_database_time_μs=0, // 对选择的目标连接同步 db 耗时
        server_send_session_variable_time_μs=0, // 对选择的目标连接同步已修改的系统变量耗时
        server_send_all_session_variable_time_μs=0, // 对选择的目标连接同步所有系统耗时
        server_send_last_insert_id_time_μs=0, // 对选择的目标连接同步 last_insert_id 耗时
        server_send_start_trans_time_μs=0, // 对选择的目标连接同步 start_trans/begin 耗时
    build_server_request_time_μs=23, // 构建对目标 Server 的请求包的耗时
    plugin_compress_request_time_μs=0, // 对请求包进行压缩耗时
    prepare_send_request_to_server_time_μs=409, // ODP 接收到客户端请求,到转发到 OBServer 执
// 行前的总计时间,正常应该是前面所有时间之和
    server_request_write_time_μs=32, // ODP 向目标 server socket 发送请求包的耗时
    server_process_request_time_μs=3039883, // 目标 Server 执行 SQL 的耗时
    server_response_read_time_μs=67, // ODP 从目标 server socket 读取响应包的耗时
    plugin_decompress_response_time_μs=59, // 对响应包进行解压缩耗时
    server_response_analyze_time_μs=70, // 对响应包进行分析的耗时
    ok_packet_trim_time_μs=0, // 对响应包 trim 掉最后一个 ok 包的耗时
    client_response_write_time_μs=185, // ODP 向 client socket 发送响应包的耗时
    request_total_time_μs=3041116}, // ODP 处理该请求总时间, 等于前面所有耗时之和
sql=select sleep(3)                   //client 的请求 SQL
```

4) ODP 错误日志

obproxy_error.log 日志是 ODP 错误日志,执行错误的请求会打印到该日志中,包括 ODP 自身错误和 OBServer 返回错误。

日志格式如下:

```
日志打印时间,当前应用名,TraceId,RpcId,逻辑数据源名称,物理库信息(cluster:tenant:database),数据库类型(OB/RDS),逻辑表名,物理表名,SQL 命令,SQL 类型(CRUD),执行结果(success/failed),错误码(success 时为空),SQL,执行总耗时(ms),预执行时间,连接建立时间,数据库执行时间,当前线程名,系统穿透数据,穿透数据,错误详情
```

说明:

(1) SQL 命令显示为 COM_QUERY、COM_STMT_PREPARE 等。

(2) 执行总耗时包括内部 SQL 执行耗时。

(3) 当前线程名显示 ODP 的内部线程 ID。

(4) 系统穿透数据将显示系统灾备信息等。

日志示例:

此处以 select obproxy_error from dual 命令做测试,其中 obproxy_error 字段没有加引号,会被当作列处理,导致执行失败。客户端报错如下:

```
MySQL[test]> select obproxy_error from dual;
ERROR 1054 (42S22): Unknown column 'obproxy_error' in 'field list'
```

打开 obproxy_error.log,内容如下:

```
2022-07-11 10:26:09.358231, undefined, , , , obcluster: sys: test, OB_MYSQL, , , COM_QUERY, SELECT, failed, 1054, select obproxy_error from dual, 42423μs, 454μs, 0μs, 41222μs, Y0-7F4B1EF653A0, , , , 0, 11.xxx.xxx.53:33041, Unknown column 'obproxy_error' in 'field list'

# 日志分析
1,2022-07-11 10:26:09.358231        #日志打印时间
2,undefined                         #无须关注,内部使用
3,                                  #无须关注,内部使用
4,                                  #无须关注,内部使用
5,                                  #无须关注,内部使用
6,obcluster:sys:test                #物理库信息(cluster:tenant:database)
7,OB_MYSQL                          #数据库类型
8,                                  #逻辑表名
9,                                  #物理表名
10,COM_QUERY                        #SQL 命令(COM_QUERY、COM_STMT_PREPARE 等)
11,SELECT                           #SQL 类型
12,failed                           #执行结果(success/failed)
13,1054                             #错误码(success 时为空)
14,select obproxy_error from dual   #SQL 语句
15,42423μs                          #执行总耗时(ms,包括内部 SQL 执行耗时)
16,454μs                            #预执行时间
17,0μs                              #建立连接时间
18,41222μs                          #数据库执行时间
19,Y0-7F4B1EF653A0                  #ODP 内部日志 trace_id
20,                                 #无须关注,内部使用
21,                                 #无须关注,内部使用
22,                                 #无须关注,内部使用
23,0                                #无须关注,内部使用
24,11.xxx.xxx.53:33041              #路由到的 OBServer 的地址信息
25,Unknown column 'obproxy_error' in 'field list' #报错信息
```

从第 12 行可以看到执行失败,从第 27 行可以看到执行 SQL 的 OBServer 的地址信息,第 28 行有报错信息,就可以确定是数据库执行失败。

5) ODP 限流日志

obproxy_limit.log 日志是 ODP 限流日志，如果发生限流，被限流的请求将打印到该日志中。日志格式如下：

```
日志打印时间,当前应用名,TraceId,RpcId,逻辑数据源名称,物理库信息(cluster:tenant:database),数据库类型(OB/RDS),逻辑表名,物理表名,SQL 命令(COM_QUERY、COM_STMT_PREPARE 等),SQL 类型(CRUD),限流状态(RUNNING/OBSERVE),SQL,限流规则名称
```

日志示例：

```
2020-03-18 21:26:54.871053,postmen,,,,postmen40:postmen_new0497_3279:postmen_r497,OB_MYSQL,,postmen_push_msg_4977,COM_QUERY,SELECT,RUNNING,SELECT      id%2C
gmt_create%2C      gmt_modified%2C      msg_id%2C      principal_id%2C
app_name%2C      target_utdid%2C      biz_id%2C      host%2C      status%2C
expire_time%2C      msg_data      FROM      postmen_push_msg_4977  WHERE
principal_id = 'W/jEKoLOxnwDABWmhzjgmK1V' AND      app_name = 'KOUBEI' AND
expire_time > 1584538014858 AND      status = 1,LIMIT_RULE_1
```

6) Prometheus

ODP 除了提供日志系统外，还提供 Prometheus 系统，以便对接不同的监控平台。Prometheus 系统提供总的请求数量、执行耗时、当前前端连接数、后端连接数等信息。具体监控项如表 8-4-11 所示。

表 8-4-11 Prometheus 提供的监控项

监 控 项	是否必选	描 述
odp_transaction_total	是	总事务数
odp_sql_request_total	是	总请求数
odp_sql_cost_total	是	请求总耗时
odp_current_session	是	当前 Session 数量
odp_entry_total	否	Table Entry 请求数量
odp_request_byte	否	请求字节数

8.5 常见问题诊断

8.5.1 数据库连接问题排查

在遇到连接问题时，需要清楚整个系统的架构，对整个连接链路进行排查。通常情况下应用连接到数据库的完整链路是从应用服务器到 OBProxy 再到 OB 集群，此外还可能涉及负载均衡、DNS 解析、网络等。一般连接问题如连接失败、连接断开、连接报错异常等问题排查，从以下两个方向入手：

(1) OBProxy 和应用之间的连接异常。

(2) OBProxy 和 OBServer 之间的连接异常。

具体排查方式如下：

首先，可以通过尝试连接，缩小问题链路的范围。

(1) 通过 OBProxy 连接数据库。

(2) 直连 OceanBase 数据库。

然后，查看报错信息。常见的报错类型有：

(1) 数据库事务状态异常,OB 主动断开连接。

(2) 应用端连接报错。如果报错信息涉及 get connection timeout 及连接数,应查看应用是否有流量突增或 DB 连接数设置;如果报错信息涉及 communications link failure,连接可能被异常中断。

8.5.2 OBServer 进程异常退出

当正在运行的 OBServer 异常退出时,通过操作系统(ps-ef 命令)查询不到 OBServer 进程的存在,此时,如果不是硬件损坏或者操作系统的问题,可尝试拉起 OBServer 进程作为应急手段;OBServer 在退出时会生成 core dump 文件,可以此为依据进行 OBServer 的异常退出根本原因分析(版本不同,core dump 排查的方法不同)

```
V2.2.7x,V3.x 及以上的版本会直接打印出 CRASH ERROR 信息到 observer.log 中,如:
CRASH ERROR!!! sig=11, sig_code=1, sig_addr=0x42, tid=27311, tname=test_context,
trace_id=Y0-0000000000000000, extra_info=((null)), lbt=0x58b9f0 0x58c00f
0x7fcb153fe61f 0x4a1342 0x9fc8fb 0x9f66f5 0x9dc80e 0x9dd097 0x9dd727 0x9e3fdf
0x9fdcd9 0x9f74eb 0x9e2c1b 0x4abcc0 0x4a801b 0x7fcb144b6444 0x4a1028 Segmentation
fault (core dumped)
```

Lbt 后的地址信息可以填入 addr2line-pCfe $observer $symbol_addr 命令中的 $symbol_addr,以获得 CRASH 原始信息和线程栈信息。(addr2line 可用于 V2.2.76 版本之后。)

8.5.3 合并问题排查

进行合并问题排查时,首先,要确定当前集群中的合并配置项,确定当前的合并状态;然后,根据查询得到的情况,对不同的合并问题类型进行分析后,再分析寻找根本原因。

(1) 确认合并配置项。须确定 enable_manual_merge,zone_merge_concurrency,zone_merge_order,enable_merge_by_turn,major_freeze_duty_time,enable_auto_leader_switch 等配置项。

(2) 确定合并状态。根据查询到的信息,可以将问题归于未合并问题、合并超时问题、合并慢问题,并做具体的分析。

```
SELECT * FROM __all_zone WHERE name = "frozen_version" or name = "last_merged_version";
SELECT * FROM __all_zone WHERE name = "merge_status";
```

1. 未合并问题

(1) ZONE 未合并。

```
SELECT * FROM __all_zone WHERE name = "global_broadcast_version" or name ="broadcast_
version"; 如果 broadcast_version 等于 last_merged_version, 且 last_merged_version 落后于 global_
broadcast_version,说明 RootService 没有发起相关 ZONE 的合并
```

(2) 副本未合并。

```
SELECT * FROM __all_virtual_meta_table WHERE data_version != 25 LIMIT 10; 查询哪个主机上
的副本为合并(假设当前要合并的目标版本是 25)
```

2. 合并超时问题

(1) 定位未合并到指定版本的 partition。

(2) 判断该 partition 的合并任务是否在执行中：SELECT * FROM __all_virtual_sys_task_status。

(3) 如果该 partition 没有调度合并任务，判断该 partition 最新的转储 sstable 的 snapshot_version 有没有推过 freeze_info 点，如果没有推过 freeze_info 点，说明转储有问题。

3. 合并慢问题

(1) 通过 SELECT /*+ query_timeout(10000000) */ * FROM __all_virtual_partition_sstable_merge_info WHEREmerge_type = "major merge" and version = "<merge_version>" ORDER BY merge_cost_time desc limit 5；语句找到合并耗时最多的几个 partition 来具体分析。

(2) 通过表__all_virtual_partition_sstable_merge_info 查看宏块重用情况。

(3) 查看合并开始时间是否合理。

8.5.4 事务问题排查

在运行 OceanBase 的过程中，OceanBase 会执行数据库事务，在执行后将执行返回的结果返回给发出请求的客户端；如果事务执行失败或者异常，会产生事务报错，常见的事务报错大体分为以下两大类：

(1) 事务执行过程中对客户端展示的错误；

(2) 通过日志或内存表查询发现的环境异常。

排查方式如下：

(1) 通过__all_virtual_trans_stat 表可以查询到当前还未结束的事务上下文状态。

(2) 进一步根据 trans_id 搜索对应时间段内的 observer.log 日志，找到相应事务报错信息。

```
observer.log.20200727141140:[2020-07-27 14:11:39.217574] INFO [SERVER]
obmp_base.cpp:1189 [68642][2036][YCB200BA65045-0005AB63DE657563] [lt=7] [dc=0]
sending error packet(err=-4038 … …
```

(3) 可以根据错误标识位(4038)判断问题是否属于事务回滚类、执行超时类、等待锁超时类等类型。事务报错信息如表 8-5-1 所示。

表 8-5-1 事务报错信息

事务错误类型	错 误 码	错 误 信 息
事务回滚类	MySQL 错误码：6002OceanBase 错误码：6224	transaction need rollback
事务回滚类	MySQL 错误码：6002OceanBase 错误码：6223	transaction exiting
事务回滚类	MySQL 错误码：6002OceanBase 错误码：6211	transaction is killed
事务回滚类	MySQL 错误码：6002OceanBase 错误码：6213	transaction context does not exist
执行超时类	MySQL 错误码：4012OceanBase 错误码：6212	Statement is timeout
执行超时类	MySQL 错误码：4012OceanBase 错误码：6210	Transaction is timeout
等待锁超时类	MySQL 错误码：6004OceanBase 错误码：6004	Shared lock conflict
等待锁超时类	MySQL 错误码：6004OceanBase 错误码：6003	Lock wait timeout exceeded; try restarting transaction

8.5.5 副本迁移问题排查

在进行副本迁移问题排查时，首先，确定副本迁移是否不符合预期情况；然后，根据具体的迁移情况进行处理。副本迁移问题细分如表 8-5-2 所示。

表 8-5-2　副本迁移问题细分

副本迁移问题细分	步　骤
迁入目标端磁盘满	排查有迁移异常的 Server： SELECT * FROM __all_server WHERE block_migrate_in_time > 0 \G 临时设置 block_migrate_in_time 解除 block 状态： ALTER system SET migration_disable_time = "600s"； 查询磁盘使用空间
迁移过慢问题	查看迁移相关配置项： server_data_copy_out_concurrency，该项为单个节点迁出数据的最大并发数； server_data_copy_in_concurrency，该项为单个节点迁入数据的最大并发数； sys_bkgd_io_low_percentage，该项表示 sys_io_percent 的下限，如果下限太低则可能导致合并的 I/O 很慢，可以通过适当调大这个值来调大 I/O(检查 I/O 是否达到磁盘瓶颈)； sys_bkgd_net_percentage，该项表示后端网络带宽占用(检查网络配置)
迁移失败问题	确认常见错误码。 检查是否存在硬件问题。 检查内核问题

确定副本迁移是否存在问题的步骤如下。

(1) 确定问题 partition。

```
SELECT * FROM __all_unit WHERE migrate_from_svr_ip != "" or migrate_from_svr_port !="";
//检查当前是否存在 unit 迁移
```

(2) 查看 RootService 调动副本迁移任务的状态是否符合预期。

在 RootService 所在服务器 grep"root_balancer"rootservice. log 获取线程号 LWP_ID，获取线程号后去 grep"LWP_ID"rootservice. log 看 RS 的负载均衡线程正在执行的任务。

(3) 检查系统虚拟表：__all_virtual_sys_task_status。

(4) 检查存储层调度的状态：

```
SELECT * FROM __all_virtual_sys_task_status;
```

第9章

视频讲解

OceanBase备份与恢复

9.1 备份恢复概述

备份恢复是OceanBase数据高可靠的核心组件，通过纯SQL的命令就可以使用完整的备份和恢复功能。在OceanBase数据库里，数据的高可靠机制主要有多副本的容灾复制、回收站、主备库和备份恢复等，备份恢复是保护用户数据的最后手段。

常见的数据异常问题如下：

(1) 单机问题。常见的有磁盘错误、磁盘损坏、服务器宕机等场景，这些场景一般通过多副本的容灾复制能力就能恢复正常。

(2) 多机问题。常见交换机损坏、机房掉电等场景。

① 少数派副本的问题。OceanBase数据库的多副本机制，能够保证缺少数派副本时的正常运行，并且故障节点恢复正常后能自动补全数据。

② 多数派副本的问题。这种场景下，多副本机制无法自动地恢复数据，一般来说，冷备的恢复时间会比热备的备库恢复耗时长。如果部署有备库，优先建议使用备库切主作为恢复服务的应急措施；如果没有部署备库，建议使用备份恢复来恢复数据。

(3) 人为操作。常见的是删表、删库、删行、错误的程序逻辑造成的脏数据等操作。

对于一般的误删表、误删库的操作，建议通过回收站的功能恢复数据。

对于行级别的误操作或者更为复杂的程序逻辑错误造成的大规模数据的污染，建议通过备份恢复功能来恢复数据。

OceanBase数据库的备份按照备份的形式区分，主要分为数据备份和日志备份两种：数据备份是指存储层的基线和转储数据，也就是备份时刻的Major SSTable+Minor SSTable；日志备份是指事务层生成的clog，包含了SSTable之后修改的数据。

目前，支持集群级别的备份和租户级别的恢复。恢复时允许通过白名单机制指定恢复的表或库。

9.1.1 备份恢复元信息管理

OceanBase数据库的备份数据主要分为数据备份和日志备份。

单次的数据备份对应一个backup_set。每次用户运行alter system backup database都会生成一个新的backup_set的目录，该目录包含了本次备份的所有数据。

日志备份可以由用户指定是否按天切分目录。如果是配置了按天拆分目录，每一天的日志数据目录对应一个 backup_piece；如果没有配置拆分目录，那么整个备份的日志数据目录对应一个 backup_piece。

在 OceanBase 数据库中，备份恢复的元信息是指 backup_set 的信息、backup_piece 的信息和租户信息。

（1）backup_set。在备份介质上保存在租户下面的 tenant_data_backup_info 文件中，在原备份集群保存在 oceanbase.__all_backup_set_files 内部表中。

（2）backup_piece。在备份介质上保存在租户下面的 tenant_clog_backup_info 文件中，在原备份集群保存在 oceanbase.__all_backup_piece_files 内部表中。

（3）租户信息。在备份介质上保存在 tenant_name_info 文件中，在原集群上保存在 oceanbase.__all_tenant 和 oceanbase.__all_tenant_history 内部表中。

9.1.2 备份恢复介质

OceanBase 数据库的物理备份是将基线数据（sstable）和事务日志（clog）备份到一个共享目录里。该共享目录可以是 NFS 目录、阿里云的 OSS 存储或腾讯云的 COS 存储。每个目录都要挂载到每个 OceanBase 数据库节点的本地文件系统上，OceanBase 数据库备份会自动选择从哪个节点备份数据到该节点的备份目录。

在恢复时，目标 OceanBase 集群的每个节点上也需要挂载一个共享目录到本地文件系统，这个目录包含全部备份文件，这样就可以还原到任意历史时间点。恢复时的共享目录可以和备份是同一个共享目录（也可以不是同一个）。备份时的共享目录通常用于将生产环境的备份还原到线下测试环境。

9.1.3 备份恢复策略

OceanBase 数据库的备份策略与传统数据库备份一样，支持数据全量备份、数据增量备份和事务日志备份。

在开启全量备份之前，需要先开启事务日志备份。OceanBase 数据库的事务日志备份与传统数据库的日志备份不完全相同，它是近实时备份。平均每秒钟检查一下事务日志是否有新增，如果有，就备份到备份目录里。

OceanBase 可以通过 OCP 创建备份策略来定时发起备份。备份策略实际上就是一个集群的各种备份的配置。包括以下两项。

① 备份的目的地：NFS/COS(CSP)/OSS。

② 备份的调度周期：周/月。

9.1.4 备份恢复参数

表 9-1-1 为控制备份恢复的相关参数。

表 9-1-1 备份恢复参数

参数名称	说明
sys_bkgd_net_percentage	控制后台线程带宽的使用，默认是网卡的 60%带宽，会影响数据备份、数据恢复、日志恢复
backup_concurrency	控制数据备份的并发参数，默认为 0，在 2.2 版本里是 10，如果数据备份不够快可以按需调大

续表

参数名称	说明
log_archive_checkpoint_interval	控制日志备份的间隔,默认为 2m,如果备份性能不足,建议调大到 10m
log_archive_concurrency	控制日志备份的并发参数,默认为 0,在 2.2 版本里面是 20 个并发线程,可以按需调大并发数
restore_concurrency	控制数据恢复的并发数参数,默认为 0 表示禁止恢复。建议设置为 10,如果测试性能建议调大到 50
log_restore_concurrency	控制日志恢复的并发参数,默认为 10,可以按需调大并发数
_restore_idle_time	RS 调度恢复任务的 idle 时间,建议改成 10s
server_data_copy_in_concurrency	恢复复制多副本并发度,建议改成 10
server_data_copy_out_concurrency	
balancer_idle_time	RS 调度恢复的 idle 间隔,建议 10s

9.2 备份

9.2.1 备份分类

OceanBase 数据库的备份分为以下两类。

1. 逻辑备份

逻辑备份就是数据导出,将数据库对象的定义和数据导出为 SQL 或 CSV 文件等。逻辑备份的优点是功能灵活,可以指定租户名、库名、表名和对象类型等导出,针对表的逻辑备份,甚至可以指定 QUERY SQL 带条件导出数据。缺点则是只支持离线导出,不支持增量导出。

2. 物理备份

物理备份是数据块备份。目前是按集群级别备份和租户级别备份。备份的内容包含全量数据、增量数据和事务日志。理论上,当拥有全量数据备份以及其后的所有事务日志备份,就可以还原出该数据库到历史任意时间点。

下面主要介绍物理备份恢复。

9.2.2 备份空间的计算

备份需要空间大小的计算公式:

```
sum=(full_set * n1 + inc_set * n2 + log * 7 ) * 周数 / 备份磁盘告警阈值
```

(1) full_set:全量备份空间大小=基线版本宏块+转储空间大小。

(2) n1:一周内全量备份次数。

(3) inc_set:增量备份空间大小=基于全量备份的修改宏块大小+转储空间大小。

(4) n2:一周内增量备份次数。

(5) Log:clog 为每日生成日志文件大小,开启压缩后空间大概占用生成 clog 文件的 1/4。

9.2.3 备份架构

1. 物理备份

OceanBase 数据库提供了在线物理备份的功能，该功能由日志备份、数据备份两大子功能组成。日志备份持续地维护了集群产生的日志，数据备份维护了快照点的备份，两者结合可以提供恢复到备份位点之后任意时间的能力。

2. 日志备份

OceanBase 数据库提供了集群级别的日志备份能力。日志备份是 log entry 级别的物理备份，并且能够支持压缩和加密的能力。

日志备份的工作由 Partition 的 Leader 副本负责。每个 OBServer 负责本机 Leader 副本日志的读取、按照 Partition 拆分、日志聚合后发送的工作。

日志备份的周期默认为 2min，提供了准实时的备份能力。

V2.2.77 版本以后，日志备份提供了按天拆分目录的功能，方便用户对于备份数据的管理。

3. 数据备份

OceanBase 数据库提供了集群级别的数据备份的能力。数据备份目前是基于 restorepoint 的能力所做的数据快照保留，保证了备份期间的数据能够保持全局一致性。数据保留带来了额外的磁盘空间的消耗，如果备份服务器的磁盘水位线超过配置的警戒值，那么会导致数据备份失败。

数据备份的流程都是由 RootService 节点调度，将 1024 个分区作为一组任务发送给 OBServer 备份。备份数据包括分区的元信息和宏块数据。物理备份是指宏块数据的物理备份，元信息是内存序列化后的值。

OceanBase 数据库的基线宏块具有全局唯一的逻辑标志，这个逻辑标志提供了增量备份重用宏块的能力。在 OceanBase 数据库中，一次增量备份指的是全量的元信息的备份加增量的数据宏块的备份。增量备份的恢复和全量备份的恢复流程基本上是一致的，性能上也没有差别，只是会根据逻辑标志在不同的 backupset 之间读取宏块。

4. 数据清理

OceanBase 数据库提供了当前配置路径下自动清理的功能，该功能由 RootService 定期检查用户配置的 Recovery Window，从而删除不需要的数据备份。在删除数据备份的同时，会自动地根据保留的数据备份中最小的回放位点，删除不需要的日志备份。

5. 备份的备份

备份的备份是指数据库备份的二次备份能力。通常一次备份为了较好的性能，会存放在性能较好的备份介质上，而这种介质的容量会比较有限，保留备份的时间会比较短；二次备份则是把一次备份的数据挪到空间更大、保留时间更长、成本更低的介质上。

目前，OceanBase 数据库提供了内置的备份功能，支持用户调度 OBServer 将一次备份的数据迁移到指定的目录中。目前支持 OSS 和 NFS 两种介质。

• 二次备份单一目录：

```
alter system backup backupset [= N] [backup_backup_dest = uri];
alter system backup backuppiece [= N] [backup_backup_dest = uri];
```

• 二次备份多目录：

```
alter system backup backupset all not backed up N times;
alter system backup backuppiece all not backed up N times;
```

9.3 恢复

1. 恢复概述

OceanBase 数据库提供租户级别的恢复能力，支持微秒量级的恢复精度。

租户恢复保证了跨表、跨分区的全局一致性。

OceanBase 数据库的恢复主要包含以下 5 个步骤。

(1) 恢复系统表的数据。

(2) 恢复系统表的日志。

(3) 修正系统表的数据。

(4) 恢复用户表的数据。

(5) 恢复用户表的日志。

对于单个分区来说，备份、恢复和重启的流程比较类似，主要就是加载数据和应用日志。

2. 恢复系统表的数据

RootService 根据数据备份的系统表的列表创建对应的分区，然后依次调度分区的 Leader 从备份的介质上复制分区的元信息、宏块数据。

3. 恢复系统表的日志

日志恢复和重启后回放日志的流程比较类似，恢复的分区的 Leader 在完成数据恢复后，会主动从备份介质上拉取备份的分区级别的日志，并保存到本地的 Clog 目录。Leader 将恢复的日志保存到本地的同时，Clog 回放的线程会同时开始回放数据到 MEMStore。等所有的 Clog 都恢复完成以后，一个分区的恢复就全部完成了。

4. 修正系统表的数据

系统表恢复完成后，RootService 会进行系统表数据的修复。

(1) 清理未建完的索引表。

(2) 老版本的备份被恢复到新版本的集群上的兼容补偿。

(3) 补建新加的系统表。

(4) 补偿跨版本的升级任务。

5. 恢复用户表

用户表的数据、日志的恢复流程和系统表类似，唯一的区别是创建分区的列表依赖的数据源不同。恢复用户表时，RootService是从已经恢复的系统表中读取相关列表的。

6. 恢复事务的一致性

OceanBase数据库的物理备份恢复强依赖租户的GTS功能，GTS保证了备份和恢复的数据是全局一致的。

9.4 备份恢复示例

9.4.1 配置NFS服务器

(1) 检查服务器中是否已经有NFS服务安装，如果没有，可以使用yum安装。

```
rpm -qa | grep nfs
yum install nfs-utils
```

(2) 创建用于备份的目录，例如/nfs/backup。

```
mkdir -p /nfs/backup
```

(3) 为nfsnobody赋权，确保nfsnobody有权限访问指定的目录。

```
chown nfsnobody:nfsnobody -R /nfs/backup
```

(4) 配置nfs参数。

```
vim /etc/sysconfig/nfs

RPCNFSDCOUNT=8
RPCNFSDARGS="-N 2 -N 3 -U"
NFSD_V4_GRACE=90
NFSD_V4_LEASE=90
```

(5) 设置内核参数中的slot table。

```
vim /etc/sysctl.conf

sunrpc.tcp_max_slot_table_entries=128
```

(6) 重启NFS。

```
systemctl restart nfs-config
systemctl restart nfs-server
```

9.4.2 配置NFS客户端

(1) 检查服务器中是否已经有NFS服务安装，如果没有，可以使用yum安装。

```
rpm -qa | grep nfs
yum install nfs-utils
```

(2) 设置内核参数中的slot table。

```
vim /etc/sysctl.conf

sunrpc.tcp_max_slot_table_entries=128
```

(3) 查看远端 NFS 服务器信息。

```
showmount -e xx.xx.xx.xx <---NFS 服务器地址
```

(4) 创建本地目录。

```
mkdir -p /nfs/backup
```

(5) 挂载文件系统。

```
mount -tnfs4 -o rw,timeo=30,wsize=1048576,rsize=1048576,namlen=512,sync NFS 服务器地址:/
nfs/backup /nfs/backup
```

(6) 验证测试。

```
cd /nfs/backup
touch a
查看服务器是否有相关文件
```

9.4.3 执行备份

(1) 设置备份目的地。

```
mysql -h172.23.206.123 -P2883 -uroot@sys#obexam -p'OBexampas123%^&' -A -c -D oceanbase
alter system set backup_dest='file:///nfs/backup';
```

(2) 启动事务日志归档。

```
alter system archivelog;
```

(3) 查看事务日志归档的进度,当 status 为 doing 时,表示事务日志备份已经启动。

```
select * from cdb_ob_backup_archivelog_summary;
#循环查看
while true;do mysql -h172.23.206.123 -P2883 -uroot@sys#obexam -p'OBexampas123%^&' -A -c -e "
select * from cdb_ob_backup_archivelog_summary; " oceanbase;sleep 2 ;done
```

(4) 启动全量备份前,先对集群做一次合并。(连续的事务日志备份之间,需要有一次合并,才能启动全量数据备份。)

```
alter system major freeze;
```

(5) 确认合并完成。

```
Select * from __all_zone where name='merge_status';

while true;do mysql -h172.23.206.123 -P2883 -uroot@sys#obexam -p'OBexampas123%^&' -A -c -e "
Select * from __all_zone where name='merge_status';" oceanbase;sleep 2 ;done
```

(6) 执行全量数据备份。

```
alter system backup database;
```

(7) 查看备份任务进展情况和历史备份任务。

```
select * from cdb_ob_backup_progress; <--实验环境备份完成很快,可能看不到任何信息
SELECT * FROM CDB_OB_BACKUP_SET_DETAILS; <--可以在历史备份任务中查看

while true;do mysql -h172.23.206.123 -P2883 -uroot@sys#obexam -p'OBexampas123%^&'-A -c -e "
select * from cdb_ob_backup_progress;" oceanbase;sleep 2 ;done
```

9.4.4 执行恢复

(1) 等到 MAX_NEXT_TIME 大于 START_TIME 时,再停止事务日志备份。

```
Select TENANT_ID,START_TIME,STATUS from CDB_OB_BACKUP_SET_DETAILS;
Select TENANT_ID, MAX_NEXT_TIME, STATUS from CDB_OB_BACKUP_ARCHIVELOG_
SUMMARY;

START_TIME: 2023-01-14 10:07:07.119172
MAX_NEXT_TIME: 2023-01-14 10:09:43.937000

alter system noarchivelog;
```

(2) 执行恢复。数据需要恢复到另外一个目标租户,创建目标恢复租户要用的 unit 及 resource pool。

```
create resource pool restore_pool unit=ut_pay , unit_num=1,zone_list = ('z1','z2','z3');
```

(3) 检查恢复参数,默认是 0,如果是 0,则需要设置。

```
show parameters like 'restore_concur%'\G
alter system set restore_concurrency=50;
```

(4) 查看集群 ID。

```
select name,cluster_id from __all_cluster;
```

(5) 将 tnt_pay 这个租户的数据恢复到目标租户 restore_pay:

```
ALTER SYSTEM RESTORE restore_pay FROM tnt_pay at 'file:///nfs/backup' until '2023-01-14 10:
09:43.937000' with 'backup_cluster_name=obexam&backup_cluster_id=1654142545&pool_list=
restore_pool';
```

上述命令中的参数 timestamp 是恢复的时间戳。

① 要大于或等于最早的基线备份的 start_time,(CDB_OB_BACKUP_SET_DETAILS)。

② 要小于或等于事务日志备份的 max_next_time,(CDB_OB_BACKUP_ARCHIVELOG_SUMMARY)。

```
Select TENANT_ID,START_TIME,STATUS from CDB_OB_BACKUP_SET_DETAILS;
Select TENANT_ID, MAX_NEXT_TIME, STATUS from CDB_OB_BACKUP_ARCHIVELOG_
SUMMARY;
START_TIME: 2023-01-07 10:00:28.521992
MAX_NEXT_TIME: 2023-01-07 10:02:44.312135
```

(6) 查看恢复结果。

```
select * from __all_restore_info;
select * from __all_restore_history;

命令行执行
while true;do mysql -h172.23.206.123 -P2883 -uroot@sys#obexam -p'OBexampas123%^&' -A -c -e
"select * from __all_restore_info where name='status';" oceanbase;sleep 2 ;done
```

(7) 成功后,可以登录 restore_pay 租户检查数据。

```
mysql -h172.23.206.123 -P2883 -uroot@restore_pay#obexam -p'OBexampas123%^&' -A -c -D db_pay

show tables;
```